Thermodynamik für Ingenieure

Klaus Langeheinecke · Peter Jany ·
Gerd Thieleke · Kay Langeheinecke ·
André Kaufmann

Thermodynamik für Ingenieure

Ein Lehr- und Arbeitsbuch für das Studium

9., überarbeitete und erweiterte Auflage

Prof. Dr.-Ing. Klaus Langeheinecke
Hochschule Ravensburg-Weingarten
Deutschland

Dr.-Ing. Kay Langeheinecke
IAV GmbH, Gifhorn
Deutschland

Prof. Dr.-Ing. Peter Jany
Industrie- und Handelskammer
Bodensee-Oberschwaben
Deutschland

Prof. Dr. André Kaufmann
Hochschule Ravensburg-Weingarten
Deutschland

Prof. Dr.-Ing. Gerd Thieleke
Hochschule Ravensburg-Weingarten
Deutschland

ISBN 978-3-658-03168-8   ISBN 978-3-658-03169-5 (eBook)
DOI 10.1007/978-3-658-03169-5

Die Deutsche Nationalbibliothek verzeichnet diese Publikation in der Deutschen Nationalbibliografie; detaillierte bibliografische Daten sind im Internet über http://dnb.d-nb.de abrufbar.

Springer Vieweg
© Springer Fachmedien Wiesbaden 2013

Springer Vieweg ist eine Marke von Springer DE. Springer DE ist Teil der Fachverlagsgruppe Springer Science+Business Media
www.springer-vieweg.de

Vorwort

Die Technische Thermodynamik gehört zu den Grundlagen des Maschinenbaus, der Energietechnik, der Fahrzeugtechnik, der Verfahrenstechnik, der Versorgungstechnik und verwandter Ingenieurwissenschaften. Für Studierende von Bachelor- und Masterstudiengängen an Fachhochschulen, Hochschulen und Universitäten, ferner an Dualen Hochschulen, Berufsakademien, Höheren Technischen Lehranstalten und Technikerschulen im gesamten deutschsprachigen Raum ist dieses Buch geschrieben, zur Nutzung in und neben den Lehrveranstaltungen. Der Umfang orientiert sich an dem, was an Grundlagen für weiterführende Lehrveranstaltungen erforderlich ist. Zum Selbststudium in der Weiterbildung und beim Wiedereinstieg empfiehlt sich das Lehrbuch durch seinen Aufbau auch für bereits Berufstätige.

Ausführliche Texte, zahlreiche bildliche Darstellungen, durchgerechnete Beispiele, viele Fragen und Übungsaufgaben mit Lösungen zur aktiven Beschäftigung verdeutlichen die Denkweisen, Methoden und Werkzeuge der Thermodynamik. Vor allem wird die Fachsprache vermittelt, die sich oft als Hindernis auf dem Weg zum Verstehen der Thermodynamik erwiesen hat, aber dafür und zum Lesen von Fachliteratur unerlässlich ist. In umfangreichen Tabellen sind notwendige Daten zusammengestellt, ergänzt durch Mollier-Diagramme für Wasserdampf, feuchte Luft und ein Kältemittel.

Ein ausführliches Sachwortverzeichnis leitet schnell zu den gesuchten Textstellen und gibt die Sachworte auch in englischer Sprache wieder. Im Internet findet der Leser das entsprechende Verzeichnis SACHWORT ENGLISCH-Deutsch unter www.springer.com/springer+vieweg/maschinenbau/book/978-3-658-03168-8 in der rechten Spalte „Zusätzliche Informationen". Kostenlos herunterladen lassen sich dort außerdem die als Formelsammlung und zur Wiederholung verwendbare Kurzfassung des Lehrtextes THERMODYNAMIK MEMORY und das umfangreiche alphabetische, interaktiv nutzbare THERMODYNAMIK GLOSSAR mit über 700 Stichwörtern.

Die Lehre der Thermodynamik war bislang weitgehend durch die Felder „Geschlossenes System", „Ideales Gas" und „Reversible Prozesse" geprägt. Technische Prozesse laufen jedoch im Allgemeinen in offenen Systemen ab, über deren Grenzen Stoff- und Energieströme übertragen werden und in denen häufig Phasenwechsel und nicht vernachlässigbare Dissipationsphänomene auftreten. Daher wird das offene System so früh wie möglich vorgestellt sowie mit Stromgrößen und Bilanzansätzen gearbeitet. Die verschiedenen Energie- und Leistungsarten werden begrifflich klar unterschieden. Dabei wird auf die Wärme, ihre unterschiedlichen Transportmechanismen und ihre Freisetzung durch Verbrennung besonders eingegangen. Wegen oft unzureichender Vorkenntnisse in der Physik werden Phasenwechsel und das gesamte Zustandsfeld bereits am Anfang dargestellt. Die dazu notwendigen Gedankenexperimente bauen auf Alltagsbeobachtungen auf. Dabei wird in den Umgang mit Zustandsdiagrammen und Dampftafeln eingeführt und dem Modell „Ideale Gase" der richtige Platz angewiesen.

Das Buch geht im Kern zurück auf das in langer Lehrtätigkeit entwickelte Vorlesungsmanuskript des Herausgebers. Im Rahmen des CAT-Projektes haben die Professoren W. Schnabel, Dr. G. Kurz und Dr. G. Kürz sowie Ing. (grad.) P. Stotz damals teils schreibend, teils erprobend und beratend mitgewirkt. Für das Buchmanuskript konnten zusätzlich Prof. Dr. Eugen Sapper (Konstanz), der jedoch noch während der Bearbeitung verstarb, und Prof. Dr. Peter Jany (Weingarten/Württ.) sowie Dipl.-Ing. Heinz Millner (Dornbirn/Vorarlberg) gewonnen werden. Seit der 6. Auflage arbeitet Prof. Dr.-Ing. Gerd Thieleke (Weingarten/Württ.) mit, seit der 8. Auflage Dr.-Ing. Kay Langeheinecke und ab der 9. Auflage Prof. Dr.-Ing. André Kaufmann (Weingarten/Württ.). Die sorgfältige Ausführung der Zeichnungen übernahm für die ersten Auflagen Dipl.-Ing. (FH) Wolf-Dieter Schnell (Langenargen/Bodensee), die digitale Verarbeitung des Glossars Martin Volckart (Baienfurt).

Das Lehrbuch ist für die jeweiligen Auflagen mehrfach gründlich überarbeitet und ergänzt worden. Hinweise von Fachkollegen und Studierenden wurden dabei dankbar verwertet. In der aktuellen Auflage wurden vier neue ausführliche Beispiele zur Wärmeübertragung und drei zur Verbrennung sowie ein neuer Abschnitt zum ORC-Prozess ergänzt.

Die Autoren danken allen Beteiligten, die zum Gelingen der 9. Auflage des Lehrbuchs beigetragen haben, vor allem dem Lektorat Maschinenbau des Springer Vieweg Verlags. Ein besonderer Dank gilt den Familien, die wegen des Buches so oft verzichten mussten.

Weingarten/Württ.   Klaus Langeheinecke

Inhaltsverzeichnis

Kostenlose Zusatzmaterialien im Internet unter
www.springer.com/springer+vieweg/maschinenbau/book/978-3-658-03168-8
in der Rubrik (rechts) *Zusätzliche Informationen* .... Internet
    THERMODYNAMIK MEMORY.pdf   (7,35 MB)
    THERMODYNAMIK GLOSSAR.pdf   (0,60 MB)
    SACHWORT ENGLISCH-DEUTSCH.pdf   (0,50 MB)

Verzeichnis der Beispiele

Formelzeichen

In den in eckigen Klammern angegebenen Abschnitten werden die Größen erstmals erwähnt oder ausführlich behandelt.

Größen für die Thermodynamik

Lateinische Zeichen

a	Massenanteil Asche [11]
A	Fläche
b	Breite
B	Anergie [5.5]
b	spezifische Anergie [5.5]
B_m	molare Anergie [5.5]
$\dot{B}$	Anergiestrom [5.5]
B_H	Anergie der Enthalpie [5.5]
B_Q	Anergie der Wärme[5.5]
c	Geschwindigkeit [2.4]
C	Wärmekapazität [6.4]
c_p	spez. isobare Wärmekapazität [6.4]
c_v	spez. isochore Wärmekapazität [6.4]
c_n	spez. polytrope Wärmekapazität [6.4]
C_{mp}	molare isobare Wärmekapazität [6.4]
C_{mv}	molare isochore Wärmekapazität [6.4]
$C_{\rho p}$	volumetr. isobare Wärmekapazität [6.4]
$C_{\rho v}$	volumetr. isochore Wärmekapazität [6.4]
$\bar{C}$	mittlere Wärmekapazität [6.4]
c	Massenanteil Kohlenstoff [11]
c_{fl}	spez. Wärmekapazität v. Flüssigk. [4.4]
c_w	spez. Wärmekapazität v. Wasser [4.4]
d, D	Durchmesser
E_{kin}	kinetische Energie [4.1]
E_{pot}	potentielle Energie [4.1]
E	Exergie [5.5]
e	spezifische Exergie [5.5]
E_m	molare Exergie [5.5]
$\dot{E}$	Exergiestrom [5.5]
E_H	Exergie der Enthalpie [5.5]
E_Q	Exergie der Wärme [5.5]
E_U	Exergie der Inneren Energie [5.5]
E_v	Exergieverlust [5.5]
F	Faraday-Konstante [9.8]
F	Kraft [4.2]
G	molare GIBBS-Enthalpie [9.8]
g	Fallbeschleunigung [4.1]
H	Enthalpie [4.4]
h	spezifische Enthalpie [4.4]
H_m	molare Enthalpie [4.4]
H	molare Enthalpie [9.8]
$\dot{H}$	Enthalpiestrom [4.4]
Δh_d	(spez.) Verdampfungs-/Verflüssigungs-enthalpie [4.4]
Δh_s	(spez.) Schmelz-/Erstarrungsenthalpie [4.4]
Δh_{sub}	(spez.) Sublimations-/Desublimations-enthalpie [4.4]
$\Delta^R G$	molare Reaktions-GIBBS-Enthalpie [9.8]
$\Delta^R H$	molare Reaktionsenthalpie [9.8]
h	Massenanteil Wasserstoff [11]
H_u	Heizwert [11.6]
H_u	molarer Heizwert [9.8]
H_{um}	molarer Heizwert [11.6]
H_{uv}	volumetrischer Heizwert [11.6]
H_o	Brennwert [11.6]
H_{om}	molarer Brennwert [11.6]
H_{ov}	volumetrischer Brennwert [11.6]
Δh_{ges}^W	auf Brennstoffmasse bezogene Enthalpieabnahme, wenn der gesamte Wasserdampfanteil kondensiert [11.6]
Δh_{kond}^W	auf Brennstoffmasse bezogene Enthalpieabnahme des kondensierten Wasserdampfanteils [11.6]
I	elektrische Stromstärke [9.8]
I	Massenstromdichte, Massengeschwindigkeit [2.4]
J	Streuenergie [4.1]
j	spezifische Streuenergie [4.1]
J_m	molare Streuenergie [4.1]
$\dot{J}$	Streuenergiestrom [4.1]
l, L	Länge
l	Luftbedarf (auf Brennstoffmasse bezogen) [11.3]
l_{min}	Mindestluftbedarf (auf Brennstoffmasse bezogen) [11.3]
l_m	molarer Luftbedarf (auf Brennstoffmasse bezogen) [11.3]
$(l_m)_{min}$	molarer Mindestluftbedarf (auf Brennstoffmasse bezogen) [11.3]
L	molarer Luftbedarf (auf Brennstoff-Stoffmenge bezogen) [11.3]
L_{min}	molarer Mindestluftbedarf (auf Brennstoff-Stoffmenge bezogen) [11.3]
m	Masse [2.4]
$\dot{m}$	Massenstrom [2.4]
M	Molmasse [2.4]
M_g	Gemisch-Molmasse [8.2]
n	Massenanteil Stickstoff [11]
n	Stoffmenge [2.3]
$\dot{n}$	Stoffmengenstrom [2.3]
n	Polytropenexponent [7.6]

N_A	Avogadro-Konstante [2.4]
o	Massenanteil Sauerstoff [11]
o_{min}	Mindestsauerstoffbedarf (auf Brennstoffmasse bezogen) [11.3]
$(o_m)_{min}$	molarer Mindestsauerstoffbedarf (auf Brennstoffmasse bezogen) [11.3]
O_{min}	molarer Mindestsauerstoffbedarf (auf Brennstoff-Stoffmenge bezogen) [11.3]
p	Druck [2.5]
p_{amb}	Umgebungs/Atmosphärendruck [2.5]
p_e	Überdruck, effektiver Druck [2.5]
p_n	Normdruck [2.5]
p_{kr}	kritischer Druck [3.3]
p_{tr}	Tripelpunktsdruck [3.4]
p'	Sättigungsdampfdruck [3.4]
P	Arbeitsleistung [1.4,4.1]
Q	Wärme [4.1,4.3]
q	spezifische Wärme [4.1,4.3]
Q_m	molare Wärme [4.3]
$\dot{Q}$	Wärmestrom [4.1,4.3]
$\dot{Q}_0$	beim unteren Temperaturniveau einer Maschine übertragener Wärmestrom, Kälteleistung [5.4]
$\dot{Q}_c$	beim oberen Temperaturniveau einer Kältemaschine übertragener Wärmestrom [5.4]
$\dot{Q}_{WP}$	beim oberen Temperaturniveau einer Wärmepumpe übertragener Wärmestrom, Heizleistung [5.4]
q_{Av}	Abgasverlust [11.7]
q_f	Flüssigkeitswärme [9.2]
$q_ü$	Überhitzungswärme [9.2]
r_i	Raumanteil (der Komponente i eines Gemisches) [8.1]
r	Verdampfungswärme [9.2]
r, R	Radius
R	(spezifische) Gaskonstante [3.6, 6.1]
R_m	molare Gaskonstante [6.1]
R_i	(spezifische) Gaskonstante (der Gemisch-Komponente i) [8.1]
R_g	(spezifische) Gemisch-Gaskonstante [8.2]
S	Entropie [5.2]
s	Massenanteil Schwefel [11]
s	spezifische Entropie [5.2]
$\dot{S}_J$	molare Entropieproduktion [9.8]
S_m	molare Entropie [5.2]
S	molare Entropie [9.8]
$\dot{S}$	Entropiestrom [5.2]
$\Delta^R S$	molare Reaktionsentropie [9.8]
$\dot{S}_Q$	Entropiestrom durch Wärmeübertragung [5.2]
$\dot{S}_J$	Entropiestromerzeugung durch Irreversibilität [5.2]
t	(empirische) Temperatur [2.5]
T	(thermodynamische) Temperatur [2.5]
T_n	Normtemperatur [2.5]
T_{kr}, t_{kr}	kritische Temperatur [3.3]
T_{tr}, t_{tr}	Tripelpunktstemperatur [3.5]
T_0, t_0	unteres Temperaturniveau thermischer Maschinen [5.4]
T_c, t_c	oberes Temperaturniveau von Kältemaschinen [5.4]
T_u	Umgebungstemperatur
$\overline{T}$	mittlerer Wert der Temperatur der Wärmeübertragung [6.4, 9.2]
t_τ	Taupunkttemperatur [8.16]
$<t_v>_{ad}$	adiabate Verbrennungstemp. [11.6]
U	elektrische Spannung [9.8]
U	Innere Energie [4.3]
U_H	charakteristische Zellspannung [9.8]
u	spezifische Innere Energie [4.3]
U_m	molare Innere Energie [4.3]
U_{rev}	reversible Zellspannung [9.8]
V	(extensives) Volumen [2.4]
υ	spezifisches Volumen [2.4]
V_m	molares Volumen, Molvolumen [2.4]
$\dot{V}$	Volumenstrom [2.4]
υ_{kr}	spezifisches kritisches Volumen [3.3]
W	Arbeit [4.1,4.2]
W	Massenanteil Wasser [11]
w	spezifische Arbeit [4.1,4.2]
w	Massenanteil Wasser [11]
W_m	molare Arbeit [4.1,4.2]
W_V	Volumenarbeit [4.1,4.2]
W_{VS}	Schubarbeit [4.2]
W_p	Druckarbeit [4.2]
W_t	Technische Arbeit [4.1,4,2]
W_H	Hubarbeit [4.2]
W_B	Beschleunigungsarbeit [4.2]
W_K	Kreisprozeßarbeit [4.5]
x_d	Dampfgehalt (von Naßdampf) [3.4]
x_f	Flüssigkeitsgehalt (von Schmelze) [3.5]
x_s	Dampfgehalt (v. Sublimationsstaub) [3.5]
x	Wassergehalt (feuchter Luft) [8.5]
x'	Wassergehalt gesätt. feuchter Luft, Sättigungswassergehalt [8.5]
y	Flüssigkeitsanteil [9.7]
z	Ortshöhe, Höhe über Bezugsniveau [4.1]
z	Reaktionsumsatz [9.8]
$\dot{z}$	Umsatzrate [9.8]
Z	Realgasfaktor [3.6]

Griechische Zeichen

α_V	therm. Volumendehnungskoeffizient [3.1]
α_L	therm. Längendehnungskoeffizient [3.1]
ε	Verdichtungsverhältnis [9.4]
ε_K	Kälteleistungszahl [5.4]
ε_{KC}	CARNOT-Kühlfaktor [5.4]
ε_{WP}	Heizleistungszahl [5.4]
ε_{WPC}	CARNOT-Wärmepumpfaktor [5.4]
ζ	exergetischer Gütegrad [5.5]
ζ	Wärmeverhältnis [9.3]
η	Wirkungsgrad [4.5]
η_F	Feuerungstechnischer Wirkungsgrad bezogen auf Heizwert [11.7]
η_F^*	Feuerungstechnischer Wirkungsgrad bezogen auf Brennwert [11.7]
η_{BZ}	Wirkungsgrad der Brennstoffzelle [9.8]
η_{UG}	Spannungswirkungsgrad mit U_{rev} [9.8]
η_{UH}	Spannungswirkungsgrad mit U_H [9.8]
η_C	CARNOT-Arbeitsfaktor [5.4]
η_t	thermischer Wirkungsgrad [4.5]
η_I	innerer Gütegrad, inn. Wirkungsgrad [9.2]
η_I	Umsetzungsgrad [9.8]
η_s	isentroper Gütegrad [6.3]
ν	stöchiometrische Zahl [9.8]
ϑ	normierte Temperatur [3.6]
κ	Isentropenexponent [6.4, 7.5]
λ	Luftverhältnis [11.3]
ξ	Massenanteil [3.7, 8.1]
π	normierter Druck [3.6]
ρ	Dichte [2.4]
τ	Zeit [2.3]
$\Delta\tau$	Zeitspanne [2.3]
φ	Einspritzverhältnis [9.4]
φ	normiertes Volumen [3.6]
φ	relative Feuchte [8.4]
ψ	Drucksteigerungsverhältnis [9.4]
ψ	Molanteil [3.7, 8.1]
ψ	Stoffmengenanteil [9.8]

Indizes

0	Bezugszustand (meist 25 °C) [11.6]
1 (2,3,...)	im Zustand 1 (2, 3,...) [4.1]
12 (23,...)	bei der Zustandsänderung 1–2 (2–3,...) [4.1]
A	Abgas [11.7]
amb	der Umgebung
B	für die Beschleunigung [4.2]
B	von Brennstoff [1.2, 11.2]
BZ	Brennstoffzelle [9.8]
c	beim oberen Temperaturniveau einer Kältemaschine [5.4]
C	bei CARNOT-Bedingungen [5.4]
d	im Nassdampfgebiet [3.4]
e	effektiv [2.5]
e	eines Elementes [3.7]
f	im Schmelzgebiet [3.5]
f	feucht [11.5]
fV	feuchtes Verbrennungsgas [11.5]
g	eines Gemisches [3.7]
ges	gesamt [11.6]
H	der Enthalpie [5.5]
H	beim Hub [4.2]
i	einer Komponente [3.7]
K	des Kreisprozesses [4.5]
kond	kondensiert [11.6]
kr	im kritischen Zustand [3.3]
L	von Luft [1.3]
m	molar [2.3]
n	Normwert [2.6]
o	Bezugswert, unteres Temperatur- oder Druckniveau therm. Maschinen [5.4]
0	unteres Temperaturniveau einer Kältemaschine [5.4]
p	bei konstantem Druck [6.4]
rev	reversibel
Q	der Wärme [5.5]
s, sub	bei Sublimation [3.5, 4.4]
s	bei konstanter Entropie [6.3]
t, T	bei konstanter Temperatur [6.4]
t	trocken [11.5]
tV	trockenes Verbrennungsgas [11.5]
T	der Turbine [6.3,9.5]
tr	in einem Tripelzustand [3.5]
u, U	der Umgebung [5.4]
v	bei konstantem Volumen
V	des Verdichters [6.3, 9.5]
V	des Verbrennungsgases [11.4]
w	von Wasser [4.4]
W	von Wasser [8.4]
WQ	der Wärmequelle [5.4]
WS	der Wärmesenke [5.4]
WKM	der Wärmekraftmaschine [5.4]
ρ	volumetrisch [6.6]

Hochzeichen

$\cdot$	Stromgröße [2.3]
$-$	mittlerer Wert [6.4,9.2]
$'$	gesättigte Flüssigkeit [3.4]
$''$	Sattdampf, trocken gesättigter/ kondensierender Dampf [3.4], desublimierender Dampf [3.5]
$'$	vor der Verbrennung [11.6]
$''$	nach der Verbrennung [11.6]

*	schmelzender Feststoff/Eis [3.5], sublimierender Feststoff/Eis [3.5]
**	erstarrende Flüssigkeit [3.5]
0	im Ausgangszustand [9.8]
fl	flüssig [9.8]
g	gasförmig [9.8]
W	Wasser [11.6]

Chemische Zeichen

C	Kohlenstoff
H	Wasserstoff
N	Stickstoff
O	Sauerstoff
S	Schwefel
B	Brennstoff
L	Luft
W	Wasser
A	Asche
e^-	Elektron
H^+	Proton

Abkürzungen für Luftarten [60]

ODA	Außenluft
SUP	Zuluft
IDA	Raumluft
ETA	Zuluft
RCA	Umluft
EHA	Fortluft
MIA	Mischluft
BA*	Umgebungsluft*
WA*	Wäscherluft*
CA*	gekühlte Luft*
PA*	vorgewärmte Außenluft*
(* nicht nach DIN)	

Zusätzliche Größen für die Wärmeübertragung

Lateinische Zeichen

a	Temperaturleitfähigkeit [10.1]
a	Absorptionsgrad [10.9]
a_λ	spektraler Absorptionsgrad [10.9]
b	Wärmeeindringkoeffizient [10.3]
Bi	BIOT-Zahl [10.3]
c	Lichtgeschwindigkeit [10.9]
C_{12}	Strahlungsaustauschzahl [10.10]
d	Durchlassgrad [10.9]
d_h	hydraulischer Durchmesser [10.6]
$\dot{E}$	in den Halbraum emittierter Wärmestrom pro Fläche [10.9]

$\dot{E}_n$	emittierter Wärmestrom in Richtung der Flächennormalen pro Fläche und Raumwinkeleinheit [10.9]
$\dot{E}_\beta$	emittierter Wärmestrom im Winkel β zur Flächennormalen pro Fläche und Raumwinkeleinheit [10.9]
f	verschiedene numerische Verfahren beschreibender Faktor [10.4]
Fo	FOURIER-Zahl [10.3]
Ga	GALILEI-Zahl [10.8]
Gr	GRASHOF-Zahl [10.5]
h	PLANCKsches Wirkungsquantum [10,9]
I	spektrale Strahlungsintensität [10.9]
I_{el}	elektrischer Strom [10.2]
k	BOLTZMANN-Konstante [10.9]
k	Wärmedurchgangskoeffizient [10.11]
L	charakteristische Abmessung [10.3]
m	Maßstabsfaktor [10.5]
Nu	NUSSELT-Zahl [10.5]
Pe	PECLET-Zahl [10.5]
Ph	Phasenumwandlungszahl [10.8]
Pr	PRANDTL-Zahl [10.5]
$\dot{q}$	Wärmestromdichte [10.1]
$\dot{Q}_K$	Wärmestrom durch Konvektion [10.13]
$\dot{Q}_L$	Wärmestrom durch Leitung [10.13]
$\dot{Q}_S$	Wärmestrom durch Strahlung [10.13]
$\dot{Q}_{12}$	Wärmestrom zwischen den Oberflächen 1 und 2 [10.10]
r	Reflexionsgrad [10.9]
r,φ,z	Zylinderkoordinaten [10.11]
r,φ,Θ	Kugelkoordinaten [10.11]
R_{el}	elektrischer Widerstand [10.2]
R_K	therm. Widerstand durch Konvektion [10.1]
R_L	therm. Widerstand durch Leitung [10.1]
R_{Leff}	scheinbarer Leitungswiderstand einer Luftschicht [10.13]
R_{th}	thermischer Widerstand [10.2]
Ra	RAYLEIGH-Zahl [10.5]
Re	REYNOLDS-Zahl [10.5]
s	Wanddicke [10.2]
St	STANTON-Zahl [10.5]
T_{Bez}	Bezugstemperatur für Stoffwerte [10.5]
T_S	Sättigungstemperatur [10.8]
$T_{10(20)}$	Temperatur des Fluids 1(2) an Stelle x = 0 [10.12]
$T_{1L(2L)}$	Temperatur des Fluids 1(2) an Stelle x =L[10.12]
$T_{12(23)}$	Kontakttemperatur zwischen den Wandschichten 1–2 (2–3) [10.2]
ΔT	Temperaturdifferenz [10.5]
ΔT_m	mittlere logarithmische Temperaturdifferenz [10.12]

U	Umfang [10.6]	
U_{el}	elektrische Spannung [10.2]	
w	Strömungsgeschwindigkeit [10.5]	
w_m	mittlere Geschwindigkeit der Rohr-strömung [10.6]	
x,y,z	kartesische Koordinaten [10.1]	
$\Delta x(\Delta y,$ $\Delta z)$	kleine Strecke in x-(y-,z-) Richtung [10.1]	

Griechische Zeichen

α	Wärmeübergangskoeffizient [10.1,10.5]
α_{Str}	Strahlungsanteil am Wärmeübergangs-koeffizienten [10.10]
β	therm. Ausdehnungskoeffizient [10.5,10.7]
δ	Strömungsgrenzschicht-Dicke [10.5]
δ_T	Temperaturgrenzschicht-Dicke [10.5]
ε	Emissionsgrad [10.9]
ε_n	Emissionsgrad in Normalenrichtung [10.9]
ε_λ	spektraler Emissionsgrad [10.9]
η	dynamische Viskosität [10.5]
Θ,r,φ	Kugelkoordinaten [10.1]
λ	Wärmeleitfähigkeit [10.1]
λ	Wellenlänge [10.9]
λ_{eff}	effektive Wärmeleitfähigkeit einer Luft-schicht [10.13]
λ_{opt}	Wellenlänge der maximalen spektralen Strahlungsintensität [10.9]
μ	dimensionslose Variable [10.3]
ν	kinematische Viskosität [10.5]
σ_S	STEFAN-BOLTZMANN-Konstante [10.9]
τ_S	Schubspannung [10.5]
φ_{12}	Einstrahlzahl [10.10]
φ,z,r	Zylinderkoordinaten [10.1]
φ,Θ,r	Kugelkoordinaten [10.1]

Indizes

a	auf der Außenseite [10.2]
A	eines Gitterknotenpunktes außerhalb des Körpers [10.4]
A	im Rohraustritt [10.6]
D	der Dämmschicht [10.13]
E	des östl. Nachbarpunktes von P [10.4]
E	im Rohreintritt [10.6]
F	für Flüssigkeiten [10.6]
i	auf der Innenseite [10.2]
i	einer Wandschicht [10.2]
I	eines ersten inneren Gitterknotenpunktes [10.4]
k	für den Umschlag von laminarer in turbulente Strömung [10.6]
l	bei laminarer Strömung [10.6]
N	des nördl. Nachbarpunktes von P [10.4]
P	eines Gitterknotenpunktes [10.4]
R	der Rohrwand [10.13]
s	des schwarzen Körpers [10.9]
S	des südl. Nachbarpunktes von P [10.4]
t	bei turbulenter Strömung [10.6]
w	an der Wand [10.1]
W	des westl. Nachbarpunktes von P [10.4]
x(y, z)	x-(y-,z-)Komponente[10.1]
x(y, z)	am Ort x(y, z) [10.1]
0	zum Zeitpunkt Null [10.3]
1 (2)	der Oberfläche 1 (2) [10.10]
1 (2)	des Fluids 1 (2) [10.11]
∞	im Fluid weitab der Grenzschicht [10.1, 10.5]

Hochzeichen

n	am Ende eines Zeitschrittes [10.4]
o	zu Beginn eines Zeitschrittes [10.4]
τ	während eines Zeitschrittes [10.4]

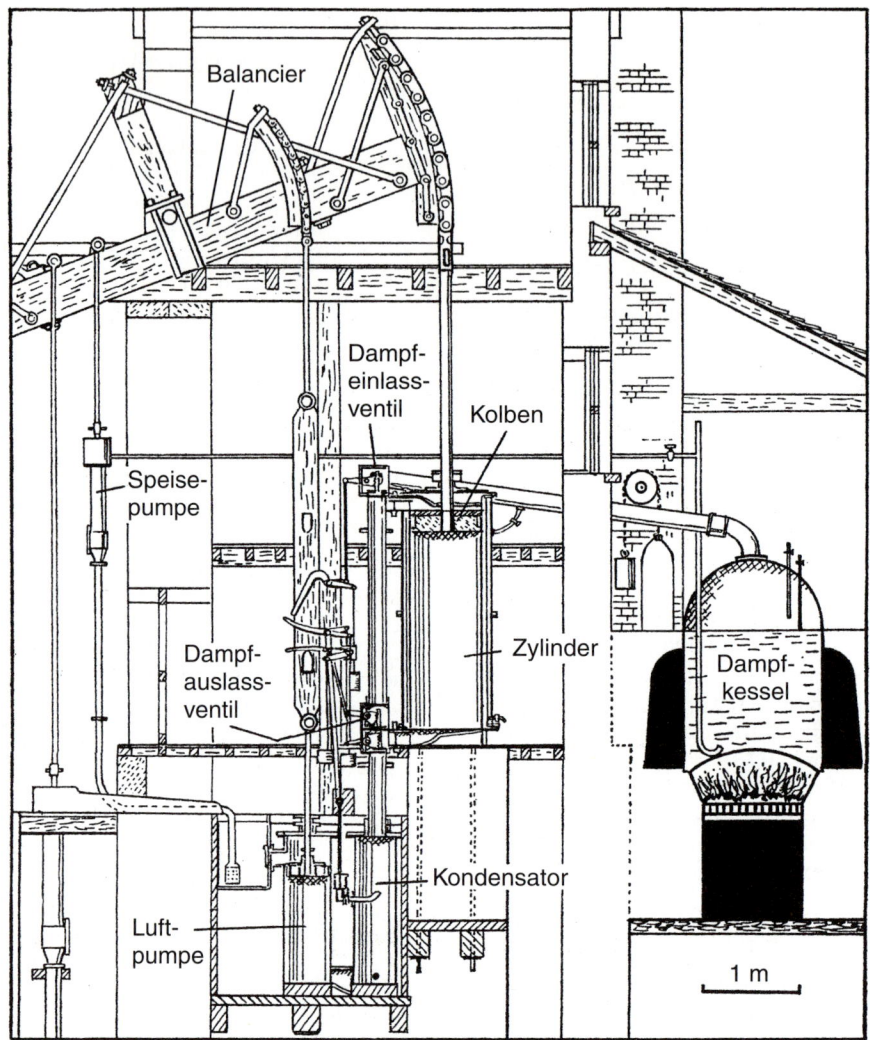

Bild 1-1 Dampfmaschine zum Antrieb einer Wasserpumpe nach WATT 1788

Diese Maschine enthält bereits die Hauptbauteile moderner Kolbendampfmaschinen, den Dampfkessel, die Kolbenmaschine, den Kondensator und die Speisepumpe. Die Bewegung der Kolbenstange wird über den „Balancier" auf das
Gestänge der hier nicht sichtbaren Wasserpumpe übertragen. [11]

1 Einführung

1.1 Aufgabe und Geschichte

Wozu Technische Thermodynamik?

Was ist Technische Thermodynamik?

Woher kommt Technische Thermodynamik?

Die Technische Thermodynamik ist die ingenieurwissenschaftliche Basis für eine ganze Reihe technischer Aufgaben:

– Energieumwandlung in Wärmekraftwerken mit Dampf- und Gasturbinen

– Energieumwandlung in Verbrennungsmotoren und Gasverdichtern

– Kühlung, Klimatisierung, Heizung

– Wärmeübertragung und Wärmedämmung

– Thermische Herstellungsverfahren

Bei diesen Aufgaben geht es entweder darum, Energie in nutzbare Formen umzuwandeln oder mit Hilfe von Energie bestimmte Wirkungen zu erzielen.

So wird in Wärmekraftanlagen die in fossilen oder nuklearen Brennstoffen gespeicherte Energie als Wärme an ein Arbeitsmittel übertragen, um einen möglichst großen Teil davon in Form mechanischer Arbeit oder elektrischer Energie nutzbar zu machen (Bild 1-1 und 1-2).

Die Technische Thermodynamik, früher als *Technische Wärmelehre* bezeichnet, ist heute als allgemeine Energielehre eine der Grundlagen der Technik.

Ingenieure und Physiker haben in gleicher Weise an der Entwicklung des Wissensgebietes Thermodynamik mitgewirkt. Für den Ingenieur ist es zweckmäßig, die Thermodynamik phänomenologisch zu betreiben und sie auf wenigen, durch makroskopische Beobachtungen gewonnenen Erfahrungssätzen aufzubauen. Physiker betrachten die Welt mikroskopisch (atomistisch). Mit Modellen wie dem Idealen Gas gaben sie eine Deutung der phänomenologisch gefundenen Gesetzmäßigkeiten.

Hauptsätze – In der Thermodynamik werden die grundlegenden Erfahrungssätze als *Hauptsätze* bezeichnet. Historische Gründe haben zu einer eigentümlichen Nummerierung geführt.

Erster Hauptsatz – Satz von der Erhaltung der Energie

Zweiter Hauptsatz – Satz von der begrenzten Umwandelbarkeit von Energieformen

Dritter Hauptsatz – Satz von der Nichterreichbarkeit des absoluten Nullpunktes

Nullter Hauptsatz – Satz über das thermische Gleichgewicht.

Es fing an mit der Untersuchung der Eigenschaften von Luft und Wasser. ROBERT BOYLE (1627–1691), EDME MARIOTTE (1620–1684) und JOSEPH LOUIS GAY-LUSSAC (1778–1850) fanden die Gasgesetze. Die Erkenntnisse über den Wasserdampf führten zum Bau der ersten Dampfmaschinen – D. PAPIN (1647–1712) um 1690, TH. NEWCOMEN (1663–1729) um 1711 – und dann mit wesentlichen Verbesserungen JAMES WATT (1736–1819) um 1788 (Bild 1-1).

Die Thermodynamik als Wissenschaft hat der französische Ingenieuroffizier NICOLAS LEONARD SADI CARNOT (1796–1832) mit seiner einzigen, 1824 erschienenen Schrift begründet, in der er den Zweiten Hauptsatz ausspricht. Den Satz von der Erhaltung der Energie fand J. R. MAYER (1814–1878); J. P. JOULE (1818–1889) lieferte die experimentelle Bestätigung.

R. CLAUSIUS (1822–1888) und W. THOMSON, späterer Lord KELVIN, (1824–1907) formulierten
den Zweiten Hauptsatz. Der Dritte Hauptsatz stammt von W. NERNST (1864–1941) und wurde
von MAX PLANCK (1858–1947) erweitert. C. CARATHEODORY (1873–1950) führte den Begriff
der adiabaten Wand ein und begründete die Thermodynamik axiomatisch.

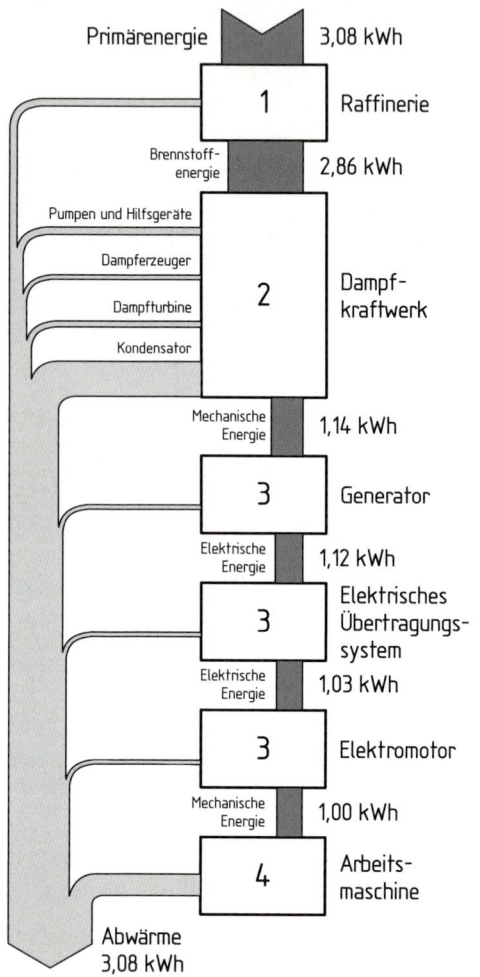

Bild 1-2
Energieumwandlungskette

Um eine Nutzenergie von 1 kWh zu bekommen, wird
eine etwa dreimal so große Primärenergie gebraucht,
die dann schließlich vollständig als Abwärme in die
Umgebung fließt.

1 Zur Gewinnung von Heizöl aus Rohöl braucht
   die Raffinerie selbst Energie, die als erste zur
   Abwärme wird.

2 Im Dampfkraftwerk fällt an technisch bedingter
   Abwärme nur wenig an; unvermeidbar ist jedoch
   der große, durch physikalische Gesetze bedingte
   Abwärmestrom.

3 Bei der Umwandlung von mechanischer und
   elektrischer Energie und deren Übertragung
   gibt es wenig Abwärme.

4 In der Arbeitsmaschine wird die gesamte erzeugte
   Nutzenergie in Abwärme umgewandelt.
   (Nach Werkbild Siemens AG)

In der Energieumwandlungskette zeigt sich sowohl
der Erste Hauptsatz in der Erhaltung der Energie, als
auch der Zweite Hauptsatz durch die begrenzte Umwandelbarkeit der zugeführten Wärme in Arbeit.

1.2 Zur Lehrveranstaltung

Wie können Sie sich die Technische Thermodynamik erobern?

Der Grundkurs der Technischen Thermodynamik soll die Kenntnisse und Methoden vermitteln, mit denen einfache Prozesse der Energieumwandlung und der Energieübertragung
vorstellungsmäßig und rechnerisch erfasst und vorausbestimmt werden können. Außerdem soll
die Basis für das Verständnis weiterführender Lehrveranstaltungen erworben werden.

Die Hauptsätze der Thermodynamik scheinen zunächst selbstverständliche Aussagen zu enthalten. Die Anwendung bei technischen Problemen hat jedoch zu einer Methodik geführt, die
sich dem Anfänger nicht ohne eigenes Bemühen erschließt.

Der mathematische Aufwand ist gering, jedoch bedarf es einer nur durch Übung zu gewinnen-den Gewöhnung an zahlreiche neue Begriffe, Formelzeichen und Diagramme, an die Verknüpfung theoretischer Betrachtung mit praktischen Überlegungen.

In der Thermodynamik hat sich wie in jedem anderen Wissensgebiet eine Fachsprache entwickelt. Zur Alltagssprache, die die Basis bildet, sind die Fachausdrücke und die fachüblichen Redewendungen hinzugekommen. Mit dieser Fachsprache können sich Fachleute schnell und präzise verständigen. Der Anfänger muss jedoch diese Sprache erst lernen – im Umgang mit den Gegenständen des Fachgebietes. Um hierbei eine Hilfe zu geben, wurde zum Grundkurs das interaktiv nutzbare Fachwörterbuch THERMODYNAMIK GLOSSAR zusammengestellt, das unter *www.viewegteubner.de*, das Suchwort *Langeheinecke*, den Buchtitel und das Symbol ◻ abrufbar ist.

Sie helfen sich, die fachsprachlichen Hürden zu überwinden, wenn Sie die neuen Fachwörter genau so bewusst aufnehmen wie neue Formelzeichen.

Um das Ziel des Grundkurses zu erreichen, müssen die sprachlichen und optischen Eindrücke der Vorlesung durch kontrollierendes Lesen der jeweiligen Abschnitte des Lehrbuches, durch Nachschlagen im Fachwörterbuch und vor allem durch die Bearbeitung der Fragen und Übungen, wie sie am Ende jedes Kapitels angeboten werden, vertieft und verankert werden.

Der logische Aufbau verlangt, dass der Grundkurs möglichst ohne Lücken aufgenommen wird, zumal mit jedem Lernschritt nicht nur Fakten, sondern auch Arbeitsmethoden vermittelt werden. Auf der anderen Seite hilft der logische Aufbau beim Erreichen der Lernziele, vor allem dann, wenn man sich die Struktur des Fachgebietes Thermodynamik erarbeitet hat.

1.3 Physikalische Größen und Größengleichungen

Wie rechnet man (nicht nur) in der Thermodynamik?

Beobachtete Gesetzmäßigkeiten physikalischer Vorgänge werden möglichst in Form mathematischer Funktionen dargestellt. Diese Funktionen verknüpfen messbare physikalische Eigenschaften miteinander.

Größen – Eine messbare physikalische Eigenschaft wird als *physikalische Größe* oder kurz als *Größe* bezeichnet. Beispielsweise ist die Länge einer Strecke eine physikalische Größe.

Der Wert einer Größe wird an einer durch Gesetz oder Konvention festgelegten Einheit gemessen und als Vielfaches dieser Einheit angegeben. Das bedeutet im Beispiel, dass eine Länge gleich drei mal ein Meter ist. Allgemein gilt:

Größe gleich Zahlenwert mal Einheit (1.1)

Diese Aussage ist als Gleichung aufzufassen und kann entsprechend umgeformt werden.

Zahlenwert gleich Größe durch Einheit

Einheit gleich Größe durch Zahlenwert

Der Zahlenwert kann also allgemein als das Verhältnis von Größe und Einheit dargestellt werden. Der Zahlenwert drei des Beispiels heißt also allgemein Länge durch Meter.

Die zunächst mit Worten vorgestellte Gleichung 1.1 lässt sich mit Formelzeichen schreiben, wenn für Größen G deren Zahlenwert mit geschweiften Klammern und deren Einheit mit eckigen Klammern angegeben wird [DIN 1313].

$$G = \{G\} \cdot [G]$$ (1.2)

Mit dieser Schreibweise wird noch mehr als mit den Wortgleichungen deutlich, dass die Einheiten mathematisch in gleicher Weise wie die Zahlenwerte zu behandeln sind.

Der vielfach noch praktizierte Brauch, Einheiten in eckige Klammern zu setzen, ist nicht sinnvoll, da sonst nach der beschriebenen Festlegung beispielsweise [s] die Einheit der Einheit Sekunde bedeutete.

Der Wert einer Größe ist unabhängig (invariant) von der Einheit. So ist die Länge einer Strecke unabhängig vom gewählten Maßsystem, aber der Zahlenwert ändert sich mit der Einheit. Die Entfernung von Stuttgart nach Bonn ist gleich 330 Kilometern gleich 44 württembergischen Meilen gleich 37 badischen Meilen.

Größen und Einheiten werden durch Buchstaben oder Buchstabengruppen dargestellt, die als *Formelzeichen* oder *Symbole* bezeichnet werden, Einheiten durch entsprechende Einheitensymbole. Beispiele sind die Länge L, das Drehmoment M_d, die Reynoldszahl Re, das Meter m und das Pascal Pa. Im Druck werden physikalische Größen *kursiv*, aber mit geraden Indizes, und Einheiten gerade gesetzt.

Da nur eine begrenzte Menge von Buchstaben verfügbar ist, muss mit Indizes unterschieden werden. Die Strecke zwischen den Punkten 1 und 2 kann man L_{12}, eine Anfangstemperatur t_1 nennen. Für den zeitabhängigen Druck in einem Kessel wird man p_K schreiben und einen bestimmten Wert dieses Druckes als p_{K1} bezeichnen.

Einheitengleichungen – Zwei verschiedene Einheiten gleicher Art (Dimension) werden durch eine Einheitengleichung verknüpft.

$$1\ km = 1000\ m \qquad\qquad 1\ kp = 1\ kg \cdot 9{,}81\ m/s^2 \qquad (1.3)$$

Aus der Einheitengleichung ergibt sich der Umrechnungsfaktor, dessen mathematischer Wert immer gleich eins ist.

$$1 = \frac{km}{1000\ m} = \frac{1000\ m}{km} \qquad 1 = 9{,}81\ \frac{m\ kg}{kp\ s^2} = \frac{kp\ s^2}{9{,}81\ m\ kg} \qquad (1.4)$$

Durch Einführung des Internationalen Maßsystems (SI-Einheiten) werden Einheitengleichungen vor allem noch bei Nutzung älterer Literatur gebraucht*.

Größengleichungen – Die Beziehungen zwischen Größen heißen *Größengleichungen*. Sie gelten unabhängig davon, in welchen Einheiten die Größen eingesetzt werden. Zur Auswertung der Größengleichungen sind für die Formelzeichen der Größen *stets* die Produkte aus Zahlenwert und Einheit einzusetzen. Im folgenden Beispiel steht das Formelzeichen m für die Masse, V für das Volumen und ρ für die Dichte.

$$m = V \cdot \rho \qquad \text{Volumen}\ V = 0{,}054\ m^3 \qquad \text{Dichte}\ \rho = 1{,}03\ kg/dm^3$$

$$m = 0{,}054\ m^3 \cdot 1{,}03\ \frac{kg}{dm^3}$$

Zahlenwerte und Einheiten werden getrennt, jedoch innerhalb der Gleichung ausgerechnet und dabei die Umrechnungsfaktoren für die Einheiten einbezogen.

$$m = 0{,}054 \cdot 1{,}03 \cdot m^3 \cdot \frac{kg}{dm^3} \cdot 10^3 \cdot \frac{dm^3}{m^3} = 56\ kg$$

---

* Eine umfangreiche Zusammenstellung von Einheiten aus aller Welt bringt [20b].

Zugeschnittene Größengleichungen – Häufig muss eine Größe mit derselben Gleichung mehrfach berechnet werden. Wenn dabei Einheiten umzurechnen sind, ist es zweckmäßig, die Größengleichung in geeigneter Weise abzuändern, sie für diese Aufgabe zuzuschneiden. Das Verfahren hierfür wird am folgenden Beispiel erläutert.

■ **Beispiel 1.1** Es soll die Masse m von Metalltafeln in kg aus Flächen A in m², Dicken b in cm und Dichten in kg/dm³ ermittelt werden.

$$m = A \cdot b \cdot \rho$$

Jede Größe der Gleichung wird durch ihre Einheit dividiert und wieder mit ihrer Einheit multipliziert, damit die mathematische Gleichheit beider Seiten erhalten bleibt.

$$\left(\frac{m}{\text{kg}}\right)\text{kg} = \left(\frac{A}{\text{m}^2}\right)\text{m}^2 \cdot \left(\frac{b}{\text{cm}}\right)\text{cm} \cdot \left(\frac{\rho}{\text{kg/dm}^3}\right)\text{kg/dm}^3$$

Durch geeignete Zusammenfassung entsteht eine Gleichung, die nur noch Zahlenwerte enthält, und zwar

– die einzusetzenden und die zu berechnenden Zahlenwerte in allgemeiner Form als Quotient Größe/Einheit (zur Verdeutlichung in Klammern gesetzt)
– Zahlenwerte aus mathematischen Operationen wie 2, π usw. und
– den Zahlenwert aus den eingefügten Einheiten.

Die beiden letzten Zahlenwerte wird man zu einem konstanten Faktor zusammenfassen.

$$\left(\frac{m}{\text{kg}}\right) = \frac{\text{m}^2 \ \text{cm} \ \text{kg}}{\text{kg} \ \text{dm}^3} \cdot \left(\frac{A}{\text{m}^2}\right) \cdot \left(\frac{b}{\text{cm}}\right) \cdot \left(\frac{\rho}{\text{kg/dm}^3}\right)$$

Der Zahlenwert aus den eingeführten Einheiten wird hier

$$\frac{\text{m}^2 \ \text{cm} \ \text{kg}}{\text{kg} \ \text{dm}^3} \cdot \frac{\text{m}}{10^2 \ \text{cm}} \cdot \frac{10^3 \ \text{dm}^3}{\text{m}^3} = 10.$$

Als zugeschnittene Größengleichung ergibt sich im Beispiel

$$\left(\frac{m}{\text{kg}}\right) = 10 \cdot \left(\frac{A}{\text{m}^2}\right) \cdot \left(\frac{b}{\text{cm}}\right) \cdot \left(\frac{\rho}{\text{kg/dm}^3}\right).$$

Die gezeigte Methode, Größengleichungen zuzuschneiden, spart viel Zeit bei der Auswertung von Messungen und ist erforderlich zur Vorbereitung von EDV-Programmen.

Zahlenwertgleichungen, in denen die Formelzeichen Zahlenwerte bei Verwendung bestimmter Einheiten bedeuten, sollen nicht benutzt werden, da sie nur bei diesen Einheiten richtige Ergebnisse liefern.

Technische Berechnungen – Um technische Berechnungen schnell und sicher auszuführen, ist es ratsam, sich an einige Grundsätze zu halten. Das gilt sowohl jetzt für Übungs- und Prüfungsaufgaben als auch später in der Praxis. Mit dem folgenden Beispiel soll ein Verfahren vorgeführt werden.

Zunächst sollte man sich mit der gestellten Aufgabe durch Lesen der entsprechenden Texte, Briefe usw. vertraut machen. Dann wird man die gegebenen Daten mit Zahlenwert und Einheit herausziehen und bei deren Auflistung sofort eindeutige Formelzeichen festlegen. Manchmal ist auch eine Skizze zweckmäßig.

Die Berechnung selber lässt sich durch die zu bestimmenden Größen übersichtlich gliedern. Grundsätzlich wird mit Größengleichungen gearbeitet werden. Für den Ansatz genügt manchmal eine Gleichung, oft müssen jedoch mehrere Gleichungen herangezogen werden, um zu der – zunächst allgemeinen – Lösung zu kommen.

Erst wenn die allgemeine Lösung vorliegt, werden die gegebenen und aus Tabellen usw. ermittelten Zahlenwerte eingesetzt und die Rechnungen mit Zahlen ausgeführt.

Zahlen sind in der Technik mit wenigen Ausnahmen *Zahlen beschränkter Genauigkeit*. Häufig sind die Ausgangswerte von Berechnungen nur mit zwei oder drei Stellen bekannt. Es ist dann sinnlos, das Ergebnis mit acht Stellen anzugeben, nur weil es vom Taschenrechner so angezeigt wird.

■ **Beispiel 1.2** Eine Gasturbine gibt an der Welle 141 PS* je kg der in der Sekunde durch die Turbine strömenden Luft ab. Der Luftstrom beträgt 56,7 kg/s. Das Verhältnis von Luftmasse zu Brennstoffmasse beträgt 80 : 1. Wie hoch ist der spezifische Brennstoffverbrauch in g/PSh?

Daten

Leistung $\quad\left(\dfrac{P}{\dot{m}_L}\right) = 141 \ \dfrac{PS}{kg\,L/s}$

Luftstrom $\quad \dot{m}_L = 56,7 \ kgL/s$

Luft je Brennstoff $\quad\left(\dfrac{\dot{m}_L}{\dot{m}_B}\right) = 80 \ \dfrac{kgL/s}{kgB/s}$

Spezifischer Brennstoffverbrauch *b* in g/(PSh)

$$b = \frac{\dot{m}_B}{P} \qquad \dot{m}_B = \frac{\dot{m}_L}{(\dot{m}_L/\dot{m}_B)}$$

$$P = \left(\frac{P}{\dot{m}_L}\right)\dot{m}_L$$

$$b = \frac{\dot{m}_L}{(\dot{m}_L/\dot{m}_B)} \ \frac{1}{(P/\dot{m}_L)\cdot\dot{m}_L}$$

$$b = \frac{1}{(\dot{m}_L/\dot{m}_B)(P/\dot{m}_L)}$$

$$b = \frac{1}{80}\frac{kgB/s}{kgL/s} \ \frac{1}{141}\frac{kgL/s}{PS}$$

$$b = 8,86\cdot10^{-5}\frac{kgB/s}{PS}\cdot10^3\frac{gB}{kgB}\cdot3,6\cdot10^3\frac{s}{h}$$

$$b = 319 \ \frac{gB}{PSh}$$

Wenn es wie hier für eine der gegebenen Größen kein bestimmtes Formelzeichen gibt, sollte es aus den üblichen sinnvoll zusammengesetzt werden. Die dabei benutzten Klammern sind mathematisch nicht erforderlich, sollen aber anzeigen, dass es sich um ein für eine einzelne Größe zusammengesetztes Formelzeichen handelt.

Für den Massenstrom wird das Formelzeichen für die Masse mit einem darüber gesetzten Punkt (entsprechend der zeitlichen Ableitung) verwendet.

Größen- und Einheitensymbole werden hier zweckmäßigerweise mit *L* für Luft und *B* für Brennstoff gekennzeichnet.

Für die Floskel „80 : 1" wird einfach eine „80" gesetzt; diese wird mit einer (dimensionslosen**) Einheit versehen.

Die Überschrift nennt die zu berechnende Größe, legt außerdem das dafür verwendete Formelzeichen fest und gibt die verlangte Einheit an. Da keine Gleichung („Formel") für die zu berechnende Größe bekannt ist, wird sie aus der geforderten Einheit abgeleitet.

Dabei zeigt sich, dass mehrere Größen in dieser Gleichung nicht gegeben sind, sondern erst mit weiteren Gleichungen ermittelt werden müssen.

Beim Zusammenfassen der drei Gleichungen fällt der gegebene Luftmassenstrom $\dot{m}_L$ heraus; für technische Berechnungen ist es typisch, dass eine Vielzahl von Größen zahlenmäßig bekannt ist; aus denen müssen die zur Berechnung notwendigen herausgesucht werden. Oft fehlen auch Zahlenangaben, die dann erst noch zu ermitteln oder wenigstens abzuschätzen sind.

Bei der zahlenmäßigen Berechnung werden noch die Umrechnungsfaktoren für die Einheiten berücksichtigt.

Da die gegebenen Daten nur mit drei Stellen bekannt sind, ist das Ergebnis auch nur auf höchstens drei Stellen genau, wobei der Wert der letzten Stelle als unsicher anzusehen ist. Die Angabe von mehr als drei Stellen ist sinnlos.

---

* Die heute nicht mehr zulässige Einheit der Leistung *Pferdestärke* wird mit PS abgekürzt.

** In der Technik ist es üblich, Größen mit der Dimension 1 als *dimensionslos* zu bezeichnen.

1.4 Fragen und Übungen

Fragen – Versuchen Sie, zunächst ohne Benutzung von Hilfsmitteln zu antworten, also ohne Rechner, ohne Tabellen und ohne in dem entsprechenden Abschnitt nachzuschlagen. Gelingt dies nicht, versuchen Sie es mit einer dieser Hilfen. Bitte beachten Sie, dass bei den Fragen, bei denen mehrere Antworten zur Auswahl gegeben sind, grundsätzlich nur eine Antwort richtig ist (von ganz wenigen Ausnahmen abgesehen).

Übungen – Für die Bearbeitung wird im Allgemeinen die Benutzung von Rechnern und Tabellen (vor allem der hinten im Buch eingefügten) sowie auch der Formelsammlung THERMODYNAMIK MEMORY (kostenlos abrufbar unter www.springer.com/springer+vieweg/ maschinenbau/book/978-3-658-03168-8 in der Rubrik (rechts) *Zusätzliche Informationen*) angebracht sein. Die Lösungen finden sich im Buch im Anschluss an die Tabellen.

Frage 1.1 Welche der folgenden Einheitenkombinationen hat die Dimension 1?

(a) $(kg \cdot m^3)\,(m^2/s)\,(m \cdot s/kg)^{-1}$ (d) $(kg/m^3 \cdot m)\,(m/s)\,(kg/[m \cdot s])^{-1}$

(b) $(kg/m^3)\,(m^2/s)\,(1/kg\,m \cdot s)$ (e) $(kg/m^3 \cdot m)\,(m^2/s)\,(kg/[m^2 \cdot s])^{-1}$

(c) $(m/s)\,(kg/m^3)\,(m^2 \cdot s/kg)^{-1}$

Frage 1.2 Welcher Buchstabe oder welche Buchstabenkombination steht *nicht* für eine SI-Basiseinheit?

(a) A   (b) C   (c) cd   (d) K   (e) mol

Frage 1.3 Mit welcher der folgenden Gleichungen kann eine Kraft F aus einer Geschwindigkeit c, einer Masse m und einem Radius r ermittelt werden?

$[c] = m/s$ $[m] = kg$ (a) $F = rc^2/m$ (c) $F = mc^2/r$ (e) $F = c^2/mr$

$[F] = kg\,m\,s^{-2}$ $[r] = m$ (b) $F = r\sqrt{m\,c}$ (d) $F = m^2 rc$

Übung 1.1 Eine Größe R muss mehrfach aus Messwerten des Volumenstroms $\dot{V}$ in dm^3/h und des Durchmessers D in mm sowie den Konstanten $z = 0{,}7 \cdot 10^3$ kg/m^3 und $n = 100 \cdot 10^{-6}$ kp s/m^2 mit der folgenden Gleichung berechnet werden. Entwickeln Sie dafür eine zugeschnittene Größengleichung.

$$R = \frac{4 \cdot \dot{V} \cdot z}{\pi \cdot D \cdot n}$$

Übung 1.2 In Dampfturbinen wird die im Dampf enthaltene kalorische Energie zum Teil in kinetische Energie des Dampfes umgewandelt. Die kalorische, auf die Masse bezogene Energie hat das Formelzeichen h und wurde früher in kcal/kg gemessen. In der Gleichung für die auf die Masse bezogene kinetische Energie steht das Formelzeichen c für die Geschwindigkeit.

Die durch die Energieumwandlung erzielbare Geschwindigkeit c ergibt sich aus der Gleichung

$$c = \sqrt{2\,\Delta h}$$

Entwickeln Sie aus dieser Gleichung eine zugeschnittene Größengleichung, um die Geschwindigkeit c in m/s aus der Abnahme des Energiegehaltes Δh in kcal/kg zu berechnen (Umrechnungsfaktoren siehe Tabelle T.1 im Anhang).

2 Die Systeme und ihre Beschreibung

2.1 Systeme und Energien

Ein Gegenstand oder ein Bereich wird zur Untersuchung abgegrenzt und als System bezeichnet. Systeme werden durch Übertragen von Energie beeinflusst.

Die Thermodynamik baut auf Beobachtung auf. Die Gegenstände oder Bereiche der Beobachtung werden als *thermodynamische Systeme* bezeichnet.

Für eine genaue Beobachtung ist es notwendig, ein System* von seiner Umgebung durch eine Grenze zu trennen.

Bei einem Motor kommt es beispielsweise darauf an, ob er mit oder ohne Lichtmaschine, mit oder ohne Getriebe untersucht werden soll. Entsprechend ist die Grenze zwischen dem System und seiner Umgebung zu ziehen (Bild 2-1). Die allgemeine Form dieser Aussage zeigt Bild 2-2.

Bild 2-1

Ein Motor als Gegenstand einer thermodynamischen Untersuchung

Die Systemgrenze kann Lichtmaschine und Getriebe einschließen oder ausschließen. [Aus Lexikon Motorentechnik, Vieweg 2004]

Bild 2-2

System, Grenze, Umgebung

Die Systemgrenzen werden durch gestrichelte (wie hier) oder durch strichpunktierte oder punktierte Linien gekennzeichnet.

Thermodynamische Prozesse lassen sich dann als eine wechselseitige Beeinflussung von System und Umgebung oder von zwei Systemen untereinander auffassen (Bild 2-3).

---

* Als *System* bezeichnet man eine Gesamtheit von Teilen, die zueinander, zum Ganzen und in der Regel auch zur Umwelt in irgendeiner Beziehung stehen, aufeinander wirken und sich gegenseitig beeinflussen. Dagegen bilden die Elemente einer Menge nur ein bloßes Beieinander. [Nach 49]

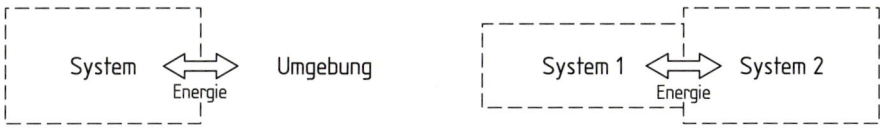

Bild 2-3 Beeinflussung von Systemen durch Energieübertragung

Energieübertragung – Die Beeinflussung von Systemen geschieht durch Übertragen von Energie. Jede Energieübertragung bewirkt Änderungen des Zustandes im System, also beispielsweise Änderungen von Druck und Temperatur.

Energie kann entweder auf mechanischem oder auf thermischem Weg oder auch gebunden an einen Stoffstrom übertragen werden (Bild 2-4).

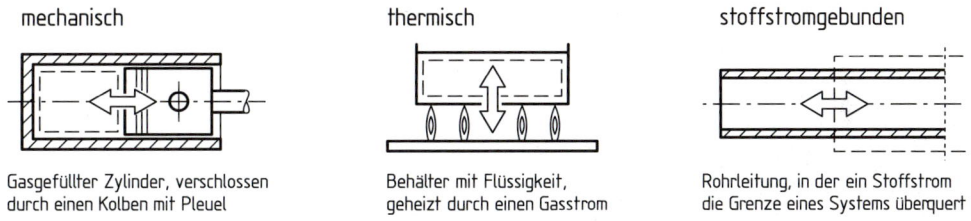

Bild 2-4 Arten der Energieübertragung (Kennzeichen ⇔)

Bei mechanischer Energieübertragung wirkt eine Kraft auf die Systemgrenze und verrichtet *Arbeit*.

Wenn System und Umgebung verschiedene Temperaturen haben, wird *Wärme* übertragen, also auf thermischem Weg Energie in das System oder aus dem System transportiert.

Ein Stoffstrom, der über eine Systemgrenze tritt, hat zumindest kinetische Energie. Auch weitere Energiearten werden auf diese Weise übertragen, so dass man die *stoffstromgebundenen Energien* als dritte Art der Energieübertragung nennen muss.

Systemarten – Es hat sich als zweckmäßig erwiesen, mehrere Arten von Systemen zu unterscheiden. In technischen Anlagen hat man es meistens mit Systemen zu tun, über deren Grenzen Energieströme und Stoffströme fließen. Solche Systeme nennt man offene Systeme.

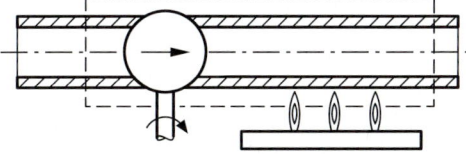

Bild 2-5

Offenes System

Stoffübertragung sowie mechanische, thermische und stoffstromgebundene Energieübertragung sind möglich.

Bild 2-5 zeigt als Beispiel eines offenen Systems eine von einem Stoffstrom durchflossene Rohrleitung. In die Rohrleitung ist eine Maschine mit einer Welle eingebaut, mit der Energie in Form von Arbeit in das System hinein oder aus dem System hinaus transportiert werden kann. Am Ende wird die Rohrleitung zu einem Wärmeaustauscher, in dem der Stoffstrom wie in Bild 2-5 von einem Gasbrenner erwärmt oder mit kaltem Wasser abgekühlt werden kann.

Systeme, über deren Grenzen nur Energieströme, aber keine Stoffströme fließen, kommen in der Technik weniger vor, werden aber viel für grundsätzliche Überlegungen benutzt. Diese Systeme heißen *geschlossene Systeme* (Bild 2-6).

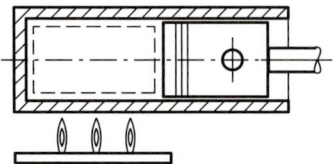

Bild 2-6
Geschlossenes System
Mechanische und thermische Energieübertragung sind möglich, jedoch keine Stoffübertragung.

Bild 2-7
Abgeschlossenes System
Es ist keine Energieübertragung und keine Stoffübertragung möglich.

Die Skizze zeigt als Beispiel eines geschlossenen Systems die Gasfüllung eines ventillosen Zylinders, der durch einen Kolben verschlossen ist und durch einen Gasbrenner erwärmt werden kann; Arbeit lässt sich über die Kolbenstange übertragen.

Ist bei einem System weder Energieübertragung noch Stoffübertragung möglich, nennt man es ein *abgeschlossenes System* (Bild 2-7).

Die Skizze zeigt als Beispiel eines abgeschlossenen Systems die Füllung eines starren, wärmeisolierten Behälters. Die Kreuzschraffur kennzeichnet die zur Wärmedämmung aufgebrachte Isolierung.

Adiabate, rigide und diatherme Systeme – Wenn über die Grenze eines Systems keine Wärme übertragen werden kann, nennt man das System *adiabat*. Offene und geschlossene Systeme können durch eine entsprechende Wärmeisolierung genügend genau adiabat gemacht werden (Bild 2-8). Natürlich findet auch dann keine Wärmeübertragung statt, wenn die Temperatur auf beiden Seiten der Grenze gleich ist. Dies trifft beispielsweise auf alle Rohrleitungsquerschnitte zu, die daher immer als adiabat anzusehen sind.

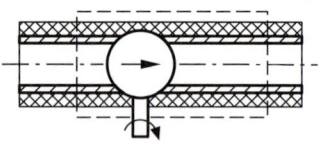

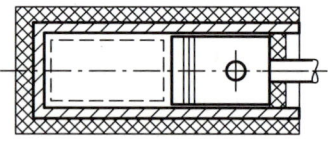

Bild 2-8 Adiabates offenes System und adiabates geschlossenes System

Wenn über die Grenze eines Systems keine Arbeit übertragen werden kann, lässt es sich als *rigid* bezeichnen.* Geschlossene Systeme, deren Grenzen durch starre und unverschiebbare

---

* Die Bezeichnung *adiabat* für Systemgrenzen, über die keine Wärme fließen kann, ist fest eingeführt. Merkwürdigerweise findet sich in der Literatur für Systemgrenzen, über die keine Arbeit transportiert werden kann, kein entsprechender Ausdruck, allenfalls das Wort *arbeitsdicht*. Es bietet sich ein Begriff mit der Bezeichnung *rigid* an, bei dessen Definition aber der Transport von Schubarbeit ausgeschlossen werden muss, da er sonst nicht auf offene Systeme angewendet werden kann.

Wände gebildet werden, können als rigid angesehen werden, solange die durch Druck- und Temperaturänderungen hervorgerufenen Änderungen der Wände vernachlässigbar sind. Nicht rigid sind Systeme, über deren Grenze durch Wellen, Kolbenstangen oder andere bewegte Teile Arbeit übertragen wird. Rohrleitungsquerschnitte sollen ebenfalls als rigid angesehen werden. Abgeschlossene Systeme sind immer rigid.

Systemgrenzen, über die nur Wärme übertragen werden kann, werden als *diatherm* bezeichnet. Bild 2-9 gibt noch einmal einen Überblick über die behandelten Systemarten.

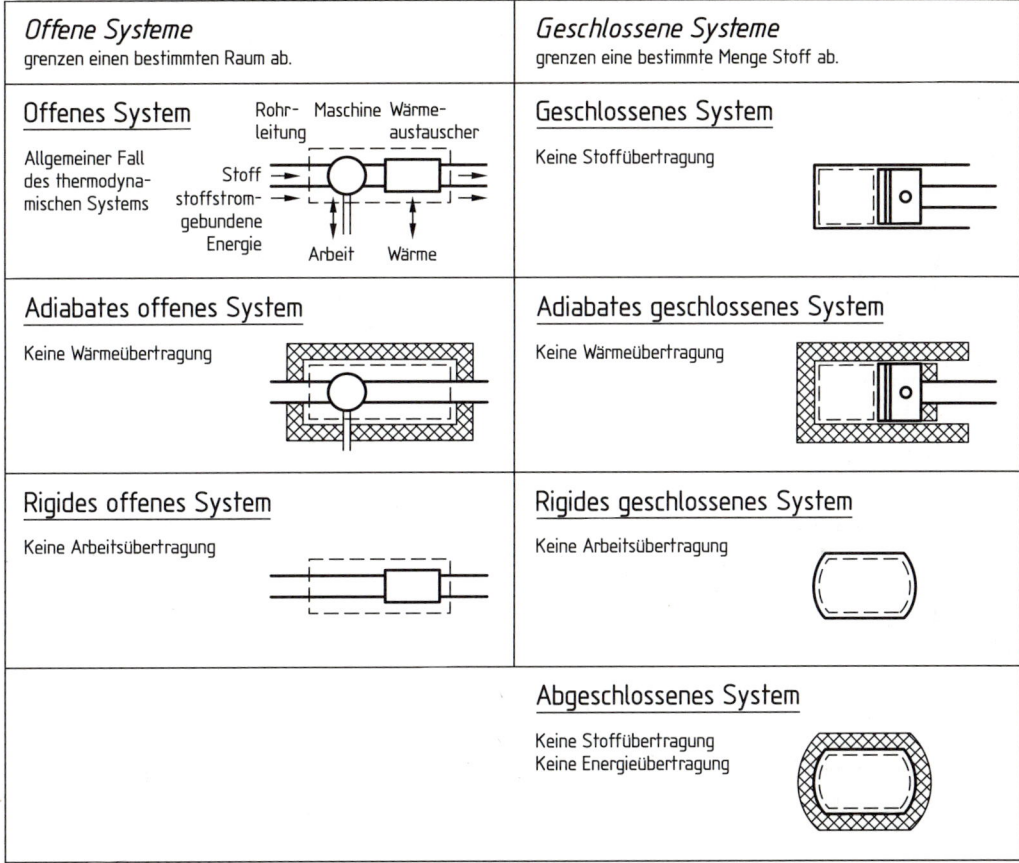

Bild 2-9
Systemarten
Thermodynamische Systeme tauschen im allgemeinen Fall mit ihrer Umgebung Stoff, Arbeit, Wärme und stoffstromgebundene Energie aus.
Werden einzelne dieser Wechselwirkungen ausgeschlossen, ergeben sich die verschiedenen Systemarten.

Systemgrenzen – Die Grenzen von Systemen werden so festgelegt, wie es für eine Betrachtung zweckmäßig ist. Die Grenzen können durch die Oberfläche eines festen Körpers oder einer Flüssigkeit, durch einen Rohrleitungsquerschnitt oder einen Wellenquerschnitt oder auch durch eine nur gedachte Fläche gebildet werden.

Offene Systeme grenzen einen bestimmten Raum ab (und werden daher auch als *Kontrollraum* bezeichnet). Ihre Lage ändert sich nicht.

Geschlossene Systeme grenzen eine bestimmte Menge Stoff ab, und ihre Grenzen können mit der Ausdehnung des Stoffes ihre Lage ändern (Bild 2-10).

Bild 2-10
Inhalt einer Gasflasche als geschlossenes System
Die Systemgrenze wandert beim Ausströmen mit und umschließt (in Gedanken) weiterhin die Füllmenge.

Teilsysteme und Gesamtsystem – Es kann zweckmäßig sein, in einem zu untersuchenden System Teilsysteme abzugrenzen oder mehrere (Teil-) Systeme zu einem Gesamtsystem zusammenzufassen (Bild 2-11).

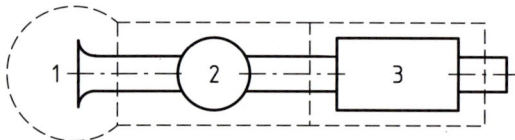

Bild 2-11 Druckluftanlage als offenes Gesamtsystem
Das Gesamtsystem Druckluftanlage ist in die Teilsysteme Ansaugstutzen (1), Luftkompressor (2) und Luftkühler (3) unterteilt. Die Teilgrenzen sind dorthin gelegt, wo der Zustand der Luft leicht gemessen werden kann.

Mehrphasensysteme – Ein geschlossenes System, in dem Druck, Temperatur, Dichte und die anderen physikalischen Größen überall den gleichen Wert haben, nennt man *homogen*. Ist dies nicht der Fall, spricht man von einem *heterogenen* System.

Ein homogenes System besteht immer nur aus einer Phase. Heterogene Systeme können aus mehreren Phasen, also mehreren homogenen Teilsystemen zusammengesetzt sein. Besonders häufig trifft man auf Zweiphasensysteme wie in Bild 2-12.

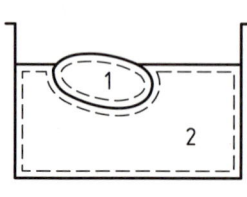 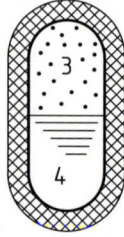

Bild 2-12 Beispiele für Zweiphasensysteme
1 Wassereis   3 Ammoniakdampf
2 Wasserflüssigkeit   4 Ammoniakflüssigkeit

■ **Beispiel 2.1** Ein elektrisches Gerät G wird in einem Testraum R untersucht. Der Testraum ist von einem Mantelraum M umgeben, dessen Temperatur t_M ständig auf der Temperatur t_R des Testraumes gehalten wird. Die Trennwand zwischen Testraum und Mantelraum ist luftdicht, aber wärmedurchlässig. Der Mantelraum ist gegenüber der Umgebung durch eine Wärmedämmung W abgeschlossen. Das Gerät wird durch eine Leitung L mit elektrischer Energie versorgt.

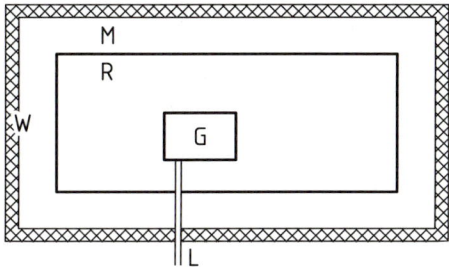

Bild 2-13
Untersuchungsanlage
G Gerät
R Testraum
M Mantelraum
W Wärmedämmung
L Elektrische Leitung

Das System Testraum ist ein geschlossenes System, da kein Stoffstrom über die Grenze fließt. Es kann als adiabat angesehen werden, da die beiden Temperaturen t_M und t_R gleichgehalten werden. Das System ist nicht rigid, da elektrische Arbeit über die Systemgrenze fließt. Es hängt von der zugeführten Leistung im Verhältnis zu den beteiligten Massen von Gerät und Testanlage ab, ob der Anstieg der Temperaturen vernachlässigt und die Anlage als im Beharrungszustand befindlich angesehen werden kann.

2.2 Gleichgewicht und Beharrungszustand

Die thermodynamische Beschreibung eines geschlossenen Systems wird sich dann als besonders einfach erweisen, wenn es sich im Gleichgewicht befindet. Dem entspricht bei einem offenen System der Beharrungszustand.

Gleichgewichtssatz – Nach unserer Erfahrung strebt jedes sich selbst überlassene geschlossene System einem Gleichgewichtszustand zu, den es niemals ohne Einwirkung von außen verlässt.

Ein geschlossenes System befindet sich dann in einem Gleichgewichtszustand, wenn sich seine Eigenschaften zeitlich nicht ändern und räumlich nicht verschieden sind. Beispielsweise müssen Druck und Temperatur im System überall gleich sein und dürfen sich auch nicht ändern.

Es ist zweckmäßig, zwischen verschiedenen Arten von Gleichgewicht zu unterscheiden. Dabei spielen die Eigenschaften der Wand, die System und Umgebung oder die zwei Systeme trennt, die entscheidende Rolle.

Wenn zwei geschlossene Systeme mit zunächst unterschiedlichen Drücken durch eine biegsame oder verschiebbare Wand getrennt sind, wird nach unserer Erfahrung ein Druckausgleich stattfinden. Die beiden Systeme kommen durch diesen Ausgleichsvorgang in mechanisches Gleichgewicht (Bild 2-14).

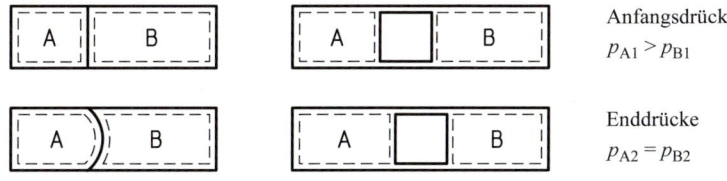

Anfangsdrücke
$p_{A1} > p_{B1}$

Enddrücke
$p_{A2} = p_{B2}$

Bild 2-14 Zum mechanischen Gleichgewicht
Zwischen den Systemen A und B stellt sich durch Verbiegen oder Verschieben der Trennwand mechanisches Gleichgewicht ein. (Die Trennwand soll selber keine Energie aufnehmen.)

Eine starre oder unverschiebbare Wand zwischen zwei Systemen verhindert den Druckausgleich; es kann keine Arbeit zwischen den beiden Systemen übertragen werden. Eine solche Wand bewirkt, dass sich kein mechanisches Gleichgewicht einstellt. Man kann sie kurz als *rigide Wand* bezeichnen (Bild 2-15).

Ganz entsprechend entscheiden die Eigenschaften der Trennwand zwischen Systemen verschiedener Temperatur darüber, ob zwischen diesen Systemen Wärme übertragen werden kann und damit ein Temperaturausgleich stattfindet. Eine Wand, die den thermischen Ausgleich und damit die Einstellung eines *thermischen Gleichgewichts*, also eine Übertragung von Wärme verhindert, wird als *adiabate Wand* bezeichnet (Bild 2-16). Eine Wand, die den thermischen Ausgleich zulässt, heißt *diatherme Wand*.

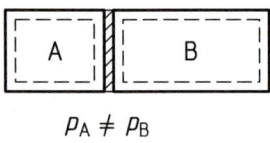

$$p_A \neq p_B$$

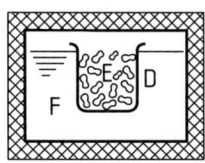

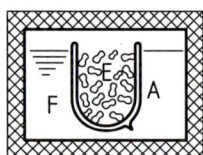

Bild 2-15
Rigide Wand
Eine rigide Wand verhindert Druckausgleich und damit mechanisches Gleichgewicht zwischen den Systemen A und B.

Bild 2-16
Zum thermischen
Gleichgewicht

System E Wassereis unterhalb der
          Erstarrungstemperatur
System F Wasserflüssigkeit oberhalb
          der Erstarrungstemperatur
Wand D   Becherglas
Wand A   Dewar-Gefäß
          (Thermosflasche)

Das Gesamtsystem ist thermisch gegen die Umgebung isoliert.

Von einem *thermodynamischen Gleichgewicht* spricht man, wenn sich zwei geschlossene Systeme nicht nur im mechanischen und thermischen, sondern auch im chemischen Gleichgewicht befinden. Wenn die beiden Systeme Stoffe enthalten, die miteinander chemisch reagieren, kann dies durch eine undurchlässige Trennwand unterbunden werden. Fehlt die Trennwand oder ist sie durchlässig, so läuft die Reaktion so lange, bis ein chemisches Gleichgewicht erreicht ist. Solche Vorgänge gehören jedoch in den Bereich der Chemischen Thermodynamik und sollen hier nicht weiter behandelt werden.

Beharrungszustand – Die Frage nach dem Gleichgewicht führt bei offenen Systemen zu der Feststellung, dass offene Systeme nie sich selbst überlassen sind. Schon ein einziger durchfließender Stoffstrom bedeutet eine dauernde Wechselwirkung mit der Umgebung (Bild 2-17).

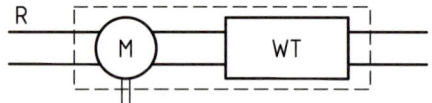

Bild 2-17
Zum Beharrungszustand eines offenen Systems
R   Rohrleitung zur Übertragung von Stoffstrom
M   Maschine zur Übertragung von Arbeit
WT   Wärmeaustauscher zur Übertragung von Wärme

Es gibt aber auch für offene Systeme eine Bedingung entsprechend dem Gleichgewicht, bei der Beschreibung und Berechnung einfach werden. Dies ist der Fall, wenn in dem offenen System nur stationäre Prozesse ablaufen, also solche Prozesse, die sich im Laufe der Zeit nicht ändern. Solche Systeme befinden sich im *Beharrungszustand*.

Ob sich ein System im Beharrungszustand befindet, kann an der Systemgrenze kontrolliert werden. Zum einen dürfen sich die Stoffströme und die Energieströme in ihrem Betrag und in ihrem Zustand zeitlich nicht ändern. Zum anderen muss soviel an Stoff und an Energie aus dem System hinausfließen, wie hineingeströmt ist; eine Aufladung oder eine Entladung würde eine zeitliche Änderung bedeuten, also einen Beharrungszustand verhindern.

Nullter Hauptsatz – Der Druck p war als kennzeichnende Größe für das mechanische Gleichgewicht fluidgefüllter Systeme erkannt worden. In der Mechanik wird die Gleichheit der Drücke auf das Gleichgewicht von Kräften zurückgeführt. Daraus lässt sich die folgende, ebenfalls unserer Erfahrung entsprechende Aussage ableiten.

Ein System A wird mit einem System C so verbunden, dass sich mechanisches Gleichgewicht zwischen den beiden Systemen einstellt.

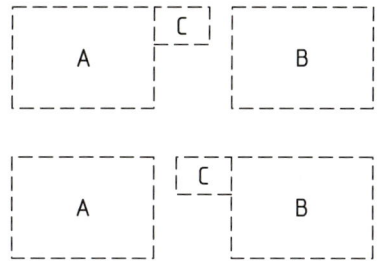

Bild 2-18

Zur Ermittlung des mechanischen und des thermischen Gleichgewichts zwischen zwei sich nicht berührenden Systemen

A, B   Zu untersuchende Systeme

C   Kleines System als Messgerät

Dann wird das System C, ohne dass in ihm Veränderungen eintreten, mit dem System B verbunden (Bild 2-18). Aus dem Gleichgewicht zwischen den Systemen A und C sowie dem Gleichgewicht zwischen den Systemen B und C schließen wir, dass sich auch A und B miteinander im Gleichgewicht befinden. Das System C ist das Messgerät für das mechanische Gleichgewicht. Zeigt es bei der Verbindung mit den Systemen A und B den gleichen Druck an, so sind diese beiden Systeme untereinander im mechanischen Gleichgewicht.

Trotz des so festgestellten mechanischen Gleichgewichts kann es bei einer Berührung der Systeme A und B zu Zustandsänderungen in ihnen kommen. Diese sind erst ausgeschlossen, wenn außerdem die Bedingung thermischen Gleichgewichts erfüllt ist.

Um zu ermitteln, ob sich die Systeme A und B im thermischen Gleichgewicht befinden, wird ein System C (aber in anderer Ausführung als im vorhergehenden Versuch) mit dem System A so lange in thermischen Kontakt gebracht, bis sich ein thermisches Gleichgewicht einstellt. Anschließend kommt das System C mit dem System B in thermischen Kontakt. Zeigt sich dabei keine Zustandsänderung im System C, sind also B und C im thermischen Gleichgewicht, so wird daraus geschlossen, dass sich auch die Systeme A und B miteinander im thermischen Gleichgewicht befinden.

Die vom System C zu messende Größe, die anzeigt, ob thermisches Gleichgewicht vorliegt oder nicht, nennen wir *Temperatur* und das System C *Thermometer*. Die beschriebene Erfahrung wird als *Nullter Hauptsatz der Thermodynamik* bezeichnet.

Zwei geschlossene Systeme, die jedes für sich mit einem dritten im thermischen Gleichgewicht sind, stehen auch untereinander im thermischen Gleichgewicht.
Zwei geschlossene Systeme sind im thermischen Gleichgewicht miteinander, wenn beide die gleiche Temperatur haben.
Zwei geschlossene Systeme sind nicht im thermischen Gleichgewicht miteinander, wenn sie verschiedene Temperaturen haben.

Seine merkwürdige Nummerierung verdankt dieser Erfahrungssatz dem Umstand, dass er sachlich vor dem Ersten Hauptsatz einzuordnen ist, aber erst nach diesem erkannt wurde.

2.3 Stoff und Menge

Wie beschreibt man Stoffe nach Art, Menge und Ausdehnung?

Um einen Stoff vollständig zu beschreiben, der in einem geschlossenen System enthalten ist, sind Angaben über die Art des Stoffes, dessen Menge und dessen Zustand notwendig (Bild 2-19).

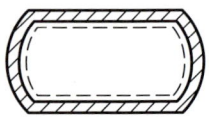

Bild 2-19
Gas in einem Behälter als Beispiel eines geschlossenen Systems

Art – Die Art eines Stoffes wird durch eine Wortbezeichnung wie Luft oder Ammoniak oder durch eine chemische Formel beschrieben. Wir wollen uns auf reine Stoffe beschränken, also Elemente wie Helium, Verbindungen wie Kohlenmonoxid oder Gemische wie Luft. Chemische Reaktionen sollen nicht auftreten. Die Zusammensetzung der Stoffe soll unverändert bleiben, ausgenommen bei der Behandlung der Gas- und Gas-Dampf-Gemische im Abschnitt 8 sowie der Verbrennungsprozesse im Abschnitt 11.

Menge – Die Menge eines Stoffes lässt sich durch dessen Masse m oder dessen Stoffmenge n angeben. Die *Masse* m wird durch Wägung bestimmt und ist uns als Mengenangabe geläufig.

Die *Stoffmenge* n ist ein Maß für die Anzahl der Teilchen, aus denen die Menge des Stoffes besteht. Als Einheit hat man diejenige Anzahl von Teilchen definiert, aus denen 12 Kilogramm des Kohlenstoff-Isotops ^{12}C bestehen. Diese Einheit heißt *Kilomol*. Die in einem Kilomol enthaltene Anzahl von Teilchen (Atome oder Moleküle oder Teilchen anderer Art) wird als AVOGADRO-*Konstante* N_A bezeichnet.

$$N_A = (6{,}0220943 \cdot 10^{26} \pm 6{,}32 \cdot 10^{20}) \text{ kmol}^{-1} \tag{2.1}$$

Die Stoffmenge ist eine Größe, die besonders für thermodynamische Berechnungen chemischer Prozesse geeignet ist. Die chemische Reaktionsgleichung

$$C + \qquad O_2 \qquad = \qquad CO_2 \tag{2.2}$$

kann man auch als Stoffmengen-Gleichung lesen.

$$1 \text{ Atom} \quad C + 1 \text{ Molekül } O_2 \qquad = 1 \text{ Molekül } CO_2$$
$$1 \text{ Kilomol } C + 1 \text{ Kilomol } O_2 \qquad = 1 \text{ Kilomol } CO_2$$

Die Masse m und die Stoffmenge n sind durch die Beziehung

$$m = M \cdot n \tag{2.3}$$

miteinander verknüpft, wobei der Proportionalitätsfaktor M die Masse einer Teilchenmenge von 1 Kilomol angibt und als *Molmasse M* bezeichnet wird. Der Wert der Molmasse M ist von der Masse der einzelnen Teilchen abhängig, also für jeden Stoff anders. Die Molmasse M ist eine stoffabhängige Konstante (Tabellen T-3 und T-4 im Anhang).

Ausdehnung – Auch das *Volumen V* als Maß für den Raumbedarf eines Gases enthält eine Mengenangabe. Um den Raumbedarf unabhängig von der Menge des Stoffes angeben zu können, bezieht man das Volumen V auf die Masse m oder die Stoffmenge n.

Das massebezogene Volumen heißt

$$\text{spezifisches Volumen} \quad v \equiv \frac{V}{m}. \tag{2.4}$$

Das stoffmengenbezogene Volumen heißt *molares Volumen* oder

$$\text{Molvolumen} \quad V_m \equiv \frac{V}{n}. \tag{2.5}$$

Das Zeichen ≡ ist zu lesen als „*ist erklärt als*".

Spezifisch bedeutet in der Thermodynamik *auf die Masse bezogen*. Zur Unterscheidung vom spezifischen und vom molaren Volumen soll das mengenabhängige Volumen als

$$\text{extensives Volumen} \quad V$$

bezeichnet werden. Die Umrechnung von spezifischem und molaren Volumen ergibt sich aus den Gleichungen (2.4) und (2.5).

$$v \equiv \frac{V}{m} = \frac{V}{M \cdot n} = \frac{V_m}{M} \tag{2.6}$$

Extensive, spezifische und molare Größen müssen oft ineinander umgerechnet werden, so wie es hier für das Volumen gezeigt worden ist. Extensive Größen werden grundsätzlich mit großen Buchstaben, zum Beispiel V, geschrieben – nur m und n bilden hier Ausnahmen. Für spezifische Größen werden kleine Buchstaben, im Beispiel v, verwendet und für molare Größen wieder große Buchstaben mit dem Index m, also im Beispiel V_m.

Das spezifische Volumen v ist der Kehrwert der Dichte ρ.

$$v = \frac{1}{\rho} \tag{2.7}$$

Die *Dichte* war schon früher als die volumenbezogene Masse erklärt worden.

$$\rho \equiv \frac{m}{V} \tag{2.8}$$

■ **Beispiel 2.2** Ein Druckbehälter mit einem Rauminhalt von 7,36 m³ enthält 1370 kg Ethan (C_2H_6).

Welche Werte haben spezifisches Volumen, Dichte und Molvolumen? Welche Stoffmenge befindet sich im Behälter?

Daten   Rauminhalt $V = 7,36$ m³   Ethanmasse $m = 1370$ kg   Molmasse $M = 30,05$ kg/kmol

Spezifisches Volumen v, Dichte ρ und Molvolumen V_m [Gleichungen (2.6), (2.7) und (2.8)]

$$v = \frac{V}{m} = \frac{7,36 \text{ m}^3}{1370 \text{ kg}} = 5,37 \cdot 10^{-3} \text{ m}^3/\text{kg} \qquad \rho = \frac{1}{v} = \frac{1}{5,37 \cdot 10^{-3}} \frac{\text{kg}}{\text{m}^3} = 186 \text{ kg/m}^3$$

$$V_m = M \cdot v = 30,05 \frac{\text{kg}}{\text{kmol}} \cdot 5,37 \cdot 10^{-3} \text{ m}^3/\text{kg} = 0,161 \text{ m}^3/\text{kmol}$$

Stoffmenge n [Gleichung (2.3)]

$$n = \frac{m}{M} = \frac{1370 \text{ kg}}{30,05 \text{ kg/kmol}} = 45,6 \text{ kmol}$$

Mengenströme – Bei der Behandlung offener Systeme braucht man Größen, die die Mengenströme beschreiben, die über die Systemgrenze fließen. Man bezieht daher die bisher benutzten Mengengrößen auf die Zeitspanne und kennzeichnet diese Stromgrößen durch einen darüber gesetzten Punkt (entsprechend dem mathematischen Symbol für die Ableitung nach der Zeit).

$$\text{Massenstrom } \dot{m}, \text{ Stoffmengenstrom } \dot{n}, \text{ Volumenstrom } \dot{V}$$

Die Verbindung zwischen Mengen und Mengenströmen lässt sich herstellen, wenn man ein kleines bewegliches geschlossenes System mit der Masse m betrachtet, das während einer Zeitspanne $\Delta\tau$ über die Grenze eines offenen Systems strömt (Bild 2-20).

$$\frac{m}{\Delta\tau} = \dot{m} \tag{2.9}$$

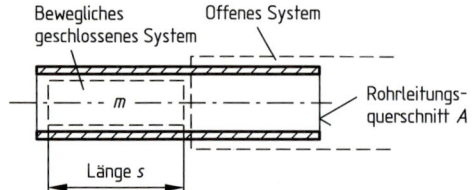

Bild 2-20
Ein bewegliches geschlossenes System
überquert die Grenze eines offenen Systems

Die Geschwindigkeit c ist über die Länge s des geschlossenen Systems, die Zeitspanne $\Delta\tau$ und den Rohrleitungsquerschnitt A mit dem Volumenstrom $\dot{V}$ verknüpft.

$$c = \frac{s}{\Delta\tau} = \frac{V}{A \cdot \Delta\tau} = \frac{\dot{V}}{A} \tag{2.10}$$

Daraus ergibt sich der Volumenstrom $\dot{V}$ mit

$$\dot{V} = A \cdot c. \tag{2.11}$$

Die Verknüpfung des Massenstromes $\dot{m}$ mit dem Stoffmengenstrom $\dot{n}$ und dem Volumenstrom $\dot{V}$ erfolgt analog zu den Gleichungen (2.3), (2.4) und (2.8).

$$\dot{m} = M \cdot \dot{n} \tag{2.12}$$

$$\dot{m} = \frac{\dot{V}}{\upsilon} = \rho \cdot \dot{V} \tag{2.13}$$

Nach Gleichung (2.11) ist die Geschwindigkeit c gleich dem Quotienten aus Volumenstrom $\dot{V}$ und Strömungsquerschnitt A. Der entsprechende Quotient aus Massenstrom $\dot{m}$ und Strömungsquerschnitt A wird als *Massenstromdichte I* oder auch als *Massengeschwindigkeit* bezeichnet.

$$I = \frac{\dot{m}}{A} = c \cdot \rho \tag{2.14}$$

Der analoge Begriff *Volumenstromdichte* ist nichts anderes als die *Geschwindigkeit c*.

Bei stationären Prozessen ist der in ein offenes System eintretende Massenstrom $\dot{m}_1$ gleich dem austretenden Massenstrom $\dot{m}_2$.

$$\dot{m}_1 = A_1 \cdot \rho_1 \cdot c_1 \qquad = A_2 \; \rho_2 \cdot c_2 = \; \dot{m}_2 \tag{2.15}$$

$$\dot{m}_1 = \frac{A_1 \cdot c_1}{\upsilon_1} \qquad = \frac{A_2 \cdot c_2}{\upsilon_2} \qquad = \; \dot{m}_2$$

Diese Gleichung wird als Kontinuitätsgleichung bezeichnet und vereinfacht sich, wenn eine der Größen A, ρ und c im Eintritt und im Austritt den gleichen Wert hat. Kontinuitätsgleichungen lassen sich für die meisten, jedoch nicht für alle Mengengrößen aufstellen.

■ **Beispiel 2.3** Durch ein konisches Rohr strömt kaltes Wasser. Die mittlere Eintrittsgeschwindigkeit beträgt 0,0632 m/s. Der Eintrittsquerschnitt hat einen Durchmesser von 48,4 mm, der Austrittsquerschnitt von 112,3 mm. Wie groß sind im Austrittsquerschnitt Massenstrom, Massenstromdichte und Geschwindigkeit?

Daten Eintrittsgeschwindigkeit $c_1 = 0{,}0632$ m/s   Austrittsdurchmesser $d_2 = 11{,}23 \cdot 10^{-2}$ m

　　　　 Eintrittsdurchmesser $d_1 = 4{,}84 \cdot 10^{-2}$ m   Dichte von Wasser $\rho = 1 \cdot 10^3$ kg/m^3

Geschwindigkeit c_2 [Gleichung (2.15)]

$$\dot{m}_1 = A_1 \rho_1 c_1 = A_2 \rho_2 c_2 = \dot{m}_2 \qquad \rho_1 = \rho_2 \qquad A = \pi d^2 / 4$$

$$c_2 = A_1/A_2 \cdot c_1 = d_1^2 / d_2^2 \cdot c_1$$

$$c_2 = (4,84 \cdot 10^{-2}\,\text{m} / \langle 11,23 \cdot 10^{-2}\,\text{m} \rangle)^2 \cdot 0,0632\,\text{m/s} = 0,0117\,\text{m/s}$$

Massenstrom $\dot{m}_2$ [Gleichung (2.15)]

$$\dot{m}_2 = \dot{m}_1 = \dot{m} = A_1\,\rho_1\,c_1 = 1,84 \cdot 10^{-3}\,\text{m}^2 \cdot 1 \cdot 10^3\,\text{kg/m}^3 \cdot 0,0632\,\text{m/s} = 0,116\,\text{kg/s}$$

Massenstromdichte I_2 [Gleichung (2.14)]

$$I_2 = \dot{m} / A_2 = (0,116\,\text{kg/s})/(9,90 \cdot 10^{-3}\,\text{m}^2) = 11,7\,\text{kg/(m}^2\text{s)}$$

2.4 Zustand, Zustandsgrößen und Zustandsdiagramme

Wie beschreibt man die Eigenschaften von Stoffen?

Zustandsgrößen – Wenn vom *Zustand* eines Gases in einem geschlossenen System gesprochen wird, wird man damit sofort gewisse Vorstellungen verbinden. Genauer ausgedrückt soll darunter die Gesamtheit aller physikalischen Eigenschaften des Gases in diesem System verstanden werden. Diese physikalischen Eigenschaften eines Systems werden als *Zustandsgrößen* bezeichnet.

Die Zustandsgrößen sind im Allgemeinen vom Zustand und damit auch voneinander abhängig. So wird es zur Beschreibung des *inneren Zustandes* eines geschlossenen Systems durchweg genügen, zwei Zustandsgrößen wie etwa Druck und Temperatur anzugeben. Dann sind die übrigen Zustandsgrößen wie das spezifische Volumen oder auch der spezifische Energiegehalt ebenfalls festgelegt. Solche Systeme werden als *einfache* Systeme bezeichnet. In diesem Kurs werden nur einfache Systeme behandelt.

Weitere Angaben sind dann nur noch für den *äußeren Zustand* erforderlich, also beispielsweise über die Geschwindigkeit eines Stoffstromes. Hierauf soll jedoch erst später eingegangen werden.

Im Allgemeinen enthalten die Angaben über den Zustand keine Angaben über die Mengen, die im System enthalten sind. Meist ist eine Trennung dieser beiden Angaben zweckmäßig. So kann das Volumen V in eine Mengenangabe mit der Masse m und in eine Zustandsangabe mit dem spezifischen Volumen v aufgespalten werden [Gleichung (2.6)].

$$V = m \cdot v$$

Die Abhängigkeit der (inneren) Zustandsgrößen voneinander zeigt sich, wenn durch Einwirkung von außen Änderungen im Zustand eines Systems herbeigeführt werden.

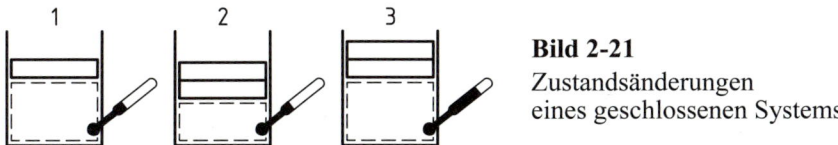

Bild 2-21
Zustandsänderungen
eines geschlossenen Systems

Bild 2-21 zeigt wieder das schon früher beschriebene Beispiel eines geschlossenen Systems, jedoch ist hier ein Thermometer zur Messung der Temperatur eingebaut. Vergrößert man die Gewichtskraft auf die Kolbenfläche (Zustandsänderung 1–2), so nehmen bei gleichbleibender Temperatur das (extensive) Volumen und damit ebenso spezifisches und molares Volumen ab.

Bei einem Erhöhen der Temperatur bei gleichbleibendem Druck (Zustandsänderung 2–3) nehmen die das Volumen beschreibenden Zustandsgrößen wieder zu.

Zustandsgleichung – Allgemein gesehen führt jede Änderung einer Zustandsgröße zu einer Änderung der übrigen Zustandsgrößen. Für die thermischen Zustandsgrößen

Druck p, spezifisches Volumen v und Temperatur T

lässt sich diese Abhängigkeit durch die

Thermische Zustandsgleichung $F(p, v, T) = 0$ (2.16)

ausdrücken. Die Gleichung (2.16) besagt nur, dass es diese Funktion gibt. Wie diese Funktion mathematisch aussieht, kann erst später behandelt werden.

Die Gleichung (2.16) ist oben in impliziter Form geschrieben; sie lässt sich in die expliziten Formen

$$p = p(v, T) \qquad v = v(p, T) \qquad T = T(p, v) \qquad\qquad (2.17)$$

auflösen. Dabei ist, wie in der Thermodynamik üblich, die Aussage *ist Funktion von* nicht mit $p = f(...)$, sondern mit der Wiederholung des Formelzeichens der betreffenden Größe geschrieben, also $p = p(...)$. Außerdem soll vermerkt werden, dass die Gleichung (2.16) genauer als die *Thermische Zustandsgleichung eines einphasigen ruhenden geschlossenen Systems* zu bezeichnen ist.

Die beiden thermischen Zustandsgrößen Druck p und Temperatur T sind *intensive* Zustandsgrößen. Unterscheiden sich die intensiven Zustandsgrößen in zwei aneinandergrenzenden Systemen, so wird Energie übertragen, wenn es die dazwischenliegende Wand nicht verhindert. So wird Wärmeübertragung infolge einer Temperaturdifferenz durch eine adiabate Wand verhindert und Arbeitsübertragung infolge einer Druckdifferenz durch eine rigide Wand.

Spezifische und molare Größen haben mit den intensiven Größen gemeinsam, dass sie bei einer Teilung eines homogenen geschlossenen Systems ihren Wert behalten.

Zustandsdiagramme – Die Thermische Zustandsgleichung lässt sich graphisch darstellen, wenn man zwei der Zustandsgrößen als (kartesische) Koordinaten und die dritte als Parameter benutzt. Danach könnte man die in Bild 2-22 skizzierten Diagramme zeichnen. Von diesen sechs Diagrammen wird bei Gasen im Wesentlichen nur das p, v-Diagramm verwendet, bei Dämpfen auch das p, T-Diagramm.

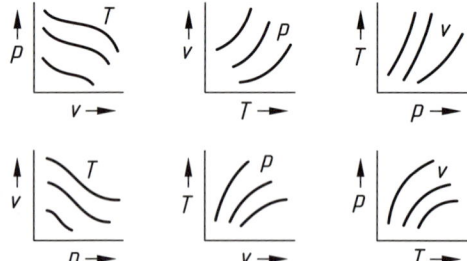

Bild 2-22
Zustandsdiagramme der
Thermischen Zustandsgleichung

Man nennt solche Diagramme *Zustandsdiagramme*. Jeder Punkt stellt einen bestimmten Zustand dar, für den die Werte der Zustandsgrößen wie p_1, v_1, T_1 usw. an den Koordinatenachsen oder an den Parameterlinien abgelesen werden können (Bild 2-23).

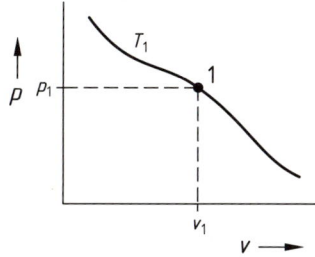

Bild 2-23
p, υ-Diagramm mit einer (willkürlich skizzierten) Linie konstanter Temperatur

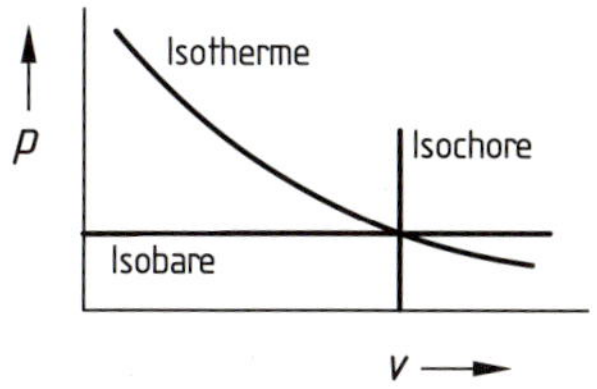

Bild 2-24
p, υ-Diagramm mit Parameterlinien

Es ist in der Thermodynamik üblich, die Parameterlinien danach zu bezeichnen, welche Zustandsgröße in ihrem Verlauf konstant bleibt. Diese Bezeichnungen werden auch für die achsparallelen Geraden benutzt, auf denen eine der Koordinaten konstant ist (Bild 2-24).

Isotherme	Linie konstanter Temperatur
Isobare	Linie konstanten Druckes
Isochore	Linie konstanten (extensiven, spezifischen oder molaren) Volumens

Die Zustandsdiagramme, von denen wir noch weitere kennen lernen werden, sind ein vielgebrauchtes Hilfsmittel des Ingenieurs, weil man sich mit ihrer Hilfe schnell einen Überblick verschaffen kann und außerdem auf graphischem Wege Zahlenwerte mit oft ausreichender Genauigkeit erhält.

2.5 Druck, Temperatur, Energie

Druck und Temperatur scheinen uns aus dem Alltag bekannt, doch gilt es, beim Umgang damit einige Fehler zu vermeiden. Mit den zahlreichen Einheiten für Druck, Temperatur und Energie sollen Sie sich vertraut machen.

Druck – Der Druck p in einem geschlossenen System ist gleich der Summe aus dem atmosphärischen Luftdruck p_{amb} und dem Überdruck p_e (Bild 2-25)*.

$$p = p_{amb} + p_e \qquad (2.18)$$

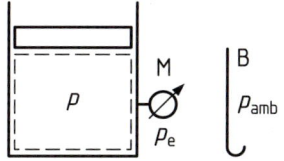

Bild 2-25

Geschlossenes System
mit einem Manometer M und einem Barometer B

Der Überdruck p_e wird vom Gewicht des Kolbens verursacht und vom Manometer angezeigt.

Das Barometer misst den (absoluten) Druck p_{amb} der atmosphärischen Luft.

Der Druck p wird auch als absoluter Druck p_{abs} bezeichnet und gibt den Druck gegenüber dem Druck Null im leeren Raum an.

---

* Die Indizes der Formelzeichen für den Druck leiten sich von lateinischen Wörtern ab: abs *absolutus* (losgelöst, unabhängig); amb *ambiens* (umgebend), e *excedens* (überschreitend)

Absolutes Vakuum – Das absolute Vakuum, den vollkommen leeren Raum, gibt es nur in unserer Vorstellung, weil er sich auch mit noch so großer Anstrengung nicht herstellen lässt. Trotzdem ist es physikalisch richtig, vom absoluten Vakuum als Nullwert des Druckes auszugehen.

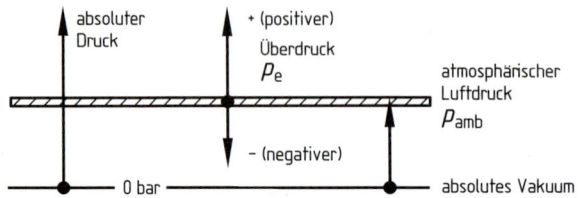

Bild 2-26

Zusammenhang
zwischen Druckgrößen

Die Druckdifferenz Δp zwischen einem absoluten Druck p_{abs} und dem atmosphärischen Luftdruck p_{amb} heißt ***Überdruck*** p_e. Wenn in einem Behälter der absolute Druck p unterhalb des Atmosphärendruckes p_{amb} liegt, wird dies durch einen negativen Überdruck p_e angegeben. Das Wort *Unterdruck* wird nur noch beschreibend verwendet (Bild 2-26).

In der Praxis werden die Indizes bei p_{abs} und p_e häufig weggelassen, so dass bei Druckangaben sorgfältig zu prüfen ist, wie sie gemeint sind.

Atmosphärischer Luftdruck – Für den atmosphärischen Luftdruck ist ein Normwert von $p_n = 1{,}01325$ bar $= 760$ Torr festgelegt. Wetterbedingt treten Schwankungen um $\pm 5\,\%$ ($\pm 0{,}05$ bar, ± 40 Torr) auf. Lässt man einen Fehler von $\pm 1\,\%$ zu, so können Schwankungen des Luftdrucks oberhalb von etwa 5 bar vernachlässigt werden. Außerdem ist der Einfluss der Ortshöhe zu berücksichtigen.

Druckeinheiten – Zur Messung von Drücken haben sich in den verschiedenen Fachgebieten sehr unterschiedliche Druckeinheiten eingebürgert. Selbst bei der Einführung des Internationalen Maßsystems musste man die beiden Einheiten *Pascal* und *Bar* zulassen, um den Anforderungen einigermaßen entsprechen zu können. Bild 2-27 zeigt, dass zwischen der kleinsten und der größten Einheit sieben Zehnerpotenzen liegen. Genaue Umrechungszahlen enthält Tabelle T-1 im Anhang.

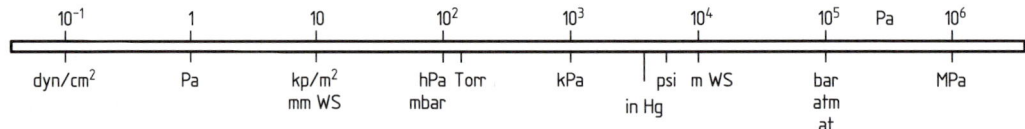

Bild 2-27 Druckeinheiten im Vergleich

SI-System

Pa	Pascal
hPa	Hektopascal
mbar	Millibar
kPa	Kilopascal
bar	Bar
MPa	Megapascal

Physikalisches Maßsystem

dyn/cm²	Dyn je Quadratzentimeter
atm	Physikalische Atmosphäre

Technisches Maßsystem

kp/m²	Kilopond je Quadratmeter
mm WS	Millimeter Wassersäule
Torr	Millimeter Quecksilbersäule (0 °C)
kp/cm²	Kilopond je Quadratzentimeter
m WS	Meter Wassersäule
at	Technische Atmosphäre

Englisches und amerikanisches Maßsystem

lb/sq. in	Englische Pfund je Quadratzoll
psi	(Pound per square inch)
in Hg	Zoll Quecksilbersäule (inch of mercury)

■ **Beispiel 2.4** Wie groß ist näherungsweise der absolute Druck in dem skizzierten Behälter, wenn das Quecksilber-manometer eine Höhendifferenz von 50 cm anzeigt?

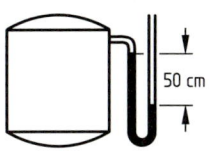

Bild 2-28

Behälter mit Quecksilbermanometer

Aus Bild 2-28 geht hervor, dass in dem Behälter Unterdruck herrscht. Bei einem atmosphärischen Luftdruck von geschätzt 750 Torr beträgt der absolute Druck noch 250 Torr gleich etwa 0,33 bar.

Temperatur – Für die Temperatur ergibt sich ein ähnliches Bild wie für den Druck (Bild 2-29). Die absoluten Werte beider Größen werden von einem nicht erreichbaren Nullwert aus gezählt, vom absoluten Vakuum und vom absoluten Nullpunkt aus. Für alltägliche Druck- und Temperaturangaben ist es aber einfacher, vom atmosphärischen Luftdruck und von der Temperatur des schmelzenden Wassereises auszugehen.

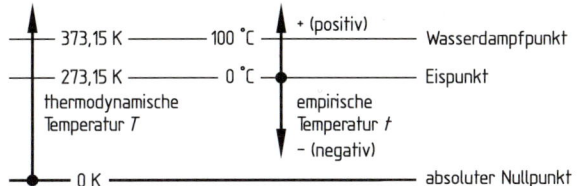

Bild 2-29

Zusammenhang zwischen Temperaturgrößen

Die *thermodynamische Temperatur*, auch als *absolute Temperatur* oder *Kelvin-Temperatur* bezeichnet, hat das Formelzeichen T, wird vom absoluten Nullpunkt aus gemessen und in *Kelvin* (K) angegeben.

Die *empirische Temperatur*, auch als *Celsius-Temperatur* bezeichnet, wird zur Unterscheidung mit dem Formelzeichen t geschrieben und von der Temperatur T_0 des schmelzenden Wassers aus gemessen.

$$T = t + T_0 \qquad (2.19)$$

Die empirische Temperatur wird in Grad Celsius (°C) angegeben. Das Kelvin und der Celsius-Grad sind gleich groß und als 1/273,16 des Temperaturabstandes zwischen dem absoluten Nullpunkt und dem Tripelpunkt des Wassers (siehe Abschnitt 3.5) definiert.

Temperaturwerte lassen sich mit den beiden folgenden Gleichungen ineinander umrechnen.

$$T = \left(\frac{t}{°C} + 273,15 \right) K \quad (2.20) \qquad t = \left(\frac{T}{K} - 273,15 \right) °C \quad (2.21)$$

Englische Temperaturskalen – In der englischen und amerikanischen Literatur wird die empirische Temperatur t häufig noch in *Grad Fahrenheit* (degree Fahrenheit, degF) und die thermodynamische Temperatur T in *Grad Rankine* (degree Rankine, degR) angegeben. Der Fahrenheit-Grad und der Rankine-Grad sind etwa halb so groß, genauer 5/9 so groß wie der Celsius-Grad.

Der Nullpunkt der Fahrenheit-Skala liegt bei etwa – 18 °C.

$$T = \left(\frac{t}{\deg F} + 459,67 \right) \deg R \quad (2.22) \qquad t = \frac{5}{9} \left(\frac{t}{\deg F} - 32 \right) °C \quad (2.23)$$

$$T = \frac{5}{9} \left(\frac{T}{\deg R} \right) K \qquad (2.24)$$

Weitere Gleichungen enthält Tabelle T-2 im Anhang.

■ **Beispiel 2.5** Welche empirische Temperatur hat auf der Celsius-Skala und auf der Fahrenheit-Skala den gleichen Zahlenwert?

Mit dem Ansatz $\dfrac{t_1}{\deg F} = \dfrac{t_1}{°C}$ und $\dfrac{t_1}{°C} = \dfrac{5}{9}\left(\dfrac{t_1}{\deg F} - 32\right)$ nach Gleichung (2.23) ergibt sich $\dfrac{t_1}{\deg F} = \dfrac{t_1}{°C} = -40$.

Normzustand – Um druck- und temperaturabhängige Werte wie beispielsweise das spezifische Volumen v und die Dichte ρ miteinander vergleichen zu können, benutzt man die Werte im Normzustand. In DIN 1343 sind dafür die Werte

$$
\begin{aligned}
&\text{Normdruck} && p_n &&=&& 1{,}01325 \text{ bar} \\
&\text{Normtemperatur } T_n &&=&& 273{,}15 && \text{K}
\end{aligned}
\tag{2.25}
$$

festgelegt.

Energieeinheiten – Auf die verschiedenen Arten von Energien ist bereits hingewiesen worden und wird in Abschnitt 4 noch ausführlich einzugehen sein. Hier sollen zunächst die Einheiten vorgestellt werden, die im Internationalen Einheitensystem (SI-System) für alle Energiegrößen in gleicher Weise gebildet werden.

Die Einheit der Energie ergibt sich aus der Definition der Energieform Arbeit als Produkt aus einer Kraft und einem Weg.

$$
1 \text{ Joule} = 1 \text{ J} = 1 \text{ Nm} = 1 \text{ kg} \left(\frac{m}{s}\right)^2
\tag{2.26}
$$

Die Einheit von Energieströmen ergibt sich aus der Energieeinheit und der Zeiteinheit.

$$
1 \text{ Watt} = 1 \text{ W} = 1 \frac{J}{s} = 1 \frac{kg}{s}\left(\frac{m}{s}\right)^2
\tag{2.27}
$$

Häufig werden Energien auf die Masse eines Systems bezogen, also spezifische Energiegrößen gebildet. Diese ergeben sich auch, wenn ein Energiestrom auf einen Massenstrom bezogen wird. Beide bezogenen Größen haben daher die gleiche Einheit.

$$
1 \frac{J}{kg} = 1 \frac{W}{kg/s} = 1 \left(\frac{m}{s}\right)^2
\tag{2.28}
$$

In der älteren Literatur trifft man noch häufig auf die früher benutzte Wärmeeinheit *Kilokalorie* (kcal) und die Arbeitseinheit *Meterkilopond* (mkp). Die Wärme, mit der 1 kg Wasser um 1 °C erwärmt werden konnte, war als 1 kcal definiert; dazu wurde die spezifische Wärmekapazität von Wasser willkürlich als 1 kcal/(kg °C) gesetzt. Dieser Wert beträgt im SI-System 4,186 kJ/(kgK).

$$
1 \text{ kcal} = 1 \text{ kg} \cdot 1 \frac{kcal}{kg \, °C} \cdot 1 °C = 1 \text{ kg} \cdot 4{,}186 \frac{kJ}{kg \, K} \cdot 1 \text{ K} = 4{,}186 \text{ kJ}
\tag{2.29}
$$

Die Wärmeeinheit des englischen Maßsystems *British thermal unit* (BTU) ist in gleicher Weise definiert wie die Kilokalorie, aber natürlich mit den englischen Einheiten *Pfund* (lb) und *Grad Fahrenheit* (degF).

$$
1 \text{ BTU} = 1 \text{ lb} \cdot 1 \frac{BTU}{lb \, \deg F} \cdot 1 \text{ degF} = 0{,}2520 \text{ kcal} = 1{,}055 \text{ kJ}
\tag{2.30}
$$

Da das englische Pfund und das Grad Fahrenheit beide etwa halb so groß wie die entsprechenden SI-Einheiten sind, ist 1 BTU angenähert so groß wie 1/4 kcal und damit wie 1 kJ.

Die aus der Mechanik abgeleitete Einheit Meterkilopond hängt über die NEWTONsche Beziehung zwischen Kraft und Masse mit der SI-Einheit Joule zusammen.

$$1 \text{ mkp} = 1 \text{ m} \cdot 1 \text{ kg} \cdot 9{,}81 \frac{\text{m}}{\text{s}^2} = 9{,}81 \text{ kg} \frac{\text{m}^2}{\text{s}^2} = 9{,}81 \text{ J} \tag{2.31}$$

2.6 Zustandsänderungen, Prozesse

Wie lassen sich Veränderungen von Systemen beschreiben?

Zustandsänderungen – Bisher war die Aufmerksamkeit auf die eindeutige Beschreibung des Zustandes eines (geschlossenen) Systems gerichtet. Wie lassen sich Änderungen des Zustandes so festlegen und beschreiben, dass sie rechnerisch verfolgt werden können? Dies soll an einem Gedankenexperiment untersucht werden.

Zwei mit Luft gefüllte geschlossene Systeme A und B sollen die gleiche Füllmenge m enthalten, und auch in Druck p, Temperatur T und spezifischem Volumen v übereinstimmen. Das System A befindet sich in einem durch einen beweglichen Kolben verschlossenen Behälter (Bild 2-30), das System B in einem starren Behälter. Beide Systeme sind von einem Wasserbad umgeben, in dem ein Rührwerk für Durchmischung des Wassers sorgt und in das ein elektrischer Heizstab eingebaut ist.

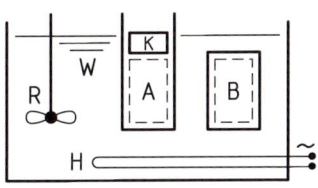

Bild 2-30

Untersuchung von Zustandsänderungen

A, B   luftgefüllte Systeme

K   Kolben

W   Wasserbad

R   Rührwerk

H   elektrischer Heizstab

In beiden Systemen herrscht Gleichgewicht, sie befinden sich im gleichen Anfangszustand, beschrieben durch die thermischen Zustandsgrößen p_1, v_1 und T_1. Dann wird die elektrische Heizung eingeschaltet und so lange betrieben, dass in beiden Systemen eine Temperatur T_2 erreicht wird.

Durch die in Bild 2-30 dargestellte Versuchsanordnung ist der Ablauf der Zustandsänderung in den beiden Systemen vorgeschrieben. Im System A bleibt der Druck p konstant auf dem Wert, der sich aus Kolbengewicht, Kolbenfläche und atmosphärischem Luftdruck ergibt; jede Steigerung der Temperatur T führt zu einer Volumenzunahme. Im System B verhindert der starre Behälter eine Volumenzunahme der Luft, so dass mit der Temperatur T der Druck p steigt.

Die Zustandsänderungen der beiden Systeme lassen sich in einem Zustandsdiagramm, im p,v-Diagramm, darstellen (Bild 2-31).

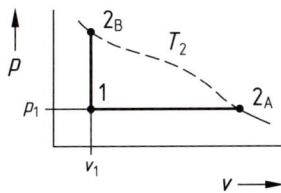

Bild 2-31

Darstellung der Zustandsänderungen
in den Systemen A und B
in einem p,v-Diagramm für Luft

$1–2_A$ Isobare Zustandsänderung des Systems A

$1–2_B$ Isochore Zustandsänderung des Systems B

Beide Systeme haben zu Beginn den gleichen Zustand 1 (p_1, v_1, T_1). Die Zustandsänderung verläuft beim System A isobar, beim System B isochor. Die beiden Endzustände 2_A und 2_B liegen auf der gleichen Isothermen T_2.

Das Gedankenexperiment zeigt, welche Angaben zur eindeutigen Beschreibung der Zustandsänderung eines geschlossenen Systems, gefüllt mit der Masse m eines Stoffes, notwendig sind.

Für die Berechnung einer Zustandsänderung muss ein Gleichgewichtszustand, etwa der Anfangszustand, bekannt sein. Dann muss der Verlauf festgelegt werden, was durch die Versuchsanordnung geschehen kann, und schließlich auch das Ende vorgeschrieben:

Anfang, Verlauf, Ende.

Statt des Anfangszustandes kann auch der Endzustand vorgegeben werden. Mit den Vorgaben für Verlauf und Endzustand lassen sich alle Zustandsgrößen des Anfangszustandes berechnen.

Prozesse – Zustandsänderungen werden häufig auch als Prozesse bezeichnet. Im strengeren Sinn schließt der Begriff *Prozess* auch das Verfahren ein, mit dem der Prozess abläuft.

Mit dem folgenden Gedankenexperiment wird gezeigt, dass eine bestimmte Zustandsänderung mit verschiedenen Prozessen verwirklicht werden kann. Im Beispiel soll ein Stoffstrom $\dot{m}$ beim Druck p_1 von der Temperatur t_1 auf die Temperatur t_2 gebracht werden. Die Darstellung der Zustandsänderung zeigt Bild 2-32.

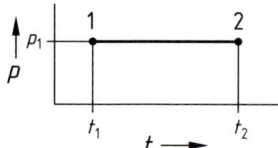

Bild 2-32

Isobare Zustandsänderung von einer Temperatur t_1 zu einer Temperatur t_2 bei einem Druck p_1, dargestellt in einem p, t -Diagramm

Die Vorschrift, dass die Zustandsänderung isobar ablaufen soll, lässt sich erfüllen, wenn der Stoffstrom durch eine Rohrleitung strömt, die nicht zu eng und zu lang ist, so dass der Druckverlust vernachlässigt werden kann.

Um eine Temperatursteigerung zu bewirken, denkt man zuerst an eine Wärmezufuhr (Bild 2-33), die sich am einfachsten durch einen elektrischen Heizwendel verwirklichen lässt.

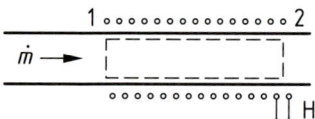

Bild 2-33

Isobare Temperatursteigerung durch elektrische Beheizung eines Stoffstroms

H   elektrischer Heizwendel

Die geforderte Temperatursteigerung lässt sich aber auch durch Zufuhr einer anderen Energie erreichen, beispielsweise durch mechanisch übertragene Energie. Diese Arbeit könnte durch eine Rührwerkswelle über die Systemgrenze fließen (Bild 2-34).

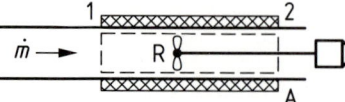

Bild 2-34

Isobare Temperatursteigerung durch Arbeitsübertragung an einen Stoffstrom

A   isolierte Rohrleitung

R   Rührwerk mit Motor

Damit die Temperatursteigerung nur auf die Arbeitsübertragung zurückzuführen ist und nicht auf eine Wärmeübertragung, wird das Rohr durch Isolierung adiabat gemacht. Über die

Strömungsquerschnitte wird ebenfalls keine Wärme übertragen, da die Temperatur des Stoffstroms sich beim Überqueren der Grenze nicht ändert, also beidseits einer Systemgrenze gleich ist. Strömungsquerschnitte sind daher grundsätzlich als adiabat anzusehen.

Zweiter Hauptsatz – Zu einer weiteren Aussage über Zustandsänderungen und Prozesse führt das in Bild 2-35 dargestellte Gedankenexperiment nach H. D. BAEHR.

In einem Zylinder Z, der durch einen Kolben K verschlossen ist, befindet sich ein Gas G unter einem (positiven) Überdruck. Die Kolbenstange ist als Zahnstange Z ausgebildet und kämmt mit einem Ritzel R, auf dessen Welle eine Kurvenscheibe S sitzt. An der Kurvenscheibe ist ein Seil befestigt, an dem eine Last L hängt.

Gas G und Last L bilden beide je ein Teilsystem, die gesamte Anordnung ein Gesamtsystem. Die beiden Teilsysteme stehen miteinander im mechanischen Gleichgewicht. Ein kleiner Anstoß bewirkt, dass das sich ausdehnende Gas über die Mechanik mit Zahnstange, Ritzel, Kurvenscheibe und Seil die Last anhebt. Eine Sperre beendet den Vorgang.

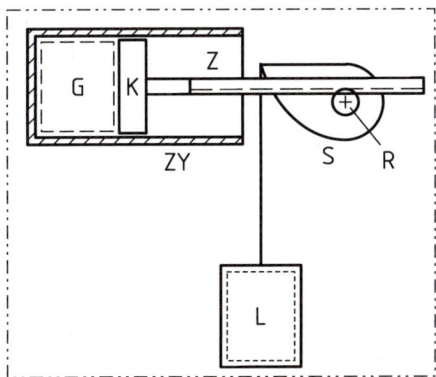

Bild 2-35

Versuchsanordnung

G   System mit Gasfüllung unter Überdruck
ZY   Zylinder
K   Kolben
Z   Zahnstange
R   Ritzel
S   Kurvenscheibe mit Seil
L   Last

Gesamtsystem   — ·· — · — ·· — ·· — ··
Teilsystem Gas   – – – – – – – – – – – – –
Teilsystem Last   ·····························

Nach [l]

Es stellt sich die Frage, ob das Gas wieder in den Anfangszustand kommen kann, wenn der beschriebene Prozess anschließend umgekehrt abläuft. Eingriffe von außen sollen dabei nicht möglich sein (von einem kleinen Anstoß am Anfang abgesehen). Genügt eine gute Dimensionierung der Anlage, eine reichliche Schmierung von Kolben und Mechanik sowie eine völlige Dichtheit zwischen Kolben und Zylinder?

Nach unserer Erfahrung lässt es sich trotz aller konstruktiven und betrieblichen Vorkehrungen nicht erreichen, dass die ursprünglich vom Gas abgegebene Energie vollständig in potentielle Energie des Gewichtsstücks verwandelt werden kann. Bei dem anfänglich beschriebenen und erneut bei dem umgekehrten Prozess wird Energie in die Umgebung fließen, wird dissipiert (zerstreut) und damit nutzlos. Nur für die theoretische Betrachtung eines idealisierten Prozessablaufs kann der Endzustand des Gases gleich dem Anfangszustand gesetzt werden. Die aus diesem Gedankenexperiment gewonnene Aussage führt zu der von H. D. BAEHR 1962 ausgesprochenen Fassung des Zweiten Hauptsatzes.

> Alle natürlichen Prozesse sind irreversibel.
> Ideale Prozesse sind reversibel gedachte Grenzfälle irreversibler Prozesse.

Als natürliche Prozesse werden hier alle zwischen zwei Gleichgewichtszuständen wirklich ablaufenden Prozesse bezeichnet. Außerdem werden hier zwei Begriffe benutzt, die in der Thermodynamik häufig verwendet werden.

> Ein Prozess heißt *irreversibel*, wenn der Anfangszustand des Systems nach Ablaufen des Prozesses ohne bleibende Änderung in der Umgebung nicht wieder herstellbar ist.
> Ein Prozess heißt *reversibel*, wenn der Anfangszustand des Systems nach Ablaufen des Prozesses ohne bleibende Änderung in der Umgebung wieder herstellbar ist.

In der Technik ist es üblich, Prozesse zunächst idealisiert zu betrachten und dazu schwer überschaubare Einflüsse zu vernachlässigen. Diese idealen Prozesse sind Grenzfälle natürlicher Prozesse und genügen Bedingungen, die nur näherungsweise erreichbar sind.

Quasistatische Zustandsänderungen – In den Bildern 2.31 und 2.32 waren Anfangs- und Endzustände der Systeme durch eine Kurve verbunden worden. Da jeder Punkt in einem Zustandsdiagramm einen Gleichgewichtszustand kennzeichnet, muss eine Kurve als eine Folge von Gleichgewichtszuständen eines Systems verstanden werden (Bild 2-36).

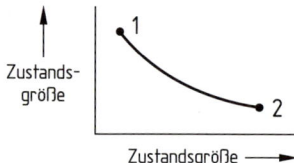

Bild 2-36
Verlauf einer Zustandsänderung als Folge
von Gleichgewichtszuständen

Viele technische Vorgänge laufen langsam genug ab, dass sich stets nahezu Gleichgewichtszustände einstellen. Zustandsänderungen, die mit guter Näherung als eine Folge von Gleichgewichtszuständen angesehen werden können, heißen *quasistatisch*. Ist dies nicht der Fall, spricht man von *nichtstatischen Zustandsänderungen*. Bei diesen sind nur Anfangszustand und Endzustand Gleichgewichtszustände. Zwischenzustände lassen sich nicht angeben und daher auch strenggenommen nicht in Zustandsdiagramme eintragen.

■ **Beispiel 2.6** Mit welcher Geschwindigkeit müsste sich der in Bild 2-37 dargestellte Kolben bewegen, damit innerhalb des Systems „Gasfüllung" Druckunterschiede auftreten?

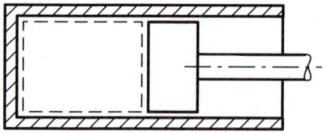

Bild 2-37
Gasgefülltes System in einem durch Kolben
verschlossenen Zylinder

Die üblichen Kolbengeschwindigkeiten in Motoren und Verdichtern reichen dafür nicht aus, da sich Druckänderungen in Gasen mit einigen hundert Meter je Sekunde fortpflanzen; die Kolbengeschwindigkeiten sind kleiner als ein Zehntel davon, sodass man ohne Fehler annehmen darf, dass im System stets Gleichgewicht herrscht.

■ **Beispiel 2.7** Eine nichtstatische Zustandsänderung tritt bei der Strömung durch ein Rohr mit einer plötzlichen Verengung auf, wie sie sich bei Blenden, Ventilen und ähnlichen Einbauten findet (Bild 2-38).

Bild 2-38

Strömung durch ein Rohr mit Drosselstelle als

Beispiel einer nichtstatischen Zustandsänderung

Für den Eintrittsquerschnitt 1 und – bei genügender Entfernung von der Engstelle – auch für den Austrittsquerschnitt 2 kann die aus Volumenstrom und Strömungsquerschnitt errechnete (mittlere) Geschwindigkeit als Zustandsgröße des Stoffstromes angesehen werden. Die Strömung hinter der Verengung hat jedoch keine einheitliche Zustandsgröße „Geschwindigkeit", weil ein Teil des Strömungsquerschnittes mit Wirbeln ausgefüllt ist. Von einer solchen nichtstatischen Zustandsänderung dürften in ein Zustandsdiagramm eigentlich nur Anfangs- und Endzustand eingetragen werden. Man zeichnet jedoch häufig eine Verbindungslinie ein, die aber keinen wirklichen Zustandsverlauf wiedergibt.

2.7 Fragen und Übungen

Frage 2.1 Beschreiben Sie die Eigenschaften der in Bild 2-39 skizzierten Systeme mit einem oder, wenn zutreffend, auch mit mehreren der folgenden Begriffe.

(a) offen   (d) adiabat   (f) ruhend
(b) geschlossen   (e) rigid   (g) bewegt
(c) abgeschlossen

System A
Abflussleitung
an einem Behälter

System B
Inhalt eines
Stoßdämpfers

System C
Flüssigkeitsfüllung
eines Dewargefäßes

System D
Teil einer wärme-
gedämmten Rohrleitung

System E
Bestimmte Menge der
ausströmenden Flüssigkeit

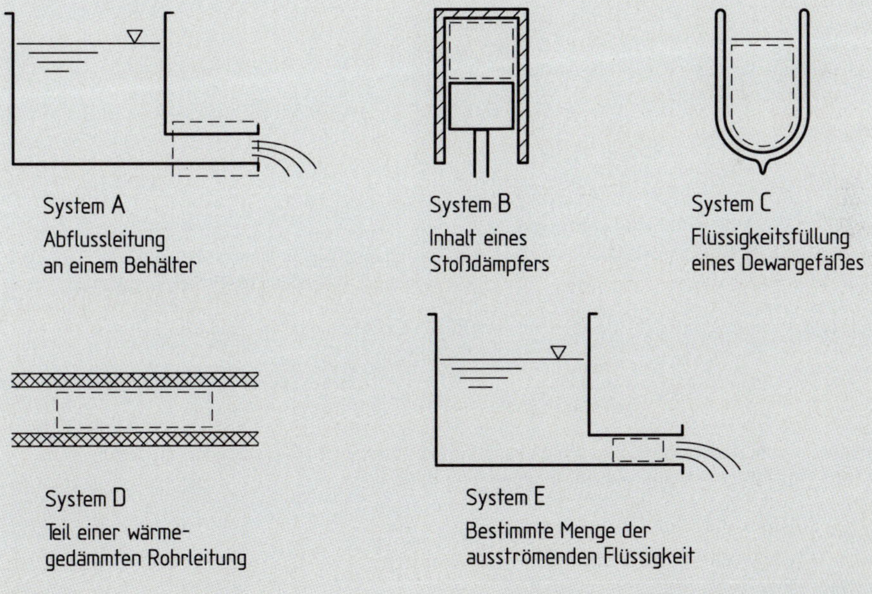

Bild 2-39 Verschiedene Systeme

Frage 2.2 In welchem der Zustandsdiagramme wird eine Isochore als Abszissenparallele dargestellt?

(a) p, v-Diagramm (c) T, p-Diagramm
(b) v, T-Diagramm (d) p, T-Diagramm

Frage 2.3 Wie viel Fahrenheit-Grade hat eine Temperaturdifferenz von 1 Kelvin?

(a) 0,59 °F (c) 5/9 °F
(b) 0,95 °F (d) 9/5 °F

Frage 2.4 An einem Autoreifen wird von einem handelsüblichen kleinen Manometer ein Überdruck von 2,2 bar angezeigt. Der Atmosphärendruck lässt sich an einem Quecksilberbarometer mit 1,023 bar ablesen. Welchen Wert können Sie für den absoluten Druck im Autoreifen angeben?

(a) $p = 1{,}177$ bar (c) $p = 3{,}2$ bar
(b) $p = 2{,}2$ bar (d) $p = 3{,}223$ bar

Frage 2.5 Wie groß ist das spezifische Volumen von Luft in einem Raum von 25 m³, der 30 kg Luft enthält?

(a) $v = 1{,}2$ kg/m³ (c) $v = 1{,}2$ m³/kg
(b) $v = (1/1{,}2)$ m³/kg (d) $v = (1/1{,}2)$ kg/m³

Frage 2.6 Welchen Wert hat eine Temperaturdifferenz von 250 °C ungefähr in Grad Rankine?

(a) 125 °R (c) 250 °R (e) 550 °R
(b) 137 °R (d) 450 °R

Frage 2.7 Welche Stoffmenge ist in 22 kg CO_2 enthalten? (Die Molmasse von Kohlenstoff ist 12 kg/kmol, die von Sauerstoff 16 kg/kmol.)

(a) $n = 2$ kmol (c) $n = 0{,}5$ kmol
(b) $n = 1$ kmol (d) $n = 0{,}25$ kmol

Frage 2.8 Durch die Turbinen eines Kraftwerks strömt in 24 Stunden eine Wassermenge von 514 Millionen Kubikmetern. Wie groß ist der Massenstrom?

(a) $5{,}95 \cdot 10^3$ kg/s (d) $77{,}1 \cdot 10^9$ kg/s
(b) $5{,}95 \cdot 10^6$ kg/s (e) $77{,}1 \cdot 10^{12}$ kg/s
(c) 5,95 kg/s (f) völlig anderer Wert

Frage 2.9 Durch die AVOGADRO-Zahl wird angegeben

(a) die Anzahl der Moleküle in einem Kilomol. (e) die Energie der Teilchen je Kilomol.
(b) die Anzahl der Moleküle in einem Kilogramm. (d) keiner der vorstehend beschriebenen Werte.

Frage 2.10 Welche Art von Zustandsgrößen ändert bei der Teilung eines homogenen geschlossenen Systems ihren Wert?

(a) intensive (c) molare (e) keine der genannten Größen
(b) extensive (d) spezifische

Frage 2.11 Um die Zustandsänderung eines geschlossenen Systems bekannter Masse rechnerisch verfolgen zu können, werden drei Angaben gebraucht. Was muss angegeben werden?

(a) Druck, Temperatur, spezifisches Volumen
(b) Stoffart, Druck, Wärmezufuhr
(c) Anfangszustand, Temperaturdifferenz, Endzustand
(d) Anfangszustand, Verlaufsvorschrift, Endvorschrift
(e) Anfangszustand, Wärmezufuhr, Endvorschrift

Frage 2.12 Was sind spezifische Zustandsgrößen?

(a) extensive Zustandsgrößen
(b) intensive Zustandsgrößen
(c) thermische Zustandsgrößen
(d) auf die Masse bezogene Zustandsgrößen
(e) auf die Stoffmenge bezogene Zustandsgrößen

Frage 2.13 Ein offenes System ist gekennzeichnet

(a) durch eine Öffnung für eine Welle.   (d) durch Abgabe oder Aufnahme von Arbeit.

(b) durch einen beweglichen Kolben.   (e) durch keines dieser Kennzeichen.

(c) durch einen Durchsatz von Masse.

Frage 2.14 Es sind $0{,}001\ \mathrm{GW} = 10^p\ \mathrm{kg}^q\ \mathrm{m}^r\ \mathrm{s}^t$. Welche Kombination von Exponenten ist richtig?

	p	q	r	t			p	q	r	t			p	q	r	t
(a)	3	1	2	−2		(c)	6	1	−2	2		(e)	9	2	−2	3
(b)	3	1	−2	−2		(d)	6	2	2	−3		(f)	andere Kombination

Frage 2.15 Der absolute Nullpunkt der Temperaturskala liegt bei

(a) $-273{,}15\ \mathrm{K}$ (c) $-273{,}25\ ^\circ\mathrm{C}$ (e) $0{,}00\ ^\circ\mathrm{C}$

(b) $-273{,}16\ ^\circ\mathrm{C}$ (d) $0{,}00\ ^\circ\mathrm{R}$ (f) $0{,}00\ ^\circ\mathrm{F}$

Frage 2.16 Welche der folgenden Größen kann *nicht* zur Beschreibung der Menge eines Stoffes verwendet werden?

(a) Stoffmenge   (c) Dichte   (e) Teilchenzahl

(b) Masse   (d) Volumen

Frage 2.17 Es sind $510\ ^\circ\mathrm{R}$ gleich $10\ ^\circ\mathrm{C}$.

Wie viel Grad Celsius sind ungefähr gleich 528 Grad Rankine?

(Je nach Genauigkeit der Abschätzung ergibt sich eine andere Antwort.)

(a) $19\ ^\circ\mathrm{C}$ (c) $28\ ^\circ\mathrm{C}$ (e) $50\ ^\circ\mathrm{C}$

(b) $20\ ^\circ\mathrm{C}$ (d) $46\ ^\circ\mathrm{C}$ (f) anderer Wert

Frage 2.18 Welche Größe hat für 1 kmol Wassereis und 1 kmol Benzol den gleichen Wert?

(a) Zahl der Atome   (c) Volumen   (e) Masse

(b) Zahl der Moleküle   (d) Molmasse

Frage 2.19 Welche Systemeigenschaft kann für die Untersuchung an einer stark isolierten, von einem Gas durchströmten Rohrleitung immer vorausgesetzt werden?

(a) geschlossen   (d) isochor

(b) abgeschlossen   (e) adiabat

(c) irreversibel   (f) keine der genannten Eigenschaften

Frage 2.20 Welcher Zusammenhang besteht zwischen einer extensiven Größe X, der entsprechenden spezifischen Größe x und der entsprechenden molaren Größe X_m? Welche der untenstehenden Gleichungen ist richtig? In den Gleichungen bedeuten m die Masse, M die Molmasse und n die Stoffmenge.

(a) $x = m\,X$ (c) $X_m = n\,X$ (e) $X_m = x/n$

(b) $x = X/M$ (d) $X_m = M\,x$ (f) Keine der vorstehenden
                                                           Gleichungen ist richtig.

Übung 2.1 Durch eine Rohrleitung mit einem Querschnitt von $0{,}63 \cdot 10^{-4}\ \mathrm{m}^2$ strömt Luft mit einer Geschwindigkeit von 2,4 m/s und einem spezifischen Volumen von $0{,}38\ \mathrm{m}^3/\mathrm{kg}$. Nach einem Ventil erweitert sich die Leitung auf einen Querschnitt von $1{,}26 \cdot 10^{-4}\ \mathrm{m}^2$. Durch die Druckänderung ist die Luftdichte auf die Hälfte heruntergegangen. Mit welcher Geschwindigkeit strömt die Luft im größeren Querschnitt? Lösen Sie diese Aufgabe so weit wie möglich allgemein.

Übung 2.2 Stickstoff siedet unter atmosphärischem Druck bei $-196\ ^\circ\mathrm{C}$.

Welcher Wert ergibt sich dafür in Kelvin, Grad Fahrenheit und Grad Rankine?

Übung 2.3 Rechnen Sie 0,462 MW um in kcal/h und BTU/hr.

Übung 2.4 Rechnen Sie 7438 kJ/kg um in kcal/kg und BTU/lb.

Übung 2.5 An einem Barometer wird ein atmosphärischer Luftdruck von 721,4 Torr abgelesen.

Wie groß ist dieser Druck in bar, Pa, at, atm und psi?

3 Stoffeigenschaften

Für den Ablauf thermodynamischer Prozesse spielen Stoffeigenschaften eine erhebliche Rolle. Zu diesen Eigenschaften gehören die Ausdehnung bei steigender Temperatur sowie die Übergänge von einem festen in einen flüssigen Zustand und von diesem in einen dampfförmigen Zustand. Mit der Beschreibung von Stoffeigenschaften werden gleichzeitig einige typische Arbeitsmethoden und Hilfsmittel der Thermodynamik vorgestellt.

3.1 Thermische Dehnung

Die Dehnung eines Stoffes mit steigender Temperatur liefert ein Beispiel für die Auswertung von Versuchsergebnissen.

Erfahrungsgemäß nimmt das Volumen der meisten Stoffe mit der Temperatur zu. Bild 3-1 gibt die Ergebnisse einer Messung wieder (in einem Diagramm mit linearen Skalen).

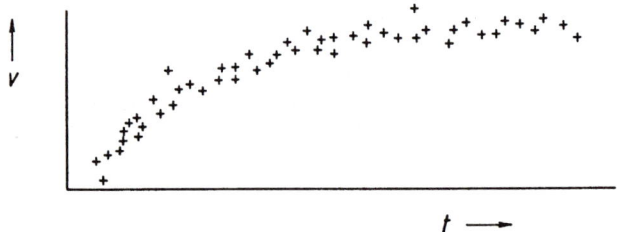

Bild 3-1
Gemessene Werte des
Volumens in Abhängigkeit
von der Temperatur

Das Diagramm zeigt offensichtlich einen nichtlinearen Zusammenhang zwischen Volumen und Temperatur. Die Streuung der Messwerte ist so groß, dass man mit hinreichender Genauigkeit, zumindest für begrenzte Temperaturabschnitte, eine lineare Abhängigkeit des Volumens von der Temperatur annehmen kann (Bild 3-2). Solche linearen Funktionen sind nach Augenmaß in das Diagramm eingezeichnet, sowohl für drei willkürliche Temperaturabschnitte wie auch (gestrichelt) für den gesamten Temperaturbereich.

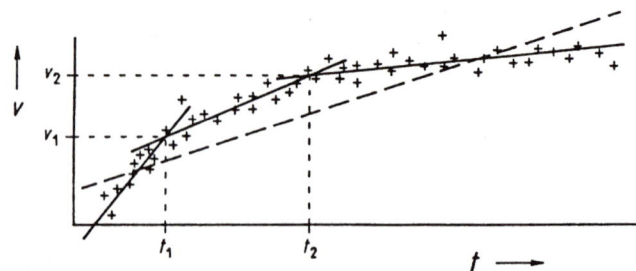

Bild 3-2
Darstellung von
Messwerten
durch lineare Funktionen

Diese Geraden lassen sich durch eine Gleichung der Form

$$V_2 = V_1 [1 + \alpha_V (t_2 - t_1)]$$

(3.1)

wiedergeben. Wenn man von einem Bezugsvolumen V_0 bei der Temperatur t_0 (häufig 0 °C) ausgeht, ergibt sich die Abhängigkeit des Volumens V von der Temperatur t als

$$V = V(t) = V_0 \left[1 + \alpha_V (t - t_0)\right] \tag{3.2}$$

Man nennt den Proportionalitätsfaktor α_V den *thermischen Volumendehnungskoeffizienten*. Dieser muss experimentell bestimmt werden und ist abhängig von der Temperatur.

$$\alpha_V = \alpha_V (t) \tag{3.3}$$

In eng begrenzten Temperaturbereichen kann dieser Wert näherungsweise als konstant angesehen werden. Zur genaueren Beschreibung in einem größeren Temperaturbereich benutzt man nichtlineare Gleichungen mit mehreren experimentell zu bestimmenden Faktoren.

$$V = V_0 \left[1 + \alpha_{V1}(t - t_0) + \alpha_{V2}(t - t_0)^2 + \alpha_{V3}(t - t_0)^3 + ...\right] \tag{3.4}$$

In vielen technischen Fällen ist nur die Dehnung in einer Koordinatenrichtung darzustellen. Für die Längenänderung eines Stabes lässt sich die Gleichung 3.1 eindimensional schreiben.

$$L_2 = L_1 \left[1 + \alpha_L (t_2 - t_1)\right] \tag{3.5}$$

Darin ist L die Stablänge in Abhängigkeit von der Temperatur t und α_L der Längendehnungskoeffizient. Bei homogenen, isotropen Körpern verhalten sich α_V zu α_L wie 3 : 1.

■ **Beispiel 3.1** Eine gusseiserne Scheibe soll auf eine Stahlwelle mit einem Durchmesser von 120 mm aufgeschrumpft werden. Das notwendige Übermaß ist mit 60 μm, das Spiel zum Einziehen der Welle mit 30 μm ermittelt worden. Der Dehnungskoeffizient von Stahl betrage $8,5 \cdot 10^{-6}$ je Grad Temperaturänderung. Auf welche Temperatur muss die Welle bei einer Raumtemperatur von 20 °C abgekühlt werden?

Daten

Wellendurchmesser	D_1	=	120 mm	= 0,120 m
Übermaß	u	=	60 μm	= $60 \cdot 10^{-6}$ m
Spiel	s	=	30 μm	= $30 \cdot 10^{-6}$ m
Raumtemperatur	t_1	=	20 °C	
Dehnungskoeffizient	α_L	=	$8,5 \cdot 10^{-6} \cdot$ 1/K	

Abkühlung t

$$D_2 = D_1 \left[1 + \alpha_L (t_2 - t_1)\right]$$

$$D_2 - D_1 = u + s = \alpha_L D_1 (t_2 - t_1) = \alpha_L D_1 \Delta t$$

$$\Delta t = \frac{u + s}{\alpha_L D_1} = \frac{(60 + 30) \cdot 10^{-6}\ \text{m}}{8,5 \cdot 10^{-6} \cdot 1/\text{K} \cdot 0,120\ \text{m}} = 88\ \text{K}$$

$$t_2 = t_1 - \Delta t = 20\ °\text{C} - 88\ \text{K} = -68\ °\text{C}$$

Wenn die Welle gekühlt wird, ist D_2 kleiner als D_1. Die errechnete Temperaturänderung muss daher von der Anfangstemperatur abgezogen werden.

Die Endtemperatur t_2 von -68 °C ist durch Kühlung mit Trockeneis zu erreichen, das unter Atmosphärendruck bei -80 °C verdampft.

3.2 Verdampfen und Verflüssigen

Das Sieden einer Flüssigkeit wird beobachtet und in Diagrammen dargestellt.

Aus der täglichen Erfahrung ist bekannt, dass Wasser in einem Topf durch Wärmezufuhr bei atmosphärischem Luftdruck zum Sieden gebracht werden kann und dann bei einer gleichbleibenden Temperatur von etwa 100 °C verdampft. Die Wasseroberfläche steht dabei in Verbindung mit der umgebenden Luft.

In technischen Anlagen verdampft ein Stoff häufig innerhalb einer beheizten Rohrschlange (Bild 3-3).

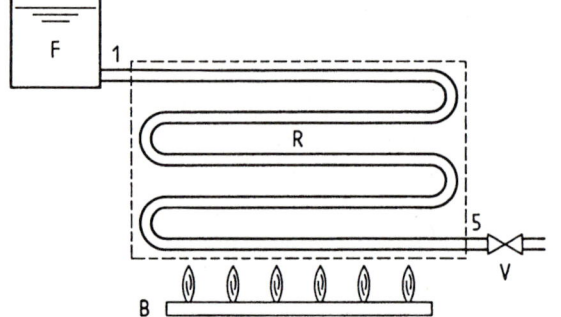

Bild 3-3
Verdampfungsprozess in einer
beheizten Rohrschlange

F   Flüssigkeitsbehälter
R   Rohrschlange
V   Ventil
B   Gasbrenner

Die kalte Flüssigkeit strömt bei 1 in die Rohrschlange und wird zunächst bis auf Siedetemperatur erwärmt. Sobald die Siedetemperatur erreicht ist, beginnt die Dampfbildung. Die
Temperatur bleibt auf dem Wert der Siedetemperatur und zwar solange, bis alle Flüssigkeit
verdampft ist. Danach nimmt die Temperatur des nun dampfförmigen Stoffes weiter zu, bis der
Austrittsquerschnitt, hier mit 5 bezeichnet, durchströmt wird.

Der Temperaturverlauf längs der Rohrschlange lässt sich mit eingebauten oder mit Ober-
flächen-Thermometern bestimmen. Eine Druckmessung am Eintrittsquerschnitt und am Austrittsquerschnitt ergibt nur einen geringen Druckunterschied. Diese Druckdifferenz ist gerade
so groß, dass der Stoffstrom den Strömungswiderstand der Rohrschlange überwindet. Idealisierend kann man annehmen, dass der Druck unverändert bleibt, die Verdampfung also isobar
erfolgt. Das spezifische Volumen des Stoffes lässt sich bei dieser Versuchsanlage nur um-
ständlich bestimmen. Man müsste den Massenstrom und die Geschwindigkeit des Stoffes in
der Rohrschlange messen. Das ist aber besonders dann schwierig, wenn der Stoff zum Teil
flüssig, zum Teil gasförmig durch den Messquerschnitt tritt.

Die isobare Verdampfung wird daher mit einem anderen (Gedanken-) Experiment beschrieben
(Bild 3-4). In einen durchsichtigen Zylinder wird etwas Flüssigkeit mit der Masse m eingefüllt.
Auf die Flüssigkeit wird ein Kolben gesetzt, der die Flüssigkeit vollständig gegenüber der
Umgebungsluft abdichtet. Der Kolben soll sich reibungsfrei bewegen können.

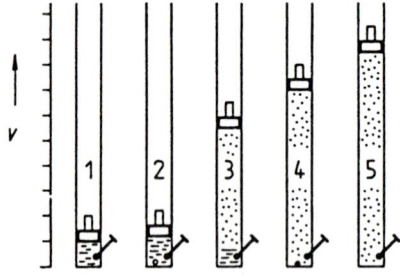

Bild 3-4
Isobarer Verdampfungsprozess
in einem geschlossenen System
[25]

Der Druck in der Flüssigkeit ergibt sich aus der Belastung durch den atmosphärischen Luftdruck und das auf den Kolbenquerschnitt verteilte Gewicht des Kolbens. Zur Messung der
Temperatur t ist ein Thermometer angebracht. Das spezifische Volumen v lässt sich von
außen her bestimmen. Das Volumen V ergibt sich aus dem Zylinderquerschnitt und der Höhe
des Kolbens über dem Zylinderboden. Die Masse m der eingefüllten Flüssigkeit ist vorher
durch Wägung bestimmt worden. Bei einer Änderung des spezifischen Volumens v ändert

sich nur die Höhenlage des Kolbens. Eine am Zylinder angebrachte Skala kann also zur Anzeige des spezifischen Volumens v verwendet werden.

In dieser so beschriebenen Versuchsanordnung soll ein isobarer Verdampfungsprozess ausgeführt werden. Das Ergebnis wird in zwei Diagrammen dargestellt. Da bei dem Versuch nur Werte des Druckes p, der Temperatur t und des spezifischen Volumens v gemessen werden, eignen sich zur Darstellung ein p,v -Diagramm und ein p,t -Diagramm (Bild 3-5).

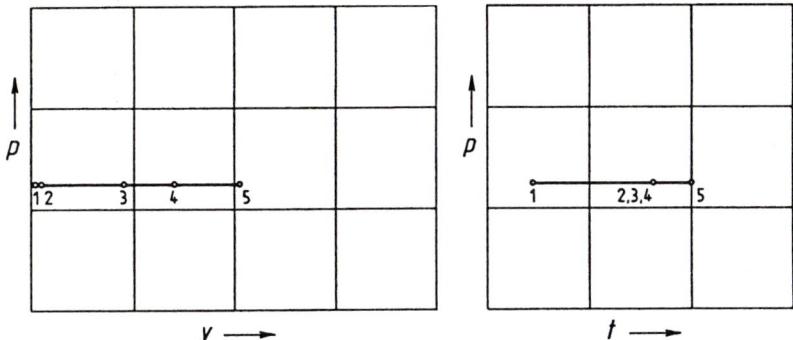

Bild 3-5 Darstellung eines isobaren Verdampfungsprozesses im p,v - und p,t -Diagramm.

1 Flüssigkeit mit Raumtemperatur   3 Flüssigkeit-Dampf-   5 Dampf beliebiger
2 erste Dampfblase   Gemisch   Temperatur
                                          4 letzter Flüssigkeitstropfen

In die beiden Diagramme wird zunächst der Zustand der Flüssigkeit nach dem Einfüllen, als Punkt 1 bezeichnet, eingetragen. Dann beginnt der eigentliche Versuch. Durch Zufuhr von Energie in Form von Wärme wird die Temperatur der Flüssigkeit erhöht. Das spezifische Volumen nimmt dabei erfahrungsgemäß nur sehr wenig zu. Der Druck bleibt als vorgegebene Versuchsbedingung konstant. Die Temperatursteigerung hört auf, wenn die erste Dampfblase erscheint. Die Temperatur hat dann die Siedetemperatur erreicht. Dieser Zustand wird als Punkt 2 in beide Diagramme eingetragen.

Weitere Wärmezufuhr bewirkt, dass weitere Dampfblasen auftauchen, die sich von der beheizten Außenwand des Zylinders ablösen und einen schnell wachsenden Dampfraum unter dem Kolben bilden. Ein solcher Zustand wird mit Ziffer 3 in die Diagramme eingetragen.

Schließlich verschwindet der letzte Flüssigkeitstropfen; das Thermometer zeigt noch immer Siedetemperatur. Der Zustand beim Verschwinden des letzten Flüssigkeitstropfens wird in die beiden Diagramme als Punkt 4 eingetragen.

Die weitere Wärmezufuhr bewirkt dann eine erneute Temperaturerhöhung. Schließlich wird der Versuch bei einer vorher bestimmten Temperatur t beendet. Dieser Zustand wird als Punkt 5 in die Diagramme eingezeichnet. Das spezifische Volumen des Dampfes ist im Allgemeinen sehr viel größer als das der Flüssigkeit, häufig um drei Zehnerpotenzen. Die Skizze der Versuchseinrichtung ist also nicht maßstäblich, weil die im Flüssigkeitszustand 1 eingezeichnete Masse als Dampf im Zustand 5 ein sehr viel größeres Volumen einnimmt.

Die Verbindung der Zustandspunkte 1 bis 5 ergibt in beiden Diagrammen wegen des isobaren Prozessverlaufs eine zur Abszisse parallele Gerade. Im p,v -Diagramm liegen links die Punkte 1 und 2 nahe beieinander und dann rechts bei wesentlich höheren Werten des spezifischen

Volumens die Punkte 3, 4 und 5. Im p,t-Diagramm fallen die Punkte 2, 3 und 4 zusammen, weil sich während des Verdampfens die Temperatur nicht verändert hat.

Der beschriebene Prozess kann auch in umgekehrter Richtung ablaufen. Wenn man Dampf vom Zustand 5 Wärme entzieht, wird im Zustand 4 der erste Flüssigkeitstropfen auftreten und im Zustand 2 die letzte Dampfblase kondensieren. Isobarer Verdampfungsprozess und isobarer Verflüssigungsprozess liefern also die gleichen Werte der thermischen Zustandsgrößen. Auch die Beträge der übertragenen Energien sind gleich, nur werden sie bei der Verdampfung zugeführt und bei der Kondensation abgeführt.

Um weitere Daten über die Stoffeigenschaften beim Verdampfen und Verflüssigen zu erfahren, soll der Versuch noch zweimal wiederholt werden, und zwar einmal mit einem höheren Druck und einmal mit einem niedrigeren Druck. Die Ergebnisse dieser beiden weiteren Versuche werden ebenfalls in das p,v-Diagramm und das p,t-Diagramm eingetragen (Bild 3-6).

Bei allen drei Versuchen waren Temperatur t und spezifisches Volumen v im Zustand 1 bei Versuchsbeginn gleich. Beim Versuchsende im Zustand 5 sind die Temperaturen wieder gleich. Die Punkte 1 und 5 und auch der willkürlich gewählte Zwischenzustand 3 sind also von außen vorgegebene Versuchsbedingungen.

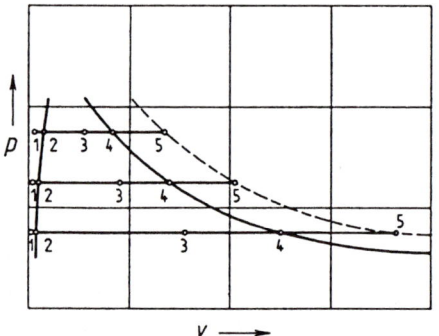
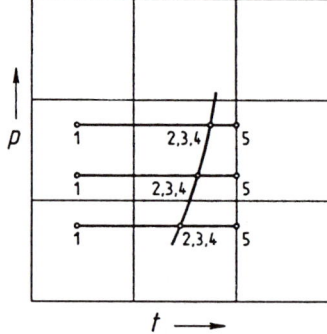

Bild 3-6
Isobare
Verdampfung
bei verschiedenen
Drücken

Im Gegensatz dazu sind die Zustände 2 und 4 nicht frei wählbar, sondern stellen Stoffeigenschaften dar. Das Auftreten der ersten Dampfblase und das Verschwinden des letzten Flüssigkeitstropfens können von außen nicht beeinflusst werden. Deshalb verbindet man die Punkte 2 und 4 in den beiden Diagrammen durch eine Kurve. Diese Kurven stellen Grenzkurven dar. Im linken Teil des p,v-Diagramms findet man nur Flüssigkeitszustände. Im rechten Teil des Diagramms liegen die Zustände, bei denen der Stoff dampfförmig ist. Im mittleren Teil, zwischen den beiden Grenzkurven, liegen die Zustände, bei denen der Stoff zum Teil flüssig, zum Teil dampfförmig ist; er ist also in beiden Phasen gleichzeitig vorhanden. Die linke Grenzkurve heißt auch *Siedelinie*, die rechte Grenzkurve *Taulinie*.

Im p,t-Diagramm fallen die Zustände 2 bis 4 zusammen und damit auch ihre Verbindungslinien. Diese Kurve trennt die Flüssigkeitszustände auf der linken Seite von den Dampfzuständen auf der rechten Seite des Diagramms und wird als *Dampfdruckkurve* bezeichnet.

Der Verdampfungs- und der Verflüssigungsprozess wurde hier in einem Gedankenexperiment verfolgt. Ein wirklich ausgeführter Versuch mit Messung von Druck p, Temperatur t und spezifischem Volumen v gäbe Aufschluss darüber, bei welchen Zuständen ein Stoff als Flüssigkeit, als Dampf oder als Flüssigkeit-Dampf-Gemisch vorkommt. Für viele Stoffe sind diese Versuche in großen Zustandsbereichen ausgeführt worden.

3.3 Kritischer Punkt

Erstaunliche Ergebnisse bei Dampferzeugung unter hohem Druck

Die im vorigen Abschnitt beschriebenen Versuche werden durch weitere ergänzt, um den Verlauf der Kurven bei wesentlich höheren Drücken zu ermitteln. Die Versuchsanordnung wird hierzu geändert. Der Prozess im offenen System (Bild 3-7) unterscheidet sich von dem im vorhergehenden Abschnitt zunächst nur dadurch, dass am Eintritt der beheizten Rohrschlange eine Pumpe eingebaut wird. Diese Pumpe saugt die Flüssigkeit mit dem Zustand 1 an, für den die gleichen Werte gelten sollen wie für den ersten Versuch des vorigen Abschnitts. Bei der Druckerhöhung ändert sich das Volumen der Flüssigkeit nicht, der Prozess verläuft isochor. Der Zustand am Austritt der Pumpe soll mit a bezeichnet werden.

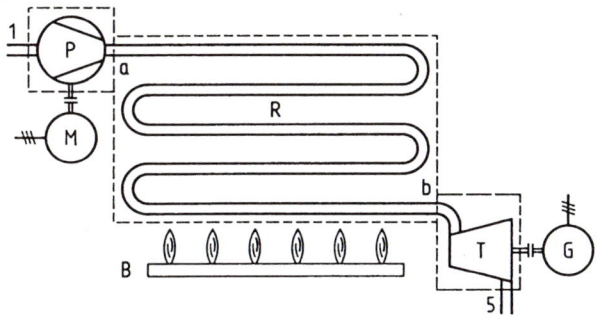

Bild 3-7
Verdampfungsprozess
bei hohem Druck

P   Pumpe
R   beheizte Rohrschlange
B   Gasbrenner
T   Turbine
G   Elektrischer Generator
M   Elektromotor

Dem Stoffstrom wird dann in der Rohrschlange wie bei den ersten Versuchen Wärme zugeführt. Der Stoff hat danach den Zustand b. Da bei diesem Versuch wieder der gleiche Endzustand 5 erreicht werden soll wie bei unserem ersten Versuch, muss der Stoffstrom durch eine Dampfturbine geleitet werden, in der er sich ausdehnt und dabei abkühlt. Der Verlauf der Zustandsänderung 1-a-b-5 wird ebenfalls in das p,v- und in das p,t-Diagramm eingetragen (Bild 3-8). Die Diagramme enthalten außerdem die in den vorigen Versuchen ermittelten Grenzkurven.

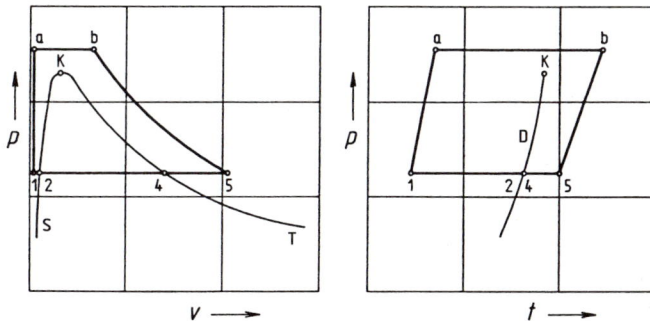

Bild 3-8
Verdampfungsprozess bei
einem niedrigen Druck (1-2-4-5)
und bei einem hohem Druck
(1-a-b-5)

S   Siedelinie
T   Taulinie
D   Dampfdruckkurve
K   Kritischer Punkt

Die Beobachtung des Stoffstromes in der beheizten Rohrschlange führt zu einem erstaunlichen Ergebnis. Nirgendwo lässt sich eine Dampfblase beobachten, nirgendwo erkennen, dass sich Flüssigkeit in Dampf verwandelt. Der Stoff hat sich zwischen den Zuständen a und b infolge der Zufuhr von Wärme stetig ausgedehnt. Wären wir nicht durch unsere alltäglichen Erfahrungen mit siedendem Wasser befangen, würde uns diese stetige Ausdehnung natürlich vorkommen, so aber ist sie auffällig.

In die Rohrschlange fließt der untersuchte Stoff in flüssigem Zustand hinein. Am Ende der Rohrschlange kann der Stoffstrom durch eine Dampfturbine geleitet werden – er verhält sich wie ein Dampf. Offensichtlich findet oberhalb bestimmter Drücke eine stetige Verdünnung statt. Das bedeutet aber, dass es einen Druck geben muss, bis zu dem die Verdampfung unter Blasenbildung stattfindet und über dem keine Dampfblasenbildung mehr zu erkennen ist. Daraus folgt, dass sich im p,v-Diagramm die beiden Verbindungslinien der Punkte 2 und 4, also Siedelinie und Taulinie, in einem Punkt treffen müssen. Dieser Punkt heißt *kritischer Punkt*. Im p,t-Diagramm endet entsprechend die Dampfdruckkurve am kritischen Punkt.

Die Zustandsgrößen im kritischen Zustand spielen eine besondere Rolle bei der Beschreibung des Verhaltens von Stoffen und werden als

> *kritische Temperatur* t_{kr}, *kritischer Druck* p_{kr} und *kritisches spezifisches Volumen* v_{kr}

bezeichnet.

Oberhalb der kritischen Werte von Druck und Temperatur findet der Phasenwechsel von der flüssigen in die dampfförmige Phase durch stetige Verdünnung statt, der umgekehrte Phasenwechsel durch stetige Verdichtung. Eine nähere Betrachtung würde zeigen, dass sich in der Gegend des kritischen Punktes, etwa in Verlängerung der Dampfdruckkurve, die Stoffeigenschaften besonders stark ändern.

3.4 Nassdampf

Der technisch wichtige Nassdampf lässt sich einfach beschreiben.

Im p,v-Diagramm (Bild 3-9) liegen links von der linken Grenzkurve Zustände, bei denen der Stoff flüssig ist. Rechts von der rechten Grenzkurve ist der Stoff dampfförmig. Flüssigkeitsgebiet und Dampfgebiet sind Einphasengebiete. Zwischen den beiden Grenzkurven ist der Stoff teils flüssig, teils dampfförmig. Man spricht hier von *Nassdampf* und nennt daher das ganze Gebiet zwischen den beiden Grenzkurven *Nassdampfgebiet*.

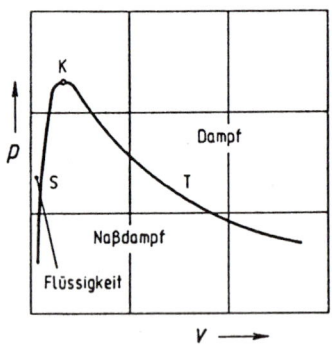

Bild 3-9

Flüssigkeitsgebiet, Nassdampfgebiet und Dampfgebiet im p,v-Diagramm

K   Kritischer Punkt
S   Siedelinie
T   Taulinie

Der Stoff befindet sich links der linken Grenzkurve in *der flüssigen Phase*, rechts der rechten Grenzkurve in der *Dampfphase*. Nassdampf besteht danach aus zwei Phasen; das Nassdampfgebiet ist also ein Zweiphasengebiet.

Flüssigkeit mit einem Zustand auf der linken Grenzkurve (Siedelinie) nennt man *gesättigte Flüssigkeit*. Dieser Ausdruck ist sprachlich wohl so zu erklären, dass sich in einer Flüssigkeit, die mit Energie „gesättigt" ist, bei weiterer Energiezufuhr Dampfblasen bilden. Dampf mit einem Zustand auf der rechten Grenzkurve (Taulinie) heißt entsprechend *Sattdampf*.

Tabelle 3-1 Bezeichnungen im Flüssigkeits-, Nassdampf- und Dampfgebiet

Zustandspunkt	Zustandsbezeichnung	Zustandsgebiet oder Zustandsort	Kennzeichen
1	Flüssigkeit, ungesättigte Flüssigkeit	Flüssigkeitsgebiet	v
2	gesättigte Flüssigkeit (erste Dampfblase)	Siedelinie, linke Grenzkurve	v'
3	Nassdampf (gesättigte Flüssigkeit und Sattdampf)	Nassdampfgebiet	v_d
4	Sattdampf, trocken gesättigter Dampf (letzter Tropfen)	Taulinie*, rechte Grenzkurve	v''
5	Dampf, Gas, überhitzter Dampf, Heißdampf	Dampfgebiet, Überhitzungsgebiet, Gasgebiet	v

* *Tauen* bedeutet das Erscheinen von Flüssigkeit, sowohl aus schmelzendem Feststoff wie aus kondensierendem Gas

In der Tabelle 3-1 sind die üblichen Bezeichnungen für die Zustände und Zustandsgebiete zusammengestellt. Die Bezifferung der Zustände deckt sich mit den Bezeichnungen bei den ersten Verdampfungsversuchen (Bild 3-5 und 3-6).

Es hat sich fest eingebürgert, Zustandsgrößen für Zustände auf der linken Grenzkurve mit einem Strich, auf der rechten Grenzkurve mit zwei Strichen zu kennzeichnen. Will man kennzeichnen, dass sich eine Zustandsgröße auf das Nassdampfgebiet bezieht, ist der Index d gebräuchlich.

Bei der Darstellung im p,t-Diagramm (Bild 3-10) erscheinen nur die Flüssigkeitszustände und die Dampfzustände als Gebiete. Die Nassdampfzustände liegen auf der Dampfdruckkurve.

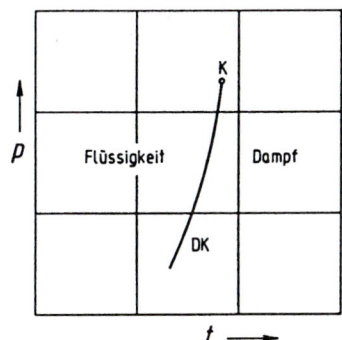

Bild 3-10

Flüssigkeitsgebiet und Dampfgebiet im p,t-Diagramm

K   Kritischer Punkt
DK   Dampfdruckkurve

Die *Dampfdruckkurve* gibt an, bei welcher Temperatur ein Stoff unter einem gegebenen Druck verdampft oder wie weit bei einer gegebenen Temperatur der Druck bei einer Flüssigkeit abgesenkt werden muss, damit Verdampfung einsetzt. Mit der in Tabelle 3-1 angegebenen Kennzeichnung kann man die Dampfdruckkurve allgemein als

$$p' = p'(t) \quad oder \quad t' = t'(p) \tag{3.6}$$

schreiben. Die Dampfdruckkurven sind für sehr viele Stoffe experimentell bestimmt worden und liegen in Tabellen oder in graphischer Form vor.

Die Dampfdruckkurve verknüpft streng die beiden Werte von Druck und Temperatur, bei denen ein Stoff sich im Nassdampfzustand befindet. Hieraus folgt beispielsweise die Möglichkeit, die Temperatur einer verdampfenden Flüssigkeit mit einem Manometer, also mit einem

Druckmesser, zu messen. Hiervon wird häufig Gebrauch gemacht, weil dies messtechnisch viel einfacher ist als eine Temperaturmessung.

Statt von Verdampfen spricht man auch von *Sieden* oder *Kochen*, statt von Verflüssigen auch von *Kondensieren*. Die Druck- und Temperaturwerte, die durch die Dampfdruckkurve miteinander verknüpft sind, gelten für Verdampfen und Verflüssigen. Will man dies unabhängig von der Prozessrichtung ausdrücken, so spricht man von *Sättigungsdruck* oder *Sättigungstemperatur*.

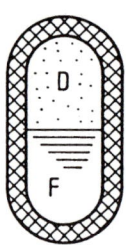

Bild 3-11
Stoff in einem abgeschlossenen System im Nassdampfzustand.

D   Sattdampf
F   gesättigte Flüssigkeit

Zustandsgrößen – In dem in Bild 3-11 skizzierten abgeschlossenen System soll sich ein Stoff im Nassdampfzustand befinden. Masse und Volumen des flüssigen Teiles lassen sich mit m' und V' kennzeichnen. Der Dampfteil des Nassdampfes hat die Masse m'' und das Volumen V'' Diese Bezeichnungsweise ist gerechtfertigt, weil sich Flüssigkeit und Dampf im Sättigungszustand befinden.

Mit dem *Dampfgehalt* x_d wird angegeben, welcher Anteil des Nassdampfes auf die dampfförmige und welcher Anteil auf die flüssige Phase des Nassdampfes entfällt. Der Dampfgehalt ist definiert als das Verhältnis der Sattdampfmenge zu der Menge des Nassdampfes, also der Summe aus Dampfmasse und Flüssigkeitsmasse. Diese Größe ist dimensionslos, aber es ist häufig zweckmäßig, ihr die Einheit kg Sattdampf je kg Nassdampf zu geben.

$$x_\mathrm{d} = \frac{m''}{m'' + m'} = \frac{m''}{m_\mathrm{d}} \tag{3.7}$$

Wenn ein solches abgeschlossenes System wie das oben skizzierte sich im thermodynamischen Gleichgewicht befindet, haben selbstverständlich Druck und Temperatur in beiden Phasen die gleichen Werte. Die intensiven Zustandsgrößen sind also in beiden Phasen gleich.

$$p = p' = p'' \qquad (3.8) \qquad\qquad\qquad t = t' = t'' \tag{3.9}$$

Die extensiven Zustandsgrößen, von denen hier nur die Masse m und das Volumen V betrachtet sind, addieren sich zu den für das gesamte System gültigen Werten.

$$m_\mathrm{d} = m' + m'' \quad (3.10) \qquad\qquad\qquad V_\mathrm{d} = V' + V'' \tag{3.11}$$

Für Einphasensysteme hatte sich die Thermische Zustandsgleichung (2.16) ergeben und damit explizit für das spezifische Volumen [Gleichung (2.17)]

$$v = v\,(p, T).$$

Der Druck p' und die Temperatur T' sind bei Nassdampf durch die Dampfdruckkurve [Gleichung (3.6)] streng miteinander verknüpft und damit nicht unabhängig voneinander. Bei Zweiphasengebieten hängt das spezifische Volumen v außer vom Druck p' noch davon ab, wie groß die Anteile der beiden Phasen sind. Dafür ist ein Maß der Dampfgehalt x_d, mit dem die *Thermische Zustandsgleichung für Nassdampf* in expliziter Form lautet:

$$v_\mathrm{d} = v_\mathrm{d}\,(p'\langle t\rangle, x_\mathrm{d}) \tag{3.12}$$

Die Form dieser Funktion lässt sich leicht ermitteln.

$$v_d = \frac{V_d}{m_d} = \frac{V' + V''}{m_d} = \frac{m'v' + m''v''}{m_d} = \frac{m'}{m_d}v' + \frac{m''}{m_d}v''$$

$$v_d = (1 - x_d)\,v' + x_d\,v'' = v' + x_d\,(v'' - v') \tag{3.13}$$

Das spezifische Volumen von Nassdampf ergibt sich also nach dieser Gleichung aus dem Dampfgehalt x_d, dem spezifischen Volumen v'' für den Sattdampf und v' für die gesättigte Flüssigkeit.

Dampftafeln – Die Werte der spezifischen Volumen v'' und v' werden als Funktion des Sättigungsdruckes für den betreffenden Stoff aus Tabellen entnommen, die als Dampftafeln bezeichnet werden. Die folgende Tabelle zeigt einen Ausschnitt aus einer solchen Dampftafel. Hier sind außer dem Sättigungsdruck und den zugehörigen Sättigungstemperaturen die spezifischen Volumen und weitere Zustandsgrößen für die Siedelinie und die Taulinie angegeben. Diese Dampftafeln stellen ein wichtiges Hilfsmittel bei der Berechnung technischer Prozesse im Nassdampfgebiet dar.

Tabelle 3-2 Ausschnitt aus der Dampftafel für Wasser

t	Sättigungstemperatur	p'	Sättigungsdruck
v'	spez. Volumen der Flüssigkeit	h'	spez. Enthalpie der Flüssigkeit
v''	spez. Volumen des Dampfes	h''	spez. Enthalpie des Dampfes
s'	spez Entropie der Flüssigkeit	Δh_d	spez. Verdampfungsenthalpie
s''	spez. Entropie des Dampfes		

t	p'	v'	v''	h'	h''	Δh_d	s'	s''
°C	bar	dm³/kg	m³/kg	kJ/kg	kJ/kg	kJ/kg	kJ/(kg K)	
0,00	0,0061	1,000	206,3	− 0,04	2502	2502	− 0,0002	9,158
50	0,1234	1,012	12,05	209,3	2592	2383	0,7035	8,078
100	1,013	1,044	1,673	419,1	2676	2257	1,307	7,355
150	4,760	1,091	0,3924	632,2	2745	2113	1,842	6,836
200	15,55	1,157	0,1272	852,4	2791	1939	2,331	6,428
250	39,78	1,251	0,0500	1086	2800	1715	2,794	6,071
300	85,93	1,404	0,0217	1345	2751	1406,0	3,255	5,708
350	165,4	1,741	0,0088	1672	2568	895,7	3,780	5,218
374,15	221,20	3,17	0,0032	2107	2107	0,0	4,443	4,443

Die Werte wurden [13] entnommen und gerundet wiedergegeben.

Ausführlichere Daten enthalten die Tabellen T-5 und T-6 im Anhang.

In einem p,v-Diagramm lassen sich zwischen Siedelinie und Taulinie weitere Linien konstanten Dampfgehaltes x_d eintragen (Bild 3-12). Eine Linie konstanten Dampfgehaltes nennt man *Isovapore*. Die Isovaporen laufen im kritischen Punkt zusammen. Stellt man Gleichung (3.13) um, so ergibt sich

$$x_d = \frac{v_d - v'}{v'' - v'}. \tag{3.14}$$

Der Nenner auf der rechten Seite $v'' - v'$ wird durch die Isobare zwischen den beiden Grenzkurven dargestellt. Der Zähler $v_d - v'$ entspricht der Strecke zwischen dem Zustandspunkt und der linken Grenzkurve.

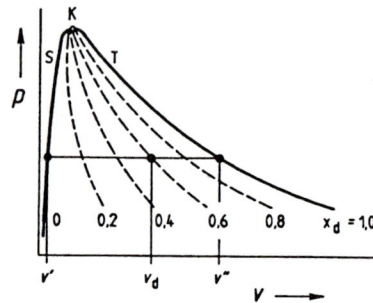

Bild 3-12

p,v-Diagramm mit Linien konstanten
Dampfgehaltes x_d (Isovaporen)

K   Kritischer Punkt
S   Siedelinie
T   Taulinie

Die Linien konstanten Dampfgehaltes teilen also das Nassdampfgebiet linear auf. Die Siedelinie ist die Isovapore für den Wert $x_d = 0$, die Taulinie für den Wert $x_d = 1{,}0$.

Mit diesen jetzt entwickelten Methoden kann bereits eine ganze Reihe von Problemen des
Nassdampfgebietes gelöst und dargestellt werden.

■ **Beispiel 3.2** Berechnen Sie für Wasser in einer Tabelle die spezifischen Volumen, die bei Sättigungsdrücken von
0,01 bar, 1 bar und 100 bar bei den Dampfgehalten von 25 % und 75 % auftreten. Tragen Sie in die Tabelle außerdem
die Verhältnisse von Sattdampfvolumen zu Flüssigkeitsvolumen, die Verhältnisse von Sättigungsdruck zu kritischem
Druck und die Sättigungstemperaturen ein.

Daten

Sättigungsdruck	p'	Kritischer Druck	p_{kr}	Spezifisches Volumen des Sattdampfes	v''
Dampfgehalt	x_d	Sättigungstemperatur	t'	Spezifisches Volumen der Flüssigkeit	v'

Spezifische Volumen v_d

[Die Tabelle wird entsprechend der umgestellten Gleichung (3.13) so aufgebaut, dass in der Tabelle gerechnet werden
kann. Bei mehrfach zu wiederholenden Rechnungen lässt sich durch das Rechnen in einer Tabelle erheblich Zeit
sparen.]

$$v_d = (v'' - v')\, x_d + v'$$

p'	bar	0,01		1,0		100	
v''	m³/kg	129,2					
v'	m³/kg	0,001					
$v'' - v'$	m³/kg	129,2					
x_d	–	0,25	0,75	0,25	0,75	0,25	0,75
$(v'' - v')\, x_d$	m³/kg	32,3	96,9				
v_d	m³/kg	32,3	96,9				
v''/v'	–	$1{,}3 \cdot 10^5$					
p'/p_{kr}	–	$4{,}5 \cdot 10^{-5}$					
t'	°C	7					

Ergänzen Sie die fehlenden Werte und vergleichen Sie die bei den drei Drücken ermittelten Zahlenwerte miteinander.

■ **Beispiel 3.3** In einer Glasampulle mit einem Rauminhalt von 14,8 cm³ befinden sich 1,63 g Ammoniak NH_3 auf einer
Temperatur von – 20 °C. Wie groß sind der Dampfgehalt und das Sattdampfvolumen in der Ampulle? Wie viel Prozent
des Rauminhaltes nimmt die Flüssigkeit ein?

Daten

Rauminhalt	$V = 14{,}8 \cdot 10^{-6}\ \text{m}^3$	Temperatur	$t = -20\ °C$
Ammoniakfüllung	$m = 1{,}63 \cdot 10^{-3}\ \text{kg}$		

Dampfgehalt x_d [Gleichungen (3.14) und (2.4)]

$$x_d = \frac{v_d - v'}{v'' - v'} \qquad v_d = \frac{V}{m} = \frac{14{,}8 \cdot 10^{-6}\,\text{m}^3}{1{,}63 \cdot 10^{-3}\,\text{kg}} = 9{,}08 \cdot 10^{-3}\,\frac{\text{m}^3}{\text{kg}}$$

$$x_d = \frac{0{,}00758}{0{,}6213} = 12{,}2 \cdot 10^{-3}$$

v''	0,6228
v_d	0,00908
v'	0,00150
$v_d - v'$	0,00758
$v'' - v'$	0,6213

Sattdampfvolumen V'' [Gleichungen (2.4) und (3.7)]

$$V'' = x_d\, m\, v'' = 12{,}2 \cdot 10^{-3} \cdot 1{,}63 \cdot 10^{-3}\,\text{kg} \cdot 0{,}6228\,\text{m}^3/\text{kg} = 12{,}4 \cdot 10^{-6}\,\text{m}^3$$

Anteil des Flüssigkeitsvolumen V'/V

$$\frac{V'}{V} = \frac{V - V''}{V} = \frac{(14{,}8 - 12{,}4) \cdot 10^{-6}\,\text{m}^3}{14{,}8 \cdot 10^{-6}\,\text{m}^3} = 0{,}162$$

■ **Beispiel 3.4** In einen Wärmeaustauscher mit einem lichten Eintrittsquerschnitt von $0{,}76\,\text{cm}^2$ strömt flüssiges Kältemittel R134a von $-20\,°\text{C}$ bei einem Druck von $1{,}642$ bar mit einer Geschwindigkeit von $0{,}035\,\text{m/s}$ hinein. Im Wärmeaustauscher verdampft der Stoffstrom bei als konstant angenommenem Druck durch Wärmezufuhr von außen. Am Austritt beträgt der Dampfgehalt 88 %.

Welcher Massenstrom strömt durch die Rohrschlange?

Wie hoch ist die Geschwindigkeit am Austritt, wenn dort der lichte Querschnitt $3{,}04\,\text{cm}^2$ beträgt?

Daten

Eintrittstemperatur	t_1	$= -20$	°C	Eintrittsquerschnitt	A_1	$= 0{,}76\ \text{cm}^2$	$= 0{,}76 \cdot 10^{-4}\,\text{m}^2$
Eintrittsdruck	p_1	$= 1{,}642$	bar	Austrittsquerschnitt	A_2	$= 3{,}04\ \text{cm}^2$	$= 3{,}04 \cdot 10^{-4}\,\text{m}^2$
Eintrittsgeschwindigkeit	c_1	$= 0{,}035$	m/s	Austrittsdampfgehalt	x_{d2}	$= 0{,}88$	

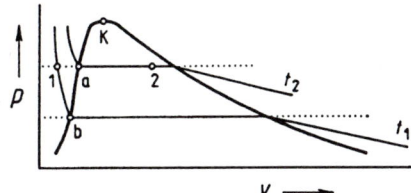

Bild 3-13
Zustände im p, v -Diagramm

(1)	p_1, t_1	(a)	$t'(p_1), x_d = 0$
(2)	p_1, x_{d2}	(b)	$t'(t_1),\ x_d = 0$

[Das Kältemittel befindet sich am Eintritt in einem Zustand ungesättigter Flüssigkeit, für den keine Werte des spezifischen Volumens vorliegen. Da die Druckdifferenz zwischen den Zuständen (1) und (b) weniger Einfluss auf das spezifische Volumen hat als die Temperaturdifferenz zwischen den Zuständen (1) und (a), wird der Wert des spezifischen Volumens für gesättigte Flüssigkeit gleicher Temperatur (b) eingesetzt.]

Massenstrom $\dot{m}$ [Gleichung (2.15)]

$$\dot{m} = \frac{\dot{V}}{v_1} = \frac{A_1\, c_1}{v_1} = \frac{0{,}76 \cdot 10^{-4}\,\text{m}^2 \cdot 0{,}035\,\text{m/s}}{0{,}7 \cdot 10^{-3}\,\text{m}^3/\text{kg}} = 3{,}8 \cdot 10^{-3}\,\frac{\text{kg}}{\text{s}}$$

Austrittsgeschwindigkeit c_2 [Gleichungen (2.15) und (3.13)]

$$c_2 = \frac{\dot{m}\, v_{d2}}{A_2}$$

$$v_{d2} = v'_2 + x_{d2}(v''_2 - v'_2)$$

$$c_2 = \frac{3{,}8 \cdot 10^{-3}\,\text{kg/s} \cdot 0{,}1061\,\text{m}^3/\text{kg}}{3{,}04 \cdot 10^{-4}\,\text{m}^2} = 1{,}33\,\frac{\text{m}}{\text{s}}$$

v''_2	0,1205
v'_2	0,0007
$v''_2 - v'_2$	0,1198
$x_{d2}\,(v''_2 - v'_2)$	0,1054
v_{d2}	0,1061

Wärmerohr – Der Phasenwechsel von Flüssigkeit zu Dampf und von Dampf zu Flüssigkeit wird zu sehr effektivem Wärmetransport mit Wärmerohren (heat pipe) genutzt. Wärmerohre sind beidseitig geschlossene Rohre (Bild 3-14), gefüllt mit einem geeigneten Fluid. In dem betreffenden Arbeitstemperaturbereich ist es teils flüssig und teils gasförmig, also in einem Zweiphasenzustand. Das eine Ende des Rohres befindet sich in einer Wärmequelle, aus der ein Wärmestrom hineinströmt, so dass ein Teil des Fluids verdampft. Der Dampf strömt zum anderen Ende des Rohres, kondensiert dort und gibt den Wärmestrom an eine Wärmesenke ab. Bei diesem Vorgang hat der Fluidstrom $\dot{m}$ aus der Wärmequelle die spezifische Verdampfungsenthalpie Δh_d aufgenommen und an die Wärmesenke wieder abgegeben. Damit ist der übertragene Wärmestrom $\dot{Q}$ gleich

$$\dot{Q} = \dot{m}\,\Delta h_d \qquad\qquad\qquad\qquad\qquad\qquad\qquad\qquad (3.15)$$

Der Massenstrom $\dot{m}$ lässt sich allerdings nicht direkt messen, er muss vielmehr aus den beiden anderen Größen ermittelt werden.

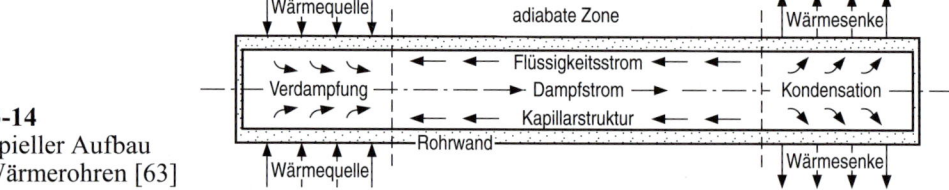

Bild 3-14
Prinzipieller Aufbau
von Wärmerohren [63]

Das kondensierte Fluid strömt flüssig an der Rohrinnenwand zurück, bei aufrechten Wärmerohren durch die Schwerkraft, bei liegenden oder geneigten Rohren sorgen die Druckverhältnisse in Kapillarstrukturen für den Rückfluss. Als Kapillarstruktur werden offene Axialrillen, Netz- und Sinterstrukturen sowie Kombinationen daraus verwendet. Je nach Arbeitsfluid (Tabelle T-18) lassen sich Wärmerohre in Temperaturbereichen um –260 °C bis um 2200 °C einsetzen. Die kleinsten Wärmerohre kühlen elektronische Komponenten in Computern oder Bauteile in der Raumfahrt, die größten finden sich bei der Nutzung von Erdwärme oder von industrieller Prozesswärme.

■ **Beispiel 3.5** [65] Ein 200 m langes senkrechtes Wärmerohr transportiert 9,5 kW aus dem Erdreich zu einer Wärmepumpe. Ein spiralwelliges Edelstahlrohr mit einer Wandstärke von 0,6 mm, einem äußeren Durchmesser von 55 mm und einem inneren Durchmesser von 48 mm ist mit dem unbrennbaren, ungiftigen und wasserunschädlichen Kältemittel Kohlendioxyd (CO_2) gefüllt, das im Betrieb bei 35 bis 37 bar arbeitet, also bei 0 bis 2 °C. Im oberen Wärmeaustauscher kondensiert das CO_2 und gibt dabei seine Verdampfungsenthalpie an das in der Wärmepumpe verdampfende Kältemittel R407C ab. Das Kondensat läuft innerhalb der Wellen in einem dünnen Film zurück, so dass der Dampf durch den ganzen inneren Rohrquerschnitt nach oben strömen kann.

Daten	Wärmestrom	$\dot{Q} = 9{,}5$ kW	Kältemittel	CO_2
	Arbeitstemperatur	$t = 2$ °C	Verdampfungsenthalpie	$\Delta h_d = 224{,}7$ kJ/kg
	Rohraußendurchmesser	$D = 0{,}055$ m	Dichte des Dampfes	$\rho'' = 104{,}1$ kg/m³
	Rohrinnendurchmesser	$d = 0{,}048$ m	Dichte des Kondensats	$\rho' = 915{,}2$ kg/m³

Rohrinnenquerschnitt $\quad A = \pi\, d^2 / 4 = \pi \cdot 0.048^2\ \text{m}^2 / 4 = 1{,}81 \cdot 10^{-3}\ \text{m}^2$

Kältemittelmassenstrom $\quad \dot{m} = \dot{Q} / \Delta h_d = (9{,}5\ \text{kJ/s}) / (224{,}7\ \text{kJ/kg}) = 42{,}28 \cdot 10^{-3}\ \text{kg/s}$

Volumenstrom Dampf $\quad V'' = \dot{m} / \rho'' = (42{,}28\ 10^{-3}\ \text{kg/s}) / (104{,}1\ \text{kg/m}^3) = 0{,}406 \cdot 10^{-3}\ \text{m}^3/\text{s}$

Volumenstrom Kondensat $\quad V' = \dot{m} / \rho' = (42{,}28\ 10^{-3}\ \text{kg/s}) / (915{,}2\ \text{kg/m}^3) = 0{,}046 \cdot 10^{-3}\ \text{m}^3/\text{s}$

Geschwindigkeit Dampf $\quad c = V'' / A = (0{,}406 \cdot 10^{-3}\ \text{m}^3/\text{s}) / (1{,}81 \cdot 10^{-3}\ \text{m}^2) = 0{,}22$ m/s

3.5 Erstarren, Sublimieren, Tripelzustände

Die Umwandlung einer Flüssigkeit in einen Festkörper und das Verdampfen eines Festkörpers werden beschrieben.

Bisher sind die Zustände der flüssigen und der dampfförmigen Phase sowie der Phasenübergang zwischen Flüssigkeit und Dampf betrachtet worden. Jetzt soll auch die feste Phase mit in die Darstellung einbezogen werden.

Erstarrung – Das Gedankenexperiment von Abschnitt 3.2 (Bild 3-4) wird nochmals fortgesetzt. Die in den Zylinder eingefüllte Flüssigkeit soll wieder den Zustand 1 haben. Sie wird jedoch nicht erwärmt, sondern gekühlt. Die Beobachtung zeigt, dass die Temperatur t entsprechend der Wärmeabfuhr abnimmt. Das spezifische Volumen v verringert sich nur unmerklich. Der Druck p bleibt bei dieser Versuchsanordnung konstant.

Bei weiterem Wärmeentzug bildet sich an der gekühlten Wand der erste Eiskristall. Damit beginnt offensichtlich ein weiterer Phasenwechsel, nämlich der von der flüssigen in die feste Phase. Während dieses Vorganges bleibt die Temperatur t des Stoffes unverändert, und zwar solange, bis der letzte Flüssigkeitstropfen ausgefroren ist. Während dieses Phasenübergangs nimmt bei den meisten Stoffen das spezifische Volumen v ab. Bei Wasser und einigen anderen Stoffen beobachtet man eine Volumenzunahme; diese Absonderlichkeit wollen wir hier jedoch außer Betracht lassen.

Sobald der Systeminhalt sich völlig in der festen Phase befindet, sinkt die Temperatur t weiter ab. Das spezifische Volumen v verringert sich ebenfalls weiter; dies gilt auch für Wassereis.

Die Eintragung dieses isobaren Erstarrungsprozesses in das p,v-Diagramm (Bild 3-15) ergibt nach dem Anfangspunkt 1 zunächst den Punkt 6 als Beginn des Erstarrens, dann den Punkt 7 mit gleichzeitiger Existenz von Flüssigkeit und Eis (im Sinne von Festkörper) und schließlich den Punkt 8 als Ende des Erstarrungsvorganges. Der Punkt 9 stellt das willkürliche Ende des Experiments dar. Eine Wiederholung dieses Experiments bei etwas höheren und etwas niedrigeren Drücken würde grundsätzlich die gleichen Ergebnisse liefern.

Die hier für den Erstarrungsversuch erläuterten Ergebnisse erzielt man mit den gleichen Werten auch beim Schmelzvorgang.

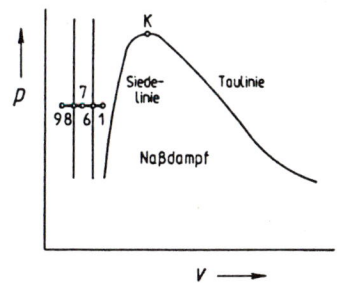

Bild 3-15
Isobarer Erstarrungsprozess (1-6-7-8-9) und
isobarer Schmelzprozess (9-8-7-6-1)
im p,v-Diagramm

K   Kritischer Punkt

Die Verbindungslinien der Punkte 6 und 8 sind offensichtlich wieder Grenzkurven, die Zustandsgebiete voneinander trennen. Sie werden als *Erstarrungslinie* und *Schmelzlinie* bezeichnet. Das Einphasengebiet rechts der Erstarrungslinie enthält Flüssigkeitszustände, das Einphasengebiet links der Schmelzlinie Festkörperzustände. Dazwischen liegt das als *Schmelzgebiet* bezeichnete Zweiphasengebiet, in dem schmelzendes Eis und erstarrende Flüssigkeit miteinander im Gleichgewicht sind. Das Schmelzgebiet ist übrigens nach oben offen; jedenfalls haben bisher auch bei sehr hohen Drücken ausgeführte Versuche keinen zweiten „kritischen Punkt" ergeben.

Tabelle 3-3 zeigt eine Zusammenstellung der Bezeichnungen. Darin ist auch die Kennzeichnung der Zustandsgrößen am Beispiel des spezifischen Volumens vermerkt. Für die gerade erstarrende Flüssigkeit steht **, für gerade schmelzendes Eis *. Der Anteil der Flüssigkeit an der Schmelze wird analog zum Nassdampfgebiet mit dem *Flüssigkeitsanteil* x_f angegeben.

$$x_f = \frac{v_f - v^*}{v^{**} - v^*} \tag{3.16}$$

Tabelle 3-3 Bezeichnungen im Flüssigkeits- und Feststoffgebiet

Zustandspunkt	Zustandsbezeichnungen	Zustandsgebiet oder Zustandsort	Kennzeichen
1	Flüssigkeit	Flüssigkeitsgebiet	v
6	erstarrende Flüssigkeit	Erstarrungslinie	v^{**}
7	Schmelze	Schmelzgebiet	v_f
8	schmelzender Feststoff, schmelzendes Eis	Schmelzlinie	v^*
9	Feststoff, Eis	Feststoffgebiet, Eisgebiet	v

Im p,t-Diagramm liegen die Punkte 6, 7 und 8 übereinander, da während des Phasenwechsels die Temperatur konstant bleibt. Auch in diesem Diagramm liefern die Versuche eine kennzeichnende Kurve, die *Schmelzdruckkurve*. Die der Gleichung (3.6) entsprechende Funktion

$$p_f^* = p_f^*(t) \quad \text{oder} \quad t_f^* = t_f^*(p) \tag{3.17}$$

zeigt bei den meisten Stoffen keine oder nur eine geringe Temperaturabhängigkeit (Bild 3-16, 3-18).

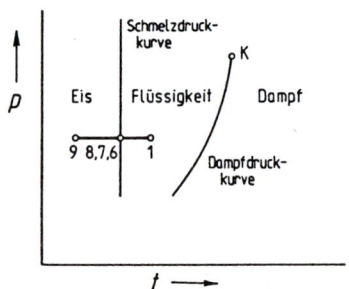

Bild 3-16
Isobarer Erstarrungsprozess (1-6-7-8-9)
und isobarer Schmelzprozess (9-8-7-6-1)
im p,t-Diagramm

Sublimation – Zur Vervollständigung des Zustandsfeldes ist es notwendig, das Gedankenexperiment nochmals fortzusetzen. Dazu wird der Druck über dem Festkörper erheblich abgesenkt. Der Punkt 10 in Bild 3-17 soll den Anfangszustand des Experiments wiedergeben. Bei Wärmezufuhr wird die Temperatur zunächst ansteigen und dann als Zeichen eines erneuten Phasenwechsels wieder konstant bleiben. Es setzt aber kein Schmelzvorgang ein, sondern ein sofortiger Übergang in einen Dampfzustand. Diesen Vorgang nennt man *sublimieren;* er wird beispielsweise bei der Gefriertrocknung und bei der Trockeneiskühlung genutzt.

Wenn das Eis im System vollständig sublimiert ist, steigt die Temperatur des Stoffes weiter an. Das spezifische Volumen hat während und nach dem Sublimationsversuch erheblich zugenommen. Die Darstellung im p,v-Diagramm zeigt zwei neue Linien, die *Sublimationslinie und die Desublimationslinie*, die das *Sublimationsgebiet* einschließen.

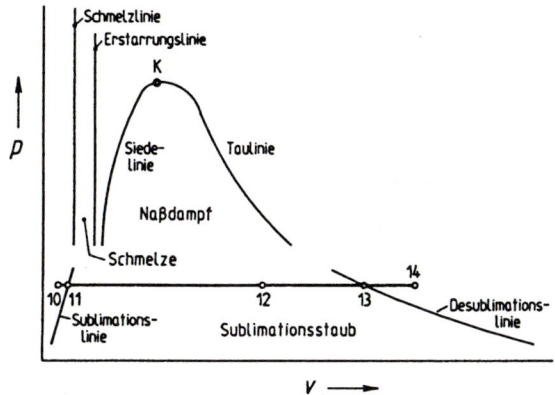

Bild 3-17
Isobarer
Sublimationsprozess
(10-11-12-13-14) und
isobarer
Desublimationsprozess
(14-13-12-11-10)
im p,v-Diagramm

Die Ergebnisse gelten wie bei den früheren Experimenten auch für den umgekehrten Vorgang, also für die Abkühlung von Dampf mit direktem Phasenübergang zum Festkörper. Diesen Vorgang nennt man *Desublimation*, spricht aber auch gelegentlich von *Kondensation in den festen Zustand*. Desublimation findet statt, wenn sich Feuchtigkeit aus der Luft an einer kalten Fläche als Reif abscheidet oder wenn Kohlendioxid aus einer Stahlflasche ausströmt und zu Kohlendioxid-Schnee wird.

In der Tabelle 3-4 sind diese Bezeichnungen noch einmal zusammengestellt, auch die Kennzeichnung der Zustandsgrößen mit * für sublimierenden Feststoff, " für desublimierenden Dampf und mit dem Index s für Zustände im Sublimationsgebiet. Der Dampfanteil im Sublimationsstaub ist dann

$$x_S = \frac{v_s - v^*}{v'' - v^*}.$$ (3.18)

Tabelle 3-4 Bezeichnungen im Feststoff-, Sublimations- und Dampfgebiet

Zustandspunkt	Zustandsbezeichnungen	Zustandsgebiet oder Zustandsort	Kennzeichen
10	Feststoff, Eis	Feststoffgebiet, Eisgebiet	v
11	sublimierender Feststoff, sublimierendes Eis, verdampfendes Eis	Sublimationslinie	v^*
12	Sublimationsstaub	Sublimationsgebiet	v_s
13	desublimierender Dampf, ausfrierender Dampf	Desublimationslinie	v''
14	Dampf, Gas	Dampfgebiet, Gasgebiet	v

Die Darstellung der Versuchsergebnisse im p,t-Diagramm liefert eine weitere Kurve, die *Sublimationsdruckkurve*.

$$p_s^* = p_s^*(t) \quad \text{oder} \quad t_s^* = t_s^*(p)$$ (3.19)

Damit ist der Zusammenhang von Druck p und Temperatur t bei der Sublimation oder Desublimation beschrieben (Bild 3-18).

Die drei im p,t-Diagramm ermittelten Kurven kann man als *Umwandlungsdruckkurven* bezeichnen. Diese Umwandlungsdruckkurven geben an, bei welcher Temperatur unter einem bestimmten Druck ein Phasenwechsel stattfindet. Während dieses Phasenwechsels befinden sich die beiden Phasen (zumindest näherungsweise) im Gleichgewicht.

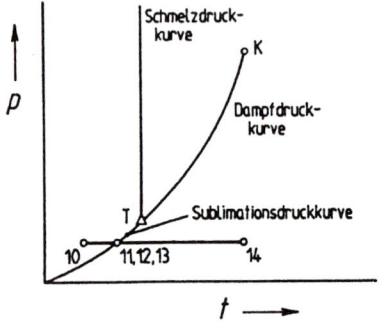

Bild 3-18

Isobare Sublimation (10-11-12-13-14) und isobare Desublimation (14-13-12-11-10) im p,t-Diagramm

Umwandlungsdruckkurven

Dampfdruckkurve	p'_d (t)
Schmelzdruckkurve	p^*_f (t)
Sublimationsdruckkurve	p^*_s (t)
Kritischer Punkt	K
Tripelpunkt	T

Tripelpunkt – Die drei Umwandlungsdruckkurven treffen sich in einem Punkt, dem Tripelpunkt mit dem Druck p_{tr} und der Temperatur t_{tr}. Bei diesem Druck und dieser Temperatur können alle drei Phasen miteinander im Gleichgewicht existieren. Dieses Gleichgewicht ist sehr stabil und wird daher zur Definition der Kelvin-Temperaturskala benutzt; dem Tripelpunkt von Wasser wird die Temperatur 273,16 Kelvin als exakter Wert zugeordnet; der Druck beträgt 0,0061166 bar (Bild 3-19).

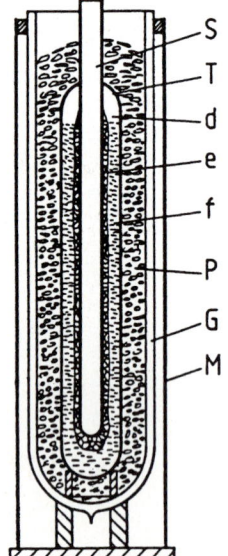

Bild 3-19

Tripelpunktgefäß

In dem Tripelpunktgefäß T befinden sich Wasserdampf d, Wasserflüssigkeit f und Wassereis e miteinander im Gleichgewicht bei einem Druck von 0,0061166 bar und einer Temperatur von 273,16 K gleich 0,01 °C.
Die Wasserfüllung des Tripelpunktgefäßes wird durch Trockeneisgaben in den Thermometerstutzen S auf die Tripelpunkttemperatur gebracht. Gegen Wärmeeinfall ist das Tripelpunktgefäß durch eine Eispackung P und durch ein Dewargefäß G mit Mantel M geschützt, so dass die Tripelpunkttemperatur über mehrere Stunden gehalten wird.

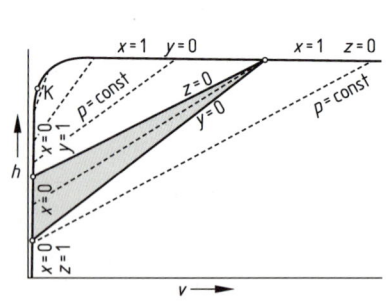

Bild 3-19a

Tripelzustände im h,v-Diagramm

Das Feld der Tripelzustände wird durch die Linien für Dampfgehalt $x = 0$ (Siedelinie), Flüssigkeitsgehalt $y = 0$ und Feststoffgehalt $z = 0$ begrenzt [9]

Der Tripelpunkt kennzeichnet nicht einen einzigen Zustand, weil bei Tripeldruck und Tripeltemperatur die Anteile zweier Phasen frei wählbar sind. Dementsprechend stellen sich die Tripelzustände im p,v-Diagramm als *Tripellinie* (Bild 3-20), im h,v-Diagramm als *Tripelfeld* (Bild 3-19a) dar.

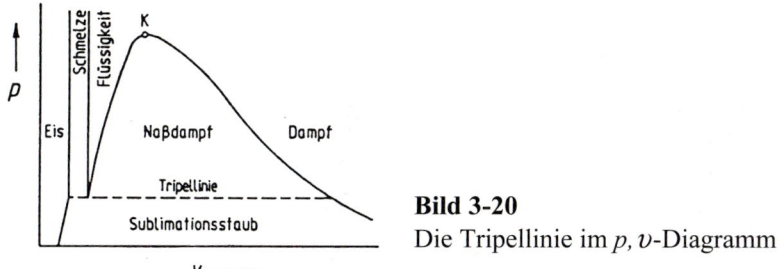

Bild 3-20
Die Tripellinie im p, v-Diagramm

Zustandsfläche – Eine vollständige Darstellung des thermischen Verhaltens eines Stoffes kann man qualitativ mit einer perspektivischen Skizze der p, v, T-Zustandsfläche geben (Bild 3-21). Über die Lage von Umwandlungsdruckkurven, kritischen und Tripelpunkten im Bereich von 5 K bis 10 kK = 10^4 K gibt Bild 3-22 einen Überblick.

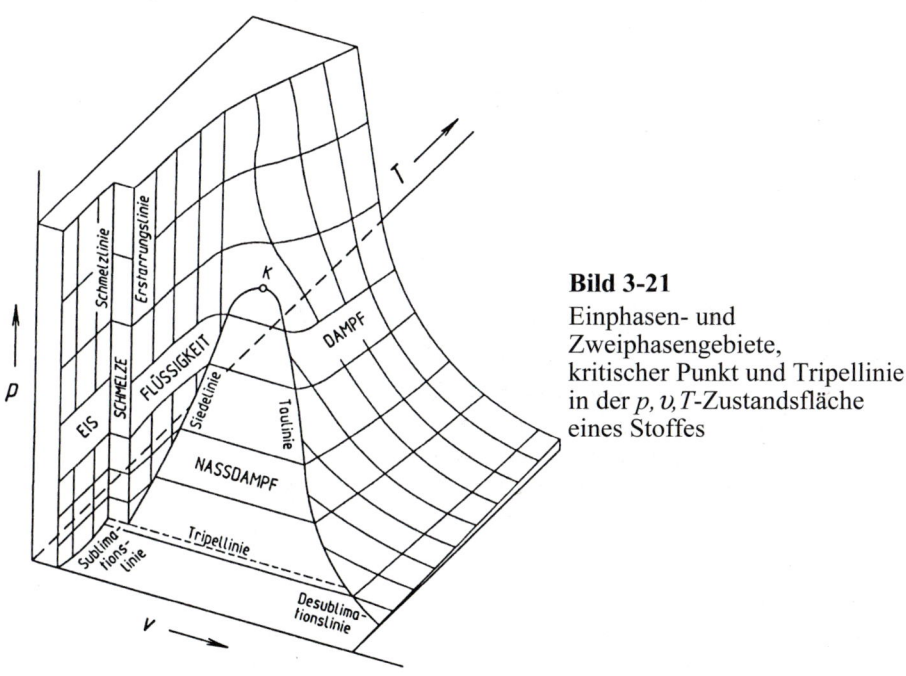

Bild 3-21
Einphasen- und
Zweiphasengebiete,
kritischer Punkt und Tripellinie
in der p, v, T-Zustandsfläche
eines Stoffes

Die Anomalie des Wassers – Wasser zeigt bei der Abkühlung ein Verhalten, das von dem der meisten anderen Stoffe abweicht. So erreicht das spezifische Volumen von Wasserflüssigkeit bei + 4 °C seinen kleinsten Wert. Beim Erstarren nimmt das spezifische Volumen um etwa neun Prozent zu. Bei weiter sinkender Temperatur nimmt das Eisvolumen langsam wieder ab (Bild 3-23). Ferner nimmt die Schmelztemperatur von Wasser mit steigendem Druck zunächst ab und steigt erst bei sehr hohen Drücken wieder an (Bild 3-24). Auf diese Anomalie gehen solche Erscheinungen zurück wie das Überleben der Fische in zugefrorenen Teichen oder das Schlittschuhlaufen.

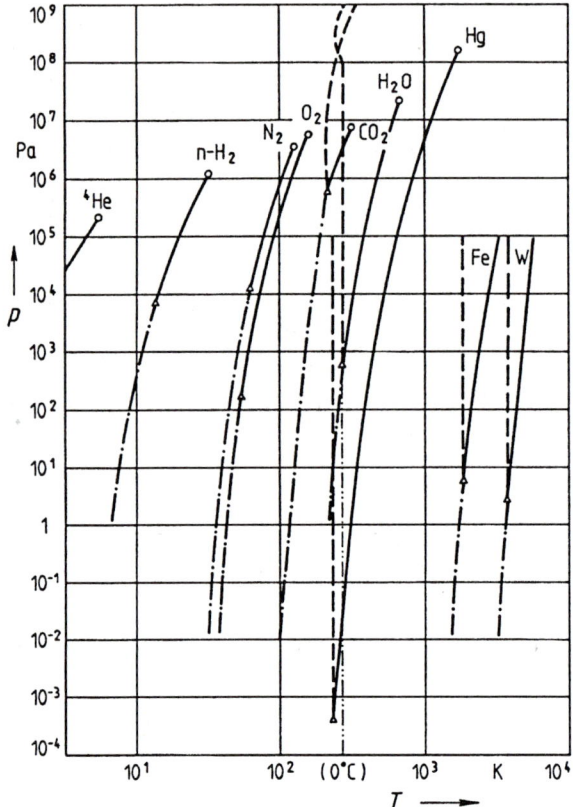

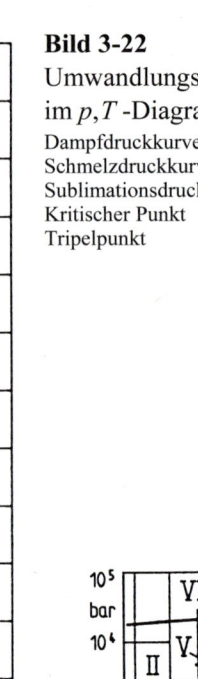

Bild 3-22

Umwandlungsdruckkurven

im p,T-Diagramm

Dampfdruckkurven	———
Schmelzdruckkurven	– – – –
Sublimationsdruckkurven	—·—·—
Kritischer Punkt	○
Tripelpunkt	△

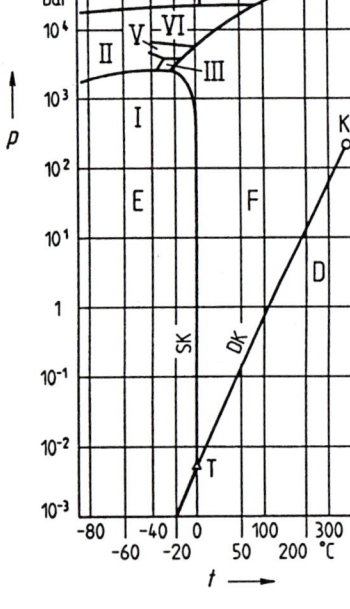

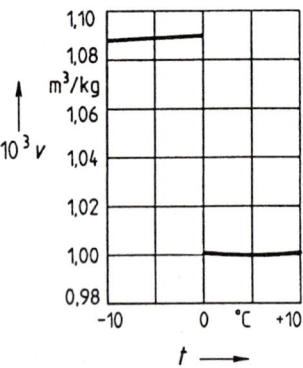

Bild 3-23

Zur Anomalie des Wassers I

Die Krümmung der Kurve für
Wasserflüssigkeit ist übertrieben.

Bild 3-24

Zur Anomalie des Wassers II

DK	Dampfdruckkurve
SK	Schmelzdruckkurve
K	kritischer Punkt
T	Tripelpunkt
I–III, V–VIII	Eiskristallformen [29]
IV	Metastabile Eiskristallform
	im Zustandsbereich V [56]

3.6 Dämpfe und Gase

Wie unterscheiden sich Dämpfe und Gase?

Die Ausdrücke *Dampf* und *Gas* kennzeichnen im Grunde dieselbe Phase. Man spricht jedoch eher von *Dampf*, wenn man an Zustände in der Nähe oder auf der Taulinie und der Desublimationslinie denkt. Bei Zuständen, die weit von diesen Phasengrenzen entfernt sind, benutzt man den Ausdruck *Gas*.

An Gasen in diesem Sinne sind schon sehr früh Untersuchungen gemacht worden, so von BOYLE, MARIOTTE und GAY-LUSSAC. Fasst man deren Ergebnisse zusammen, so zeigt sich, dass der Ausdruck $p\,v\,/\,T$ für einen Stoff bei allen Gaszuständen anscheinend immer denselben Wert ergibt. Diesen Wert hat man als *Gaskonstante* bezeichnet.

Gaskonstanten – Genauere Untersuchungen haben gezeigt, dass diese Größe nur dann eine Konstante darstellt, wenn der Druck gegen Null geht. Die (*spezifische*) *Gaskonstante* wird daher als Grenzwert definiert.

$$R = \lim_{p \to 0}\left(\frac{p\,v}{T}\right) \qquad (3.20)$$

Der Wert der Gaskonstanten R ist nur von der Art des Gases, nicht aber von seinem Zustand abhängig.

Mit der Gaskonstanten R bekommt die Thermische Zustandsgleichung [Gleichung (2.16)]

$$F\,(p,\,v,\,T) = 0$$

für Gase die einfache, kurz als *Gasgleichung* bezeichnete Form

$$p\,v = R\,T. \qquad (3.21)$$

Mit dieser Gleichung kann das Verhalten von Gasen umso genauer beschrieben werden, je niedriger der Druck und im Allgemeinen auch je höher die Temperatur ist.

Ideale Gase – Wenn man das Verhalten eines Gases mit dieser Gleichung genügend genau beschreiben kann, spricht man von idealem Verhalten und nennt das Gas ein *Ideales Gas*. Ideales Verhalten entspricht der physikalischen Modellvorstellung, dass die Anziehungskräfte und das Eigenvolumen der Gasmoleküle vernachlässigt werden dürfen. Ideale Gase gibt es also nur als gedachtes Modell. Alle wirklich vorkommenden Gase, als *reale Gase* bezeichnet, bestehen aus Atomen oder Molekülen, die ein Eigenvolumen haben und Kräfte aufeinander ausüben.

Je mehr man ein reales Gas verdünnt, je weniger Gasmoleküle in einem Raum enthalten sind, desto größer wird der Abstand der Moleküle. Auch die mit der Temperatur zunehmende Molekularbewegung wirkt dahin, dass der Einfluss der Kräfte zwischen den Molekülen geringer wird und sich das Eigenvolumen der Moleküle weniger auswirkt. Das reale Gas nähert sich dann in seinem Verhalten dem Verhalten eines Idealen Gases, das sich damit als Grenzfall zeigt.

Mit der Gasgleichung lassen sich zahlreiche Berechnungen ausführen, was hier mit einigen Beispielen gezeigt werden soll.

■ **Beispiel 3.6** Im Abschnitt 2.6 war die Zustandsänderung in einem gasgefüllten Behälter *B* beschrieben worden (Bild 2-30 und 2-31). Mit der Gasgleichung lässt sich der Druck p_{2B} am Ende der Zustandsänderung 1–2*B* berechnen. Dazu müssen der Anfangszustand 1 und die Endtemperatur T_{2B} bekannt sein.

Daten   Anfangsdruck $p_1 = 1{,}3$ bar   Anfangstemperatur $t_1 = 37$ °C; $T_1 = 310$ K

Endtemperatur $t_{2B} = 96$ °C; $T_{2B} = 369$ K

[Es ist zweckmäßig, die Temperaturen sofort in die Einheit umzurechnen, mit der in die Gasgleichung eingesetzt werden muss.]

Enddruck p_{2B}

[Die Gasgleichung wird einmal für den Anfangszustand 1 und einmal für den Endzustand 2B angesetzt. Volumen und Masse der Füllung und damit ihr spezifisches Volumen v_1 ändern sich bei diesem isochoren Prozess nicht.]

$$p_{2B} \ v_1 = R \ T_{2B} \qquad\qquad \frac{p_{2B}}{p_1} = \frac{T_{2B}}{T_1} \qquad\qquad p_{2B} = p_1 \frac{T_{2B}}{T_1}$$
$$p_1 \ \ v_1 = R \ T_1$$

$$p_{2B} = 1{,}3 \text{ bar} \cdot 369 \text{ K}/(310 \text{ K}) = 1{,}55 \text{ bar}$$

[Bei der Division der beiden angesetzten Gasgleichungen fallen das spezifische Volumen v_1 und die Gaskonstante R heraus, und es zeigt sich, dass sich der Druck bei isochoren Zustandsänderungen mit der thermodynamischen Temperatur verändert. Da Druck und Temperaturen nur mit zwei Stellen bekannt waren, ist es angebracht, auch das Ergebnis nicht genauer anzugeben. Die letzte Stelle im Ergebnis muss generell als unsicher angesehen werden.]

In ähnlicher Weise können mit der Gasgleichung weitere Berechnungen ausgeführt werden. Der einfache Aufbau der Gleichung ermöglicht es außerdem, Beziehungen allgemein abzuleiten. Ausführlich wird darauf in den Abschnitten 6 und 7 eingegangen werden. Als ein Beispiel wird hier eine Gleichung für die in einem geschlossenen Behälter enthaltene Masse eines Gases abgeleitet.

■ **Beispiel 3.7**   Das Füllvolumen V des Behälters sei bekannt. Der Druck p_e im Behälter lässt sich mit einem Manometer messen. Die Temperatur t_{amb} der Umgebung wird mit einem Thermometer bestimmt. Der Behälter soll sich solange in dieser Umgebung befinden, dass das Gas die gleiche Temperatur wie die Umgebung annimmt. Das Gas hat die Gaskonstante R, deren Wert aus einer Tabelle entnommen werden kann.

Bestimmt werden soll die Masse m des im Behälter befindlichen Gases. Die gesuchte Größe m steht nicht in der Gasgleichung [Gleichung (3.17)], lässt sich jedoch mit Gleichung (2.4) einführen.

$$p \, v \ \ = R \, T \qquad\qquad\qquad v = V/m$$
$$p \, \frac{V}{m} = R \, T \qquad\qquad\qquad m = \frac{p \, V}{R \, T}$$

Zu beachten ist noch, dass in die Gasgleichung die Werte des absoluten Druckes p und der thermodynamischen Temperatur T einzusetzen sind [Gleichungen (2.18) und (2.19)]. Dabei ist p_{amb} der atmosphärische Luftdruck und T_0 die thermodynamische Temperatur des Eispunktes.

$$p = p_e + p_{amb} \qquad\qquad\qquad T = t + T_0$$

Auch für Änderungen des Zustandes lassen sich mit der Gasgleichung Aussagen ableiten.

■ **Beispiel 3.8**   Wenn der vorher beschriebene Behälter in einen Kühlraum gebracht wird, ändert sich der Druck p mit der Temperatur t. Um diese Druckänderung zu ermitteln, wird die Gasgleichung sowohl für den Zustand 1 als auch für den Zustand 2 angesetzt.

$$p_1 \, v_1 = R \, T_1 \qquad\qquad\qquad p_2 \, v_2 = R \, T_2$$

Dividiert man diese beiden Gleichungen durcheinander, so lassen sich die Gaskonstante R und – da sich weder Volumen V noch Masse m der Gasfüllung ändern – die spezifischen Volumen v_1 und v_2, gegeneinander kürzen.

$$\frac{p_2}{p_1} = \frac{T_2}{T_1}$$

Damit ist die Aussage gewonnen, dass bei isochoren Zustandsänderungen eines Idealen Gases sich der (absolute) Druck p proportional der (thermodynamischen) Temperatur T ändert.

Reale Gase – Viele technisch verwendete Gase verhalten sich unter unseren Umgebungsbedingungen (Raumtemperatur, atmosphärischer Luftdruck) und auch bei vielen technischen Prozessen mit genügender Genauigkeit wie Ideale Gase. Welche Genauigkeit im Einzelfall genügend ist, hängt von den jeweiligen Anforderungen ab und kann hier nicht beantwortet werden. Um trotzdem einen Anhalt zu geben, wird mit den Bildern 3-25 und 3-26 für Stickstoff gezeigt, in welchen Bereichen die Gasgleichung das Verhalten mit mehr oder weniger großer Genauigkeit wiedergibt. Ein Maß dafür ist der *Realgasfaktor Z*.

$$Z = \frac{p\,v}{R\,T} \qquad (3.22)$$

Dieser Realgasfaktor ist in Bild 3-25 als Parameter, in Bild 3-26 als Ordinatenwert dargestellt.

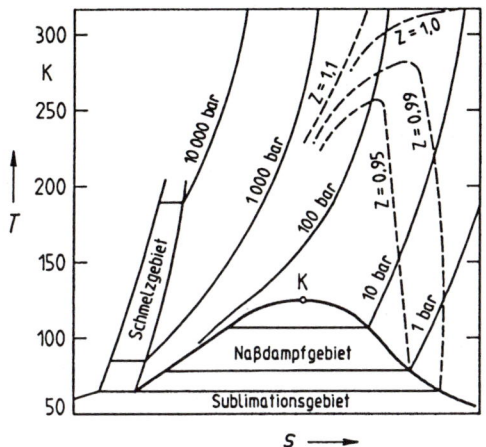

Bild 3-25

Gültigkeitsgrenzen der Gasgleichung
bei Stickstoff,
dargestellt im T,s-Diagramm durch
Kurven konstanten Realgasfaktors Z

(Das T,s-Diagramm ist ein Zustandsdiagramm
mit der Temperatur T und der – erst später zu behandelnden – Zustandsgröße Entropie s als
Koordinaten.)

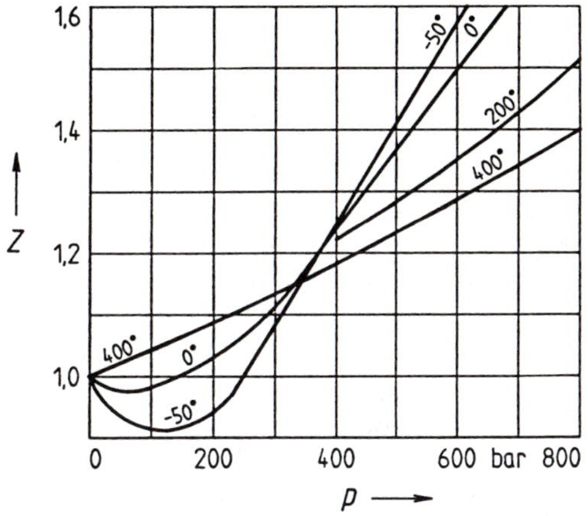

Bild 3-26

Realgasfaktor Z von Stickstoff
für verschiedene Temperaturen t
in Abhängigkeit vom Druck p [39]

Zustandsgleichung nach VAN DER WAALS – Um das reale Verhalten von Gasen genauer darstellen zu können, hat VAN DER WAALS die Gasgleichung erweitert. Mit zwei zusätzlichen
Termen soll die Anziehungskraft zwischen den Molekülen und deren Eigenvolumen berücksichtigt werden.

$$\left(p + \frac{a}{v^2} \right)(v - b) = R\,T \qquad (3.23)$$

Zeichnet man in ein p,v-Diagramm eine mit der VAN-DER-WAALSschen Gleichung berechnete
Isotherme ein, so ergibt sich der in Bild 3-27 dargestellte Verlauf. Führt man für mehrere Isothermen den skizzierten Zwickelausgleich durch, so liefern die Verbindungslinien der Punkte a
und e qualitativ die Siedelinie und die Taulinie. Die Isothermenabschnitte a ... b und
e ... d sind metastabil, b ... d ist instabil, sodass sich hier mit den Verbindungsgeraden a ... e
isobare Nassdampfisothermen abbilden.

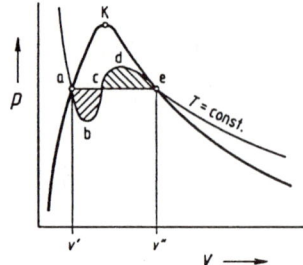

Bild 3-27

Isotherme im p, v-Diagramm
nach der VAN-DER-WAALSschen Gleichung

Die durch Zwickelausgleich gewonnenen Verbindungslinien a ... e
liefern qualitativ isobare Nassdampfisothermen und damit
den Verlauf von Siedelinie und Taulinie. [9]

Die kritische Isotherme hat im kritischen Punkt einen Wendepunkt mit waagerechter Tangente.
Löst man die Gleichung nach p auf und differenziert zweimal nach v, so erhält man die Konstanten a, b und R in Abhängigkeit von den kritischen Daten.

$$a = 3\, p_{kr}\, v_{kr}^2 \qquad b = \frac{v_{kr}}{3} \qquad R = \frac{8\, p_{kr}\, v_{kr}}{3\, T_{kr}} \tag{3.24}$$

Normierte Zustandsgrößen – Bezieht man die thermischen Zustandsgrößen eines Stoffes auf deren Werte im kritischen Punkt, so erhält man *normierte* Zustandsgrößen.

$$\pi = \frac{p}{p_{kr}} \qquad \varphi = \frac{v}{v_{kr}} \qquad \vartheta = \frac{T}{T_{kr}} \tag{3.25}$$

Mit diesen lässt sich die VAN-DER-WAALSsche Gleichung in einer Form schreiben, die als für alle Stoffe gültig gedacht ist und so das *Korrespondenzprinzip* begründet.

$$\left(\pi + \frac{3}{\varphi^2}\right)(3\,\varphi - 1) = 8\,\vartheta \tag{3.26}$$

Die Gleichung (3.26) liefert wie Gleichung (3.23) ein qualitativ richtiges Bild (Bild 3-28), zahlenmäßig aber nur Näherungswerte, auch wenn man noch weitere Konstanten einfügt. Das Korrespondenzprinzip ist wie die VAN-DER-WAALSschen Gleichung historisch bedeutsam auf dem Wege zur Entwicklung genauerer Zustandsgleichungen.

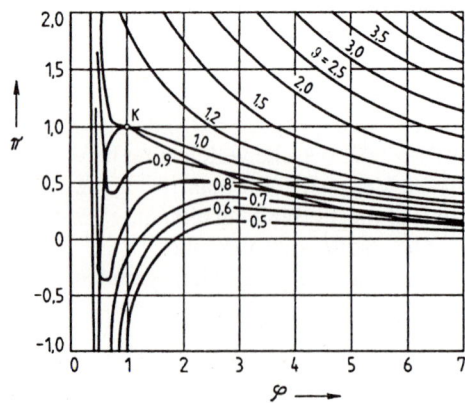

Bild 3-28

Normierte Isothermen und Grenzkurven
im π, φ-Diagramm
nach dem Korrespondenzprinzip [9]

Virialgleichungen – Während VAN DER WAALS von Modellvorstellungen ausging, um die Zustandsgleichung Idealer Gase an das reale Verhalten anzupassen, hat KAMERLINGH ONNES mit empirisch gewonnenen Korrekturgliedern einen grundsätzlich anderen Weg beschritten.

$$p = \frac{RT}{v} + \frac{B(T)}{v^2} + \frac{C(T)}{v^3} + \frac{D(T)}{v^4} + \ldots \tag{3.27}$$

Je mehr Korrekturglieder mit temperaturabhängigen Virialkoeffizienten eingeführt werden, desto besser wird die Anpassung.

Aus diesen beiden Ansätzen sind weitere Zustandsgleichungen entwickelt worden, deren Stammbaum Bild 3-29 zeigt. Dabei geht es nicht nur um die erzielbare Genauigkeit, sondern ebenso darum, den Rechenaufwand bei der elektronischen Datenverarbeitung in vertretbaren Grenzen zu halten. Auf eine nähere Behandlung muss hier verzichtet und auf die Literatur, z. B. [13], verwiesen werden.

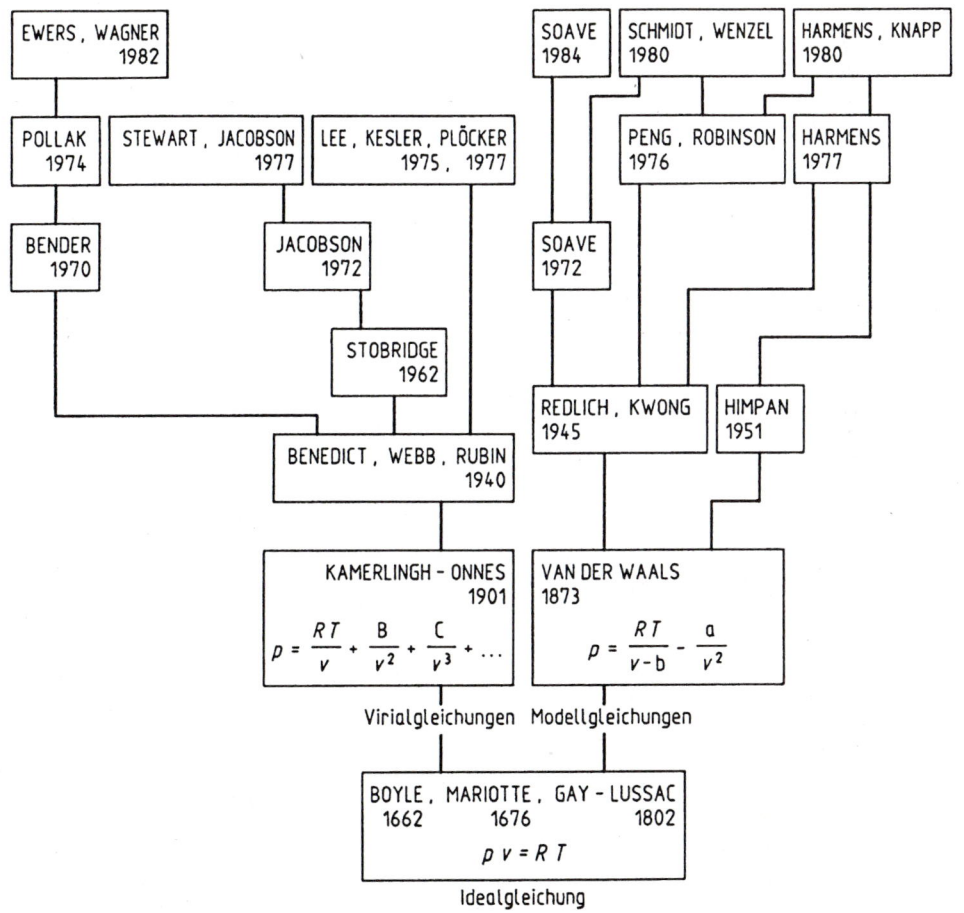

Bild 3-29 Stammbaum der Zustandsgleichungen [38]

3.7 Stoffgemische

Wie lassen sich Stoffgemische und Verbindungen beschreiben?

Bisher wurde stillschweigend davon ausgegangen, dass es sich bei dem Inhalt eines geschlossenen Systems immer um einen einheitlichen Stoff handelt, dessen Zusammensetzung unveränderlich bleibt, also um ein Element wie Helium, ein Gemisch wie (trockene) Luft oder eine Verbindung wie Wasser.

Sobald die Zusammensetzung eine Rolle spielt, muss sie durch geeignete Größen beschrieben werden. Die Bestandteile werden dabei als Komponenten bezeichnet. Ein Gemisch g, das sich aus den Komponenten A, B, C, ... zusammensetzt, hat als Masse m_g die Summe der Komponentenmassen, für die man allgemein $\sum m_i$ schreibt. Die *Massenbilanz* lautet damit

$$m_g = m_A + m_B + m_C + ... = \sum m_i . \tag{3.28}$$

Anstelle dieser Massenbilanz kann man auch die Stoffmengenbilanz ansetzen.

$$n_g = n_A + n_B + n_C + ... = \sum n_i \tag{3.29}$$

Der Anteil einer Komponente i am Gemisch wird entsprechend durch den *Massenanteil* ξ_i oder den *Molanteil* ψ_i angegeben.

$$\xi_i = \frac{m_i}{m_g} \tag{3.30}$$

$$\psi_i = \frac{n_i}{n_g} \tag{3.31}$$

Die Umrechnung eines Massenanteils ξ_i in einen Molanteil ψ_i erhält man, wenn man die Gleichung (2.3) einmal für die Komponente i

$$m_i = n_i \cdot M_i \tag{3.32}$$

und einmal für das Gemisch ansetzt.

$$m_g = n_g \cdot M_g \tag{3.33}$$

Die Division beider Gleichungen durcheinander ergibt

$$\xi_i = \psi_i \frac{M_i}{M_g} . \tag{3.34}$$

In dieser Gleichung steht die (scheinbare) Molmasse M_g des Gemisches, die sich mit den Gleichungen (3.27) und (2.3) aus den Molanteilen ψ_i und Molmassen M_i der Komponenten ergibt.

$$M_g = \frac{m_g}{n_g} = \frac{\sum m_i}{n_g} = \frac{\sum (n_i M_i)}{n_g} = \sum (\psi_i M_i) \tag{3.35}$$

Die Molmasse M_i einer chemischen Verbindung i aus mehreren Elementen e lässt sich ebenfalls mit Gleichung (3.35) bestimmen. Der Molanteil ψ_e eines Elementes ist gleich der Anzahl z_e der Atome des Elements in einem Molekül, da z_e proportional der Stoffmenge n_e des Elements und $z_i = 1$ proportional der Stoffmenge n_i eines Moleküls ist.

$$M_i = \sum (z_e \cdot M_e) \tag{3.36}$$

Der Massenanteil ξ_e eines Elements wird damit nach Gleichung (3.33)

$$\xi_e = \frac{z_e M_e}{M_i} . \tag{3.37}$$

Für ein Gemisch aus mehreren Verbindungen i mit den Molanteilen ψ_i und den mit Gleichung (3.36) errechneten Molmassen M_i ergibt sich die Molmasse M_g wieder aus Gleichung (3.35).

Die Aussagen dieses Abschnittes gelten für alle Stoffgemische und Verbindungen. Im Abschnitt 8 werden weitere Beziehungen behandelt, deren Gültigkeit auf Gemische Idealer Gase beschränkt ist.

■ **Beispiel 3.9** In 100 kmol feuchten Stickstoffs sind 14 kmol Wasserdampf und 3 kmol Kohlendioxid enthalten. Es sollen die Molanteile ψ_i und die Massenanteile ξ_i der Komponenten sowie die Molmasse M_g des Gemisches bestimmt werden. Die Gleichungen (3.31), (3.34) und (3.35) werden in einer Tabelle ausgewertet.

Daten

Stoffmenge des Gemisches n_g = 100 kmol
Stoffmenge des Wasserdampfes n_w = 14 kmol
Stoffmenge des Kohlendioxids n_k = 3 kmol

Molmassen M_i der Komponenten [Gleichung (3.36)]

Molmasse des Wasserdampfes

$$M_{H_2O} = z_H M_H + z_O M_O = (2 \cdot 1 + 1 \cdot 16)\ \text{kg/kmol} = 18\ \text{kg/kmol}$$

Molmasse des Kohlendioxids

$$M_{CO_2} = z_C M_C + z_O M_O = (1 \cdot 12 + 2 \cdot 16)\ \text{kg/kmol} = 44\ \text{kg/kmol}$$

Molanteile ψ_i , Massenanteile ξ_i, Molmasse M_g [Gleichungen (3.31), (3.34), (3.35)]

$$\psi_i = n_i/n_g \qquad \xi_i = \psi_i \cdot M_i/M_g \qquad M_g = \sum (\psi_i \cdot M_i)$$

Stoff		n_i	ψ_i	M_i	$M_i\psi_i$	ξ_i
		kmol	–	kg/kmol	kg/kmol	–
Wasserdampf	H_2O	14	0,14	18	2,52	0,093
Kohlendioxid	CO_2	3	0,03	44	1,32	0,049
Stickstoff	N_2	83	0,83	28	23,24	0,858
Gemisch		100	1,00		27,08	1,000

Da die Stoffmengen und Molmassen nur mit zwei Stellen angegeben sind, können die Massenanteile auch nur mit 9 % für den Wasserdampf, 5 % für das Kohlendioxid und 86 % für den Stickstoff angegeben werden, dazu die Molmasse des Gemisches mit 27 kg/kmol.

3.8 Fragen und Übungen

Frage 3.1 Welche geometrische Eigenschaft hat die kritische Isotherme im p, v -Diagramm eines reinen Stoffes im kritischen Punkt?

(a) Sie hat einen Knick.
(b) Sie tritt dort aus dem Nassdampfgebiet aus.
(c) Sie hat die Steigung unendlich.
(d) Sie hat einen Wendepunkt mit waagerechter Tangente.
(e) Sie hat keine dieser Eigenschaften.

Frage 3.2 Die im folgenden beschriebenen Eigenschaften lassen sich kurz mit einem der unten angegebenen Fachworte beschreiben.

Unterschiedlich in den physikalischen Eigenschaften	——	Mengenartig ——
Einheitlich in allen Zustandsgrößen	——	Nach einer Vergrößerung des Volumens ——
Unter geringen Abweichungen von Gleichgewicht	——	Bei gleichbleibendem Volumen ——
Durch ein Messverfahren definiert	——	Mit der Temperatur zusammenhängend ——
Auf die Stoffmenge bezogen	——	Kann wiederholt ablaufen ——
Zeitlich unverändert	——	Bei gleichbleibendem Dampfgehalt ——
Kann nicht von selbst umgekehrt ablaufen	——	Ohne Wärmeübertragung ——
Auf die Masse bezogen		

1 empirisch	4 heterogen	7 adiabat	10 thermisch	13 homogen
2 expandiert	5 isovapor	8 stationär	11 quasistatisch	14 reproduzierbar
3 extensiv	6 irreversibel	9 molar	12 isochor	15 spezifisch

Frage 3.3 Ist die Gleichung $v_d = v' + x_d (v'' - v')$ eine thermische Zustandsgleichung der Form $v_d = v_d (p'\{t\}, x_d)$, obwohl der Siededruck p' darin nicht explizit enthalten ist?

Frage 3.4 In das in Bild 3-30 skizzierte p, v -Diagramm eines reinen Stoffes ist im Dampfgebiet eine Isotherme bis zur Taulinie eingezeichnet. Wie verläuft diese Isotherme weiter?

(a) Auf der Taulinie.
(b) Endet an der Taulinie.
(c) Schräg nach oben durch das Nassdampfgebiet.
(d) Abszissenparallel bis zur Siedelinie und dann steil aufwärts.

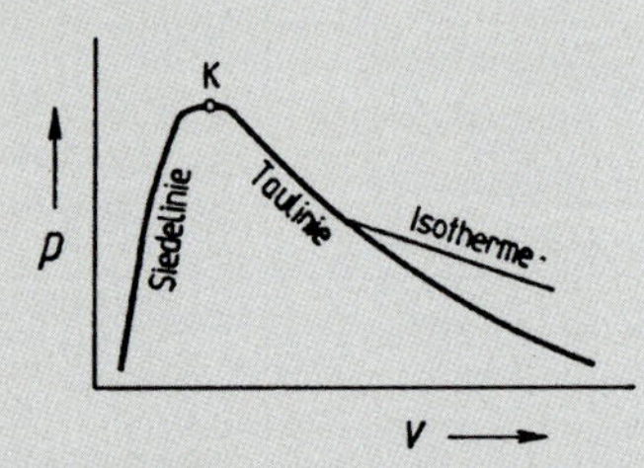

Bild 3-30 p, v -Diagramm

Frage 3.5 Geben Sie die Bedeutung der folgenden Formelzeichen möglichst genau in Worten an.

1. n	3. v_2	5. m	7. z_1	9. M
2. T_3	4. V_{m1}	6. c_2	8. p_{amb}	10. g

Frage 3.6 In einer Stahlflasche befindet sich Stickstoff unter einem Überdruck von 9 bar bei einer Temperatur von 27 °C. Wie groß wird der Überdruck, wenn die Temperatur des Stickstoffs auf 57 °C steigt?

(a) 4,7 bar   (c) 10,0 bar   (e) 20,1 bar
(b) 8,9 bar   (d) 18,9 bar   (f) Anderer Wert

Frage 3.7 Skizzieren Sie das p, t -Diagramm eines reinen Stoffes mit den beiden charakteristischen Punkten, den drei Kurven und den drei Gebieten. Tragen Sie deren Bezeichnungen ein.

Frage 3.8 Es gibt Spezialmanometer, die außer der Druckskala noch eine Temperaturskala haben. Worauf beruht die Doppelskala?

(a) Auf dem linearen Zusammenhang von Druck und Temperatur
(b) Auf der Gasgleichung
(c) Darauf, dass jeder Stoff bei einer bestimmten Temperatur einen bestimmten Druck hat
(d) Auf der Dampfdruckkurve
(e) Auf einer Spezialkonstruktion des Messwerks
(f) Auf einem anderen Zusammenhang

Frage 3.9 Wie stellt sich eine Nassdampf-Isotherme eines realen Stoffes in einem p,t -Diagramm dar?

(a) Als waagerechte Gerade
(b) Als senkrechte Gerade
(c) Als ansteigende Kurve

(d) Als abfallende Kurve
(e) Als hyperbelartige Kurve
(f) Als Punkt

Frage 3.10 Ein Zylinder ist durch einen leicht verschiebbaren Kolben mit der Masse m verschlossen. Die eingeschlossene Gasmenge wird von 18,2 °C auf 91,0 °C erwärmt. Das Volumen

(a) vergrößert sich auf 5/4.
(b) vergrößert sich auf 5/1.
(c) ändert sich nicht, da Kolbengewicht konstant.

(d) verringert sich auf 1/5.
(e) verringert sich auf 4/5.
(f) Keine der vorstehenden Aussagen ist richtig.

Frage 3.11 Wenn sich das Verhalten eines Gases mit der Gasgleichung beschreiben lässt, nennt man das Verhalten „ideal". Welche der folgenden Aussagen trifft am meisten zu?

Die Gasgleichung beschreibt das reale Verhalten eines Gases um so genauer,

(a) je niedriger Druck und Temperatur sind.
(b) je langsamer eine Zustandsänderung abläuft.
(c) je niedriger der Druck und je höher die Temperatur ist.
(d) je verlustloser eine Zustandsänderung abläuft.
(e) je näher die Zustände in der Nähe der rechten Grenzkurve liegen.
(f) Keine der vorstehenden Aussagen trifft zu.

Übung 3.1 Durch einen Wärmeaustauscher strömen stündlich 8,78 kg Ammoniak bei einem Druck von 1,195 bar. Am Eintritt des Wärmeaustauschers sind bereits 15 % des Stoffstromes in Dampf übergegangen, am Ende sind noch 8 % flüssig.

1. Für welche Volumenströme müssen die Strömungsquerschnitte am Eintritt und am Austritt des Wärmeaustauschers bemessen werden?
2. Welche Temperatur hat der Stoffstrom am Eintritt und welche am Austritt des Wärmeaustauschers?

Übung 3.2 Die thermischen Zustandsgrößen eines realen Gases sind bei vier verschiedenen Zuständen gemessen worden. Bestimmen Sie die Gaskonstante dieses Stoffes graphisch als Grenzwert für verschwindend kleinen Druck. Tragen Sie dazu die für jeden der vier Zustände berechneten Werte $p,v / T$ über dem Druck p in einem Diagramm auf.

Zustand	Temperatur t	Druck p	spezifisches Volumen v
	°C	bar	dm³/kg
1	− 50	3,92	159
2	− 50	15,68	39,1
3	+ 300	3,92	411
4	+ 300	15,68	103,3

Übung 3.3 Bestimmen Sie die Molmassen der chemischen Verbindungen Schwefelhexafluorid (SF_6) und Tetrafluoridchlorethan ($CF_2Cl–CF_2Cl$).

Übung 3.4 Auf einer Sauerstoff-Flasche ist ein Rauminhalt von 58,5 Liter angegeben. Das Manometer des Druckminderventils zeigt einen Überdruck von 232 bar bei sommerlichen Raumtemperaturen an. Trotz des hohen Druckes sei ideales Verhalten angenommen.

1. Welches spezifische Volumen hat der Sauerstoff in der Stahlflasche?
2. Wie groß ist das Gewicht der Sauerstoff-Füllung?
3. Wie weit sinkt der Druck ab, wenn die Stahlflasche in einen Kühlraum mit einer Temperatur von −18,3 °C gebracht wird?
4. Welches Volumen nimmt der Sauerstoff nach dem Ablassen in die Atmosphäre ein?
   (Für die Berechnung wird angenommen, dass sich der Sauerstoff nicht mit der umgebenden Luft vermischt.)

Übung 3.5 Ein Zylinder, der oben mit einem freibeweglichen Kolben gasdicht abgeschlossen ist, wird bei einer Temperatur von 15,4 °C gefüllt. Dann erwärmt sich der Zylinder mit seiner Gasfüllung auf 84,3 °C. Wieviel mal dichter war das Gas vor der Erwärmung?

Übung 3.6 Ein Gemisch besteht aus 10,4 kmol trockener Luft, 8,46 kmol Methan und 0,72 kmol Ethan.

1. Bestimmen Sie in tabellarischer Rechnung die Molanteile und die Massenanteile der Komponenten.
2. Wie groß ist die Molmasse des Gemisches?

4 Energien

4.1 Energiegrößen und Erster Hauptsatz

Wie kann man Energien beschreiben und erfassen?

Alle thermodynamischen Prozesse werden durch Übertragen von Energie verursacht und bewirken im Allgemeinen Änderungen des Energiegehaltes der beteiligten Systeme (Bild 4-1). Die Erfahrungen mit Speichern und Übertragen von Energien werden im *Ersten Hauptsatz der Thermodynamik* ausgesprochen, und zwar in verschiedenen Fassungen.

Bild 4-1
Thermodynamischer Prozess

Bei einem Prozess in einem offenen System wird Energie im Wesentlichen in drei Arten übertragen. Das offene System soll wieder wie im Abschnitt 2.1 nur aus einer Rohrleitung mit einer Maschine und einer Heizeinrichtung bestehen (Bild 4-2). Die Ergebnisse der folgenden Überlegungen lassen sich später leicht auf Systeme mit mehreren solcher Bauteile und auch solche mit Kühleinrichtungen übertragen.

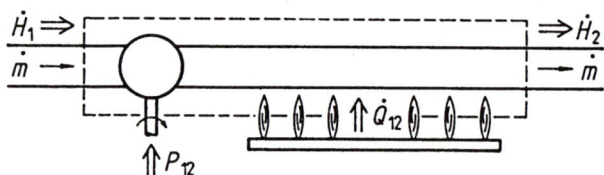

Bild 4-2
Stoffübertragung und
Energieübertragung
an einem offenen System
$\dot{m}$ Massenstrom
$\dot{H}$ Enthalpiestrom
P Arbeitsleistung
$\dot{Q}$ Wärmestrom

Dem durch die Rohrleitung fließenden Stoffstrom $\dot{m}$ wird zwischen dem Eintritt 1 und dem Austritt 2 in der Maschine die über die Antriebswelle eingebrachte Arbeitsleistung P_{12} und in der Heizeinrichtung der Wärmestrom $\dot{Q}_{12}$ zugeführt. Der Stoffstrom $\dot{m}$ transportiert ebenfalls Energie in das System hinein und aus dem System heraus. Da der strömende Stoff eine Geschwindigkeit hat, überträgt er kinetische Energie E_{kin} über die Systemgrenze. Außerdem hat der Stoffstrom gegenüber einem Bezugsniveau eine potentielle Energie E_{pot}.

Aus der Sicht der Thermodynamik ist jedoch diejenige Energiegröße am wichtigsten, die als *Enthalpie H* bezeichnet wird. Mit einem Stoffstrom fließt also über die Grenze eines offenen Systems ein Enthalpiestrom $\dot{H}_1$ in das System hinein und ein Enthalpiestrom $\dot{H}_2$ aus dem System heraus. Auf die Energiegröße Enthalpie H wird im Abschnitt 4.4 näher eingegangen.

Der Erste Hauptsatz in der Fassung für offene Systeme – Nimmt man die an einem offenen System auftretenden Energieströme in einer Bilanz zusammen, so erhält man die hierfür zweckmäßige Fassung des Ersten Hauptsatzes.*

$$\dot{Q}_{12} + P_{12} = \dot{H}_2 - \dot{H}_1 \tag{4.1}$$

Durch die Übertragung des Wärmestromes $\dot{Q}_{12}$ und der Arbeitsleistung P_{12} ändert sich der mit dem Stoffstrom $\dot{m}$ verknüpfte Enthalpiestrom $\dot{H}$.

Werden außerdem die Änderungen der kinetischen und der potentiellen Energie des Stoffstromes berücksichtigt, bekommt Gleichung (4.1) die folgende Form.

$$\dot{Q}_{12} + P_{12} = (\dot{H}_2 - \dot{H}_1) + (\dot{E}_{\text{kin }2} - \dot{E}_{\text{kin }1}) + (\dot{E}_{\text{pot }2} - \dot{E}_{\text{pot }1}) \tag{4.2}$$

Die rechte Seite dieser Gleichung wird üblicherweise als Produkt aus dem Massenstrom $\dot{m}$ und der Summe der spezifischen Energien geschrieben.

$$\dot{Q}_{12} + P_{12} = \dot{m}\left[(h_2 - h_1) + \frac{c_2^2 - c_1^2}{2} + g(z_2 - z_1)\right] \tag{4.3}$$

Darin ist h die spezifische Enthalpie. Die spezifischen mechanischen Energien e_{kin} und e_{pot} werden auf die Geschwindigkeit c und die Ortshöhe z zurückgeführt, wobei g die Fallbeschleunigung ist.

$$h \quad = \frac{\dot{H}}{\dot{m}} \tag{4.4}$$

$$e_{\text{kin}} = \frac{\dot{E}_{\text{kin}}}{\dot{m}} = \frac{c^2}{2} \tag{4.5}$$

$$e_{\text{pot}} = \frac{\dot{E}_{\text{pot}}}{\dot{m}} = g\,z \tag{4.6}$$

Bezieht man den Wärmestrom $\dot{Q}_{12}$ und die Arbeitsleistung P_{12} auf den Massenstrom $\dot{m}$, so ergeben sich die *spezifische Wärme* q_{12} und die *spezifische technische Arbeit* w_{t12}.

$$q_{12} \quad = \frac{\dot{Q}_{12}}{\dot{m}} \tag{4.7}$$

$$w_{t12} = \frac{P_{12}}{\dot{m}} \tag{4.8}$$

$$q_{12} + w_{t12} = (h_2 - h_1) + \frac{c_2^2 - c_1^2}{2} + g\,(z_2 - z_1). \tag{4.9}$$

In dieser Form wird die Energiebilanz häufig Ausgangspunkt für Berechnungen an offenen Systemen sein.

Der *Erste Hauptsatz* lässt sich damit für stationäre Prozesse offener Systeme in der folgenden Fassung formulieren.

> Bei einem offenen System ist die Summe aus Wärmestrom und Arbeitsleistung in einem stationären Prozess gleich der Summe aus den Änderungen der Enthalpieströme sowie der Ströme kinetischer und potentieller Energie der durch das System fließenden Fluidströme.

---

* Wir beschränken uns dabei auf stationäre Prozesse und die in der Thermodynamik zunächst zu behandelnden Energiearten. Chemische Energie wird nur bei den Brennstoffzellen und der Verbrennung einbezogen, nukleare, elektrische und magnetische Energie gar nicht, obwohl auch sie sich thermodynamisch betrachten lassen.

Die kinetische Energie e_{kin} und die potentielle Energie e_{pot} können in sehr vielen Fällen gegenüber der Enthalpie h vernachlässigt werden. Auch lassen sich Systemgrenzen oft so legen, dass sich die kinetische Energie zwischen Eintritt und Austritt nur geringfügig ändert. Die potentielle Energie spielt bei Gasen wegen des geringen Eigengewichts praktisch keine Rolle. Wir werden beide mechanischen Größen daher nur in Einzelfällen berücksichtigen.

Prozessgrößen und Zustandsgrößen – Die Größen $\dot{Q}_{12}$ und P_{12} nennt man *Prozessgrößen*, da sie Ursache oder Folge des im System laufenden Prozesses sind. Der Index „12" (gesprochen „eins zwei") besagt, dass diese Prozessgröße zu der Zustandsänderung von einem Zustand 1 zu einem Zustand 2 gehört. Prozessgrößen sind in ihrem Wert vom Verlauf der Zustandsänderung abhängig und treten nur an Systemgrenzen auf. Prozessgrößen werden daher als *wegabhängig* bezeichnet.

Die Enthalpieströme $\dot{H}_1$ und $\dot{H}_2$ beschreiben den energetischen* Zustand des Stoffstromes an Eintritt und Austritt, sind also Zustandsgrößen, haben als Index die Kennziffer des betreffenden Zustandes und sind in ihrem Wert nur von dem betreffenden Zustand abhängig. Wie ein Zustand erreicht wurde, ist ohne Einfluss, so dass Zustandsgrößen in ihrem Wert *wegunabhängig* sind.

Vorzeichenkonvention – Die Prozessgrößen $\dot{Q}_{12}$ und P_{12} können sowohl positive als auch negative Werte annehmen. Dies gilt auch für die mit dem Stoffstrom übertragenen Energieströme. Insgesamt werden alle einem System zugeführten Energien positiv, alle von einem System abgegebenen Energien negativ angesetzt (Bild 4-3).**

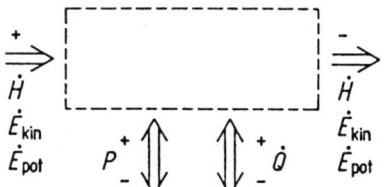

Bild 4-3
Vorzeichenkonvention
Alle zugeführten Energien werden positiv gerechnet.

Der Erste Hauptsatz in der Fassung für ruhende geschlossene Systeme – Bei geschlossenen Systemen sind ebenfalls verschiedene Energiearten zu berücksichtigen. Als Beispiel wird wieder die Gasfüllung eines Zylinders ohne Ventile herangezogen, der durch einen Kolben dicht verschlossen ist (Bild 4-4). Um den Kolben in den Zylinder hineinzudrücken, muss Arbeit aufgewendet werden. Diese Arbeit dient in erster Linie zur Volumenänderung. Arbeiten zur

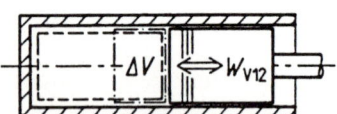

Bild 4-4
Die Volumenänderung ΔV wird durch das Übertragen von Volumenarbeit $W_{\text{V}12}$ bewirkt

Volumenänderung werden daher als *Volumenarbeit* $W_{\text{V}12}$ bezeichnet; bei der Kompression wird Volumenarbeit zugeführt, bei der Expansion des Systems wird Volumenarbeit abgeführt. Der Maschine, in der eine Volumenänderung stattfindet, muss nicht nur die Volumenarbeit zugeführt werden, sondern auch die Energie, die zur Überwindung von Reibungswiderständen gebraucht wird. Will man diese Energie allein betrachten, so könnte man sich vorstellen, dass

---

*   Die herkömmliche und auch heute noch vielfach verwendete Bezeichnung ist *kalorisch*, wie die frühere Einheit *Kalorie* abgeleitet von *calor* (lat.) für Wärme, Glut, Hitze.

** Bisher war es im Maschinenbau üblich, abgegebene Arbeit als positiv einzusetzen. Nachdem sich führende Lehrbücher der in Physik und Chemie üblichen Vorzeichenregelung angeschlossen haben, wird diese auch hier übernommen.

ein Schaufelrad die Systemfüllung in Bewegung setzt und verwirbelt. Die beim Drehen der Schaufelradwelle dem System zugeführte Arbeit wird durch die Reibung am Schaufelrad und innerhalb des umhergewirbelten Gases verstreut (dissipiert). Obwohl diese Energie die Systemgrenze noch eindeutig als Arbeit überquert, muss sie doch wegen der beschriebenen Vorgänge im System als *Streuenergie* J_{12} (*Dissipationsenergie*) bezeichnet werden. Die Prozessgröße *Streuenergie* J_{12} tritt also streng genommen nur innerhalb des Systems auf, wenn die Systemgrenze so verläuft, wie es in Bild 4-5 eingezeichnet ist.

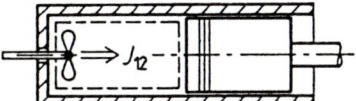

Bild 4-5
Übertragung von Streuenergie J_{12} durch
ein Schaufelrad in ein geschlossenes System

Es ist offensichtlich, dass dem System mit dem Schaufelrad Energie nur zugeführt werden kann, nicht aber entnommen.

$$J_{12} = m\, j_{12} > 0 \tag{4.10}$$

Diese Aussage ist eine der vielen Formulierungen des Zweiten Hauptsatzes (Abschnitt 5).

Durch das Übertragen von Arbeit und Wärme an das System erhöht sich dessen Energiegehalt. Der Energiegehalt geschlossener Systeme wird durch die Zustandsgröße *Innere Energie U** beschrieben. Diese ändert sich während des Prozesses vom Anfangswert U_1 auf den Endwert U_2.

Die Energiebilanz liefert den Ersten Hauptsatz in der Fassung für ruhende geschlossene Systeme.

$$Q_{12} + W_{V12} + J_{12} = U_2 - U_1 = m\,(u_2 - u_1) \tag{4.11}$$
$$q_{12} + w_{V12} + j_{12} = u_2 - u_1 \tag{4.12}$$

> Die einem ruhenden geschlossenen System in Form von Wärme, Volumenarbeit und Streuenergie zugeführte Energie ist gleich der Zunahme der Inneren Energie des Systems.

Der Erste Hauptsatz in der Fassung für abgeschlossene Systeme – Wenn einem ruhenden geschlossenen System weder Wärme noch Arbeit übertragen werden kann, wenn das System also adiabat und rigid ist, ändert sich sein Energiegehalt nicht. Für solche abgeschlossenen Systeme gilt demnach, dass die Innere Energie konstant ist (Bild 4-6).

$$U_2 = U_1 \tag{4.13}$$

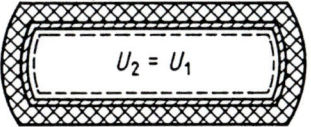

Bild 4-6
Erhaltungssatz der Energie bei
abgeschlossenen Systemen

Allgemeine Fassung des Ersten Hauptsatzes – Es muss betont werden, dass die verschiedenen Fassungen des Ersten Hauptsatzes im Grunde immer die gleiche Aussage enthalten, nämlich die Erfahrung von der Erhaltung der Energie. Dies lässt sich allgemein wie folgt formulieren:

> Jedes geschlossene System besitzt eine extensive Zustandsgröße Energie.
> Die Energie eines Systems kann sich nur durch Transport von Energie über die Grenze des Systems ändern.
> Die Energie eines abgeschlossenen Systems bleibt unverändert.

---

* Es läge nahe, diese Zustandsgröße als *Intergie* zu bezeichnen, gebildet aus *internal energy*, jedoch wird hier kein Gebrauch davon gemacht.

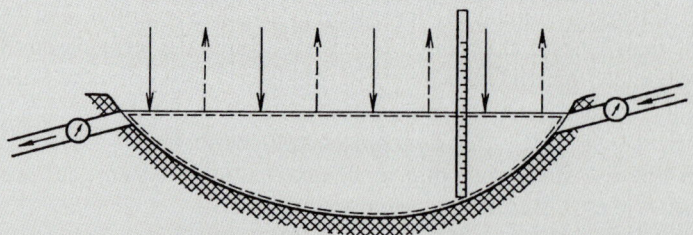

1. Die Teichfüllung ändert sich durch Regen und Verdunstung, Bachzufluss und Bachabfluss.	1. Die Innere Energie des Systems ändert sich durch Zufuhr und Abfuhr von Wärme und Arbeit.
2. Vergangenheit und Zukunft eines Wassertropfens im Teich lassen sich nicht angeben. Kein Wassertropfen im Teich kann als Regen- oder Bachwassertropfen gekennzeichnet werden.	2. Vergangenheit und Zukunft eines Energiequantums im System lassen sich nicht angeben. Kein Quantum der Inneren Energie des Systems kann als Wärme oder Arbeit gekennzeichnet werden.
3. Um den Pegel in Kubikmeter Teichwasser eichen zu können, muss der Teich mit einer Plane abgedeckt werden, da Regen und Verdunstung sich nicht unmittelbar messen lassen. Die Wasserzähler geben dann an, welche Änderung der Teichfüllung einer Änderung des Pegelstandes entspricht.	3. Um das Thermometer in Energieeinheiten eichen zu können, muss das System adiabat gemacht werden, da Wärme nicht unmittelbar gemessen werden kann. Die Energiezähler geben dann an, welche Änderung der Inneren Energie einer Änderung der Temperatur entspricht,
4. Der gesamte Wert der Teichfüllung lässt sich nicht feststellen, da der Bachabfluss zu hoch liegt, um den Teich ganz zu entleeren. Die Teichfüllung wird von einem gewählten Bezugspegelstand aus angegeben.	4. Der gesamte Wert der Inneren Energie des Systems lässt sich nicht feststellen, da Temperatur und Druck der Umgebung zu hoch liegen, um eine vollständige Umwandlung der Inneren Energie in Arbeit und Wärme zu ermöglichen. Die Innere Energie des Systems wird von einem gewählten Bezugszustand aus angegeben.
5. Mit geeichtem Pegel können Regen- und Verdunstungsmengen gemessen werden.	5. Mit geeichtem Thermometer können Wärmezufuhr und -abfuhr gemessen werden.

Bild 4-7   Die Teichanalogie   Nach [30]

Es stellen dar:	Wasser	Energie	Teich	Geschlossenes System
	Bachzufluss	Arbeitszufuhr	Teichwasser	Innere Energie
	Bachabfluss	Arbeitsabfuhr	Wasserzähler	Energiezähler
	Regenwasser	Wärmezufuhr	Plane	Adiabate Wand
	Verdunstung	Wärmeabfuhr	Pegel	Thermometer

Damit ergibt sich die Definition für den Begriff *Energie**:

> Energie ist die in Systemen speicherbare und zwischen Systemen übertragbare Mengengröße, deren Übertragung Zustandsänderungen im abgebenden und im aufnehmenden System bewirkt.

---

*   In vielen Lexika und leider auch in Lehrbüchern der Physik und der Thermodynamik findet man *Energie* als *Arbeitsfähigkeit* oder *gespeicherte Arbeit* erklärt. Die Innere Energie der Umgebung kann aber nach dem Zweiten Hauptsatz nicht in Arbeit verwandelt werden, sodass die Erklärung der Energie als Arbeitsfähigkeit ausscheidet. Auch als gespeicherte Arbeit kann die Innere Energie der Umgebung nicht angesehen werden, da dieser die Energie zum größten Teil als Abwärme zufließt. Auch schließen diese Erklärungen die Übertragungsenergien *Arbeit* und *Wärme* nicht ein.

Die enge Verknüpfung der Größen *Arbeit* und *Energie* ist schon früh gesehen worden. Dass auch Wärme eine Energieart ist, wurde erst im Laufe des 19. Jahrhunderts erkannt. Heute ist uns selbstverständlich, dass Arbeit und Wärme Arten von Energie sind. Dies darf aber nicht, wie es häufig anzutreffen ist, dazu verführen, Wärmen und Arbeiten miteinander oder mit anderen Energiearten zu verwechseln. Um sich dies zu verdeutlichen, eignet sich die in Bild 4-7 dargestellte Teichanalogie.

4.2 Arbeit und Arbeitsleistung

Zunächst befassen wir uns mit der mechanisch übertragenen Energie.

Wenn bei einem andauernd ablaufenden technischen Prozess ständig Arbeit über die System-grenze an einen Massenstrom $\dot{m}$ übertragen wird, so werden wir diesen Energiestrom *Arbeits-leistung P* nennen (Bild 4-8).*

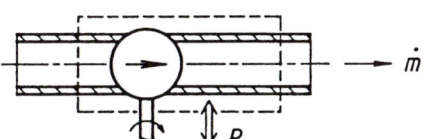

Bild 4-8
Übertragung von Arbeitsleistung P
durch eine Maschine
über die Grenze eines offenen Systems

Die auf diese Weise bei einem offenen System übertragene Arbeit heißt *Technische Arbeit* W_t. Es wird noch zu klären sein, wie sie ermittelt werden kann. Bezieht man die Technische Arbeit W_t auf die Zeitspanne $\Delta\tau$, in der sie über die Systemgrenze übertragen wird, so erhält man die Arbeitsleistung P.

$$P = \frac{W_t}{\Delta\tau} = \frac{m\,w_t}{\Delta\tau} \tag{4.14}$$

Die weitere Umformung zeigt, dass die Arbeitsleistung P als das Produkt aus dem Massen-strom $\dot{m}$ und der spezifischen technischen Arbeit w_t ermittelt werden kann.

$$P_{12} = \dot{m} \cdot w_{t12} \tag{4.15}$$

Man kann danach die spezifische Technische Arbeit auch als massenstrombezogene Arbeits-leistung auffassen.

$$w_{t12} = \frac{W_{t12}}{m} = \frac{P_{12}}{\dot{m}} \tag{4.16}$$

Um nähere Aussagen über die Technische Arbeit zu erhalten, sind mehrere Schritte notwendig.

Erster Schritt – Zunächst muss auf die Arbeitsdefinition der Mechanik zurückgegriffen werden, die Arbeit als ein Produkt aus einer Kraft und dem Weg ihres Angriffspunktes in Richtung der Kraft versteht. Dabei ist F die Kraftkomponente in Richtung des Weges ds.

$$W = \int F\,ds \tag{4.17}$$

---

*   Die zeitbezogene Arbeit wird meistens nur als *Leistung* bezeichnet. Bei Ausdrücken wie *Wärmeleistung, Heiz-leistung* oder *Kälteleistung* führt dies zu dem Missverständnis, es handle sich um mechanisch übertragene Energieströme. Diese zeitbezogenen Wärmen werden deswegen statt mit $\dot{Q}$ fälschlich mit dem Formelzeichen P geschrieben. In DIN 5476 ist Leistung als zeitbezogene Energie definiert. In der Bezeichnung muss daher zum Ausdruck kommen, welcher Art die Energie ist: *Arbeit – Arbeitsleistung, Wärme – Wärmestrom* oder *Wärme-leistung, Enthalpie – Enthalpiestrom.*

Wenn eine Kraft F auf die Grenze eines geschlossenen Systems wirkt und dabei eine Änderung des Volumens ΔV eintritt, so wird eine Volumenarbeit $W_V{}^*$ übertragen (Bild 4-9).

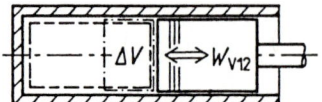

Bild 4-9
Übertragung von Volumenarbeit W_V
durch den Kolbenquerschnitt A

Die Volumenarbeit W_V lässt sich aus thermischen Zustandsgrößen berechnen. Hierzu wird die Kraft F durch das Produkt von Druck p und Wirkungsfläche A ersetzt, und für den Weg s der Quotient aus Volumenänderung ΔV und Fläche A eingeführt. Für das (extensive) Volumen V lässt sich das Produkt von Masse m und spezifischem Volumen v schreiben.

$$W_V = \int F \, ds = -\int p \, A \frac{dV}{A} = -\int p \, dV = -m \int p \, dv \tag{4.18}$$

Bei Volumenzunahme wird Arbeit abgegeben, die daher einen negativen Wert hat. Um Gleichung (4.18) auswerten zu können, muss bekannt sein, wie sich der Druck p im Laufe der Zustandsänderung vom Zustand 1 zum Zustand 2 in Abhängigkeit vom (spezifischen) Volumen v ändert.

$$W_{V12} = -m \int_1^2 p(v) \, dv \tag{4.19}$$

Eine eindeutige Abhängigkeit von Druck p und spezifischem Volumen v besteht nur, wenn der Prozess genügend langsam abläuft, da nur dann im ganzen System ein einheitlicher Druck herrscht. Diese Voraussetzung ist bei sehr vielen technischen Prozessen gegeben.

Zweiter Schritt – Sodann wird die Gleichung (4.19) auf ein- und austretende Stoffströme angewendet. Ein Stoffstrom, der in ein offenes System hineinfließt, kann aufgefasst werden als eine Folge bewegter geschlossener Systeme (Bild 2-20). Daran knüpft die folgende Überlegung an. Damit eines dieser bewegten geschlossenen Systeme in das offene System hineinfließt (Bild 4-10), muss in der Zeitspanne $\tau_e - \tau_a$ des Einströmens eine bestimmte Volumenarbeit aufgebracht werden.

$$W_{V1ae} = -\int_a^e p \, dV = p_1(V_{1a} - V_{1e}) = p_1(V_{1a} - 0) = m \, p_1 v_1 \tag{4.20}$$

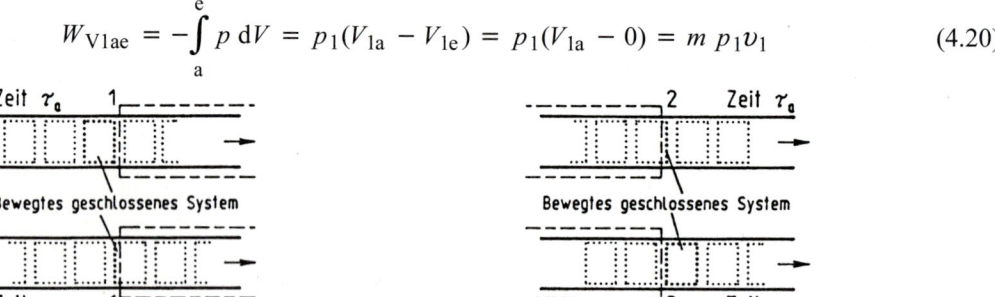

Bild 4-10
Ein bewegtes geschlossenes System überquert die Grenze eines offenen Systems am Eintritt 1 während der Zeitspanne $\tau_e - \tau_a$

Bild 4-11
Das bewegte geschlossene System tritt aus dem offenen System aus.

---

* Anstelle der beschreibenden Bezeichnung *Volumenänderungsarbeit* wird der kürzere Ausdruck *Volumenarbeit* verwendet.

Hierbei kann der Druck p_1 am Eintritt als konstante Größe vor das Integral gezogen werden. Das Volumen V_{1e} ist Null, da das bewegte geschlossene System ganz im offenen verschwunden ist. Entsprechend ergibt sich am Austritt 2 (Bild 4-11)

$$W_{V2ae} = -m\, p_2\, v_2.$$ (4.21)

Die Summe dieser beiden Arbeiten wird als *Schubarbeit* W_{VS12} bezeichnet.

$$W_{VS12} = m\,(p_1\, v_1 - p_2\, v_2)$$ (4.22)

Die Schubarbeit W_{VS} ist also diejenige Arbeit, die notwendig ist, ein geschlossenes System mit der Masse m durch ein offenes System hindurchzuschieben.

Dritter Schritt – *Hubarbeit* W_H und *Beschleunigungsarbeit* W_B sind aus der Mechanik bekannt als die Arbeiten, die die potentielle und die kinetische Energie eines Systems verändern (Bild 4-12).

$$W_{H12} = m\, g\, (z_2 - z_1)$$ (4.23)

$$W_{B12} = m\, \frac{c_2^2 - c_1^2}{2}$$ (4.24)

Darin ist z die Ortshöhe und c die Geschwindigkeit. Bei thermodynamischen Prozessen fallen diese Arbeiten wertmäßig oft nicht ins Gewicht, so dass sie häufig unberücksichtigt bleiben können. In den beiden Gleichungen stehen wieder links die übertragenen Prozessgrößen und rechts die daraus folgenden Änderungen der Zustandsgrößen.

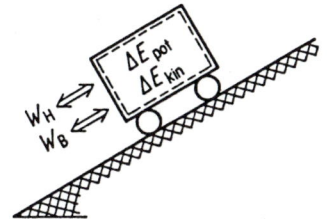

Bild 4-12
Das Übertragen von Hubarbeit W_H und Beschleunigungsarbeit W_B bewirkt Änderungen ΔE_{pot} der potentiellen Energie und ΔE_{kin} der kinetischen Energie eines geschlossenen Systems.

Vierter Schritt – Das Durchströmen durch ein offenes System wird anhand des Bildes 4-13 erneut betrachtet. An dem offenen System wird mit der eingezeichneten Maschine die Technische Arbeit W_t übertragen.

An den hier als Einzelsystem bezeichneten kleinen bewegten geschlossenen Systemen tritt, wie im zweiten Schritt abgeleitet, die Schubarbeit W_{VS} auf. Beide Systeme zusammen bilden, wie die Darstellung im Bild 4-13 zeigt, ein bewegtes geschlossenes Gesamtsystem. Für dieses gilt wie für alle geschlossenen Systeme, dass Volumenarbeit W_V und Streuenergie J übertragen

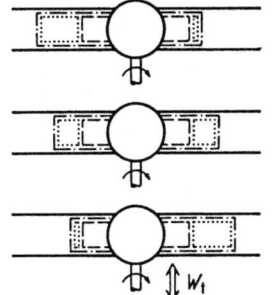

Bild 4-13
Darstellung einer Strömung durch eine Maschine

– – – – – –   offenes System
....   Einzelsystem
(bewegtes geschlossenes System)
– · – · – · –   Gesamtsystem
(bewegtes geschlossenes System)

werden kann. Hinzu kommen noch die mit der Bewegung verknüpften Arbeiten *Hubarbeit* W_H und *Beschleunigungsarbeit* W_B. Die insgesamt übertragene Arbeit muss gleich sein, gleichgültig, ob man offenes System und Einzelsysteme oder ob man das Gesamtsystem betrachtet. Daher lassen sich die jeweils übertragenen Arbeiten einander gleichsetzen.

$$W_{t12} \quad + \quad W_{VS12} \quad = \quad W_{V12} + J_{12} + W_{H12} + W_{B12} \tag{4.25}$$

(offenes System)   (Einzelsysteme)   (Gesamtsystem)

Hieraus ergibt sich die Technische Arbeit W_t als Summe aus Volumenarbeit W_V, negativer Schubarbeit W_{VS}, Streuenergie J sowie Hubarbeit W_H und Beschleunigungsarbeit W_B.

$$W_{t12} = W_{V12} - W_{VS12} + J_{12} + W_{H12} + W_{B12} \tag{4.26}$$

Fünfter Schritt – Die Volumenarbeit W_V und die Schubarbeit W_{VS} lassen sich zusammenfassen. Dazu werden in die Gleichung (4.26) die Gleichungen (4.18), (4.22), (4.23) und (4.24) eingesetzt.

$$W_{t12} = m\left[-\int_1^2 p \, dv - p_1 v_1 + p_2 v_2 + j_{12} + g(z_2 - z_1) + \frac{c_2^2 - c_1^2}{2} \right] \tag{4.27}$$

Wie Bild 4-14 zeigt, lassen sich die drei ersten Terme in der Klammer zusammenfassen.

$$-\int_1^2 p \, dv - p_1 v_1 + p_2 v_2 = -\int_2^1 v \, dp = +\int_1^2 v \, dp \tag{4.28}$$

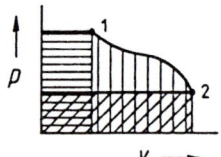

Bild 4-14
Die Terme der Gleichungen (4.28) als Flächen im p, v -Diagramm

$$-\int_1^2 p \, dv \qquad -p_1 v_1 \qquad +p_2 v_2 \qquad \int_1^2 v \, dp$$

Für den Term, der Volumenarbeit W_V und Schubarbeit W_{VS} zusammenfasst, wird die Bezeichnung *Druckarbeit* W_p in Analogie zur Volumenarbeit W_V eingeführt.

$$W_{p12} = m\int_1^2 v \, dp \tag{4.29}$$

Für die Berechnung der spezifischen Druckarbeit w_p sei auf Abschnitt 7 verwiesen.

Schlussschritt – Für die Technische Arbeit W_t und die Arbeitsleistung P ergeben sich damit die beiden folgenden Gleichungen.

$$W_{t12} = W_{p12} + J_{12} + W_{H12} + W_{B12} \tag{4.30}$$

$$P_{12} = \dot{m} \, w_{t12} = \dot{m}\left[\int_1^2 v \, dp + j_{12} + g(z_2 - z_1) + \frac{c_2^2 - c_1^2}{2} \right] \tag{4.31}$$

Mit spezifischen Größen geschrieben lauten beide Gleichungen

$$w_{t12} = \int_1^2 v \, dp + j_{12} + g(z_2 - z_1) + \frac{c_2^2 - c_1^2}{2} \tag{4.32}$$

Die Streuenergie, hier als spezifische Größe j eingesetzt, kann nur durch Messungen oder daraus resultierenden Erfahrungswerten bestimmt werden; sie wird daher häufig zunächst vernachlässigt, und damit der Prozess als reversibel behandelt. Können dazu noch Hubarbeit W_H und Beschleunigungsarbeit W_B außer Betracht bleiben, so ergibt sich die Arbeitsleistung P allein aus der mit dem Massenstrom $\dot{m}$ multiplizierten spezifischen Druckarbeit w_p.

$$P_{12} = \dot{m}\, w_{t12} = \dot{m} \int_1^2 v \, \mathrm{d}p \qquad (4.33)$$

Definition und Größen – Während in der Mechanik Arbeit durch die Wirkung einer Kraft längs eines Weges definiert wird, gilt in der Thermodynamik eine erweiterte Definition.

> Ein System nimmt Energie in Form von Arbeit auf, wenn die einzige dadurch außerhalb des Systems verursachte Änderung auf das Senken eines Gewichts zurückgeführt werden kann.

Da Arbeiten W extensive Größen sind, lassen sich auf die Masse m bezogene spezifische Arbeiten w und auf die Stoffmenge n bezogene molare Arbeiten W_m bilden.

$$w_{12} = \frac{W_{12}}{m} \quad (4.34) \qquad\qquad W_{m12} = \frac{W_{12}}{n} \qquad (4.35)$$

Die auf eine Zeitspanne bezogene Arbeit war bereits als Arbeitsleistung P eingeführt worden [Gleichung (4.14)]. Der Zeitbezug wird zweckmäßigerweise mit dem Mengenstrom verknüpft.

$$P_{12} = \dot{m}\, w_{t12} = \dot{n}\, W_{m\,t12} \qquad (4.36)$$

Volumenarbeit und Druckarbeit – Damit ein Stoffstrom durch ein offenes System strömt, muss die Schubarbeit W_{VS} [Gleichung (4.22)] aufgewandt werden. Daher unterscheiden sich die Volumenarbeit W_V und die Druckarbeit W_p um die Schubarbeit W_{VS} [Gleichung 4.28]. Entsprechend unterscheiden sich die Fassungen des Ersten Hauptsatzes. Bei offenen Systemen erscheint daher die Druckarbeit W_p. Die Fassung für reversible Prozesse offener Systeme lautet mit spezifischen Größen, wenn potentielle und kinetische Energien und die entsprechenden Arbeiten nicht berücksichtigt werden,

$$q_{12} + w_{p12} = h_2 - h_1. \qquad (4.37)$$

In der Fassung des Ersten Hauptsatzes steht bei reversiblen Prozessen geschlossener Systeme die Volumenarbeit W_V.

$$q_{12} + w_{V12} = u_2 - u_1. \qquad (4.38)$$

Da beide Fassungen die gleiche Aussage enthalten, lassen sie sich ineinander umformen. Es wird sich noch zeigen, dass die Differenzen der Inneren Energie u und der Enthalphie h sich gerade durch die Schubarbeit w_{VS} unterscheiden [Gleichung (4.46) zusammen mit Gleichungen (4.28) und (4.19)].

4.3 Wärme, Wärmestrom und Innere Energie

Was ist Wärme und wie unterscheidet sie sich von der Inneren Energie?

Wärme – Die Energieform *Wärme* war im Abschnitt 2.1 als diejenige Energie eingeführt worden, die auf thermischem Wege, also infolge eines Temperaturunterschieds, über eine Systemgrenze übertragen wird.

Wenn Wärme über eine diatherme Systemgrenze tritt, ändert sich entsprechend beim offenen System der Energiegehalt des hindurchfließenden Stoffstromes, beim geschlossenen System der Energiegehalt des Systems (Bild 4-15).

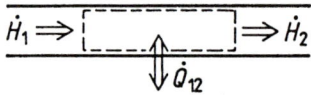   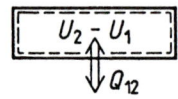   **Bild 4-15**
Die Übertragung von Wärme bewirkt
eine Änderung des Energiegehaltes

Man kann diese Vorgänge mit dem auf rigide Systeme angewandten Ersten Hauptsatz [Gleichungen (4.1), (4.11)] beschreiben.*

$$\dot{Q}_{12} = \dot{H}_2 - \dot{H}_1 \quad (4.39) \qquad\qquad Q_{12} = U_2 - U_1 \qquad\qquad (4.40)$$

Wärme ist für beide Systemarten gleich definiert; der Unterschied besteht lediglich in der Wirkung.

> Als Wärme wird die Energie bezeichnet, die zwischen Systemen verschiedener Temperatur durch eine diatherme Wand übertragen wird.

Die Energieform Wärme tritt nur an Systemgrenzen während des Übertragens auf. Wärme ist daher eine Prozessgröße, ist nicht speicherbar und wird Q_{12} – gehörend zu dem Prozess vom Zustand 1 zum Zustand 2 – geschrieben.

Wärme kann mit der extensiven Wärme Q, der spezifischen Wärme q, der molaren Wärme Q_m und dem Wärmestrom $\dot{Q}$ beschrieben werden. Die spezifische Wärme q darf nicht mit der spezifischen Wärmekapazität c verwechselt werden, die früher als *spezifische Wärme* bezeichnet wurde.

$$Q_{12} = m\, q_{12} = n\, Q_{\mathrm{m}12} \qquad\qquad (4.41)$$

Für den *Wärmestrom* $\dot{Q}$ gelten wie bei der Arbeitsleistung P die Verknüpfung mit der spezifischen Größe q durch den Massenstrom $\dot{m}$ und die Verknüpfung mit der molaren Größe Q_m durch den Stoffmengenstrom $\dot{n}$.

$$\dot{Q}_{12} = \dot{m}\, q_{12} = \dot{n}\, Q_{\mathrm{m}12} \qquad\qquad (4.42)$$

Das Aufstellen der Energiebilanz eines (ruhenden) geschlossenen Systems [Gleichung (4.11)] hatte ergeben, dass sich die Innere Energie U des Systems um genau die gleiche Energiemenge ändert, die über die Systemgrenze als Volumenarbeit W_V oder als Wärme Q oder als in Streuenergie J übergehende Arbeit (Bild 4-5) übertragen wird (Bild 4-16).

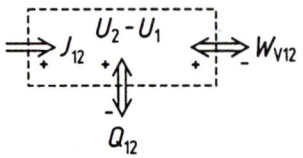   **Bild 4-16**
Energiebilanz eines (ruhenden)
geschlossenen Systems

---

* Da über die Grenzen rigider Systeme keine Arbeit übertragen wird, kann auch keine darunter sein, die im System in Streuenergie J umgewandelt wird.

Energieumwandlung – Dem Energiegehalt eines Systems oder auch Teilmengen davon kann man nicht ansehen, ob sie als Arbeit W oder Wärme Q in das System hineingekommen sind und in welcher Energieform sie es wieder verlassen werden. Die Teichanalogie (Bild 4-7) hatte dies verdeutlicht. Ein System kann daher Energieformen ineinander umwandeln. So lässt sich die einem geschlossenen System als Wärme Q zugeführte Energie – wenigstens zum Teil – wieder als Volumenarbeit W_V entnehmen.

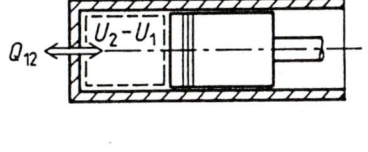

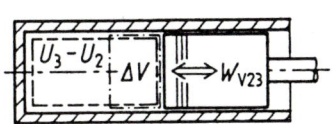

Bild 4-17
Energieumwandlung in einem geschlossenen System

Die Übertragung der Wärme Q_{12} erhöht die Innere Energie um $U_2 - U_1$.

Die Entnahme der Arbeit W_{V23} vermindert die Innere Energie um $U_3 - U_2$.

Ob bei dem in Bild 4-17 dargestellten Beispiel die Wärme Q_{12} und die Arbeit W_{V23} gleich groß sind, hängt vom Prozessverlauf und weiteren Bedingungen ab.

Innere Energie – Ein geschlossenes System enthält weder Wärme noch Arbeit, vielmehr ist darin Energie gespeichert. Mit der Zustandsgröße *Innere Energie U* wird die gespeicherte Energie beschrieben. Wärme und Arbeit sind keine Zustandsgrößen, sondern Prozessgrößen.

Ein *Wärmespeicher* enthält keine Wärme, sondern Innere Energie. Seine Bezeichnung hat er daher, dass ihm Energie nur in Form von Wärme entnommen wird; die Energiezufuhr kann ebenfalls durch Wärmeübertragung oder auch durch Zufuhr elektrischer Energie geschehen sein.

Die klare Unterscheidung zwischen Innerer Energie U und Wärme Q wurde erst um die vorletzte Jahrhundertwende erarbeitet und hat sich auch heute noch nicht überall durchgesetzt, ist aber wesentlich für den logischen Aufbau der Thermodynamik.

> Die Innere Energie ist derjenige Teil des Energiegehaltes eines geschlossenen Systems, der als Arbeit oder Wärme über die Systemgrenze übertragen oder als Streuenergie zugeführt werden kann.

Die Zustandsgröße *Innere Energie* kann sowohl mit der extensiven Größe U wie auch mit der spezifischen Größe u oder der molaren Größe U_m beschrieben werden.

$$U_1 = m\, u_1 = n\, U_{m1} \tag{4.43}$$

Eine Stromgröße $\dot U$ kann bei ruhenden geschlossenen Systemen nicht auftreten, da sie nur gebunden an einen Stoffstrom die Systemgrenze überqueren könnte. Bei bewegten geschlossenen Systemen tritt an ihre Stelle der Enthalpiestrom $\dot H$ (Abschnitt 4.4).

4.4 Enthalpie und Enthalpiestrom

Warum wird zwischen Enthalpie und Innerer Energie unterschieden?

Im Abschnitt 4.1 war der Energiegehalt eines Stoffstromes mit dem Enthalpiestrom $\dot H$, der Energiegehalt eines geschlossenen Systems mit der Inneren Energie U beschrieben worden. Diese Unterscheidung muss noch näher erläutert werden; dies wird anhand einer Darstellung ähnlich der in Bild 4-13 geschehen.

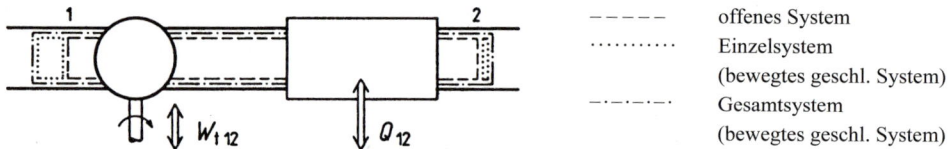

- - - - -   offenes System
....   Einzelsystem
            (bewegtes geschl. System)
-·-·-·-   Gesamtsystem
            (bewegtes geschl. System)

Bild 4-18 Offenes System, das stationär von einem Stoffstrom durchflossen wird und dem mit einer Maschine Technische Arbeit und in einem Wärmeaustauscher Wärme übertragen werden kann.

Der Erste Hauptsatz für ruhende geschlossene Systeme [Gleichung (4.11)]

$$Q_{12} + W_{V12} + J_{12} = U_2 - U_1$$

kann auch auf das bewegte Gesamtsystem in Bild 4-18 angewendet werden, wenn man Hubarbeit und Beschleunigungsarbeit sowie die entsprechenden Änderungen von potentieller und kinetischer Energie des Stoffstromes nicht zu berücksichtigen braucht. Betrachtet man anstelle des Gesamtsystems das offene System und das hindurchtretende Einzelsystem, so kann statt der Volumenarbeit W_V und der Streuenergie J die Technische Arbeit W_t am offenen System und die Schubarbeit W_{VS} am Einzelsystem gesetzt werden.

$$Q_{12} + W_{t12} + W_{VS12} = U_2 - U_1 \tag{4.44}$$

Setzt man die Schubarbeit W_{VS12} mit Gleichung (4.22) ein, lässt sie sich – als Differenz zweier Zustandsgrößen $p\,v$ – mit der Änderung der Inneren Energie $u_2 - u_1$ zusammenfassen.

$$Q_{12} + W_{t12} + m(p_1 v_1 - p_2 v_2) = m(u_2 - u_1)$$

$$Q_{12} + W_{t12} = m\big[(u_2 + p_2 v_2) - (u_1 + p_1 v_1)\big] \tag{4.45}$$

Da die Summe aus Innerer Energie U und Druck-Volumen-Produkt $p\,V$ bei offenen Systemen immer erscheint, wurde dafür eine eigene Größe mit der Bezeichnung *Enthalpie H* eingeführt. Die Unterscheidung zwischen Enthalpie H und Innerer Energie U dient also nur der Vereinfachung. Die Enthalpie H ist demnach definiert als

$$H = U + p\,V = m\,(u + p\,v). \tag{4.46}$$

> Die Enthalphie ist eine Zustandsgröße, die den Energiegehalt eines Stoffstromes kennzeichnet und als Summe aus Innerer Energie und dem Produkt aus Druck und Volumen definiert ist.

Bezieht man die extensiven Größen in Gleichung (4.45) wieder auf die Zeitspanne $\Delta\tau$, so ergibt sich die in Abschnitt 4.1 mitgeteilte Fassung des Ersten Hauptsatzes [Gleichung (4.1)].

$$\dot{Q}_{12} + P_{12} = \dot{H}_2 - \dot{H}_1 = \dot{m}\,(h_2 - h_1)$$

Für spezifische Größen wird daraus

$$q_{12} + w_{t12} = h_2 - h_1. \tag{4.47}$$

Enthalpiegrößen – Da die Enthalpie H aus Zustandsgrößen gebildet worden ist, ist sie selbst auch eine Zustandsgröße. Diese kann mit der extensiven Größe H, der spezifischen Größe h, der molaren Größe H_m und der Stromgröße $\dot{H}$ angegeben werden.

$$H_{12} = m\,h_{12} = n\,H_{m12} \tag{4.48}$$

$$\dot{H}_{12} = \dot{m}\,h_{12} = \dot{n}\,H_{m12} \tag{4.49}$$

Zahlenwerte der Enthalpie – Die (spezifische) Enthalpie h ist als Zustandsgröße vom Zustand abhängig und wird für Einphasengebiete als Funktion von Druck p und Temperatur T angegeben.

$$h = h\,(p,\,T) \tag{4.50}$$

Für Zweiphasengebiete (im Gleichgewicht) ist die Enthalpie eine Funktion von Sättigungsdruck p' (oder Sättigungstemperatur T') und Phasenanteil x. Im Nassdampfgebiet ist der Phasenanteil x gleich dem Dampfgehalt x_d.

$$h = h\,(p',\,x_d) \tag{4.51}$$

Da in der Technik im Wesentlichen nur Enthalpiedifferenzen gebraucht werden, ist man übereingekommen, für Wasser die Enthalpie h' der gesättigten Flüssigkeit im Tripelpunkt gleich Null zu setzen. Bei anderen Stoffen wird die Enthalpie beispielsweise im kritischen Punkt gleich 1000 kJ/kg gesetzt.

Die Enthalpie von Flüssigkeiten lässt sich bei nicht zu großer Annäherung an den kritischen Punkt mit einer konstanten, allenfalls temperaturabhängigen Größe, der spezifischen Wärmekapazität c_{fl}, berechnen.

$$h - h_0 = c_{fl}\,(t - t_0) \tag{4.52}$$

Für flüssiges Wasser bis zu Sättigungstemperaturen von 170°C ist

$$c_{fl} = c_w = 4{,}186 \text{ kJ /(kg K)} \tag{4.53}$$

mit einer Toleranz von ± 1 %, bis zu 100 °C mit ± 0,3 % (Bild 4-19). Der Wert entspricht der früheren Festsetzung von 1 Kilokalorie je Kilogramm und Grad.

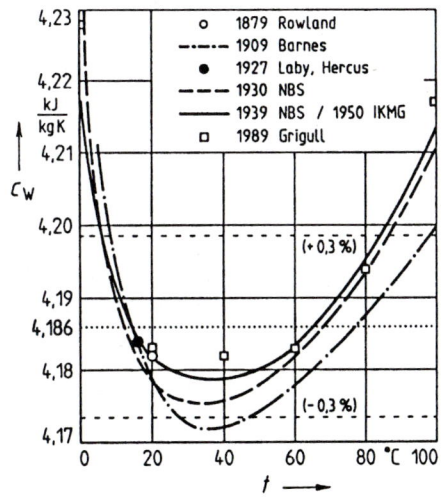

Bild 4-19
Spezifische Wärmekapazität c_w
von Wasserflüssigkeit
als Funktion der Temperatur t

Messwerte aus verschiedenen Quellen. Der Wert
4,186 kJ/(kg K) deckt nahezu alle Messdaten
im Bereich von 0 °C bis 100 °C mit ± 0,3 %.

NBS   National Bureau of Standards (USA)
IKMG   Internationale Konferenz für Maß und Gewicht

Die Enthalpien gesättigter Flüssigkeit h' und von Sattdampf h'' sind in den Dampftafeln enthalten, meist als Funktion der (empirischen) Sättigungstemperatur t'. Tabelle 3-2 gibt einige Werte für Wasser an. Weitere Dampftafeln finden sich im Anhang (Tabellen T-5 bis T-8).

$$h' = h'(t) \qquad h'' = h''(t) \qquad \Delta h_d = \Delta h_d\,(t) \tag{4.54}$$

Die Enthalpie von Nassdampf h_d ist gleich der Summe der mit den Anteilen von Flüssigkeit und Dampf gewichteten Sättigungsenthalpien. Die Gleichung entspricht der Gleichung (3.13) für das spezifische Nassdampfvolumen.

$$h_d = (1 - x_d)\,h' + x_d\,h'' = h' + x_d(h'' - h') \tag{4.55}$$

Die Enthalpieänderung während einer vollständigen isobaren Verdampfung oder Verflüssigung heißt *(spezifische) Verdampfungsenthalpie* Δh_d und ist ebenfalls in den Dampftafeln aufgeführt.

$$\Delta h_\mathrm{d} = h'' - h' \tag{4.56}$$

Auch für die beiden anderen Phasenwechsel lassen sich Umwandlungsenthalpien angeben, die *(spezifische) Schmelzenthalpie* Δh_f und die *(spezifische) Sublimationsenthalpie* Δh_sub.

$$\Delta h_\mathrm{f} = h^{**} - h^* \tag{4.57} \qquad\qquad\qquad \Delta h_\mathrm{sub} = h'' - h^* \tag{4.58}$$

Für Dämpfe und reale Gase werden die Enthalpiewerte aus Zustandsdiagrammen entnommen, worauf später einzugehen sein wird. Die Enthalpie Idealer Gase wird in Abschnitt 6.4 behandelt.

Praktische Bedeutung – Die Bedeutung der Enthalpie für die praktische Arbeit des Ingenieurs zeigt sich, wenn die Gleichung (4.1) auf adiabate und auf rigide Systeme angewendet wird. Bei adiabaten Systemen ist die Differenz der Enthalpieströme gleich der am System übertragenen Arbeitsleistung P_{12}.

$$P_{12} = \dot{m}\, w_{\mathrm{t}12} = \dot{H}_2 - \dot{H}_1 = \dot{m}\,(h_2 - h_1) \tag{4.59}$$

Bei rigiden Systemen* ist die Differenz der Enthalpieströme gleich dem am System übertragenen Wärmestrom $\dot{Q}_{12}$.

$$\dot{Q}_{12} = \dot{m}\, q_{12} = \dot{H}_2 - \dot{H}_1 = \dot{m}\,(h_2 - h_1) \tag{4.60}$$

■ **Beispiel 4.1** Mit einem dampfbeheizten Wärmeaustauscher (Bild 4-20) sollen stündlich 2,3 m³ Warmwasser von 75 °C erzeugt werden. Das Leitungswasser hat eine Temperatur von 11 °C. Zum Beheizen des Wärmeaustauschers liefert ein Dampfkessel Dampf von 1,8 bar mit einem Dampfgehalt von 95 %.

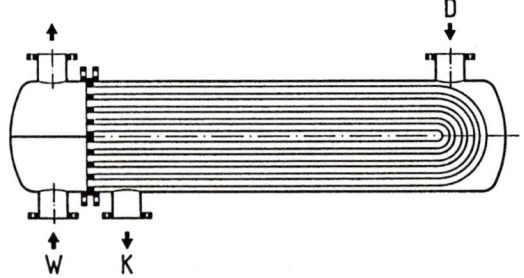

Bild 4-20 Wärmeaustauscher

Das zu erwärmende Wasser W strömt durch die Rohre, an denen außen der Dampf D kondensiert. Das Kondensat K fließt über einen Kondensatableiter ab.

Für welche Wärmeübertragungsleistung muss der Wärmeaustauscher berechnet werden?
Wie viel Dampf wird stündlich verbraucht?

Daten Wasser   Dampf

Volumenstrom	$\dot{V}$	=	2,3 m³/h		Dampfdruck	p	=	1,8 bar
Eintrittstemperatur	$t_{\mathrm{w}1}$	=	11 °C		Dampfgehalt	$x_{\mathrm{d}1}$	=	0,95
Austrittstemperatur	$t_{\mathrm{w}2}$	=	75 °C				
Dichte	ρ	=	10^3 kg/m³				
Wärmekapazität	c_{w}	=	4,186 kJ/(kg K) [Gleichung (4.55)]				

---

* Ein offenes System soll bereits dann als *rigid* bezeichnet werden, wenn über seine Grenzen Arbeit weder durch mechanisch bewegte Teile wie Wellen oder Kolbenstangen noch durch Reibungsvorgänge übertragen wird. Die mit dem Stoffstrom zwangsläufig verknüpfte Schubarbeit soll die Eigenschaft *rigid* nicht beeinträchtigen.

Wärmeübertragungsleistung $\dot{Q}$ [Gleichungen (2.13), (4.51), (4.54)]

$$\dot{Q} = \dot{V}\,\rho\,c_w(t_{w1} - t_{w2}) = 2{,}3\,\frac{m^3}{h} \cdot \frac{h}{3{,}6 \cdot 10^3\,s} \cdot 10^3\,\frac{kg}{m^3} \cdot 4{,}186\,\frac{kJ}{kg\,K} \cdot 64\,K = 171\,kW$$

Dampfverbrauch $\dot{m}_D$ [Gleichungen (4.51), (4.56), (4.57), (4.58)]

$$\dot{Q} = \dot{H}_2 - \dot{H}_1 = \dot{m}_D(h' - h_{d1}) \qquad\qquad h_{d1} = h' + x_{d1}(h'' - h') = h' + x_{d1}\,\Delta h_d$$

$$\dot{m}_D = \frac{\dot{Q}}{x_{d1}\Delta h_d} = \frac{171\,kW}{0{,}95 \cdot 2211\,kJ/kg} = 0{,}081\,\frac{kg}{s} = 293\,\frac{kg}{h}$$

4.5 Energieumwandlung mit Kreisprozessen

Dampfkraftmaschinen verwandeln Wärme in Arbeit.

In Wärmekraftmaschinen, zum Beispiel in einer Dampfkraftmaschine, wird die in fossilen oder nuklearen Brennstoffen gespeicherte Energie in Arbeit umgewandelt, die zum Antrieb von Maschinen oder Fahrzeugen genutzt werden kann. Hierauf war bereits in Abschnitt 1.1 verwiesen worden.

Eine einfache Dampfkraftmaschine ist in Bild 4-21 mit ihren vier Hauptbestandteilen schematisch dargestellt. Das Arbeitsmittel, meistens Wasser, durchströmt nacheinander die Teile der Anlage.

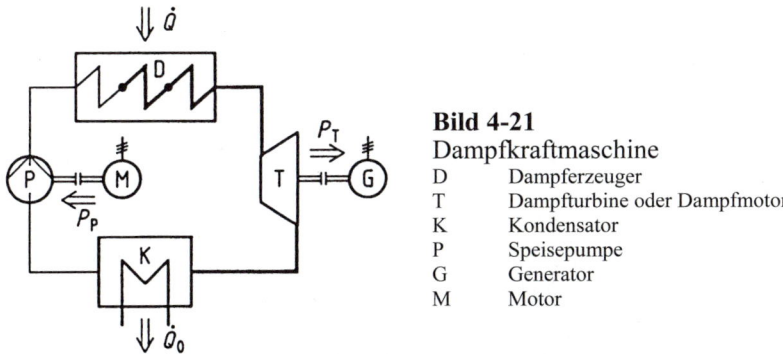

Bild 4-21
Dampfkraftmaschine
D   Dampferzeuger
T   Dampfturbine oder Dampfmotor
K   Kondensator
P   Speisepumpe
G   Generator
M   Motor

Im Dampferzeuger wird die durch Verbrennung oder Strahlung aus dem Brennstoff freigesetzte Energie in Form von Wärme an das Arbeitsmittel übertragen. Durch die Zufuhr dieser Wärme erhöht sich die Enthalpie des Arbeitsmittels, sodass die Flüssigkeit in Dampf verwandelt wird.

In der Dampfturbine oder dem Dampfmotor gibt das Arbeitsmittel einen Teil seiner Enthalpie in Form von Arbeit ab. Diese Arbeit wird meistens über die Welle an einen Elektrogenerator übertragen.

Im Kondensator wird der Dampf durch Kühlung mit Wasser oder Luft verflüssigt. Die Enthalpie des Arbeitsmittels vermindert sich dabei durch die Abgabe von Wärme an das Kühlwasser oder die Kühlluft.

Schließlich wird das flüssige Arbeitsmittel durch die Speisepumpe in den Dampferzeuger gefördert. Hierfür wird von außen Arbeit zugeführt.

Mit den Bildern 4-22 bis 4-24 soll ein erster Eindruck von den Teilen von Dampfkraft-maschinen vermittelt werden. Dem Aufbau und der Größe nach wird man meistens von *Dampfkraftanlagen* sprechen.

Das Arbeitsmittel Wasser durchströmt in der Dampfkraftmaschine eine Reihe offener Teil-systeme. Der Austrittszustand eines Teilsystems ist also gleich dem Eintrittszustand des nächsten Teilsystems. Nach einem Umlauf wird wieder der gleiche Zustand erreicht. Solche Prozesse, bei denen das Arbeitsmittel immer wieder die gleichen Zustände durchläuft, heißen *Kreisprozesse*.

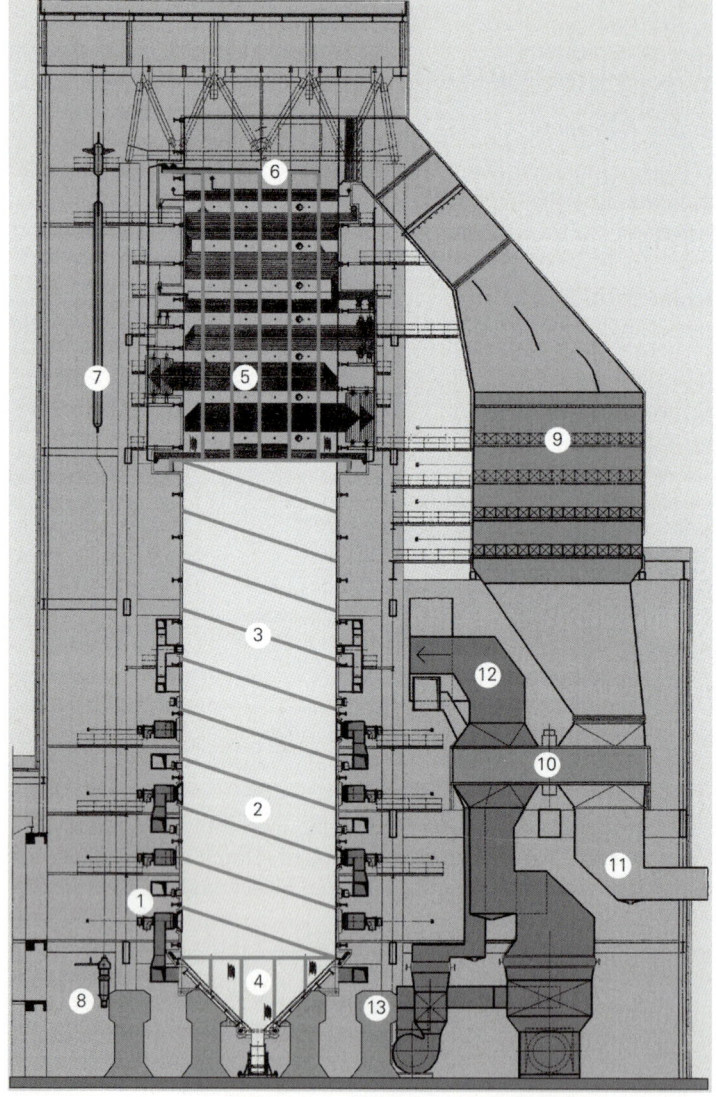

1	Brenner
2	Brennkammer
3	Verdampferrohre
4	Aschetrichter
5	Konvektionsheizflächen
6	Tragrohre
7	Anfahrsystem
8	Umwälzpumpe
9	DENOX-Anlage
10	Luftvorwärmer
11	Rauchgas
12	Luftzufuhr
13	Kohlemühlen

(Werkbild Siemens AG)

Bild 4-22 Dampferzeuger für 1500 t/h Frischdampf von 545/562 °C bei 260 bar,
              Bauhöhe 100 m

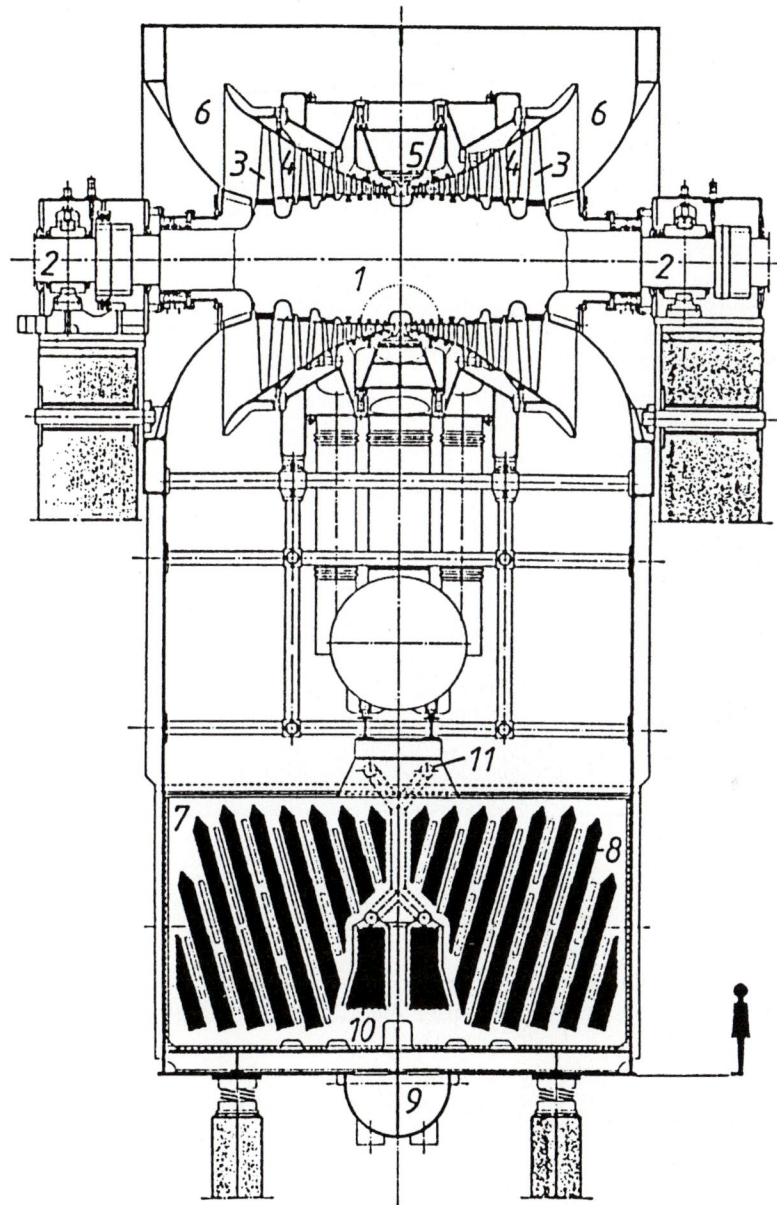

Bild 4-23 Zweiflutige Niederdruckturbine mit Kondensator

1	Läufer (Welle)	8	Wassergekühltes Rohrbündel
2	Lager	9	Kondensatsammler
3	Laufschaufeln	10	Luftkühler
4	Leitschaufeln	11	Absaugung
5	Dampfeintritt		
6	Abdampfaustritt		
7	Kondensator		(Nach Werkbild Siemens AG)

Bild 4-24 Zweiflutiger Läufer einer Dampfturbine

Niederdruck-Teilturbine eines 1300-MW-Turbosatzes für 1500 min^{-1} [Werkbild Siemens AG]

Für das System Dampfkraftmaschine und damit in der Verallgemeinerung für das System Wärmekraftmaschine ergibt sich bei stationärem Betrieb die in Bild 4-25 dargestellte Energiebilanz.

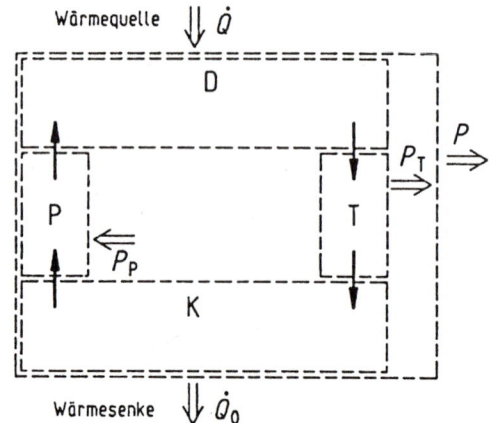

Bild 4-25
Energiebilanz für den Kreisprozess einer Wärmekraftmaschine

Beispiel Dampfkraftmaschine

Teilsysteme

D	Dampferzeuger	K	Kondensator
T	Dampfturbine	P	Speisepumpe

Energieströme

$\dot{Q}$	zugeführter Wärmestrom
$\dot{Q}_0$	abgeführter Wärmestrom
P_T	Arbeitsleistung der Turbine
P_P	Arbeitsleistung der Speisepumpe
P	nutzbare Arbeitsleistung

Die Wärmekraftmaschine erhält aus einer Wärmequelle den Wärmestrom $\dot{Q}$ und gibt die Nutz-Arbeitsleistung P nach außen ab, im Beispiel die Turbinenleistung P_T abzüglich der (verhältnismäßig geringen) Antriebsleistung P_P der Speisepumpe. Außerdem wird der Wärmestrom $\dot{Q}_0$ bei der Temperatur T_0 an eine Wärmesenke übertragen. Auf die Systeme Wärmequelle und Wärmesenke soll hier noch nicht weiter eingegangen werden.

Im stationären Betrieb einer solchen Wärmekraftmaschine ergibt sich als Energiebilanz, dass sich die Summe aus zugeführtem Wärmestrom $\dot{Q}$, abgeführtem Wärmestrom $\dot{Q}_0$ und abgegebener Arbeitsleistung P insgesamt zu Null ergänzen muss.

$$\dot{Q} + \dot{Q}_0 + P = 0 \tag{4.61}$$

Bezieht man Gleichung (4.61) auf den Massenstrom, so ergibt sich die Summe aus den spezifischen Wärmen q und q_0 und der spezifischen Arbeit des Kreisprozesses w_K.

$$q + q_0 + w_K = 0 \tag{4.62}$$

Die spezifische Arbeit des Kreisprozesses w_K ist sowohl gleich der Summe aller Technischen Arbeiten w_t als auch gleich der Summe aller Volumenarbeiten w_V, die während des Kreisprozesses übertragen werden.

$$w_K = \sum w_t = \sum w_V \tag{4.63}$$

Summiert man nämlich alle in der Technischen Arbeit w_t enthaltenen Größen [Gleichung (4.27)] an allen Teilsystemgrenzen, so treten bei reversiblem Verlauf mit Ausnahme der Volumenarbeit w_V alle Größen an jeder Teilsystemgrenze einmal positiv und einmal negativ auf.

Die nutzbare Arbeitsleistung P ist gleich dem Unterschied zwischen der (negativen) Arbeitsleistung der Turbine P_T und der (positiven) Arbeitsleistung der Speisepumpe P_P.

$$P = P_T + P_P = -|P_T| + P_P \tag{4.64}$$

Nur diese nutzbare Arbeitsleistung P steht zum Antrieb beispielsweise des Generators zur Verfügung. Löst man die Energiebilanz [Gleichung (4.61)] nach dieser Arbeitsleistung auf, so ergibt ihr Betrag sich als die Differenz der Beträge der beiden übertragenen Wärmeströme $\dot{Q}$ und $\dot{Q}_0$.

$$|P| = |\dot{Q}| - |\dot{Q}_0| \tag{4.65}$$

Erster Hauptsatz für Kreisprozesse – Kreisprozesse waren als solche Prozesse erläutert worden, in denen das Arbeitsmittel immer wieder die gleichen Zustände durchläuft. Dies kann wie bei der Dampfkraftmaschine dadurch geschehen, dass das Arbeitsmittel nacheinander eine Folge offener Systeme durchströmt. Ein Kreisprozess kann aber auch innerhalb einer Maschine, also innerhalb eines geschlossenen Systems, ablaufen. Der Erste Hauptsatz, der Satz von der Erhaltung der Energie, bekommt damit die beiden folgenden Fassungen.

> Durchläuft ein Fluidstrom einen Kreisprozess in einer Folge offener Systeme, so ist die Summe der von dem oder an den Fluidstrom übertragenen Wärmen gleich der negativen Summe der vom oder an den Fluidstrom übertragenen Arbeiten.

> Durchläuft ein ruhendes geschlossenes System einen Kreisprozess, so ist die Summe der von dem oder an das System übertragenen Wärmen gleich der negativen Summe der vom oder an das System übertragenen Arbeiten und dem System zugeführten Streuenergien.

In der Gleichung (4.61)

$$\dot{Q} + \dot{Q}_0 + P = 0$$

stehen wie bei den früher mitgeteilten Fassungen [Gleichungen (4.3) und (4.11)] auf der linken Seite die Prozessgrößen. Auf der rechten Seite findet sich wieder die Änderung der Zustandsgrößen. Diese ist aber beim Kreisprozess Null, da das Arbeitsmittel nach jedem Umlauf wieder in den gleichen Zustand kommt. Das Arbeitsmittel durchläuft immer die gleiche Folge von Zuständen.

Auffällig ist außerdem, dass der zugeführte Wärmestrom $\dot{Q}$ und der abgeführte Wärmestrom $\dot{Q}_0$ getrennt aufgeführt sind, während die zu- und abgeführten Arbeitsleistungen zu einer Größe P zusammengefasst werden. Darin kommt zum Ausdruck, dass der bei hoher Temperatur zugeführte Wärmestrom $\dot{Q}$ hochwertig, der Abwärmestrom $\dot{Q}_0$ aber praktisch wertlos ist. Die Arbeitsleistungen P_T und P_P sind jedoch als gleichwertig anzusehen, sodass man sie zusammenfassen kann. Über die Wertigkeit von Energien gibt der Zweite Hauptsatz Auskunft.

Nutzen-Aufwand-Verhältnis – Kreisprozesse lassen sich thermodynamisch zunächst unter dem Gesichtspunkt beurteilen, wie gut die aufgewendete Energie umgewandelt wird. Das Verhältnis von Nutzen und Aufwand wird bei Wärmekraftmaschinen als *thermischer Wirkungsgrad* η_t bezeichnet und ist gleich dem Verhältnis des Betrages der Arbeitsleistung P zum zugeführten Wärmestrom $\dot{Q}$.

$$\eta_t = \frac{|P|}{\dot{Q}} = \frac{\dot{Q} - |\dot{Q}_0|}{\dot{Q}} = 1 - \frac{|\dot{Q}_0|}{\dot{Q}} \tag{4.66}$$

Mit der Gleichung (4.66) zeigt sich, dass die Abweichung des Wirkungsgrades vom Wert 1 gleich 100 % durch den Anteil des Abwärmestromes $\dot{Q}_0$ am zugeführten Wärmestrom $\dot{Q}$ bestimmt ist. Dieser Anteil kann einen durch den Zweiten Hauptsatz bestimmten Wert nicht unterschreiten, wie sich später erweisen wird.

■ **Beispiel 4.2** Ein Dampfkessel erzeugt 0,087 kg/s gesättigten Wasserdampfes unter einem Druck von 40 bar. Der Dampf wird in einer Turbine unter Arbeitsleistung bis auf 1,40 bar und einen Dampfgehalt von 90 % entspannt. Dann strömt der Dampf in einen Heizapparat, in dem er vollständig kondensiert. Welche Arbeitsleistung gibt der Dampf an die Turbine ab? Welche Heizleistung liefert der kondensierende Dampf?

Daten   Dampfstrom $\dot{m}$ = 0,087 kg/s

   Dampfdruck p_1' = 40 bar, p_2' = 1,40 bar

   Dampfgehalt x_{d2} = 0,90

Arbeitsleistung P [Gleichung (4.50), (4.57)]

$\qquad P = m\,(h_{d2} - h_1'')$ $h_{d2} = h_2' + x_{d2}(h_2'' - h_2') = h_2' + x_{d2}\,\Delta h_{d2}$

$\qquad P = 0{,}087\ \text{kg/s} \cdot (2467 - 2800)\ \text{kJ/kg} = -29\ \text{kW}$ $h_{d2} = 458{,}4\ \text{kJ/kg} + 0{,}90 \cdot 2232\ \text{kJ/kg} = 2467\ \text{kJ/kg}$

Heizleistung $\dot{Q}_0$ [Gleichung (4.51), (4.57)]

$\qquad \dot{Q}_0 = \dot{m} \cdot x_{d2}(h_2' - h_2'') = \dot{m} \cdot x_{d2}(-\Delta h_{d2}) = 0{,}087\ \text{kg/s} \cdot 0{,}90\ (-2232)\ \text{kJ/kg} = -175\ \text{kW}$

■ **Beispiel 4.3** Dem Dampfkessel des vorhergehenden Beispiels fließt das anfallende Kondensat mit einem Druck von 1,40 bar zu. Es wird von der Speisepumpe auf einen Druck von 40 bar gebracht, dann auf Siedetemperatur erwärmt und vollständig verdampft. Welche Heizleistung muss hierfür aufgebracht werden? Mit welchem thermischen Wirkungsgrad arbeitet die Anlage? Der Leistungsbedarf der Speisepumpe kann vernachlässigt werden.

Daten   Dampfstrom $\dot{m}$ = 0,087 kg/s   Verdampfungsdruck p_1' = 40 bar

   Turbinenleistung P = 29 kW   Verflüssigungsdruck p_2' = 1,40 bar

Heizleistung $\dot{Q}$ [Gleichung (4.51)]

$$\dot{Q} = \dot{m}(h''_1 - h'_2) = 0,087 \text{ kg/s } (2800 - 458) \text{ kJ/kg} = 204 \text{ kW}$$

Thermischer Wirkungsgrad η_t [Gleichung (4.66)]

$$\eta_t = \frac{|P|}{\dot{Q}} = \frac{29 \text{ kW}}{204 \text{ kW}} = 0,14$$

Dieser niedrige Wirkungsgrad ist hier annehmbar, weil die Hauptaufgabe der Anlage in der Beheizung des Heizapparates liegt.

4.6 Strömungsprozesse

Über die Strömung eines Fluids durch Rohre, Armaturen und Apparate lassen sich mit der Thermodynamik Aussagen gewinnen.

Vorgänge, die beim Strömen eines Fluids durch rohrartige offene Systeme auftreten und bei denen keine Technische Arbeit übertragen wird, bezeichnet man als *Strömungsprozesse*. Aus dem Ersten Hauptsatz in der Fassung für offene Systeme [Gleichung (4.9)]

$$q_{12} + w_{t12} = (h_2 - h_1) + \frac{c_2^2 - c_1^2}{2} + g(z_2 - z_1)$$

folgt für Strömungsprozesse in einer adiabaten Strömung

$$0 + 0 = (h_2 - h_1) + \frac{\left(c_2^2 - c_1^2\right)}{2} + g(z_2 - z_1), \tag{4.67}$$

da weder Wärme noch Arbeit übertragen wird.

Verläuft die Strömung waagerecht oder ist die Höhenänderung unbedeutend, so zeigt sich die Umwandlung von Enthalpie in kinetische Energie.

$$h_1 - h_2 = \frac{c_2^2 - c_1^2}{2} \tag{4.68}$$

Dieses geschieht beispielsweise in Dampfturbinen. Der relativ langsam zuströmende Dampf expandiert in Düsen wie in Bild 4-26 und erreicht dabei sehr hohe Geschwindigkeiten. Kann die kinetische Energie $c_1^2 / 2$ gegenüber der Enthalpieabnahme $h_1 - h_2$ vernachlässigt werden, so wird die Austrittsgeschwindigkeit

$$c_2 = \sqrt{2(h_1 - h_2)} = \sqrt{2 \, \Delta h}. \tag{4.69}$$

Beim Ausströmen von Flüssigkeit aus einem Behälter (Bild 4-27) kann meistens die Eintrittsgeschwindigkeit c_1 vernachlässigt werden. Auch bleiben die Temperatur und damit die Enthalpie unverändert, so dass sich die als TORRICELLIsche Ausflussgleichung bekannte Beziehung ergibt.

$$c_2 = \sqrt{2 \, g \, (z_1 - z_2)}. \tag{4.70}$$

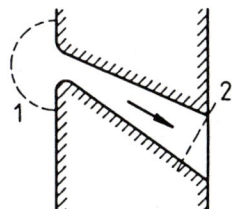

Bild 4-26
Düsenströmung in
einer Dampfturbine

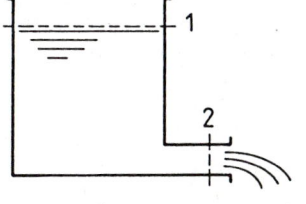

Bild 4-27
Ausströmende
Flüssigkeit

Adiabater Drosselprozess – Bei Drosselstellen wie in Bild 4-28 oder auch bei Ventilen, Filtern und ähnlichen Einbauten tritt zwar ein Druckverlust auf, jedoch kann die Expansion und damit die Änderung der kinetischen Energie in der Regel vernachlässigt werden, ebenso die Änderung der potentiellen Energie. Aus Gleichung (4.68) ergibt sich damit

$$h_2 = h_1. \tag{4.71}$$

Die Enthalpie bekommt also am Systemende wieder den gleichen Wert wie am Anfang. Zwischenwerte können aber nicht angegeben werden, da es sich um eine nichtstatische Zustandsänderung handelt.

Bild 4-28   **Bild 4-29**
Strömung mit Drosselstelle   Langes adiabates Rohr (Kapillarrohr)

Adiabater Expansionsprozess – Für den Fall, dass die Änderung der kinetischen Energie nicht mehr vernachlässigt werden kann, liefert Gleichung (4.68) einen Ansatz

$$h_1 + \frac{c_1^2}{2} = h_2 + \frac{c_2^2}{2} \tag{4.72}$$

Mit der Kontinuitätsgleichung (2.15)

$$\dot{m} = A_1 \frac{c_1}{v_1} = A_2 \frac{c_2}{v_2}$$

ergibt sich für ein langes Rohr konstanten Querschnitts (Bild 4-29) eine Beziehung, mit der der Expansionsverlauf ermittelt werden kann.

$$h_1 + \frac{1}{2}\left(\frac{\dot{m}}{A}\right)^2 v_1^2 = h_2 + \frac{1}{2}\left(\frac{\dot{m}}{A}\right)^2 v_2^2 \tag{4.73}$$

Sind der Anfangszustand h_1, v_1 und die Massenstromdichte $\dot{m}/A$ bekannt, liegt der zahlenmäßige Wert der linken Seite fest. Die Zwischenzustände 2 und der Austrittszustand E lassen sich dann ermitteln, wenn Werte des spezifischen Volumens v vorgegeben werden und die jeweils zugehörige spezifische Enthalpie h berechnet wird.

■ **Beispiel 4.4**   Wasserdampf strömt mit 350 °C und 14,0 bar durch den Eintrittsquerschnitt eines langen dünnen Rohres (Bild 4-29). Die Massenstromdichte beträgt 664 kg/(m² s).*

Daten   Eintrittstemperatur t_1 = 350 °C; Eintrittsdruck p_1 = 14,0 bar; Massenstromdichte $(\dot{m}/A)$ = 664 kg/(m²s)

Konstante K [Gleichung (4.73)]

Für den Zustand 1 ergeben sich aus dem h,s -Diagramm h_1 = 3150 kJ/kg und v_1 = 0,20 m³/kg. Damit wird

$$K = h_1 + (\dot{m}/A)^2 v_1^2 /2 = 3150\,\text{kJ/kg} + 664^2 \text{kg}^2\text{m}^{-4}\text{s}^{-2}/2 \cdot 0,20^2 \text{m}^6 / \text{kg}^2$$

$$K = 3150\,\text{kJ/kg} + 8818\,\text{m}^2/\text{s}^2 = 3159\,\text{kJ/kg}$$

---

* Die in diesem Beispiel ermittelten Zustandsgrößen des Wasserdampfes sind einem h,s -Diagramm entnommen worden, wie es im Abschnitt 5.3 beschrieben wird.

Zustände 2 [Gleichung (4.73)] $K - (\dot{m}/A)^2\, v_2^2/2 = h_2$

v_2	0,3	0,4	m³/kg
$220{,}4 \cdot 10^3\, v_2^2$	19840	35272	m²/s²
h_2	3139	3124	kJ/kg
p_2	9,3	6,8	bar
t_2	340	330	°C

Aus der Berechnung einer Reihe von Zuständen 2 ergibt sich der Verlauf der Expansion. Der Austrittszustand E wird in Abschnitt 5.2 bestimmt.

BERNOULLIsche Gleichung – Wendet man den Ersten Hauptsatz in der Fassung für offene Systeme [Gleichung (4.9)] zusammen mit der Definitionsgleichung der Enthalpie (4.46) auf Strömungen ohne Arbeits- und Wärmeübertragung an und vernachlässigt Temperaturänderungen, so dass die Innere Energie unverändert bleibt, ergibt sich

$$0 + 0 = h_2 - h_1 \qquad\qquad + \frac{c_2^2 - c_1^2}{2} + g(z_2 - z_1) \tag{4.74}$$

$$0 + 0 = u_2 + p_2 v_2 - u_1 - p_1 v_1 \quad + \frac{c_2^2 - c_1^2}{2} + g(z_2 - z_1) \tag{4.75}$$

und daraus nach Einführen der Dichte ρ anstelle des konstant angenommenen spezifischen Volumens v [Gleichung (2.7)] und Umstellung die aus der Strömungslehre bekannte BERNOULLIsche Gleichung.

$$p_1 + \rho\, \frac{c_1^2}{2} + \rho\, g\, z_1 = p_2 + \rho\, \frac{c_2^2}{2} + \rho\, g\, z_2 \tag{4.76}$$

Diese gilt also streng genommen nur für adiabate, rigide und reversible Strömungen inkompressibler Fluide.

4.7 Fragen und Übungen

Frage 4.1 Welche der folgenden Größen ist eine intensive Zustandsgröße?

(a) Dichte   (d) Innere Energie
(b) Spezifische Wärme   (e) Temperatur
(c) Spezifische Enthalpie   (f) Keine dieser Größen

Frage 4.2 Wie ist die Größe *Leistung* in der Technik definiert?

(a) Masse mal Beschleunigung   (d) Kraft mal Weg
(b) Arbeit geteilt durch Zeitspanne   (e) Energie geteilt durch Zeitspanne
(c) Energie mal Zeitspanne

Frage 4.3 Welche der folgenden Größen kann die Grenze eines offenen Systems nicht überschreiten?

(a) Temperatur   (c) Innere Energie   (e) Wärme
(b) Arbeit   (d) Enthalpie   (f) Masse

Frage 4.4 Welche der folgenden Aussagen gibt eine am kritischen Punkt eines Stoffes experimentell beobachtete Eigenschaft richtig wieder?

(a) Die Verdampfungsenthalpie hat ein Maximum.
(b) Bei $p < p_{kr}$ ist keine Verflüssigung möglich.
(c) Bei $T < T_{kr}$ existiert nur eine Phase.
(d) Die Dichte der Flüssigkeit hat ein Maximum.
(e) Feste, flüssige und gasförmige Phase des Stoffes existieren im Gleichgewicht miteinander.
(f) Keine der vorstehenden Aussagen ist richtig.

Frage 4.5 Wie ändert sich die Verdampfungsenthalpie eines Stoffes bei steigender Temperatur?

(a) Bleibt unverändert   (c) Das hängt vom Stoff ab

(b) Nimmt ebenfalls zu   (d) Nimmt ab

Frage 4.6 Durch einen waagerechten, adiabaten Strömungskanal strömt expandierender Dampf.

Leiten Sie aus dem Energiesatz

$$\dot{Q}_{12} + P_{12} = \dot{m}[(h_2 - h_1) + (c_2^2 - c_1^2)/2 + g(z_2 - z_1)]$$

eine Gleichung für die Austrittsgeschwindigkeit c_2 ab. Die Gleichung lautet:

(a) $c_2 = \sqrt{2(h_1 - h_2)} + c_1$ (d) $c_2 = \sqrt{2[(\dot{Q}_{12} + P_{12})/\dot{m} + (h_1 - h_2)] + g(z_1 - z_2)} + c_1$

(b) $c_2 = \sqrt{2[(P_{12}/\dot{m} + (h_1 - h_2)] + c_1^2}$ (e) $c_2 = \sqrt{2(h_1 - h_2) + c_1^2}$

(c) $c_2 = \sqrt{2(h_2 - h_1) + c_1^2}$ (f) Mit keiner der vorstehenden Gleichungen erhält man c_2.

Frage 4.7 Welche der folgenden Aussagen über die Temperatur von Nassdampf ist richtig?

Die Temperatur wird durch isobare Wärmezufuhr

(a) vermindert.   (b) nicht erhöht.   (c) erhöht.

Frage 4.8 Welche der folgenden Aussagen über den Sattdampfanteil von Nassdampf ist richtig?

Der Sattdampfanteil wird durch isobare Wärmezufuhr

(a) nicht erhöht.   (b) vermindert.   (c) erhöht.

Frage 4.9 Wie verhalten sich bei der adiabaten Drosselung eines Nassdampfes die Werte der folgenden Zustandsgrößen, wenn man Anfangszustand und Endzustand vergleicht?

(Kinetische Energien werden vernachlässigt.)

	Nimmt zu	Bleibt unverändert	Nimmt ab	Ist vom Stoff abhängig
1. Temperatur	(a)	(b)	(c)	(d)
2. Druck	(a)	(b)	(c)	(d)
3. Enthalpie	(a)	(b)	(c)	(d)

Übung 4.1 Zur Warmwasserbereitung wird eine Heizleistung von 75 kW gebraucht. Hierfür soll Dampf von 1,10 bar mit einem Dampfgehalt von 92 % verwendet werden, der im Warmwasserbereiter vollständig kondensiert. Ein Dampfkessel liefert Sattdampf von 30 bar, der zunächst in einer Turbine unter Arbeitsleistung expandiert.

1. Welcher Dampfstrom ist notwendig, um die Heizleistung aufzubringen?

2. Welche Arbeitsleistung liefert der Dampf an die Turbine?

Übung 4.2 In ein adiabates Kapillardrosselrohr mit einem lichten Querschnitt von $0{,}724 \cdot 10^{-6}$ m^2 strömen in der Sekunde $0{,}438 \cdot 10^{-3}$ kg flüssig gesättigten Kältemittels R 134a mit einer Temperatur von + 40 °C ein. Am Ende des Drosselrohres ist der Druck so weit abgesunken, dass die Temperatur – 20 °C beträgt.

1. Wie groß ist der Dampfgehalt am Austritt?

   (Das Rohr hat einen konstanten Querschnitt. Die kinetische Energie kann zunächst vernachlässigt werden.)

2. Welchen Wert hat der Volumenstrom am Austritt?

3. Wie groß ist die Geschwindigkeit am Austritt?

4. Wie groß ist das Verhältnis von kinetischer Energie und Enthalpie am Austritt?

Übung 4.3 Der Dampferzeuger eines Dampfkraftwerkes liefert Sattdampf von 40 bar. Der Dampf gibt in der Turbine eine Leistung von 1,20 MW ab. Der Abdampf hat einen Druck von 0,50 bar und einen Dampfgehalt von 91 %. (Die Speisepumpenarbeit sei vernachlässigt).

1. Welche spezifische technische Arbeit liefert der Dampf in der Turbine?

2. Wie groß ist der Dampfdurchsatz?

3. Welcher Wärmestrom muss im Kondensator abgeführt werden?

4. Wie groß ist der thermische Wirkungsgrad?

5 Prozesse

5.1 Aussagen über Prozesse, Zweiter Hauptsatz

Erfahrungsgemäß gibt es Vorgänge, die von selbst nur in einer Richtung ablaufen.

Unserer Erfahrung entsprechen Aussagen über den Ablauf einiger einfacher Prozesse (Bild 5-1). Diese Aussagen sind Fassungen des Zweiten Hauptsatzes der Thermodynamik.

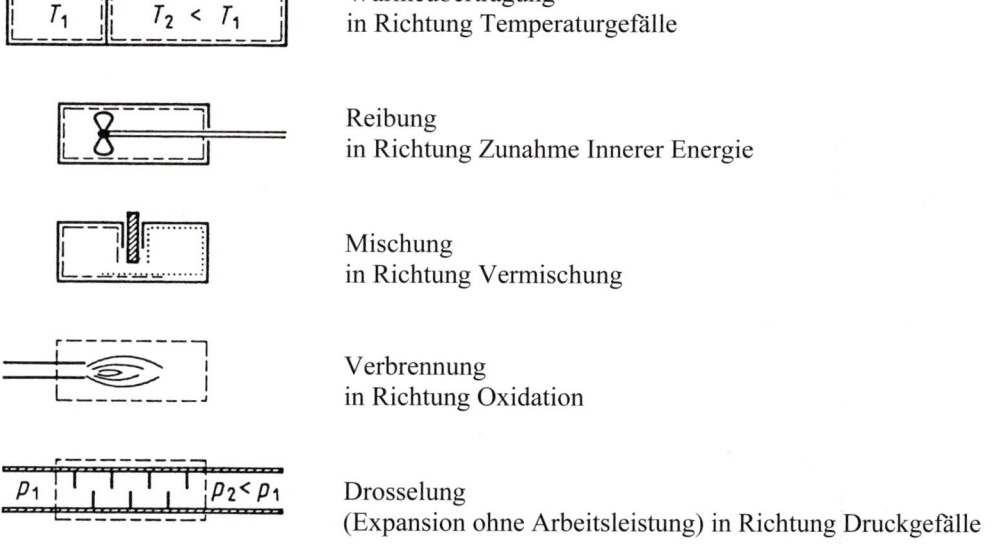

Wärmeübertragung
in Richtung Temperaturgefälle

Reibung
in Richtung Zunahme Innerer Energie

Mischung
in Richtung Vermischung

Verbrennung
in Richtung Oxidation

Drosselung
(Expansion ohne Arbeitsleistung) in Richtung Druckgefälle

Bild 5-1   Beispiele irreversibler Prozesse. Diese Prozesse können von selbst nur in der angegebenen Richtung ablaufen

Wärme kann nicht von selbst von einem kälteren zu einem wärmeren Körper übergehen.
Prozesse, bei denen Reibung auftritt, sind irreversibel.
Prozesse, bei denen Stoffe vermischt werden, sind irreversibel.
Technische Verbrennungsprozesse sind irreversibel.
Die adiabate Expansion eines Gases ohne Arbeitsleistung ist irreversibel.

Prozesse, bei denen der Anfangszustand des Systems nach Ablaufen des Prozesses ohne bleibende Änderung in der Umgebung nicht wieder herstellbar ist, hatten wir als *irreversibel* bezeichnet (Abschnitt 2.6). Bei genauerer Betrachtung gibt es in Wirklichkeit keinen einzigen Prozess, dessen Ausgangszustand wieder von selbst erreicht wird. Dies hatte zu der Formulierung des Zweiten Hauptsatzes geführt, dass alle natürlichen Prozesse irreversibel sind.

Die *reversibel* genannten Prozesse existieren nur in unserer Vorstellung, sind aber als optimale Prozesse Vergleichsmaßstäbe für das, was technisch mehr oder weniger gut erreichbar ist. Außerdem sind reversible Prozesse in der Regel rechnerisch leicht zu verfolgen und auch allgemeinen Lösungen zugänglich.

Reversibel heißt wörtlich umkehrbar, *irreversibel* heißt wörtlich nicht umkehrbar. In der Thermodynamik bedeutet jedoch reversibel *umkehrbar ohne bleibende Änderung in der Umgebung* und irreversibel *nicht umkehrbar ohne bleibende Änderung in der Umgebung*. Mit Hilfe der Umgebung, also mit Energiezufuhr lassen sich irreversible Prozesse rückgängig machen, doch sind damit eben bleibende Änderungen in der Umgebung verbunden.

Optimale Energieumwandlung – Die Behauptung, dass reversible Prozesse optimale Ergebnisse liefern, lässt sich beispielsweise für die Umwandlung von Enthalpie in Arbeit nachweisen. Hierzu wird ein adiabates offenes System untersucht und gefragt, wie viel Arbeit einem Stoffstrom durch Expansion in einer Maschine entnommen werden kann (Bild 5-2). Der Anfangszustand und der Enddruck sind dabei gegeben.

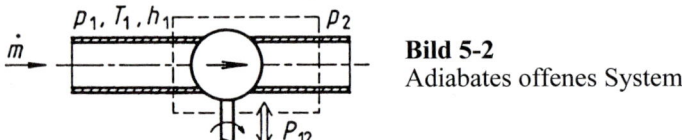

Bild 5-2
Adiabates offenes System

Der Stoffstrom hat beim Eintritt in die Maschine den Zustand 1 (p_1, T_1) und damit die Enthalpie h_1. Der Druck am Ende der Expansion, also am Austritt aus der Maschine, sei p_2. Die vom Stoffstrom abgegebene Arbeitsleistung P_{12} ergibt sich aus Gleichung (4.50), da die Maschine als adiabates System angesehen werden kann.

$$P_{12} = \dot{m} \cdot w_{t12} = \dot{m}(h_2 - h_1) \tag{5.1}$$

Wenn die Hubarbeit w_H und die Beschleunigungsarbeit w_B vernachlässigt werden, ist die Technische Arbeit w_t gleich der Summe aus Druckarbeit w_p und Streuenergie j. Mit Gleichung (4.32) ergibt sich

$$P_{12} = \dot{m}\left(\int_1^2 v\,dp + j_{12}\right) = \dot{m}(h_2 - h_1). \tag{5.2}$$

$$\left(\int_1^2 v\,dp + j_{12}\right) = (h_2 - h_1) \tag{5.3}$$

Differenziert man diese Gleichung und wendet sie auf reversible Prozesse an, so erhält man die Differentialgleichung, die den Verlauf der Zustandsänderung beschreibt.

$$v\,dp + 0 = dh \tag{5.4}$$

$$\frac{dp}{dh} = \frac{1}{v} \tag{5.5}$$

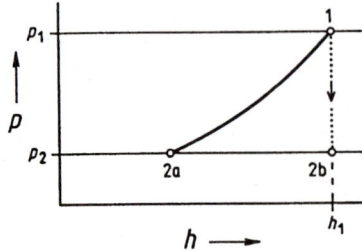

Bild 5-3
Reversible Expansion 1–2a und
irreversible Drosselung 1–2b
in einem p, h-Diagramm

Bild 5-3 zeigt ein p,h -Diagramm, in das der Anfangszustand 1 (p_1, h_1) und der Enddruck der Expansion p_2 eingetragen sind. Die Kurve der Zustandsänderung bei der Expansion verläuft von Punkt 1 zum Druck p_2. Die Enthalpie h_2 ist niedriger als die Enthalpie h_1, da Arbeit nach außen abgegeben wird. Die Differentialgleichung (5.5) sagt aus, dass die Kurve im Verlauf der Expansion mit zunehmendem spezifischen Volumen v flacher wird. Der Zustand 2a soll der Endpunkt der reversiblen Expansion sein.

Drosselprozess – Bei einem weiteren Prozess soll die Expansion ohne Arbeitsabgabe stattfinden, sei es, dass die Maschine blockiert ist und der Stoffstrom ohne Abgabe von Arbeit hindurchströmt, sei es, dass anstelle der Maschine ein Drosselventil eingebaut ist, in dem eine Expansion des Stoffstromes stattfindet. Weder von der blockierten Maschine noch vom Drosselventil kann Technische Arbeit übertragen werden. Die Enthalpie hat dann vor und nach der Expansion den gleichen Wert [Gleichung (4.71)].

$$h_{2b} = h_1 \qquad (5.6)$$

Der Endpunkt der Expansion, der Zustand 2b, liegt daher im p,h -Diagramm lotrecht unter dem Punkt 1 (Bild 5-3). Dieser Drosselvorgang ist ein rein irreversibler Prozess, der nicht von selbst in umgekehrter Richtung laufen kann.

Wirklicher Prozess – Der wirkliche Verlauf der Expansion in der Maschine ist verlustbehaftet. Die Streuenergie j in Gleichung (5.3) kann nicht mehr gleich Null gesetzt werden. Damit bekommt die Differentialgleichung das folgende Bild.

$$v \, \mathrm{d}p + \mathrm{d}j = \mathrm{d}h \qquad (5.7)$$

$$\frac{\mathrm{d}p}{\mathrm{d}h} = \frac{1}{v}\left(1 - \frac{\mathrm{d}j}{\mathrm{d}h}\right) \qquad (5.8)$$

Dies sagt aus, dass der Verlauf der verlustbehafteten Zustandsänderungen im p,h -Diagramm steiler ist als der der reversiblen Zustandsänderung. Das 2. Glied in der Klammer wird negativ, da die Enthalpie während der Expansion abnimmt und die Energiestreuvorgänge wie die Zufuhr von Streuenergie wirken. Damit bekommt die Klammer einen Wert größer als 1. Eine wirkliche Expansion wird also zu einem Punkt 2c rechts von 2a führen.

Man kommt zu diesem Punkt 2c auch durch die Überlegung, dass die wirkliche Expansion gedacht werden kann als eine reversible Expansion 1–c und eine anschließende Drosselung c–2c. Bild 5-4 zeigt den wirklichen und den gedachten Verlauf.

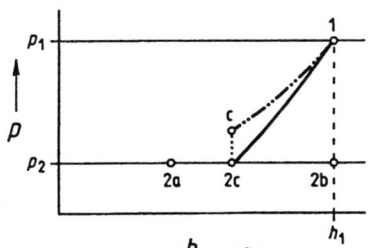

Bild 5-4
Wirklicher Expansionsverlauf in einer Maschine 1–2c.
Gedachter Verlauf 1–c–2c mit reversiblem Abschnitt 1–c
und irreversiblem Abschnitt c–2c.

Aus diesen Überlegungen geht bereits hervor, dass die reversible Expansion in einem adiabaten System die größte Umwandlung von Enthalpie in Arbeit ergibt. Es soll jedoch noch gezeigt werden, dass eine noch größere Enthalpiedifferenz nicht umgewandelt werden kann.

Unmöglicher Prozess – Um eine noch größere Enthalpiedifferenz in Arbeit umzuwandeln, müsste ein Punkt 2d links von Punkt 2a erreicht werden (Bild 5-5). Dazu müsste die reversible Expansion über den Punkt 2a hinaus fortgesetzt werden bis zu einem Punkt d, der lotrecht unter dem Punkt 2d liegt. Um dann den Punkt 2d zu erreichen, wäre eine Zustandsänderung d–2d erforderlich. Dies wäre aber eine Umkehrung eines Drosselprozesses wie 1–2b, was nach unserer Erfahrung unmöglich ist. So ist mit der Aussage, dass ein Drosselprozess irreversibel ist, nachgewiesen, dass von einem Anfangszustand 1 aus bei einem vorgegebenen Enddruck p_2 keine Zustände 2 erreicht werden können, die eine niedrigere Enthalpie haben als der Zustand, der mit einer reversiblen Expansion in einem adiabaten System erreicht wird. Die reversible Expansion ergibt also die größte Umsetzung von Enthalpie in Arbeit.

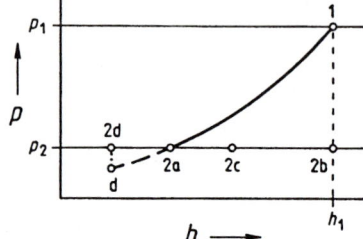

Bild 5-5
Reversible Expansion 1–2a–d
Unmögliche Zustandsänderung d–2d

Diese Beweisführung ist typisch. Es ist eine Fassung des Zweiten Hauptsatzes durch eine andere bewiesen worden. So lassen sich die vielen verschiedenen Fassungen eine durch die andere beweisen, jedoch ist ein Beweis von außen nicht möglich. Der Zweite Hauptsatz bleibt ein Erfahrungssatz, den eine einzige gegenteilige Erfahrung umstoßen würde.

Eine Aussage wie für den Expansionsprozess lässt sich auch für den Kompressionsprozess ableiten. Beide Aussagen basieren auf einer Formulierung von CARATHEODORY und sind von unmittelbarer Bedeutung für den Maschinenbau.

> Bei allen Prozessen eines offenen adiabaten Systems zwischen gegebenem Anfangs- und Enddruck liefert die reversible Expansion die größte Arbeitsleistung, verbraucht die reversible Kompression die geringste Arbeitsleistung.

> Bei allen Prozessen eines geschlossenen adiabaten Systems zwischen gegebenem Anfangs- und Endvolumen liefert die reversible Expansion die größte Arbeit, verbraucht die reversible Kompression die geringste Arbeit.

Arbeitsabgabe adiabater geschlossener Systeme – Die entsprechenden Überlegungen für adiabate geschlossene Systeme gehen von der Differentialform der Gleichung (4.12) aus.

$$\mathrm{d}q + \mathrm{d}w_{\mathrm{V}} + \mathrm{d}j = \mathrm{d}q - p\,\mathrm{d}v + \mathrm{d}j = \mathrm{d}u \qquad (5.9)$$

Für eine reversible Expansion von einem spezifischen Volumen v_1 auf ein spezifisches Volumen v_2 ergibt sich daraus die Differentialgleichung

$$\frac{\mathrm{d}v}{\mathrm{d}u} = -\frac{1}{p}. \qquad (5.10)$$

Die dem Vorgehen beim offenen System entsprechenden Überlegungen führen zu den in Bild 5-6 dargestellten Fällen mit den Endzuständen 2a bis 2e.

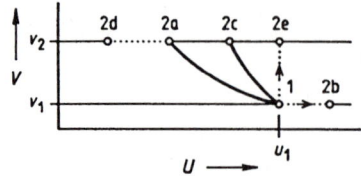

Bild 5-6
Prozesse in adiabaten geschlossenen Systemen

(2a)	$u_1 - u_{2a} = -w_{\mathrm{V}12}$	Reversible Expansion
(2b)	$u_1 - u_{2b} = \lvert j_{12} \rvert$	Schaufelradprozess
(2c)	$u_1 - u_{2c} < -w_{\mathrm{V}12}$	Wirkliche Expansion
(2d)	$u_1 - u_{2d}$	Unmöglicher Prozess
(2e)	$u_1 - u_{2e} = 0$	Überströmprozess

Der Schaufelradprozess war bereits im Abschnitt 4.1 (Bild 4-5) vorgestellt worden. Der Überströmprozess wird in Abschnitt 6.2 (Bild 6-4) beschrieben.

5.2 Entropie und Entropiestrom

Mit einer neuen Zustandsgröße lässt sich der Zweite Hauptsatz mathematisch darstellen.

Der Zweite Hauptsatz war im vorherigen Abschnitt und auch schon im Abschnitt 2.6 durch Aussagen über einzelne Prozesse eingeführt worden. In mathematischer Form lässt sich der Zweite Hauptsatz mit einer Zustandsgröße aussprechen, die als *Entropie* bezeichnet wird.

> Jedes geschlossene System hat eine extensive Zustandsgröße, die Entropie S, die durch ihr Differential dS definiert ist. Dabei ist T die nicht negative thermodynamische Temperatur.
>
> $$dS = m \frac{dh - v\,dp}{T} = m \frac{du + p\,dv}{T} \qquad (5.11)$$

Im vorigen Abschnitt war gezeigt worden, dass bei einer reversiblen Expansion genau das Enthalpiedifferential dh in Arbeit umgewandelt würde, das gleich der Druckarbeit $v\,dp$ ist [Gleichung (5.4)].

$$dh - v\,dp = 0 \qquad (5.12)$$

Bei mit irreversiblen Vorgängen belasteten Expansionsvorgängen wird weniger Enthalpie umgewandelt. Die Differenz der beiden Differentiale dh und $v\,dp$ wird, da beide negative Werte haben, größer als Null, nämlich um die Streuenergie dj.

$$dh - v\,dp = dj > 0 \qquad (5.13)$$

Die in Arbeit umgewandelte Enthalpie dh kann nicht größer als die Druckarbeit $v\,dp$ sein. Der Fall

$$dh - v\,dp < 0 \qquad (5.14)$$

war als unmöglich erkannt worden. Der Zähler der Definitionsgleichung (5.11) gibt also durch sein Vorzeichen bereits an, ob ein Prozess reversibel, irreversibel oder unmöglich ist. Die Division durch die Temperatur T hat darauf keinen Einfluss, da sie als stets positiv vorgeschrieben ist.

Die Temperatur T bewirkt (als integrierender Nenner, worauf hier nicht eingegangen werden kann), dass die mit Gleichung (5.11) definierte Entropie zur Zustandsgröße eines geschlossenen Systems wird.

Der Zweite Hauptsatz – Mit der Zustandsgröße Entropie lautet der Zweite Hauptsatz:

> Die Entropie eines adiabaten geschlossenen Systems kann niemals abnehmen.
> Bei irreversiblen Prozessen nimmt die Entropie eines adiabaten geschlossenen Systems zu.
> Bei reversiblen Prozessen bleibt die Entropie eines adiabaten geschlossenen Systems konstant.

In mathematischer Form lassen sich diese Aussagen mit der Gleichung zusammenfassen, dass die Änderung der Entropie adiabater Systeme (bei natürlichen Prozessen) immer größer oder (im gedachten Grenzfall) gleich Null ist.

$$dS_{ad} \geq 0 \qquad (5.15)$$

Eigenschaften – Die Entropie ist eine Mengengröße und kann daher mit der extensiven Entropie S, mit der spezifischen Entropie s, der molaren Entropie S_m oder dem Entropiestrom $\dot{S}$ beschrieben werden.

$$S_1 = m\,s_1 = n\,S_{m1} \qquad (5.16)$$

$$\dot{S}_1 = \dot{m}\; s_1 = \dot{n}\; S_{m1} \tag{5.17}$$

Die Änderung $S_2 - S_1$ der Zustandsgröße Entropie zwischen zwei Zuständen ist nicht vom Verlauf der Zustandsänderung 1–2 abhängig, sondern nur von den Entropiewerten in den beiden Zuständen. (Der Wert der Zähler in Gleichung (5.11) ist dagegen vom Verlauf abhängig.) Entropieänderungen können also auch für nichtstatische Zustandsänderungen berechnet werden.

Entropie, Wärme und Streuenergie – Die Entropie eines geschlossenen Systems ändert sich, wenn an der Systemgrenze Wärme übertragen wird oder im System irreversible Prozesse auftreten. Dieser wichtige Zusammenhang ergibt sich aus dem Ersten Hauptsatz [Gleichungen (4.12), (4.19)].

$$q_{12} - \int_1^2 p\,\mathrm{d}v + j_{12} = u_2 - u_1 \tag{5.18}$$

$$\mathrm{d}q - p\,\mathrm{d}v + \mathrm{d}j = \mathrm{d}u \tag{5.19}$$

und der mit spezifischen Größen geschriebenen Definitionsgleichung (5.11).

$$\mathrm{d}s = \frac{\mathrm{d}u + p\,\mathrm{d}v}{T} = \frac{\mathrm{d}q}{T} + \frac{\mathrm{d}j}{T} \tag{5.20}$$

Auch aus dieser Beziehung wird wieder die Aussage des Zweiten Hauptsatzes [Gleichung (5.15)] deutlich. Bei adiabatem System verschwindet der Term $\mathrm{d}q/T$ und bei reversiblen Prozessen der Term $\mathrm{d}j/T$. Durch Integration und mit extensiven Größen erhält man

$$S_2 - S_1 = \int_1^2 \frac{\mathrm{d}Q}{T} + \int_1^2 \frac{\mathrm{d}J}{T} = S_{Q12} + S_{J12}. \tag{5.21}$$

Wendet man diese Gleichung auf offene Systeme an, so folgt als erste Aussage, dass mit jedem Wärmestrom $\dot{Q}$ auch ein Entropiestrom $\dot{S}$ die Systemgrenze überquert. Diese Ströme können eintreten oder austreten und sind entsprechend positiv oder negativ zu rechnen. Durch die nach dem Zweiten Hauptsatz unvermeidlichen irreversiblen Prozesse im Inneren eines Systems entsteht laufend ein Entropiestrom $\dot{S}_J$. Das System enthält eine Entropiequelle. Außerdem führt jeder Stoffstrom – nach Bild 2.20 anzusehen als eine Folge bewegter geschlossener Systeme, jedes mit einer Entropie S – einen Entropiestrom $\dot{S}$ mit sich über die Grenze.

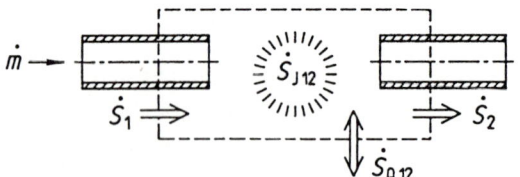

Bild 5-7
Entropiestrombilanz eines offenen Systems

$\dot{S}_{Q12}$ wärmestromgebundener Entropiestrom

$\dot{S}_{J12}$ durch Irreversibilitäten erzeugter Entropiestrom

$\dot{S}_1 , \dot{S}_2$ stoffstromgebundene Entropieströme

Damit lässt sich die Entropiestrombilanz für offene Systeme aufstellen (Bild 5-7). Darin ist mit den Betragstrichen beim Entropiestrom $\dot{S}_J$ berücksichtigt, dass Entropie nur entstehen und nicht vernichtet werden kann [Gleichung (5.15)].

$$\dot{S}_{Q12} + \left| \dot{S}_{J12} \right| = \dot{S}_2 - \dot{S}_1 \tag{5.22}$$

Auf der rechten Seite der Gleichung steht (wie auch bei den Fassungen des Ersten Hauptsatzes) die Änderung einer Zustandsgröße. Diese Änderung ist bewirkt durch Prozesse. Die entsprechenden Prozessgrößen stehen auf der linken Seite der Gleichung. Die mit Wärmeübertragung und Irreversibilitäten verknüpften Entropieströme sind also Prozessgrößen.

Unterschied von Wärme und Arbeit – Nach dem Ersten Hauptsatz haben Wärme und Arbeit thermodynamisch die gleiche Wirkung, erhöhen beispielsweise beide die Innere Energie eines geschlossenen Systems [Gleichung (4.38)]. Der Zweite Hauptsatz [Gleichung (5.22)] macht deutlich, wie sich die beiden Energiearten unterscheiden. Jeder Wärmestrom ist zwingend mit einem entsprechend großen Entropiestrom verknüpft, während das reversible Übertragen einer Arbeitsleistung die Entropieströme nicht beeinflusst. Nur Arbeit, die durch irreversible Vorgänge verstreut wird, verursacht als Streuenergie das Entstehen von Entropie.

Isentrop – Bei reversiblen Prozessen in adiabaten Systemen haben beide Glieder auf der linken Seite der Gleichung (5.22) den Wert Null. Der austretende Entropiestrom $\dot{S}_2$ ist gleich dem eintretenden Entropiestrom $\dot{S}_1$. Anfangszustand 1 und Endzustand 2 liegen in einem Zustandsdiagramm auf derselben Linie konstanter Entropie, die entsprechend den anderen Parameterkurven als *Isentrope* bezeichnet wird.

Im Abschnitt 5.1 war nachgewiesen worden, dass reversible Prozesse adiabater Systeme optimale Ergebnisse liefern. Dabei ändert sich die Entropie nicht, die Zustandsänderung verläuft *isentrop*.

Entropieerzeugung bei irreversiblen Prozessen – Die Entropie ist eine extensive Größe. Daraus folgt, dass bei einem offenen System, in das mehrere Stoffströme eintreten, der gesamte eintretende Entropiestrom $\dot{S}_1$ gleich der Summe der Entropieströme $\dot{S}_i$ der einzelnen Stoffströme ist.

$$\dot{S}_1 = \dot{S}_{A1} + \dot{S}_{B1} + \dot{S}_{C1} + ... = \sum \dot{S}_{i1} \tag{5.23}$$

Ein irreversibler Prozess im System wie beispielsweise eine Vermischung der Stoffströme (Bild 5-8) wirkt als Entropiequelle, aus der ein Entropiestrom $\dot{S}_J$ fließt.

$$\dot{S}_2 = \sum \dot{S}_{i1} + \dot{S}_{J12} \tag{5.24}$$

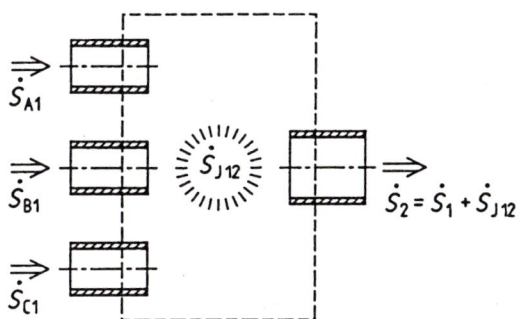

Bild 5-8
Entropieströme am Eintritt 1 und am Austritt 2 eines offenen Systems, das von mehreren Stoffströmen durchflossen wird.

Zahlenwerte – Die Werte der Entropie werden wie die Werte der Enthalpie in der Technischen Thermodynamik von vereinbarten Bezugszuständen aus gerechnet. So wird beispielsweise die Entropie flüssigen gesättigten Wassers im Tripelzustand gleich Null gesetzt. Für Flüssigkeiten ist die Entropie eine reine Temperaturfunktion.

$$s - s_0 = c_{fl} \cdot \ln \frac{T}{T_0} \tag{5.25}$$

Die Entropie von gesättigter Flüssigkeit und von Sattdampf ist in den Dampftafeln (Tabelle 3-2 sowie Tabellen T-5 bis T-8 im Anhang) aufgeführt.

$$s' = s'(t) \qquad\qquad\qquad s'' = s''(t) \qquad\qquad\qquad (5.26)$$

Die Werte für Nassdampf werden mit einer Gleichung entsprechend den Gleichungen (3.13) und (4.57) berechnet.

$$s_d = (1 - x_d)\, s' + x_d\, s'' = s' + x_d\,(s'' - s') \qquad\qquad (5.27)$$

Für Dämpfe und Gase werden die Entropiewerte aus Zustandsdiagrammen als Funktion von Druck und Temperatur entnommen (Abschnitt 5.3).

$$s = s\,(p, T) \qquad\qquad\qquad\qquad\qquad\qquad\qquad (5.28)$$

Auf die Entropie Idealer Gase wird in Abschnitt 6.3 eingegangen.

■ **Beispiel 5.1**   Im Beispiel 4.4 waren für einen durch ein langes adiabates Rohr fließenden Stoffstrom denkbare Austrittszustände p_2, t_2 berechnet worden. Trägt man die so ermittelten Zustände 2 in ein Zustandsdiagramm mit den Koordinaten Enthalpie und Entropie (h,s-Diagramm Abschnitt 5.3) ein, so ergeben sich die nach FANNO [31] benannten Kurven. Je größer die Massenstromdichte I ist, desto steiler gehen die Kurven nach unten und desto eher kehren sie ihre Richtung um (Bild 5-9).

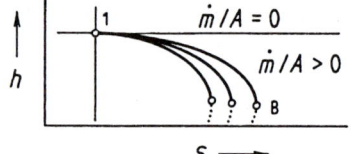

Bild 5-9
Expansionsverläufe in langen adiabaten Rohren
FANNO-Linien für verschiedene Massenstromdichten $I = \dot{m}\,/A$

Wo der Austrittszustand 2 liegt, hängt zunächst vom Druck p_2 außerhalb der Rohrmündung ab. Ist p_2 nicht kleiner als ungefähr der halbe Rohrdruck p_1, so gibt der Schnittpunkt der Isobaren p_2 mit der FANNO-Linie den Austrittszustand 2 an. Bei kleineren Drücken p_2 ist zu berücksichtigen, dass es sich um ein adiabates System handelt. Dessen Entropie kann nach dem Zweiten Hauptsatz niemals abnehmen [Gleichung (5.15)]. Der niedrigste erreichbare Druck p_2 ist demnach durch den Zustand 2 gegeben, in dem die betreffende FANNO-Linie ihren höchsten Entropie-Wert hat, also im Berührungspunkt mit der senkrechten Tangente.

Der Druckabbau kann im Rohr nur bis zu diesem Zustand 2 gehen. Der dann noch bestehende Überdruck gegenüber der Umgebung führt zu einem Zerplatzen des Strahles unter starker Geräuschentwicklung.

Die nicht direkt messbare Größe *Entropie*, von R. J. E. CLAUSIUS 1865 eingeführt, ist nicht leicht zu verstehen, hat aber für die Thermodynamik und auch für andere Fachgebiete große Bedeutung. L. BOLTZMANN hat sie als Maß für die Unordnung, MAX PLANCK als Maß für die Wahrscheinlichkeit bezeichnet. RUDOLF PLANK beklagte, dass der Student die Entropie, vor allem in den Zustandsdiagrammen, benutze, aber nicht mehr darüber nachdenke. H. D. BAEHR empfiehlt dagegen, zunächst einmal den Nutzen der Entropie zu erfahren und sich dann erst mit der Philosophie zu befassen. Tröstlich mag sein, dass der theoretische Physiker J. MEIXNER zunächst berichtete, er habe die Entropie erst verstanden, als er zum zweiten Mal darüber Vorlesung gehalten habe. Etwa fünfzehn Jahre später äußerte er (scherzhaft), jetzt setze langsam das Verständnis ein. Wohl als Konsequenz daraus hat er untersucht, ob der Entropiebegriff nicht entbehrlich sei.

5.3 Zustandsdiagramme

Wichtige Hilfsmittel werden Ihnen vorgestellt.

Um die Eigenschaften von Stoffen darstellen zu können, waren im Abschnitt 3 zwei Zustandsdiagramme, das p,v-Diagramm und das p,T-Diagramm, eingeführt worden. Für die Darstellung von Prozessen und ihre Berechnung werden drei weitere Zustandsdiagramme verwendet, das T,s-Diagramm, das h,s-Diagramm und das p,h-Diagramm.

Allen Zustandsdiagrammen ist gemeinsam, dass grundsätzlich für jeden Zustand, der mit den Werten von zwei Zustandsgrößen festgelegt ist, die Werte aller übrigen Zustandsgrößen abgelesen werden können. Dafür muss das Diagramm Parameterlinien für alle Zustandsgrößen enthalten, die nicht Koordinaten des Diagramms sind. Einschließlich der Abszissen- und Ordinatenparallelen kann jedes der Diagramme die folgenden Linien zeigen, auf denen jeweils eine Zustandsgröße einen konstanten Wert hat.

Isotherme	Linie gleicher Temperatur	T	Isentrope	Linie gleicher Entropie	s
Isobare	Linie gleichen Druckes	p	Isenthalpe	Linie gleicher Enthalpie	h
Isochore	Linie gleichen Volumens	v	Isovapore	Linie gleichen Dampfgehalts	x_d

Charakteristisch für das Bild der Diagramme sind vor allem die Grenzkurven zwischen den Einphasen- und Zweiphasengebieten. Beispiele hierfür sind das p, v-Diagramm Bild 3.20 und das T,s-Diagramm Bild 3.25 mit den Grenzen des Nassdampfgebietes.

Temperatur-Entropie-Diagramm – Das in Bild 5-10 skizzierte T,s-Diagramm zeigt einen Ausschnitt aus dem Flüssigkeitsgebiet, dem Nassdampfgebiet und dem Gasgebiet. Die Isobaren im Nassdampfgebiet fallen mit den Isothermen der zugehörigen Sättigungstemperaturen zusammen [Gleichung (3.6)]. Im Flüssigkeitsgebiet verlaufen die Isobaren bis zu nicht zu hohen Drücken unmittelbar neben der Siedelinie.

Für das T,s-Diagramm lassen sich aus der umgeformten Gleichung (5.20) einige Aussagen für die Flächen $\int_{1}^{2} T \, \mathrm{d}s$ unter den Kurven von Zustandsänderungen ableiten (Bild 5-11).

$$T \, \mathrm{d}s = \mathrm{d}h - v \, \mathrm{d}p \qquad = \mathrm{d}q + \mathrm{d}j \qquad (5.29)$$

$$\int_{1}^{2} T \, \mathrm{d}s = (h_2 - h_1) - \int_{1}^{2} v \, \mathrm{d}p = q_{12} + j_{12} \qquad (5.30)$$

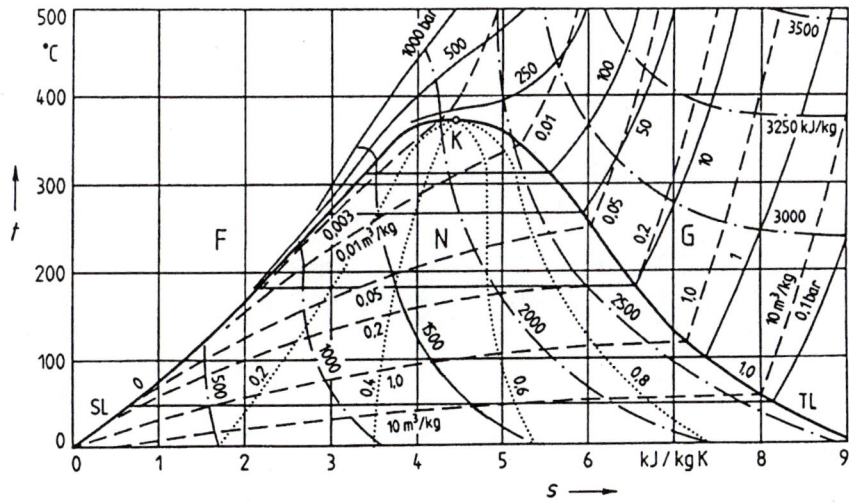

Bild 5-10
Temperatur-Entropie-Diagramm für Wasser   Nach [13]
Linien konstanter Werte der Zustandsgrößen

Isobare	———————	Isenthalpe	— · — · — ·	K	Kritischer Punkt	N	Naßdampfgebiet
Isochore	– – – – –	Isovapore	· · · · · · · · ·	SL	Siedelinie	G	Gasgebiet
Grenzkurven	———————			TL	Taulinie	F	Flüssigkeitsgebiet

Bei reversiblen Zustandsänderungen ist die Streuenergie j_{12} Null; die Fläche zwischen der Kurve der Zustandsänderung und der bei einer Temperatur von 0 Kelvin zu zeichnenden Abszisse ist proportional der übertragenen Wärme q_{12}.

Bei reversiblen Zustandsänderungen adiabater Systeme verschwindet die Fläche. Die Zustandsänderung ist isentrop und verläuft daher parallel der Ordinate. Bei irreversiblen Zustandsänderungen adiabater Systeme nimmt die Entropie zu, und die Fläche stellt die Streuenergie j_{12} dar.

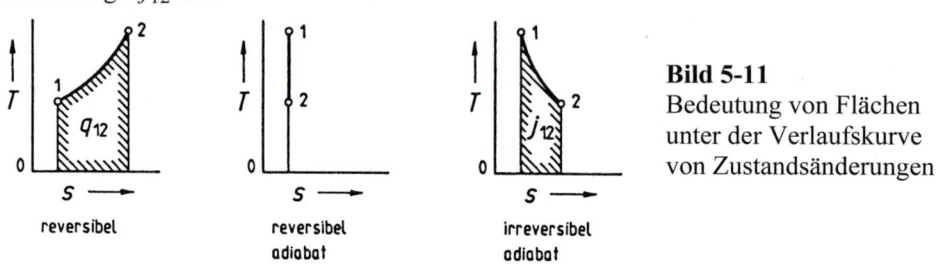

Bild 5-11
Bedeutung von Flächen
unter der Verlaufskurve
von Zustandsänderungen

Die differenzierte Definitionsgleichung der Enthalpie (4.46) liefert eine Ergänzung zu den Gleichungen (5.29) und (5.30).

$$\mathrm{d}h = \mathrm{d}(u + pv) = \mathrm{d}u + p\,\mathrm{d}v + v\,\mathrm{d}p \qquad (5.31)$$

$$\mathrm{d}h - v\,\mathrm{d}p = \mathrm{d}u + p\,\mathrm{d}v \qquad (5.32)$$

$$\int_1^2 T\,\mathrm{d}s = (h_2 - h_1) - \int_1^2 v\,\mathrm{d}p = (u_2 - u_1) + \int_1^2 p\,\mathrm{d}v \qquad (5.33)$$

Bei isobaren Zustandsänderungen wird das Differential $\mathrm{d}p$ Null, sodass die Fläche proportional der Enthalpieänderung $h_2 - h_1$ ist. Die Fläche unter isochoren Zustandsänderungen stellt entsprechend die Änderung der Inneren Energie $u_2 - u_1$ dar, da $\mathrm{d}v$ Null wird. Die Fläche unter einer Isobaren im Nassdampfgebiet gibt die Verdampfungsenthalpie Δh_d [Gleichung (4.58)] wieder (Bild 5-12).

$$\int_1^2 T'\,\mathrm{d}s = T'(s'' - s') = h'' - h' = \Delta h_\mathrm{d} \qquad (5.34)$$

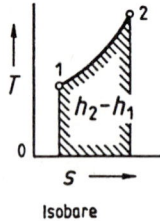  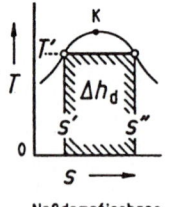

Bild 5-12
Bedeutung von Flächen
unter der Verlaufskurve
von Zustandsänderungen

■ **Beispiel 5.2** Der einer Dampfmaschine zugrundeliegende theoretische Kreisprozess mit zwei isobaren und zwei isentropen Zustandsänderungen lässt sich im t,s-Diagramm darstellen. Dieser Vergleichsprozess wird als CLAUSIUS-RANKINE-Prozess bezeichnet. Das Anlageschema Bild 5-13 nennt dazu die Zustände 1 bis 6 des Arbeitsmittels und dessen im Kraftwerk übliche Bezeichnungen.

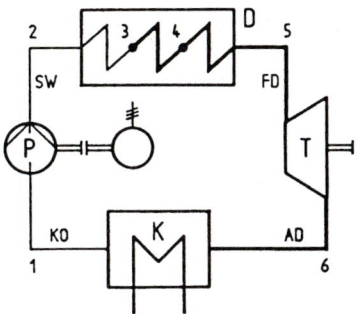

Bild 5-13
Dampfkraftmaschine

1	KO	Kondensat
2	SW	Speisewasser
3		Gesättigte Flüssigkeit
4		Sattdampf
5	FD	Frischdampf
6	AD	Abdampf
	K	Kondensator
	P	Speisepumpe
	D	Dampferzeuger
	T	Dampfturbine oder Dampfmotor

In das t,s-Diagramm Bild 5-14 ist ein Prozess eingetragen mit einem Verdampfungsdruck von 50 bar, einer Überhitzungstemperatur von 400 °C und einem Kondensationsdruck von 0,1 bar. Bei isobarer Wärmezufuhr 2-5 und Wärmeabfuhr 6_s-1 sowie isentroper Expansion 5-6_s und Druckerhöhung 1-2 legen diese drei Daten den Verlauf des Prozesses fest. Berücksichtigt man eine nichtreversible Expansion in der Turbine, verschiebt sich der Abdampfzustand 6 zu höheren Entropiewerten.

Da die Isobaren im Flüssigkeitsgebiet unmittelbar neben der Siedelinie verlaufen, ist die Zustandsänderung in der Speisepumpe im Ausschnitt vergrößert dargestellt. Die Zustandsänderung kann als isentrop angenommen werden. Die aufgenommene spezifische technische Arbeit ist dann, wenn Hub- und Beschleunigungsarbeit vernachlässigt werden,

$$w_{tP} = \int\limits_1^2 \upsilon \, dp = \upsilon_1' (p_2 - p_1). \tag{5.35}$$

Enthalpie-Entropie-Diagramm – In dem von R. MOLLIER eingeführten h,s-Diagramm (Bild 5-15) lassen sich Enthalpiedifferenzen unmittelbar bestimmen, mit denen Arbeitsleistungen adiabater Maschinen P_{12} oder Wärmeleistungen rigider Apparate $\dot{Q}_{12}$ [Gleichungen (4.50) und (4.51)] ermittelt werden. Für den praktischen Gebrauch wird nur der in Bild 5-15 angegebene Ausschnitt, entsprechend vergrößert, benutzt, um Werte für

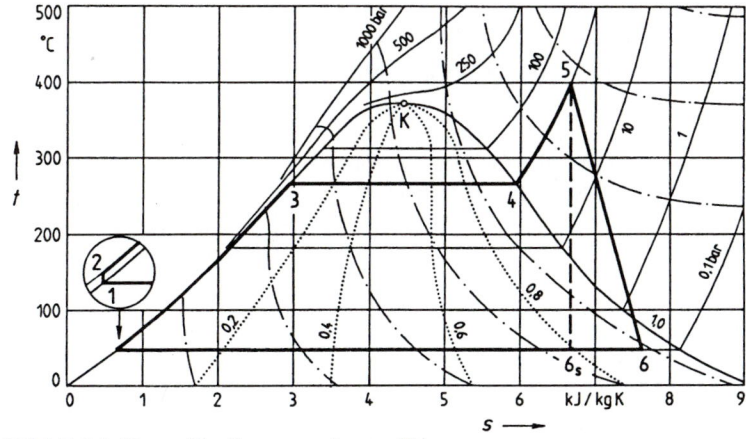

Bild 5-14 Dampfkraftprozess im t,s-Diagramm

1–2	Druckerhöhung	5–6	Entspannung	Die Zustandsänderung 1–2 in der
2–3	Erwärmung auf Siedetemperatur	5–6_s	Isentrope Entspannung	Speisepumpe ist im Ausschnitt
3–4	Verdampfung	6_s–1, 6–1	Verflüssigung	vergrößert dargestellt.
4–5	Überhitzung			

überhitzten Dampf und Nassdampf mit hohem Dampfgehalt abzulesen. Die Werte für gesättigte Flüssigkeit (und Sattdampf) werden den Dampftafeln entnommen, die Werte für den nicht dargestellten Teil des Nassdampfgebietes gerechnet [Gleichungen (3.13), (4.56) und (5.27)].

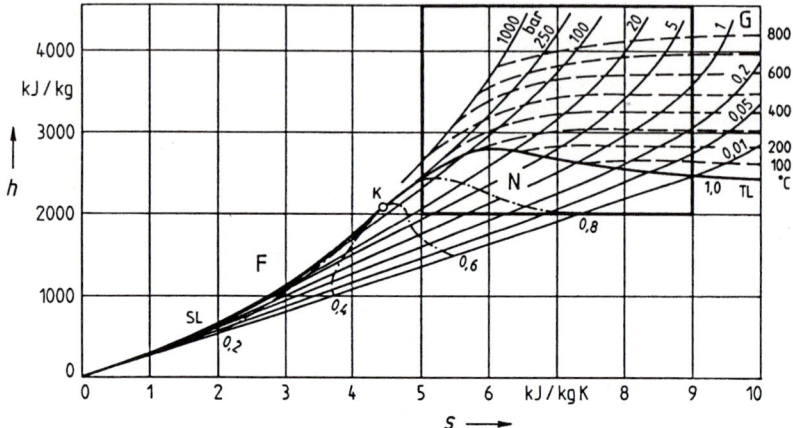

Bild 5-15 MOLLIER-Enthalpie-Entropie-Diagramm für Wasser   Nach [13]

Linien konstanter Werte der Zustandsgrößen		———— Ausschnitt für den praktischen Gebrauch
Isotherme	– – – – – – – – –	
Isobare	————————	K Kritischer Punkt N Nassdampfgebiet
Isovapore	–·–·–·–·–·–	SL Siedelinie G Gasgebiet
Grenzkurven	————————	TL Taulinie F Flüssigkeitsgebiet

Für die Isobaren im h,s-Diagramm lässt sich aus Gleichung (5.11) ableiten, dass die Steigung gleich der Temperatur T ist.

$$\left(\frac{dh}{ds}\right)_p = T \tag{5.36}$$

Im Nassdampfgebiet sind die Isobaren wegen der eindeutigen Verknüpfung von Druck p und Temperatur T durch die Dampfdruckkurve [Gleichung (3.6)] Geraden, im Gasgebiet werden sie mit steigender Temperatur T steiler.

■ **Beispiel 5.3** Mit den in Beispiel 5.2 angegebenen Daten lassen sich aus dem h,s-Diagramm (Bild 5-15) die Enthalpiewerte für die Zustände vor und nach der Turbine näherungsweise ablesen. Für genauere Werte muss in dem beigefügten oder einem der handelsüblichen h,s-Diagramme abgelesen werden.

			Näherungswert	Genauerer Wert
Zustand 5	vor der Turbine	h_5	3180 kJ/kg	3198 kJ/kg
Zustand 6_s	nach isentroper Expansion	h_{6s}	2090 kJ/kg	2105 kJ/kg
Zustand 6	nach einer wirklichen Expansion	h_6	2400 kJ/kg	2417 kJ/kg

Der Dampfgehalt würde nach isentroper Expansion nur noch 80 % betragen. Bei einer wirklichen Expansion liegt er wesentlich höher, im Beispiel etwa bei 92 %, sodass die zulässige Dampfnässe von etwa 10 % nicht überschritten wird.

Druck-Enthalpie-Diagramm – Das ebenfalls von R. MOLLIER eingeführte p,h-Diagramm (Bild 5-16) wird vor allem dann benutzt, wenn im Nassdampfgebiet auch bei geringeren Dampfgehalten x_d abgelesen werden muss. Auf der Ordinate wird der Druck p mit einer logarithmischen Skala aufgetragen, um bei kleinen Drücken genau ablesen zu können.

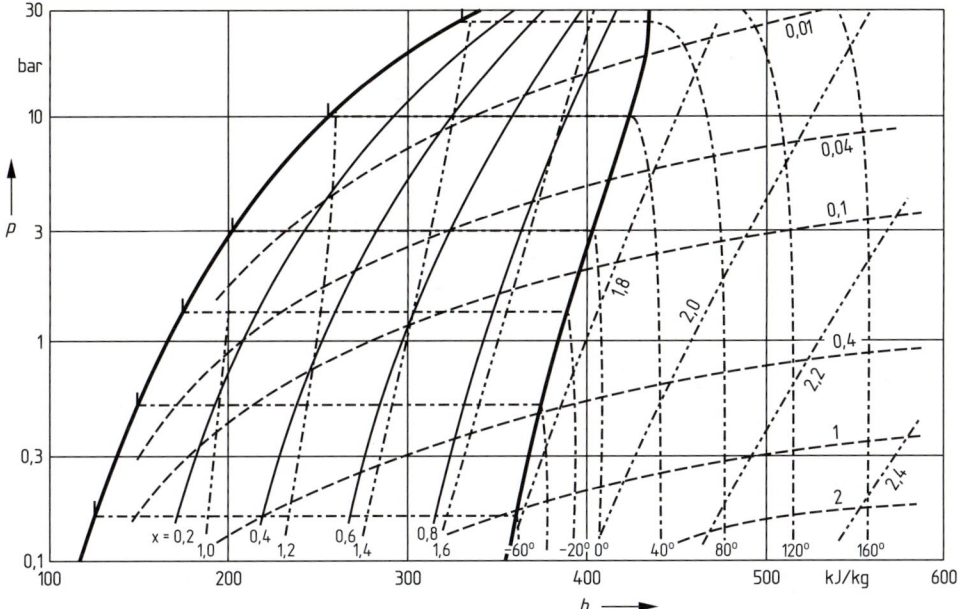

Bild 5-16 MOLLIER-Druck-Enthalpie-Diagramm für das Kältemittel R134a
(1.1.1.2-Tetrafluorethan, CF_3CH_2F)   Nach [37]
Linien konstanter Werte der Zustandsgrößen (Zahlenwerte sollten nicht hier, sondern aus Tabelle T-8a abgelesen werden)
Isotherme — · — · — · —   Isentrope — ·· — ·· — · —   Isochore — — — — — —   Isovapore ————————

Außerdem wird dadurch erreicht, dass die Isothermen für tiefe Temperaturen nicht zu eng
aufeinanderfolgen. Die Isothermen des Flüssigkeitsgebietes verlaufen von der Siedelinie aus
ordinatenparallel nach oben, ausgenommen in der Nähe des kritischen Punktes. Das
p, h -Diagramm wird vor allem in der Kältetechnik verwendet.

■ **Beispiel 5.4** Auf einer Stahlflasche für das Kältemittel R134a ist ein Rauminhalt von 10,8 Liter und ein Leergewicht
von 7,40 kg angegeben. Die nur gering gefüllte Flasche wiegt 7,58 kg, steht zunächst in einer Werkstatt mit einer
Temperatur von 20 °C und wird dann in einem Kühlraum mit einer Temperatur von ± 0 °C gelagert. Welches spezifische Volumen hat das Kältemittel in der Werkstatt und im Kühlraum? Wie hoch sind der jeweilige Druck und der
Dampfgehalt in der Flasche? Welche Wärme wird dem Kältemittel durch die Abkühlung entzogen?

Daten   Tara $m_T = 7{,}40$ kg   Werkstatt $t_W =$ 20 °C
Rauminhalt $V_R = 0{,}0108$ m^3 Brutto $m_B = 7{,}58$ kg   Kühlraum $t_K =$ 0 °C

Spezifisches Volumen v_R [Gleichung (2.4)]

$$v_R = \frac{V_R}{m_B - m_T} = \frac{V_R}{m_R} = \frac{0{,}0108 \ \text{m}^3}{(7{,}58 - 7{,}40) \ \text{kg}} = \frac{0{,}0108 \ \text{m}^3}{0{,}18 \ \text{kg}} = 0{,}060 \ \frac{\text{m}^3}{\text{kg}}$$

Drücke p_W, p_K [Bild 5-16]
     $p_W = 3{,}7$ bar $p_K = 2{,}9$ bar

Dampfgehalt x_{dK} [Bild 5-16]
     Werkstatt: Gas; Kühlraum: Nassdampf $x_{dK} = 0{,}85$

Enthalpien h_W, h_K [Bild 5-16, Werte grob abgeschätzt]

     $h_W = 420$ kJ/kg $h_K = 370$ kJ/kg

Wärmeentzug Q [Gleichungen (4.40), (4.46)]

$$Q = U_K - U_W = m_R[(h_K - h_W) - (p_K - p_W)\, v_R]$$

$$= 0,18\,\text{kg}\left[(370 - 420)\frac{\text{kJ}}{\text{kg}} - (2,9 - 3,7)\cdot 10^2\,\frac{\text{kN}}{\text{m}^2}\cdot 0,06\frac{\text{m}^3}{\text{kg}}\right]$$

$$Q = 0,18\,\text{kg}\,[-50 + 4,8]\,\text{kJ/kg} = -8,14\,\text{kJ}$$

CLAUSIUS-CLAPEYRONsche Gleichung – Der Verlauf von Dampfdruckkurven $p' = p'(T)$ in p,T-Diagrammen lässt sich angenähert aus wenigen Versuchsergebnissen durch die folgenden Überlegungen ermitteln.

Man geht von einem Kreisprozess im Nassdampfgebiet aus, wie ihn Bild 5-17 im p,υ- und im T,s-Diagramm zeigt. Die oberen und unteren Werte von Druck p und Temperatur T unterscheiden sich durch die Differentiale $\mathrm{d}p$ und $\mathrm{d}T$.

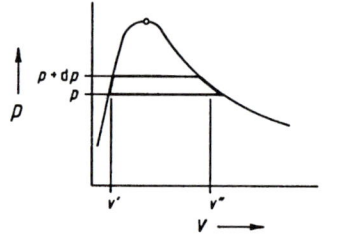 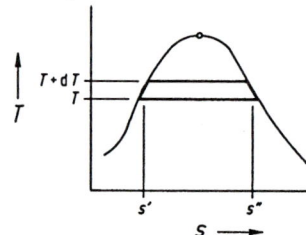

Kreisprozess im Nassdampfgebiet zwischen den Grenzkurven. Die Fläche innerhalb des Kreisprozesses stellt im p,υ-Diagramm die Kreisprozessarbeit w_K dar und im T,s-Diagramm die Differenz $|q| - |q_0|$ der zu- und abgeführten Wärmen.

Bild 5-17 Zur CLAUSIUS-CLAPEYRONschen Gleichung

Die Arbeit w_K, die an den oder von dem Kreisprozess insgesamt übertragen wird, ist gleich der Differenz der beiden übertragenen Wärmen q und q_0 [Gleichung (4.65)], mit Differentialen

$$\mathrm{d}w_K = -\mathrm{d}q - \mathrm{d}q_0\,. \tag{5.37}$$

Für diese Größen lassen sich aus den beiden Diagrammen die Flächen entnehmen, wobei wegen der differentiellen Rechteckhöhe die Grenzkurvenstücke als senkrecht angesehen werden können.

$$(\upsilon'' - \upsilon')\,\mathrm{d}p = (s'' - s')\,\mathrm{d}T = \frac{\Delta h_\mathrm{d}}{T'}\cdot \mathrm{d}T \tag{5.38}$$

Hieraus folgt der Differentialquotient der Dampfdruckkurve.

$$\frac{\mathrm{d}p}{\mathrm{d}T} = \frac{\Delta h_\mathrm{d}}{(\upsilon'' - \upsilon')T'} \tag{5.39}$$

Bei kleineren Drücken ist das spezifische Volumen der Flüssigkeit υ' vernachlässigbar gegenüber dem des Dampfes υ''. Außerdem verhält sich der Dampf fast ideal, sodass für den Sattdampf die Gasgleichung (3.21) eingeführt werden kann.

$$\upsilon'' \gg \upsilon' \qquad\qquad \upsilon'' = \frac{RT}{p}$$

Die Differentialgleichung

$$\frac{\mathrm{d}p}{p} = \frac{\Delta h_\mathrm{d}}{R}\frac{\mathrm{d}T}{T^2} \tag{5.40}$$

lässt sich mit konstanter Verdampfungsenthalpie Δh_d für einen Bezugszustand p_0, T_0 integrieren.

$$\ln \frac{p'}{p_0} = \frac{\Delta h_d}{R} \left(\frac{1}{T_0} - \frac{1}{T'} \right) \qquad (5.41)$$

Diese CLAUSIUS-CLAPEYRONsche Gleichung liefert als Gerade verlaufende Dampfdruckkurven in einem Diagramm mit den Koordinaten $\ln (p/p_0)$ und $1/T$ (Bild 5-18).

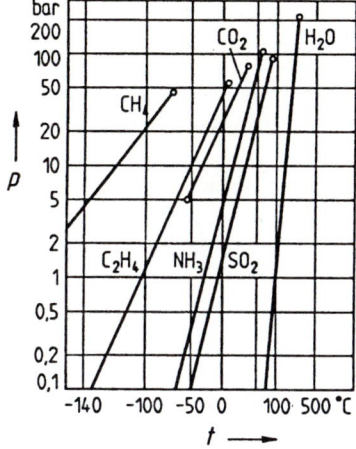

Bild 5-18
Dampfdruckkurven in einem
$\ln (p/p_0)$, $1/T$ -Diagramm
mit p- und t-Skala

Wendet man die Gleichung (5.39) auf den Phasenwechsel von Wasserflüssigkeit zu Wassereis an

$$\frac{dp}{dT} = \frac{\Delta h_f}{(v^{**} - v^{*}) T^{*}}, \qquad (5.42)$$

so stimmt zumindest die Volumenzunahme beim Erstarren, also der negative Wert von $(v^{**} - v^{*})$, mit dem negativen Wert des Differentialquotienten dp/dT überein, also mit der Abnahme der Schmelztemperatur T^{*} mit steigendem Druck p.

5.4 Energieumwandlung

Was können Wärmekraftmaschinen? Was können Kältemaschinen?

Eine Wärmekraftmaschine* zur Umwandlung von Wärme in Arbeit war im Abschnitt 4.5 beschrieben worden (Bild 4.21). Ansätze für die Energiebilanz und den thermischen Wirkungsgrad enthielten die Gleichungen (4.61) und (4.66).

Rechtslaufender Kreisprozess – In einer Wärmekraftmaschine durchläuft das Arbeitsmittel einen Kreisprozess, wie am Beispiel der Dampfkraftmaschine gezeigt worden ist. Bild 5-19 zeigt einen allgemeinen, an keine Bedingungen der Ausführung geknüpften Kreisprozess im p, v- und T,s-Diagramm. Kreisprozesse von Wärmekraftmaschinen werden im Uhrzeigersinn durchlaufen; man nennt sie *rechtsläufige Kreisprozesse*. In den beiden Diagrammen werden die übertragenen Energien als Flächen zwischen der Kurve der Zustandsänderung und einer Koordinatenachse dargestellt.

$$w_p = \oint v \, dp < 0 \qquad (5.43) \qquad\qquad\qquad q - |q_0| = \oint T \, ds > 0 \qquad (5.44)$$

---

* Da *Wärmekraftmaschinen* aus Primärenergie gewonnene Wärme (teilweise) in Arbeit verwandeln, müssten sie eigentlich *Wärmearbeitsmaschinen* heißen. Dieses Wort wird jedoch gelegentlich für Maschinen gebraucht, die unter Verbrauch von Arbeit einen Wärmetransport gegen das Temperaturgefälle ausführen. In der Bezeichnung *Wärmekraftmaschine* kommt noch die früher fehlende begriffliche Trennung zwischen *Kraft* und *Arbeit* zum Ausdruck.

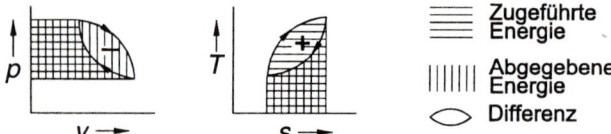

Bild 5-19 Kreisprozess für Wärmekraftmaschinen im p, v-Diagramm und im T,s-Diagramm

Das p, v-Diagramm zeigt die übertragenen Arbeiten. Bei der Expansion wird Arbeit abgegeben; der Wert des Integrals wird negativ, da der Druck sinkt. Bei der anschließenden Kompression muss Arbeit zugeführt werden, das Integral wird positiv. Insgesamt gibt der Kreisprozess Arbeit ab, das Kreisintegral hat einen negativen Wert.

Das T,s-Diagramm zeigt die übertragenen Wärmen (von Streuenergien sei hier abgesehen). Bei den höheren Temperaturen wird mehr Wärme zugeführt als bei den tieferen Temperaturen abgeführt wird. Ein rechtsläufiger Kreisprozess erfüllt also insgesamt die Forderung, dass Wärme in Arbeit verwandelt werden soll.

Linkslaufender Kreisprozess – Bei einem linkslaufenden Kreisprozess ergibt die Darstellung im p, v-Diagramm (Bild 5-20), dass insgesamt mehr Arbeit zugeführt werden muss, als abgegeben wird. Das T,s-Diagramm zeigt, dass Wärme bei tieferer Temperatur aufgenommen und ein größerer Betrag an Wärme bei höherer Temperatur abgegeben wird. Demnach kann mit einem solchen Prozess Wärme unter Arbeitsaufwand von tieferer zu höherer Temperatur transportiert werden.

$$w_p = \oint v \, dp > 0 \tag{5.45}$$

$$q - |q_0| = \oint T \, ds < 0 \tag{5.46}$$

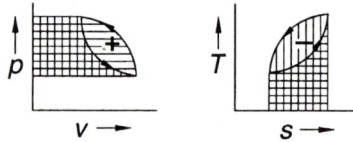

Bild 5-20 Kreisprozess für Kältemaschinen im p, v-Diagramm und im T,s-Diagramm

Eine thermische Maschine, die einen solchen Kreisprozess verwirklicht, kann gebraucht werden, um Temperaturen unterhalb der Umgebungstemperatur zu erzeugen und aufrechtzuerhalten. Die Maschine wird dann als *Kühlmaschine* genutzt.

Außerdem lässt sich die Maschine dazu verwenden, um Wärme, die bei zu niedriger Temperatur verfügbar ist, bei höherer Temperatur zum Heizen abzugeben, zusammen mit der als Arbeit aufgenommenen Energie. Die Maschine wird dann als *Wärmepumpe* genutzt.

Thermische Maschinen, die einen linksläufigen Kreisprozess verwirklichen (Bild 5-20), werden als *Kältemaschinen* bezeichnet. Kältemaschinen können also zum Kühlen – Kühlmaschine – oder zum Heizen – Wärmepumpe – oder gleichzeitig zum Kühlen und Heizen verwendet werden.

Thermische Maschinen – Einen Überblick über die thermischen Maschinen gibt Tabelle 5-1. Gemeinsam ist allen thermischen Maschinen, dass das System *Thermische Maschine* von einem System *Wärmequelle* einen Wärmestrom erhält und an ein System *Wärmesenke* einen Wärmestrom abgibt (Bild 5-21). Außerdem wird von einem oder an ein weiteres System eine Arbeitsleistung übertragen (oder auch ein Wärmestrom; dieser Sonderfall wird hier nicht berücksichtigt).

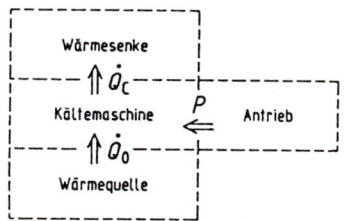

Bild 5-21
Energieströme bei thermischen Maschinen,
dargestellt am Beispiel einer Kältemaschine

Tabelle 5-1 Thermische Maschinen

Technische Aufgabe	Technische Aufgabe	Technische Aufgabe
Umwandlung chemischer oder nuklearer Energie über die Zwischenform Wärme in Arbeit	Wärme entgegen dem Temperaturgefälle zu transportieren, um zu kühlen	Wärme entgegen dem Temperaturgefälle zu transportieren, um zu heizen
Wärmekraftmaschine	**Kühlmaschine**	**Wärmepumpe**

(Schema Wärmekraftmaschine: Wärmequelle $T \gg T_u$, $\dot{Q}$, WKM, P, $\dot{Q}_0$, $T_0 \sim T_u$ Wärmesenke)

(Schema Kühlmaschine: Wärmesenke $T_c > T_u$, $\dot{Q}_c$, KM, P, $\dot{Q}_0$, $T_0 < T_u$ Wärmequelle)

(Schema Wärmepumpe: Wärmesenke $T_c > T_u$, $\dot{Q}_{WP}$, WP, P, $\dot{Q}_0$, $T_0 \sim T_u$ Wärmequelle)

Zugeführter Wärmestrom	$\dot{Q}$		Abgegebener Wärmestrom	$\dot{Q}_c$		Wärmepumpen-Heizleistung	$\dot{Q}_{WP}$	
Abwärmestrom	$\dot{Q}_0$		Kälteleistung	$\dot{Q}_0$		Kühlleistung	$\dot{Q}_0$	
Erzeugte Arbeitsleistung	P		Verbrauchte Arbeitsleistung	P		Verbrauchte Arbeitsleistung	P	
Energiebilanz			**Energiebilanz**			**Energiebilanz**		
$P = -\dot{Q} + |\dot{Q}_0|$	(5.47)		$\dot{Q}_0 = |\dot{Q}_c| - P$	(5.51)		$\dot{Q}_{WP} = -\dot{Q}_0 - P$	(5.55)	
Thermischer Wirkungsgrad η_t			**Leistungszahl der Kühlmaschine** ε_K			**Leistungszahl der Wärmepumpe** ε_{WP}		
$\eta_t = \dfrac{|P|}{\dot{Q}}$	(5.48)		$\varepsilon_K = \dfrac{\dot{Q}_0}{P}$	(5.52)		$\varepsilon_{WP} = \dfrac{|\dot{Q}_{WP}|}{P}$	(5.56)	
Energienutzung			**Energienutzung**			**Energienutzung**		
$|P| = \eta_t \dot{Q}$	(5.49)		$\dot{Q}_0 = \varepsilon_K P$	(5.53)		$\dot{Q}_{WP} = -\varepsilon_{WP} P$	(5.57)	
CARNOT-Arbeitsfaktor			**CARNOT-Kühlfaktor**			**CARNOT-Wärmepumpfaktor**		
$\eta_C = \dfrac{T - T_0}{T}$	(5.50)		$\varepsilon_{KC} = \dfrac{T_0}{T_c - T_0}$	(5.54)		$\varepsilon_{WPC} = \dfrac{T_c}{T_c - T_0}$	(5.58)	
T, T_c höhere Temperatur*			T_0 niedere Temperatur			T_u Umgebungstemperatur		

* Die niedere Temperatur wird allgemein mit T_0 oder t_0 gekennzeichnet. Für die obere Temperatur hat sich bei der Wärmekraftmaschine T oder t ohne Index, bei der Kühlmaschine und bei der Wärmepumpe T_c oder t_c eingebürgert.

Die Energiebilanz für Kreisprozesse [Gleichung (4.61)] ist in der Tabelle 5.1 für die drei thermischen Maschinen so geschrieben, dass auf der linken Seite die genutzte Leistung steht und
rechts die beiden anderen Leistungen [Gleichungen (5.47), (5.51), (5.55)].

Nutzen-Aufwand-Verhältnis – In welchem Umfang die aufgewendete Leistung in einer thermischen Maschine in Nutzleistung umgewandelt wird, gibt das Nutzen-Aufwand-Verhältnis
wieder. Dieses Verhältnis heißt bei der Wärmekraftmaschine *thermischer Wirkungsgrad* η_t,
[Gleichung (5.48)] und bei der Kältemaschine *Leistungszahl* ε mit dem entsprechenden Zu-
satz für die Kühlmaschine oder für die Wärmepumpe [Gleichungen (5.52) und (5.56)].

Der Zweite Hauptsatz begrenzt das Nutzen-Aufwand-Verhältnis thermischer Maschinen. Dies
soll am Beispiel der Wärmekraftmaschine gezeigt werden (Bild 5-22).

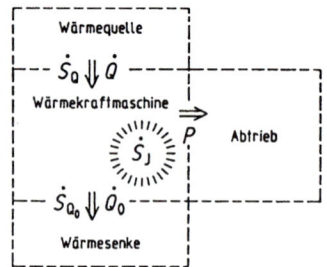

Bild 5-22
Entropiestrombilanz
einer Wärmekraftmaschine

Die Systemgrenzen der Wärmekraftmaschine überqueren zwei Wärmeströme mit den entspre-
chenden Entropieströmen $\dot{S}_Q$ und $\dot{S}_{Q_0}$. Die Arbeitsleistung P trägt nicht zur Entropiebilanz
bei. Aus dem Kreisprozess selbst kommt auch kein Beitrag, da die Zustandsgröße Entropie des
Arbeitsmittels immer wieder die gleichen Werte durchläuft. Die Irreversibilitäten im System
Wärmekraftmaschine bilden eine Entropiequelle mit der Ergiebigkeit $\dot{S}_J$. Damit lautet die
Entropiebilanz der Wärmekraftmaschine

$$\dot{S}_Q + \dot{S}_{Q_0} + \dot{S}_J = 0 \qquad (5.59)$$

Der optimale Wert wird erreicht, wenn keine irreversiblen Vorgänge auftreten und damit der
Entropiequellstrom $\dot{S}_J$ Null wird.

$$\dot{S}_Q + \dot{S}_{Q_0} + 0 = 0 \qquad (5.60)$$

Für die beiden verbleibenden Entropieströme soll angenommen werden, dass jeder der beiden
Wärmeströme $\dot{Q}$ und $\dot{Q}_0$ bei nur einer Temperatur übertragen wird. Dann ergibt sich mit
Gleichung (5.21)

$$\dot{S}_Q + \dot{S}_{Q_0} = \int \frac{d\dot{Q}}{T} + \int \frac{d\dot{Q}_0}{T_0} = \frac{\dot{Q}}{T} + \frac{\dot{Q}_0}{T_0} = 0 \; . \qquad (5.61)$$

Der thermische Wirkungsgrad η_t [Gleichung (4.66)] wird damit im Optimalfall zu einer
Funktion nur der beiden Temperaturen T und T_0.

$$\eta_t = 1 - \frac{|\dot{Q}_0|}{\dot{Q}} = 1 - \frac{T_0}{T} = \frac{T - T_0}{T} \qquad (5.62)$$

CARNOT-Faktoren – Die optimalen Werte der Nutzen-Aufwand-Verhältnisse lassen sich als
CARNOT-*Faktoren* bezeichnen.

Wärmekraftmaschine	Thermischer Wirkungsgrad η_t	CARNOT-Arbeitsfaktor η_C
Kühlmaschine	Kälteleistungszahl ε_C	CARNOT-Kühlfaktor ε_{KC}
Wärmepumpe	Heizleistungszahl ε_{WP}	CARNOT-Wärmepumpfaktor ε_{WPC}

CARNOT-Prozess – Zum gleichen Ergebnis kommt man mit dem in Bild 5-23 dargestellten, nach CARNOT benannten Kreisprozess, der aus zwei isothermen und zwei isentropen Zustandsänderungen zusammengesetzt ist. Wärme wird nur bei den beiden isothermen Zustandsänderungen übertragen. Die beiden anderen Zustandsänderungen verlaufen adiabat und reversibel, sind also isentrop.

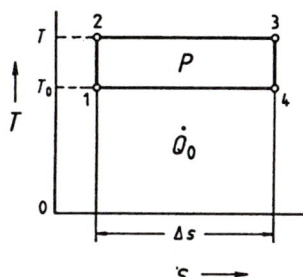

Bild 5-23

CARNOT-Prozess

Theoretischer Prozess aus zwei Isothermen und zwei Isentropen
für Wärmekraftmaschinen (rechtsläufig) und
für Kühlmaschinen und Wärmepumpen (linksläufig)

Der zugeführte Wärmestrom $\dot{Q}$ ist nach Gleichung (5.30)

$$\dot{Q} = \dot{m} \int_{2}^{3} T \, ds = \dot{m} \, T \, \Delta s, \tag{5.63}$$

die abgeführte Wärmeleistung $\dot{Q}_0$ nach derselben Gleichung

$$\dot{Q}_0 = \dot{m} \int_{4}^{1} T_0 \, ds = - \dot{m} \, T_0 \, \Delta s \tag{5.64}$$

und die gewonnene Arbeitsleistung P nach den Gleichungen (5.47) und (5.44)

$$P = - \dot{Q} + |\dot{Q}_0| = \dot{m} \oint T \, ds = - \dot{m}(T - T_0) \, \Delta s \,. \tag{5.65}$$

Damit ergibt sich als thermischer Wirkungsgrad η_t des CARNOT-Prozesses der CARNOT-Arbeitsfaktor η_C [Gleichung (5.50) und (5.62)].

$$\eta_t = \frac{|P|}{\dot{Q}} = \frac{\dot{m}}{\dot{m}} \frac{(T - T_0)\Delta s}{T \, \Delta s} = \frac{T - T_0}{T} = \eta_C \tag{5.66}$$

In gleicher Weise lassen sich die optimalen Leistungszahlen für die Kühlmaschine, der CARNOT-Kühlfaktor ε_{KC} [Gleichung (5.54)], und für die Wärmepumpe, der CARNOT-Wärmepumpfaktor ε_{WPC} [Gleichung (5.58)], ableiten.

Die Bedeutung der Temperatur für die optimalen Nutzen-Aufwand-Verhältnisse hat bereits CARNOT erkannt. Seine 1824 veröffentlichte Fassung des Zweiten Hauptsatzes lautet in heutige Sprache übertragen:

> Der in Arbeit umwandelbare Anteil einer Wärme ist unabhängig vom Arbeitsmittel des Umwandlungsprozesses und wird letztlich begrenzt durch die Temperaturen der Wärmequelle und der Wärmesenke.

Um den Einfluss der Temperaturen auf die Nutzen-Aufwand-Verhältnisse zu verdeutlichen, zeigt Bild 5-24 Zahlenwerte der drei CARNOT-Faktoren für eine Umgebungstemperatur von 300 K gleich 27 °C. Es muss betont werden, dass es sich dabei um theoretische Werte handelt, die in der Praxis nur zu einem mehr oder weniger großen Teil erreichbar sind.

Der CARNOT-Arbeitsfaktor η_C steigt mit zunehmender oberer Temperatur T zunächst steil an. In heutigen Kraftwerken liegen die oberen Temperaturen so hoch, dass eine weitere Steigerung, wenn überhaupt, dann nur mit sehr erheblichem Investitionsaufwand erreichbar wäre.

CARNOT-Kühlfaktoren ε_{KC} nehmen mit sinkender Temperatur T_0 sehr stark ab. In der Kryotechnik, also bei der Erzeugung von Temperaturen etwa unter $-100\,°C$, muss ein Vielfaches der erforderlichen Kälteleistung als Antriebsarbeit aufgewendet werden.

Der CARNOT-Wärmepumpfaktor ε_{WPC} hat grundsätzlich einen um Eins höheren Wert als der CARNOT-Kühlfaktor ε_{KC}, da zumindest die Antriebsarbeit, in Wärme umgewandelt, bei der höheren Temperatur T_c nutzbar ist.

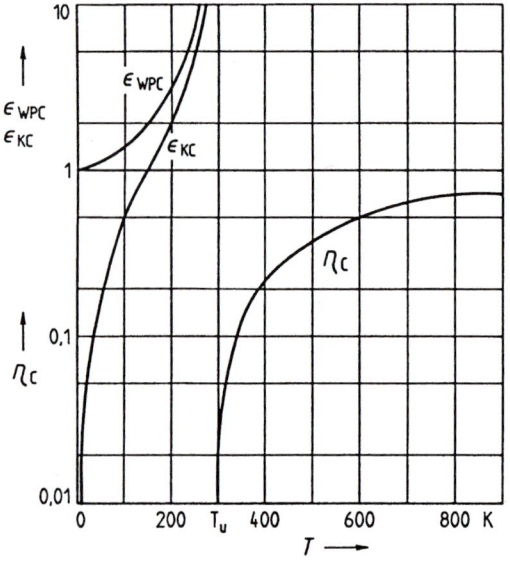

Bild 5-24
CARNOT-Faktoren
thermischer Maschinen
bei einer Umgebungstemperatur T_u
von 300 K

η_C Carnot-Arbeitsfaktor für Wärmekraftmaschinen, die zwischen den Temperaturen T und $T_0 = T_u$ laufen

ε_{KC} CARNOT-Kühlfaktor für Kühlmaschinen, die zwischen den Temperaturen $T_C = T_u$ und $T_0 = T$ laufen

ε_{WKC} CARNOT-Wärmepumpfaktor für Wärmepumpen, die zwischen den Temperaturen $T_c = T_u$ und $T_0 = T$ laufen

In Tabelle 5-2 sind weitere Zahlenwerte zusammengestellt, die mit üblichen Temperaturen errechnet wurden.

Tabelle 5-2 CARNOT-Faktoren für Prozesse thermischer Maschinen

	t_0 °C	t oder t_c °C	CARNOT-Faktor
Wärmekraftmaschinen			$\eta_C = 1 - T_0/T$
Dampfkraftwerk	50	350	0,48
Gasturbinenkraftwerk	100	600	0,57
Kühlmaschinen			$\varepsilon_{KC} = T_0/(T_c - T_0)$
Kühlschrank	± 0	60	4,6
Gefrierschrank	− 20	60	3,2
Kryotechnik			
Luftverflüssigung	− 190	60	0,33
Heliumverflüssigung	− 269	60	0,012
Wärmepumpen			$\varepsilon_{WPC} = T_c/(T_c - T_0)$
Luftheizung	± 0	30	10,1
Warmwasser	10	60	6,7

Das Abwärmeproblem – Wenn bei Wärmekraftmaschinen bis zu zwei Drittel der eingesetzten Primärenergie als Abwärme in die Umgebung fließt, liegt bei Laien die Forderung nahe, die gesamte zugeführte Wärme müsse in Arbeit verwandelt werden. Diese Forderung soll mit Hilfe des Zweiten Hauptsatzes untersucht werden.

Hierzu wird ein adiabates Gesamtsystem definiert, das aus einer Wärmequelle WQ und einer Wärmekraftmaschine WKM besteht (Bild 5-25).

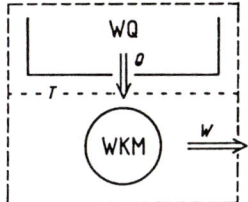

Bild 5-25

Adiabates Gesamtsystem

zur Umwandlung von Wärme Q, die bei einer Temperatur T
aus einer Wärmequelle WQ an eine Wärmekraftmaschine
WKM übertragen worden ist, in eine gleich große Arbeit W.

Die Entropie der Wärmequelle ändert sich durch die reversible Abgabe der Wärme Q bei der Temperatur T, also ohne Verluste durch Streuenergien J, um ΔS_{WQ} [Gleichung (5.21)].

$$\Delta S_{\mathrm{WQ}} = -\int \frac{|\,\mathrm{d}Q\,|}{T} < 0 \qquad (5.67)$$

Da die Wärmequelle die Wärme Q abgibt, nimmt die Entropie der Wärmequelle ab, die Entropieänderung ist negativ. Die Entropieänderung der Wärmekraftmaschine ist Null, da das Arbeitsmittel nach jedem Umlauf wieder in den gleichen Zustand zurückkehrt.

$$\Delta S_{\mathrm{WKM}} = 0 \qquad (5.68)$$

Die Entropieänderung des adiabaten Gesamtsystems als Summe der Entropieänderungen der beiden Teilsysteme ist also negativ.

$$\Delta S = \Delta S_{\mathrm{WQ}} + \Delta S_{\mathrm{WKM}} = -\int \frac{|\,\mathrm{d}Q\,|}{T} + 0 < 0 \qquad (5.69)$$

Eine Abnahme der Entropie eines adiabaten Systems ist aber nach dem Zweiten Hauptsatz unmöglich.

Daraus folgt, dass ein Wärmekraftmaschinenprozess nicht ohne Wärmeabgabe an die Umgebung arbeiten kann. Die Nutzung von Abwärme für andere Zwecke wäre also angebracht, ist aber nur möglich, wenn sie oberhalb der Umgebungstemperatur verfügbar ist. Dies hat jedoch wieder Rückwirkungen auf den Prozess in der Wärmekraftmaschine.

■ **Beispiel 5.5** (Nach [32]) – Thermoelemente* können als Wärmekraftmaschinen angesehen werden. An der wärmeren Verbindungsstelle der Leiterwerkstoffe wird ein Wärmestrom zugeführt, der zu einem Teil als mechanische Leistung für das Ampèremeter entnommen und zum anderen Teil an der kälteren Verbindungsstelle als Wärmestrom abgegeben wird.

Der zugeführte Wärmestrom soll etwa $3 \cdot 10^{-9}$ W betragen, die Temperatur der wärmeren Verbindungsstelle 300 K und die Temperaturdifferenz zwischen den beiden Verbindungsstellen 0,01 K.

Welche Leistung steht am Ampèremeter zur Verfügung, wenn der Kreisprozess mit optimalem Wirkungsgrad liefe?

Daten   Wärmestrom $\dot{Q} = 3 \cdot 10^{-9}$ W, Temperaturdifferenz $T - T_0 = 0{,}01$ K, Temperatur der Wärmezufuhr $T = 300$ K

Optimaler Wirkungsgrad η_{C} [Gleichung (5.50)]

$\qquad \eta_{\mathrm{C}} = (T - T_0)/T = 0{,}01 \text{ K}/(300 \text{ K}) = 3{,}3 \cdot 10^{-5}$

Verfügbare Leistung P [Gleichung (5.49)]

$\qquad |P| = \eta_{\mathrm{C}}\,\dot{Q} = 3{,}3 \cdot 10^{-5} \cdot 3 \cdot 10^{-9} \text{ W} = 1 \cdot 10^{-13}$ W

In Wirklichkeit werden unter den genannten Bedingungen nur Leistungen von etwa 10^{-15} W erreicht. Diese geringe Leistung reicht aus, um die Anzeige von Spiegelgalvanometern zu betreiben.

---

* Als *Thermoelemente* werden Temperaturmesseinrichtungen bezeichnet, die den elektrischen Strom in einem Leiterkreis aus zwei verschiedenen Leiterwerkstoffen ausnutzen, der dann fließt, wenn die beiden Verbindungsstellen der Leiterwerkstoffe auf verschiedene Temperaturen gebracht werden.

5.5 Exergie und Anergie

Energie kann nicht erzeugt und nicht vernichtet werden.
Warum spricht man dann von Energieerzeugung und Energieverlusten?

Der Erste Hauptsatz sagt aus, dass Energie weder erzeugt noch vernichtet werden kann. Wo bleibt beispielsweise die elektrische Energie, die dem Antriebsmotor einer Drehmaschine zugeführt wird? Durch irreversible Vorgänge im Elektromotor, im Getriebe und schließlich beim Zerspanen wird diese Energie vollständig in Streuenergie umgewandelt. Dadurch erhöht sich die Innere Energie der beteiligten Massen und damit deren Temperatur. Wegen der Temperaturdifferenzen zur Umgebung fließt diese Energie als Wärme in die Umgebung (Bild 5-26) und erhöht deren Innere Energie. Diese ist aber nicht mehr nutzbar, so dass es naheliegt, die ursprünglich eingebrachte Energie als verloren anzusehen. Wenn man diese Prozesse richtig betrachtet, ist diese Energie aber nur entwertet worden und damit nicht mehr nutzbar.

Bild 5-26
Das Energieflussbild zeigt:
Energie wird weder erzeugt noch
vernichtet, sondern nur entwertet.

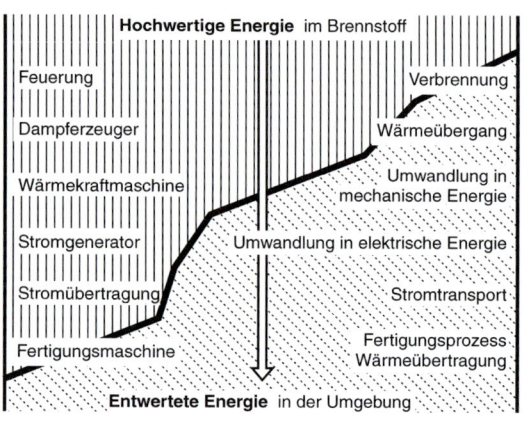

Die mit Brennstoff zugeführte hochwertige Energie wird bei Verbrennung zum Teil zu nutzbarer thermischer Energie; zum Teil fließt sie direkt in die Umgebung. Die thermische Energie wird im Dampferzeuger durch Wärmeübergang an Wasser übertragen, wobei ein weiterer Teil in die Umgebung geht. Die im Dampf enthaltene Energie wird in der Wärmekraftmaschine, wiederum „verlustbehaftet", in mechanische Energie umgewandelt. Mit dieser wird elektrischer Strom erzeugt, der dann transportiert wird und die Fertigungsmaschine antreibt. Damit fließt auch der letzte Teil der zugeführten hochwertigen Energie durch Wärmeübertragung in die Umgebung und ist damit vollständig entwertet.

Exergie und Anergie – Der Wert oder die Nutzbarkeit einer Energie kann sehr verschieden sein. Thermodynamisch lässt sich eine Energie danach bewerten, wieviel von ihr in nutzbare Arbeit umwandelbar ist. Den nutzbaren Teil einer Energie bezeichnet man als *Exergie,* den nicht nutzbaren Teil als *Anergie.* Nur aus Exergie bestehen mechanische Arbeit (nutzbare Arbeit, nicht aber die Verdrängungsarbeit der Umgebung), elektrische, potentielle und kinetische Energie. Wärme, Innere Energie und Enthalpie bestehen teils aus Exergie, teils aus Anergie. Nur aus Anergie besteht die in der Umgebung gespeicherte Energie.

Genauer definiert ist die Exergie als derjenige Teil einer Energie, der in nutzbare Arbeit verwandelt werden kann, wenn ein geschlossenes System durch reversible Zustandsänderungen mit seiner Umgebung ins Gleichgewicht gebracht wird. Die Exergie ist also eine Zustandsgröße des Systems in einer bestimmten Umgebung. Die Anergie ist der nicht in Arbeit umwandelbare Teil einer Energie.

Mit der Exergie und der Anergie lassen sich auch der Erste und der Zweite Hauptsatz sehr einleuchtend formulieren.

> **Erster Hauptsatz**
> Bei allen Prozessen bleibt die Summe aus Exergie und Anergie konstant.

> **Zweiter Hauptsatz**
> Bei reversiblen Prozessen bleibt die Exergie konstant.
> Bei allen irreversiblen Prozessen verwandelt sich Exergie in Anergie. Es ist unmöglich, Anergie in Exergie zu verwandeln.

Die Exergie E und die Anergie B sind Mengengrößen und können mit extensiven Größen, mit den spezifischen Größen e und b, den molaren Größen E_{m} und B_{m} oder den Stromgrößen $\dot{E}$ und $\dot{B}$ beschrieben werden.

$$E_1 \ = \ m\,e_1 \ = \ n\,E_{\mathrm{m}1} \qquad (5.70) \qquad\qquad B_1 = m\,b_1 \ = \ n\,B_{\mathrm{m}1} \qquad (5.72)$$

$$\dot{E}_1 \ = \ \dot{m}\,e_1 \ = \ \dot{n}\,E_{\mathrm{m}1} \qquad (5.71) \qquad\qquad \dot{B}_1 = \dot{m}\,b_1 \ = \ \dot{n}\,B_{\mathrm{m}1} \qquad (5.73)$$

Exergie der Wärme – Der in nutzbare Arbeit umwandelbare Teil einer Wärme ist nach dem Zweiten Hauptsatz durch den CARNOT-Arbeitsfaktor begrenzt (Abschnitt 5.4).

Aus einem bei der Temperatur T anfallenden Wärmestrom $\mathrm{d}\dot{Q}$ lässt sich mit einer reversibel arbeitenden Wärmekraftmaschine die durch den CARNOT-Arbeitsfaktor η_{C} bestimmte optimale Arbeitsleistung $\mathrm{d}P$ gewinnen. Deren Betrag ist gleich dem im Wärmestrom $\mathrm{d}\dot{Q}$ enthaltenen Exergiestrom $\mathrm{d}\dot{E}_Q$, wenn die Temperatur T_0 der Wärmesenke gleich der Temperatur T_{u} der Umgebung ist (Bild 5-27).

$$\left| \mathrm{d}P \right| = \eta_{\mathrm{C}}\,\mathrm{d}\dot{Q} = \mathrm{d}\dot{E}_Q \, | \qquad\qquad (5.74)$$

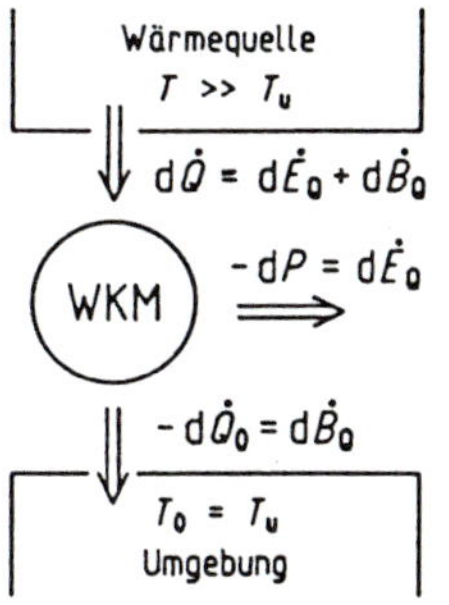

Bild 5-27
Zur Bestimmung von Exergie
und Anergie eines Wärmestromes $\mathrm{d}\dot{Q}$

Mit Gleichung (5.50) für den CARNOT-Arbeitsfaktor folgt

$$\dot{E}_{Q12} \ = \ \eta_{\mathrm{C}}\,\dot{Q}_{12} \ = \ \int_1^2 \left(1 - \frac{T_{\mathrm{u}}}{T}\right) \mathrm{d}\dot{Q} \ = \ \dot{Q}_{12} - T_{\mathrm{u}} \int_1^2 \frac{\mathrm{d}\dot{Q}}{T}. \qquad (5.75)$$

Die Differenz zwischen dem Wärmestrom $\dot{Q}_{12}$ und dem Exergiestrom $\dot{E}_{Q12}$ ist der Anergiestrom $\dot{B}_{Q12}$.

$$\dot{B}_{Q12} \ = \ \dot{Q}_{12} - \dot{E}_{12} \ = \ T_{\mathrm{u}} \int_1^2 \frac{\mathrm{d}\dot{Q}}{T} \qquad\qquad (5.76)$$

Bei konstanter Temperatur T der Wärmezufuhr vereinfachen sich die Gleichungen.

$$\dot{E}_{Q12} \ = \ \left(1 - \frac{T_{\mathrm{u}}}{T}\right) \dot{Q}_{12} \quad (5.77) \qquad\qquad \dot{B}_{Q12} \ = \ \frac{T_{\mathrm{u}}}{T} \dot{Q}_{12} \quad (5.78)$$

$$\dot{Q}_{12} \ = \ \dot{E}_{Q12} + \dot{B}_{Q12} \quad (5.79)$$

Die Aussagen dieser Gleichungen lassen sich am Beispiel der Wärmeübertragung durch Wände oberhalb und unterhalb der Umgebungstemperatur verdeutlichen (Bild 5-28). Die Darstellung muss unter den drei Gesichtspunkten betrachtet werden,

– dass Wärme von selbst immer in Richtung sinkender Temperatur strömt und dabei ihren Betrag behält,
– dass die Exergie einer Wärme mit Annäherung an die Umgebungstemperatur abnimmt und
– dass die Anergie einer Wärme gleich der Differenz zwischen Wärme und Exergie ist.

Oberhalb der Umgebungstemperatur T_u besteht der Wärmestrom $\dot{Q}$ aus der Exergie E_Q und der Anergie B_Q (Bild 5-28). Wegen der Temperaturgefälle fließt der Wärmestrom von der Wärmequelle in den warmen Raum und von dort weiter in die Umgebung. Dieser Vorgang ist irreversibel, und daher nimmt die Exergie ab. Hat der Wärmestrom die Umgebungstemperatur T_u erreicht, ist die gesamte Exergie E_Q zu Anergie B_Q geworden.

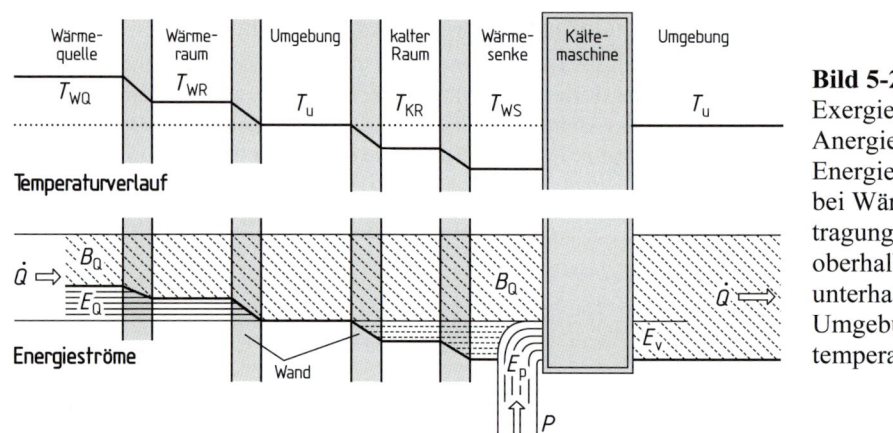

Bild 5-28
Exergie und Anergie von Energieströmen bei Wärmeübertragungsprozessen oberhalb und unterhalb der Umgebungstemperatur

Unterhalb der Umgebungstemperatur T_u bleiben Betrag und Richtung des Wärmestromes $\dot{Q}$ unverändert. Dazu muss aber eine Wärmesenke mit einer genügend tiefen Temperatur durch eine Kältemaschine geschaffen und aufrechterhalten werden. Für deren Betrieb ist eine Arbeitsleistung P erforderlich. Beide Energieströme werden von der Kältemaschine als Wärmestrom in die Umgebung abgegeben.

Unterhalb der Umgebungstemperatur T_u wird dem Wärmestrom $\dot{Q}$ eine Exergie E_Q zugeschrieben. Diese Exergie hat den gleichen Betrag wie die Exergie E_P der zur Kälteerzeugung notwendigen Arbeitsleistung P, jedoch ein negatives Vorzeichen. Dies stimmt mit den Aussagen der Gleichungen (5.77) bis (5.79) überein.

In der Kältemaschine wird die Arbeitsleistung P entwertet, wird so zum Exergieverlust E_v, der zusammen mit dem der Wärmesenke entzogenen Wärmestrom Q als Anergie B_Q in die Umgebung fließt.

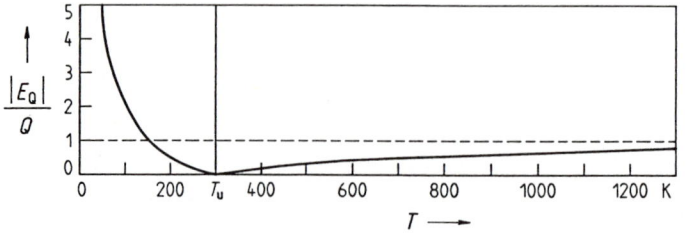

Bild 5-29
Zunahme des Exergiebetrages $|E_Q|$ mit der Entfernung von der Umgebungstemperatur $T_u = 300$ K, dargestellt mit dem Verhältnis $|E_Q| / Q$

Sinkt die Temperatur T_{WS} der Wärmesenke unter den halben Wert der Umgebungstemperatur T_u, wächst der Betrag der Exergie E_Q über den der Wärme Q. Mit weiter sinkender Temperatur nimmt er stark zu (Bild 5-29). Entsprechend stark steigt der Aufwand an Arbeitsleistung und Einrichtung.

Exergie der Enthalpie – Die mit einem Stoffstrom transportierte Energie enthält ebenfalls einen Exergieanteil. Dessen Wert lässt sich ermitteln, wenn der Stoffstrom in einem Gedankenexperiment von seinem Zustand 1 reversibel in den Umgebungszustand u gebracht wird (Tabelle 5-3). Wärme soll dabei nur bei der Umgebungstemperatur T_u übertragen werden. Da kinetische und potentielle Energie nur aus Exergie bestehen, können sie hier außer Betracht bleiben.

Tabelle 5-3 Exergie der Enthalpie

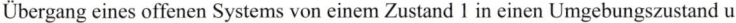

Übergang eines offenen Systems von einem Zustand 1 in einen Umgebungszustand u

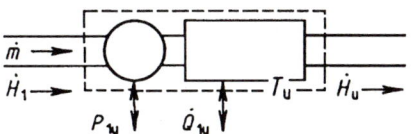

Energiebilanz
[Gleichung (4.1)]

$$\dot{Q}_{1u} + P_{1u} \quad = \quad \dot{H}_u - \dot{H}_1 \tag{5.80}$$

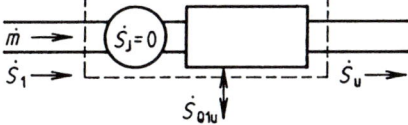

Entropiebilanz
[Gleichungen (5.22), (5.21)]
Bei einem reversiblen Prozess enthält das System keine Entropiequelle.

$$\dot{S}_{Q1u} + \dot{S}_{J1u} \quad = \quad \dot{S}_u - \dot{S}_1 \tag{5.81}$$

$$\frac{\dot{Q}_{1u}}{T_u} + 0 \quad = \quad \dot{S}_u - \dot{S}_1 \tag{5.82}$$

$$\dot{Q}_{1u} \quad = \quad T_u(\dot{S}_u - \dot{S}_1) \tag{5.83}$$

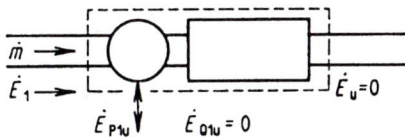

Exergiebilanz
Der Exergiestrom $\dot{E}$ ändert sich nur durch die reversibel übertragene Arbeitsleistung P_{1u}, da der bei der Umgebungstemperatur T_u übertragene Wärmestrom Q_{1u} nur aus Anergie besteht.

$$\dot{E}_{Q1u} + \dot{E}_{P1u} \qquad \dot{E}_u - \dot{E}_1 \tag{5.84}$$

$$0 \quad + P_{1u} \qquad 0 - \dot{E}_1 \tag{5.85}$$

Durch Einsetzen in die Energiebilanz [Gleichung (5.80)] ergibt sich der Exergiestrom $\dot{E}_1$ des Enthalpiestromes $\dot{H}_1$.

$$T_u(\dot{S}_u - \dot{S}_1) - \dot{E}_1 \qquad \dot{H}_u - \dot{H}_1 \tag{5.86}$$

$$\dot{E}_1 \quad = \quad \dot{H}_1 - \dot{H}_u - T_u(\dot{S}_1 - \dot{S}_u) \tag{5.87}$$

Wenn ein Stoffstrom seinen Zustand von 1 nach 2 verändert, so folgt die Differenz der (spezifischen) Exergieströme aus Gleichung (5.87).

$$e_2 - e_1 = h_2 - h_1 - T_u (s_2 - s_1) \tag{5.88}$$

Die Änderung der Exergie ist also nicht nur von den Zuständen 1 und 2, sondern auch von der Umgebungstemperatur T_u abhängig.

Exergie der Inneren Energie – In gleicher Weise wie für die Enthalpie lässt sich Exergie auch für die Innere Energie ableiten.

$$E_{U1} = m \, e_{U1} = m \left[(u_1 - u_u) - T_u (s_1 - s_u) + p_u (v_1 - v_u) \right] \tag{5.89}$$

Exergieverlust – Bei irreversiblen Prozessen wird Exergie in Anergie umgewandelt. Aus der Exergiebilanz lässt sich ableiten (Tabelle 5-4), dass der Verlust an Exergie $\dot{E}_v$ nur von der Entropieerzeugung $\dot{S}_J$ und der Umgebungstemperatur T_u abhängig ist.

$$\dot{E}_{v12} = T_u \dot{S}_{J12} \tag{5.90}$$

Tabelle 5-4 Exergieverlust

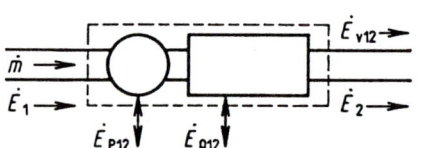

Exergiebilanz
eines irreversiblen Prozesses

$$\dot{E}_{v12} = \dot{E}_1 - \dot{E}_2 + \dot{E}_{Q12} + \dot{E}_{P12} \tag{5.91}$$

Mit der Exergiedifferenz bei einem Stoffstrom [Gleichung (5.88)] und den Exergien von Wärmestrom [Gleichung (5.75)] und Arbeitsleistung [Gleichung (5.74)] ergibt sich

$$\dot{E}_{v12} = \dot{H}_1 - \dot{H}_2 - T_u (\dot{S}_1 - \dot{S}_2) + \dot{Q}_{12} - T_u \int_1^2 (\mathrm{d}Q/T) + P_{12} \tag{5.92}$$

Hier werden der Erste Hauptsatz [Gleichung (4.1)] und der Zweite Hauptsatz [Gleichung (5.21)] eingesetzt.

$$\dot{E}_{v12} = \dot{H}_1 - \dot{H}_2 + \dot{H}_2 - \dot{H}_1 + T_u (\dot{S}_2 - \dot{S}_1) - T_u \dot{S}_{Q12} \tag{5.93}$$

$$\dot{E}_{v12} = T_u (\dot{S}_2 - \dot{S}_1 - \dot{S}_{Q12}) = T_u \dot{S}_{J12} \tag{5.94}$$

Exergetischer Wirkungsgrad – Die Ausnutzung eines Energiestromes in einer Maschine wird üblicherweise durch den thermischen Wirkungsgrad η_t [Gleichung (4.66)] angegeben. Dessen Wert wird aber nicht nur durch die mehr oder weniger großen Irreversibilitäten gemindert, sondern schon vorab durch den Zweiten Hauptsatz beschränkt. Um die Ausnutzung des naturgesetzlich Möglichen zu beurteilen, vergleicht man besser den nutzbaren Exergiestrom $\dot{E}_{Nutzen}$ mit dem aufgewendeten Exergiestrom $\dot{E}_{Aufwand}$.

Das Verhältnis wird als *exergetischer Wirkungsgrad ζ* bezeichnet.

$$\zeta = \frac{\dot{E}_{Nutzen}}{\dot{E}_{Aufwand}} = \frac{\dot{E}_{Aufwand} - \dot{E}_v}{\dot{E}_{Aufwand}} = 1 - \frac{\dot{E}_v}{\dot{E}_{Aufwand}} \tag{5.95}$$

Für die verschiedenen Arten von Maschinen und Anlagen wird der exergetische Wirkungsgrad in unterschiedlicher Weise definiert.

■ **Beispiel 5.6** Bei einer einfachen Dampfkraftmaschine ist der Aufwand die Exergie $\dot{E}_Q$ des zugeführten Wärmestromes $\dot{Q}$ und der Nutzen die nur aus Exergie bestehende Arbeitsleistung P.

$$\zeta = \frac{|P_{12}|}{\dot{E}_Q} \tag{5.96}$$

Bei idealen Maschinen, die die Abwärme bei Umgebungstemperatur abgeben, wird der Wert 1 erreicht, oberhalb der Umgebungstemperatur ein geringerer Wert und bei realen Maschinen ein noch niedrigerer Wert entsprechend der mehr oder weniger guten Ausführung.

$$\zeta_{\text{ideal, Umgebung}} = \frac{|\eta_{Cu}\dot{Q}_{1u}|}{|\eta_{Cu}\dot{Q}_{1u}|} = 1 \tag{5.97}$$

$$\zeta_{\text{ideal}} = \frac{|\eta_{C12}\dot{Q}_{12}|}{|\eta_{Cu}\dot{Q}_{1u}|} < 1 \tag{5.98}$$

$$\zeta_{\text{real}} = \frac{|\eta_{t12}\dot{Q}_{12}|}{|\eta_{Cu}\dot{Q}_{1u}|} << 1 \tag{5.99}$$

■ **Beispiel 5.7** Der Exergieverlust bei der Wärmeübertragung zwischen zwei Systemen mit endlichem Temperaturabstand lässt sich aus der Entropieänderung ΔS des Gesamtsystems (Bild 5-30) bestimmen [Gleichung (5.21)].

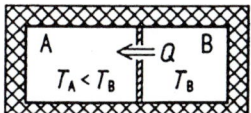

Bild 5-30
Adiabates Gesamtsystem
mit zwei Teilsystemen A und B
verschiedener Temperatur

$$\Delta S = \Delta S_A + \Delta S_B = \frac{Q}{T_A} - \frac{|Q|}{T_B} = \left(\frac{1}{T_A} - \frac{1}{T_B}\right)|Q| \tag{5.100}$$

$$\Delta S = \frac{T_B - T_A}{T_A \cdot T_B}|Q| \tag{5.101}$$

Die Entropieänderung ΔS entsteht nur aus dem irreversiblen Vorgang der Wärmeübertragung und ist daher gleich der Entropieerzeugung S_J. Damit wird der Exergieverlust [Gleichung (5.90)]

$$E_v = T_u S_J = T_u \frac{T_B - T_A}{T_A \cdot T_B}|Q|. \tag{5.102}$$

Ein Temperaturabstand $T_B - T_A$ erzeugt also einen umso größeren Exergieverlust, je niedriger die Temperaturen T_A und T_B sind.

■ **Beispiel 5.8** Durch ein Rohr fließt ein Stoffstrom, der um 1 K kälter ist als der Stoffstrom außerhalb des Rohres. Wie groß ist der Exergieverlust, wenn ein Wärmestrom von 1 W in das Rohr übertragen wird? Die Umgebungstemperatur beträgt 300 K, der Stoffstrom im Rohr soll eine Temperatur von 300 K, 30 K und 3 K haben.

Daten

Temperaturabstand	$T_B - T_A$	$= 1$ K	Temperatur im Rohr	T_{A1}	$= 300$ K
Wärmestrom	$|\dot{Q}|$	$= 1$ W		T_{A2}	$= 30$ K
Umgebungstemperatur	T_u	$= 300$ K		T_{A3}	$= 3$ K

Exergieverlust $\dot{E}_v$ [Gleichung (5.102)]

T_A	$\dot{E}_v = T_u(T_B - T_A)/(T_A \cdot T_B) \cdot |\dot{Q}|$
300 K	$300 \cdot 1 / (301 \cdot 300) \cdot 1$ W $= 0,003$ W
30 K	$300 \cdot 1 / (31 \cdot 30) \cdot 1$ W $= 0,32$ W
3 K	$300 \cdot 1 / (4 \cdot 3) \cdot 1$ W $= 25$ W

Um den Wärmeeinfall von 1 W auszugleichen, muss je nach Temperaturniveau eine geringe, eine mittlere oder eine hohe Arbeitsleistung erbracht werden.

5.6 Fragen und Übungen

Frage 5.1 Zu welcher Art von Größen gehört die auf die Masse bezogene Entropie eines Stoffes?

(a) Intensive Zustandsgrößen
(b) Extensive Zustandsgrößen
(c) Spezifische Prozessgrößen
(d) Extensive Prozessgrößen
(e) Zu keiner der vorstehend beschriebenen Größenarten

Frage 5.2 Welcher der folgenden Sätze enthält eine richtige Aussage?

(a) Die Entropie eines Systems nimmt ab, wenn das System Arbeit abgibt.
(b) Die Entropie eines Systems nimmt ab, wenn das System Wärme abgibt.
(c) Die Entropie eines Systems nimmt ab, wenn im System Energiestreuprozesse auftreten.
(d) Die Entropie eines Systems kann grundsätzlich nicht abnehmen.

Frage 5.3 Welche der folgenden Größen kann weder erzeugt noch vernichtet werden?

(a) Exergie
(b) Anergie
(c) Entropie
(d) Energie
(e) Enthalpie
(f) Keine der vorstehenden Größen.

Frage 5.4 Wodurch ist der kritische Punkt gekennzeichnet?

(a) Die spezifische Entropie des Stoffes hat ihren Maximalwert.
(b) Der Sättigungsdruck der Flüssigkeit hat seinen kleinsten Wert.
(c) Feste, flüssige und gasförmige Phase stehen miteinander im Gleichgewicht.
(d) Die Verdampfungswärme hat ihren Minimalwert.
(e) Die Isobare stellt gleichzeitig eine Isochore dar.

Frage 5.5 In welchem der folgenden Systeme kann die Entropie niemals abnehmen?

(a) Ruhendes geschlossenes System
(b) Bewegtes geschlossenes System
(c) Abgeschlossenes System
(d) Offenes System
(e) In keinem der genannten Systeme
(f) In überhaupt keinem System

Frage 5.6 Welche der folgenden Aussagen ist *falsch*?

(a) Bei einer adiabaten Zustandsänderung bleibt die Entropie nicht immer konstant.
(b) Bei der reversiblen Abkühlung eines Festkörpers nimmt dessen Entropie ab.
(c) Bei einem Kreisprozess erreicht die Entropie des Arbeitsmittels auch bei irreversiblen Zustandsänderungen nach einem Umlauf ihren Ausgangswert wieder.
(d) Die Verdampfungsenthalpie eines Stoffes nimmt mit steigender Temperatur ab.
(e) Eine der vorstehenden Aussagen ist falsch.
(Wenn alle vorstehenden Aussagen richtig sind, ist diese letzte Aussage falsch.)

Frage 5.7 Wie stellen sich die folgenden Zustände eines Stoffes im p,t -Diagramm dar?

Kritische Zustände	Tripelzustände	Nassdampfzustände
(a) Als Punkt	(a) Als Punkt	(a) Als Punkt
(b) Als Linie	(b) Als Linie	(b) Als Linie
(c) Als Gebiet	(c) Als Gebiet	(c) Als Gebiet

Frage 5.8 Wie stellen sich die folgenden Zustände eines Stoffes im p,h -Diagramm dar?

Kritische Zustände	Tripelzustände	Nassdampfzustände
(a) Als Punkt	(a) Als Punkt	(a) Als Punkt
(b) Als Linie	(b) Als Linie	(b) Als Linie
(c) Als Gebiet	(c) Als Gebiet	(c) Als Gebiet

Frage 5.9 Ist der Zustand der folgenden geschlossenen Systeme eindeutig bestimmt, wenn für jede der unten für ein System genannten Größen ein Wert willkürlich angegeben wird?

System 1 w_v, p, ρ, υ	System 2 q, s, w_t	System 3 p, T, υ	System 4 w_v, s, Q, T
(a) bestimmt	(a) bestimmt	(a) bestimmt	(a) bestimmt
(b) überbestimmt	(b) überbestimmt	(b) überbestimmt	(b) überbestimmt
(c) unterbestimmt	(c) unterbestimmt	(c) unterbestimmt	(c) unterbestimmt

Frage 5.10 Im T,s-Diagramm stellen Flächen spezifische Energien dar. Welche Arten spezifischer Energien werden durch die schraffierten Flächen in den unten abgebildeten T,s-Diagrammen dargestellt?

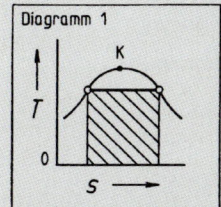 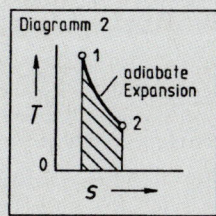 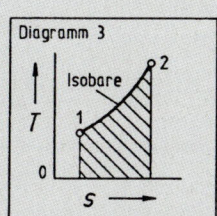 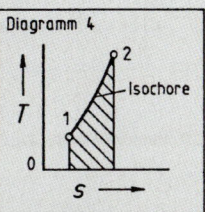

Bild 5-31

Die spezifische Verdampfungsenthalpie wird dargestellt in

(a) Diagramm 1.   (c) Diagramm 3.   (e) keinem der Diagramme.
(b) Diagramm 2.   (d) Diagramm 4.

Die spezifische Enthalpiedifferenz eines Gases wird dargestellt in

(a) Diagramm 1.   (c) Diagramm 3.   (e) keinem der Diagramme.
(b) Diagramm 2.   (d) Diagramm 4.

Die spezifische Druckarbeit eines Gases wird dargestellt in

(a) Diagramm 1.   (c) Diagramm 3.   (e) keinem der Diagramme.
(b) Diagramm 2.   (d) Diagramm 4.

Die spezifische Streuenergie wird dargestellt in

(a) Diagramm 1.   (c) Diagramm 3.   (e) keinem der Diagramme.
(b) Diagramm 2.   (d) Diagramm 4.

Frage 5.11 Es wird behauptet, dass sich aus der Definitionsgleichung der Entropie eine Gleichung für die Steigung der Nassdampfisobaren im h,s-Diagramm ableiten ließe. Welche der folgenden Aussagen ist richtig?

(a) Die Steigung nimmt mit zunehmender Temperatur zu.
(b) Die Steigung nimmt mit zunehmender Temperatur ab.
(c) Die Steigung ist unabhängig von der Temperatur.
(d) Die Behauptung ist falsch.

Frage 5.12 Welche der folgenden Größen kann zwar vernichtet werden (im Sinne unwiderruflicher Umwandlung), aber nicht (aus dem Nichts) entstehen?

(a) Empirie   (c) Enthalpie   (e) Energie
(b) Exergie   (d) Entropie   (f) Keine dieser Größen.

Frage 5.13 In die Skizze eines T,s-Diagrammes sollen das Nassdampfgebiet und die folgenden Kurven eingetragen werden.

1. Siedelinie und Taulinie mit kritischem Punkt   4. Eine Isenthalpe im Gasgebiet
2. Eine unterkritische und eine überkritische Isobare   5. Eine Isovapore hohen Wertes
3. Eine Isochore im Gasgebiet

Frage 5.14 In die Skizze eines h,s-Diagrammes sollen das Nassdampfgebiet und die folgenden Kurven eingetragen werden.

1. Siedelinie und Taulinie mit kritischem Punkt   4. Eine unterkritische Isotherme im Gasgebiet
2. Eine unterkritische und eine überkritische Isobare
3. Eine Isochore im Gasgebiet   5. Eine Isovapore hohen Wertes

Frage 5.15 In die Skizze eines p,h-Diagrammes sollen das Nassdampfgebiet und die folgenden Kurven eingetragen werden.

1. Siedelinie und Taulinie mit kritischem Punkt   4. Eine Isentrope im Gasgebiet
2. Eine unterkritische und eine überkritische Isotherme   5. Eine Isovapore hohen Wertes
3. Eine Isochore im Gasgebiet

Frage 5.16 Bei einer isentropen Expansion ist die abgeführte Arbeit

(a) größer als die Enthalpiezunahme.

(b) kleiner als die Enthalpieabnahme.

(c) gleich der Enthalpiezunahme.

(d) größer als die Enthalpieabnahme.

(e) gleich der Enthalpieabnahme.

(f) unabhängig von der Enthalpieänderung.

Frage 5.17 Der thermische Wirkungsgrad eines Dampfkraftprozesses kann verbessert werden durch

(a) höheren Druck bei der Wärmezufuhr.

(b) höheren Druck bei der Wärmeabfuhr.

(c) höheren Massenstrom im Kreisprozess.

(d) höhere Kondensationstemperatur.

(e) höhere Kühlwassertemperatur.

(f) keine der vorstehenden Maßnahmen.

Frage 5.18 In welchem Zustandsdiagramm wird eine Isenthalpe als Ordinatenparallele dargestellt?

(a) Im p,T-Diagramm

(b) Im T,s-Diagramm

(c) Im h,s-Diagramm

(d) Im p,h-Diagramm

(e) Im s,p-Diagramm

(f) In keinem der genannten Diagramme

Frage 5.19 Welche geometrische Eigenschaft hat die kritische Isobare im T,s-Diagramm eines reinen Stoffes im kritischen Punkt?

(a) Sie hat einen Knick.

(b) Sie tritt dort aus dem Nassdampfgebiet aus.

(c) Sie hat eine unendlich große Steigung.

(d) Sie hat einen Wendepunkt mit waagerechter Tangente.

(e) Sie hat keine der beschriebenen Eigenschaften.

Frage 5.20 Aus der Definitionsgleichung der Entropie ergibt sich durch Integration längs einer Isothermen im Nassdampfgebiet eine der folgenden Aussagen.

(a) $T(s'' - s') = h'' - h'$

(b) $\int_1^2 T \, ds = c_p(T_2 - T_1)$

(c) $T(s'' - s') = h'' - h' - v'\,(p_2 - p_1)$

(d) $\int_1^2 T \, ds = c_p(T'' - T') - RT' \ln(p_2/p_1)$

(e) Die Aussage ist in den vorstehenden Gleichungen nicht enthalten.

Frage 5.21 Wenn man die unten beschriebenen Prozesse in Zustandsdiagramme einträgt, so lassen sich Anfangs- und Endzustand idealisierend durch mindestens eine der folgenden Kurven verbinden.

(a) Isenthalpe

(b) Isotrope

(c) Isotherme

(d) Isentrope

(e) Isobare

(f) Isochore

(g) Isovapore

1. Kompression in einem Gasverdichter	(a)	(b)	(c)	(d)	(e)	(f)	(g)
2. Erwärmung von Gas in einem Behälter	(a)	(b)	(c)	(d)	(e)	(f)	(g)
3. Strömung durch ein Ventil	(a)	(b)	(c)	(d)	(e)	(f)	(g)
4. Verdampfung in einem Wärmeaustauscher	(a)	(b)	(c)	(d)	(e)	(f)	(g)
5. Abkühlung eines Dampfstromes	(a)	(b)	(c)	(d)	(e)	(f)	(g)

Frage 5.22 Welche der folgenden Größen kann (aus dem Nichts) entstehen, aber weder vernichtet noch umgewandelt werden?

(a) Empirie

(b) Exergie

(c) Enthalpie

(d) Entropie

(e) Energie

(f) Keine dieser Größen

Frage 5.23 Welche der folgenden Aussagen ist richtig?

(a) Wärme und Arbeit können weder entstehen noch verschwinden, da beide Energieformen sind und der Satz von der Erhaltung der Energie gilt.

(b) Mit einem linkslaufenden Kreisprozess wird Wärme bei niederer Temperatur aufgenommen und bei höherer Temperatur wieder abgegeben.

(c) Wärme und Arbeit lassen sich vollständig ineinander umwandeln, da beide Energieformen sind.

(d) Bei allen Prozessen eines offenen, adiabaten Systems zwischen gegebenem Anfangs- und Enddruck liefert die reversible Expansion die geringste Arbeitsleistung.

(e) Keine der vorstehenden Aussagen ist richtig.

Frage 5.24 Welche der folgenden Aussagen ist richtig?

Ein geschlossenes System kann nach Ablauf eines irreversiblen Prozesses

(a) wieder in den Anfangszustand zurückgebracht werden, wenn dem System von außen Energie zugeführt wird oder das System nach außen Energie abgibt.

(b) wieder in den Anfangszustand zurückgebracht werden, weil grundsätzlich jeder irreversible Prozess ohne Einwirkung von außen umkehrbar ist.

(c) nicht wieder in den Anfangszustand zurückgebracht werden, weil dies gegen den Zweiten Hauptsatz verstoßen würde.

(d) nicht wieder in den Anfangszustand zurückgebracht werden, weil „irreversibel" gleichbedeutend ist mit „nicht umkehrbar".

(e) Keine der vorstehenden Aussagen ist richtig.

Übung 5.1 In einem Dampferzeuger ist Wasserflüssigkeit von 18 °C bei einem Druck von 30 bar in überhitzten Dampf von 340 °C zu verwandeln.

1. Welche (spezifische) Wärme ist zuzuführen, um die Wasserflüssigkeit in den Sättigungszustand zu bringen?
2. Welche Wärme ist zur Verdampfung erforderlich?
3. Welche Wärme ist zur Überhitzung zuzuführen?

Übung 5.2 In einem kleinen Dampfkraftwerk wird der Frischdampf bei 50 bar erzeugt und auf 500 °C überhitzt. In der Turbine erfolgt eine Expansion auf 0,2 bar. Der Abdampf hat noch einen Dampfgehalt von 92 %.

1. Die Temperaturen, Drücke, Dampfgehalte und (spezifischen) Enthalpien in den Eckpunkten des Prozesses sollen in einer Tabelle zusammengestellt werden.
2. Welche spezifische Wärme muss zur Dampferzeugung und zur Überhitzung zugeführt werden? Hierfür sei die Arbeitsaufnahme der Speisepumpe vernachlässigt.
3. Welche spezifische Arbeit wird vom Dampf in der Turbine abgegeben?
4. Welche spezifische Wärme muss aus dem Kondensator abgeführt werden?
5. Welche spezifische Arbeit wird von der Speisepumpe an das Speisewasser abgegeben?
6. Wie groß ist die Temperaturerhöhung des Speisewassers in der Speisepumpe?
7. Wie groß ist der thermische Wirkungsgrad dieses Prozesses?

Übung 5.3 Zum Beheizen einer Produktionsanlage mit einer Heizleistung von 360 kW soll Sattdampf von 130 °C verwendet werden. Der Dampferzeuger des Betriebes liefert Frischdampf von 60 bar, überhitzt auf 400 °C, der zunächst in einer Turbine entspannt wird. Der Abdampf kondensiert in der Produktionsanlage, das Kondensat wird dann wieder in den Dampferzeuger gepumpt. (Der Leistungsbedarf der Speisepumpe soll vernachlässigt werden.)

1. Zunächst soll ein Schema der Anlage skizziert werden.
2. Welcher Dampfmassenstrom ist erforderlich, um die notwendige Heizleistung abzugeben?
3. Welcher Wärmestrom ist im Dampferzeuger zuzuführen?
4. Welche Arbeitsleistung gibt der Dampf in der Turbine ab?
5. Wie groß ist der thermische Wirkungsgrad für die erzeugte Arbeitsleistung?

Übung 5.4 In eine Dampfleitung ist ein Dampfkühler eingebaut, weil die Temperatur des ankommenden Heißdampfes für die weitere Verwendung herabgesetzt werden muss. Ein Dampfkühler ist ein Behälter, in dem in den durchströmenden Heißdampf flüssiges Wasser eingespritzt wird, um die Abkühlung zu bewirken. Im Dampfkühler einer kleinen Anlage werden 0,189 kg/s überhitzten Dampfes bei 7 bar von 360 °C auf 180 °C abgekühlt. Das eingespritzte Wasser hat eine Temperatur von 35 °C.

1. Das System Dampfkühler soll in einer Skizze dargestellt werden, wobei alle Stoffströme und alle Energieströme mit entsprechenden Pfeilen und Formelzeichen einzutragen sind.
2. Aus der Enthalpiebilanz soll eine Gleichung für das Verhältnis des Massenstromes des flüssigen Wassers zum Massenstrom des Heißdampfes ermittelt werden.
3. Wie viel Wasser muss stündlich eingespritzt werden?

Übung 5.5 Nasser Wasserdampf strömt mit einem Druck von 5,0 bar zu einem Drosselventil. Nach dem Ventil werden ein Druck von 1,0 bar und eine Temperatur von 110 °C gemessen. Welchen Dampfgehalt und welche Temperatur hatte der Dampf vor dem Drosselventil?

Übung 5.6 Flüssig gesättigtes Kältemittel NH_3 strömt unter einem Druck von 15,55 bar zu einem Drosselventil, in dem es auf einen Druck von 2,908 bar entspannt wird.
1. Wie groß ist der Dampfgehalt nach der Entspannung?
2. Welche Temperatur hatte das Kältemittel vor und nach dem Drosselventil?

Übung 5.7 Eine Kältemaschine zur Verflüssigung von Helium hält in einem Isolierbehälter mit einer Kälteleistung von 1 W eine Temperatur von 3 K. Wie groß ist die Exergie der Kälteleistung bei einer Umgebungstemperatur von 300 K?

Übung 5.8 Einem Stoffstrom $\dot{m}$ wird ein Wärmestrom $\dot{Q}$ bei einer Temperatur von 327 °C zugeführt. Die Umgebungstemperatur beträgt 27 °C.
1. Welche Arbeitsleistung P kann im günstigsten Fall aus diesem Wärmestrom erzeugt werden?
2. Welcher Wärmestrom $\dot{Q}^*$ ist für die gleiche Arbeitsleistung P erforderlich, wenn die Wärmeaufnahme des Stoffstromes bei 627 °C erfolgt?
3. Wie groß ist das Verhältnis $\dot{Q}^*/\dot{Q}$?

Übung 5.9 Ein Wärmestrom $\dot{Q}_0$ wird bei einer Temperatur von – 23 °C von einem Stoffstrom $\dot{m}$ aufgenommen. Die Umgebungstemperatur beträgt 27 °C.
1. Welche Arbeitsleistung P ist im günstigsten Fall ausreichend, um den Wärmestrom $\dot{Q}_0$ an die Umgebung abführen zu können?
2. Welche Arbeitsleistung P^* wäre mindestens erforderlich, wenn der Wärmestrom $\dot{Q}_0$ bei einer Temperatur von – 123 ºC aufgenommen wird?
3. Wie groß ist das Verhältnis P^*/P?

Übung 5.10 In einem massedichten Zylinder mit reibungsfrei beweglichen Kolben expandieren 0,40 kg Wasser mit einem Druck von 5,0 bar und einem Volumen von 0,17 m³ reversibel adiabat auf einen Druck von 1,6 bar. Der Umgebungsdruck beträgt 1,0 bar.
1. Wie hoch ist der Dampfgehalt des expandierten Wassers?
2. Wie hoch ist die Innere Energie des expandierten Wassers?
3. Wie groß ist die bei der Expansion nutzbare Kolbenarbeit?

Übung 5.11 Ein massedichter Zylinder mit reibungsfrei beweglichen Kolben, ausschließlich gefüllt mit 3,0 kg Wasserflüssigkeit von 1,0 bar und 20 °C, dient zur Energiespeicherung. Die Energie wird in Form von Wärme zunächst isobar eingespeist, bis ein Volumen von 0,31 m³ erreicht ist, und dann weiter bei fixiertem Kolben bis zu einem Druck von 25,0 bar. Bei Bedarf wird der Kolben entriegelt, und Arbeit durch isentrope Expansion bis auf den Umgebungsdruck von 1,0 bar gewonnen. Berechnen Sie
1. den Dampfgehalt nach der isobaren Energieeinspeisung,
2. die isobar zugeführte Wärme,
3. die isobare Volumenarbeit des Wassers,
4. die Innere Energie nach erfolgter Energieeinspeisung,
5. die isochor zugeführte Wärme,
6. den Dampfgehalt nach der Expansion,
7. die Innere Energie nach der Expansion,
8. die bei der Expansion freigesetzte Volumenarbeit,
9. den nutzbaren Anteil der Volumenarbeit.

6 Zustandsgleichungen Idealer Gase

6.1 Gasgleichung, Gaskonstanten, Normmolvolumen

Prozesse mit Idealen Gasen lassen sich rechnerisch besonders gut verfolgen.

Die thermischen Zustandsgrößen *Druck p, spezifisches Volumen v* und *Temperatur T* sind in der Thermischen Zustandsgleichung [Gleichung (2.16)] miteinander verknüpft. Werden zwei dieser drei Größen vorgegeben, so ist auch die dritte bestimmt.

$$F(p, v, T) = 0$$

Die mathematische Form dieser Funktion ist in den einzelnen Zustandsgebieten verschieden.

Gasgleichung – Für das Gebiet idealen Verhaltens von Gasen lässt sich die Thermische Zustandsgleichung in sehr einfacher Form schreiben, wie in Abschnitt 3.6 gezeigt worden war [Gleichung (3.21)].

$$p \cdot v = R \cdot T \tag{6.1}$$

Diese Gleichung wird kurz als *Gasgleichung* bezeichnet. Die spezifische Gaskonstante R ist eine stoffabhängige Konstante, die mit Gleichung (3.20) als Grenzwert definiert worden war.

$$\lim_{p \to 0} \frac{p \cdot v}{T} \equiv R$$

Multipliziert man die Gleichung (6.1) mit der Masse m, so erhält man die Gasgleichung mit extensiven Größen.

$$p \cdot V = m \cdot R \cdot T \tag{6.2}$$

Dividiert man die Gleichung (6.2) durch die Stoffmenge n, so erhält man mit Gleichung (2.3)

$$\frac{p \cdot V}{n} = M \cdot R \cdot T.$$

Das Produkt $M \cdot R$ nennt man *molare Gaskonstante* R_m.

$$R_m = M \cdot R \tag{6.3}$$

Damit bekommt man die molare Form der Gasgleichung.

$$p \cdot V_m = R_m \cdot T \tag{6.4}$$

Es ist zweckmäßig, wenigstens für die spezifische Form der Gasgleichung die Differentialgleichungen abzuleiten. Durch Differentiation nach einer beliebigen Variablen x folgt aus der Gleichung (6.1) die erste Differentialform.

$$v \frac{\mathrm{d}p}{\mathrm{d}x} + p \frac{\mathrm{d}v}{\mathrm{d}x} = R \frac{\mathrm{d}T}{\mathrm{d}x}$$

Das Differential $\mathrm{d}x$ lässt sich kürzen.

$$v \, \mathrm{d}p + p \, \mathrm{d}v = R \, \mathrm{d}T \tag{6.5}$$

Ersetzt man R aus der Gasgleichung durch $p \cdot v / T$ und dividiert die Gleichung durch $p \cdot v$, so ergibt sich die zweite Differentialform.

$$\frac{\mathrm{d}p}{p} + \frac{\mathrm{d}v}{v} = \frac{\mathrm{d}T}{T} \tag{6.6}$$

Gaskonstante – Die spezifische Gaskonstante R ist auf die Masse m bezogen, wie die Einheitenanalyse der umgestellten Gleichung (6.2) zeigt.

$$\left[\frac{p \cdot V}{T \cdot m}\right] = [R] = \frac{\text{N}}{\text{m}^2}\frac{\text{m}^3}{\text{kg K}} = \frac{\text{J}}{\text{kg K}} \tag{6.7}$$

Zahlenwerte der spezifischen Gaskonstanten R für einige Stoffe sind im Anhang in Tabelle T-3 angegeben.

Die molare Gaskonstante R_m ist nach der umgestellten Gleichung (6.4) auf die Stoffmenge n bezogen.

$$\left[\frac{p \cdot V}{T \cdot n}\right] = [R_m] = \frac{\text{N}}{\text{m}^2}\frac{\text{m}^3}{\text{kmol K}} = \frac{\text{J}}{\text{kmol K}} \tag{6.8}$$

Aus den Volumenverhältnissen bei chemischen Reaktionen hat AVOGADRO 1811 ermittelt:

> Alle Idealen Gase enthalten bei gleichem Druck und bei gleicher Temperatur in gleich großen Volumen gleiche Stoffmengen.

Damit ergibt sich aus der umgeformten Gleichung (6.4)

$$R_m = \frac{p \cdot V}{T \cdot n},$$

dass die molare Gaskonstante R_m für alle Idealen Gase den gleichen Wert hat.

$$R_m = (8{,}31451 \pm 0{,}00007) \text{ kJ/(kmol K)} \tag{6.9}$$

Die molare Gaskonstante ist eine der universellen Konstanten der Physik.

Normmolvolumen – Aus der Gleichung (6.4) lässt sich das molare Volumen berechnen.

$$V_m = \frac{R_m \cdot T}{p} \tag{6.10}$$

Mit den Normwerten für Druck und Temperatur (Index n) erhält man das Normmolvolumen.

$$V_{mn} = \frac{R_m \cdot T_n}{p_n} = (22{,}4136 \pm 0{,}0030) \text{ m}^3/\text{kmol} \tag{6.11}$$

Auch dieser Wert gilt für alle Idealen Gase, allerdings nur im Normzustand und nur angenähert. Für Überschlagsrechnungen ist der abgerundete Wert 22,4 m³/kmol recht nützlich.

Setzt man in Gleichung (2.5) das Normvolumen V_n und das Normmolvolumen V_{mn} ein

$$V_n = n \cdot V_{mn}, \tag{6.12}$$

so ergibt sich für einen Kubikmeter, dass er im Normzustand 1/22,4 kmol eines Idealen Gases enthält.*

---

* Diese Tatsache hat zu der in manchen Fachgebieten häufig verwendeten Einheit *Normkubikmeter* geführt, die m_n^3 oder Nm³ geschrieben wird, jedoch gesetzlich nicht mehr zugelassen ist.

Zustandsdiagramme für Ideale Gase – Mit der Gasgleichung lässt sich das p, v-Diagramm eines Idealen Gases zeichnen. Für die Parameterlinien, die Isothermen, erhält man aus der umgestellten Gasgleichung (6.1)

$$p = p(v)_T = R \cdot T \cdot \frac{1}{v}. \tag{6.13}$$

Der Term $p(v)_T$ besagt, dass der Druck als eine Funktion des spezifischen Volumens angegeben wird, und zwar für den Fall, dass die Temperatur konstant bleibt. Die Isotherme stellt sich also im p, v-Diagramm eines Idealen Gases als Hyperbel dar und liegt um so weiter rechts oben im Diagramm, je höher die Temperatur ist (Bild 6-1).

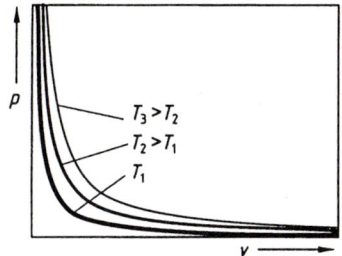

Bild 6-1

p, v-Diagramm eines Idealen Gases mit (hyperbelförmigen) Isothermen T = const.

Die Isothermen sind auch Linien konstanter Enthalpie (Isenthalpen) und konstanter Innerer Energie, wenn die Wärmekapazitäten als temperaturunabhängig angenommen werden können [Gleichungen (6.23), (6.24)].

In gleicher Weise lassen sich v, T-Diagramme mit Isobaren und p, T-Diagramme mit Isochoren zeichnen.

■ **Beispiel 6.1** Um ein Gasvolumen V im Zustand 1 (p_1, T_1) auf den Normzustand (p_n, T_n) umzurechnen, wird die Gasgleichung für beide Zustände angesetzt.

$V_n = (m\, R\, T_n)/p_n$

$V_1 = (m\, R\, T_1)/p_1$

Die Division beider Gleichungen durcheinander ergibt nach Kürzung der Masse m und der Gaskonstanten R

$$V_n = V_1 \cdot (p_1/p_n) \cdot (T_n/T_1). \tag{6.14}$$

■ **Beispiel 6.2** Führt man in Gleichung (6.1) anstelle des spezifischen Volumens v die Dichte ρ ein, bekommt die Gasgleichung die Form

$$\frac{p}{\rho} = R \cdot T \tag{6.15}$$

oder

$$\rho = \frac{p}{R \cdot T}. \tag{6.16}$$

Diese Gleichung zeigt, dass die Dichte ρ eines Gases von seinem Druck p und seiner Temperatur T abhängt. Um trotzdem in Tabellen vergleichbare Werte für die Dichte nennen zu können, werden dort die im Normzustand (p_n = 1,01325 bar, T_n = 273,15 K) geltenden Werte angegeben. Die Dichte im Normzustand, kurz als *Normdichte* bezeichnet, ist dann

$$\rho_n = \frac{p_n}{R \cdot T_n}. \tag{6.17}$$

Um die Dichten ρ von zwei Gasen A und B miteinander zu vergleichen, bildet man deren Verhältnis.

$$\frac{\rho_A}{\rho_B} = \frac{p}{R_A \cdot T} \cdot \frac{R_B \cdot T}{p} = \frac{R_B}{R_A} = \frac{R_m}{M_B} \cdot \frac{M_A}{R_m} = \frac{M_A}{M_B} \tag{6.18}$$

Die Dichten verhalten sich also im gleichen Zustand wie die Molmassen oder umgekehrt wie die Gaskonstanten.

6.2 Kalorische Zustandsgleichungen

Auch der Energiegehalt Idealer Gase lässt sich leicht berechnen.

Mit der Angabe von zwei der drei thermischen Zustandsgrößen p, v und T ist nicht nur die dritte Zustandsgröße eindeutig festgelegt, sondern es sind damit auch alle anderen Zustandsgrößen bestimmt. Das bedeutet, dass die Zustandsgrößen, die den Energiegehalt eines Systems beschreiben, sich ebenfalls als Funktion zweier thermischer Zustandsgrößen darstellen lassen.

Enthalpie und Innere Energie – Die (spezifische) Enthalpie h wird in Abhängigkeit von Druck p und Temperatur T angegeben.

$$h = h\,(p,\,T) \tag{6.19}$$

Für die (spezifische) Innere Energie u werden das spezifische Volumen v und die Temperatur T als unabhängige Variablen benutzt.

$$u = u\,(v,\,T) \tag{6.20}$$

In dem Bereich von Zuständen, in dem sich Gase ideal verhalten, sind beide Größen nur noch von der Temperatur T abhängig. Damit können die Differentiale der Enthalpie $\mathrm{d}h$ und der Inneren Energie $\mathrm{d}u$ als proportional zum Differential der Temperatur $\mathrm{d}T$ angesetzt werden.

$$\mathrm{d}h = c_\mathrm{p} \cdot \mathrm{d}T \tag{6.21}$$
$$\mathrm{d}u = c_\mathrm{v} \cdot \mathrm{d}T \tag{6.22}$$

Darin sind die Proportionalitätsfaktoren die isobare spezifische Wärmekapazität c_p und die isochore spezifische Wärmekapazität c_v.

Die beiden Wärmekapazitäten c_p und c_v werden hier zunächst als konstante Stoffwerte behandelt. Eigentlich sind beide Größen zustandsabhängig, jedoch hängt es von der im Einzelfall erforderlichen Genauigkeit ab, ob eine Temperaturabhängigkeit oder sogar eine Druckabhängigkeit berücksichtigt werden muss. Auf diese Größen wird im Abschnitt 6.4 näher eingegangen.

Die als Konstanten behandelten Wärmekapazitäten erlauben eine einfache Integration und bei allgemeinen Ableitungen eine geschlossene Lösung.

$$h_2 - h_1 = c_\mathrm{p}\,(T_2 - T_1) \tag{6.23}$$
$$u_2 - u_1 = c_\mathrm{v}\,(T_2 - T_1) \tag{6.24}$$

Mit diesen Gleichungen können die Änderungen der Enthalpie h und der Inneren Energie u berechnet werden, wenn sich bei einer Zustandsänderung von 1 nach 2 die Temperatur von T_1 nach T_2 ändert. Anstelle der Differenz der absoluten Temperaturen kann hier auch die Differenz der empirischen Temperaturen $t_2 - t_1$ eingesetzt werden, da die Differenz unabhängig von der Wahl des Nullpunktes ist.

Die absoluten Werte von Enthalpie und Innerer Energie lassen sich mit diesen Gleichungen nicht ermitteln, werden aber im allgemeinen im Maschinenbau auch nicht gebraucht. Man begnügt sich daher mit Werten, die von einem geeigneten Bezugszustand aus gerechnet werden; so wird die Enthalpie h von Gasen häufig bei 0 °C gleich Null gesetzt.

Die Kalorischen Zustandsgleichungen (6.23) und (6.24) lassen sich auch mit extensiven Größen schreiben. Dabei ist es wegen der Anwendung auf Prozesse in offenen Systemen zweckmäßig, die spezifische Enthalpie mit dem Massenstrom $\dot{m}$ zu multiplizieren und so die Differenz der Enthalpieströme anzugeben.

$$\dot{H}_2 - \dot{H}_1 = \dot{m}(h_2 - h_1) = \dot{m} \cdot c_\mathrm{p}(T_2 - T_1) \tag{6.25}$$

Bei der Inneren Energie wird man es bei der Multiplikation mit der Masse m belassen.

$$U_2 - U_1 = m\,(u_2 - u_1) = m \cdot c_v\,(T_2 - T_1) \tag{6.26}$$

Bei den molaren Formen der Kalorischen Zustandsgleichungen treten als Proportionalitäts-faktoren die molaren Wärmekapazitäten C_{mp} und C_{mv} auf, die ebenfalls in Abschnitt 6.4 näher behandelt werden.

$$H_{m2} - H_{m1} = C_{mp}\,(T_2 - T_1) \tag{6.27}$$
$$U_{m2} - U_{m1} = C_{mv}\,(T_2 - T_1) \tag{6.28}$$

Versuche zur Enthalpie und Inneren Energie – Die Feststellung, dass für ideale Gase die Enthalpie h und die Innere Energie u reine Temperaturfunktionen seien, ergibt sich aus zwei klassischen Versuchen, die hier als Beispiel für thermodynamische Methodik besprochen werden. Zwei weitere Versuche befassen sich mit der Art der Temperaturabhängigkeit.

Adiabater Drosselprozess – JOULE und THOMSON haben einen Gasstrom untersucht, der durch eine Rohrleitung mit einem Strömungshindernis fließt (Bild 6-2). Das offene System wird so abgegrenzt, dass die Strömung an Eintritt und Austritt des Systems voll ausgebildet ist und keine Wirbel mehr enthält. Außerdem wird die Rohrleitung isoliert, sodass das System als adiabat angesehen werden kann. Man bezeichnet einen solchen Vorgang als *adiabaten Drosselprozess*.

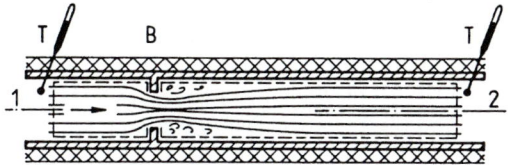

Bild 6-2
Versuch zur adiabaten Drosselung nach JOULE und THOMSON
Isoliertes Rohr mit Lochblende B und Thermometerstutzen T an Eintritt 1 und Austritt 2

Der Druck p_2 am Austritt muss niedriger sein als der Druck p_1 am Eintritt, damit das Gas über-haupt durch die Rohrleitung strömt. Das spezifische Volumen v soll sich bei dieser Druck-senkung nur so wenig ändern, dass die Änderung der kinetischen Energie vernachlässigbar klein bleibt.

Unter diesen Versuchsbedingungen ergaben die Messungen der Temperaturen T_1 am Eintritt und T_2 am Austritt, dass die Temperaturänderung $T_2 - T_1$ dann gegen Null geht, wenn der Druck p genügend niedrig ist.

$$\lim_{p \to 0}(T_2 - T_1) = 0 \tag{6.29}$$

Es ist die gleiche Bedingung, die sich auch für die Gültigkeit der Gasgleichung gezeigt hatte [Gleichung (3.20)], die Bedingung für ideales Verhalten von Gasen.

Die Anwendung des Ersten Hauptsatzes [Gleichung (4.9)]

$$q_{12} + w_{t12} = (h_2 - h_1) + \frac{c_2^2 - c_1^2}{2} + g\,(z_2 - z_1)$$

auf diesen Prozess erbringt, wie bereits im Abschnitt 4.6 abgeleitet, die Aussage, dass die Enthalpie h_2 am Austritt den gleichen Wert wie die Enthalpie h_1 am Eintritt hat.

$$h_2\,(T_2, p_2) = h_1\,(T_1, P_1) \tag{6.30}$$

Da Eintrittswert und Austrittswert der Enthalpie h und der Temperatur T trotz der Druck-änderung gleich sind, ist die Enthalpie unabhängig vom Druck. Die Enthalpie h ist also nur von der Temperatur T abhängig.

$$h = h\,(T) \tag{6.31}$$

Die Art der Abhängigkeit der Enthalpie von der Temperatur lässt sich in einem weiteren Versuch ermitteln (Bild 6-3). Für eine beheizte rigide Rohrleitung ergibt sich, wenn alle Wärmeverluste ausgeschaltet sind, aus dem Ersten Hauptsatz [Gleichung (4.60)]

$$q_{12} = h_2 - h_1.$$

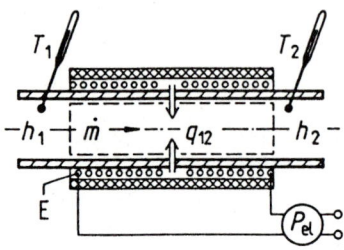

Bild 6-3
Versuch zur Ermittlung der Temperaturabhängigkeit der Enthalpie Idealer Gase.

Die Energiezufuhr zur elektrischen Heizung E kann sehr genau gemessen werden.

Die Messung zeigt, dass die Enthalpieänderung $h_2 - h_1$ zunächst als proportional zur Temperatur $T_2 - T_1$ angesetzt werden kann. Der Proportionalitätsfaktor ist die isobare spezifische Wärmekapazität c_p.

$$h_2 - h_1 = c_p (T_2 - T_1)$$

Diese Gleichung ist eine der Fassungen der Kalorischen Zustandsgleichung [Gleichung (6.23)].

Adiabater Überströmprozess – Die Unabhängigkeit der (spezifischen) Inneren Energie vom (spezifischen) Volumen ergibt sich aus dem Versuch von JOULE (Bild 6-4). Hierfür werden zwei Behälter durch eine absperrbare Leitung verbunden. Beide Behälter und die Leitung sind starr und gegen die Umgebung wärmeisoliert, also rigid und adiabat. Die Gasfüllung kann als ein abgeschlossenes System angesehen werden.

Bei Versuchsbeginn (Zustand 1) befindet sich das Gas im Behälter A; das Ventil ist geschlossen; der Behälter B ist völlig evakuiert.

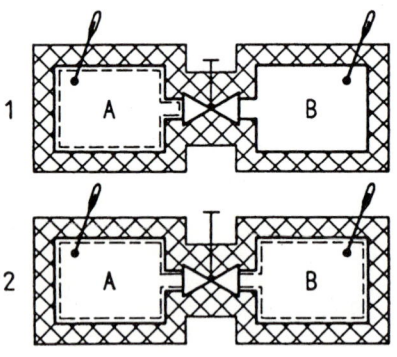

Bild 6-4
Versuch zum adiabaten Überströmen nach JOULE

Wird das Ventil geöffnet, kommt es zu raschem Druckausgleich zwischen den Behältern A und B. Die Ablesung der Thermometer zeigt, dass nach einiger Zeit die Temperatur in beiden Behältern wieder den Wert annimmt, der vor dem Versuch im Behälter A gemessen wurde.

Dieses Ergebnis wird umso genauer erreicht, je niedriger der Druck ist, wie es schon mit Gleichung (6.29) beschrieben worden war.

$$\lim_{p \to 0} (T_2 - T_1) = 0$$

Man setzt für diesen Prozess in einem abgeschlossenen System den Ersten Hauptsatz [Gleichung (4.11)] mit spezifischen Größen an und erhält für dieses adiabate, rigide System

$$u_2\,(T_2,\,v_2) = u_1\,(T_1,\,v_1). \tag{6.32}$$

Wenn trotz der Zunahme des (spezifischen) Volumens v die (spezifische) Innere Energie u gleich geblieben ist und die Temperatur T wieder den Anfangswert annimmt, ist die Innere Energie unabhängig vom Volumen, also eine reine Temperaturfunktion.

$$u = u\,(T) \tag{6.33}$$

Die Form dieser Funktion wird in einem weiteren Versuch ermittelt (Bild 6-5). Beheizt man ein rigides geschlossenes System, so folgt aus dem Ersten Hauptsatz [Gleichung (4.40)]

$$Q_{12} = U_2 - U_1 = m\,(u_2 - u_1) \tag{6.34}$$

oder mit spezifischen Größen

$$q_{12} = u_2 - u_1. \tag{6.35}$$

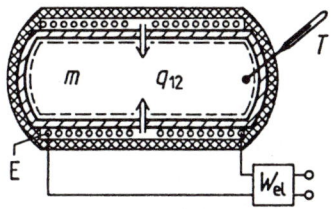

Bild 6-5
Versuch zur Ermittlung der Temperaturabhängigkeit der Inneren Energie Idealer Gase.

Die Energiezufuhr zur elektrischen Heizung E kann sehr genau gemessen werden.

Der Versuch ergibt, dass die Änderungen von Innerer Energie $u_2 - u_1$ und Temperatur $T_2 - T_1$ bei nicht zu großen Temperaturänderungen proportional sind. Der Proportionalitätsfaktor ist die spezifische isochore Wärmekapazität c_v.

$$u_2 - u_1 = c_v\,(T_2 - T_1)$$

Diese Gleichung ist ebenfalls eine der Fassungen der Kalorischen Zustandsgleichung [Gleichung (6.24)].

Differenz der spezifischen Wärmekapazitäten – Führt man in die Definitionsgleichung der Enthalpie [Gleichung (4.46)] die Gasgleichung [Gleichung (6.1)] ein, so ergibt sich

$$h = u + p \cdot v = u + R \cdot T. \tag{6.36}$$

Differenziert man nach der Temperatur

$$\frac{dh}{dT} = \frac{du}{dT} + R, \tag{6.37}$$

so erhält man mit den Gleichungen (6.21) und (6.22)

$$c_p - c_v = R. \tag{6.38}$$

Die Differenz zwischen der spezifischen isobaren und der spezifischen isochoren Wärmekapazität ist also gleich der spezifischen Gaskonstanten und wird dadurch verursacht, dass bei einer isobaren Zustandsänderung Volumenarbeit auftritt.

6.3 Entropie und Entropiediagramme

Aus den Gleichungen für Entropieänderungen Idealer Gase werden Diagramme als vielgebrauchte Hilfsmittel entwickelt.

Die Zustandsgröße *Entropie* kann für Ideale Gase als Funktion von jeweils zwei der drei thermischen Zustandsgrößen Druck p, spezifisches Volumen v und Temperatur T ermittelt werden. Die Definitionsgleichung der Entropie (5.11), hier mit spezifischen Größen geschrieben,

$$\mathrm{d}s = \frac{\mathrm{d}h - v\,\mathrm{d}p}{T} \tag{6.39}$$

wird mit der Thermischen Zustandsgleichung (6.1) in der Form

$$v\,/\,T = R\,/\,p \tag{6.40}$$

und der Kalorischen Zustandsgleichung (6.21)

$$\mathrm{d}h = c_\mathrm{p}\,\mathrm{d}T$$

verknüpft. Daraus ergibt sich

$$\mathrm{d}s = c_\mathrm{p}\frac{\mathrm{d}T}{T} - R\frac{\mathrm{d}p}{p}. \tag{6.41}$$

Durch Integration folgt aus dieser Differentialgleichung

$$s_2 - s_1 = c_\mathrm{p}\ln\frac{T_2}{T_1} - R\ln\frac{p_2}{p_1}. \tag{6.42}$$

Durch Umformung erhält man mit Gleichung (6.38) zwei weitere Beziehungen.

$$s_2 - s_1 = c_\mathrm{v}\ln\frac{T_2}{T_1} + R\ln\frac{v_2}{v_1} \tag{6.43}$$

$$s_2 - s_1 = c_\mathrm{v}\ln\frac{p_2}{p_1} + c_\mathrm{p}\ln\frac{v_2}{v_1} \tag{6.44}$$

Mit den Gleichungen (6.42) bis (6.44) kann man die Änderungen der Entropie für alle Zustandsänderungen Idealer Gase zwischen zwei Zuständen 1 und 2 berechnen. Dies gilt auch dann, wenn der Verlauf der Zustandsänderung nicht bekannt ist oder es sich um eine nicht-statische Zustandsänderung ohne definierte Zwischenzustände handelt. Die Gleichungen lassen sich durch Multiplikation mit der Masse m in solche mit extensiven Größen überführen, durch Multiplikation mit der Molmasse M in solche mit molaren Größen.

T,s- und h,s-Diagramm – Auch für die Darstellung von Zustandsänderungen Idealer Gase haben sich Temperatur-Entropie-Diagramme (Abschnitt 5.3) bewährt. Da sich die Enthalpie h von Idealen Gasen proportional zur Temperatur T ändert [Gleichung (6.21)], werden die T,s-Diagramme durch eine zusätzliche Ordinatenskala auch zu Enthalpie-Entropie-Diagrammen (Bild 6-6).

Verlauf und Anordnung von Isobaren und Isochoren im T,s-/h,s-Diagramm lassen sich aus den Gleichungen (6.42) und (6.43) mathematisch ableiten.

Die Gleichung einer Isobaren in einem T,s-Diagramm schreibt sich allgemein

$$T = T(s)_\mathrm{p}, \tag{6.45}$$

wobei der Index p an der Klammer aussagt, dass der Druck konstant bleiben soll. Die Form dieser Funktion lässt sich aus Gleichung (6.42) ableiten, wenn man anstelle der Werte T_2 und s_2

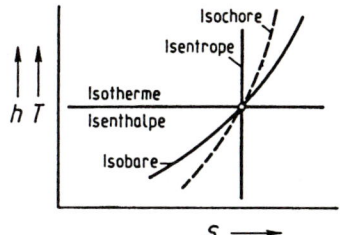

Bild 6-6
T,s- und h,s-Diagramm Idealer Gase mit
    Isenthalpen,
    Isentropen,
    Isobaren,
    Isochoren und
    Isothermen

die Variablen T und s setzt. Der zweite Term der Gleichung wird Null, da auf einer Isobaren jedes Druckverhältnis p/p_1 gleich eins ist. Dann folgt aus

$$s - s_1 = c_p \ln (T / T_1) \qquad (6.46)$$

die Exponentialfunktion

$$T = T(s)_p = T_1 \, e^{(s - s_1)/c_p}. \qquad (6.47)$$

Für die Isochoren ergibt sich in gleicher Weise

$$T = T(s)_v = T_1 \, e^{(s - s_1)/c_v}. \qquad (6.48)$$

Da c_p größer als c_v ist [Gleichung (6.38)], ist der Exponent in Gleichung (6.47) kleiner als der Exponent in Gleichung (6.48), woraus erneut folgt, dass Isobaren flacher als Isochoren verlaufen.

Aus den Gleichungen (6.42) und (6.43) lässt sich der Abstand zweier dieser Kurven bei konstanter Temperatur ermitteln. Der Abstand ist bei zwei Isobaren

$$s_2 - s_1 = - R \ln (p_2/ p_1) \qquad (6.49)$$

und bei zwei Isochoren

$$s_2 - s_1 = R \ln (v_2/v_1). \qquad (6.50)$$

Die Abstände sind unabhängig von der Temperatur, also in allen Höhen des Diagramms gleich. Das bedeutet, dass alle Isobaren durch Parallelverschiebung in Richtung der Abszissenachse ineinander übergehen, ebenso alle Isochoren. Außerdem besagen diese Gleichungen (6.49) und (6.50), dass mit wachsender Entropie die Isobaren niederen Druckes und die Isochoren höheren spezifischen Volumens folgen (Bild 6-7).

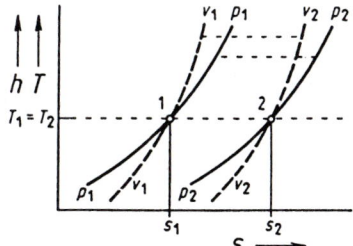

Bild 6-7
Isobaren und Isochoren im
T,s-/h,s-Diagramm Idealer Gase
$p_2 < p_1 \qquad v_2 > v_1$

Mit den Gleichungen dieses Abschnittes wurden die Werte für das in Bild 6-8 dargestellte T,s-/h,s-Diagramm für Helium gerechnet. Der Verlauf der Parameterlinien entspricht etwa dem in der rechten oberen Ecke des T,s-Diagrammes Bild 5-14 und des h,s-Diagrammes Bild 5-15. Mit steigendem Druck und sinkenden Temperaturen werden die Unterschiede zwischen dem idealen und dem realen Verhalten größer, jedoch können die Abweichungen für viele Berechnungen vernachlässigt werden.

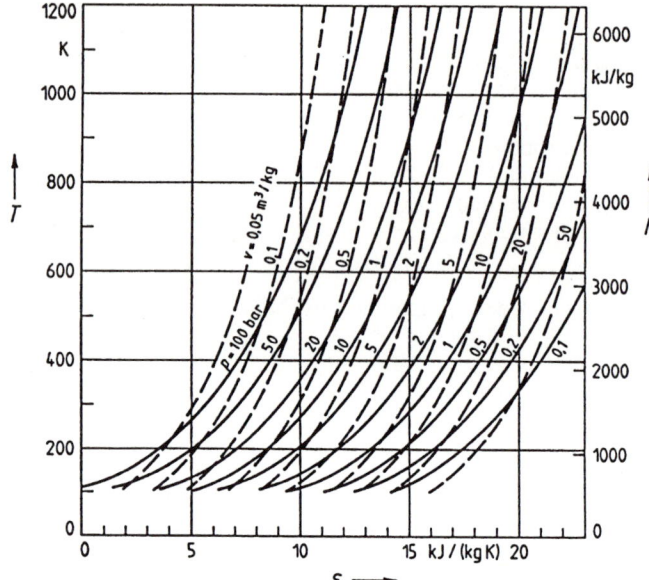

Bild 6-8

T,s-/h,s-Diagramm von Helium mit Isobaren und Isochoren

(Berechnung mit konstanten Werten der spezifischen Wärmekapazitäten)

Prozessdarstellungen im T,s-/h,s-Diagramm – Maschinen wie Verdichter oder Turbinen können in den meisten Fällen als adiabate Systeme angesehen werden. Nach dem Zweiten Hauptsatz (Abschnitt 6.2) liefern reversible Prozesse die besten Ergebnisse. Bild 6-9 zeigt für einen Verdichter sowohl den reversibel adiabaten, also isentropen Prozess 1–2$_s$ als auch einen angenommenen wirklichen Verlauf 1–2, bei dem infolge irreversibler Vorgänge die Entropie zunimmt.

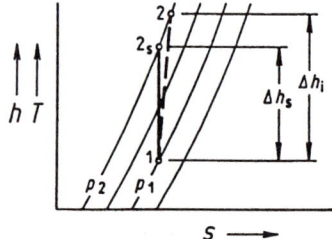

Bild 6-9

Isentroper und wirklicher Kompressionsprozess in einer Maschine

1–2$_s$ Reversibler Verlauf
1–2   Irreversibler Verlauf
Δh_s Isentrope Enthalpiedifferenz
Δh_i Wirkliche Enthalpiedifferenz

Durch die Irreversibilitäten ist die wirkliche Endtemperatur höher als die bei isentropem Verlauf. Auch der Aufwand an Technischer Arbeit w_t gleich der Enthalpiezunahme Δh_i ist bei der wirklichen Verdichtung höher als die entsprechenden Größen w_{ts} und Δh_s bei dem isentropen Vorgang.

$$w_t = \Delta h_i > w_{ts} = \Delta h_s \tag{6.51}$$

Wie weit sich der Prozessverlauf vom isentropen Idealverlauf entfernt, zeigt der isentrope Gütegrad η_{sV} als Verhältnis der beiden Enthalpiedifferenzen Δh.

$$\eta_{sV} = \frac{\Delta h_s}{\Delta h_i} \tag{6.52}$$

Die bei einer wirklichen Kompression erforderliche zusätzliche Arbeit $w_t - w_{ts}$ verbleibt bei den irreversiblen Vorgängen im System und erhöht die Enthalpie h.

$$w_t - w_{ts} = \Delta h_i - \Delta h_s \tag{6.52a}$$

Beim isentropen Expansionsprozess in einer Maschine, zum Beispiel in einer Dampfturbine, würde die Umwandlung der Enthalpiedifferenz Δh_s die Arbeit w_{ts} liefern. In der wirklichen Maschine wird nur eine wegen der Irreversibilitäten kleinere Enthalpiedifferenz Δh_i in die Arbeit w_t umgewandelt (Bild 6-10).

$$w_t = \Delta h_i < w_{ts} = \Delta h_s \tag{6.53}$$

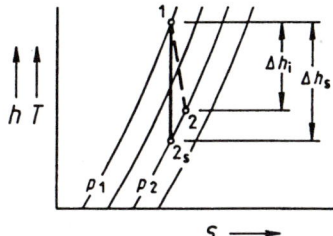

Bild 6-10
Isentroper und wirklicher Expansionsprozess in einer Maschine

1–2$_s$	Reversibler Verlauf
1–2	Irreversibler Verlauf
Δh_s	Isentrope Enthalpiedifferenz
Δh_i	Wirkliche Enthalpiedifferenz

Der isentrope Gütegrad η_{sT} für den Expansionsprozess ist dementsprechend anzusetzen.

$$\eta_{sT} = \frac{\Delta h_i}{\Delta h_s} \tag{6.54}$$

Bei einer wirklichen Expansion wird ein Teil der vom Stoffstrom abgegebenen isentropen Arbeit durch irreversible Vorgänge in der Maschine verstreut und erhöht die Enthalpie h.

$$w_{ts} - w_t = \Delta h_s - \Delta h_i \tag{6.54a}$$

Wir werden später solche Kompressions- und Expansionsvorgänge, die durch Irreversibilitäten mit „Verlusten" behaftet sind, als *polytrop* bezeichnen und im Kapitel 7.6 näher besprechen. Dabei wird dann die Differenz der beiden Arbeiten in Gedanken wie eine zugeführte Wärme q behandelt, die eine gleich große Enthalpiezunahme bewirkt.

Wenn die spezifischen isobaren Wärmekapazitäten c_p als für Zähler und Nenner gleich angenommen werden können, ergeben sich die beiden Gütegrade aus dem Verhältnis zweier Temperaturdifferenzen.

$$\eta_{sV} = \frac{T_{2s} - T_1}{T_2 - T_1} \tag{6.55} \qquad\qquad \eta_{sT} = \frac{T_2 - T_1}{T_{2s} - T_1} \tag{6.56}$$

Wärmeaustauscher können vereinfacht als beheizte oder gekühlte Rohrleitungen aufgefasst werden. Durch den Wärmeaustauscher fließt nur dann ein Stoffstrom, wenn er durch eine Druckdifferenz zwischen Eintritt und Austritt getrieben wird. Trotzdem lässt sich die Zustandsänderung des Stoffstromes im Wärmeaustauscher im Allgemeinen idealisierend als isobar ansehen (Bild 6-11).

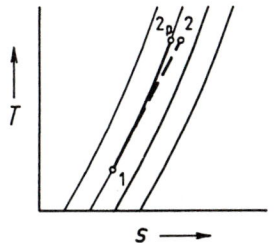

Bild 6-11
Isobarer und wirklicher Prozess in einem Wärmeaustauscher

Links: Erwärmung   Rechts: Abkühlung

1–2p	Reversibler Verlauf (isobarer Prozess)
1–2	Irreversibler Verlauf (Prozess mit Druckverlust)

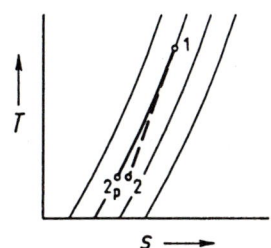

6.4 Wärmekapazitäten und Isentropenexponent

Wie kann man die vielen verschiedenen Wärmekapazitätsgrößen ordnen?

Für Wärmeaustauscher als rigide offene Systeme (Bild 6-12) lautet die Energiebilanz [Gleichung (4.51)]

$$\dot{Q}_{12} = \dot{H}_2 - \dot{H}_1.$$

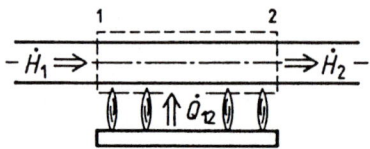

Bild 6-12

Wärmeaustauscher als rigides offenes System

Der Enthalpiestrom nimmt von $\dot{H}_1$ auf $\dot{H}_2$ durch die Übertragung des Wärmestromes $\dot{Q}_{12}$ zu.

Die Enthalpiestromänderung $\dot{H}_2 - \dot{H}_1$ ist dem Massenstrom $\dot{m}$ und bei Idealen Gasen der Temperaturänderung $T_2 - T_1$ proportional [Gleichung (6.23)].

$$\dot{H}_2 - \dot{H}_1 = \dot{m}\, c_{\mathrm{p}}(T_2 - T_1)$$

Der Proportionalitätsfaktor wurde in Abschnitt 6.2 als *spezifische isobare Wärmekapazität* c_{p} bezeichnet. Diese Bezeichnung erklärt sich daraus, dass sich die Größe c_{p} aus den Gleichungen (4.51) und (6.23) als die auf Massenstrom $\dot{m}$ und Temperaturänderung $T_2 - T_1$ bezogene Wärme deuten lässt.

$$c_{\mathrm{p}} = \frac{\dot{Q}_{12}}{\dot{m}\,(T_2 - T_1)} \tag{6.57}$$

Dies gilt jedoch nur bei isobaren Zustandsänderungen, da bei anderen Zustandsänderungen in der Energiebilanz noch Arbeitsleistungen P_{12} berücksichtigt werden müssen.

Eine genauere Betrachtung zeigt, dass die spezifische isobare Wärmekapazität c_{p} als partielle Ableitung der Enthalpie h nach der Temperatur T zu verstehen ist. Im totalen Differential der Enthalpie h wird der erste Differentialquotient als c_{p} abgekürzt.

$$\mathrm{d}h = \left(\frac{\partial h}{\partial T}\right)_{\mathrm{p}} \mathrm{d}T + \left(\frac{\partial h}{\partial p}\right)_T \mathrm{d}p \qquad (6.58) \qquad\qquad c_{\mathrm{p}} = \left(\frac{\partial h}{\partial T}\right)_{\mathrm{p}} \tag{6.59}$$

Da der zweite Term der Gleichung (6.58) zumindest bei Idealen Gasen vernachlässigt werden kann, braucht die spezifische Wärmekapazität c_{p} nicht als partieller Differentialquotient geschrieben zu werden [Gleichung (6.21)].

$$c_{\mathrm{p}} = \frac{\mathrm{d}h}{\mathrm{d}T} \tag{6.60}$$

Molwärmen – Bezieht man die Wärmekapazität statt auf den Massenstrom $\dot{m}$ auf den Stoffmengenstrom $\dot{n}$, so erhält man die Ableitung der molaren Enthalpie H_{m} nach der Temperatur, die *molare isobare Wärmekapazität* (*isobare Molwärme*).

$$C_{\mathrm{mp}} = \frac{\mathrm{d}H_{\mathrm{m}}}{\mathrm{d}T} = M c_{\mathrm{p}} \tag{6.61}$$

Außerdem wird in manchen Fachgebieten der Volumenstrom im Normzustand $\dot{V}_{\mathrm{n}}$ als Bezugsgröße benutzt. Daraus ergibt sich die Definition einer *volumetrischen isobaren Wärmekapazität* $C_{\rho\mathrm{p}}$.

$$C_{\rho\mathrm{p}} = \frac{\mathrm{d}(\dot{H}/\dot{V}_{\mathrm{n}})}{\mathrm{d}T} = \rho_{\mathrm{n}}\, c_{\mathrm{p}} = \frac{C_{\mathrm{mp}}}{V_{\mathrm{mn}}} \tag{6.62}$$

Diese Wärmekapazität lässt sich aus den vorher beschriebenen Größen mit der Normdichte ρ_n oder dem Normmolvolumen V_{mn} errechnen. Hier soll auf $C_{\rho p}$ nicht eingegangen werden.

Außer den bisher vorgestellten, auf Masse, Stoffmenge und Normvolumen bezogenen Wärmekapazitätsgrößen lässt sich auch eine extensive Größe *Wärmekapazität C_p* bilden.*

$$C_p = m \cdot c_p = n \cdot C_{mp} = V_n \cdot C_{\rho p} \qquad (6.63)$$

Die bezogenen Wärmekapazitäten sind im Allgemeinen wie die Enthalpie abhängig von Druck und Temperatur.

$$c_p = c_p\,(p,\,T) \qquad\qquad C_{mp} = C_{mp}\,(p,\,T) \qquad\qquad C_{\rho p} = C_{\rho p}\,(p,\,T) \qquad (6.64)$$

Bei Idealen Gasen verschwindet jedoch die Druckabhängigkeit. Auch die Temperaturabhängigkeit kann häufig vernachlässigt werden, sodass bei nicht zu großen Temperaturdifferenzen diese Größen als temperaturunabhängige Stoffwerte angesehen werden können. Die Wärmekapazitäten einatomiger Gase wie Helium sind unabhängig von der Temperatur.

$$c_p = 5/2 \cdot R \qquad (6.64a) \qquad\qquad\qquad c_v = 3/2 \cdot R \qquad (6.64b)$$

Mittlere Wärmekapazitäten – Bei einer größeren Temperaturdifferenz müsste die Enthalpiedifferenz wegen der Temperaturabhängigkeit der Wärmekapazität durch Integration bestimmt werden. Die Integration lässt sich mit Hilfe einer *mittleren Wärmekapazität $\bar{c}$* anstelle der *wahren Wärmekapazität c* vermeiden. Der Zusammenhang beider Größen ergibt sich aus der Gleichung

$$\dot{Q}_{12} = \dot{m}\,(h_2 - h_1) = \dot{m} \int_1^2 c_p(T)\,\mathrm{d}T = \dot{m}\,\bar{c}_{p12}\,(T_2 - T_1). \qquad (6.65)$$

Darin ist $c_p(T)$ die *wahre (spezifische isobare) Wärmekapazität* bei der Temperatur T und $\bar{c}_{p12}(T_1,\,T_2)$ die *mittlere (spezifische isobare) Wärmekapazität* für den Temperaturbereich zwischen T_1 und T_2.

Wenn man die wahre Wärmekapazität c_p über der Temperatur T aufträgt (Bild 6-13), stellt die (senkrecht schraffierte) Fläche unter der Kurve die zwischen den Zuständen 1 und 2 übertragene spezifische Wärme q_{12} dar. Durch den (waagerecht schraffierten) Zwickelausgleich ergibt sich ein flächengleiches Rechteck. Dessen Höhe entspricht der mittleren Wärmekapazität $\bar{c}_{P12}$.

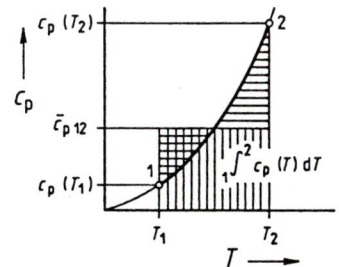

Bild 6-13
Zusammenhang zwischen
der wahren Wärmekapazität $c_p(T)$
und der mittleren Wärmekapazität $\bar{c}_p$
zwischen den Temperaturen T_1 und T_2

---

* Diese Größe wurde früher als *Wasserwert* bezeichnet, da im technischen Maßsystem der Zahlenwert der Wärmekapazität in kcal/°C gleich dem Zahlenwert einer Wassermasse gleicher Wärmekapazität in kg war. Dies beruhte auf der (willkürlichen) Festsetzung von $c_w = 1$ kcal/(kg °C) für die spezifische Wärmekapazität von Wasser.

Die Abhängigkeit der mittleren Wärmekapazität von zwei Temperaturen lässt sich ausschalten, wenn man eine feste Bezugstemperatur T_0 einführt. Man ersetzt in Gedanken eine Erwärmung von T_1 auf T_2 durch eine Abkühlung von T_1 auf T_0 und eine Erwärmung von T_0 auf T_2 (Bild 6-14).

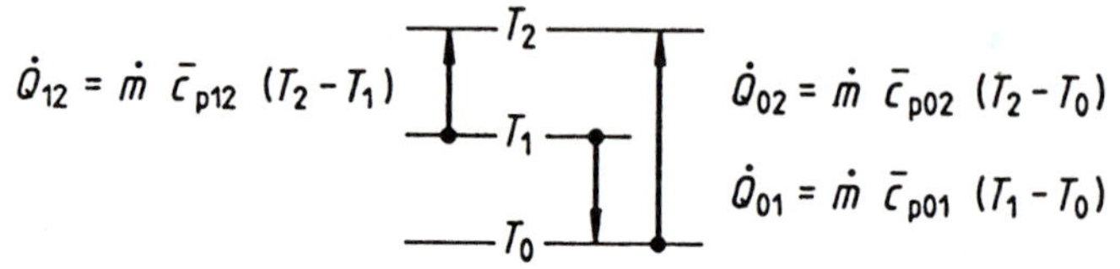

$$\dot{Q}_{12} = \dot{m}\ \bar{c}_{p12}\ (T_2 - T_1) \qquad \dot{Q}_{02} = \dot{m}\ \bar{c}_{p02}\ (T_2 - T_0)$$

$$\dot{Q}_{01} = \dot{m}\ \bar{c}_{p01}\ (T_1 - T_0)$$

Bild 6-14 Übertragener Wärmestrom $\dot{Q}_{12}$ bei einer Erwärmung von einer Temperatur T_1 auf eine Temperatur T_2 im Vergleich zum Wärmestrom $\dot{Q}_{01}$ bei einer Abkühlung von T_1 auf T_0 und zum Wärmestrom $\dot{Q}_{02}$ bei einer Erwärmung von T_0 auf T_2.

Man stellt die Wärmestrombilanz auf und führt anstelle der absoluten Temperaturen T die empirischen Temperaturen t ein. Bei gleicher Bezugstemperatur T_0 kann dann für Temperaturdifferenzen anstelle von $\Delta T = T_2 - T_1$ ebenso $\Delta t = t_2 - t_1$ geschrieben werden.

$$\dot{Q}_{12} = \dot{Q}_{02} - \dot{Q}_{01} \tag{6.66}$$

$$\dot{m}\ \bar{c}_{p12}\ (t_2 - t_1) = \dot{m}\ \bar{c}_{p02}\ (t_2 - t_0) - \dot{m}\ \bar{c}_{p01}\ (t_1 - t_0) \tag{6.67}$$

Außerdem wird die Bezugstemperatur t_0 gleich 0 °C gesetzt, so dass die mittleren Wärmekapazitäten $\bar{c}_p$ als Funktion nur einer Temperatur t tabelliert werden können.

Für den übertragenen Wärmestrom $\dot{Q}_{12}$ und die dadurch bedingte Änderung des Enthalpiestromes $\dot{H}_2 - \dot{H}_1$ ergibt sich damit

$$\dot{Q}_{12} = \dot{H}_2 - \dot{H}_1 = \dot{m}\ (\bar{c}_{p2} \cdot t_2 - \bar{c}_{p1} \cdot t_1). \tag{6.68}$$

Diese Beziehung gilt entsprechend für die molaren und volumetrischen Wärmekapazitäten. Es ist zu beachten, dass in Gleichung (6.68) die Werte der empirischen Temperatur t einzusetzen sind, da sich wegen $T = t + T_0$

$$(\bar{c}_{p2} \cdot t_2 - \bar{c}_{p1} \cdot t_1) \quad \text{und} \quad (\bar{c}_{p2} \cdot T_2 - \bar{c}_{p1} \cdot T_1) \quad \text{um} \quad (\bar{c}_{p2} - \bar{c}_{p1})\, T_0$$

unterscheiden.

In Tabellenwerken finden sich Werte sowohl
von wahren Wärmekapazitäten $\qquad c_p = c_p\ (t)$
als auch von mittleren Wärmekapazitäten $\qquad \bar{c}_p = \bar{c}_p\ (t)$.

Es muss darauf geachtet werden, ob diese Werte – wie meistens – in Abhängigkeit von der empirischen Temperatur t oder – wie seltener – in Abhängigkeit von der thermodynamischen Temperatur T aufgelistet sind.

Isochore Wärmekapazitäten – Die bisherigen Aussagen gelten sinngemäß für die Ableitungen der Inneren Energie nach der Temperatur. Es ergeben sich daraus die folgenden Größen:

Spezifische isochore Wärmekapazität $\qquad c_v = \dfrac{\mathrm{d}u}{\mathrm{d}T}$ $\qquad$ (6.69)

Molare isochore Wärmekapazität (isochore Molwärme) $\qquad C_{mv} = \dfrac{\mathrm{d}U_m}{\mathrm{d}T}$ $\qquad$ (6.70)

Volumetrische isochore Wärmekapazität $\qquad C_{\rho v} = \dfrac{\mathrm{d}U/V_n}{\mathrm{d}T}$ $\qquad$ (6.71)

Die isochoren Wärmekapazitäten sind im Wert immer kleiner als die isobaren, da bei isochoren Zustandsänderungen keine Energie für eine Volumenänderung aufgebracht werden muss.

In Abschnitt 6.2 war bereits abgeleitet worden, dass sich die spezifischen isobaren und spezifischen isochoren Wärmekapazitäten nur durch die spezifische Gaskonstante R unterscheiden [Gleichung (6.38)].

$$c_p - c_v = R$$

Durch Multiplikation mit der Molmasse bekommt man die entsprechende Aussage für die molaren Wärmekapazitäten.

$$M c_p - M c_v = M R \tag{6.72}$$
$$C_{mp} - C_{mv} = R_m \tag{6.73}$$

Eine entsprechende Aussage für die volumetrischen Wärmekapazitäten gibt es mangels einer volumetrischen Gaskonstanten nicht.

Isentropenexponent – Bei der Behandlung von Zustandsänderungen Idealer Gase in Abschn. 7 tritt das Verhältnis der beiden Wärmekapazitäten auf. Dieses Verhältnis ist bei Idealen Gasen gleich dem Isentropenexponent κ:

$$\kappa = \frac{c_p}{c_v} = \frac{C_{mp}}{C_{mv}} \tag{6.74}$$

Der Isentropenexponent κ ist wie die Wärmekapazitäten eigentlich eine von Druck und Temperatur abhängige Größe, soll hier jedoch als konstanter Wert behandelt werden.

Zahlenwerte für Rechnungen mit konstanten Wärmekapazitäten und Isentropenexponenten enthält Tabelle T-3 im Anhang. In Tabelle T-4 sind temperaturabhängige Werte von molaren Wärmekapazitäten angegeben.

■ **Beispiel 6.3** Ein Kohlendioxid-Strom von $5,668 \cdot 10^3$ kg/s wird von 70,0 °C mit einer Heizleistung von 3,225 kW erhitzt. Welche Temperatur wird dabei erreicht?

Daten   Massenstrom $\dot{m}$ $= 5,668 \cdot 10^{-3}$ kg/s
Heizleistung $\dot{Q}_{12}$ $= 3,225$ kW
Anfangstemperatur t_1 $= 70,0$ °C

Da die Daten vierstellig gegeben sind, wird es notwendig sein, mit temperaturabhängigen Wärmekapazitäten zu rechnen. Die Tabelle T-4 enthält nur Molwärmen, sodass es zweckmäßig ist, mit molaren Größen zu arbeiten.

Stoffmengenstrom $\dot{n}$ [Gleichung (2.3)]

$$\dot{n} = \frac{\dot{m}}{M} = \frac{5,668 \cdot 10^{-3}\,\text{kg/s}}{44,01\,\text{kg/kmol}} = 0,1288 \cdot 10^{-3}\,\frac{\text{kmol}}{\text{s}}$$

Austrittstemperatur t_2 [Gleichungen (6.63), (6.68)]

$$\dot{Q}_{12} = \dot{m}(\overline{c}_{p2} \cdot t_2 - \overline{c}_{p1} \cdot t_1) = \dot{n}(\overline{C}_{mp2} \cdot t_2 - \overline{C}_{mp1} \cdot t_1)$$
$$t_2 = \frac{\dot{Q}_{12}/\dot{n} + \overline{C}_{mp1} \cdot t_1}{\overline{C}_{mp2}}$$

$$\dot{Q}_{12}/\dot{n} = 3,225\,\text{kW}\,/\,(0,1288 \cdot 10^{-3}\,\text{kmol/s}) \qquad = 25039\,\text{kJ/kmol}$$

$$\overline{C}_{mp1} \cdot t_1 = 37,50\,\text{kJ}/(\text{kmol K}) \cdot 70,0\,°\text{C} \qquad = \underline{\ \ 2625\,\text{kJ/kmol}}$$

$$\dot{Q}_{12}/\dot{n} + \overline{C}_{mp1} \cdot t_1 \qquad = 27664\,\text{kJ/kmol}$$

Da $\overline{C}_{mp2}$ von der gesuchten Temperatur t_2 abhängt, muss diese zunächst angenommen und die Rechnung mehrfach wiederholt werden.

t_2 angenommen	$\overline{C}_{mp2}$	t_2 errechnet
°C	kJ / (kmol K)	°C
3300	57,44	482
500	44,66	619
600	45,85	603

$$t_2 = \frac{27664 \ kJ/ \ kmol \ K}{\overline{C}_{mp2}}$$

$$t_2 = 600 \ °C$$

Eine Vergleichsrechnung mit der in Tabelle T-3 angegebenen wahren Wärmekapazität für 0 °C ergibt einen stark abweichenden Wert.

$$t_2 = [27664 \ kJ \ / \ kmol] \ / \ [35,93 \ kJ \ / \ (kmol \ K)] = 790 \ °C$$

6.5 Fragen und Übungen

Frage 6.1 Welche der folgenden Gleichungen stimmt *nicht* mit der Gasgleichung überein?

(a) $p = \dfrac{n \, R \, M \, T}{V}$ (c) $p \, M = \dfrac{T \, R_m}{v}$ (e) $n \, R \, T = \dfrac{p \, V_m}{M}$

(b) $\dfrac{n \, R}{V} = \dfrac{p}{M \, T}$ (d) $\dfrac{v}{T} = \dfrac{n \, R_m}{p \, m}$ (f) Keine, denn alle diese Gleichungen stimmen mit der Gasgleichung überein.

Frage 6.2 Welchen Wert hat näherungsweise die spezifische Gaskonstante von Helium? Es ist $R_m = 8314$ J/ (kmol K) und $M_{He} = 4,003$ kg/kmol.

(a) 2,05 kJ/(kg K) (c) 0,48 kg K/kJ (e) Keinen der vorstehenden Werte.
(b) 2,05 J/(kmol K) (d) 32,8 kJ/(kg K)

Frage 6.3 In der Gasgleichung tritt das Produkt aus Druck und Volumen auf. Dieses Produkt hat die Dimension einer

(a) Stoffmenge. (c) Leistung. (e) Masse.
(b) Kraft. (d) Energie. (f) Temperatur.

Frage 6.4 Der Unterschied zwischen den molaren Wärmekapazitäten Idealer Gase bei konstantem Druck und konstantem Volumen

(a) ist für alle Stoffe und alle Zustände gleich groß. (c) hängt nicht vom Stoff, aber vom Zustand ab.
(b) hängt nur vom Stoff, aber nicht vom Zustand ab. (d) hängt vom Stoff und dessen Zustand ab.

Frage 6.5 Welche Eigenschaften haben die folgenden Größen?

Größe	w_t	P	H	M	q	S	v	p	V_m
intensive Zustandsgröße	(a)	(a)	(a)	(a)	(a)	(a)	(a)	(a)	(a)
extensive Zustandsgröße	(b)	(b)	(b)	(b)	(b)	(b)	(b)	(b)	(b)
extensive Prozessgröße	(c)	(c)	(c)	(c)	(c)	(c)	(c)	(c)	(c)
molare Zustandsgröße	(d)	(d)	(d)	(d)	(d)	(d)	(d)	(d)	(d)
spezifische Größe	(e)	(e)	(e)	(e)	(e)	(e)	(e)	(e)	(e)
Keine der vorstehenden Eigenschaften	(f)	(f)	(f)	(f)	(f)	(f)	(f)	(f)	(f)

Frage 6.6 Von welcher Art sind die folgenden Gleichungen? (ZG Zustandsgleichung)

Gleichung	$T = T(v, p)$	$v = v(p', x_d)$	$q_{12} + w_v = u_2 - u_1$	$u = u(v, T)$
Kalorische ZG	(a)	(a)	(a)	(a)
Thermische ZG	(b)	(b)	(b)	(b)
Keine ZG	(c)	**(c)**	(c)	(c)

Frage 6.7 Geben Sie die Bedeutung der folgenden Formelzeichen möglichst genau in Worten an.

1. $\dot{H}_2$ 2. e_1 3. $\bar{C}_{pp2}$ 4. $\dot{J}_{12}$ 5. W_{p34} 6. B_3 7. $\dot{S}_{Q12}$ 8. S_{m2}

Frage 6.8 In welchen Einheiten können die folgenden Größen angegeben werden?

Größe	C_{mv}	R_m	M	c_p	R	κ	$C_{\rho p}$
1	(a)	(a)	(a)	(a)	(a)	(a)	(a)
kcal/(m^3 °C)	(b)	(b)	(b)	(b)	(b)	(b)	(b)
kJ/(kmol K)	(c)	(c)	(c)	(c)	(c)	(c)	(c)
kg/kmol	(d)	(d)	(d)	(d)	(d)	(d)	(d)
kJ/(kg K)	(e)	(e)	(e)	(e)	(e)	(e)	(e)

Frage 6.9 Welche der folgenden Gleichungen ist eine thermische Zustandsgleichung?

(a) $v = v(p', x_d)$ (d) $V = m\,v$

(b) $dh = c_p\,dT$ (e) Keine der vorstehenden Gleichungen

(c) $(\partial u/\partial T)_v = c_v(v, T)$

Frage 6.10 Beim JOULEschen Überströmversuch hatte sich ergeben, dass eine Größe nach dem Versuch wieder den Anfangswert annimmt. Welche Größe ist dies?

(a) p (b) q (c) T (d) v (e) e (f) Keine der vorstehenden Größen

Frage 6.11 Welche der folgenden Aussagen gilt für den JOULEschen Überströmversuch?

(a) $(\partial v/\partial T)_p = \text{const.}$ (c) $(\partial T/\partial p)_v = \text{const.}$ (e) Keine der vorstehenden Gleichungen

(b) $(\partial u/\partial v)_T = \text{const.}$ (d) $(\partial u/\partial p)_T = 0$

Frage 6.12 Welche Gleichung ist die auf die Masse des Systems bezogene thermische Zustandsgleichung für ein bestimmtes Gas mit der Gaskonstanten R?

(a) $pT/v = R$ (c) $p\rho/T = R$ (e) $pV = nRT$

(b) $p = RT/v$ (d) $pV = RT/m$ (f) Keine der vorstehenden Gleichungen

Frage 6.13 Vereinfachen Sie die Fassung des Energiesatzes

$dq + v\,dp + dj = c_p\,dT + (\partial h/\partial p)_T\,dp$

für den Fall eines reversiblen isobaren Prozesses.

(a) $dq = 0$ (c) $dq = c_p\,dT$ (e) $dq = (\partial h/\partial p)_T\,dp$

(b) $dj = c_p\,dT$ (d) $v\,dp = c_p\,dT$ (f) $v\,dp = (\partial h/\partial p)_T\,dp$

Frage 6.14 Welches Formelzeichen steht für die wahre, mit der molaren Enthalpie definierte isobare Wärmekapazität?

(a) c_{mp} (c) C_{mv} (e) $\bar{C}_{mp}$

(b) $C_{\rho p}$ (d) C_{mp} (f) Keines der vorstehenden Formelzeichen.

Frage 6.15 Mit welcher Gleichung kann die spezifische isobare Wärmekapazität c_p eines Nassdampfes bestimmt werden?

(a) $c_p = R + c_v$ (c) $c_p = C_p/m$ (e) $c_p = c_v \cdot \kappa$

(b) $c_p = c_v - R$ (d) $c_p = c_v/\kappa$ (f) Mit keiner dieser Gleichungen

Übung 6.1 Die Zustandsgrößen lassen sich in Zustandsdiagrammen mit Parameterkurven darstellen.
Für Isochoren ergeben sich dazu die folgenden Fragen.

1. Wie kann man die Gleichung einer Isochoren in einem Druck-Temperatur-Diagramm allgemein schreiben?
2. Wie lautet diese Funktion für Ideale Gase?
3. Skizzieren Sie ein Druck-Temperatur-Diagramm für ein Ideales Gas mit zwei Isochoren.
4. Welche Isochore hat den höheren Parameterwert?

Übung 6.2 Die Zustandsgrößen lassen sich in Zustandsdiagrammen mit Parameterkurven darstellen.
Für Isobaren ergeben sich dazu die folgenden Fragen.

1. Wie kann man die Gleichung einer Isobaren in einem Temperatur-Volumen-Diagramm allgemein schreiben?
2. Wie lautet diese Funktion für Ideale Gase?
3. Skizzieren Sie ein Temperatur-Volumen-Diagramm für ein Ideales Gas mit zwei Isobaren.
4. Welche Isobare hat den höheren Parameterwert?

Übung 6.3 Ein Druckbehälter mit einem Volumen von 200 Liter ist mit Methan gefüllt. Bei
Umgebungstemperatur zeigt das Manometer einen Druck von 80 bar an. Die folgenden Fragen sollen
mit Überschlagsrechnungen beantwortet werden. Die Molmasse von Methan kann dazu mit 16 kg/kmol
angesetzt werden.

1. Wie groß ist die Gaskonstante von Methan?
2. Welche Masse an Methan enthält der Druckbehälter?
3. Wie groß ist die Stoffmenge des Methans?
4. Welches Volumen würde das Methan im Normzustand einnehmen?

Übung 6.4 Vergleichen Sie die Normdichten von Wasserstoff, Propan und Schwefeldioxid mit der Normdichte
von Luft mithilfe der Molmassen dieser Stoffe von 2 kg/kmol für H_2, 44 kg/kmol für C_3H_8, 64 kg/kmol für SO_2
und 29 kg/kmol für Luft.

Übung 6.5 In einem Werk fallen laufend 0,2877 m^3/s Kohlendioxid (CO_2) unter einem absoluten Druck von
2,860 bar mit einer Temperatur von 950 °C an. Der Gasstrom wird auf 30,0 °C abgekühlt.

1. Wie groß ist der anfallende Massenstrom?
2. Bestimmen Sie möglichst genau den zur Abkühlung abzuführenden Wärmestrom.
    Der Einfluss der Umgebung sei dabei vernachlässigt.
3. Welcher Wärmestrom ergibt sich, wenn (fälschlich) mit der für 0 °C geltenden Wärmekapazität
    gerechnet wird?

Übung 6.6 Ein Kohlenoxid-Strom von $7{,}182 \cdot 10^{-3}$ kg/s wird von 20,0 °C mit einer Heizleistung von 9,142 kW
erhitzt.

1. Wie groß ist der Stoffmengenstrom?
2. Die Temperatur des erhitzten Kohlenoxidstromes soll bis auf ± 5 K genau bestimmt
    und dabei mit molaren Wärmekapazitäten gerechnet werden.

7 Zustandsänderungen Idealer Gase

In den vorhergehenden Abschnitten sind die Grundlagen behandelt worden, mit denen die Veränderungen des Zustandes von Systemen bei thermodynamischen Prozessen berechnet werden können. Für die Zustandsänderungen Idealer Gase lassen sich Beziehungen ableiten, mit denen die übertragenen Wärmen und Arbeiten sowie die Änderungen von Enthalpie und Innerer Energie bestimmt werden, außerdem die Änderungen von Temperatur, Druck und spezifischem Volumen, und zwar allgemein für Ideale Gase gültig.

7.1 Allgemeine und spezielle Zustandsänderungen

Technischen Prozessen kann man bestimmte einfache Zustandsänderungen zuordnen.

Die in thermodynamischen Prozessen vorkommenden Zustandsänderungen lassen sich durch eine weitere Idealisierung einigen wenigen speziellen Zustandsänderungen zuordnen. Diese speziellen Zustandsänderungen sind dadurch gekennzeichnet, dass eine Zustandsgröße konstant bleibt.

Die speziellen Zustandsänderungen lassen sich als Idealisierungen von technischen Prozessen ansehen.

Rohrströmung, Wärmeaustauscher, Brennkammer	Isobare	p = konst.
Geschlossene Behälter, Verbrennung im oberen Totpunkt von Kolbenmotoren	Isochore	v = konst.
Langsam verlaufende Prozesse mit gleichzeitiger Arbeits- und Wärmeübertragung	Isotherme	T = konst.
Maschinenprozesse ohne Wärmeübertragung	Isentrope	s = konst.

Im allgemeinen sind diese speziellen Zustandsänderungen als Optimum anzusehen. Die Güte wirklicher Zustandsänderungen kann an ihnen gemessen werden. Zu einem solchen Gütevergleich braucht man die gemessenen Werte wirklicher Zustandsänderungen und die gerechneten Werte der entsprechenden speziellen Zustandsänderungen. Im Abschnitt 7.6 wird dann gezeigt werden, dass sich die genannten speziellen Zustandsänderungen zusammenfassend darstellen lassen.

Die allgemeine Berechnung solcher Prozesse ist nur möglich, wenn bestimmte Voraussetzungen erfüllt sind. Die darin enthaltenen Idealisierungen müssen dann bei der Übertragung der Ergebnisse auf wirkliche Prozesse durch entsprechende Korrekturen ausgeglichen werden. Um eine Zustandsänderung berechnen zu können, müssen bekannt sein

– der Anfangszustand,

– eine Angabe über den Verlauf und

– eine Angabe für das Ende.

Damit lassen sich die Drücke, die Temperaturen und alle bezogenen Zustandsgrößen ermitteln. Sollen auch Mengengrößen bestimmt werden, so ist eine weitere Angabe erforderlich.

Bei der Behandlung der speziellen Zustandsänderungen Idealer Gase soll generell vorausgesetzt werden, dass keine Dissipationseffekte auftreten. Streuenergien j werden also, ausgenommen im Abschnitt 7.6, nicht berücksichtigt.

$$j_{12} = 0 \tag{7.1}$$

Auch die Änderungen der kinetischen und der potentiellen Energien bleiben unbeachtet.

$$\frac{c_2^2 - c_1^2}{2} + g\,(z_2 - z_1) = 0 \tag{7.2}$$

■ **Beispiel 7.1** Am Verdichtungsprozess eines Luftstromes wird gezeigt, wie eine Zustandsänderung rechnerisch behandelt werden kann. Der Luftstrom $\dot{m}_L$ wird aus der Umgebung angesaugt, in der der Druck p_{amb} und die Temperatur T_{amb} herrschen, und auf den Druck p_2 verdichtet (Bild 7-1). Dafür muss im Verdichter die Arbeitsleistung P_{12} zugeführt werden, so dass sich die spezifische Enthalpie der Luft von h_{amb} auf h_2 erhöht.

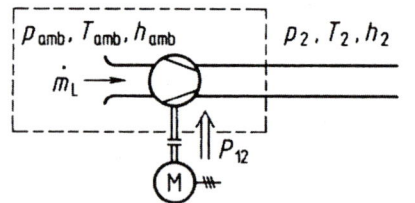

Bild 7-1

Verdichtung eines Luftstromes
in einem Luftverdichter

Wenn der Druck p_{amb} und die Temperatur T_{amb} der Umgebung bekannt sind, für den Verlauf eine reversible und adiabate Verdichtung vorgeschrieben wird und der Druck am Austritt den Wert p_2 haben soll, lassen sich die Enthalpien h und spezifischen Volumen v für Umgebung und Austritt berechnen. Mit der Angabe des Massenstromes $\dot{m}_L$ ist auch die notwendige Arbeitsleistung P_{12} ermittelbar.

7.2 Isobare Zustandsänderung

In Rohrleitungen und Wärmeaustauschern ändert sich der Druck in einem Stoffstrom nur wenig. Wie verhalten sich die anderen Zustandsgrößen? Welche Energien werden übertragen?

Der Anfangszustand einer Zustandsänderung sei mit dem Druck p_1 und der Temperatur T_1 gegeben. Der Verlauf soll isobar sein, der Druck bleibt also konstant. Das Ende der Zustandsänderung wird häufig durch eine Temperatur T_2 festgelegt.

Diese Angaben genügen, um die Zustandsänderung in das p,v- und das T,s-Diagramm desjenigen Stoffes einzutragen, mit dem die Zustandsänderung ausgeführt wird (Bild 7-2).

Thermische Zustandsgrößen – Die nicht gegebenen thermischen Zustandsgrößen werden mit der Gasgleichung (6.1) berechnet. Das spezifische Volumen v im Anfangszustand 1 ist damit

$$v_1 = \frac{R\,T_1}{p_1}. \tag{7.3}$$

Für den Endzustand 2 liefert die Division der für den Zustand 2 geschriebenen Gasgleichung durch die Gasgleichung für den Zustand 1 eine Aussage.

$$\frac{p_2\,v_2}{p_1\,v_1} = \frac{R\,T_2}{R\,T_1}$$

$$v_2 = v_1\,\frac{T_2}{T_1} \tag{7.4}$$

Das spezifische Volumen v ändert sich bei einer isobaren Zustandsänderung proportional der absoluten Temperatur T. Dies lässt sich auch in der Form schreiben

$$\frac{T}{v} = \text{const.} \tag{7.5}$$

Daraus kann dann wieder abgeleitet werden

$$T_2 = T_1 \cdot \frac{v_2}{v_1} . \tag{7.6}$$

Arbeiten und Wärmen – Die bei einer isobaren Zustandsänderung übertragene Druckarbeit w_{p12} ist Null, weil das Differential des Druckes dp Null ist.

$$w_{p12} = \int_1^2 v \, dp = 0 \tag{7.7}$$

Dies wird verständlich, wenn man überlegt, dass beispielsweise eine Rohrleitung, in der sich keine Maschine befindet, keine Einrichtung zur Übertragung technischer Arbeit enthält. Die spezifische Volumenarbeit w_{V12} wird bei dieser Art von Zustandsänderung

$$w_{V12} = -\int_1^2 p \, dv = p(v_1 - v_2) = R(T_1 - T_2). \tag{7.8}$$

Die übertragene Wärme ergibt sich aus dem Ersten Hauptsatz [Gleichung (4.47)], der Kalorischen Zustandsgleichung (6.23) und der oben abgeleiteten Gleichung (7.7) als proportional der Temperaturänderung.

$$q_{12} = h_2 - h_1 = c_p(T_2 - T_1) \tag{7.9}$$

Diagrammdarstellungen – Die Isobare verläuft im p,v-Diagramm selbstverständlich waagerecht und im T,s-Diagramm nach Gleichung (6.47) als e-Funktion (Bild 7-2). Die Fläche zwischen der Isobaren und der Abszisse stellt im p,v-Diagramm die Volumenarbeit w_V [Gleichung (7.8)] dar. Für das T,s-Diagramm ergibt sich aus den Gleichungen (5.30), (7.1) und (7.7)

$$\int_1^2 T \, ds = q_{12} = h_2 - h_1. \tag{7.10}$$

Die Fläche zwischen Isobare und Abszisse repräsentiert sowohl die übertragene Wärme q_{12} als auch die Enthalpiedifferenz $h_2 - h_1$.

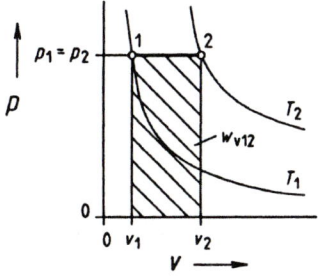 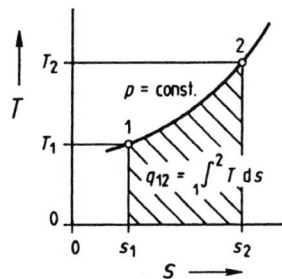

Bild 7-2 Isobare Zustandsänderung 1–2 eines Idealen Gases,
dargestellt im p, v-Diagramm und im T,s-Diagramm.

Die schraffierten Flächen sind den angegebenen Energien proportional, die während der Zustandsänderung übertragen werden.

■ **Beispiel 7.2** Ein mit Kohlendioxid gefüllter Blechzylinder mit einem Volumen von 0,0210 m³ ist gegen die Umgebung mit einer Gummimembran abgeschlossen (Bild 7-3). Wie stark ändert sich das Volumen, wenn die Umgebungstemperatur von 5 °C auf 40 °C zunimmt und sich damit die Behälterfüllung entsprechend erwärmt? Welche Energien werden dabei übertragen? Der Luftdruck in der Umgebung kann mit 730 Torr angenommen werden.

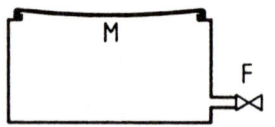

Bild 7-3

Durch eine Membran abgeschlossener Blechzylinder

M Membran   F Füllstutzen mit Ventil

Daten   Zylindervolumen V_1 = 0,0210 m³

Anfangstemperatur t_1 = 5 °C; T_1 = 278 K

Endtemperatur t_2 = 40 °C; T_2 = 313 K

Luftdruck p_{amb} = 730 Torr = 0,973 bar

Volumenänderung $V_2 - V_1$ – Es sei angenommen, dass die Membran einen vollständigen Druckausgleich zwischen der Behälterfüllung und der Umgebung zulässt. Damit kann die Zustandsänderung als isobar angesehen werden [Gleichungen (2.4), (7.6)].

$$V = m\,\upsilon \qquad\qquad\qquad \upsilon_2 = \upsilon_1 \cdot T_2 / T_1$$

$$V_2 = V_1 \cdot T_2 / T_1$$

$$V_2 - V_1 = V_1\,[(T_2/T_1) - 1]$$

$$V_2 - V_1 = 0{,}021 \text{ m}^3\,[(313 \text{ K})/(278 \text{ K}) - 1] = 0{,}021 \text{ m}^3 \cdot 0{,}126 = 0{,}0026 \text{ m}^3$$

Es ließe sich stattdessen zunächst das Volumen V_2 berechnen.

$$V_2 = V_1\,(T_2/T_1) = 0{,}021 \text{ m}^3\,(313 \text{ K})/(278 \text{ K}) = 0{,}0236 \text{ m}^3$$

Die Volumenänderung wird durch die Membran aufgenommen.

Die Ausdehnung des Zylinders ist demgegenüber vernachlässigbar.

Volumenarbeit W_{V12} – Zur Ausdehnung des Kohlendioxids wird Volumenarbeit geleistet [Gleichungen (6.1), (7.8)].

$$m = p\,V_1/(R\,T_1) \qquad\qquad w_{V12} = -R\,(T_2 - T_1)$$

$$W_{V12} = m\,w_{V12} = -\frac{p\,V_1}{R\,T_1}\,R\,(T_2 - T_1) = -p\,V_1\,(T_2/T_1 - 1)$$

$$W_{V12} = -0{,}973 \cdot 10^2 \text{ kN/m}^2 \cdot 0{,}021 \text{ m}^3 \cdot 0{,}126 = -0{,}257 \text{ kJ}$$

Erhöhung der Inneren Energie $U_2 - U_1$ – Die Erwärmung des Behälterinhalts erfordert einen weiteren Energieaufwand [Gleichungen (6.1), (6.24), (6.38), (6.74)].

$$m = p\,V_1/(R\,T_1) \qquad u_2 - u_1 = c_v\,(T_2 - T_1) \qquad c_p - c_v = R \qquad \kappa = c_p/c_v$$

$$U_2 - U_1 = m\,c_v\,(T_2 - T_1) = \frac{p\,V_1}{R\,T_1}\,c_v(T_2 - T_1) = p\,V_1\,\frac{1}{\kappa - 1}\,(T_2/T_1 - 1)$$

$$U_2 - U_1 = -W_{V12} \cdot 1/(\kappa - 1) = 0{,}257 \text{ kJ} \cdot 1/(1{,}301 - 1) = 0{,}854 \text{ kJ}$$

Einströmende Wärme Q_{12} – Die Volumenarbeit W_{V12} und die Erhöhung der Inneren Energie $U_2 - U_1$ müssen durch Wärmezufuhr aus der Umgebung aufgebracht werden. Diese Wärme Q_{12} lässt sich auch unmittelbar mit den Gleichungen (4.37) und (6.25) (mit nicht auf die Zeit bezogenen Größen) berechnen.

$$Q_{12} = H_2 - H_1 \qquad H_2 - H_1 = m\,(h_2 - h_1) = m\,c_p\,(T_2 - T_1)$$

$$Q_{12} = H_2 - H_1 = m\,(h_2 - h_1) = m\,c_p\,(T_2 - T_1) = m\,(R + c_v)\,(T_2 - T_1)$$

$$Q_{12} = m\,c_p\,(T_2 - T_1) = \kappa(U_2 - U_1) = 1{,}301 \cdot 0{,}854 \text{ kJ} = 1{,}11 \text{ kJ}$$

Dabei wird nochmals der Zusammenhang zwischen den beiden Wärmekapazitäten c_p und c_v und der Gaskonstanten R sichtbar [Gleichung (6.38)].

7.3 Isochore Zustandsänderung

In geschlossenen Behältern bleibt das Volumen unverändert.
Wie verhalten sich bei Idealen Gasen die anderen Größen?

Wenn eine Zustandsänderung isochor verläuft, bleibt bei einem geschlossenen System das Volumen V konstant, bei einem offenen System der betreffende Volumenstrom $\dot{V}$. Das kann auch in der Form ausgesprochen werden, dass das spezifische Volumen v oder das molare Volumen V_m oder die Dichte ρ unverändert bleiben.

Mit den in Abschnitt 7.1 beschriebenen notwendigen Angaben lässt sich auch diese Zustandsänderung in die Zustandsdiagramme eintragen (Bild 7-4).

Thermische Zustandsgrößen – Die Gasgleichung (6.1) wird wieder für den Anfangszustand 1 und für den Endzustand 2 angeschrieben. Die Division liefert die Aussage, dass sich bei einer isochoren Zustandsänderung der Druck p proportional der absoluten Temperatur T ändert.

$$\frac{p_2\, v_2}{p_1\, v_1} = \frac{R\, T_2}{R\, T_1}$$

$$p_2 = p_1 \frac{T_2}{T_1} \tag{7.11}$$

$$T_2 = T_1 \frac{p_2}{p_1} \tag{7.12}$$

$$\frac{T}{p} = \text{const.} \tag{7.13}$$

Arbeiten und Wärmen – Die bei einer isochoren Zustandsänderung übertragene Druckarbeit $w_{\mathrm{p}12}$ hat den Wert

$$w_{\mathrm{p}12} = \int_1^2 v\, \mathrm{d}p = v\,(p_2 - p_1) = R\,(T_2 - T_1). \tag{7.14}$$

Die spezifische Volumenarbeit $w_{\mathrm{V}12}$ wird bei isochoren Zustandsänderungen Null.

$$w_{\mathrm{V}12} = -\int_1^2 p\ \mathrm{d}v = 0 \tag{7.15}$$

Die übertragene Wärme ergibt sich aus dem Ersten Hauptsatz [Gleichung (4.38)], der Kalorischen Zustandsgleichung (6.24) und der Gleichung (7.15) als proportional zur Temperaturänderung.

$$q_{12} = u_2 - u_1 = c_\mathrm{v}\,(T_2 - T_1) \tag{7.16}$$

Diagrammdarstellungen – Die Isochore verläuft im p, v-Diagramm selbstverständlich senkrecht und im T, s-Diagramm nach Gleichung (6.48) als e-Funktion (Bild 7-4). Die Fläche zwischen der Isochoren und der Ordinate stellt im p, v-Diagramm die Druckarbeit w_p [Gleichung (7.14)] dar. Für das T, s-Diagramm ergibt sich aus den Gleichungen (5.33), (7.1) und (7.15)

$$\int_1^2 T\ \mathrm{d}s = q_{12} = u_2 - u_1 \tag{7.17}$$

Die Fläche zwischen Isochore und Abszisse repräsentiert sowohl die übertragene Wärme q_{12} als auch die Differenz der Inneren Energie $u_2 - u_1$.

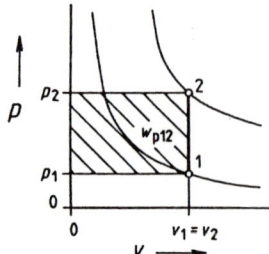

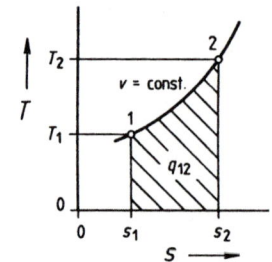

Bild 7-4
Isochore Zustandsänderung 1–2
eines Idealen Gases,
dargestellt im p,v-Diagramm
und im T, s -Diagramm.

Die schraffierten Flächen sind den
angegebenen Energien proportional,
die während der Zustandsänderung
übertragen werden.

■ **Beispiel 7.3** Ein mit Ammoniak gefüllter Behälter mit einem Rauminhalt von 5,11 Liter steht bei einer Temperatur von 22,0 °C unter einem Druck von 3,14 bar. Durch Sonneneinstrahlung steigt die Temperatur auf 38,5 °C. Welche Masse hat die Behälterfüllung? Welche Werte haben die thermischen Zustandsgrößen? Welche Energie ist der Behälterfüllung zugeführt worden?

Daten   Ammoniakvolumen V = 5,11 ltr = $5,11 \cdot 10^{-3}$ m³

Anfangstemperatur t_1 = 22,0 °C; T_1 = 295,2 K

Endtemperatur t_2 = 38,5 °C; T_2 = 311,7 K

Anfangsdruck p_1 = 3,14 bar = $3,14 \cdot 10^2$ kN/m²

Ammoniakmasse m [Gleichung (6.2)]

$$m = \frac{p_1 V}{R\, T_1} = \frac{3,14 \cdot 10^2 \text{ kN} \cdot 5,11 \cdot 10^{-3} \text{ m}^3 \text{ kg K}}{\text{m}^2 \cdot 0,4882 \text{ kJ} \cdot 295,2 \text{ K}} = 0,0111 \text{ kg}$$

Thermische Zustandsgrößen – Die Temperaturen T_1 und T_2 sind ebenso wie der Anfangsdruck p_1 gegeben, so dass nur noch das spezifische Volumen v und der Enddruck p_2 zu ermitteln sind. Da die Ausdehnung des Behälters vernachlässigt werden kann, lässt sich mit einer isochoren Zustandsänderung rechnen, bei der selbstverständlich auch das spezifische Volumen unverändert bleibt.

Spezifisches Volumen v [Gleichung (2.4)]

$$v = v_1 = v_2 = \frac{V}{m} = \frac{5,11 \cdot 10^{-3} \text{ m}^3}{0,0111 \text{kg}} = 0,460 \text{ m}^3/\text{kg}$$

Enddruck p_2 [Gleichung (7.11)]

$$p_2 = p_1 \cdot T_2 / T_1 = 3,14 \text{ bar} \cdot 311,7 \text{ K} / (295,2 \text{ K}) = 3,32 \text{ bar}$$

Zunahme der Inneren Energie $U_2 - U_1$ [(Gleichungen (6.34), (6.38), (7.15)]
Die eingestrahlte Sonnenenergie kann als Wärme aufgefasst werden, die die Innere Energie U der Behälterfüllung erhöht. Es wird genügen, hier die konstante Wärmekapazität aus Tabelle T-3 einzusetzen.

$$Q_{12} = U_2 - U_1 = m\,(u_2 - u_1) = m\,c_v\,(T_2 - T_1) = m\,(c_p - R)\,(t_2 - t_1)$$

$$U_2 - U_1 = 0,0111 \text{ kg}\,(2,056 - 0,488)\,\text{kJ} / (\text{kgK}) \cdot (38,5 - 22,0)\,\text{K} = 0,287 \text{ kJ}$$

7.4 Isotherme Zustandsänderung

Prozesse mit konstanter Temperatur lassen sich nicht leicht verwirklichen,
bieten aber besondere Vorteile.

Thermische Zustandsgrößen – Den Zusammenhang zwischen den Thermischen Zustandsgrößen erhält man wieder mit der Gasgleichung (6.1).

$$\frac{p_2\, v_2}{p_1\, v_1} = \frac{R\, T_2}{R\, T_1}$$

Auf der rechten Seite sind Zähler und Nenner gleich. Damit wird

$$p_2 = p_1 \frac{v_1}{v_2}. \tag{7.18}$$

Druck und Volumen sind also bei isothermen Zustandsänderungen Idealer Gase einander umgekehrt proportional. Allgemein kann man schreiben

$$p \cdot v = \text{const.} \tag{7.19}$$

Die Konstante lässt sich aus den Anfangswerten (oder einem anderen Wertepaar) von Druck und spezifischem Volumen oder aus Gaskonstante und Temperatur errechnen. So ergibt sich ein spezifisches Volumen v_2 mit

$$v_2 = p_1\, v_1 \frac{1}{p_2} = R\, T \frac{1}{p_2}. \tag{7.20}$$

Arbeiten und Wärmen – In den Ansatz für die spezifische Druckarbeit w_{p12} [Gleichung (4.33)] wird die Gasgleichung (6.1) eingebracht, um die Integration ausführen zu können.

$$w_{p12} = \int_1^2 v\, dp \qquad\qquad v = \frac{R\,T}{p}$$

$$w_{p12} = \int_1^2 R\,T\, \frac{dp}{p} = R\,T \int_1^2 \frac{dp}{p}$$

$$w_{p12} = R\,T\, \ln\frac{p_2}{p_1} \tag{7.21}$$

$$w_{p12} = p_1\, v_1 \ln\frac{v_1}{v_2} \tag{7.22}$$

In die letzte Umformung sind die Gasgleichung (6.1) und die Gleichung (7.18) eingegangen. Sowohl die Produkte vor dem Logarithmus als auch dessen Argumente können unabhängig voneinander ausgetauscht werden.

Schreibt man den Ersten Hauptsatz in den Fassungen der Gleichungen (4.37) und (4.38), kann man gleichsetzen

$$q_{12} = h_2 - h_1 - w_{p12} = u_2 - u_1 - w_{V12}. \tag{7.23}$$

Da die Enthalpie h und die Innere Energie u Idealer Gase reine Temperaturfunktionen sind [Gleichungen (6.23), (6.24)], werden deren Differenzen bei isothermen Zustandsänderungen Null.

$$q_{12} = -w_{p12} = -w_{V12} \tag{7.24}$$

Die bei einer isothermen Zustandsänderung vom Zustand 1 zum Zustand 2 übertragene Wärme q_{12}, die übertragene Druckarbeit w_{p12} und die übertragene Volumenarbeit w_{V12} haben den gleichen Betrag, aber unterschiedliche Vorzeichen.

Man kann auch sagen, dass bei isothermer Expansion soviel an Wärme zugeführt werden muss, wie an Arbeit abgegeben wurde. Bei isothermer Kompression muss die als Arbeit zugeführte Energie als Wärme wieder abgeführt werden, um die Temperatur zu halten. Druckarbeit w_{p12} und Volumenarbeit w_{V12} sind bei isothermen Zustandsänderungen gleich.

Diagrammdarstellungen – Die Gleichung für den Verlauf einer Isothermen in einem p, v-Diagramm ist bereits früher abgeleitet worden [Gleichung (6.13)] und hatte eine Hyperbel ergeben. Im T, s-Diagramm verläuft die Isotherme selbstverständlich waagerecht (Bild 7-5).

Im p, v-Diagramm stellt die Fläche zwischen der Isothermen und der Abszisse die Volumenarbeit w_{V12} dar, die Fläche zwischen der Isothermen und der Ordinate die Druckarbeit w_{p12}. Für das T, s-Diagramm ergibt sich aus den Gleichungen (5.30) und (7.1)

$$\int_{1}^{2} T \, ds = q_{12}. \tag{7.25}$$

Die Fläche zwischen Isotherme und Abszisse repräsentiert die übertragene Wärme q_{12}.

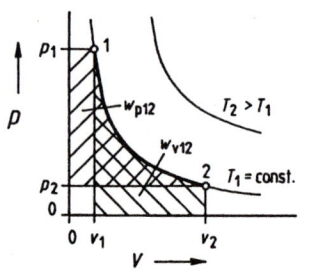 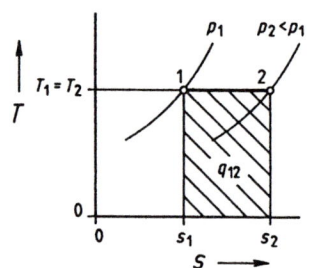

Bild 7-5
Isotherme Zustandsänderung 1–2 eines Idealen Gases, dargestellt im pv-Diagramm und im T,s-Diagramm.

Die schraffierten Flächen sind den angegebenen Energien proportional, die während der Zustandsänderung übertragen werden.

■ **Beispiel 7.4** Eine Druckluftanlage soll stündlich 110 m³ Luft mit einem Druck von 15 bar und mit Umgebungstemperatur liefern. Der Verdichter wird die Luft im Mittel mit etwa 0,96 bar und 20 °C ansaugen.

Welcher Volumenstrom ist anzusaugen? Welche Verdichtungsleistung und welche Kühlleistung sind erforderlich?

Die Zustandsänderung im Verdichter ist, da die Luft offensichtlich mit Umgebungstemperatur angesaugt wird, idealisiert als isotherm und außerdem als reversibel anzusehen. Druckangaben für Druckluft nennen in der Regel den Überdruck. Hier muss jedoch mit dem absoluten Druck gerechnet werden. Nach der Aufgabenstellung sind alle Werte als nicht sehr genau zu betrachten und können entsprechend behandelt werden.

Daten Druckluftstrom $\dot{V}_2 = 110$ m³/h $= 0{,}0306$ m³/s

Ansaugdruck $p_1 = 0{,}96$ bar $= 0{,}96 \cdot 10^2$ kN/m²

Enddruck $p_2 = p_{e2} + p_{amb} = (15 + 1)$ bar $= 16$ bar

Ansaugtemperatur $t_1 = 20$ °C; $T_1 = 293$ K

Ansaugvolumenstrom $\dot{V}_1$ [Gleichungen (2.4), (7.20)]

$v = \dot{V} / \dot{m}$ $v_2 = p_1 \, v_1 / p_2$

$\dot{V}_1 = p_2 \, \dot{V}_2 / p_1 = 16$ bar $\cdot (0{,}0306$ m³/s$) / (0{,}96$ bar$) = 0{,}51$ m³/s

Verdichtungsleistung P_{12} [Gleichungen (4.31), (7.21), (7.22)]

$P_{12} = \dot{m} \, w_{p12}$ $w_{p12} = R \, T \ln (p_2 / p_1) = p_1 \, v_1 \ln (v_1 / v_2)$

$P_{12} = \dot{m} \, w_{p12} = \dot{m} \, p_1 \, v_1 \ln (p_2 / p_1) = p_1 \, \dot{V}_1 \, \ln (p_2 / p_1)$

$P_{12} = 0{,}96 \cdot 10^2$ kN/m² $\cdot 0{,}51$ m³/s $\cdot \ln [(16$ bar$) / (0{,}96$ bar$)] = 138$ kW

Kühlleistung $\dot{Q}_{12}$ [Gleichung (7.24)]

$\dot{Q}_{12} = -P_{12} = -138$ kW

Wegen der Irreversibilitäten muss eine höhere als die errechnete reversible Verdichtungsleistung aufgebracht werden. Die Kühlleistung wird in gleicher Weise steigen.

Massenstrom $\dot{m}$ [Gleichung (6.2)]

In der obigen Berechnung ist umgangen worden, den Massenstrom $\dot{m}$ zu ermitteln. Dies wird, weil bei solchen Rechnungen häufig angebracht, hier nachgeholt.

$$\dot{m} = \frac{p_1 \dot{V}_1}{R \, T_1} = \frac{0,96 \cdot 10^2 \text{ kN}/\text{m}^2 \cdot 0,51 \text{ m}^3/\text{s}}{0,2872 \text{ kJ}/(\text{kg K}) \cdot 293 \text{ K}} = 0,58 \text{ kg/s}$$

7.5 Isentrope Zustandsänderung

Bei Maschinenprozessen ohne Wärmeübertragung wäre ein isentroper Verlauf das erwünschte Optimum.

Bei isentropen Zustandsänderungen (Bild 7-6) bleibt die Entropie s unverändert; ihr Differential ds wird Null. Dies kann in einem adiabaten System nur erreicht werden, wenn der Prozess verlustfrei abläuft (Abschnitt 5.2). Isentrope Zustandsänderungen stellen also das Optimum dar, das in Maschinen ohne gleichzeitige Wärmeübertragung erreicht werden kann.

Thermische Zustandsgrößen – Der Zusammenhang zwischen den thermischen Zustandsgrößen lässt sich in einer für die Thermodynamik kennzeichnenden Weise ableiten. Man geht von der Aufgabenstellung aus, isentrope Zustandsänderungen Idealer Gase zu berechnen, nimmt die entsprechenden Gleichungen, formt um und fasst zusammen (Tabelle 7-1).

Die in Tabelle 7-1 abgeleitete Differentialgleichung (7.26) lässt sich durch Trennung der Variabeln integrieren. Damit ergibt sich die Beziehung zwischen Druck p und spezifischem Volumen v bei isentropen Zustandsänderungen.

$$p \, v^{\kappa} = \text{const.} \tag{7.27}$$

Ersetzt man darin eine der beiden Variabeln mit Hilfe der Gasgleichung durch die Temperatur, so erhält man weitere Beziehungen zwischen den thermischen Zustandsgrößen.

$$T \, v^{\kappa-1} \quad = \text{const.} \tag{7.28}$$

$$p^{\kappa-1} \, T^{-\kappa} \quad = \text{const.} \tag{7.29}$$

Die verschiedenen Konstanten erhält man wieder aus Zustandswerten für einen Punkt der Isentropen. Dann lässt sich beispielsweise aus Gleichung (7.29) die Gleichung für den Verlauf einer Isentropen in einem p, T -Diagramm ableiten.

$$p = p(T)_{\text{s}} = p_1 \left(\frac{T}{T_1} \right)^{\frac{\kappa}{\kappa-1}} \tag{7.30}$$

Die Gleichungen (7.26) bis (7.30) werden als *Isentropengleichungen* bezeichnet.*

Arbeiten – In ähnlicher Weise lassen sich die Gleichungen für die Druckarbeit $w_{\text{p}12}$ und die Volumenarbeit $w_{\text{V}12}$ ermitteln. Die einem Verdichter zugeführte Arbeit wird in eine Erhöhung der Enthalpie des Gasstromes umgesetzt [Gleichung (7.31)]. Die von einer Turbine abgegebene Arbeit kommt aus einer Verminderung der Enthalpie des Gasstromes. Diese Aussagen gelten allgemein für adiabate Systeme und nicht nur für Ideale Gase. Bei Idealen Gasen ist es jedoch möglich, die Enthalpieänderung aus der Temperaturänderung oder aus dem Druckverhältnis zu berechnen.

---

* Früher wurden diese Gleichungen als *Adiabatengleichungen* bezeichnet und die Isentrope *Adiabate* genannt, da man sich in der Thermodynamik der Idealen Gase auf reversible Prozesse beschränkte.

Tabelle 7-1 Thermische Zustandsgrößen bei isentropen Zustandsänderungen

Isentrope	(5.15)	$ds_{ad} = 0$	(a)
Wärme und Streuenergie	(5.30)	$\int_1^2 T\,ds = q_{12} + j_{12}$	(b)
Adiabates System	(a, b)	$dq = 0$	(c)
Reversibler Prozess	(7.1)	$j_{12} = 0$	(d)
Erster Hauptsatz	(4.37)	$q_{12} = h_2 - h_1 - w_{p12}$	(e)
Enthalpie	(6.23)	$h_2 - h_1 = c_p\,(T_2 - T_1)$	(f)
Druckarbeit	(4.29)	$w_{p12} = \int_1^2 v\,dp$	(g)
	(e, f. g)	$q_{12} = c_p\,(T_2 - T_1) - \int_1^2 v\,dp$	(h)
		$dq = c_p\,dT - v\,dp$	(i)
	(c, i)	$dT = \dfrac{v\,dp}{c_p}$	(k)
Gasgleichung	(6.05)	$v\,dp + p\,dv = R\,dT$	(m)
	(k, m)	$c_p\,v\,dp + c_p\,p\,dv = R\,v\,dp$	(n)
Wärmekapazitäten	(6.38)	$c_p - c_v = R$	(p)
	(n, p)	$c_v\,v\,dp + c_p\,p\,dv = 0$	(q)
Isentropenexponent	(6.74)	$\kappa = \dfrac{c_p}{c_v}$	(r)
	(q, r)	$\dfrac{dp}{p} + \kappa\dfrac{dv}{v} = 0$	(7.26)
	(7.26)	$\int_1^2 \dfrac{dp}{p} = -\kappa \int_1^2 \dfrac{dv}{v}$	(s)
	(s)	$\ln\dfrac{p_2}{p_1} = -\kappa \ln\dfrac{v_2}{v_1}$	(t)
	(t)	$\dfrac{p_2}{p_1} = \left(\dfrac{v_1}{v_2}\right)^{\kappa}$	(u)
	(u)	$p_2 \cdot v_2^{\kappa} = p_1 \cdot v_1^{\kappa} = p\,v^{\kappa} = \text{const.}$	(7.27)

Druckarbeit – Die Druckarbeit ergibt sich nach den Ableitungen in Tabelle 7-2 und 7-3 aus der Enthalpiedifferenz oder der Temperaturdifferenz

$$w_{p12} = h_2 - h_1 \qquad (7.31) \qquad\qquad w_{p12} = c_p\,(T_2 - T_1) \qquad (7.32)$$

oder bei einem Idealen Gas mit der Gaskonstanten R und dem Isentropenexponent κ aus der Anfangstemperatur T_1 und dem Druckverhältnis p_2 / p_1.

$$w_{p12} = \frac{\kappa}{\kappa - 1} R\,T_1 \left[\left(\frac{p_2}{p_1}\right)^{\frac{\kappa - 1}{\kappa}} - 1\right] \qquad\qquad (7.33)$$

Tabelle 7-2 Druckarbeit bei isentropen Zustandsänderungen

Isentrope	(5.15)	$ds_{ad} = 0$	(a)
Wärme und Streuenergie	(5.30)	$\int_1^2 T \, ds = q_{12} + j_{12}$	(b)
Adiabates System	(a, b)	$q_{12} = 0$	(c)
Reversibler Prozess	(7.1)	$j_{12} = 0$	(d)
Erster Hauptsatz	(4.37)	$q_{12} = h_2 - h_1 - w_{p12}$	(e)
	(c, e)	$w_{p12} = h_2 - h_1$	(7.31)
	(7.31)	$w_{p12} = h_2 - h_1$	(f)
Kalorische Zustandsgleichung	(6.23)	$h_2 - h_1 = c_p (T_2 - T_1)$	(g)
	(f, g)	$w_{p12} = c_p (T_2 - T_1)$	(7.32)
Isentrope	(7.29)	$T_2 = T_1 \left(\dfrac{p_2}{p_1}\right)^{\frac{\kappa-1}{\kappa}}$	(h)
Druckarbeit	(7.32, h)	$w_{p12} = c_p T_1 \left[\left(\dfrac{p_2}{p_1}\right)^{\frac{\kappa-1}{\kappa}} - 1\right]$	(k)
Wärmekapazitäten	(6.38)	$c_p - c_v = R$	(m)
Isentropenexponent	(6.74)	$\kappa = \dfrac{c_p}{c_v}$	(n)
Gasgleichung	(6.1)	$p\,\upsilon = R\,T$	(p)
Druckarbeit	(k, m, n, p)	$w_{p12} = \dfrac{\kappa}{\kappa-1} R\,T_1 \left[\left(\dfrac{p_2}{p_1}\right)^{\frac{\kappa-1}{\kappa}} - 1\right]$	(7.33)

Volumenarbeit – Die Gleichungen für die Volumenarbeit w_{V12} lassen sich in gleicher Weise entwickeln. Es zeigt sich, dass ganz allgemein eine Volumenarbeit w_{V12} an einem adiabaten System gleich der Änderung der Inneren Energie $u_2 - u_1$ ist.

$$w_{V12} = u_2 - u_1 \tag{7.34}$$

Bei Idealen Gasen wird mit der Kalorischen Zustandsgleichung (6.24)

$$w_{V12} = c_v (T_2 - T_1) \tag{7.35}$$

und mit der Isentropengleichung (7.29)

$$w_{V12} = \frac{1}{\kappa-1} R\,T_1 \left[\left(\frac{p_2}{p_1}\right)^{\frac{\kappa-1}{\kappa}} - 1\right] \tag{7.36}$$

$$w_{V12} = \frac{w_{p12}}{\kappa}. \tag{7.37}$$

Volumenarbeit w_P und Druckarbeit w_P unterscheiden sich also nur durch den Isentropenexponenten κ.

Diagrammdarstellung – Isentropen verlaufen im p, v-Diagramm (und anderen Zustands-diagrammen) stets steiler als Isothermen (Bild 7-6), da der Isentropenexponent κ größer als der Isothermenexponent 1 [Gleichung (7.19)] ist. Im T, s-Diagramm sind die Isentropen selbst-verständlich Abszissennormale. Im p, v-Diagramm stellt die Fläche zwischen der Isentropen und der Abszisse die Volumenarbeit w_{V12} dar, die Fläche zwischen der Isentropen und der Ordinate die Druckarbeit w_{p12}.

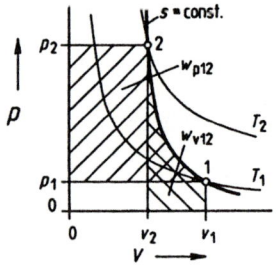 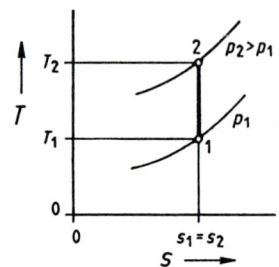

Bild 7-6

Isentrope Zustandsänderung 1–2 eines Idealen Gases, dargestellt im p, v-Diagramm und im T, s-Diagramm

Die schraffierten Flächen sind den angegebenen Energien proportional, die während der Zustandsänderung übertragen werden.

■ **Beispiel 7.5** Die im Beispiel des vorhergehenden Abschnittes beschriebene Druckluftanlage erfordert gleichzeitige Verdichtung und Kühlung. Dies ist konstruktiv nur schwer und unvollständig zu verwirklichen. Die Anlage soll daher so entworfen werden, dass der Luftstrom zuerst verdichtet und dann abgekühlt wird (Bild 7-7). Bei reibungsfreien Pro-zessen bedeutet dies eine isentrope Verdichtung und anschließend eine isobare Abkühlung (Bild 7-8).

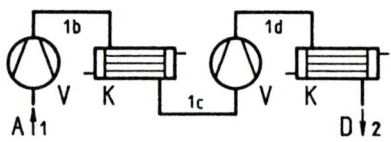   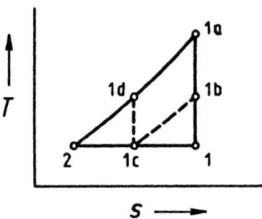

Bild 7-7

Schema einer zweistufigen Anlage

V	Verdichter
K	Kühler
A	Ansaugung
D	Druckluft

Luftzustände wie in Bild 7-8

Bild 7-8

Idealisierte Prozesse zur Drucklufterzeugung

1–2	Isotherme Verdichtung

Einstufige Anlage

1–1a	Isentrope Verdichtung
1a–2	Isobare Abkühlung

Zweistufige Anlage

1–1b	Isentrope Verdichtung
1b–1c	Isobare Abkühlung
1c–1d	Isentrope Verdichtung
1d–2	Isobare Abkühlung

Daten

Druckluftstrom	$\dot{V}_2 = 110 \text{ m}^3/\text{h} = 0{,}0306 \text{ m}^3/\text{s}$	
Ansaugdruck	$p_1 = 0{,}96 \text{ bar} = 0{,}96 \cdot 10^2 \text{ kN/m}^2$	
Enddruck	$p_2 = p_{e2} + p_{amb} = (15 + 1) \text{ bar} = 16 \text{ bar}$	
Ansaugtemperatur	$t_1 = 20 \text{ °C};$	$T_1 = 293 \text{ K}$

Ansaugvolumenstrom $\dot{V}_1$

Der Ansaugvolumenstrom $\dot{V}_1$ hat den gleichen Wert wie im vorhergehenden Beispiel.

$$\dot{V}_1 = 0,51 \text{ m}^3/\text{s}$$

Verdichtungsendtemperatur T_{1a} [Gleichung (7.29)]

$$p_1^{\kappa-1} \cdot T_1^{-\kappa} = p_{1a}^{\kappa-1} \cdot T_{1a}^{-\kappa}$$

$$T_{1a} = T_1 \, (p_{1a}/p_1)^{(\kappa-1)/\kappa}$$

$$T_{1a} = 293 \text{ K } [(16 \text{ bar})/(0,96 \text{ bar})]^{(1,4-1)/1,4} = 655 \text{ K}$$

Da diese Endtemperatur zu hoch ist, wird man zunächst auf einen niedrigeren Druck verdichten und erst wieder auf die ursprüngliche Ansaugtemperatur abkühlen, ehe eine weitere Verdichtung erfolgt. Der geforderte Enddruck wird so in mehreren Stufen erreicht. Bei zweistufigen Anlagen soll der Zwischendruck etwa beim geometrischen Mittel von Anfangs- und Enddruck liegen.

Im Beispiel ergibt sich bei einem Zwischendruck

$$p_{1b} = \sqrt{16 \cdot 0,96} \text{ bar} = 3,92 \text{ bar}$$

eine Verdichtungsendtemperatur

$$T_{1b} = 293 \text{ K } [(3.92 \text{ bar})/(0,96 \text{ bar})]^{(1,4-1)/1,4} = 438 \text{ K.}$$

Die Verdichtungsendtemperatur T_{1d} hat den gleichen Wert.

$$T_{1d} = 293 \text{ K } [(16 \text{ bar})/(3,92 \text{ bar})]^{(1,4-1)/1,4} = 438 \text{ K.}$$

Verdichtungsleistungen P [Gleichungen (4.31), (7.31), (7.32)]

$$P_{12} = \dot{m} \; w_{p12} \qquad\qquad w_{p12} = h_2 - h_1 \qquad\qquad w_{p12} = c_p \, (T_2 - T_1)$$

$$P_{12} = \dot{m} \; c_p \, (T_2 - T_1)$$

Bei einstufiger Verdichtung 1–1a ergäbe sich damit

$$P_{1-1a} = \dot{m} \; c_p \, (T_{1a} - T_1) = 0,58 \text{ kg/s} \cdot 1,004 \text{ kJ/(kg K)} \cdot (655 - 293) \text{ K} = 211 \text{ kW}$$

und bei zweistufiger Verdichtung mit Zwischenkühlung

$$P_{1-1b} + P_{1c-1d} = \dot{m} \; c_p \, [(T_{1b} - T_1) + (T_{1d} - T_{1c})]$$

$$P_{1-1b} + P_{1c-1d} = 0,58 \text{ kg/s} \cdot 1,004 \text{ kJ/(kg K)} \cdot [(438 - 293) + (438 - 293)] \text{ K} = 169 \text{ kW.}$$

Die reversibel aufzubringende Verdichtungsleistung P wäre nach dieser Rechnung bei isothermer Verdichtung am günstigsten, bei isentroper Verdichtung am ungünstigsten. Mit mehrstufiger Verdichtung wird eine Annäherung an die isotherme Verdichtung erreicht. Der entsprechenden Senkung der Betriebskosten steht aber eine Steigerung der Investitionskosten gegenüber. Auch der Aufwand für die Kühlung muss bei beiden Kosten berücksichtigt werden.

Kühlleistungen $\dot{Q}$ [Gleichungen (4.48), (6.23)]

$$\dot{Q}_{12} = \dot{m} \; (h_2 - h_1) \qquad\qquad h_2 - h_1 = c_p \, (T_2 - T_1)$$

$$\dot{Q}_{12} = \dot{m} \; c_p \, (T_2 - T_1)$$

Bei einstufiger Verdichtung 1–1a ergäbe sich damit für die Abkühlung 1a–2

$$\dot{Q}_{1a-2} = \dot{m} \; c_p \, (T_2 - T_{1a}) = 0,58 \text{ kg/s} \cdot 1,004 \text{ kJ/(kg K)} \cdot (293 - 655) \text{ K} = -211 \text{ kW}$$

und bei zweistufiger Verdichtung mit Zwischenkühlung

$$\dot{Q}_{1b-1c} + \dot{Q}_{1d-2} = \dot{m} \; c_p \, [(T_{1c} - T_{1b}) + (T_2 - T_{1d})]$$

$$\dot{Q}_{1b-1c} + \dot{Q}_{1d-2} = 0,58 \text{ kg/s} \cdot 1,004 \text{ kJ/(kg K)} \cdot [(293 - 438) + (293 - 438)] \text{ K} = -169 \text{ kW.}$$

Auch bei den Kühlleistungen $\dot{Q}$ zeigt sich, dass der isotherme Prozess den geringsten Betriebsaufwand erfordert.

Ein Vergleich ergibt, dass die gesamte Verdichtungsleistung durch Kühlung abgeführt werden muss, wenn die Druckluft mit der Ansaugtemperatur in die Druckleitung strömen soll.

7.6 Polytrope Zustandsänderungen

Die speziellen Zustandsänderungen lassen sich zusammenfassend darstellen.

Wenn man die bisher besprochenen speziellen Zustandsänderungen zusammen in ein p, v-Diagramm und ein T, s-Diagramm einträgt, zeigt sich, dass sich diese Kurven als zu einem Kurvenbüschel gehörend ansehen lassen (Bild 7-9). Es wird sich zeigen, dass diejenigen Zustandsänderungen, die zwischen den speziellen verlaufen, besondere praktische Bedeutung haben.

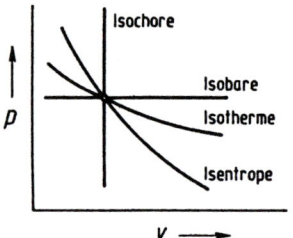 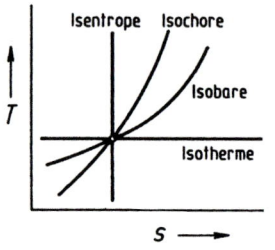

Bild 7-9
Die speziellen
Zustandsänderungen
Idealer Gase
im p, v-Diagramm und
im T, s-Diagramm

Dieses Kurvenbüschel lässt sich mathematisch durch die Gleichung

$$p \cdot v^n = \text{const.} \tag{7.38}$$

darstellen. Die Kurven des Büschels werden als *Polytropen*, die Gleichung als *Polytropengleichung* bezeichnet. Der Exponent n heißt entsprechend *Polytropenexponent*. Die Bezeichnung *Polytrope* erscheint so als Oberbegriff für die speziellen und alle dazwischenliegenden Zustandsänderungen. In der Praxis werden mit *Polytrope* meistens die zwischen der Isotherme und der Isentropen liegenden Zustandsänderungen (diese beiden ausgeschlossen) bezeichnet. Mit diesen Polytropen lassen sich die in Motoren und Verdichtern ablaufenden Vorgänge näherungsweise wiedergeben und wie reversible Zustandsänderungen berechnen.

Ersetzt man in der Polytropengleichung (7.38) eine der beiden Zustandsgrößen p oder v durch die Temperatur T und formt mit Hilfe der Gasgleichung (6.1) um, so ergeben sich wie bei der Isentropen zwei weitere Beziehungen zwischen den thermischen Zustandsgrößen.

$$T \cdot v^{n-1} = \text{const.} \tag{7.39}$$

$$p^{n-1} T^{-n} = \text{const.} \tag{7.40}$$

Die Werte des Polytropenexponenten n lassen sich mit wenigen Umformungen ermitteln.

Isobare	$p\, v^n =$	$p\, v^0 = p$	$= \text{const.}$	$n = 0$	(7.41)
Isotherme	$p\, v^n =$	$p\, v^1 = R\,T$	$= \text{const.}$	$n = 1$	(7.42)
Isentrope	$p\, v^n =$	$p\, v^\kappa$	$= \text{const.}$	$n = \kappa$	(7.43)
Isochore	$v \quad =$	$\text{const.}\, p^{-1/n}$	$= \text{const.}\, p^0$	$n \to \infty$	(7.44)

Arbeiten und Wärmen – Volumenarbeit w_V, Druckarbeit w_p und übertragene Wärme q lassen sich aus dem Ansatz für die Volumenarbeit, aus dem Ersten Hauptsatz, den Kalorischen Zustandsgleichungen für Ideale Gase und einer der Polytropengleichungen ermitteln. Tabelle 7-3 zeigt den Berechnungsgang.

$$w_{V12} = \frac{1}{n-1} R\,(T_2 - T_1) \tag{7.45}$$

$$w_{V12} = \frac{1}{n-1} R T_1 \left[\left(\frac{p_2}{p_1}\right)^{\frac{n-1}{n}} - 1 \right]$$ (7.46)

$$w_{p12} = \frac{n}{n-1} R (T_2 - T_1)$$ (7.47)

$$w_{p12} = \frac{n}{n-1} R T_1 \left[\left(\frac{p_2}{p_1}\right)^{\frac{n-1}{n}} - 1 \right]$$ (7.48)

$$q_{12} = c_v \frac{n-\kappa}{n-1} (T_2 - T_1)$$ (7.49)

Die Gleichungen für die beiden polytropen Arbeiten sind in gleicher Weise aufgebaut wie die Gleichungen für isentrop umgesetzte Arbeiten. Vergleicht man die Beziehungen für Volumenarbeit w_V und Druckarbeit w_p miteinander, so zeigt sich, dass beide sich nur durch den Faktor n unterscheiden.

$$w_{p12} = n\, w_{V12}$$ (7.50)

Die bei polytropen Zustandsänderungen übertragene Wärme q lässt sich in der Form

$$q_{12} = c_n (T_2 - T_1)$$ (7.51)

schreiben. Darin ist c_n die *spezifische polytrope Wärmekapazität*.

$$c_n = c_v \frac{n-\kappa}{n-1}$$ (7.52)

Die Wärmekapazität c_n ist keine Stoffgröße, da sie außer von c_v und κ auch noch vom Polytropenexponenten n abhängt, also vom Verlauf der Zustandsänderung. Bild 7-10 zeigt, dass c_n im technisch wichtigen Bereich für Expansionsvorgänge zwischen $n = 1$ und $n = \kappa$ negative Werte hat, während bei Kompressionsvorgängen für $n > \kappa$ positive Werte gelten.

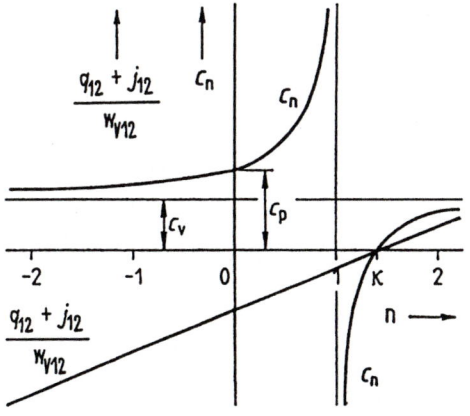

Bild 7-10
Abhängigkeit der spezifischen polytropen Wärmekapazität c_n und des Verhältnisses $(q_{12} + j_{12})/w_{V12}$ vom Polytropenexponenten n.

Für $n = 0$ wird $c_n = c_p$,

für $n \rightarrow \infty$ nähert sich c_n dem Wert c_v.

Aus einem negativen Wert der Wärmekapazität c_n folgt für eine polytrope Expansion, da die Temperaturdifferenz ebenfalls negativ wird, dass dem expandierenden Gas Wärme oder auch Streuenergie zufließt. Eine polytrope Kompression ist zwischen $n = 1$ und $n = \kappa$ nur bei gleichzeitiger Wärmeabgabe des Gases möglich.

Tabelle 7-3 Arbeiten und Wärmen bei polytropen Zustandsänderungen

Volumenarbeit w_{V12}

$$w_{V12} = -\int_1^2 p \, \mathrm{d}v \qquad (4.19) \qquad\qquad p \cdot v^n = p_1 \cdot v_1^n \qquad (7.37)$$

$$= p_1 v_1^n \int_2^1 p \frac{\mathrm{d}v}{p \, v^n} = p_1 v_1^n \int_2^1 \frac{\mathrm{d}v}{v^n} \qquad\qquad 1 = \frac{p_1 \cdot v_1^n}{p \cdot v^n} = \frac{p_1^{\frac{1}{n}} \cdot v_1}{p^{\frac{1}{n}} \cdot v}$$

$$= p_1 v_1 v_1^{n-1} \cdot \frac{1}{1-n}(v_1^{1-n} - v_2^{1-n}) = \frac{p_1 v_1}{n-1}\left(\frac{v_2^{1-n}}{v_1^{1-n}} \cdot \frac{p_2 v_2^n}{p_1 v_1^n} - \frac{v_1^{1-n}}{v_1^{1-n}} \right)$$

$$w_{V12} = \frac{p_1 v_1}{n-1}\left(\frac{p_2 v_2}{p_1 v_1} - 1 \right) = \frac{1}{n-1}(p_2 v_2 - p_1 v_1) = \frac{1}{n-1} R(T_2 - T_1) \qquad (7.45)$$

$$w_{V12} = \frac{p_1 v_1}{n-1}\left(\frac{p_2 v_2}{p_1 v_1} \cdot \frac{p_1^{\frac{1}{n}} v_1}{p_2^{\frac{1}{n}} v_2} - 1 \right) = \frac{R T_1}{n-1}\left[\left(\frac{p_2}{p_1} \right)^{\frac{n-1}{n}} - 1 \right] \qquad (7.46)$$

Wärme q_{12}

$$q_{12} = (u_2 - u_1) - w_{V12} \qquad (4.38) \qquad\qquad u_2 - u_1 = c_v(T_2 - T_1) \qquad (6.24)$$

$$= c_v(T_2 - T_1) - \frac{R}{n-1}(T_2 - T_1) \qquad\qquad R = c_p - c_v \qquad (6.38)$$

$$= \frac{c_v(n-1) - (c_p - c_v)}{n-1}(T_2 - T_1) \qquad\qquad \kappa = \frac{c_p}{c_v} \qquad (6.74)$$

$$q_{12} = c_v \frac{n-\kappa}{n-1}(T_2 - T_1) \qquad (7.49)$$

Druckarbeit w_{p12}

$$w_{p12} = (h_2 - h_1) - q_{12} \qquad (4.37) \qquad\qquad h_2 - h_1 = c_p(T_2 - T_1) \qquad (6.23)$$

$$= c_p(T_2 - T_1) - c_v \frac{n-\kappa}{n-1}(T_2 - T_1) \qquad\qquad R = c_p - c_v \qquad (6.38)$$

$$= \frac{c_p n - c_p - c_v n + c_p}{n-1}(T_2 - T_1) \qquad\qquad \kappa = \frac{c_p}{c_v} \qquad (6.74)$$

$$w_{p12} = \frac{n}{n-1} R(T_2 - T_1) \qquad (7.47) \qquad\qquad w_{p12} = \frac{n}{n-1} R T_1 \left[\left(\frac{p_2}{p_1} \right)^{\frac{n-1}{n}} - 1 \right] \qquad (7.48)$$

Dissipation und Wärmeaustausch – Bei wirklichen Prozessen, vor allem in Kolbenmaschinen, bestimmen der Wärmeaustausch mit als Wärmespeicher wirkenden Begrenzungswänden und andere Dissipationsvorgänge wie Reibung und Verwirbelung den Verlauf der Zustandsänderung und damit den Polytropenexponenten. Bei einer Expansion wird ein Teil der vom Gas abgegebenen Arbeit w dissipiert und verbleibt als Streuenergie j im Gas. Beim Verdichten muss die Streuenergie j durch erhöhte Arbeitszufuhr ausgeglichen werden. Beide Dissipationsvorgänge wirken wie eine zusätzliche Wärmeübertragung, sodass die Gleichungen in gleicher Weise wie für eine reversible Zustandsänderung abgeleitet werden können.

Die Gleichungen für die Polytropen decken also auch solche Zustandsänderungen ab, bei denen die Verhältnisse von übertragener Wärme q einschließlich der Streuenergie j zu übertragener Arbeit w_V nicht denen bei den speziellen Zustandsänderungen entsprechen. Aus den

Gleichungen (7.45) und (7.49) lässt sich das Verhältnis $(q + j) / w_V$ leicht ableiten [Gleichung (7.53)]. Bild 7-10 zeigt, in welchen Bereichen des Polytropenexponenten n Wärme q und Streuenergie j das gleiche und in welchen sie verschiedene Vorzeichen wie die Arbeit w_V haben.

$$\frac{q_{12} + j_{12}}{w_{V12}} = -\frac{\kappa - n}{\kappa - 1} \tag{7.53}$$

Wenn polytrope Zustandsänderungen dissipationsbehaftet sind, ist die spezifische Technische Arbeit w_t [Gleichung (4.30)] auch bei Vernachlässigung der Hubarbeit w_H und der Beschleunigungsarbeit w_B nicht gleich der Druckarbeit w_p. Mit spezifischen Größen gilt dann

$$w_{t12} = w_{p12} + j_{12}. \tag{7.54}$$

Die Arbeitsleistung P_{ad} adiabater Maschinen lässt sich, wenn Eintritts- und Austrittszustand bekannt sind, mit den Gleichungen (4.3) und (6.23) bestimmen.

$$(P_{12})_{ad} = \dot{m} (h_2 - h_1) = \dot{m}\, c_p\, (T_2 - T_1) \tag{7.55}$$

■ **Beispiel 7.6** Ein adiabater Druckluftmotor verbraucht 0,0324 m³/s Druckluft mit einem Überdruck von 3,68 bar und einer Eintrittstemperatur von 25,4 °C. Am Motoraustritt wird eine Temperatur von 4,2 °C bei einem Umgebungsdruck von 0,92 bar gemessen. (Die Luft soll als Ideales Gas mit konstanten Stoffwerten behandelt werden.)

Welche Arbeitsleistung gibt die Druckluft im Motor ab? Welchen isentropen Gütegrad erreicht die Expansion im Motor? Welcher Polytropenexponent ergibt sich aus den Messdaten?

Daten Druckluftverbrauch $\dot{V}_1$ = 0,0324 m³/s

Eintrittszustand p_1 = $p_ü + p_{amb}$ = (3,68 + 0,92) bar = 4,60 bar

t_1 = 25,4 °C T_1 = 298,6 K

Austrittszustand p_{amb} = p_2 = 0,92 bar

t_2 = 4,2 °C T_2 = 277,4 K

Arbeitsleistung P [Gleichung (7.55), (6.2), Bild 6.10]

$$P = \dot{m}\, c_p\, (T_2 - T_1) = 0{,}174 \text{ kg/s} \cdot 1{,}004 \text{ kJ/(kgK)} \cdot (277{,}4 - 298{,}6) \text{ K} = -3{,}67 \text{ kW}$$

$$\dot{m} = \frac{p_1 \dot{V}_1}{R T_1} \quad \frac{4{,}60 \cdot 10^2 \text{ kN} \cdot 3{,}24 \cdot 10^{-2} \text{ m}^3 \text{ kg K}}{\text{m}^2 \text{s} \cdot 0{,}2872 \text{ kJ} \cdot 298{,}6 \text{ K}} \quad 0{,}1738 \frac{\text{kg}}{\text{s}}$$

Isentroper Gütegrad η_s [Gleichung (6.56), (7.29)]

$$\eta_s = \frac{T_1 - T_2}{T_1 - T_{2s}} = \frac{(298{,}6 - 277{,}4) \text{ K}}{(298{,}6 - 188{,}5) \text{ K}} = 0{,}193 \qquad T_{2s} = T_1 \left(\frac{p_2}{p_1}\right)^{\frac{\kappa-1}{\kappa}} = 298{,}6 \text{ K} \left(\frac{0{,}92 \text{ bar}}{4{,}60 \text{ bar}}\right)^{\frac{1{,}4-1}{1{,}4}} = 188{,}5 \text{ K}$$

Polytropenexponent n [Gleichung (7.40)]

$$n = \frac{\ln (p_1 / p_2)}{\ln (p_1 / p_2) - \ln (T_1 / T_2)} = \frac{\ln (4{,}60 / 0{,}92)}{\ln (4{,}60 / 0{,}92) - \ln (298{,}6 / 277{,}4)} = 1{,}048$$

Ergänzung Hier sei die isentrope Arbeitsleistung P_s und mit dieser nochmals der isentrope Gütegrad η_s errechnet.

$$P_s = \dot{m}\, c_p (T_{2s} - T_1) = 0{,}1738 \text{ kg/s} \cdot 1{,}004 \text{ kJ/kg K} \cdot (188{,}5 - 298{,}6) \text{ K} = -19{,}21 \text{ kW}$$

$$\eta_s = \frac{P}{P_s} = \frac{-3{,}67 \text{ kW}}{-19{,}21 \text{ kW}} = 0{,}192$$

Der niedrige Wert des Gütegrades η_s spiegelt sich wider im Wert der zeitbezogenen Streuarbeit $\dot{J}$ [Gleichung (7.54)].

$$\dot{J} = P - P_s = \dot{m}\, c_p (w_t - w_p) = -3{,}67 \text{ kW} - (-19{,}21) \text{ kW} = 15{,}54 \text{ kW}$$

Diese wirkt wie eine nach der isentropen Expansion isobar zugeführte Wärme [Bild 6.10].

■ **Beispiel 7.7** Zur Auswertung von Versuchen, bei denen Drücke und Temperaturen während eines Kompressions- oder Expansionsvorganges, etwa in einer Kolbenmaschine, gemessen wurden, wird die Polytropengleichung (7.38) so umgeformt, dass eine Geradengleichung entsteht.

$$p \cdot v_n = p_1 \cdot v_1^n = p_2 \cdot v_2^n \qquad\qquad \ln \frac{p_1}{p_2} = n \ln \frac{v_2}{v_1}$$

Variabeln dieser Geradengleichung sind die Logarithmen des Druckverhältnisses und des Volumenverhältnisses. Diese Logarithmen sind die (verdeckten) Koordinaten eines auf Potenzpapier gezeichneten p, v-Diagramms (Bild 7-11). Man trägt die gemessenen Werte p und v ein und gleicht durch eine Grade aus. Mit zwei geeigneten Wertepaaren der Ausgleichsgeraden (p_1, v_1) und (p_2, v_2) lässt sich der Polytropenexponent n errechnen.

$$n = \frac{\ln p_2 - \ln p_1}{\ln v_1 - \ln v_2}$$

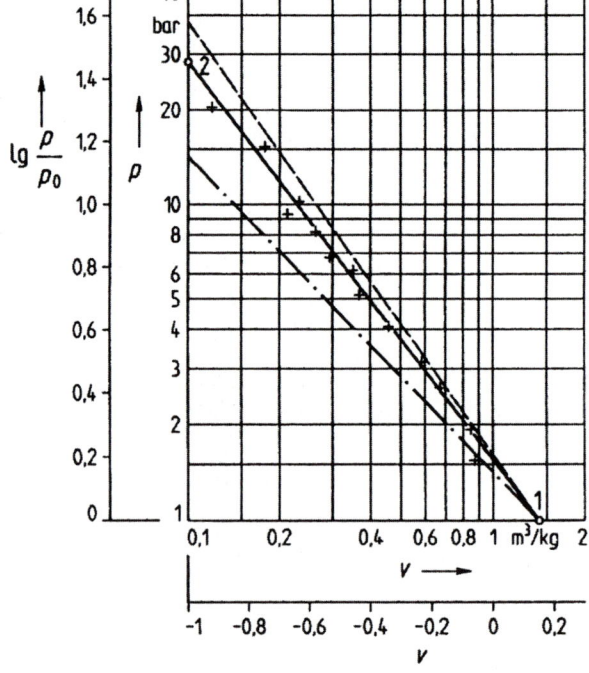

Bild 7-11
Graphische Ermittlung eines Polytropenexponenten

+   Messpunkte
o   Punkte 1 und 2 der Ausgleichsgeraden
– – –   Isentrope $n = 1{,}4$
–·–   Isotherme $n = 1$

Die Auswertung der in Bild 7-11 eingetragenen Messwerte ergibt die folgende Rechnung.

$$p_2 = 28 \text{ bar}; \quad \lg p_2 = 1{,}45$$
$$p_1 = 1 \text{ bar}; \quad \lg p_1 = 0{,}00$$
$$\lg p_2 - \lg p_1 = 1{,}45$$
$$v_1 = 1{,}4 \text{ m}^3/\text{kg}; \quad \lg v_1 = 0{,}15$$
$$v_2 = 0{,}1 \text{ m}^3/\text{kg}; \quad \lg v_2 = -1{,}00$$
$$\lg v_1 - \lg v_2 = 1{,}15$$
$$n = 1{,}45/1{,}15 = 1{,}26$$

Kontrolle:
$$p_2 = p_1 (v_1/v_2)^n$$
$$= 1 \text{ bar} (1{,}4/0{,}1)^{1{,}26}$$
$$p_2 = 27{,}8 \text{ bar}$$

Eine bessere Übereinstimmung ist bei diesem graphischen Verfahren nicht zu erwarten und wegen der Streuung der Versuchsergebnisse auch nicht notwendig. Bei höheren Genauigkeitsanforderungen müssten die Messwerte rechnerisch nach der Methode der kleinsten Fehlerquadrate ausgewertet werden.

7.7 Fragen und Übungen

Frage 7.1 Mit welcher Gleichung kann man bei einer isentropen Zustandsänderung eines Idealen Gases die übertragene Wärme q_{12} berechnen?

(a) $q_{12} = c_v \Delta T$ (d) $q_{12} = \kappa w_{P12}$

(b) $q_{12} = c_p \Delta T$ (e) $q_{12} = w_{V12} / \kappa - 1$

(c) $q_{12} = \kappa w_{V12}$ (f) Mit keiner dieser Gleichungen

Frage 7.2 Ein Ballon steigt von der Erdoberfläche auf. Der Luftdruck auf der Erdoberfläche beträgt 0,960 bar. Wie groß ist der Luftdruck, wenn das Ballonvolumen bei unveränderter Temperatur auf 133 Prozent zugenommen hat?

(a) 1340 hPa   (c) 810 hPa   (e) 320 hPa
(b) 1277 hPa   (d) 722 hPa   (f) 240 hPa

Frage 7.3 Welche Beziehung gilt immer für eine isotherme Zustandsänderung eines Idealen Gases?

(a) $dp = 0$ (c) $du = c_v\, dT$
(b) $dw_v = -dq$ (d) Keine der vorstehenden Beziehungen

Frage 7.4 Wie kann eine bei einer isobaren Zustandsänderung zugeführte oder abgeführte Wärme in den folgenden Diagrammen dargestellt werden?

Diagramm	p, v	T, s	h, s	p, h	p, t
Als Strecke	(a)	(a)	(a)	(a)	(a)
Als Fläche	(b)	(b)	(b)	(b)	(b)
Gar nicht	(c)	(c)	(c)	(c)	(c)

Frage 7.5 Ordnen Sie den im p, v-Diagramm (Bild 7-12) eingezeichneten Kurven den entsprechenden Polytropenexponenten n derart zu, dass sie durch den Potenzansatz $p \cdot v^n$ = const. dargestellt werden können. (Abszisse und Ordinate sind linear geteilt.)

Kurve	A	B	C	D
$n = 0$	(a)	(a)	(a)	(a)
$n = 1$	(b)	(b)	(b)	(b)
$n = \kappa$	(c)	(c)	(c)	(c)
$n = \infty$	(d)	(d)	(d)	(d)

Bild 7-12

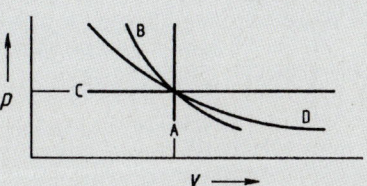

Frage 7.6 Ordnen Sie den im T, s-Diagramm (Bild 7-13) eingezeichneten Kurven den entsprechenden Polytropenexponenten n derart zu, dass sie durch den Potenzansatz $p \cdot v^n$ = const. dargestellt werden können. (Abszisse und Ordinate sind linear geteilt.)

Kurve	α	β	γ	δ
$n = 0$	(a)	(a)	(a)	(a)
$n = 1$	(b)	(b)	(b)	(b)
$n = \kappa$	(c)	(c)	(c)	(c)
$n = \infty$	(d)	(d)	(d)	(d)

Bild 7-13

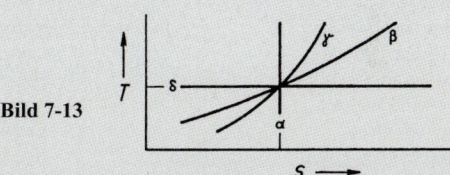

Frage 7.7 Welche der folgenden Beziehungen gilt für die isochoren Zustandsänderungen Idealer Gase?

(a) pv = const.   (d) $q_{12} = c_v (T_2 - T_1)$ (g) Keine der
(b) P/T = const.   (e) $w_{12} = q_{12}$ vorstehenden
(c) RT = const.   (f) $w_p = 0$ Beziehungen

Frage 7.8 Bei welcher Temperatur hat die Dichte von Luft den halben Wert der Dichte beim Umgebungszustand ($t_1 = 15\ °C$, $p_1 = 1$ bar) erreicht, wenn der Druck konstant bleibt?

(a) $t_2 = 30\ °C$ (c) $T_2 = 303$ K   (e) $T_2 = 576$ K
(b) $t_2 = 188\ °C$ (d) $T_2 = 561$ K   (f) Bei völlig anderer Temperatur

Frage 7.9 Ein Sporttaucher atmet Luft aus einer Vorratsflasche über einen Druckregler, der die Atemluft automatisch dem der Tauchtiefe entsprechenden Wasserdruck angleicht. Es sei angenommen, dass der Taucher in einer Wassertiefe von 30 m seine Lungen mit 3 Liter Luft füllt.

Welches Volumen würde die Luft theoretisch einnehmen, wenn der Taucher ohne Ausatmen an die Wasseroberfläche steigt?

(a) 0,75 Liter   (c) 3 Liter   (e) 12 Liter
(b) 1 Liter   (d) 9 Liter

Frage 7.10 Welche der folgenden Aussagen trifft für eine isochore Zustandsänderung zu?

(a) Isochoren werden im p, v-Diagramm als Kurven abgebildet, die senkrecht zur Abszisse verlaufen.

(b) Bei isochoren Zustandsänderungen wird keine Wärme übertragen.

(c) Die Volumenarbeit w_V hat keinen endlichen Wert.

(d) Isochoren verlaufen im T, s-Diagramm flacher als Isobaren.

(e) Keine der vorstehenden Aussagen trifft zu.

Frage 7.11 Durch eine Rohrleitung mit einem konstanten Querschnitt strömt verlustfrei ein Ideales Gas. Es wird dabei um eine Temperaturänderung ΔT erwärmt. Welche der Zustandsgrößen des Gases bleibt dabei konstant?

(a) Entropie	(c) Druck	(e) Spezifisches Volumen
(b) Temperatur	(d) Enthalpie	(f) Keine der genannten Größen

Frage 7.12 Welcher Zusammenhang besteht zwischen der übertragenen Wärme q_{12} und der übertragenen Druckarbeit w_{p12} bei der isothermen Zustandsänderung eines Idealen Gases?

(a) $q_{12} = \kappa \cdot w_{p12}$ (d) $q_{12} = 0$

(b) $q_{12} = -w_{p12}$ (e) $q_{12} = c_p \cdot w_{p12}$

(c) $q_{12} = c_p \cdot \Delta T$ (f) Keiner dieser Zusammenhänge

Frage 7.13 Welche der folgenden Aussagen über die Verwendung der empirischen oder der thermodynamischen Temperatur ist richtig?

(a) Im Temperatur-Entropie-Diagramm ist die Fläche zwischen dem Verlauf einer isobaren Zustandsänderung und dem darunter liegenden Abszissenstück proportional der Enthalpiedifferenz, wenn der Koordinatenursprung bei 0 °C liegt.

(b) In die Gasgleichung sind immer die Werte der empirischen Temperatur einzusetzen.

(c) Im MOLLIER-Enthalpie-Entropie-Diagramm für Wasserdampf nach E. SCHMIDT (Bild 5-15) sind die Isothermen mit den Werten der thermodynamischen Temperatur gekennzeichnet.

(d) In den Dampftafeln für Kältemittel sind die Sättigungswerte für spezifisches Volumen, Enthalpie usw. als Funktion der empirischen Temperatur angegeben.

(e) Keine der vorstehenden Aussagen ist richtig.

Frage 7.14 Wie lauten die Formelzeichen für die folgenden Größen? Zustandsgrößen sollen für den Zustand 1 und Prozessgrößen für den Prozess zwischen den Zuständen 1 und 2 angegeben werden.

1. Molare Gaskonstante
2. Spezifische Anergie
3. Leistungsaufnahme eines Verdichters
4. Spezifische Wärme
5. Umgebungsdruck
6. Mittlere molare isochore Wärmekapazität
7. Spezifische Druckarbeit
8. Molmasse
9. Normmolvolumen
10. Entropiestrom infolge Wärmeübertragung
11. Spezifische Verdampfungsenthalpie
12. Isentropenexponent
13. Verflüssigerleistung einer Kühlmaschine
14. Exergieverlust
15. Überdruck

Frage 7.15 Wie werden die im folgenden beschriebenen Kurven in Zustandsdiagrammen bezeichnet?

1. Kurve, auf der die Zustandsänderungen in einem Behälter verlaufen.
2. Kurve, auf der die natürlichen Zustandsänderungen verlaufen, bei denen keine Wärme übertragen wird.
3. Kurve, auf der die Zustände vor und nach einer Maschine liegen, in der sich alle thermischen Zustandsgrößen ändern.
4. Kurve, auf der die Zustände vor und nach einer reversiblen Expansion ohne Wärmeaustausch liegen.
5. Kurve, auf der nur Zustände liegen, bei denen drei Phasen miteinander im Gleichgewicht sind.
6. Kurve, auf der Zustandsänderungen verlaufen, bei denen die jeweils an das oder vom Gas übertragene Wärme den gleichen Betrag hat wie die Arbeit.
7. Kurve, auf der die Zustände vor und nach einer Drossel liegen.
8. Kurve, auf der sämtliche Zustände liegen, bei denen eine Energiezufuhr Dampf aus Feststoff entstehen lässt.
9. Kurve, auf der die Zustände liegen, bei denen das Verhältnis von Dampfmasse zu Gesamtmasse gleich ist.
10. Kurve, auf der jeder Punkt eine bestimmte Menge von Zuständen beschreibt; zwischen zwei zu einem Punkt gehörenden Zuständen ändert sich der Dampfgehalt.
11. Kurve, auf der die Zustände vor und nach einer Maschine liegen, wenn die Entropie konstant bleibt.
12. Kurven, auf der nur solche Einphasenzustände liegen, bei denen eine Energieübertragung den Beginn eines Phasenwechsels bewirken kann.

Frage 7.16 Mit welcher Gleichung lässt sich das Druckverhältnis p_2 / p_1 für die isotherme Zustandsänderung eines Nassdampfes bei der Temperatur T berechnen, wenn die spezifischen Volumen v_1 und v_2 für Anfang und Ende der Zustandsänderung bekannt sind?

(a) $p_2 / p_1 = v_1 / v_2$ (d) $p_2 / p_1 = R\,T\,[1 - (v_2 / v_1)^{(\kappa-1)/\kappa}]$

(b) $p_2 / p_1 = R\,T \ln(v_1 / v_2)$ (e) Mit keiner der vorstehenden Gleichungen.

(c) $p_2 / p_1 = v_2 / v_1$

Übung 7.1 Eine Druckluftanlage liefert stündlich 110 m³ Luft mit einem Überdruck von 7,5 bar und einer Temperatur von 22 °C. Die Luft wird vom Verdichter mit einem Druck von 0,97 bar und einer Temperatur von 15 °C angesaugt und isentrop verdichtet. Dann strömt die Luft durch einen wassergekühlten Druckluftkühler, in dem die Lufttemperatur auf 22 °C gesenkt wird.

1. Skizzieren Sie die Anlage sowie die Zustandsänderungen der Luft im p, v-Diagramm und im T, s-Diagramm.
2. Welche Temperatur hat die Luft am Ende der Verdichtung?
3. Wie groß ist der Volumenstrom der angesaugten Luft?
4. Welcher Wärmestrom wird an das Kühlwasser abgegeben?
5. Wie groß wird die Temperatur am Ende der Verdichtung, wenn der Verdichter mit einem isentropen Wirkungsgrad von 84 % arbeitet?
6. Um wieviel Prozent vergrößert sich der Kühlwasserverbrauch durch die nichtisentrope Verdichtung?

Übung 7.2 In einem Luftverdichter sind bei der Kompression die folgenden Drücke und Temperaturen gemessen worden.

p	bar	0,98	1,15	1,61	1,76	2,84	4,48	7,6	9,8	15,3
T	K	288	307	318	317	363	369	382	417	453

Bestimmen Sie den Polytropenexponenten mit Hilfe von Potenzpapier.

Übung 7.3 In einer Strömungsmaschine wird Stickstoff von 0,95 bar und 20 °C isotherm auf einen Druck von 50 bar verdichtet. Anschließend wird der Stickstoff in einer Turbine näherungsweise isentrop auf den Ausgangsdruck entspannt und dann in einem Wärmeaustauscher isobar auf die Ausgangstemperatur gebracht. Die von der Turbine abgegebene Arbeitsleistung wird oft nicht genutzt, sondern über eine Bremse und Kühlung in die Umgebung abgeführt.

1. Skizzieren Sie diesen Kreisprozess in einem T, s-Diagramm.
2. Welche Expansionsendtemperatur würde bei isentropen Verlauf erreicht?
3. Welche (spezifischen) Druckarbeiten werden bei den drei Teilprozessen übertragen?
4. Wie groß ist die gesamte am Kreisprozess übertragene Arbeit?
5. Welche Wärmen werden bei den drei Teilprozessen übertragen?
6. Vergleichen Sie die gesamte Kreisprozessarbeit mit der Summe der übertragenen Wärmen.
7. Welchen Wert hat das Nutzen-Aufwand-Verhältnis mit und ohne Nutzung der Expansionsarbeit?

Übung 7.4 Ein Druckluftmotor verbraucht nach den Ergebnissen einer Messung in der Sekunde 0,0193 kg Druckluft von 22,3 bar und 24,8 °C. Der Umgebungsdruck beträgt 0,91 bar.

1. Welchen Volumenstrom nimmt der Motor auf?
2. Welche Arbeitsleistung gäbe die Druckluft bei einer isothermen Expansion ab und welcher Wärmestrom wäre dabei zu übertragen?
3. Wie groß wären diese beiden Energieströme bei isentroper Expansion?

Übung 7.5 In einem adiabaten Zylinder befinden sich $4,8 \cdot 10^{-3}$ kg Stickstoff unter einem absoluten Druck von 1,46 bar bei einer Temperatur von 24,7 °C. Dem Stickstoff wird eine Arbeit von 0,506 kJ zugeführt, während der Kolben in seiner Stellung bleibt. Dann expandiert der Stickstoff bis auf den Ausgangsdruck und leistet dabei Arbeit. [Nach 25]

1. Wie groß sind Temperatur und Druck nach der Arbeitszufuhr?
2. In welcher Weise wurde die Arbeit zugeführt?
3. Wie viel Arbeit würde bei der Expansion unter optimalen Bedingungen abgegeben?
4. Wie groß ist das Verhältnis von abgegebener zu aufgewendeter Arbeit?
5. Wie groß ist die Volumenarbeit an der Umgebung?
6. Um welchen Betrag hat die Entropie des Stickstoffs zugenommen?
7. Wie groß ist die Exergie des Stickstoffs im Anfangszustand und wie ändert sie sich bei den Zustandsänderungen? Der Umgebungszustand kann dazu mit 273,2 K und 1,013 bar angenommen werden.

8 Ideale Gas- und Gas-Dampf-Gemische

Viele der in der Technik verwendeten Gase sind Mischungen von chemisch reinen Gasen. Diese Gasgemische zeigen bei niedrigen Drücken ebenfalls ein ideales Verhalten. Die für reine Gase ermittelten Gesetze gelten daher auch für Gasgemische. Man muss nur deren Zusammensetzung in geeigneter Weise berücksichtigen (Abschnitt 8.1 bis 8.3).

In der atmosphärischen Luft ist Wasserdampf enthalten, der flüssig als Regen oder Nebel, fest als Schnee oder Reif ausgeschieden werden kann. Kennzeichnend für ein solches Gemisch ist, dass die eine Komponente stets gasförmig bleibt und die andere Komponente sowohl gasförmig als auch – aber nicht immer – flüssig oder fest auftritt und daher als *Dampf* bezeichnet wird.

Die Gas-Dampf-Gemische werden hier am wichtigsten technischen Beispiel, der atmosphärischen Luft, behandelt werden (Abschnitte 8.4 bis 8.10). Die dafür abgeleiteten Gesetzmäßigkeiten gelten grundsätzlich auch für andere Gas-Dampf-Gemische.

8.1 Anteile und Teilgrößen von Gasgemischen, DALTONsches Gesetz

Wie kann man die Zusammensetzung eines Gasgemisches beschreiben?

Die Komponenten eines Gasgemisches werden auch als *Einzelgase* bezeichnet. Wie es bereits allgemein für Stoffgemische im Abschnitt 3.7 gezeigt worden war, lässt sich die Zusammensetzung eines Gemisches unabhängig von Mengen durch die Massenanteile ξ_i oder die Molanteile ψ_i, der Komponenten angeben. Bei Gasgemischen kennzeichnet man die Zusammensetzung auch mit dem Raumanteil r_i. Der Index i steht wieder für die Kurzbezeichnung der Komponente, der Index g bezeichnet die für das Gemisch geltenden Größen. Der Massenanteil ξ_i war in Gleichung (3.30) definiert worden als das Verhältnis der Masse m_i einer Komponente zur Masse m_g des Gemisches.

$$\textit{Massenanteil} \qquad \xi_i \equiv \frac{m_i}{m_g} \qquad\qquad (8.1)$$

Der Raumanteil r_i ist entsprechend definiert als das Verhältnis des Volumens V_i einer Komponente zum Volumen V_g des Gemisches.

$$\textit{Raumanteil} \qquad r_i \equiv \frac{V_i}{V_g} \qquad\qquad (8.2)$$

Das Volumen V_i wird als *Teilvolumen* oder *Partialvolumen* bezeichnet und ist eine nicht direkt messbare Größe, die noch näher erläutert werden muss. Der Raumanteil r_i Idealer Gase ist gleich dem Molanteil ψ_i, wie in Abschnitt 8.2 gezeigt wird.

Für Gemische Idealer Gase hat DALTON 1801 durch Versuche festgestellt:

> In einem Gemisch Idealer Gase verhält sich jedes Einzelgas so,
> als ob es allein im Raum enthalten wäre.

Man kann daher für jede Komponente die Gasgleichung (6.2) ansetzen.

$$p_i \cdot V_g = m_i R_i \, T \qquad\qquad (8.3)$$

Darin sind Volumen V_g und Temperatur T des Gemisches sowie Masse m_i und Gaskonstante R_i der Komponente bei einem bestimmten Gemisch gegeben. Damit verbleibt nur noch der Druck als freie Größe. Dieser Druck p_i wird als *Teildruck* oder *Partialdruck* bezeichnet und mit der umgestellten Gleichung (8.3) definiert.

$$p_i \equiv \frac{m_i R_i T}{V_g} \tag{8.4}$$

Der Teildruck p_i ist danach derjenige Druck, den das Gas auf die Systemgrenzen ausüben würde, wenn es sich allein in dem vom Gemisch eingenommenen Volumen V_g befände (Bild 8-1a). Auch der Teildruck ist eine nicht unmittelbar messbare Größe.

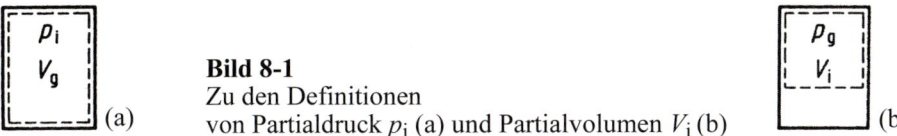

Bild 8-1
Zu den Definitionen
von Partialdruck p_i (a) und Partialvolumen V_i (b)

Man stelle sich vor, die Komponenten eines Gemisches befänden sich so in getrennten Kammern des Gesamtvolumens V_g, dass in jeder Kammer ein Druck gleich dem Gesamtdruck p_g herrscht (Bild 8-1b). Die Kammer einer Komponente i hätte dann das Teilvolumen V_i. Aus der Gasgleichung für diese Komponente

$$p_g \cdot V_i = m_i R_i T \tag{8.5}$$

ergibt sich die Definitionsgleichung für das Teilvolumen V_i.

$$V_i \equiv \frac{m_i R_i T}{p_g} \tag{8.6}$$

Dividiert man die Gleichungen (8.3) und (8.5) durcheinander, so wird die rechte Seite durch Kürzung zu 1.

$$\frac{p_i \cdot V_g}{p_g \cdot V_i} = \frac{m_i R_i T}{m_i R_i T} = 1 \qquad \frac{p_i}{p_g} = \frac{V_i}{V_g} = r_i$$

Damit zeigt sich, dass der Teildruck p_i und der Gesamtdruck p_g ebenso über den Raumanteil r_i miteinander verknüpft sind wie das Teilvolumen V_i und das Gesamtvolumen V_g.

$$p_i = r_i p_g \tag{8.7}$$

$$V_i = r_i V_g \tag{8.8}$$

Man schreibt die beiden Gleichungen (8.7) und (8.8) für jede Komponente des Gemisches an und summiert.

$$\Sigma p_i = \Sigma (r_i p_g) = \Sigma (r_i) p_g$$

$$\Sigma V_i = \Sigma (r_i V_g) = \Sigma (r_i) V_g$$

Da die Summe der Raumanteile r_i gleich 1 ist, ergibt sich, dass die Summe der Teildrücke p_i gleich dem Gesamtdruck p_g.

$$\Sigma p_i = p_g \tag{8.9}$$

und die Summe der Teilvolumen V_i gleich dem Gesamtvolumen V_g ist.

$$\Sigma V_i = V_g \tag{8.10}$$

Diese beiden Aussagen kann man auch als andere, gleichberechtigte Formulierungen des Gesetzes von DALTON auffassen.

Bei Gemischen benutzt man statt des spezifischen Volumens v zweckmäßigerweise die Dichte ρ, da die Beziehung zwischen Gesamt- und Teilgrößen einfacher wird. Aus Gleichung (8.1) folgt

$$m_i = \xi_i \, m_g$$

und nach Division durch das Gesamtvolumen V_g

$$\frac{m_i}{V_g} = \frac{\xi_i \, m_g}{V_g}$$

$$\rho_i = \xi_i \, \rho_g. \tag{8.11}$$

Die Summierung aller Teildichten ρ_i liefert die Gesamtdichte ρ_g

$$\Sigma \rho_i = \rho_g. \tag{8.12}$$

da die Summe aller Massenanteile ξ_i gleich 1 ist.

8.2 Gasgleichung, Gaskonstanten und Molmassen von Gasgemischen

Gilt die Gasgleichung auch für Gasgemische?

Die beiden Formen (8.3) und (8.5) der Gasgleichung für eine Komponente lassen sich zusammenfassen. Dabei werden die beiden Gleichungen (2.3) und (6.3) benutzt, aus denen

$$m_i R_i = M_i \, n_i \, R_i = n_i \, R_m \tag{8.13}$$

folgt. Damit ergibt sich

$$p_i \cdot V_g \qquad = p_g \cdot V_i \qquad = m_i \cdot R_i \cdot T \qquad = n_i \cdot R_m \cdot T. \tag{8.14}$$

Summiert man über alle Komponenten eines Gemisches, so folgt nach Ausklammern der für alle Komponenten gleichen Größen V_g, p_g, T und $R_m \cdot T$

$$(\Sigma p_i) \cdot V_g \qquad = p_g \cdot (\Sigma V_i) \qquad = \Sigma (m_i \cdot R_i) \cdot T \qquad = (\Sigma n_i) \cdot R_m \cdot T. \tag{8.15}$$

Die Gasgleichung für das Gemisch lautet entsprechend

$$p_g \cdot V_g \qquad = p_g \cdot V_g \qquad = m_g \cdot R_g \cdot T \quad = n_g \cdot R_m \cdot T. \tag{8.16}$$

Nach Gleichung (8.9) ist die Summe der Partialdrücke Σp_i gleich dem Gesamtdruck p_g, so dass alle acht Terme der Gleichungen (8.15) und (8.16) einander gleich sind. Damit können aus diesen beiden Gleichungen sowie der Gleichung (8.14) mehrere Aussagen abgeleitet werden.

Setzt man die dritten Terme der beiden Gleichungen (8.15) und (8.16) einander gleich, so ergibt sich daraus ein Ansatz für die spezifische Gaskonstante R_g des Gemisches.

$$R_g = \frac{\Sigma (m_i \, R_i)}{m_g} \tag{8.17}$$

Im Zähler der Gleichung (8.17) steht eine Summe. Dividiert man jeden Summanden durch den Nenner m_g, so erscheint in jedem Summanden der Massenanteil ξ_i der betreffenden Komponente. Damit erhält man eine Gleichung zur Berechnung der Gaskonstante R_g eines Gemisches aus den gewichteten Gaskonstanten R_i der Komponenten.

$$R_g = \Sigma (\xi_i \, R_i) \tag{8.18}$$

Dividiert man die zweiten und vierten Terme der Gleichungen (8.14) und (8.16) durcheinander,

$$\frac{p_g \cdot V_i}{p_g \cdot V_g} = \frac{n_i R_m T}{n_g R_m T}$$

so erhält man die Aussage, dass die Molanteile ψ_i gleich den Raumanteilen r_i sind.

$$\frac{V_i}{V_g} = r_i = \frac{n_i}{n_g} = \psi_i \qquad (8.19)$$

Auch für ein Gemisch gilt Gleichung (6.3), die die Molmasse M_g, die spezifische Gaskonstante R_g und die molare Gaskonstante R_m miteinander verknüpft.

$$M_g R_g = R_m \qquad (8.20)$$

Darin steht die Größe M_g formal an der Stelle einer Molmasse. M_g wird daher als *scheinbare Molmasse* eines Gemisches oder *Gemisch-Molmasse* bezeichnet. Aus den Gleichungen (3.34) und (8.19) folgt, dass die Gemisch-Molmasse M_g als Summe der mit den Raumanteilen r_i gewichteten Molmassen M_i der Komponenten direkt ermittelt werden kann.

$$M_g = \Sigma (M_i \cdot r_i) \qquad (8.21)$$

Dividiert man die zweiten und dritten Terme der Gleichungen (8.14) und (8.16) durcheinander,

$$\frac{p_g \cdot V_i}{p_g \cdot V_g} = \frac{m_i R_i T}{m_g R_g T}$$

so ergibt sich eine Beziehung zur Umrechnung von Volumenanteilen r_i in Massenanteile ξ_i.

$$r_i = \xi_i \frac{R_i}{R_g} \qquad (8.22)$$

Benutzt man mehrfach Gleichung (6.3), so kann mit

$$\frac{R_i}{R_g} = \frac{R_m M_g}{M_i R_m} = \frac{M_g}{M_i}$$

eine weitere Umrechnungsgleichung abgeleitet werden.

$$r_i = \xi_i \frac{M_g}{M_i} \qquad (8.23)$$

■ **Beispiel 8.1** Ein Behälter mit einem Volumen von 0,12 m³ enthält Kohlenoxid unter einem Druck von 8,00 bar bei einer Temperatur von 3,0 °C. In einem weiteren Behälter befindet sich in einem Volumen von 0,080 m³ Methan unter einem Druck von 5,00 bar bei einer Temperatur von 32,0 °C. Beide Behälter sind durch eine kurze Leitung mit einem Absperrventil verbunden. Nach dem Öffnen des Ventils vermischen sich die beiden Gasfüllungen vollständig.

1. Welche Gasmassen befinden sich vor der Vermischung in den beiden Behältern? Wie groß ist die Masse des Gemisches?
2. Wie groß sind die Massenanteile und die Molanteile der beiden Komponenten im Gemisch?
3. Wie groß sind die Gaskonstante und die Molmasse des Gemisches?

Daten

Kohlenoxid CO				Methan CH₄			
V_{CO1}	=	0,120	m³	$V_{CH_4 1}$	=	0,080	m³
p_{CO1}	=	8,00	bar	$p_{CH_4 1}$	=	5,00	bar
t_{CO1}	=	3,0	°C	$t_{CH_4 1}$	=	32,0	°C
T_{CO1}	= 276		K	$T_{CH_4 1}$	= 305		K

Masse m_{CO} des Kohlenoxids und m_{CH_4} des Methans [Gleichung (6.1)]

$$m_{CO} = \frac{p_{CO1} V_{CO1}}{R_{CO} T_{CO1}} = \frac{8 \cdot 10^2 \text{ kN} \cdot \text{kg CO} \cdot \text{K} \cdot 0{,}120 \text{ m}^3}{\text{m}^2 \cdot 0{,}297 \text{ kNm} \cdot 276 \text{ K}} = 1{,}171 \text{ kg CO}$$

$$m_{CH_4} = \frac{p_{CH_41} V_{CH_41}}{R_{CH_4} T_{CH_41}} = \frac{5 \cdot 10^2 \text{ kN} \cdot \text{kg CH}_4 \cdot \text{K} \cdot 0{,}080 \text{ m}^3}{\text{m}^2 \cdot 0{,}519 \text{ kNm} \cdot 305 \text{ K}} = 0{,}253 \text{ kg CH}_4$$

Gemischmasse m_g

$$m_g = m_{CO} + m_{CH_4} = (1{,}171 + 0{,}253) \text{ kg} = 1{,}424 \text{ kg}$$

Massenanteile ξ_i und Raumanteile r_i [Gleichungen (8.1), (8.18), (8.22)]

Stoff	m_i	ξ_i	R_i		$\xi_i R_i$	r_i
	kg		kJ/(kg K)		kJ/(kg K)	
CO	1,171	0,822	0,297		0,244	0,726
CH$_4$	0,253	0,178	0,519		0,092	0,275
G	1,424	1,000		$\{R_g\} =$	0,336	1,001

Gaskonstante R_g und Molmasse M_g des Gemisches [Gleichungen (8.18), (6.3)]

$$R_g = 0{,}336 \frac{\text{kJ}}{\text{kg K}} \qquad M_g = \frac{R_m}{R_g} = \frac{8{,}314 \text{ kJ/(kmol K)}}{0{,}336 \text{ kJ/(kg K)}} = 24{,}7 \frac{\text{kg}}{\text{kmol}}$$

8.3 Kalorische Zustandsgrößen von Gasgemischen

Wie lässt sich die Enthalpie eines Gasgemisches bestimmen?

Bei der Bestimmung der kalorischen Zustandsgrößen *Enthalpie* und *Innere Energie* kann man auch wieder davon ausgehen, dass sich die einzelnen Komponenten eines Gasgemisches gegenseitig nicht beeinflussen. Die Werte für das Gemisch ergeben sich dann als Summe der Werte für die Komponenten.

Die Folgerung aus dieser Überlegung soll für die Enthalpie näher untersucht werden. Bei einem Gemisch mit den Komponenten A, B, ... kann man eine kalorische Zustandsgleichung für jede einzelne Komponente schreiben und dann summieren.

$$\Sigma H_i = \Sigma (m_i \cdot h_i) \quad = \Sigma (m_i \cdot c_{pi}) \, T = \Sigma (n_i \cdot H_{mi}) = \Sigma (n_i \cdot C_{mpi}) \, T \tag{8.24}$$

Für das Gemisch lässt sich entsprechend schreiben:

$$H_g \quad = m_g \cdot h_g \quad = m_g \cdot c_{pg} \cdot T \quad = n_g H_{mg} \quad = n_g \cdot C_{mpg} \cdot T \tag{8.25}$$

Mit der eingangs erläuterten Voraussetzung, dass die Gemischenthalpie H_g gleich der Summe der Komponentenenthalpien H_i ist,

$$H_g = \Sigma H_i \tag{8.26}$$

lassen sich aus den Gleichungen (8.24) bis (8.26) sowie aus der Kalorischen Zustandsgleichung (6.23) die spezifische Enthalpie h_g und die spezifische isobare Wärmekapazität c_{pg} ableiten.

$$h_g \quad = \frac{\Sigma (m_i h_i)}{m_g} \quad = \Sigma \left(\frac{m_i}{m_g} h_i \right) = \Sigma (\xi_i \, h_i) \tag{8.27}$$

$$c_{pg} \quad = \frac{\Sigma (m_i c_{pi})}{m_g} \quad = \Sigma \left(\frac{m_i}{m_g} c_i \right) = \Sigma (\xi_i \, c_{pi}) \tag{8.28}$$

Spezifische Enthalpie h_g und spezifische Wärmekapazität c_{pg} eines Gemisches werden also über den Massenanteil ξ_i aus den Werten der Komponenten ermittelt.

Für die molare Enthalpie H_{mg} und die isobare Molwärme C_{mpg} eines Gemisches lässt sich aus den Gleichungen (8.24) bis (8.26) ableiten, dass diese Größen über die Raumanteile r_i aus den Werten der Komponenten gebildet werden.

$$H_{mg} = \Sigma\,(r_i\,H_{mi}) \tag{8.29}$$

$$C_{mpg} = \Sigma\,(r_i\,C_{mpi}) \tag{8.30}$$

Dabei ist benutzt worden, dass nach Gleichung (8.19) bei Idealen Gasen der Raumanteil r_i gleich dem Molanteil ψ_i ist.

Für die Innere Energie und die isochoren Wärmekapazitäten gelten die entsprechenden Beziehungen.

Um für ein Gemisch die spezifische Entropie s_g zu erhalten, genügt es nicht, nur die spezifischen Entropien s_i gewichtet zu summieren. Vielmehr muss berücksichtigt werden, dass die Vermischung ein irreversibler Prozess ist, der ohne Energiezufuhr aus der Umgebung nicht rückgängig gemacht werden kann.

$$s_{g2} - s_{g1} = c_{pg}\ln\left(\frac{T_2}{T_1}\right) - R_g\ln\left(\frac{p_{g2}}{p_{g1}}\right) - \Sigma(\xi_i\,R_i\ln r_i) \tag{8.31}$$

Wenn also die Komponenten im Zustand 1 noch nicht vermischt waren, berücksichtigt der dritte Term in Gleichung (8.31), durch den die auf das Gemisch angewandte Gleichung (6.42) zu ergänzen ist, die mit dem Vermischungsvorgang zwischen den Zuständen 1 und 2 verbundene Entropieerzeugung. Da der im Term enthaltene Logarithmus immer einen negativen Wert hat, erhöht sich die Entropie. Bei Gleichung (8.31) ist vorausgesetzt, dass alle Komponenten vor der Vermischung unter gleichem Druck und gleicher Temperatur stehen.

■ **Beispiel 8.2** Für das in Beispiel 8.1 beschriebene Gemisch sind die Massen und die Anteile der Komponenten sowie Gaskonstante und Molmasse des Gemisches bestimmt worden.
1. Welche Temperatur stellt sich im Gemisch ein, wenn beide Behälter als adiabat angesehen werden können?
2. Welcher Druck stellt sich im Gemisch ein?

Daten wie im Beispiel 8.1

Temperatur t_g des Gemisches [Gleichungen (6.26), (6.38)]

Da weder Wärme noch Arbeit nach außen abgegeben werden, ändert sich die Innere Energie des Gesamtsystems nicht.

$$U_{CO} \qquad + \qquad U_{CH_4} \qquad = U_g$$

$$m_{CO}\,c_{vCO}\,t_{CO1} \qquad + \quad m_{CH_4}\,c_{vCH_4}\,t_{CH_4\,1} \qquad = (m_{CO}\,c_{vCO} + m_{CH_4}\,c_{vCH_4})\,t_g$$

$$t_g = \frac{m_{CO}\,c_{vCO}\,t_{CO1} + m_{CH_4}\,c_{vCH_4}\,t_{CH_4\,1}}{m_{CO}\,c_{vCO} + m_{CH_4}\,c_{vCH_4}} \qquad\qquad c_{vi} = c_{pi} - R_i$$

Da die Vermischung in der Nähe der Umgebungstemperatur stattfindet, können mit guter Näherung die Wärmekapazitätswerte für 0 °C eingesetzt werden.

Stoff	c_{pi} kJ/(kg K)	R_i kJ/(kg K)	c_{vi} kJ/(kg K)	m_i kg	t_i °C	$m_i\,c_{vi}$ kJ/K	$m_i\,c_{vi}\,t_i$ kJ
CO	1,04	0,297	0,743	1,171	3,0	0,870	2,61
CH$_4$	2,16	0,519	1,638	0,253	32,0	0,414	13,26
G				1,424		1,284	15,87

$$t_g = \frac{15,87\text{ kJ}}{1,284\text{ kJ/K}} = 12,4\,^\circ C \qquad\qquad T_g = 285,5\text{ K}$$

Druck im Gemisch p_g [Gleichungen (6.1), (8.9)]

$$\left.\begin{array}{l} p_{CO2}\ V_g\ \ = m_{CO}\ R_{CO}\ T_g \\ p_{CO1}\ V_{CO1} = m_{CO}\ R_{CO}\ T_{CO1} \end{array}\right\} p_{CO2} = p_{CO1}\ \frac{V_{CO1}}{V_g}\ \frac{T_g}{T_{CO1}}$$

$$\left.\begin{array}{l} p_{CH_42}\ V_g\ \ = m_{CH_4}\ R_{CH_4}\ T_g \\ p_{CH_41}\ V_{CH_41} = m_{CH_4}\ R_{CH_4}\ T_{CH_41} \end{array}\right\} p_{CH_42} = p_{CH_41}\ \frac{V_{CH_41}}{V_g}\ \frac{T_g}{T_{CH_41}}$$

$$p_g = p_{CO2} + p_{CH_42} = \left(p_{CO1}\ \frac{V_{CO1}}{T_{CO1}} + p_{CH_41}\ \frac{V_{CH_41}}{T_{CH_41}} \right) \frac{T_g}{V_g}$$

Stoff	p_{i1}	V_{i1}	T_{i1}	$p_{i1}\cdot V_{i1}/T_{i1}$		
	bar	m^3	K	kJ/(kg K)	p_g	$= 0{,}479\ \dfrac{kJ}{K}\cdot\dfrac{286\ K}{0{,}20\ m^3}$
CO	8,00	0,120	276	0,348		
CH$_4$	5,00	0,080	305	0,131	p_g	$= 6{,}85$ bar
G		0,200		0,479		

Mit der Gasgleichung für das Gemisch hätte die Rechnung einfacher ausgeführt werden können.

$$p_g = \frac{m_g\ R_g\ T_g}{V_g} = \frac{1{,}424\ kg \cdot 0{,}336\ kN\ m \cdot 286\ K}{kg\ K \cdot 0{,}20\ m^3} = 6{,}84\ \text{bar}$$

8.4 Gas-Dampf-Gemische, Feuchte Luft

In der atmosphärischen Luft ist Wasserdampf enthalten, der flüssig als Regen oder Nebel, fest als Schnee oder Reif ausgeschieden werden kann.

Das Gas-Dampf-Gemisch *Feuchte Luft* besteht aus trockener Luft und dem in ihr enthaltenen Wasser. Die trockene Luft ist selber ein Gasgemisch aus etwa 21 Volumenprozent Sauerstoff, 78 Volumenprozent Stickstoff und etwa 1 Volumenprozent anderer Gase, kann aber hier als einheitlicher Stoff angesehen werden, der sich wie ein Ideales Gas verhält.

Der Wasserdampf hat in der atmosphärischen Luft im technisch interessanten Temperatur- und Druckbereich nur sehr kleine Teildrücke (Partialdrücke) und verhält sich daher ebenfalls wie ein Ideales Gas. Als Flüssigkeit oder als Eis vorhandenes Wasser darf selbstverständlich nicht als Gas behandelt werden.

Nach dem DALTONschen Gesetz folgen Ideale Gase in einem Gemisch ihren Zustandsgleichungen so, als ob die anderen Komponenten nicht vorhanden wären. Gase können daher in beliebigen Verhältnissen gemischt werden, vorausgesetzt, sie befinden sich genügend weit von ihrer jeweiligen Verflüssigungstemperatur entfernt. Der Wasserdampf hat in der feuchten Luft einen so niedrigen Teildruck, dass das DALTONsche Gesetz bis zur Verflüssigung gilt.

Fällt die Temperatur der feuchten Luft unter die dem Teildruck des Wasserdampfes entsprechende Siedetemperatur (Sättigungstemperatur), so scheidet sich Wasser flüssig aus. Der Wasserdampf beginnt zu kondensieren, wenn er seine Temperatur den *Taupunkt* unterschreitet. Im Sättigungszustand hat die feuchte Luft den größten Gehalt an Wasserdampf, der bei der gegebenen Temperatur in ihr vorhanden sein kann. Wird bei unveränderter Temperatur noch mehr Wasserdampf in die feuchte Luft eingebracht, so fällt Wasser flüssig aus. Der Teildruck des Wasserdampfes ändert sich dadurch nicht. Ausgeschieden wird die Flüssigkeit meistens in Form fein verteilter Tröpfchen (Nebel), die sich um kleine in der Luft schwebende Partikel, so genannte Kondensationskeime, bilden. Sammelt sich die Flüssigkeit, wird sie als *Bodenkörper* bezeichnet. Bei tiefen Temperaturen fällt das Wasser als Schnee oder Reif aus.

Enthält die feuchte Luft gerade soviel Wasserdampf, dass sein Partialdruck p_W gleich dem Siededruck p_W' bei der Temperatur der Luft ist, so wird sie als *gesättigt* bezeichnet. Enthält die feuchte Luft weniger Wasserdampf, ist sie *ungesättigt*, der Wasserdampf ist dann überhitzt.

In diesem Abschnitt werden die das Gas betreffenden Größen mit dem Index L (wie Luft), die den Dampf betreffenden mit dem Index W (wie Wasser) gekennzeichnet. Die das Gemisch betreffenden Größen bleiben ohne Index*.

Absolute und relative Feuchte – Wie viel Wasser in einer feuchten Luft enthalten ist, wird mit einer ganzen Reihe von Größen beschrieben. Hier werden davon nur die beiden wichtigsten vorgestellt.

Als *absolute Feuchte* x oder *Wassergehalt* x wird das Verhältnis der in einer feuchten Luft enthaltenen Wassermasse m_W zu der Masse m_L der trockenen Luft bezeichnet.**

$$x = \frac{m_W}{m_L} \tag{8.32}$$

Dieses Verhältnis ist dimensionslos, jedoch ist es oft zweckmäßig, mit der Einheit kg Wasser je kg Luft oder kurz kg W/kg L zu arbeiten.

Der Wassergehalt x kann Werte zwischen 0 für trockene Luft und ∞ für luftfreies Wasser annehmen. Mit dem Wassergehalt x lässt sich nicht nur das dampfförmig in der Luft enthaltene Wasser beschreiben, sondern auch das flüssig oder fest auftretende.

Bezeichnet man mit x' den größten Wassergehalt, den feuchte Luft bei einer bestimmten Temperatur dampfförmig aufnehmen kann, so nennt man feuchte Luft mit

$$\begin{matrix} x < x' & \text{ungesättigt,} \\ x = x' & \text{gesättigt und} \\ x > x' & \text{übersättigt.} \end{matrix} \tag{8.33}$$

Übersättigungszustände sind instabil und bleiben meistens nur kurz bestehen. Der überschüssige Wasserdampf wird dann flüssig ausgeschieden.

Relative Feuchte – Der Wasserdampfgehalt einer feuchten Luft wird auch mit dem Verhältnis des Teildruckes p_W zum Sättigungsdruck p_W' bei der gleichen Temperatur t beschrieben. Diese als *relative Feuchte* bezeichnete Größe

$$\varphi = \frac{p_W}{p_W'(t)} \tag{8.34}$$

kann Werte zwischen 0 für trockene Luft und 1 für mit Wasserdampf gesättigte Luft annehmen. Die Werte werden häufig in Prozent angegeben.

Wassergehalt, relative Feuchte und Dampfdruck – Um die Zusammenhänge dieser drei Größen zu ermitteln, wird die Gasgleichung (6.1) für beide Komponenten angesetzt.

$$p_L V = m_L R_L T \tag{8.35}$$
$$p_W V = m_W R_W T \tag{8.36}$$

Beide Gleichungen werden in die Definitionsgleichung (8.32) des Wassergehaltes x eingeführt. Nimmt man noch die Definitionsgleichung (8.34) der relativen Feuchte φ hinzu, ergibt sich

---

* In der Literatur werden die Gemischgrößen auch mit dem Index $1 + x$ gekennzeichnet.

** Diese Größe wird auch als *Feuchtegrad, Feuchtegehalt, spezifische Feuchtigkeit, relativer Wassergehalt, Wasserbeladung* o. ä. bezeichnet. Das Formelzeichen x ist nicht mit x_d für den Dampfgehalt von Nassdampf zu verwechseln.

$$x = \frac{m_W}{m_L} = \frac{p_W\,V}{R_W\,T} \cdot \frac{R_L\,T}{p_L\,V} = \frac{R_L}{R_W} \cdot \frac{p_W}{p - p_W} = \frac{R_L}{R_W} \cdot \frac{\varphi\,p'_W}{p - \varphi\,p'_W} \cdot \tag{8.37}$$

Durch Umstellung dieser Gleichungen folgen

$$\varphi = \frac{x}{\langle R_L / R_W\rangle + x} \cdot \frac{p}{p'_W} \tag{8.38}$$

$$p_W = \frac{x\,p}{\langle R_L / R_W\rangle + x}. \tag{8.39}$$

Das häufig auftretende Verhältnis der beiden Gaskonstanten R_L / R_W hat den Wert 0,622.

8.5 Zustandsgrößen und Zustandsdiagramme feuchter Luft

Die Eigenschaften feuchter Luft lassen sich mit besonderen Methoden und Werkzeugen behandeln.

Thermische Zustandsgrößen – Für die thermischen Zustandsgrößen gilt, dass die Temperatur T im Gemisch selbstverständlich überall gleich ist

$$T = T_L = T_W \tag{8.40}$$

und dass der Druck p sich nach DALTON aus den Teildrücken p_L und p_W der trockenen Luft und des Wasserdampfes zusammensetzt

$$p = p_L + p_W. \tag{8.41}$$

Beim spezifischen Volumen v bezieht man nicht auf die Masse m des Gemisches, sondern auf die Masse m_L der trockenen Luft. Die spezifischen Volumen ergeben sich aus den Zustandsgleichungen der Komponenten Luft und Wasser [Gleichungen (8.35) und (8.36)]. Darin stehen auf den linken Seiten die Produkte aus den Partialdrücken und dem Gesamtvolumen.

Bezieht man beide Gleichungen auf die Masse m_L der trockenen Luft, führt Gleichung (8.32) ein und addiert, so erhält man das spezifische Volumen v der feuchten Luft.

$$p_L \qquad \frac{V}{m_L} \qquad\qquad = R_L\,T \tag{8.42}$$

$$p_W \qquad \frac{V}{m_L} \qquad = \frac{m_W}{m_L} \cdot R_W\,T = x\,R_W\,T \tag{8.43}$$

$$(p_L + p_W)\,\frac{V}{m_L} \quad = p\,\frac{V}{m_L} \qquad = (R_L + x\,R_W)\,T \tag{8.44}$$

$$p\,v \qquad\qquad = (R_L + x\,R_W)\,T \tag{8.45}$$

$$v = \frac{V}{m_L} = \left(1 + x\,\frac{R_W}{R_L}\right) \cdot \frac{R_L\,T}{p} \tag{8.46}$$

Die Dichte ρ der feuchten Luft wird damit

$$\rho = \frac{m_L}{V} = \frac{1}{1 + x\,\langle R_W / R_L\rangle} \cdot \frac{p}{R_L\,T}. \tag{8.47}$$

Die Gleichungen (8.46) und (8.47) gelten für $x < x'$, können aber auch für $x > x'$ angewendet werden, wenn das Volumen der Wasserflüssigkeit oder des Wassereises gegenüber dem Volumen der Gasphase vernachlässigt werden kann und für $x > x'$ stets der Sättigungswert x' eingesetzt wird.

Die Enthalpie feuchter Luft – Die Enthalpie eines chemisch inaktiven Gemisches ist gleich der Summe der Enthalpien der Komponenten. Für das Gemisch *Feuchte Luft* ergibt sich die Enthalpie H aus der Enthalpie der trockenen Luft H_L und der Enthalpie des Wassers H_W.

$$H_L = m_L\, h_L \tag{8.48}$$

$$H_W = m_W\, h_W \tag{8.49}$$

$$H = H_L + H_W = m_L\, h_L + m_W\, h_W \tag{8.50}$$

Man bezieht auch die Gemischenthalpie H auf die Masse m_L der trockenen Luft und erhält als spezifische Enthalpie h des Gemisches

$$h = \frac{m_L h_L}{m_L} + \frac{m_W h_W}{m_L} = h_L + x\, h_W. \tag{8.51}$$

Die Enthalpie h_L der trockenen Luft wird mit konstanter spezifischer Wärmekapazität c_{pL} zu

$$h_L = c_{pL}\,(t - t_0) + h_{L0}. \tag{8.52}$$

Für die praktische Rechnung wird die Bezugstemperatur $t_0 = 0$ °C und die dazugehörende Enthalpie $h_{L0} = 0$ gesetzt.

$$h_L = c_{pL}\, t \tag{8.53}$$

Für den hier interessierenden Temperaturbereich bis etwa 70 °C kann für Luft mit einer mittleren spezifischen Wärmekapazität $c_{pL} = 1{,}005$ kJ/(kgK) gerechnet werden.

Bei der Bestimmung der Enthalpie h_W der Komponente Wasser muss unterschieden werden, ob die Luft ungesättigt, gesättigt oder übersättigt ist und ferner, ob das nicht dampfförmige Wasser als Wasserflüssigkeit oder als Wassereis vorhanden ist.

Ungesättigte feuchte Luft – Die Komponente Wasser befindet sich einphasig als überhitzter Dampf im Gemisch. Die Enthalpie h_{Wd} des Wasserdampfes

$$h_{Wd} = h' + \Delta h_d + \int_0^t c_{pWd}\, dt \tag{8.54}$$

wird mit der Bezugstemperatur $t_0 = 0$ °C und der Enthalpie $h' = 0$ für flüssig gesättigtes Wasser zu

$$h_{Wd} = \Delta h_d + c_{pWd}\, t \tag{8.55}$$

Für die spezifische Verdampfungsenthalpie kann $\Delta h_d = 2502$ kJ/kg und für die spezifische Wärmekapazität des Wasserdampfes $c_{pWd} = 1{,}852$ kJ/(kg K) eingesetzt werden.

Die Enthalpie h ungesättigter feuchter Luft wird damit zu

$$h = c_{pL}\, t + x\, \Delta h_d + x\, c_{pWd}\, t. \tag{8.56}$$

Gesättigte feuchte Luft – Wird in Gleichung (8.56) der Sättigungswassergehalt x' eingeführt, so ergibt sich für die Enthalpie gesättigter feuchter Luft

$$h' = c_{pL}\, t + x'\, \Delta h_d + x'\, c_{pWd}\, t. \tag{8.57}$$

Übersättigte feuchte Luft – Enthält die feuchte Luft mehr Wasserdampf als der Sättigung entspricht, so kann weiter mit Gleichung (8.55) gerechnet werden. Die Zustände sind aber instabil.

Ist der die Sättigung überschreitende Teil des Wassergehaltes $(x - x')$ als Wasserflüssigkeit oder Wassereis in der Luft enthalten, so kommen deren Enthalpien zur Enthalpie h' gesättigter feuchter Luft hinzu.

Die Enthalpie h_{Wf} flüssigen Wassers wird mit der Bezugstemperatur $t_0 = 0$ °C und der Enthalpie $h' = 0$ für flüssig gesättigtes Wasser zu

$$h_{Wf} = c_{pWf}\, t \tag{8.58}$$

und damit die Enthalpie übersättigter feuchter Luft zu

$$h = c_{pL}\, t + x'\, \Delta h_d + x'\, c_{pWd}\, t + (x - x')\, c_{pWf}\, t. \tag{8.59}$$

$$h = h' + (x - x')\, c_{pWf}\, t. \tag{8.60}$$

Darin steht $(x - x')$ für den flüssig vorliegenden Teil des Wassergehaltes. Die spezifische Wärmekapazität der Wasserflüssigkeit beträgt $c_{pWf} = 4{,}186$ kJ/(kg K).

Die Enthalpie h_{We} von Wassereis wird mit der Bezugstemperatur $t_0 = 0$ °C und der Enthalpie $h' = 0$ für flüssig gesättigtes Wasser zu

$$h_{We} = -\Delta h_f + c_{pWe}\, t \tag{8.61}$$

und damit die Enthalpie übersättigter feuchter Luft unter 0 °C zu

$$h = c_{pL}\, t + x'\, \Delta h_d + x'\, c_{pWd}\, t - (x - x')\, (\Delta h_f - c_{pWe}\, t) \tag{8.62}$$

$$h = h' - (x - x')\, (\Delta h_f - c_{pWe}\, t). \tag{8.63}$$

Darin ist $(x - x')$ der fest vorliegende Teil des Wassergehaltes. Für die spezifische Schmelzenthalpie ist $\Delta h_f = 333{,}5$ kJ/kg und für die spezifische Wärmekapazität des Wassereises $c_{pWe} = 2{,}04$ kJ/(kg K) einzusetzen.

Die Stoffwerte gesättigter feuchter Luft, der Teildruck des Wassers p'_W, der Wassergehalt x' und die Enthalpie h' sind in Abhängigkeit von der Temperatur t in Tabelle T-9 im Anhang zusammengestellt.

Enthalpie-Wassergehalt-Diagramm – Die in der Praxis vorkommenden Zustandsänderungen feuchter Luft lassen sich in einem von MOLLIER entwickelten Zustandsdiagramm gut darstellen, das mit den Gleichungen für die Enthalpie feuchter Luft aufgebaut ist. Da bei den Zustandsänderungen Energien und Wasser übertragen werden, ist es zweckmäßig, die Enthalpie h über dem Wassergehalt x aufzutragen. Die Temperatur t und die relative Feuchte φ werden als Parameter eingezeichnet.

Das h,x-Diagramm gilt immer nur für einen bestimmten Gesamtdruck p, da sich die Lage der Sättigungskurve $\varphi = 1$ mit dem Gesamtdruck ändert. Hier wird das h,x-Diagramm für den Druck $p = 1000$ mbar gleich 750 Torr zugrundegelegt.

■ **Beispiel 8.3** Für das h, x-Diagramm lassen sich mit den Gleichungen (8.56) und (8.60), den dazu angegebenen Zahlenwerten und den Sättigungsdampfdrücken p'_W Zustandspunkte für Isothermen berechnen.

Isothermen ungesättigter und gesättigter Luft – Gleichung (8.56) lautet mit Zahlenwerten

$$h = 1{,}005 \text{ kJ/(kg K)} \cdot t + 2502 \text{ kJ/kg} \cdot x + 1{,}852 \text{ kJ/(kg K)} \cdot t \cdot x.$$

Die Isothermen bilden demnach eine Geradenschar mit der Steigung $(\delta h / \delta x) = 2502 + 1{,}852\, t$. Da die Verdampfungsenthalpie Δh_d bei niedrigen Temperaturen überwiegt, verlaufen die Isothermen fast parallel zueinander. Die Isothermen beginnen bei dem Enthalpiewert für den Wassergehalt $x = 0$ und enden, wenn der Wassergehalt x seinen

Tabelle 8.1 Isothermen im h,x-Diagramm

t	p'_W	x'	$1{,}005 \cdot t$	$2502 \cdot x'$	$1{,}852 \cdot x' \cdot t$	h'	$4{,}186\,(0{,}20 - x')\,t$	$h_{x=0{,}20}$
°C	mbar	kgW/kgL	kJ/kg	kJ/kg	kJ/kg	kJ/kg	kJ/kg	kJ/kg
0	6,11	0,00382	0	9,6	0	9,6	0	9,6
20	23,37	0,01489	20,1	37,2	0,6	57,9	15,5	73,4
40	73,75	0,04953	40,2	123,9	3,7	167,8	25,2	193,0
60	199,20	0,15475	60,3	387,1	17,2	464,6	11,4	476,0

Sättigungswert x' erreicht hat. Gleichung (8.37) liefert x' als Funktion des temperaturabhängigen Sättigungsdampf-druckes p'_W (*t*) für den Gesamtdruck $p = 1000$ mbar.

$$x' = 0{,}622 \; p'_W \,/C\,(1000\;\text{mbar} - p'_W\,)$$

Die verbindende Kurve aller Zustände (x', h'), die Sättigungslinie $\varphi = 1$, trennt das Gebiet ungesättigter Luft von dem *Nebelgebiet* genannten Gebiet übersättigter Luft, in der Wasser in Tröpfchenform oder als Bodenkörper enthalten ist. Die Kurven gleicher relativer Feuchte φ erhält man angenähert durch lineare Teilung der Isothermen zwischen $x = 0$ und $x = x'$.

Isothermen im Nebelgebiet – Der Verlauf der Isothermen im Nebelgebiet ergibt sich aus Gleichung (8.60) ebenfalls als Gerade. Um diese zu zeichnen, ist außer dem bereits berechneten Punkt auf der Sättigungslinie nur je ein weiterer Punkt notwendig, der in der Tabelle 8.1 für $x = 0{,}20$ kgW/kgL ermittelt wird.

$$h = h' + (0{,}20\;\text{kgW}/\,\text{kgL} - x') \cdot 4{,}186\,\text{kJ/kg} \cdot t$$

Bild 8-2 zeigt die Auftragung der berechneten Werte für vier Isothermen von 0 °C bis 60 °C und zwei Kurven relativer Feuchte $\varphi = 1$ und $\varphi = 0{,}5$.

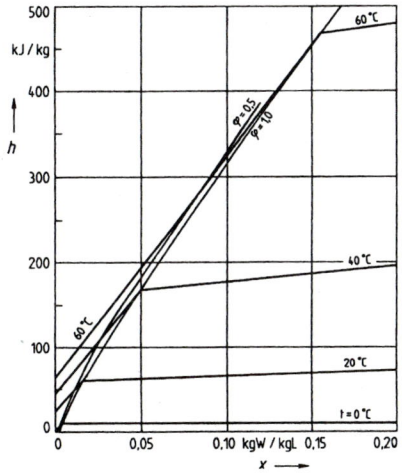

Bild 8-2

h,x-Diagramm für feuchte Luft im rechtwinkligen Koordinatensystem

Werte nach Tabelle 8-1

h,x-Diagramm nach MOLLIER – In dem mit rechtwinkligen Koordinaten gezeichneten h,x-Diagramm (Bild 8-2) bedeckt das technisch wichtige Gebiet für ungesättigte feuchte Luft bei üblichen Temperaturen nur ein schmales Band, in dem sich die Zustandsgrößen nur ungenau ablesen lassen. MOLLIER hat daher ein schiefwinkliges Koordinatensystem entworfen, um das Gebiet für die ungesättigte Luft zu spreizen. Dafür ist die Abszisse so weit nach unten gedreht, dass die Isotherme von 0 °C für ungesättigte Luft nicht mehr schräg nach rechts oben, sondern rechtwinklig zur Ordinate verläuft.

Den Aufbau des schiefwinkligen h,x-Diagrammes zeigen die Bilder 8-3 bis 8-6. Der Verlauf der Isothermen für positive und negative Temperaturen wird aus den Gleichungen (8.56), (8.60) und (8.63) entwickelt.

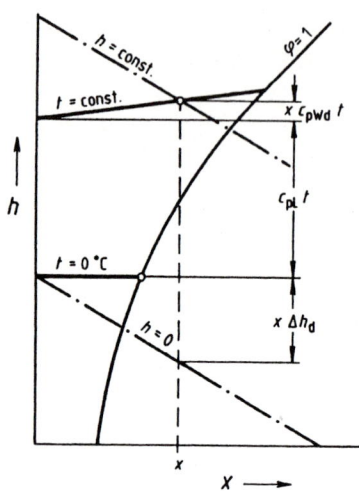

Bild 8-3
h, x-Diagramm
mit Isothermen ungesättigter Luft

$h = c_{pL}\, t + x\, \Delta h_d + x\, c_{pWd}\, t$
[Gleichung (8.56)]

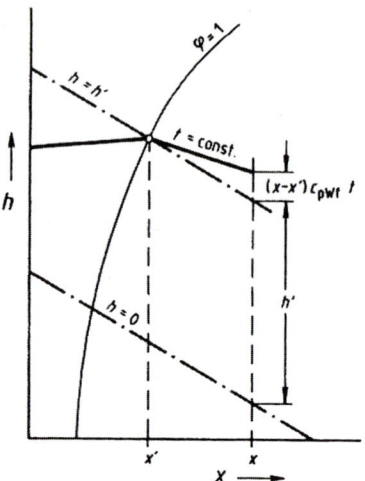

Bild 8-4
h, x-Diagramm mit Isothermen
im Nebelgebiet für positive Temperaturen

$h = h' + (x - x')\, c_{pWf}\, t$
[Gleichung (8.60)]

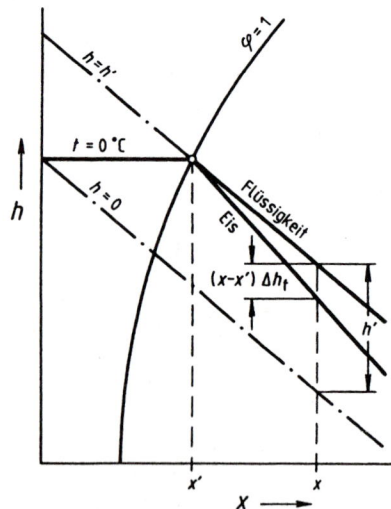

Bild 8-5
h, x-Diagramm
mit den beiden Isothermen für $t = 0\ ^{\circ}\mathrm{C}$

für feuchte Luft	für feuchte Luft
mit Wasserflüssigkeit	mit Wassereis
$h = h'\ (t = 0\ ^{\circ}\mathrm{C})$	$h = h' - (x - x')\, \Delta h_f$
[Gleichung (8.60)]	[Gleichung (8.63)]

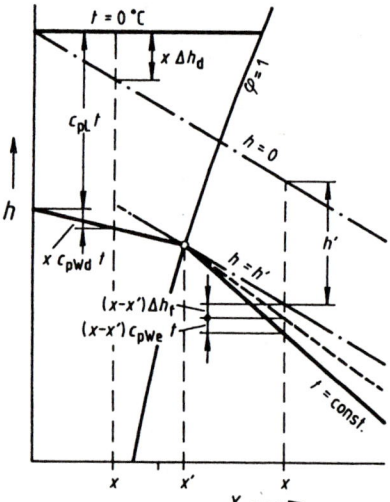

Bild 8-6
h, x-Diagramm
mit Isothermen für negative Temperaturen

bei ungesättigter feuchter Luft

$h = -\, |c_{pL}\, t| + x\, \Delta h_d - |x\, c_{p}W_d\, t|$

und im Eisnebelgebiet

$h = h' - (x - x')\, (\Delta h_f - c_{p}W_e\, t)$
[Gleichungen (8.56) und (8.63)]

Im vollständigen h, x -Diagramm mit schiefwinkligen Koordinaten (Bild 8-7) bilden die Isenthalpen eine schräg nach rechts unten verlaufende Geradenschar. Die Abszisse selbst ist nicht dargestellt, sondern durch eine waagerechte Skale des Wassergehaltes x ersetzt. Die Isothermen sind bis zur Sättigungslinie nur schwach gegen die Waagerechte geneigte Geraden. An der Sättigungslinie knicken die Isothermen nach unten ab und verlaufen im Nebelgebiet fast parallel zu den Isenthalpen. Die Linien konstanter relativer Feuchte teilen die Isothermen zwischen $\varphi = 0$ (Ordinate, $p_W = 0$) und $\varphi = 1$ (Sättigungslinie, $p_W = p'_W$) praktisch linear [Gleichung (8.37)].

Randmaßstab – Wird einem Luftstrom $\dot{m}_L$ mit dem Zustand 1 ein Wasserstrom $\Delta \dot{m}_W$ und ein Wärmestrom $\dot{Q}$ zugeführt, so ergeben die Enthalpiebilanz und die Wasserbilanz die Richtung, in der die Zustandsänderung im h, x -Diagramm verläuft.

$$\text{Enthalpiebilanz} \qquad \dot{m}_L \, h_1 + \Delta \dot{m}_W \, h_W + \dot{Q} = \dot{m}_L \, h_2 \qquad (8.64)$$

$$\text{Wasserbilanz} \qquad \dot{m}_L \, x_1 + \Delta \dot{m}_W \qquad\quad = \dot{m}_L \, x_2 \qquad (8.65)$$

Die Division der beiden Gleichungen liefert

$$\frac{h_2 - h_1}{x_2 - x_1} = \frac{\Delta h}{\Delta x} = h_W + \frac{\dot{Q}}{\Delta \dot{m}_W} \qquad (8.66)$$

Die Richtung einer Zustandsänderung ist also durch die Enthalpie h_W des zugeführten Wassers und durch den auf den zugeführten Wasserstrom $\Delta \dot{m}_W$ bezogenen zugeführten Wärmestrom $\dot{Q}$ bestimmt.

Die Richtungen $\Delta h / \Delta x$ sind als Randmaßstab am h, x -Diagramm mit einem Pol auf der Ordinate aufgetragen und können Werte von $+\infty$ (auf der Ordinate senkrecht nach oben) bis $-\infty$ (senkrecht nach unten) annehmen. Die Benutzung des Randmaßstabes wird später erläutert.

8.6 Luftbehandlungsanlagen

Zustandsänderungen der feuchten Luft haben zentrale technische Bedeutung in der Klimatechnik, der Kältetechnik und der Trocknungstechnik.

Mit Luftbehandlungsanlagen wie Klimaanlagen, Luftkühlgeräten, Luftbefeuchtungsanlagen und Trocknungsanlagen werden in Räumen die Luftzustände hergestellt und aufrechterhalten, die für den Aufenthalt von Menschen oder für die Produktion oder die Lagerung von Stoffen notwendig sind.

Um in einem Raum einen gewünschten Luftzustand zu erzielen, muss ihm ständig behandelte Luft zugeführt werden. Bild 8-8 zeigt als Beispiel einen zu klimatisierenden Raum und die dazugehörende Luftbehandlungszentrale. Diese Klimazentrale saugt sowohl Außenluft ODA als auch Umluft RCA an und vermischt beide. Die Mischluft MIA wird je nach Bedarf gefiltert, erwärmt, gekühlt, befeuchtet oder getrocknet und dann als Zuluft SUP in den Raum gefördert. In den Raum hinein werden im allgemeinen Wärmeströme $\Sigma \dot{Q}$ durch darin befindliche Menschen, Maschinen und andere elektrische Geräte fließen sowie durch die Umfassungswände ein- oder ausströmen. Außerdem können dem Raum Wasserdampfströme $\Sigma \Delta \dot{m}_W$, zum Beispiel durch Kochen, Waschen oder Spülen, zugeführt oder auch entzogen werden.

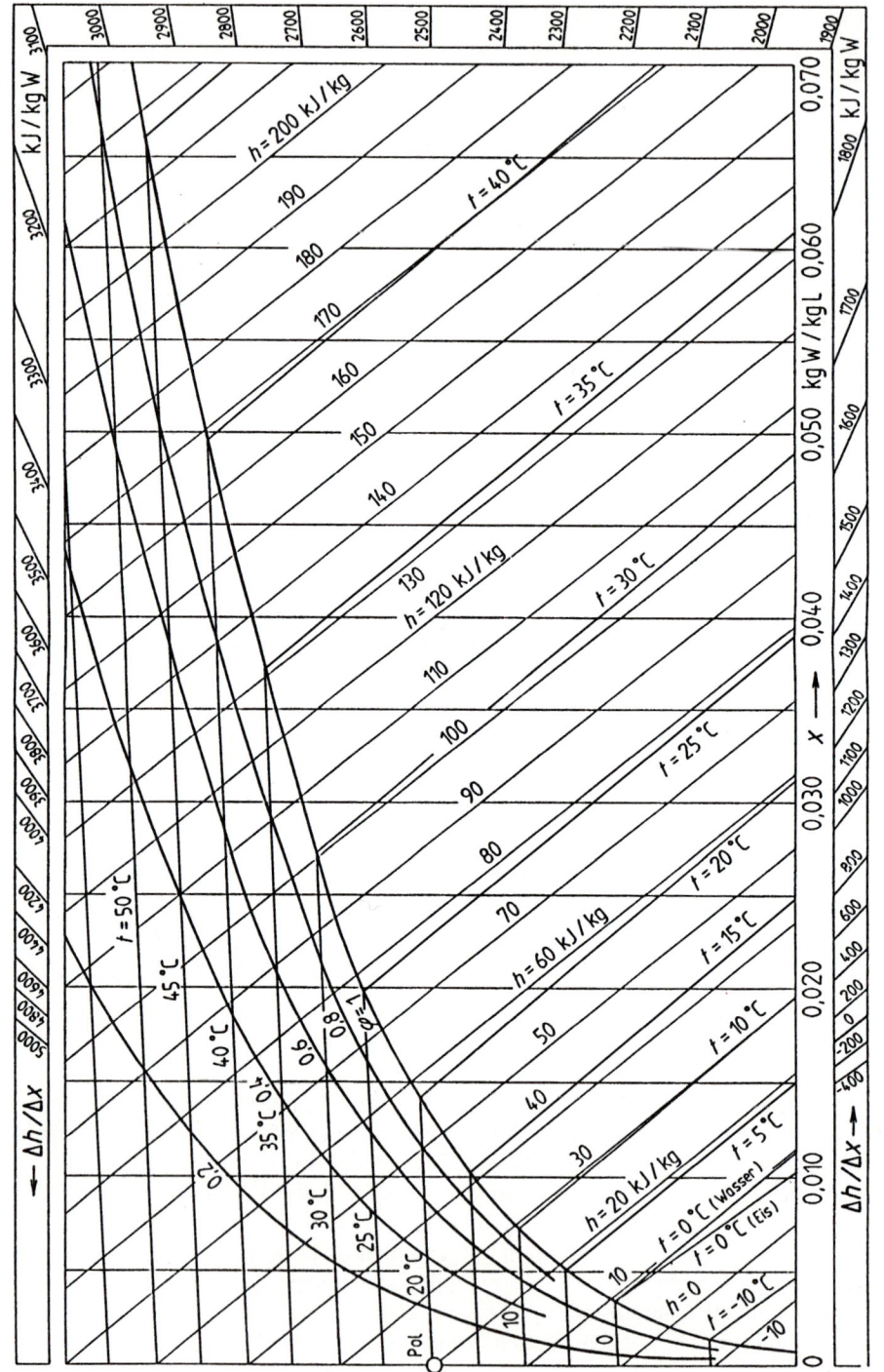

Bild 8-7 MOLLIER-Enthalpie-Wassergehalt-Diagramm für feuchte Luft

Gesamtdruck p = 1000 mbar. Nach [25a]

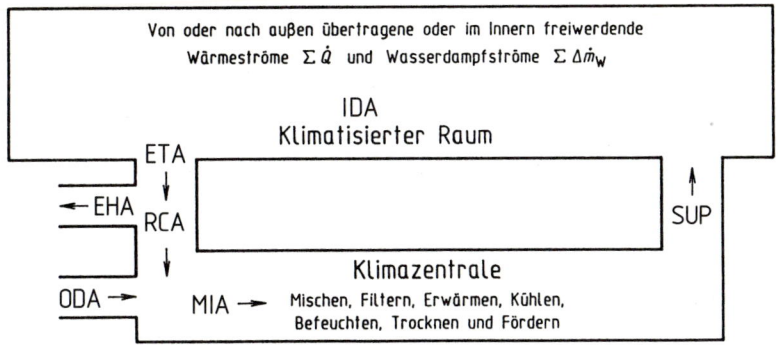

Bild 8-8 Klimatisierter Raum und Klimazentrale

Durch die Zufuhr entsprechend gefilterter, gekühlter, erwärmter, getrockneter oder befeuchteter Zuluft soll im Raum der gewünschte Raumluftzustand aufrechterhalten werden.

Luftströme	ODA	Außenluft	MIA	Mischluft	IDA	Raumluft	EHA	Fortluft
	RCA	Umluft	SUP	Zuluft	ETA	Abluft		

$\sum \dot{Q}$ Summe aller dem Raum zugeführten oder entzogenen Wärmeströme

$\sum \Delta \dot{m}_W$ Summe aller dem Raum zugeführten oder entzogenen Wasserdampfströme

Der zugeführte Luftstrom $\dot{m}_{SUP}$, die Wärmeströme $\sum \dot{Q}$ und die Wasserdampfströme $\sum \dot{m}_W$ sollen zusammen bewirken, dass sich im Raum gerade der gewünschte Raumluftzustand IDA einstellt. Ein dem Zuluftstrom entsprechender Abluftstrom ETA muss aus dem Raum abgeführt werden. Ein Teil der Abluft geht als Fortluft EHA in die Umgebung, der andere Teil als Umluft RCA wieder in die Luftbehandlungseinheit zurück.

Eine vollständig ausgestattete Luftbehandlungszentrale wie die in Bild 8-9 skizzierte Klimazentrale wird im Wesentlichen die dargestellten Anlagenteile enthalten. In der Mischkammer MK mischen sich Außenluft ODA und Umluft RCA in einem Verhältnis, das mit den Regelklappen RK gesteuert wird. Die Mischluft MIA wird im Luftfilter LF von Staub gereinigt, kann danach im Luftkühler LK gekühlt und getrocknet werden, wird im Luftwäscher LW befeuchtet und dabei nochmals gereinigt, im Tropfenabscheider TA von mitgerissenen Tropfen befreit und schließlich auf die Zulufttemperatur nachgewärmt. Der Nachwärmer NW wird häufig auch nach dem Zuluftventilator angeordnet. Der Zuluftventilator ZV fördert die so behandelte Luft durch geeignete Luftkanäle und Luftverteiler in den Raum hinein.

Im Winter muss die angesaugte Außenluft ODA bei tiefen Außentemperaturen zunächst in einem Vorwärmer VW erwärmt werden, um Nebelbildung in der Mischkammer und ein Einfrieren von Anlageteilen bei kleinem Umluftanteil zu vermeiden.

In kleineren Anlagen und in Klimageräten finden sich häufig nicht alle der beschriebenen Anlageteile.

Die in einer Luftbehandlungszentrale möglichen Zustandsänderungen werden in den folgenden Abschnitten einzeln besprochen.

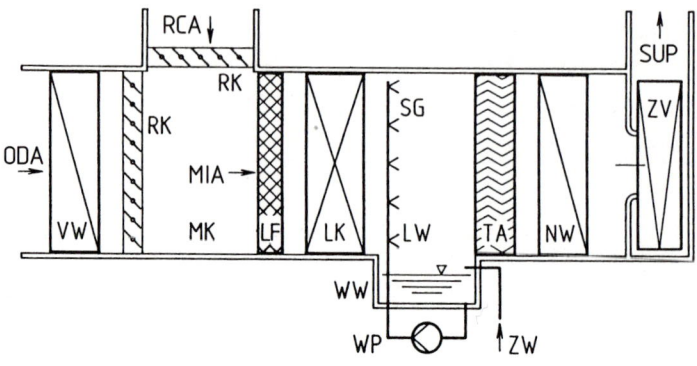

Bild 8-9
Luftbehandlungszentrale
(Klimazentrale)

VW   Vorwärmer
MK   Mischkammer
RK   Regelklappen
LF   Luftfilter
LK   Luftkühler
LW   Luftwäscher
NW   Nachwärmer
WP   Wäscherpumpe
WW   Wäscherwanne
ZW   Zusatzwasser
SG   Sprühdüsengitter
TA   Tropfenabscheider
ZV   Zuluft-Ventilator

8.7 Mischen, Erwärmen und Kühlen feuchter Luft

In der Mischkammer vermischen sich Außenluft und Umluft; dann wird der Luftstrom in der Klimazentrale nach Bedarf erwärmt oder gekühlt.

Mischen von Luftströmen – Wenn verschiedene Luftströme zusammenkommen, so erhält man den Zustand der Mischluft aus den Bilanzen der Energie- und Stoffströme. Hierzu wird der Mischraum als System eingegrenzt, wie es Bild 8-10 für das Beispiel der Mischkammer zeigt. Alle Luftströme sollen den gleichen Gesamtdruck haben. Die kinetischen und potentiellen Energien werden nicht berücksichtigt. (Der Vorwärmer sei hier als nicht in Betrieb betrachtet.)

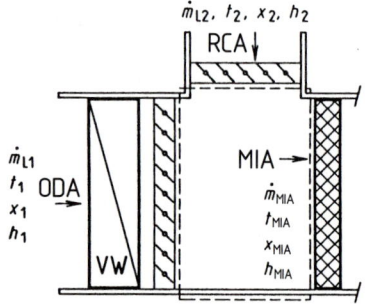

Bild 8-10
Massenströme und Energieströme an einer Mischkammer

ODA Außenluft
RCA Umluft
MIA Mischluft

Unabhängig von diesem Beispiel soll die Mischung eines Luftstromes $\dot{m}_{L1}$ mit einem Zustand 1 (h_1, x_1) mit einem Luftstrom $\dot{m}_{L2}$ mit einem Zustand 2 (h_2, x_2) allgemein untersucht werden. Den Zustand MIA (h_{MIA}, x_{MIA}) des Mischluftstromes $\dot{m}_{MIA}$ erhält man durch die Energiebilanz und die Stoffbilanzen an der Systemgrenze.

Enthalpiebilanz $\qquad \dot{m}_{L1}\,h_1 + \dot{m}_{L2}\,h_2 = (\dot{m}_{L1} + \dot{m}_{L2})\,h_{MIA}$ (8.67)

$$h_{MIA} = \frac{\dot{m}_{L1}\,h_1 + \dot{m}_{L2}\,h_2}{\dot{m}_{L1} + \dot{m}_{L2}} = \frac{\dot{m}_{L1}\,h_1 + \dot{m}_{L2}\,h_2}{\dot{m}_{MIA}}$$ (8.68)

Luftbilanz $\qquad \dot{m}_{L1} + \dot{m}_{L2} = \dot{m}_{MIA}$ (8.69)

Wasserbilanz $\qquad \dot{m}_{L1}\,x_1 + \dot{m}_{L2}\,x_2 = (\dot{m}_{L1} + \dot{m}_{L2})\,x_{MIA}$ (8.70)

$$x_{ML} = \frac{\dot{m}_{L1}\, x_1 + \dot{m}_{L2}\, x_2}{\dot{m}_{L1} + \dot{m}_{L2}} = \frac{\dot{m}_{L1}\, x_1 + \dot{m}_{L2}\, x_2}{\dot{m}_{MIA}} \tag{8.71}$$

Aus den Gleichungen (8.67) und (8.70) ergibt sich

$$\frac{\dot{m}_{L2}}{\dot{m}_{L1}} = \frac{h_1 - h_{MIA}}{h_{MIA} - h_2} = \frac{x_1 - x_{MIA}}{x_{MIA} - x_2}. \tag{8.72}$$

Diese Gleichung ist erfüllt, wenn der Zustandspunkt der Mischung MIA auf der Verbindungsgeraden der Zustände 1 und 2 liegt und sich die Streckenabschnitte 1-MIA und MIA-2 umgekehrt verhalten wie die beiden Luftströme $\dot{m}_{L1}$ und $\dot{m}_{L2}$ (Bild 8-11).

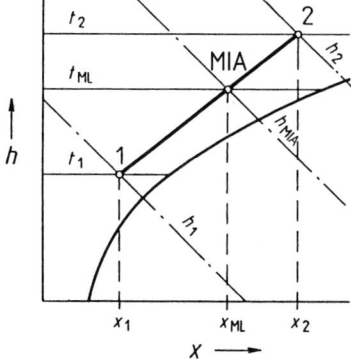

Bild 8-11
Mischungsgerade im h, x -Diagramm

Mischen sich die Luftströme mit den Zuständen 1 und 2, so liegt der Mischzustand MIA auf der Verbindungsgeraden der Zustände 1 und 2 und teilt diese im Verhältnis der beiden Luftmassenströme.

Der Zustandspunkt MIA liegt also näher am Zustand des größeren der beiden Luftströme. Die Ermittlung des Mischzustandes MIA gilt auch dann, wenn die Zustände oder einige davon im Nebelgebiet liegen. Die Temperatur der Mischung t_{MIA} kann für ungesättigte Luft aus Gleichung (8.56) berechnet werden.

$$t_{MIA} = \frac{h_{MIA} - x_{MIA}\, \Delta h_d}{c_{pL} + c_{pWd}\, x_{MIA}} \tag{8.73}$$

■ **Beispiel 8.4** In einer Mischkammer mischen sich 40 Prozent Außenluft von 32 ºC und 40 % relativer Feuchte mit 60 Prozent Umluft von 25 ºC und 45 % relativer Feuchte. Welchen Zustand hat die Mischluft?

Daten   Außenluft $t_{ODA} = 32$ ºC $\varphi_{ODA} = 0{,}40$
                   Umluft $t_{RCA} = 25$ ºC $\varphi_{RCA} = 0{,}45$

Mischluft MIA – Im h, x -Diagramm lassen sich Enthalpien und Wassergehalte der beiden Luftzustände ablesen.

                   Außenluft $h_{ODA} = 63{,}0$ kJ/kgL $x_{ODA} = 12{,}07$ gW/kgL
                   Umluft $h_{RCA} = 48{,}0$ kJ/kgL $x_{RCA} = 9{,}00$ gW/kgL

Der Mischluftzustand liegt auf der Verbindungsgeraden von Außenluft- und Umluftzustand. Die Gerade wird im Verhältnis 40 zu 60 geteilt.

Daraus ergibt sich für die Mischluft:

                   Mischluft $h_{MIA} = 54{,}0$ kJ/kgL $x_{MIA} = 10{,}23$ gW/kgL
                                      $t_{MIA} = 27{,}8$ ºC $\varphi_{MIA} = 0{,}433$

Da der Umluftanteil überwiegt, liegt der Mischluftzustand näher am Umluftzustand.

Erwärmen und Kühlen – Der angesaugte Außenluftstrom wird im Winter zunächst vorgewärmt, um Nebel- und Eisbildung in der Klimazentrale zu vermeiden. Im Sommer ist häufig eine Kühlung des Luftstromes notwendig, bei der oft auch noch Wasserdampf aus der Luft ausgeschieden wird. Schließlich muss der Luftstrom im Nachwärmer auf die erforderliche Zulufttemperatur gebracht werden.

In den Systemen Vorwärmer VW, Luftkühler LK und Nachwärmer NW (Bild 8-12) wird dem feuchten Luftstrom ein Wärmestrom $\dot{Q}$ zugeführt oder ihm entzogen. Entsprechend nimmt die spezifische Enthalpie h zu oder ab.

$$h_2 - h_1 = \frac{\dot{Q}}{\dot{m}_{L}} \tag{8.74}$$

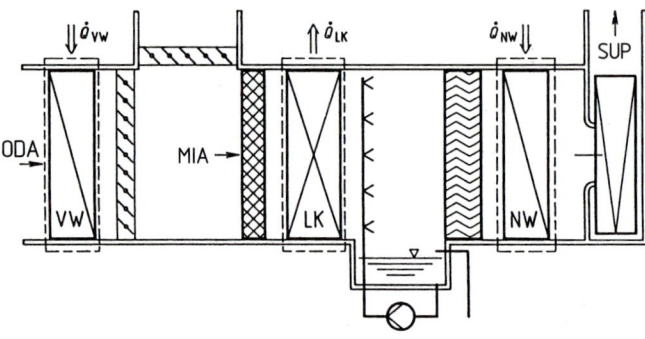

Bild 8-12 Erwärmen und Kühlen in der Klimazentrale

Systeme   VW Vorwärmer   Übertragene Wärmeströme $\dot{Q}_{VW}$ im Vorwärmer zugeführt
           LK Luftkühler $\dot{Q}_{LK}$ im Luftkühler abgeführt
           NW Nachwärmer $\dot{Q}_{NW}$ im Nachwärmer zugeführt

Der Wassergehalt x bleibt bei der Erwärmung unverändert. Die Zustandsänderung bildet sich daher im h,x-Diagramm als senkrechte Gerade ab (Bild 8-13). Aus dem Diagramm ist zu ersehen, dass die relative Feuchte φ bei Erwärmung geringer wird.

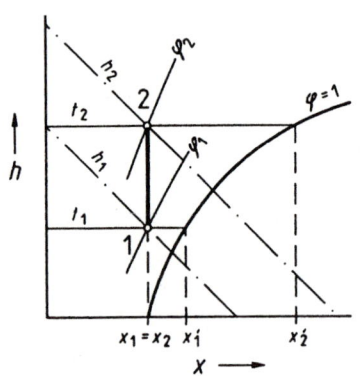

Bild 8-13
Erwärmung feuchter Luft
im h,x-Diagramm

Der Wassergehalt x bleibt unverändert,
die relative Feuchte φ nimmt ab.

■ **Beispiel 8.5** Ein Außenluftstrom von 7,23 kgL/s soll im Winter von − 14 °C auf + 10 °C vorgewärmt werden. Mit welchem Zustand verlässt der Luftstrom den Vorwärmer? Welche Wärmeleistung ist vom Vorwärmer zu übertragen? (Bei winterlicher Außenluft kann Sättigung angenommen werden.)

Daten   Außenluft $t_{ODA} = -14\ °C$ $\varphi_{ODA} = 1{,}0$ $\dot{m}_{ODA} = 7{,}23$ kgL/s
                Vorgewärmte Luft $t_{VW} = +10\ °C$

Vorgewärmte Luft VW – In einem h,x -Diagramm werden die Enthalpien und Wassergehalte sowie der Zustand der vorgewärmten Luft abgelesen.

Außenluft	$h_{ODA} = -11{,}3$ kJ/kgL	$x_{ODA} = 1{,}13$ gW/kgL
Vorgewärmte Luft	$h_{VW} = 12{,}9$ kJ/kgL	$x_{VW} = 1{,}13$ gW/kgL
	$t_{VW} = 10{,}0$ °C	$\varphi_{VW} = 0{,}147$

Wärmeleistung $\dot{Q}_{VW}$ – Damit ergibt sich die Wärmeleistung zu

$$\dot{Q}_{VW} = \dot{m}_{ODA}\,(h_{VW} - h_{ODA}) = 7{,}23 \text{ kL/s } (12{,}9 - \langle -11{,}3 \rangle) \text{ kJ/kgL} = 175 \text{ kW.}$$

Die Aussage, dass der Wassergehalt x konstant bleibt, gilt bei Kühlung nur, wenn sich die Zustände in einiger Entfernung von der Sättigungslinie befinden. Häufig hat jedoch die Oberfläche eines Luftkühlers oder einer Außenwand eine Temperatur gleich oder tiefer als die Taupunkttemperatur τ. Als *Taupunkt* TP eines Luftzustandes bezeichnet man den Zustand auf der Sättigungslinie, der den gleichen Wassergehalt x hat wie dieser Luftzustand. Die Enthalpie nimmt durch die Abfuhr der Wärme Q_0 bis auf h_2 ab.

$$h_2 = h_1 - \frac{|Q_0|}{m_L} \tag{8.75}$$

Wie in Bild 8-14 dargestellt, kühlt sich Luft vom Zustand 1 dabei theoretisch zunächst auf die Taupunkttemperatur τ ab und dann weiter bis auf einen Zustand 2 im Nebelgebiet.

An der kalten Oberfläche scheidet sich dabei Wasser flüssig aus. Die gasförmige feuchte Luft bekommt dadurch den Zustand 2'. Der Wassergehalt hat gegenüber dem Zustand 1 um Δm_W abgenommen.

$$\Delta m_W = m_L\,(x_{2'} - x_1) \tag{8.76}$$

Da sich die Nebelisothermen bei den in der Klimatechnik auftretenden Temperaturen nur wenig von den Isenthalpen unterscheiden, kann angenommen werden, dass neben $h_2 = h_{2'}$ auch $t_2 = t_{2'}$ ist.

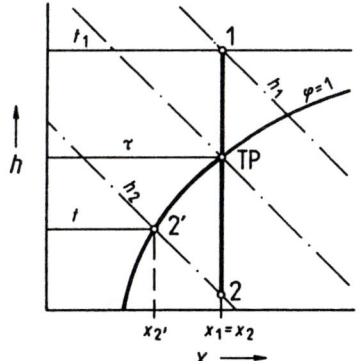

Bild 8-14
Kühlung feuchter Luft bis unter den Taupunkt

Nach Unterschreiten der Taupunkttemperatur τ scheidet sich Wasser flüssig aus. Im Endzustand 2' der gasförmigen Luft ist der Wassergehalt um $x_1 - x_2'$ vermindert.

Kühlung eines Luftstromes – Soll ein Luftstrom $\dot{m}_L$ mit dem Zustand 1 gekühlt werden, so wird nur ein Teil der Luft unmittelbar über die Kühlfläche streichen (Bild 8-15). Nur dieser Teil wird nahezu bis auf die Kühlflächentemperatur t_K abgekühlt, und es wird sich, wenn diese unter der Taupunkttemperatur τ liegt, Wasser flüssig ausscheiden. Diese Luft hat näherungsweise den Zustand K und mischt sich dann mit der ungekühlt durchströmenden Luft mit dem Zustand 1. Nach dieser Modellvorstellung liegt der Mischzustand 2 dann theoretisch auf der Mischungsgeraden 1-K entsprechend den folgenden Bilanzen (Bild 8-16).

$$h_2 = h_1 - \frac{|\dot{Q}_0|}{\dot{m}_L} \tag{8.77}$$

$$x_2 = x_1 - \frac{|\Delta \dot{m}_W|}{\dot{m}_L} \tag{8.78}$$

In Wirklichkeit liegen die Endzustände nach einer Zustandsänderung im Luftkühler eher auf einer nach unten durchgebogenen Kurve.

Bild 8-15
Modell für die Kühlung eines Luftstromes

Die an der Kühlfläche K auf die Kühlflächentemperatur t_K abgekühlte Luft mischt sich mit ungekühlter Luft 1.

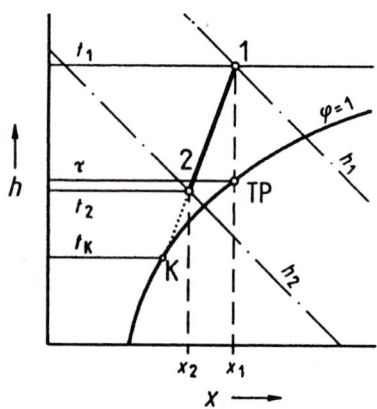

Bild 8-16
Kühlung eines Luftstromes in einem Luftkühler

■ **Beispiel 8.6** Ein Luftstrom von 4,7 kg/s soll von dem Mischluftzustand, wie er im Beispiel 8.4 ermittelt wurde, auf 14 °C abgekühlt werden. Für den Luftkühler wird eine Oberflächentemperatur von 5 °C angenommen. Welchen Zustand hat die gekühlte Luft? Welche Kühlleistung ist zu erbringen? Wie viel Wasser wird ausgeschieden?

Daten   Mischluft h_{MIA} = 54,0 kJ/kgL x_{MIA} = 10,23 gW/kgL $\dot{m}_L$ = 4,7 kgL/s
             t_{MIA} = 27,8 °C φ_{MIA} = 0,433
Gekühlte Luft t_{CA} = 14,0 °C   Oberflächentemperatur t_K = 5,0 °C

Gekühlte Luft KL – Der Zustand der aus dem Luftkühler austretenden Luft liegt im h,x-Diagramm näherungsweise auf der Verbindungslinie zwischen dem Eintrittszustand 1 (Bild 8-16) und dem Zustand K gesättigter Luft bei der Oberflächentemperatur t_K. Der Schnittpunkt mit der Isothermen für 14 °C ergibt den Zustand 2 der gekühlten Luft.

Gekühlte Luft t_{CA} = 14,0 °C φ_{CA} = 0,73
                 h_{CA} = 32,6 kJ/kg L x_{CA} = 7,34 gW/kg L

Kühlleistung $\dot{Q}$ – Die nach $\dot{Q}_0$ umgestellte Gleichung (8.77) ergibt

$$\dot{Q}_0 = \dot{m}_L \ (h_{CA} - h_{MIA}) = 4{,}7 \text{ kgL/s} \cdot (32{,}6 - 54{,}1) \text{ kJ/kgL} = -101 \text{ kW}.$$

Wasserausscheidung $\Delta \dot{m}_W$ – Mit der umgestellten Gleichung (8.78) folgt

$$\Delta \dot{m}_W = \dot{m}_L \ (x_{CA} - x_{MIA}) = 4{,}7 \text{ kgL/s} \cdot (7{,}34 - 10{,}22) \text{ gW/kgL} = -13{,}5 \text{ gW/s}.$$

8.8 Einsprühen von Wasser in feuchte Luft

Wie ändert sich der Zustand der feuchten Luft im Luftwäscher?

Im Luftwäscher strömt die Luft durch einen dichten Nebel fein verteilten Wassers (Bild 8-17). Die Wäscherpumpe saugt das Wasser aus der Wäscherwanne an, fördert es in ein Sprühdüsengitter, ein Rohrsystem, aus dessen Düsen es fein zerstäubt austritt. Ein Teil des Wassers verdunstet und wird vom Luftstrom aufgenommen, die übrigbleibenden Tropfen werden im Tropfenabscheider aufgefangen und laufen in die Wäscherwanne zurück. Das verdunstete Wasser wird durch Zusatzwasser ersetzt, dessen Zufluss häufig ein Schwimmerventil regelt.

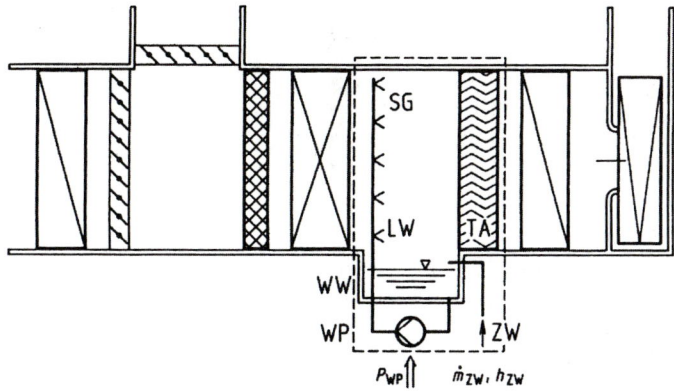

Bild 8-17 Das System Luftwäscher

LW	Luftwäscher	WW	Wäscherwanne	P_{WP}	Leistungsaufnahme der Wäscherpumpe
SG	Sprühdüsengitter	ZW	Zusatzwasser	$\dot{m}_{ZW}$	Zusatzwasser-Massenstrom
WP	Wäscherpumpe	TA	Tropfenabscheider		

Zur Behandlung von Luft gehört also außer dem Erwärmen und Kühlen noch das Einsprühen von fein verteiltem flüssigen Wasser oder das Einblasen von Wasserdampf. Die Bilanzgleichungen waren bereits bei der Erläuterung des Randmaßstabes aufgestellt worden [Abschnitt 8.5, Gleichungen (8.64) bis (8.66)]. Danach bestimmt die Enthalpie h_W des eingebrachten Wassers die Richtung der Zustandsänderung, wenn man zunächst von gleichzeitiger Wärmezufuhr absieht.

$$\frac{\Delta h}{\Delta x} = h_W \tag{8.79}$$

Durch Verbinden des Pols (Bild 8-7) mit dem entsprechenden Wert $\Delta h/\Delta x$ des Randmaßstabes erhält man die Richtung der Zustandsänderung. Dazu parallel verläuft die Zustandsänderung vom Zustand 1 bis zu dem durch eine der Bilanzgleichungen festzustellenden Zustand 2.

Beim Einsprühen von flüssigem Wasser verläuft die Zustandsänderung angenähert auf der Isenthalpen durch den Anfangszustand 1, auch bei höheren Temperaturen bis zu 100 °C. Die Temperatur der Luft nimmt dabei ab, da die zum Verdunsten notwendige Energie der Luft entnommen wird. Wird genügend Wasser eingesprüht, erreicht die feuchte Luft theoretisch den Sättigungszustand, praktisch jedoch nur etwa $\varphi = 0,95$. Die Temperatur in diesem Sättigungszustand wird als *Kühlgrenztemperatur* t_G bezeichnet, da eine weitere Senkung nur durch Verdunstung nicht möglich ist.

Beim Einblasen von Wasserdampf ergeben die Enthalpiewerte h_W Richtungen etwas oberhalb der Waagerechten. Bei gleichzeitiger Heizung gehen die Richtungen mehr oder weniger steil nach oben, bei gleichzeitiger Kühlung nach unten.

$$\frac{\Delta h}{\Delta x} = h_W + \frac{\dot{Q}}{\Delta \dot{m}_W} \tag{8.80}$$

Bild 8-18 zeigt die verschiedenen Richtungen und ihre Parallelen durch den Anfangszustand 1. Die zweite Koordinate für den Endzustand 2 muss mit einer der beiden Bilanzgleichungen (8.64) oder (8.65) ermittelt werden.

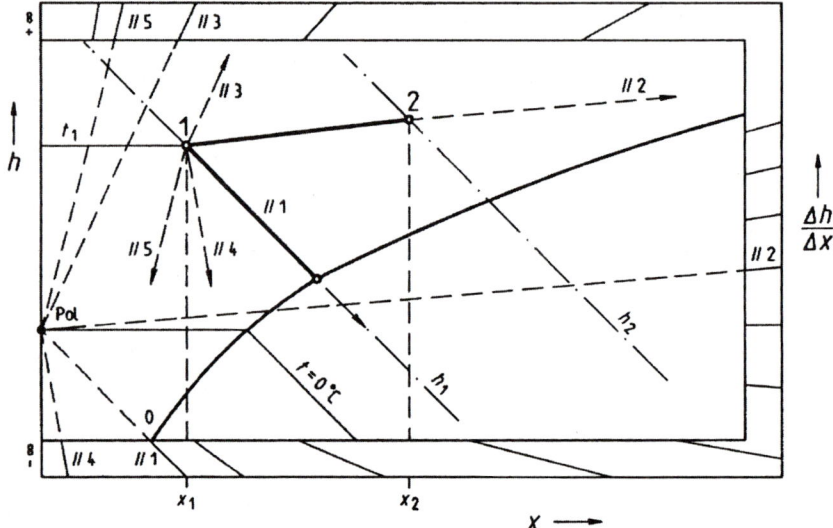

Bild 8-18 Bestimmen der Richtung von Zustandsänderungen mit Pol und Randmaßstab
Parallele Richtungen durch den Pol und durch den Anfangszustand 1
//1 Einsprühen von flüssigem Wasser   //4 Gleichzeitige Befeuchtung und Kühlung
//2 Einblasen von Dampf   //5 Kühlung (mit Entfeuchtung verbunden)
//3 Gleichzeitige Befeuchtung und Heizung

Taupunktregler – Wenn eine Klimaanlage in einem Raum nur eine bestimmte relative Feuchte aufrechterhalten soll, lässt sie sich über die Temperatur am Austritt des Luftwäschers regeln. Diese Temperatur ist gleich der Taupunkttemperatur der Raumluft, wenn diese den gleichen Wassergehalt wie die Zuluft hat. Der Taupunktregler wird auf die Kühlgrenztemperatur des maximal zu erwartenden Außenluftzustandes eingestellt. Bei anderen Außenluftzuständen verändert der Taupunktregler die Öffnung der Regelklappen vor der Mischkammer so, dass der Mischluftzustand auf der Isenthalpen durch den Taupunkt liegt (Bild 8-19).

Bild 8-19
Regelung der Raumluftfeuchte
mit einem Taupunktregler

ODA_{max} Maximaler Außenluftzustand
ODA   Niedrigere Außenluftzustände
IDA   Raumluftzustand
MIA   Mischluftzustand
TP   Taupunkt der Raumluft

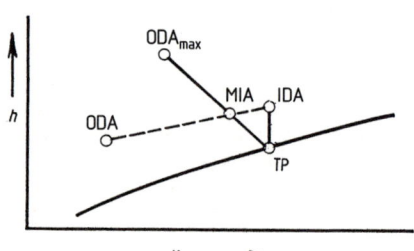

■ **Beispiel 8.7** In der Produktionshalle eines Textilbetriebes muss ständig eine Luftfeuchte von 60 % bei einem maximalen sommerlichen Außenluftzustand von 32 °C und 40 % relativer Feuchte aufrechterhalten werden. Die installierte Maschinenleistung beträgt 32,2 kW. Durch Dach und Wände, Menschen und Beleuchtung kommen weitere 24,7 kW hinzu. Die Klimazentrale ist nur mit einem Luftwäscher und einem Nachwärmer ausgestattet. Mit welchem Zustand strömt die Zuluft in die Halle? Welcher Zustand stellt sich im Raum ein? Welcher Zuluftstrom ist erforderlich?

Daten Außenluft $\quad\quad\quad t_{ODA} = 32\ °C \quad\quad\quad\quad\quad\quad \varphi_{ODA} = 0,40$
Raumluft $\quad\quad\quad\quad\quad\quad\quad\quad\quad\quad\quad\quad\quad\quad \varphi_{IDA} = 0,60$
Anfallende Leistung $\quad \dot{Q} = (32,2 + 24,7)\ kW = 56,9\ kW$

Zuluft SUP – Da im Luftwäscher flüssiges Wasser in den Luftstrom eingesprüht wird, verläuft die Zustandsänderung parallel zu der Isenthalpen durch den Außenluftzustand. Nach Abscheiden der Tropfen hat die Zuluft eine relative Feuchte von etwa 95 %.

Zuluft $\quad\quad h_{SUP} = h_{ODA} = 63,0\ kJ/kgL \quad\quad\quad \varphi_{SUP} = 0,95 \quad\quad\quad\quad x_{SUP} = 16,0\ gW/kgL$

Raumluft IDA – Durch die in der Halle anfallende Leistung wird die Zuluft bei praktisch konstantem Wassergehalt erwärmt. Damit ergibt sich der Zustand für die Raumluft.

Raumluft $\quad\quad t_{IDA} = 29,7\ °C \quad\quad\quad\quad\quad\quad\quad \varphi_{IDA} = 0,60$
$\quad\quad\quad\quad\quad h_{IDA} = 70,8\ kJ/kgL \quad\quad\quad\quad\quad\quad x_{SUP} = 16,0\ gW/kgL$

Zuluftstrom SUP – Aus der anfallenden Leistung und der Enthalpiedifferenz $h_{IDA} - h_{SUP}$ zwischen Zuluft und Raumluft ergibt sich der Zuluftstrom $\dot{m}_{SUP}$.

$$\dot{m}_{SUP} = \dot{Q}/(h_{IDA} - h_{SUP}) = 56,9\ kW/(70,8 - 63,0)\ kJ/kgL = 7,35\ kgL/s$$

■ **Beispiel 8.8** Mit einer einfachen Klimaanlage soll in einem Raum ein Luftzustand von 25 °C und 45 % relativer Feuchte beim maximalen sommerlichen Außenluftzustand von 32 °C und 40 % relativer Feuchte aufrechterhalten werden. In dem Raum fallen durch Maschinen, Beleuchtung und Menschen sowie durch Wärmeübertragung durch die Begrenzungswände (Transmission) 16,6 kW an. Außerdem treten in der Sekunde 7,80 g gesättigten Wasserdampfes von 60 °C aus. Um einen ausreichenden Luftwechsel zu erhalten, soll der Zuluftstrom 4,70 kgL/s betragen und einen Außenluftanteil von 40 % haben. Der Luftkühler hat eine Oberflächentemperatur von 5 °C. Welche Luftzustände treten in der Klimazentrale auf? Wie sind Luftkühler und Nachwärmer zu dimensionieren?

Daten Außenluft $\quad t_{ODA} = 32\ °C \quad \varphi_{ODA} = 0,40 \quad$ Anfallender Wasserdampf $\quad \Delta\dot{m}_W \quad = 7,66\ gW/s$
Raumluft $\quad t_{IDA} = 25\ °C \quad \varphi_{IDA} = 0,45 \quad$ Wasserdampftemperatur $\quad t_{Wd} \quad\quad = 60\ \ °C$
Anfallende Wärmeleistung $\quad \dot{Q} \quad = 16,6\ kW \quad$ Zuluftstrom $\quad\quad\quad\quad\quad\quad \dot{m}_{SUP} \quad = 4,70\ kgL/s$
Oberflächentemperatur $\quad t_K \quad = 5\ °C \quad\quad$ Außenluftanteil $\quad\quad\quad\quad \dot{m}_{ODA}\ /\ \dot{m}_{SUP} \quad = 0,40$

Klimazentrale – Die gestellten Forderungen sind mit einer Klimazentrale zu verwirklichen, die nur Mischkammer, Luftfilter, Luftkühler und Nachwärmer enthält. Die Zustandsänderungen sind in Bild 8-20 skizziert.

Mischluft MIA – Der Mischluftzustand war im Beispiel 8.4 bestimmt worden.

Zuluft SUP – Die Zuluft muss die im Raum anfallende Wärmeleistung und den Wasserdampfstrom aufnehmen, um den Raumluftzustand aufrechtzuerhalten.

Raumluft $\quad\quad h_{IDA} = 48,1\ kJ/kgL \quad\quad\quad\quad\quad\quad x_{IDA} = 9,00\ gW/kgL$

Die Richtung der Zustandsänderung SUP – IDA liefert Gleichung (8.80).

$$\Delta h/\Delta x = h_W + \dot{Q}\ /\ \Delta\dot{m}_W = 2610\ kJ/kgW + 16,6\ kW/(7.80\ gW/s) = 4738\ kJ/kgW$$

Dabei ändert sich der Wassergehalt [Gleichung (8.78)].

$$x_{SUP} = x_{IDA} - \left|\Delta\dot{m}_W\right|\ /\ \dot{m}_{SUP} = 9,00\ gW/kgL - (7,80\ gW/s)/(4,70\ kgL/s) = 7,34\ gW/kgL$$

Damit ergibt sich der Zuluftzustand aus dem h,x-Diagramm.

Zuluft $\quad\quad h_{SUP} = 40,2\ kJ/kgL \quad\quad\quad\quad\quad\quad x_{SUP} = 7,34\ gW/kgL$
$\quad\quad\quad\quad t_{SUP} = 21,5\ °C \quad\quad\quad\quad\quad\quad\quad\quad \varphi_{SUP} = 0,46$

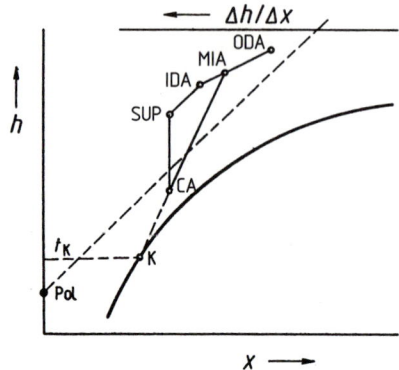

Bild 8-20

Zustandsänderungen der Luft in Beispiel 8.8

IDA	Raumluft
ODA	Außenluft
MIA	Mischluft
CA	Gekühlte Luft
SUP	Zuluft

Gekühlte Luft – Die gekühlte Luft hat den gleichen Wassergehalt wie die Zuluft. Ihre Werte waren bereits im Beispiel 8.6 bestimmt worden, ebenso die im Luftkühler erforderliche Kühlleistung $\dot{Q}_0$.

Gekühlte Luft	t_{CA}	= 14,0 °C	φ_{CA}	= 0,73
	h_{CA}	= 32,6 kJ/kgL	x_{CA}	= 7,34 gW/kgL
Kühlleistung	$\dot{Q}_0$	= –101 kW		

Nachwärmerleistung $\dot{Q}_{NW}$ – Im Nachwärmer wird die im Luftkühler getrocknete Luft auf den erforderlichen Zuluftzustand gebracht.

$$\dot{Q}_{NW} = \dot{m}_L \, (h_{SUP} - h_{CA}) = 4,7 \text{ kgL/s} \cdot (40,2 - 32,6) \text{ kJ/kgL} = 35,7 \text{ kW}$$

8.9 Verdunstung und Taubildung

Was geschieht, wenn feuchte Luft über eine Wasseroberfläche strömt? Mit den folgenden Überlegungen lassen sich manche Vorgänge in Natur und Technik besser verstehen.

Wird ungesättigte feuchte Luft mit einem Zustand 1 in einem adiabaten offenen System über eine freie Wasseroberfläche geführt, nimmt die Luft in einer dünnen Grenzschicht unmittelbar an der Berührungsfläche die Wassertemperatur an und erreicht außerdem Sättigung (Bild 8-21). Es ist also die Lufttemperatur t_{LG} in der Grenzschicht gleich der Wassertemperatur t_{WG} in der Grenzschicht. Ebenso ist der Teildruck p_{WG} des Wasserdampfes in der Grenzschicht gleich dem Sättigungsdruck $p'_W \, (t_{WG})$ des Wassers. Temperatur- und Druckunterschiede gleichen sich in der Grenzschicht sofort aus.

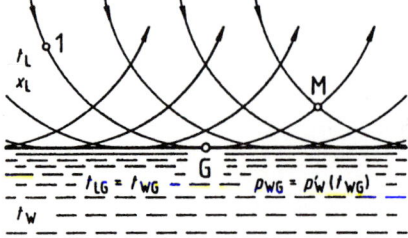

Bild 8-21

Modell für die Zustandsänderungen feuchter Luft an einer Wasseroberfläche

In der Grenzschicht an der Oberfläche nehmen Luft und Wasser die gleiche Temperatur an. Die Luft sättigt sich in der Grenzschicht mit Wasserdampf.

1	Zustand der ungesättigten Luft
G	Zustände in der Grenzschicht
M	Mischzustände

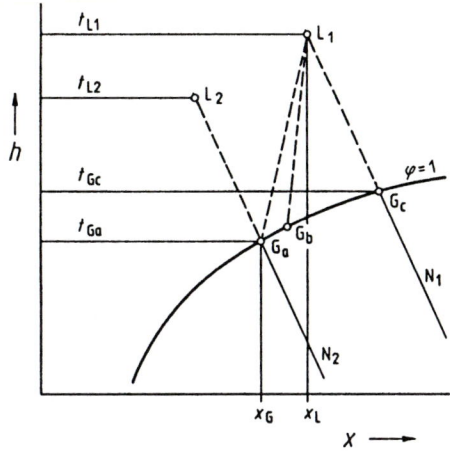

Bild 8-22
Zustandsänderungen feuchter Luft
an einer Wasseroberfläche

Darstellung des Modells im h,x-Diagramm
L_1, L_2 Zustände ungesättigter Luft
G_a, G_b, G_c Luftzustände in der Grenzschicht
N_1, N_2 Nebelisothermen mit Verlängerung

An diesem Modell lassen sich Vorstellungen über die Zustandsänderungen von feuchter Luft über einer Wasseroberfläche entwickeln. Bewegt sich die Luft, so vermischen sich gesättigte Luft (Zustand G_a) und ungesättigte Luft (Zustand L_1). Der Mischungszustand liegt irgendwo auf der Mischungsgeraden $L_1 - G_a$ (Bild 8-22). Die Luft mit dem Mischungszustand wird sich wiederum mit Luft mit dem Zustand G_a mischen, sodass der Zustand der Luft sich insgesamt weiter der völligen Sättigung nähert.

Hierbei war vorausgesetzt, dass die Wassermenge groß gegenüber der Luftmenge ist und sich die Wassertemperatur daher nicht ändert. Auch soll die Luftmenge nicht laufend durch ungesättigte Luft mit dem Zustand L_1 ergänzt werden. Unter diesen Bedingungen zeigt die Mischungsgerade $L_1 - G_a$, dass sich die Luft bei den gegebenen Zuständen L_1 und G_a abkühlt und ihren Wassergehalt verringert.

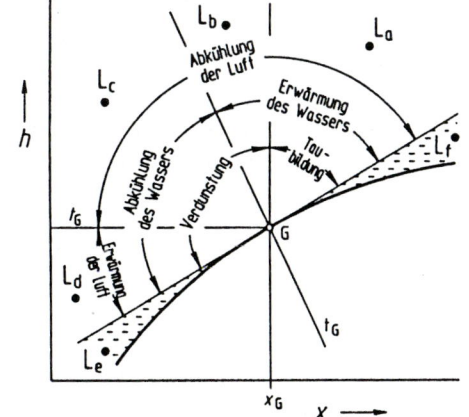

Bild 8-23
Zustandsänderungen von Luft und Wasser
bei verschiedener Lage der Luftzustände L
gegenüber dem Grenzzustand G

L_a Luftabkühlung
        Wassererwärmung
        Taubildung
L_b Luftabkühlung
        Wassererwärmung
        Verdunstung
L_c Luftabkühlung
        Wasserabkühlung
        Verdunstung
L_d Lufterwärmung
        Wasserabkühlung
        Verdunstung
L_e, L_f Nebelbildung

Je nach Lage der Zustände L und G zueinander und der beteiligten Luft- und Wassermengen können sich Luft und Wasser erwärmen oder abkühlen, Feuchtigkeit aufnehmen oder abgeben. Bild 8-23 gibt hierüber einen Überblick.

Liegt der Luftzustand L_2 auf der durch den Zustand G_a nach oben verlängerten Nebelisothermen N_2, so wird diese Gerade zur Mischungsgeraden. Bei der Mischung sinkt die Temperatur der Luft und der Wassergehalt nimmt zu. Die dazu notwendige Verdunstungswärme wird gerade durch die von der Luft an das Wasser übertragene Wärme gedeckt. Das System befindet sich in einem adiabaten Beharrungszustand.

Sind die beteiligten Luft- und Wassermengen annähernd vergleichbar und auch nicht zu groß, kann es auch zu einer Änderung der Wassertemperatur kommen. Geht man wieder von ungesättigter Luft mit dem Zustand L_1 und einer anfänglichen Wassertemperatur t_{Ga} aus, so lässt die Wärmeabgabe der Luft an die Wasseroberfläche die Wassertemperatur steigen und den Zustand G von G_a nach G_b wandern. Die Lage von G hängt vom Mengenverhältnis von Luft und Wasser ab, kann aber höchstens G_c erreichen, den Schnittpunkt der zu L_1 gehörenden verlängerten Nebelisothermen N_1 mit der Sättigungslinie.

Das Wasser kann höchstens die Temperatur t_{WGc} erreichen, und auch dies nur, wenn die Luftmenge mit dem Zustand L_1 genügend groß ist. Die Temperatur $t_{LGc} = t_{WGc}$ ist gleich der Kühlgrenztemperatur t_G für alle Luftzustände L auf einer verlängerten Nebelisothermen. Diese Kühlgrenztemperatur stellt sich ein, wenn Wasserflüssigkeit fein verteilt in einen Luftstrom eingesprüht wird, wie es in Luftwäschern oder bei Luftbefeuchtungsanlagen geschieht.

Messung des Luftzustandes – Ein Luftzustand L lässt sich durch die beschriebenen Vorgänge mit der Messung zweier Temperaturen bestimmen, zum Beispiel mit dem Aspirationspsychrometer nach ASSMANN (Bild 8-24). Dessen Ventilator zieht Luft mit etwa 2 bis 3 m/s über zwei Thermometer, von denen eines die Temperatur t der Luft misst. Über die Quecksilberkugel des anderen ist ein feuchter Gewebestrumpf gezogen, in dem sich durch Verdunstung die Kühlgrenztemperatur t_G einstellt.

Damit ist der Luftzustand im h,x-Diagramm durch die Isotherme der Lufttemperatur t und die verlängerte Nebelisotherme der Kühlgrenztemperatur t_G festgelegt (Bild 8-25).

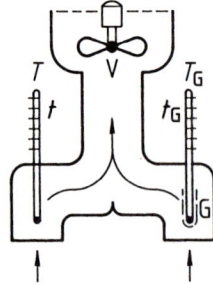

Bild 8-24

Aspirationspsychrometer nach ASSMANN

T   Trockenkugelthermometer
T_G Feuchtkugelthermometer
G   feuchter Gewebestrumpf
V   Ventilator

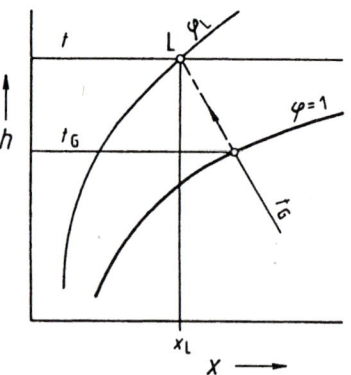

Bild 8-25

Bestimmung des Luftzustandes L aus Trockenkugeltemperatur t und Feuchtkugeltemperatur t_G

8.10 Druckluft

Warum kommt aus Druckluftleitungen im Winter häufig Wasser?

Das h,x-Diagramm gilt in der bisher benutzten Form nur für einen Gesamtdruck von 1000 mbar. Für andere Drücke folgt aus Gleichung (8.38)

$$\frac{p}{\varphi} = p'_W \cdot \frac{x + \langle R_L / R_W \rangle}{x}. \tag{8.81}$$

Für einen Luftstrom mit einem bestimmten Wassergehalt x und einer bestimmten Temperatur t und damit einem bestimmten Sättigungsdruck p'_W bleibt demnach bei einer Änderung des Gesamtdruckes das Verhältnis von Gesamtdruck p und relativer Feuchte φ unverändert.

Im h,x-Diagramm verschiebt sich die Sättigungslinie $\varphi = 1$ mit steigendem Druck nach links oben und mit ihr die Kurven konstanter relativer Feuchte φ (Bild 8-26). Die Sättigungswassergehalte x' ergeben sich in Abhängigkeit vom Gesamtdruck p bei den verschiedenen Temperaturen t aus Gleichung (8.37).

$$x' = \frac{R_L}{R_W} \cdot \frac{p'_W(t)}{p - p'_W(t)} \tag{8.82}$$

Die Isothermen ungesättigter Luft bleiben bis zur jeweiligen Sättigungslinie unverändert, während die Nebelisothermen so weit parallel verschoben werden, wie es die veränderte Lage der Sättigungslinie verlangt.

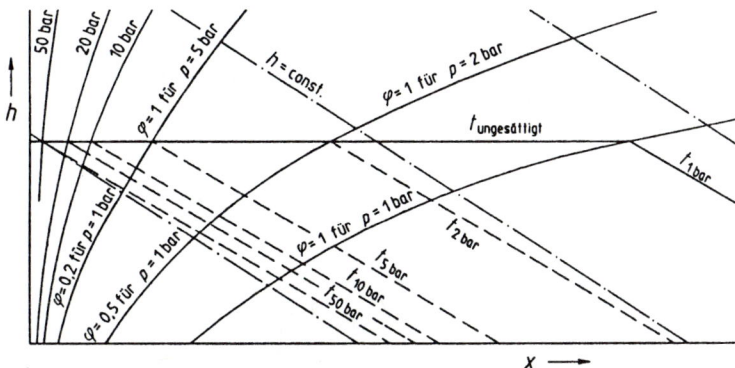

Bild 8-26 Einfluss des Gesamtdruckes p auf das h,x-Diagramm
Lage der Sättigungslinien $\varphi = 1$, von Linien konstanter relativer Feuchte $\varphi < 1$ und der Nebelisothermen einer bestimmten Temperatur t bei verschiedenen Gesamtdrücken p

■ **Beispiel 8.9** Für 0 °C und einen Wassergehalt von 0,002 kgW/kgL soll die relative Feuchte bei Gesamtdrücken von 1 bar, 2 bar und 4 bar ermittelt werden. Liegt ein Zustand im Nebelgebiet, soll ermittelt werden, welcher Teil des Wassergehaltes flüssig ausgefallen ist.

Daten   Lufttemperatur t $= 0$ °C   Wassergehalt $x = 0,002$ kgW/kgL
            Gesamtdrücke $p_1 = 1$ bar
                               $p_2 = 2$ bar
                               $p_3 = 4$ bar

Relative Feuchte φ bei 1 bar [Gleichung (8.81)]

$$\frac{p}{\varphi} = p'_W \cdot \frac{x + \langle R_L / R_W \rangle}{x} = 0,006108 \text{ bar} \cdot \frac{0,002 + 0,622}{0,002} = 1,906 \text{ bar}$$

Bei einem Gesamtdruck von 1 bar beträgt die relative Feuchte

$$\varphi = \frac{p}{\langle p / \varphi \rangle} = \frac{1\,\text{bar}}{1,906\,\text{bar}} = 0,525 \ .$$

Relative Feuchte φ bei 2 bar

Da aus den berechneten Werten zu ersehen ist, dass bei einem Gesamtdruck von 2 bar der Sättigungswassergehalt x' bereits überschritten ist, wird dieser bestimmt [Gleichung (8.82)].

$$x' = \frac{R_\text{L}}{R_\text{W}} \cdot \frac{p'_\text{W}(t)}{p - p'_\text{W}(t)} = 0,622\,\frac{0,006108\,\text{bar}}{(2.0 - 0,006108)\,\text{bar}} = 0,0019\,\text{kgW/kgL}$$

Die Luft ist gesättigt, die relative Feuchte $\varphi = 1$. Außerdem sind vom gesamten Wassergehalt flüssig
$$x - x' = (0,0020 - 0,0019)\,\text{kgW/kgL} = 0,0001\,\text{kgW/kgL}.$$

Relative Feuchte φ bei 4 bar

Für den Gesamtdruck von 4 bar wird der Sättigungswassergehalt x' bestimmt [Gleichung (8.82)]

$$x' = \frac{R_\text{L}}{R_\text{W}} \cdot \frac{p'_\text{W}(t)}{p - p'_\text{W}(t)} = 0,622\,\frac{0,006108\,\text{bar}}{(4.0 - 0,006108)\,\text{bar}} = 0,00095\,\text{kgW/kgL}$$

Die Luft ist gesättigt ($\varphi = 1$), und vom gesamten Wassergehalt sind
$$x - x' = (0,0020 - 0,00095)\,\text{kgW/kgL} = 0,00105\,\text{kgW/kgL}.$$

flüssig, also mehr als die Hälfte.

8.11 Übungen

Übung 8.1 In 0,0123 kmol mit Wasserdampf und Stickstoff verunreinigten Kohlendioxids sind $0,95 \cdot 10^{-3}$ kmol Wasserdampf und $2,7 \cdot 10^{-3}$ kmol Stickstoff enthalten.
1.   Bestimmen Sie in tabellarischer Rechnung die Molanteile und die Massenanteile der drei Komponenten.
2.   Wie groß sind Molmasse und Gaskonstante des Gemisches?

Übung 8.2 Ein Gasgemisch besteht aus 0,0214 kg Methan, 0,0672 kg Stickstoff und 0,0042 kg Helium.
1.   Ermitteln Sie die Molanteile der Komponenten.
2.   Wie groß sind die Partialdrücke der Stoffe bei einem absoluten Gesamtdruck von 6,0 bar?
3.   Wie groß ist das spezifische Volumen des Gemisches bei – 69 °C und einem absoluten Druck von 0,70 bar?

Übung 8.3 Bei einer Temperatur von 45 °C wird in einen mit Stickstoff gefüllten und unter einem Überdruck von 2,80 bar stehenden Behälter mit einem Rauminhalt von 53 Litern aus einer Stahlflasche Kohlendioxid eingefüllt, bis der Überdruck auf 8,70 bar angestiegen ist.
1.   Welche Masse an Stickstoff befand sich in dem Behälter?
2.   Wie viel Kohlendioxid ist eingefüllt worden?

Übung 8.4 Das Abgas eines Verbrennungsmotors enthält in Massenanteilen an Stickstoff 78,4 %, an Sauerstoff 6,8 %, an Kohlendioxid 12,7 % und an Kohlenmonoxid 2,1 %.
1.   Welche Dichte hat das Abgas bei einer Temperatur von 250 °C und einem Druck von 0,953 bar?
2.   Wie groß ist die Molmasse des Abgases?

Übung 8.5 Ein Druckbehälter enthält ein Gemisch aus 0,368 kg Stickstoff und 0,514 kg Kohlendioxid bei 20 °C und einem absoluten Druck von 15,4 bar. Durch elektrische Heizung steigt die Temperatur auf 820 °C.
1.   Wie groß sind die Massen- und die Molanteile der Komponenten?
2.   Welche Gaskonstante und welche Molmasse hat das Gemisch?
3.   Welche Wärme wurde dem Gemisch zugeführt?
4.   Welches Volumen hat der Behälter?
5.   Wie hoch ist der Druck nach der Erwärmung?

Übung 8.6 Ein Gasverdichter komprimiert ein Gemisch aus 36,7 Gewichtsprozent Wasserstoff und 63,3 Gewichtsprozent Methan von 1,06 bar und 17,3 °C auf 6,37 bar und liefert so stündlich 3120 m³ Druckgas. Die Drücke sind am Manometer abgelesen. Der Umgebungsdruck beträgt 0,97 bar.

1. Wie hoch ist die Verdichtungsendtemperatur, wenn ein Polytropenexponent von 1,16 angenommen wird?
2. Wie groß ist der Ansaugvolumenstrom?
3. Welcher Massenstrom wird gefördert?
4. Wie groß ist die notwendige Arbeitsleistung, die der Verdichter an das Gemisch abgeben muss?

Übung 8.7 Ein Luftstrom von 4,2 kg/s mit einer Temperatur von 46 °C und 40 Prozent relativer Feuchte nimmt in einem Luftwäscher Wasser bis zur Sättigung auf und wird dann in einen Raum eingeblasen, in dem eine Feuchte von 60 % gehalten werden soll.

1. Skizzieren Sie die Zustände und Zustandsänderungen der Luft im h,x-Diagramm.
2. Welche Temperatur wird am Austritt des Wäschers gemessen?
3. Wie viel Wasser nimmt der Luftstrom auf?
4. Welche Temperatur stellt sich im Raum ein?
5. Welcher Wärmestrom darf in dem Raum höchstens auftreten, wenn die geforderte Feuchte gehalten werden soll?

Übung 8.8 In einer Werkhalle soll für die Textilproduktion eine Luftfeuchte von 60 % eingehalten werden. Der maximale Außenluftzustand am Ort der Werkhalle für den Sommer wird mit 29 °C und 40 % relativer Feuchte angegeben. In der Halle werden durch Maschinen und Beleuchtung ständig 280 kW frei. Durch Wände und Dach strömt eine Transmissionsleistung von 12 kW ein. Die Klimaanlage soll im Sommerbetrieb nur mit einem Luftwäscher arbeiten. Für die Dichte der trockenen Zuluft können 1,17 kg/m³ eingesetzt werden.

1. Skizzieren Sie die Zustände und Zustandsänderungen der Luft im h,x-Diagramm.
2. Welche Lufttemperatur stellt sich in der Werkhalle ein?
3. Welcher Zuluft-Volumenstrom muss in die Werkhalle eingebracht werden, um die Raumluftfeuchte zu halten?

Übung 8.9 In der in Übung 8.8 beschriebenen Werkhalle darf die Lufttemperatur im Winter nicht unter 20 °C sinken. Zur Energieersparnis werden Außenluft und Umluft vor dem Wäscher gemischt. Die Außenluft muss vor der Mischung auf + 10 °C vorgewärmt werden. Die Klimaanlage ist mit einem Vorwärmer für die Außenluft und einem Nachwärmer für die Zuluft ausgestattet. Die tiefste Außentemperatur kann mit – 10 °C angenommen werden. Die Maschinen- und Beleuchtungsleistung beträgt wie im Sommer 280 kW. Durch Transmission gehen 143,7 kW durch Außenwände und Dach. Der Zuluftventilator fördert im Winterbetrieb 27,8 kg/s.

1. Skizzieren Sie die Zustände und Zustandsänderungen der Luft im h, x-Diagramm.
2. Welchen Zustand hat die Mischluft?
3. Wie hoch ist der Anteil der Außenluft?
4. Mit welcher Temperatur verlässt die Luft den Wäscher?
5. Welche Heizleistung muss der Außenluft-Vorwärmer übertragen?
6. Welche Heizleistung muss der Nachwärmer übertragen?
7. Welchen Zustand (Temperatur und Feuchte) hat dann die Zuluft?

Übung 8.10 Eine Halle wird durch Maschinen mit 32 kW und im Sommer durch Transmission mit 35 kW belastet. Außerdem treten in der Halle stündlich 132 kg Dampf aus einer Leitung aus, in der der Dampf einen Zustand von 2 bar und 180 °C hat. Die relative Feuchte der Raumluft soll 60 % betragen. Die Klimazentrale ist für den Sommerbetrieb nur mit einem Luftwäscher ausgestattet. Der Taupunktregler ist auf 18 °C eingestellt.

1. Skizzieren Sie die Zustände und Zustandsänderungen der Luft im h,x-Diagramm.
2. Für welchen Zuluftstrom ist die Anlage zu bemessen?
3. Welche Temperatur wird sich in der Halle einstellen?

Übung 8.11 Durch einen Luftkanal strömen stündlich 134000 m³ Luft mit einer Temperatur von 26 °C und einer relativen Feuchte von 45 %. Durch Einblasen von Sattdampf von 3 bar soll die relative Feuchte auf 70 % gesteigert werden.

1. Skizzieren Sie die Zustände und Zustandsänderungen der Luft im h, x-Diagramm.
2. Wie viel Dampf muss eingeblasen werden?
3. Welche Temperatur hat die Luft nach dem Einblasen des Dampfes?

Übung 8.12 In einem Fabrikationsraum ist ein Luftzustand von 20 °C und 40 % relativer Feuchte bei einem Außenluftzustand von 25 °C und 60 % einzuhalten. Die engen Toleranzen für diesen Luftzustand verlangen einen häufigen Luftwechsel, woraus sich ein Zuluftstrom von 16800 m³/h ergibt. Die den Raum belastende Wärme ist mit 56 kW verhältnismäßig gering, Wasserdampf tritt praktisch nicht aus. Die Klimazentrale enthält daher eine Wäscherumgehung (Bild 8-27). Der Luftkühler hat eine Oberflächentemperatur von 0 °C. Der Außenluftanteil am Wäscherluftstrom beträgt 20 %.

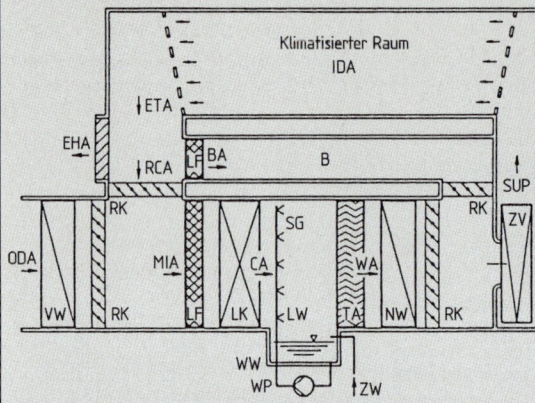

Bild 8-27 Klimazentrale
            mit Wäscherumgehung (B)

MK   Mischkammer
RK   Regelkappen
LF   Luftfilter
LK   Luftkühler
LW   Luftwäscher
WW   Wäscherwanne
TA   Tropfabscheider
NW   Nachwärmer
ZV   Zuluft-Ventilatoren

ODA	Außenluft	IDA	Raumluft
RCA	Umluft	ETA	Abluft
MIA	Mischluft	EHA	Fortluft
CA	gekühlte Luft	BA	Umgehungsluft
WA	Wäscherluft	ZW	Zusatzwasser
SUP	Zuluft		

1. Skizzieren Sie die Zustände und Zustandsänderungen der Luft im h, x-Diagramm.
2. Welchen Zustand muss die Zuluft haben?
3. Welcher Luftstrom fließt durch den Wäscher?
4. Welcher Luftstrom fließt durch die Wäscherumgehung?
5. Für welche Kühlleistung ist der Luftkühler zu bemessen?
6. Wie viel Zusatzwasser wird verbraucht werden?

Übung 8.13 Der Ventilator einer Klimaanlage ist, um einen genügenden Luftwechsel im klimatisierten Raum zu sichern, für einen Zuluftstrom von 33000 m³/h bemessen. Im Winter soll ein Raumluftzustand von 16 °C/65 % r. F. bei Außentemperaturen bis zu – 12 °C aufrechterhalten werden. Wegen der Gefahr des Einfrierens und der Schwitzwasserbildung ist es notwendig, die angesaugte Außenluft auf + 7 °C vorzuheizen. Der Nachwärmer ist nach dem Ventilator eingebaut. Zur Energieersparnis werden Außen- und Raumluft vor dem Wäscher gemischt. Die Transmissionswärme beträgt 196 kW, die Maschinenwärme 44,3 kW.

1. Skizzieren Sie die Zustände und Zustandsänderungen im h, x-Diagramm.
2. Wie ist der Taupunktregler einzustellen?
3. Welche Dichte hat die trockene Luft im Taupunkt?
4. Wie groß ist der Massenstrom der trockenen Luft?
5. Welchen Zustand hat die Mischluft?
6. Welchen Anteil hat die Außenluft daran?
7. Wie groß ist die Heizleistung des Vorwärmers?
8. Wie groß ist die Heizleistung des Nachwärmers?
9. Welchen Zustand hat die Zuluft?

Übung 8.14 Ermitteln Sie für feuchte Luft bei den Fragen 1 bis 4 Temperatur, Feuchte, Enthalpie und Wassergehalt der Mischluft, bei Frage 5 die Enthalpien sowie Endfeuchte, Wassergehalt und Heizleistung, bei Frage 6 den abzuführenden Wärmestrom sowie die ausfallende Wasserflüssigkeit.

1. Mischung von 23 kg (trocken) 20 °C/80 % mit 23 kg (trocken) 40 °C/40 %.
2. Mischung von 38 kg (trocken) 40 °C/80 % mit 62 kg (trocken) 0 °C/60 %. Was ist am Mischpunkt zu beobachten?
3. Mischung von 50 kg (trocken) 22 °C/20 % mit 50 kg (trocken) 10 °C/100 %.
4. Mischung von 10000 m³ (feucht) 20 °C/100 % mit 10000 m³ (feucht) 35 °C/40 %.
5. Erwärmung von 100 kg/s (feucht) von 30 °C/80 % auf 40 °C bei gleichem Wassergehalt.
6. Abkühlung von 10 kg/s (trocken) von 20 °C/60 % auf 0 °C/100 %.

9 Energieumwandlung, thermische Maschinen

Für die Berechnung von Verfahren der Energieumwandlung, insbesondere von Prozessen thermischer Maschinen, sind in den vorherigen Abschnitten die Grundlagen erarbeitet worden. Am Beispiel der Dampfkraftmaschine ließ sich eine allgemeine Fassung des Ersten Hauptsatzes für Kreisprozesse ableiten (Abschnitt 4.5), die dann auf Wärmekraftmaschinen und Kältemaschinen angewendet wurde (Abschnitt 5.4). Für den thermischen Wirkungsgrad und die Leistungszahlen konnte aus dem Zweiten Hauptsatz die Aussage gewonnen werden, dass das naturgesetzliche Optimum nur von den Temperaturen bestimmt wird, zwischen denen ein Kreisprozess läuft.

9.1 Vergleichsprozesse

Wie lassen sich die Vorgänge in Wärmekraftmaschinen und Kältemaschinen verstehen?

Die Prozesse in den verschiedenen Arten von Wärmekraftmaschinen und Kältemaschinen können vereinfacht und übersichtlich mit Vergleichsprozessen dargestellt werden. Diese Vergleichsprozesse bestehen aus mehreren speziellen Zustandsänderungen, die sich leicht rechnerisch verfolgen lassen. Damit werden Vergleiche möglich

– zwischen einem wirklichen Prozess und dem entsprechenden Vergleichsprozess,
– zwischen den verschiedenen Vergleichsprozessen und
– zwischen verschiedenen Druck- und Temperaturverhältnissen bei einem Vergleichsprozess.

Man muss sich jedoch darüber klar sein, dass die Ergebnisse bei wirklich ausgeführten Maschinen erheblich von denen bei Vergleichsprozessen abweichen.

Die einfachen Vergleichsprozesse bestehen aus einer Folge spezieller Zustandsänderungen. In Tabelle 9-1 sind die hier behandelten Vergleichsprozesse zusammengestellt.

Tabelle 9-1 Vergleichsprozesse

	2 Isochoren	2 Isobaren	2 Isothermen
2 Isentropen	OTTO	JOULE CLAUSIUS-RANKINE	CARNOT
2 Isothermen	STIRLING	ERICSSON (ACKERET-KELLER)	

DIESEL	2 Isentropen, 1 Isobare, 1 Isochore
SEILIGER	2 Isentropen, 1 Isobare, 2 Isochoren
PLANK	1 Isentrope, 2 Isobaren, 1 Isenthalpe

Die Vergleichsprozesse sind nach Wissenschaftlern benannt, die den Prozess entwickelt oder verwirklicht haben oder als Thermodynamiker bekannt geworden sind*.

---

* Robert STIRLING (1790–1878), schottischer Geistlicher und Minister
  Nicolas Léonhard Sadi CARNOT (1796–1832), französischer Ingenieur
  John ERICSSON (1803–1899), schwedisch-amerikanischer Ingenieur
  James Prescott JOULE (1818–1889), englischer Physiker
  William John MacQuorn RANKINE (1820–1872), englischer Ingenieur
  Rudolf Julius Emanuel CLAUSIUS (1822–1888), deutscher Physiker
  Nikolaus OTTO (1832–1891), deutscher Ingenieur
  Rudolf DIESEL (1858–1913), deutscher Ingenieur
  Rudolf PLANK (1886–1973), deutscher Ingenieur und Hochschullehrer
  Jakob ACKERET (1898–1981), schweizerischer Ingenieur und Hochschullehrer
  Moritz SEILIGER (um 1900), deutscher Ingenieur
  Curt KELLER (1904–1984), schweizerischer Ingenieur

Von den aus zwei Paaren von Zustandsänderungen bestehenden Vergleichsprozessen ist der CARNOT-Prozess aus zwei Isentropen und zwei Isothermen bereits für theoretische Überlegungen herangezogen worden (Abschnitt 5.4). Eine sinnvolle Verwirklichung dieses Prozesses ist jedoch nicht möglich.

Der OTTO-Prozess aus zwei Isentropen und zwei Isochoren ist vom Benzinmotor her dem Namen nach bekannt. Als JOULE-Prozess ist der aus zwei Isobaren und zwei Isentropen gebildete Prozess mit gasförmig bleibendem Arbeitsmittel der Vergleichsprozess für offene Gasturbinen. Der mit dem gleichen Paar von Zustandsänderungen, aber mit Phasenwechsel Flüssigkeit-Dampf arbeitende CLAUSIUS-RANKINE-Prozess ist der Vergleichsprozess für die Dampfkraftmaschine.

In Tabelle 9-1 finden sich außerdem der STIRLING-Prozess und der ERICSSON-Prozess, die beide die gleichen Nutzen-Aufwand-Verhältnisse wie der CARNOT-Prozess erreichen (Bild 9-1). Der STIRLING-Prozess ist sowohl in Motoren als auch in Kältemaschinen verwirklicht, der ERICSSON-Prozess von ACKERET und KELLER in geschlossenen Gasturbinen.

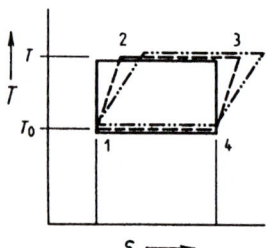

Bild 9-1
Prozesse zwischen zwei Isothermen im T, s-Diagramm
———— CARNOT-Prozess – – – STIRLING-Prozess ·–··–··– ERICSSON-Prozess

Die von den Kreisprozessen umschlossene Fläche hat für alle drei Prozesse den gleichen Wert und ist proportional der Arbeitsleistung P. Damit sind auch die bei der höheren Temperatur T übertragenen Wärmeströme $\dot{Q}$ und die bei der niederen Temperatur T_0 übertragenen Wärmeströme $\dot{Q}_0$ gleich groß.

Der von DIESEL entwickelte Prozess ist in dem gleichnamigen Motor verwirklicht. Der SEILIGER-Prozess fasst DIESEL- und OTTO-Prozess zusammen. Für den Vergleichsprozess der Dampfkältemaschine wird die Benennung nach PLANK vorgeschlagen.

Die hier genannten Prozesse und zum Teil auch ihre Abwandlungen werden in den folgenden Abschnitten besprochen, und zwar zunächst diejenigen, bei denen das Arbeitsmittel während des Kreislaufes sich teils in der flüssigen, teils in der dampfförmigen Phase befindet. Anschließend werden die Prozesse behandelt, bei denen das Arbeitsmittel gasförmig bleibt.

9.2 Dampfkraftmaschinen

Der weitaus größte Teil unseres Bedarfs an elektrischer Energie wird in Dampfkraftwerken erzeugt.

Für Dampfkraftmaschinen, die bereits im Abschnitt 4.5 beschrieben worden waren, dient der CLAUSIUS-RANKINE-Prozess als Vergleichsprozess. In Bild 9-2 ist noch einmal das Schema einer einfachen Dampfkraftmaschine mit den vier Hauptbauteilen dargestellt und dazu im T, s-Diagramm der Prozessverlauf mit den Bezeichnungen der Arbeitsmittelzustände und der Zustandsänderungen.

CLAUSIUS-RANKINE-Prozess – Der Prozess besteht aus zwei Isobaren und zwei Isentropen. Isobar verlaufen die Dampferzeugung 2–5 und die Kondensation 6–1. Isentrop sind die idealisierten Vorgänge in der Turbine 5–6 und in der Pumpe 1–2.

Der CLAUSIUS-RANKINE-Prozess kann durch drei Daten festgelegt werden. Der Kondensationsdruck $p_1 = p_6$ wird durch die Temperatur des Kühlmittels bestimmt, das den Abwärmestrom $\dot{Q}_0$ aufnimmt; die Kondensationstemperaturen liegen bei etwa 30 °C bis 50 °C. Wird die Abwärme noch zur Gebäudeheizung (Fernwärme) oder zur Heizung bei industriellen Verfahren benutzt, wird auch bei 100 °C bis 150 °C und höher kondensiert.

Bei der Frischdampftemperatur t_5 wird aus Werkstoffgründen heute ein Wert von 600 °C kaum überschritten. Der Druck $p_2 = p_5$, bei dem die Dampferzeugung stattfindet, wird nach wirtschaftlichen Gesichtspunkten – Wirkungsgrad und Festigkeit – festgelegt und kann auch überkritische Werte annehmen.

Die Enthalpien, spezifischen Volumen und weitere Zustandsgrößen für die Zustandspunkte 1 bis 6 werden teils aus den Dampftafeln, teils aus dem MOLLIER-h,s-Diagramm entnommen. Das Kondensat kann dafür als gesättigte Flüssigkeit angesehen werden.

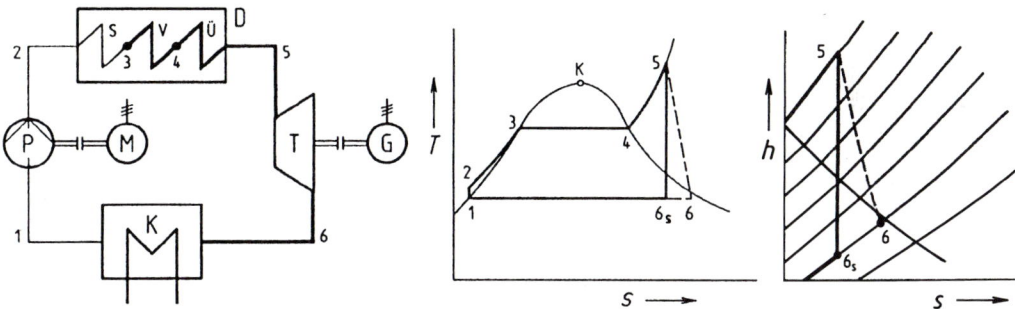

Bild 9-2 Einfacher Dampfkraftprozess

Anlagenschema, CLAUSIUS-RANKINE-Prozess im T,s-Diagramm, Expansionsverlauf im h,s-Diagramm

P	Speisepumpe	1	Kondensat	
M	Antriebsmotor	1–2	isentrope Druckerhöhung	
D	Dampferzeuger	2	Speisewasser	
S	Speisewasser-	2–3	isobare Speisewasservorwärmung	
	vorwärmung	3	(gesättigte Flüssigkeit)	Bei realen Prozessen
V	Verdampfer	3–4	isobare Verdampfung	verläuft die Expansion
Ü	Überhitzer	4	Sattdampf	mit zunehmender Entropie
		4–5	isobare Überhitzung	(– – – –):
T	Turbine	5	Frischdampf	5–6 reale Expansion
G	Generator	5–6$_\text{s}$	isentrope Expansion	6 Abdampf
K	Kondensator	6$_\text{s}$–1	isobare Kondensation	6–1 isobare Kondensation

Die übertragenen Energieströme lassen sich dann aus dem umlaufenden Arbeitsmittelstrom $\dot{m}$, der im Hinblick auf die Turbine meistens als *Dampfdurchsatz* bezeichnet wird, und den jeweiligen Enthalpiedifferenzen berechnen. Der zugeführte Wärmestrom $\dot{Q}$ beträgt insgesamt

$$\dot{Q} = \dot{m}\,(h_5 - h_2). \tag{9.1}$$

Für die Enthalpiedifferenzen in den drei Abschnitten der Wärmeaufnahme bei unterkritischem Betrieb haben sich die folgenden Bezeichnungen eingebürgert:

$$\text{Flüssigkeitswärme} \qquad q_\text{f} = h_3' - h_2 \tag{9.2}$$

$$\text{Verdampfungswärme} \qquad r = h_4'' - h_3' \tag{9.3}$$

$$\text{Überhitzungswärme} \qquad q_\text{ü} = h_5 - h_4'' \tag{9.4}$$

Es hat sich gezeigt, dass die Dampferzeugung auch bei einem überkritischen Druck stattfinden kann. Der Prozess verläuft dann etwa wie in Bild 9-7 von 2 nach 5.

Der Frischdampf gibt in der Turbine die Leistung P_T ab.

$$P_T = \dot{m}\,(h_6 - h_5) \tag{9.5}$$

Beim Vergleichsprozess ist für den Abdampf der isentrop unter dem Frischdampfzustand liegende Zustand 6_s einzusetzen. Zur Annäherung an einen wirklichen (einfachen) Dampfkraftprozess kann der reale Abdampfzustand 6 durch den inneren Wirkungsgrad η_i der Expansion bestimmt werden.

$$\eta_i = \frac{h_5 - h_6}{h_5 - h_{6s}} \tag{9.6}$$

Im Kondensator wird dem Abdampf der Wärmestrom $\dot{Q}_0$ durch Kühlung mit Wasser oder in besonderen Fällen auch mit Luft entzogen.

$$\dot{Q}_0 = \dot{m}\,(h'_1 - h_6) \tag{9.7}$$

Die Leistungsaufnahme der Speisepumpe P_P ergibt sich aus dem Arbeitsmittelstrom $\dot{m}$, dem spezifischen Volumen des Kondensats v'_1 und der Druckerhöhung $(p_2 - p_1)$.

$$P_P = \dot{m}\,v'_1\,(p_2 - p_1) = \dot{m}\,(h_2 - h'_1) \tag{9.8}$$

Die Leistungsaufnahme der Speisepumpe P_P ist wesentlich geringer als die Leistungsabgabe der Turbine P_T und kann bei überschläglichen Berechnungen häufig vernachlässigt werden.

Der thermische Wirkungsgrad [Gleichungen (5.48), (9.1), (9.7)]

$$\eta_t = \frac{|P|}{\dot{Q}} = 1 - \frac{|\dot{Q}_0|}{\dot{Q}} = 1 - \frac{h_6 - h'_1}{h_5 - h_2} \tag{9.9}$$

ist auch bei reibungsfreiem Verlauf der einzelnen Zustandsänderungen wesentlich kleiner als der CARNOT-Arbeitsfaktor η_C [Gleichung (5.50)].

$$\eta_C = 1 - \frac{T_0}{T}$$

Einfluss der Prozesstemperaturen – Welche Bedeutung die Prozesstemperaturen auf die Ausnutzung eines Wärmestromes haben, war bereits allgemein in Abschnitt 5.4 behandelt worden und wird hier noch einmal für Dampfkraftwerke untersucht.

Tabelle 9-2 Kennzeichnende Temperaturen in Dampfkraftwerken (einfacher Prozess, Bild 9-2)

Kennzeichnende Temperaturen		Beispiel-Werte	Sättigungsdruck
Adiabate Verbrennungstemperatur	$(T_V)_{ad}$	1300 bis 2500 K	
Brennraumtemperatur (Wärmequelle)	T_{WQ}	1500 °C = 1773 K	
Höchste Temperatur im Prozess (überhitzter Frischdampf)	$T_5 = T_{\ddot{u}}$	550 °C = 823 K	
Mittlere Temperatur der Wärmeaufnahme (nahe der Verdampfungstemperatur)	$\bar{T}$	350 °C = 623 K	165 bar
Kondensationstemperatur (Wärmeabgabe)	$T_1 = T_0$	35 °C = 308 K	0,056 bar
Kühlwassertemperatur (Wärmesenke) Umgebungstemperatur	$T_{WS} = T_u$	20 °C = 293 K	

In den CARNOT-Arbeitsfaktor η_C sind die Temperatur T der Wärmeaufnahme und die Temperatur T_0 der Wärmeabgabe einzusetzen. Beim CARNOT-Prozess (Bild 5-23) sind diese Temperaturen beide konstant. Beim CLAUSIUS-RANKINE-Prozess trifft dies aber nur für die Kondensationstemperatur T_0 zu, bei der der Wärmestrom $\dot{Q}_0$ abgegeben wird. Die Wärmeaufnahme $\dot{Q}$ erfolgt isobar und daher ansteigend von der Speisewassertemperatur T_2 bis zur Überhitzungstemperatur T_5. Die mittlere Temperatur $\overline{T}$ der Wärmeaufnahme liegt daher wesentlich unter der höchsten Prozesstemperatur $T_5 = T_{\text{ü}}$. Entsprechend unterscheiden sich die Werte des CARNOT-Arbeitsfaktors η_C von dem des thermischen Wirkungsgrades η_t.

CARNOT-Faktor mit der höchsten und der tiefsten Temperatur des Prozesses

$$(\eta_C)_{\text{ü/0}} = 1 - \frac{T_0}{T_{\text{ü}}} = 1 - \frac{308}{823} = 0,63$$

Thermischer Wirkungsgrad des CLAUSIUS-RANKINE-Prozesses mit den mittleren Temperaturen von Wärmeaufnahme und Wärmeabgabe

$$(\eta_t)_{\text{CR-Prozess}} = 1 - \frac{T_0}{\overline{T}} = 1 - \frac{308}{623} = 0,50$$

Betrachtet man die gesamte Anlage einschließlich Wärmequelle und Wärmesenke, so ist der CARNOT-Arbeitsfaktor η_C mit der Temperatur T_{WQ} der Wärmequelle, also der Brennkammertemperatur, und mit der Temperatur T_{WS} der Wärmesenke, also der Kühlwassertemperatur, zu bestimmen. Der so ermittelte Wert η_C liegt wesentlich über dem für den Prozess errechneten Wert, ist aber wegen des großen Temperaturabstandes zwischen Verbrennung und Wärmeaufnahme nicht erreichbar.

CARNOT-Faktor mit den Temperaturen von Wärmequelle und Wärmesenke bei höchster Brennkammertemperatur

$$(\eta_C)_{\text{WQ/WS}} = 1 - \frac{T_{\text{WS}}}{T_{\text{WQ}}} = 1 - \frac{293}{1773} = 0,83$$

Die Entwertung des Wärmestromes $\dot{Q}$ durch die niedrigere Temperatur bei der Wärmeaufnahme wird ebenso in der Verminderung des Exergieanteils $\dot{E}_Q$ deutlich.

Exergie des Wärmestromes bei der Abgabe aus der Wärmequelle

$$(\dot{E}_Q)_{\text{WQ}} = \left(1 - \frac{T_u}{T_{\text{WQ}}}\right)\dot{Q} = \left(1 - \frac{293}{1773}\right)\dot{Q} = 0,83\,\dot{Q}$$

Exergie des Wärmestromes bei der Aufnahme in den Prozess

$$(\dot{E}_Q)_{\overline{T}} = \left(1 - \frac{T_u}{\overline{T}}\right)\dot{Q} = \left(1 - \frac{293}{623}\right)\dot{Q} = 0,53\,\dot{Q}$$

Wenn der Abwärmestrom $\dot{Q}_0$ in die Umgebung fließt, als die hier das Kühlwasser angesehen wird, hat er noch einen Exergiegehalt, den in einem Wärmepumpenprozess zu nutzen sich wegen des technischen Aufwandes im allgemeinen nicht lohnt.

Exergie des Abwärmestromes bei Aufnahme in das Kühlwasser

$$(\dot{E}_Q)_{T_0} = \left(1 - \frac{T_u}{T_0}\right)\dot{Q}_0 = \left(1 - \frac{293}{308}\right)\dot{Q}_0 = 0,049\,\dot{Q}_0$$

Mittlere Temperatur der Wärmezufuhr – Der Wert der mittleren Temperatur $\overline{T}$ der Wärmezufuhr hat erheblichen Einfluss darauf, wie weit der thermische Wirkungsgrad η_t des (reversiblen) CLAUSIUS-RANKINE-Prozesses an den CARNOT-Arbeitsfaktor η_C heranreicht. Die Irreversibilitäten im wirklichen Prozess vermindern den Wirkungsgrad η_t noch weiter.

Die mittlere Temperatur $\overline{T}$ lässt sich durch Vergleich der Flächen $\int T\,\mathrm{d}s$ im T, s-Diagramm mit den Enthalpiedifferenzen bestimmen (Bild 9-3).

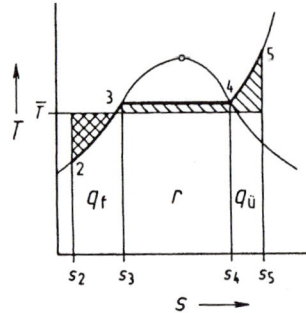

Bild 9-3 Mittlere Temperatur $\overline{T}$ der Wärmezufuhr $\dot{Q}$
Die schraffierte und die kreuzschraffierte Fläche sollen gleich groß sein.

$$\dot{Q} = \dot{m} \left[\int_{2}^{3} T\,\mathrm{d}s + T_3(s_4 - s_3) + \int_{4}^{5} T\,\mathrm{d}s \right] \qquad = \dot{m}\,\overline{T}\,(s_5 - s_2) \qquad (9.10)$$

$$\dot{Q} = \dot{m} \left[(h'_3 - h_2) + (h''_4 - h'_3) + (h_5 - h''_4) \right] \qquad = \dot{m}\,(h_5 - h_2) \qquad (9.11)$$

Daraus ergibt sich die mittlere Temperatur der Wärmezufuhr zu

$$\overline{T} = \frac{\dot{Q}}{\dot{m}\,(s_5 - s_2)} = \frac{h_5 - h_2}{s_5 - s_2}. \qquad (9.12)$$

Zwischenüberhitzung – Eine Steigerung des CARNOT-Arbeitsfaktors η_C und damit des thermischen Wirkungsgrades η_t ist möglich, wenn die Wärmezufuhr bei einer höheren mittleren Temperatur $\overline{T}$ erfolgt. Wegen der großen Volumenzunahme des Dampfes wird der Expansionsprozess nicht in einer Turbine, sondern in zwei oder drei hintereinander geschalteten Turbinen ausgeführt. Damit kann der Dampf zwischen zwei Turbinen erneut auf Frischdampftemperatur oder sogar etwas höher erhitzt werden (Bild 9-4).

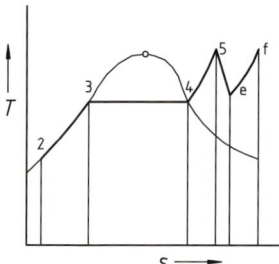

Bild 9-4 Zwischenüberhitzung

Nach der Expansion in der Hochdruckturbine (5–e) wird der Dampf von t_e auf t_f erhitzt. Durch den bei hoher Temperatur zugeführten Wärmestrom $\dot{Q}_{ef}$ wird die mittlere Temperatur $\overline{T}$ gesteigert.
Außerdem nimmt die Dampfnässe am Expansionsende ab.

Speisewasservorwärmung – Die mittlere Temperatur $\overline{T}$ der Wärmezufuhr lässt sich außerdem durch eine Vorwärmung des Speisewassers erhöhen. Dazu wird an mehreren Stellen des Expansionsverlaufes Dampf entnommen, der vor allem beim Kondensieren Wärme an das Speisewasser abgibt. Damit wird erreicht, dass die Wärmezufuhr von außen nicht schon bei der Austrittstemperatur t_2 der Speisepumpe beginnt, sondern erst bei einer wesentlich höheren, nicht viel unter der Verdampfungstemperatur t'_3 liegenden Temperatur.

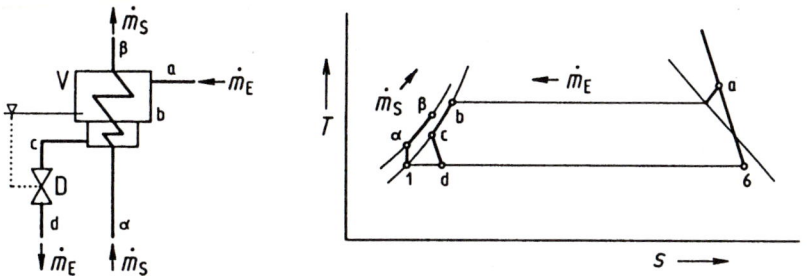

Bild 9-5 Speisewasservorwärmung

Schema einer Vorwärmstufe und Zustandsverlauf im T, s -Diagramm

| Entnahmedampf: | Massenstrom $\dot{m}_E$ | Zustände a, b, c, d |
| Speisewasser: | Massenstrom $\dot{m}_S$ | Zustände α, β |

Das Schema einer Vorwärmstufe und den dazugehörenden Zustandsverlauf zeigt Bild 9-5. Zwischen zwei Turbinenstufen wird der Entnahmedampf $\dot{m}_E$ mit dem Zustand a entnommen und dem Vorwärmer V zugeführt. Darin kondensiert der Dampf und erwärmt dadurch den Speisewasserstrom $\dot{m}_S$ von t_α auf t_β. Das Kondensat wird noch auf t_c abgekühlt und dann nach Drosselung im vom Flüssigkeitsstand gesteuerten Regelventil D (in Bild 9-6 H) der nächst niederen Druckstufe, dem Speisewasserbehälter, oder am Schluss dem Kondensator zugeführt. Dabei verdampft ein kleiner Teil des Kondensats, es bildet sich der sogenannte *Drosseldampf.*

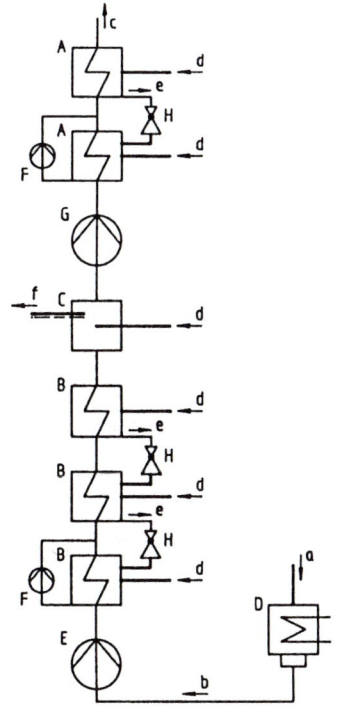

Bild 9-6
Mehrstufige Speisewasservorwärmung

A	Hochdruck-Oberflächenvorwärmer
B	Niederdruck-Oberflächenvorwärmer
C	Speisewasserbehälter
D	Kondensator
E	Hauptkondensatpumpe
F	Nebenkondensatpumpe
G	Speisewasserpumpe
H	Regelventil
a	Turbinenabdampf
b	Abdampfkondensat
c	Speisewasser
d	Entnahmedampf
e	Entnahmedampf-Kondensat
f	Brüdenablass

Nach [35]

Aus der Enthalpiebilanz der Vorwärmstufe lässt sich das Verhältnis vom Massenstrom $\dot{m}_E$ des Entnahmedampfes zum Massenstrom $\dot{m}_S$ des Speisewassers ableiten.

$$\dot{m}_S \ (h_\beta - h_\alpha) = \dot{m}_E \ (h_a - h_d) \tag{9.13}$$

$$\frac{\dot{m}_E}{\dot{m}_S} = \frac{h_\beta - h_\alpha}{h_a - h_d} \tag{9.14}$$

Wegen der großen Enthalpiedifferenz des Entnahmedampfes muss für eine Vorwärmstufe nur ein geringer Teil des expandierenden Dampfes entnommen werden.

In Bild 9-5 ist nur eine Vorwärmstufe dargestellt. Bei ausgeführten Anlagen findet sich meistens eine erhebliche Anzahl von Vorwärmstufen. Bild 9-6 zeigt den Weg des Speisewassers vom Kondensator bis zum Eintritt in den Dampferzeuger.

Für die Erwärmung in jeder der Vorwärmstufen wird Dampf aus dem durch die Turbinen fließenden Dampfstrom entnommen. Dieser Dampf kondensiert bei der dem Entnahmedruck entsprechenden Temperatur. Berechnet man auf jeder Druckstufe die mittlere spezifische Enthalpie des gesamten Dampfstromes, so ergibt sich ein scheinbarer Verlauf der Dampfexpansion, wie er in Bild 9-7 von f nach g gestrichelt eingezeichnet ist. Dieser Verlauf liegt angenähert parallel zur Speisewasservorwärmung 2-a, so dass sich der gesamte Prozess dem CARNOT-Prozess nähert. Man spricht daher auch von einer *Carnotisierung* des Dampfkraftprozesses.

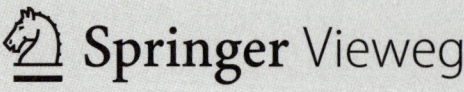

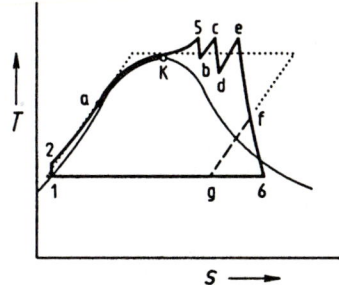

Bild 9-7

Dampfkraftprozess
mit überkritischer Dampferzeugung,
zweifacher Zwischenüberhitzung und
Speisewasservorwärmung

Für die Expansion in den Turbinen ist ein wirklicher
Verlauf anstelle des isentropen Verlaufs eingetragen.

Die gepunktete Linie beschreibt einen Prozess mit dem
Wirkungsgrad eines Carnot-Prozesses, dem sich der
Dampfkraftprozess annähert.

2–a	Speisewasservorwärmung durch Entnahmedampf	e-f	Expansion in der Mitteldruckturbine
a–5	überkritische Frischdampferzeugung	f-g	scheinbarer Expansionsverlauf, gemittelt
5–b	Expansion in der Höchstdruckturbine		zwischen Niederdruckturbine und
b–c	erste Zwischenüberhitzung		Speisewasservorwärmern
c–d	Expansion in der Hochdruckturbine	f-6	weitere Expansion des Dampfstromes
d–e	zweite Zwischenüberhitzung		in der Niederdruckturbine

Economiser und Luftvorwärmer – Die bei Verdampfung und Überhitzung abgekühlten Rauchgase sind noch heiß genug, um das Speisewasser in einem als *Economiser* bezeichneten Wärmeaustauscher weiter an die Sattdampftemperatur heranzuführen und um anschließend die Verbrennungsluft im *Luftvorwärmer* zu erhitzen. Beide Wärmeaustauscher sind in Bild 4-22 zu erkennen.

Wärmeschaltbild – Einen Eindruck von den in Dampfkraftwerken anzutreffenden Schaltungen soll Bild 9-8 vermitteln.

Der aus dem Dampferzeuger DE nach anschließendem Überhitzer Ü kommende Frischdampf wird nach der Expansion in der Hochdruckturbine HT im Zwischenüberhitzer ZÜ wieder auf die Frischdampftemperatur gebracht und expandiert dann weiter in der Mitteldruckturbine MT und der Niederdruckturbine NT. Bild 9-9 zeigt den dazugehörenden Zustandsverlauf im *h,s*-Diagramm. Der Abdampf wird im Kondensator K verflüssigt und das Kondensat von der Kondensatpumpe KP zu den Speisewasservorwärmern gefördert.

In zwei Vakuumvorwärmern VV, zwei Niederdruckvorwärmern NV, einem Mischvorwärmer (Speisewasserbehälter) MV sowie zwei Hochdruckvorwärmern HV wird das Speisewasser auf die geforderte Eintrittstemperatur gebracht. Auf den entsprechenden Druckstufen wird Dampf aus dem Hauptkreislauf entnommen und kondensiert in den Vorwärmern. Dieses Kondensat wird der Druckstufe entsprechend in den Mischvorwärmer MV, über eine Neben-kondensatpumpe NP in die Hauptleitung oder über einen Kondensatkühler KK in den Konden-sator K eingespeist.

Die Speisepumpe SP wird von einer eigenen kleineren Turbine ST angetrieben, deren Ab-dampf getrennt kondensiert und in die Hauptleitung gefördert wird. Damit ist gesichert, dass dem Dampferzeuger auch bei Stromausfall so lange Speisewasser zugeführt wird, wie er in der Lage ist, Dampf zu erzeugen. Damit werden unzulässig hohe Temperaturen verhindert. Außer-dem ist mindestens noch eine elektrisch angetriebene (in Bild 9-8 nicht dargestellte) Speise-pumpe vorhanden, mit der die Anlage angefahren werden kann.

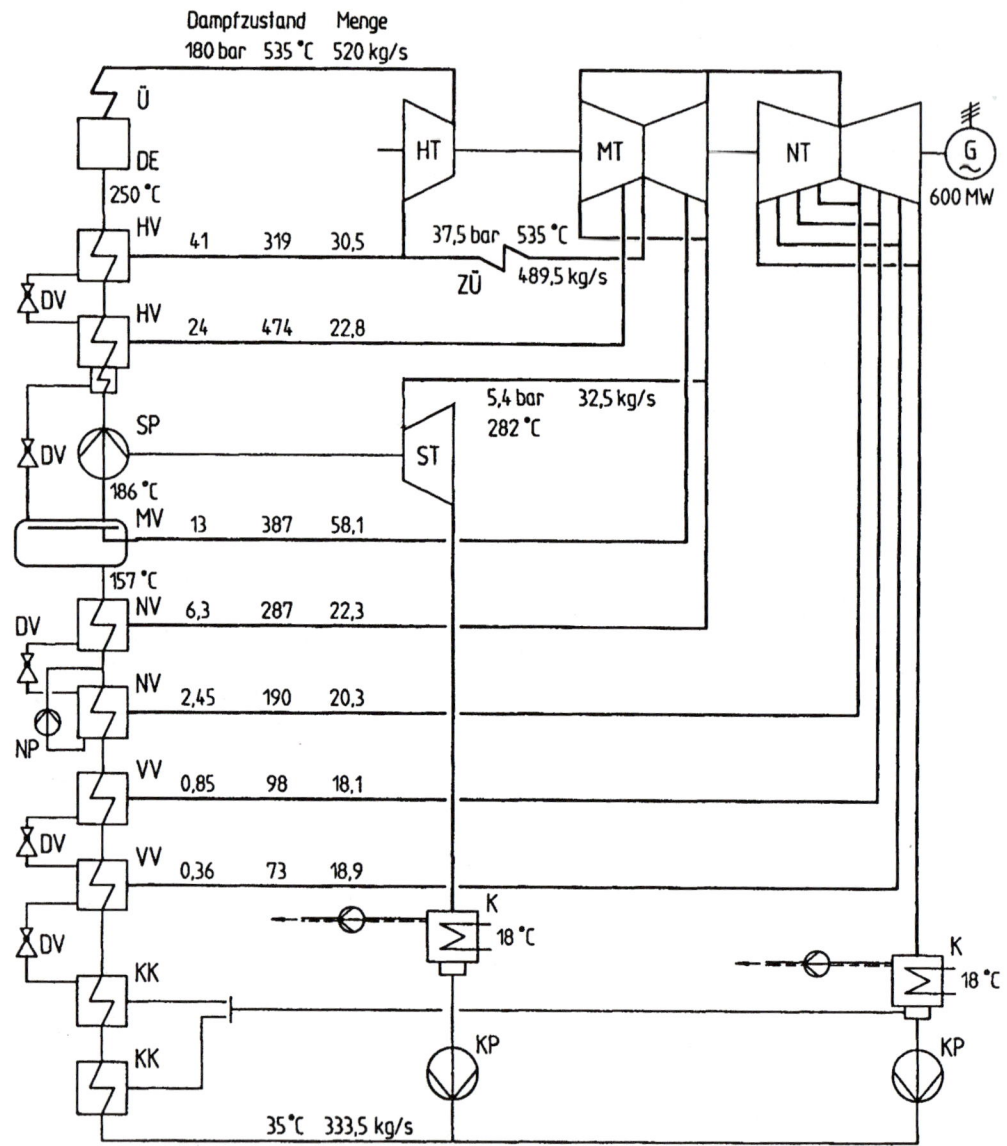

Bild 9-8 Vereinfachtes Wärmeschaltbild eines 600-MW-Dampfkraftwerkes

DE	Dampferzeuger	G	Generator	DV	Regelventil
Ü	Überhitzer	ST	Speisepumpenturbine	NV	Niederdruckvorwärmer
HT	Hochdruckturbine	K	Kondensatoren	NP	Nebenkondensatpumpe
ZÜ	Zwischenüberhitzer	KP	Hauptkondensatpumpen	MV	Speisewasserbehälter
MT	Mitteldruckturbine	KK	Kondensatkühler	SP	Speisepumpe
NT	Niederdruckturbine	VV	Vakuumvorwärmer	HV	Hochdruckvorwärmer

Nach [33]

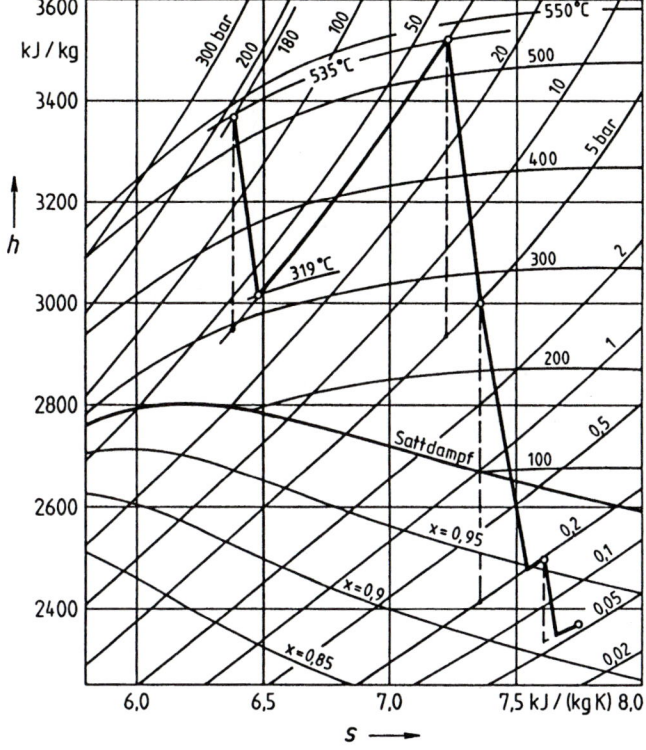

Bild 9-9
Zustandsverlauf
in den Turbinen und
im Zwischenüberhitzer
des Dampfkraftwerkes
nach Bild 9-8
Nach [33]

■ **Beispiel 9.1** Eine kleinere Industriedampfanlage soll in das Betriebsnetz eine elektrische Leistung von 800 kW einspeisen. Für den Dampfkraftprozess ist ein Frischdampfzustand von 100 bar und 400 °C, einmalige Zwischen-überhitzung bei 30 bar auf 420 °C und Kondensation bei 0,1 bar vorgesehen. Bei der Leistung, die der Dampf an die Turbine abgibt, müssen etwa 10 % für mechanische und elektrische Verluste berücksichtigt werden. Die inneren Wirkungsgrade können für die Hochdruckturbine mit 79 % und für die Niederdruckturbine mit 82 % angenommen werden. Die Wärmeverluste der Rohrleitungen und Maschinen werden vernachlässigt.

Es sollen die Daten der im Prozess auftretenden Zustände, die übertragenen Leistungen, der Dampfdurchsatz, der thermische Wirkungsgrad und die mittlere Temperatur der Wärmezufuhr bestimmt werden.

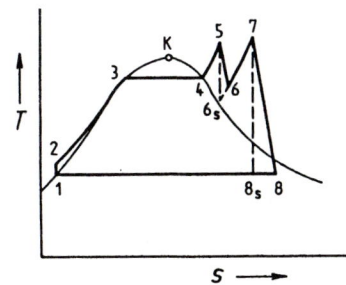

Bild 9-10 Dampfkraftprozess nach Beispiel 9.1

Daten

Elektrische Leistung	P_{el} = 800 kW		
Frischdampfzustand	p_5 = 100 bar	t_5	= 400 °C
Zwischenüberhitzung bei	p_7 = 30 bar	t_7	= 420 °C
Kondensationsdruck	p_0 = 0,10 bar		
Mechanisch-elektrischer Wirkungsgrad		$\eta_{m,el}$	= 0,90
Innerer Wirkungsgrad	Hochdruckturbine	η_{iHD}	= 0,79
	Niederdruckturbine	η_{iND}	= 0,82

Dampfzustände (Bild 9-10)

Zustand	Druck	Temperatur	Dampfgehalt	Entropie	Enthalpie	Enthalpiedifferenz	
	p	t	x_d	s	h		Δh
	bar	°C	–	kJ/kgK	kJ/kg		kJ/kg
1	**0,1**	46	**0**	0,65	192		
		T		T	T	1–2	10
2	**100**	48	–	0,65	202		
		(b)		I	(a)	2–3	1206
3	**100**	311	**0**	3,36	1408		
		T		T	T	3–4	1320
4	**100**	311	**1**	5,62	2728		
		T		T	T	4–5	372
5	**100**	**400**	–	6,22	3100		
				D	D	5–6$_s$	280
6$_s$	**30**	238	–	6,22	2820		
		D		I	D	5–6	221
6	**30**	257	–	6,33	2879		
		D		D	(c)	6–7	398
7	**30**	**420**	–	6,99	3277		
				D	D	7–8$_s$	1064
8$_s$	**0,1**	46	0,845	6,99	2213		
		T	D	I	D	7–8	872
8	**0,1**	46	0,925	7,59	2405		
		T	D	D	(d)	8–1	2213

Herkunft der Werte: Gegeben, T Dampftafel, D h,s-Diagramm, I Isentrope, (a) (b) (c) (d) Gleichungen

Speisepumpenarbeit w_P [Gleichung (9.8)]

$$w_P = \upsilon' (p_2 - p_1) = 1,01 \cdot 10^{-3} \text{ m}^3/\text{kg} \cdot (100 - 0,1) \cdot 10^2 \text{ kN/m}^2 = 10,1 \text{ kJ/kg} \tag{a}$$

Temperaturdifferenz Speisepumpe [Gleichung (4.54), (4.55)]

$$t_2 - t_1 = (h_2 - h_1)/c_w = (10 \text{ kJ/kg}) /(4,186 \text{ kJ/kg K}) = 2,4 \text{ K} \tag{b}$$

Hochdruckturbine Austritt h_6 [Gleichung (9.6)]

$$h_6 = h_5 - (h_5 - h_{6s}) \; \eta_{iHD} = [3100 - (3100 - 2820) \; 0,79] \text{ kJ/kg} = 2879 \text{ kJ/kg} \tag{c}$$

Niederdruckturbine Austritt h_8 [Gleichung (9.6)]

$$h_8 = h_7 - (h_7 - h_{8s}) \; \eta_{iND} = [3277 - (3277 - 2213) \; 0,82] \text{ kJ/kg} = 2405 \text{ kJ/kg} \tag{d}$$

Leistung des Prozesses P

$$|P| = |P_{el}|/ \eta_{m,el} = 800 \text{ kW}/0,90 = 889 \text{ kW}$$

Dampfdurchsatz $\dot{m}$ [Gleichung (4.64), (9.5)]

$$\dot{m} = \frac{|P|}{(h_5 - h_6) + (h_7 - h_8) - w_p} = \frac{889 \text{ kW}}{(221 + 872 - 10) \text{ kJ/kg}} = 0,821 \text{ kg/s}$$

Wärmezufuhr $\dot{Q}$ [Gleichung (9.1)]

$$\dot{Q} = \dot{m} \, [(h_5 - h_2) + (h_7 - h_6)] = 0,821 \text{ kg/s} \cdot [1206 + 1320 + 372 + 398] \text{ kJ/kg} = 2706 \text{ kW}$$

Leistung der Turbine P_T [Gleichung (4.64)]

$$|P_T| = |P| + |\dot{m} \, w_p| = 889 \text{ kW} + 0,821 \text{ kg/s} \cdot 10 \text{ kJ/kg} = 897 \text{ kW}$$

Wärmeabfuhr Q_0 [Gleichung (9.7)]

$$\dot{Q}_0 = \dot{m} \, (h_1 - h_8) = -0,821 \text{ kg/s} \cdot 2213 \text{ kJ/kg} = -1817 \text{ kW}$$

Thermischer Wirkungsgrad η_t [Gleichung (9.9)]

$$\eta_t = |P| / \dot{Q} = 889 \text{ kW}/(2706 \text{ kW}) = 0{,}329$$

Mittlere Temperatur der Wärmezufuhr $\overline{T}$ mit Zwischenüberhitzung [Gleichung (9.12)]

$$\overline{T} = \frac{(h_5 - h_2) + (h_7 - h_6)}{(s_5 - s_2) + (s_7 - s_6)} = \frac{(2898 + 398)\text{ kJ/kg}}{\left[(6{,}22 - 0{,}65) + (6{,}99 - 6{,}33)\right]\text{ kJ/(kg K)}} = 529 \text{ K}$$

$$\bar{t} = \overline{T} - T_0 = 529 \text{ K} - 273 \text{ K} = 256\,°\text{C}$$

Leistungsbilanz [Gleichung (4.61)]

$$P + \dot{Q} + \dot{Q}_0 = (-889 + 2706 - 1817) \text{ kW} = 0$$

Organic Rankine Cycle (ORC) Die bisher in diesem Kapitel genannten Daten gelten für mit Wasser betriebene Dampfkraftmaschinen. Die in industriellen Prozessen, Motorabgasen, Erdwärme- und Solaranlagen bei verhältnismäßig tiefen Temperaturen anfallenden Abwärmen lassen sich in üblichen Anlagen nicht nutzen. Der Dampfdruck von Wasser läge dann unterhalb des Atmosphärendruckes, so dass die Anlagen durch Lufteinbruch gefährdet sind. Mit einer Reihe von organischen Arbeitsmitteln (Kältemitteln, auf die in Abschnitt 9.3 eingegangen wird) sowie mit Ammoniak (NH_3) und Kohlendioxid (CO_2) lassen sich jedoch Dampfkraftanlagen wirtschaftlich betreiben, da diese Stoffe bei Temperaturen unterhalb denen der Wärmequellen verdampfen. Notwendig ist aber der Einbau eines Regenerators, in dem Wärme vom Abdampf der Turbine vor dem Dampferzeuger auf die einzuspeisende Flüssigkeit übertragen wird.

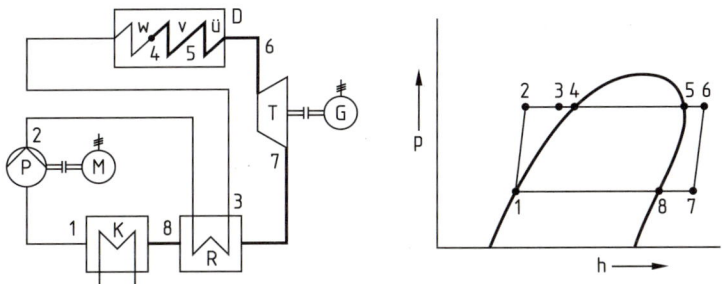

Bild 9-10a Einfacher ORC-Prozess

Anlagenschema und Prozess in p,h-Diagramm

P	Speisepumpe	1	Kondensat	6	Frischdampf
M	Antriebsmotor	1–2	Druckerhöhung	6–7	Entspannung zur Energieabgabe
R	Regenerator	2	Speiseflüssigkeit	7–8	regenerative Wärmeabgabe
D	Dampferzeuger	2–3	regenerative Vorwärmung	8-1	Kondensation
	W Vorwärmer	3	vorwärmte Flüssigkeit		
	V Verdampfer	3–4	externe Vorwärmung		
	Ü Überhitzer	4	gesättigte Flüssigkeit		
T	Turbine	4–5	Verdampfung		
G	Generator	5	Sattdampf		
K	Kondensator	5–6	Überhitzung		

9.3 Dampfkältemaschinen als Kühlmaschinen und Wärmepumpen

Kleine und große Dampfkältemaschinen sichern nicht nur unsere Lebensmittelversorgung,
sondern übernehmen auch in vielen anderen Bereichen unentbehrliche Kühl- und
Heizaufgaben.

Kältemaschinen nehmen bei einer niederen Temperatur T_0 einen Wärmestrom $\dot{Q}_0$ auf und
geben ihn zusammen mit der zur Verdichtung notwendigen Arbeitsleistung P_V bei der höheren
Temperatur T_c als Wärmestrom $\dot{Q}_c$ wieder ab. Kältemaschinen transportieren also Wärme
gegen ein Temperaturgefälle und verbrauchen dazu Energie.

Wie schon in Abschnitt 5.4 erläutert, werden solche Maschinen als Kühlmaschine oder als
Wärmepumpe oder auch zum gleichzeitigen Kühlen und Heizen genutzt.

Die Umkehrung des (rechtsläufigen) CLAUSIUS-RANKINE-Prozesses führt zum (linksläufigen)
Prozess der Dampfkältemaschine, deren Vergleichsprozess als *PLANK-Prozess* bezeichnet werden soll (Bild 9-11).

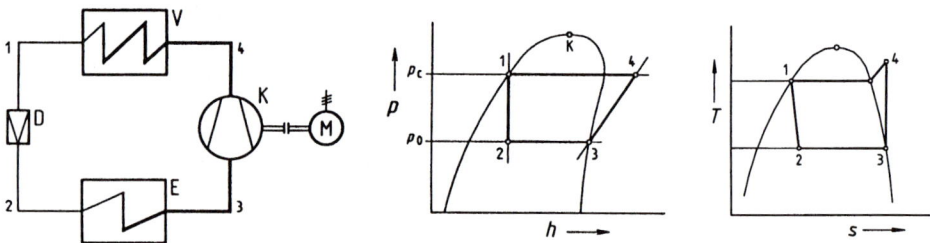

Bild 9-11 Einfache Dampfkältemaschine

Anlagenschema und PLANK-Prozess in p,h und T,s-Diagramm

Bauteile		Zustandsänderungen	
D Kältemittelstromregler	K Kältemittelverdichter	1–2 Drosselung	4–1 isobare Wärmeabfuhr
E Verdampfer	V Verflüssiger	2–3 isobare Wärmezufuhr	3–4 isentrope Verdichtung

Bei Dampfkältemaschinen finden die Aufnahme des Wärmestromes $\dot{Q}_0$ und die Abgabe des
Wärmestromes $\dot{Q}_c$ näherungsweise isobar und – wie bei der Dampfkraftmaschine – unter
Phasenwechsel des Kältemittels statt. Die Verdichtung kann als isentrop idealisiert werden. Bei
der Expansion im Kältemittelstromregler wird keine Arbeitsleistung abgenommen, da es sich
um einen adiabaten Drosselvorgang handelt, wie er in Abschnitt 4.6 beschrieben worden war.
Dessen Anfangs- und Endzustand liegen auf derselben Isenthalpen. Die Zwischenzustände sind
keine Gleichgewichtszustände. Die Verbindungslinie im Zustandsdiagramm gibt also nur einen
Vergleichsprozeß und nicht den wirklichen Prozessverlauf wieder.

Mit dem Einbau einer Expansionsmaschine an Stelle des Kältemittelstromreglers nähmen die
Investitionskosten stark zu, doch würde in der Regel nur ein verschwindend kleiner Teil des
Leistungsbedarfs für die Verdichtung abgedeckt. Dies wird im p,h-Diagramm des Kältemittels
R134a (Tabelle T-8) deutlich, denn im Bereich der Kältemittelexpansion unterscheiden sich
Isenthalpen und Isentropen nicht sehr stark. Außerdem wäre die zunehmende Dampfnässe für
die Maschine schädlich.

Der Vergleichsprozess besteht also aus zwei Isobaren, einer Isentropen und einer Isenthalpen.
Der Zustand 1 vor der Drosselung und der Zustand 3 vor der Verdichtung sollen Sättigungs-
zustände sein. Damit ist ein PLANK-Prozess durch die Isobaren beim Verflüssigungsdruck p_c
und beim Verdampfungsdruck p_0 festgelegt. Die entsprechenden Werte der Verflüssigungstemperatur t_c und der Verdampfungstemperatur t_0 werden durch die Temperatur der Wärme-

senke und die Temperatur der Wärmequelle, also durch Aufgabe und Umgebung der einzelnen Kältemaschine bestimmt.*

Dampfkältemaschinen arbeiten mit Verdampfungstemperaturen t_0, die zwischen $-80\,°C$ und $+10\,°C$ je nach Aufgabe liegen. Die Verflüssigungstemperaturen betragen etwa 15 bis 30 °C, wenn der Verflüssiger mit Wasser gekühlt wird, oder 20 bis 60 °C bei Luftkühlung. Bei Wärmepumpenbetrieb wird die abzugebende Wärmeleistung $\dot{Q}_c$ bei 30 °C bis 60 °C an einen Heizungskreislauf übertragen.

Die Arbeitsmittel von Dampfkältemaschinen werden als *Kältemittel* bezeichnet. Diese müssen für die verschiedenen Verwendungen in Haushalt, Gewerbe und Industrie sowie bei Klimatisierung und Wärmepumpen für sehr unterschiedliche Anforderungen ausgewählt werden. Thermodynamisch gesehen muss mindestens die Dampfdruckkurve dem Temperatur-Arbeitsbereich der Kältemaschine entsprechen. Weitere physikalische (Drücke, Viskosität u. a.), chemische (Brennbarkeit, Kupfer- und Lackverträglich u. a.), physiologische (Gift, Warngeruch) und wirtschaftliche (Kälteleistungszahl, volumetrische Kälteleistung) Eigenschaften sind gefordert. Die ungiftigen und unbrennbaren Fluorkohlenwasserstoffe wie R12 (CF_2Cl_2)** und R22 (CHF_2Cl) erwiesen sich durch Ozonabbau und Treibhaueffekt als umweltschädlich und werden heute weitgehend durch R134a ($C_2H_2F_4$), bei Kühlschränken durch R600a (Isobutan, C_4H_{10}) ersetzt. Auch die traditionellen Kältemittel R717 (NH_3) und R744 (CO_2) sind vielfach geeignet [9a][67][68].

Die Kälteleistung $\dot{Q}_0$ einer Kühlmaschine oder der einer Wärmequelle entzogene Wärmestrom $\dot{Q}_0$ einer Wärmepumpe ergeben sich aus dem umlaufenden Kältemittelstrom $\dot{m}_R$ und der Enthalpiedifferenz im Verdampfer.

$$\dot{Q}_0 = \dot{m}_R\,(\,h_3'' - h_1'\,) \tag{9.15}$$

Die für die Verdichtung aufgenommene Arbeitsleistung P_V beträgt

$$P_V = \dot{m}_R\,(h_4 - h_3''\,). \tag{9.16}$$

Die an die Kühlmittel Wasser oder Luft abgegebene Verflüssigerleistung $\dot{Q}_c$ einer Kühlmaschine oder die Heizleistung $\dot{Q}_{WP}$ einer Wärmepumpe betragen

$$\dot{Q}_c = \dot{Q}_{WP} = \dot{m}_R\,(\,h_1' - h_4\,). \tag{9.17}$$

Die Leistungszahlen des Vergleichsprozesses für Kühlmaschinen und Wärmepumpen [Gleichungen (5.52) und (5.56)], die Kälteleistungszahl ε_K und die Heizleistungszahl ε_{WP},

$$\varepsilon_K = \frac{\dot{Q}_0}{P_V} = \frac{h_3'' - h_1'}{h_4 - h_3''} \tag{9.18} \qquad\qquad \varepsilon_{WP} = \frac{|\dot{Q}_{WP}|}{P_V} = \frac{h_4 - h_1'}{h_4 - h_3''} \tag{9.19}$$

liegen unter den Werten des CARNOT-Kühlfaktors ε_{KC} und des CARNOT-Wärmepumpfaktors ε_{WPC} [Gleichungen (5.54) und (5.58)].

$$\varepsilon_{KC} = \frac{T_0}{T_c - T_0} \qquad\qquad\qquad \varepsilon_{WPC} = \frac{T_c}{T_c - T_0}$$

---

* Es ist in der Kältetechnik üblich, den Index des Verdampfungsdruckes p_0, der Verdampfungstemperatur t_0 und der Enthalpien für das untere Niveau mit „Null" zu sprechen, aber mit kleinem o zu schreiben. Hier wird bei Drücken, Temperaturen und Enthalpien der Index „o" beibehalten, die Kälteleistung „$\dot{Q}$ null" jedoch mit „$\dot{Q}_0$" geschrieben und entsprechend die thermodynamische Temperatur mit T_0.

** In der international vereinbarten, firmenneutralen Bezeichnung steht R für *refrigerant* (Kältemittel). Die folgende Zahl ergibt sich aus der chemischen Zusammensetzung.

Die für die Berechnung der Energieströme notwendigen Enthalpien $h_1' = h_2$, h_3'' und h_4 lassen sich aus dem p,h –Diagramm (Tabelle T-8), die Sättigungsdaten auch aus den Dampftafeln der entsprechenden Kältemittel (Tabellen T-7 und T-8a) entnehmen.

Unterkühlung und Saugüberhitzung – Der Vergleichsprozess lässt sich an den wirklichen Prozessverlauf anpassen, wenn eine Untcrkühlung der Kältemittelflüssigkeit vor der Drosselung und eine Saugüberhitzung am Verdichtereintritt berücksichtigt werden. Wird die Kältemittelflüssigkeit im Verflüssiger noch unter die Sättigungstemperatur abgekühlt, so bewirkt die Unterkühlung

$$\Delta t_u = t_c - t_u, \tag{9.20}$$

dass das Kältemittel mit einem geringeren Dampfgehalt in den Verdampfer eintritt und sich so die nutzbare Enthalpiedifferenz vergrößert. Die Unterkühlung kann mit etwa 5 K angenommen werden.

Die Kältemittelflüssigkeit soll im Verdampfer vollständig verdampfen. Auch ist zu vermeiden, dass der Verdichter Flüssigkeit ansaugt. Das Kältemittel soll daher am Verdampferausgang überhitzt sein. Diese Saugüberhitzung

$$\Delta t_{oh} = t_{oh} - t_o \tag{9.21}$$

kann etwa 5 bis 10 K betragen und wird auch dazu benutzt, den Kältemittelstromregler zu steuern.

In der Saugleitung und im Verdichtereintritt kann das Kältemittel noch weiter überhitzt werden, so dass es am Beginn der Verdichtung eine Überhitzung

$$\Delta t_{V1} = t_{V1} - t_o \tag{9.22}$$

bis zu 20 K und mehr hat.

Am Ende der Verdichtung erreicht das Kältemittel eine Temperatur t_{V2}, die sowohl über als auch unter der Temperatur t_{V2s} liegen kann, die bei isentroper Verdichtung erreicht würde.

Der durch Unterkühlung und Saugüberhitzung veränderte Vergleichsprozess bekommt den in Bild 9-12 gezeigten Verlauf. Dabei ist weiterhin angenommen, dass die Verdichtung isentrop, Verdampfung und Verflüssigung isobar verlaufen. Für die übertragenen Energieströme ist dann anzusetzen

$$\dot{Q}_0 = \dot{m}_R \, (h_{oh} - h_u), \tag{9.23}$$

$$P_v = \dot{m}_R \, (h_{V2} - h_{V1}), \tag{9.24}$$

$$\dot{Q}_c = \dot{Q}_{WP} = \dot{m}_R \, (h_u - h_{V2}). \tag{9.25}$$

Dabei ist berücksichtigt, dass die zwischen den Zuständen oh und V1 aufgenommene Wärme im allgemeinen nicht zur Kälteleistung $\dot{Q}_0$ beiträgt, aber im Verflüssiger mit abgeführt werden muss.

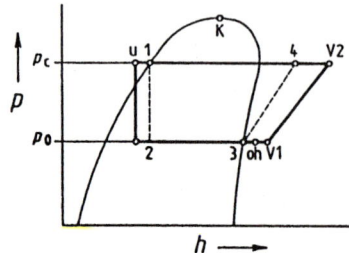

Bild 9-12
Vergleichsprozess einer Dampfkältemaschine
mit Unterkühlung und Saugüberhitzung

u Verflüssigeraustritt	V_1 Verdichtereintritt
oh Verdampferaustritt	V_2 Verdichteraustritt
1–2–3–4 PLANK-Prozess	

Die Leistungszahlen von Kühlmaschinen, die Kälteleistungszahlen ε_K, und von Wärmepumpen, die Heizleistungszahlen ε_{WP}, ändern sich entsprechend den übertragenen Energieströmen.

$$\varepsilon_K = \frac{\dot{Q}_0}{P_V} = \frac{h_{oh} - h_u}{h_{V2} - h_{V1}} \quad (9.26)$$

$$\varepsilon_{WP} = \frac{|\dot{Q}_{WP}|}{P_V} = \frac{h_{V2} - h_u}{h_{V2} - h_{V1}} \quad (9.27)$$

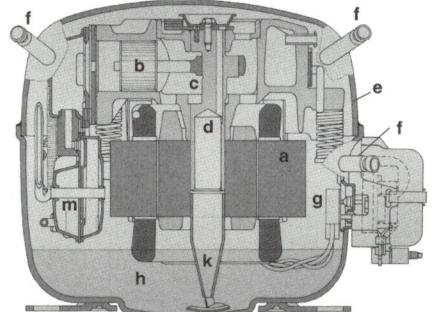

Bild 9-13
Schnittbild eines hermetischen Kältemittel-
Motorverdichters für Kühlmöbel

a   Elektromotor
b   Kolbenverdichter
c   Kurbelschleifentriebwerk
d   Welle und Hauptlager
e   Kältemitteldichtes Gehäuse
f   Kältemittelanschlüsse
g   Stromdurchführungen
h   Ölwanne
k   Ölpumpe
m   Schalldämpfer   (Nach Werkbild Danfoss)

■ **Beispiel 9.2** Eine gewerbliche Kälteanlage mit dem Kältemittel R134a soll bei einer Verdampfungstemperatur von – 10 °C eine Kälteleistung von 8 kW bringen. Im wassergekühlten Verflüssiger kondensiert das Kältemittel bei + 25 °C. Wie groß sind der umlaufende Kältemittelmassenstrom, die isentrope Verdichtungsleistung, der aus dem Verflüssiger abzuführende Wärmestrom, der anzusaugende Volumenstrom und die Kälteleistungszahl?
Wie ändern sich die ermittelten Größen, wenn das Kältemittel im Verflüssiger um 5 K unterkühlt wird, den Verdampfer mit einer Saugüberhitzung von 10 K verlässt und vom Verdichter mit + 15 °C angesaugt wird?

Daten

Kälteleistung	$\dot{Q}_0$	= 8 kW		Unterkühlung	Δt_u	= 5 K
Verdampfungstemperatur	t_o	= – 10°C		Saugüberhitzung	Δt_{oh}	= 10 K
Verflüssigungstemperatur	t_c	= + 25°C			Δt_{V1}	= 25 K

PLANK-Prozess

Kältemittelmassenstrom $\dot{m}_R$ [Gleichung (9.15)]

$$\dot{m}_R = \dot{Q}_0 / (h_3'' - h_1') = 8 \text{ kW}/(157 \text{ kJ/kg}) = 0,051 \text{ kg/s}$$

Verdichtungsleistung P_V [Gleichung (9.16)]

$$P_V = \dot{m}_R (h_4 - h_3'') = 0,051 \text{ kg/s} \cdot 25 \text{ kJ/kg} = 1,3 \text{ kW}$$

Verflüssigerleistung $\dot{Q}_c$ [Gleichung (9.17)]

$$\dot{Q}_c = \dot{m}_R (h_4 - h_1') = 0,051 \text{ kg/s} \cdot 182 \text{ kJ/kg} = 9,3 \text{ kW}$$

Saugvolumenstrom $\dot{V}_3''$ [Gleichung (2.4)]

$$\dot{V}_3'' = \dot{m}_R \cdot \upsilon_3'' = 0,051 \text{ kg/s} \cdot 0,100 \text{ m}^3/\text{kg} = 0,0051 \text{ m}^3/\text{s}$$

Kälteleistungszahl ε_K [Gleichung (9.18)]

$$\varepsilon_K = (h_3'' - h_1')/(h_4 - h_3'') = (157 \text{ kJ/kg})/(25 \text{ kJ/kg}) = 6,3$$

h_4	= 417 kJ/kg
h_3''	= 392 kJ/kg
h_1'	= 235 kJ/kg
$h_4 - h_1'$	= 182 kJ/kg
$h_4 - h_3''$	= 25 kJ/kg
$h_3'' - h_1'$	= 157 kJ/kg

Prozess mit Unterkühlung und Saugüberhitzung

Kältemittelmassenstrom $\dot{m}_R^+$ [Gleichung (9.23)]

$$\dot{m}_R^+ = \dot{Q}_0 /(h_{oh} - h_u) = 8 \text{ kW}/(173 \text{ kJ/kg}) = 0,046 \text{ kg/s}$$

Verdichtungsleistung P_V^+ [Gleichung (9.24)]

$$P_V^+ = \dot{m}_R^+ (h_{V2} - h_{V1}) = 0,046 \text{ kg/s} \cdot 29 \text{ kJ/kg} = 1,34 \text{ kW}$$

Verflüssigerleistung $\dot{Q}_c^+$ [Gleichung (9.25)]

$$\dot{Q}_c^+ = \dot{m}_R^+ (h_u - h_{V2}) = 0,046 \text{ kg/s} \cdot 215 \text{ kJ/kg} = 9,9 \text{ kW}$$

Saugvolumenstrom $\dot{V}_{V1}^+$ [Gleichung (2.4)]

$$\dot{V}_{V1}^+ = \dot{m}_R^+ \upsilon_{V1} = 0,046 \text{ kg/s} \cdot 0,11 \text{ m}^3/\text{kg} = 0,0051 \text{ m}^3/\text{s}$$

Kälteleistungszahl ε_K^+ [Gleichung (9.26)]

$$\varepsilon_K^+ = (h_{oh} - h_u)/(h_{V2} - h_{V1}) = (173 \text{ kJ/kg})/(29 \text{ kJ/kg}) = 6,0$$

h_{V2}	= 443 kJ/kg
h_{V1}	= 414 kJ/kg
h_{oh}	= 401 kJ/kg
h_u	= 228 kJ/kg
$h_{V2} - h_u$	= 215 kJ/kg
$h_{V2} - h_{V1}$	= 29 kJ/kg
$h_{oh} - h_u$	= 173 kJ/kg

Absorptionskältemaschinen – Kältemaschinen lassen sich mit einem Wärmestrom statt mit einer Arbeitsleistung betreiben, wenn anstelle des Verdichters ein Lösungsmittelkreislauf tritt (Bild 9-14). Der aus dem Verdampfer E kommende Kältemitteldampf wird im (wasser- oder luft-)gekühlten *Absorber* A von der *armen Lösung* aufgenommen. Eine Pumpe P fördert die nunmehr *reiche Lösung* durch einen Gegenstrom-Wärmeaustauscher W in den *Austreiber* G, in dem das Kältemittel durch Wärmezufuhr Q_G wieder ausgetrieben wird. Die jetzt wieder arme Lösung strömt nach Wärmeabgabe im Wärmeaustauscher durch ein Drosselventil D dem Absorber zu. Im *Wärmeverhältnis* ζ wird die Kälteleistung $\dot{Q}_0$ ins Verhältnis gesetzt zu dem vom Generator aufgenommenen Wärmestrom $\dot{Q}_G$ und der geringen Leistungsaufnahme der Pumpe P_P.

$$\zeta = \dot{Q}_0 / (\dot{Q}_G + P_P) \tag{9.28}$$

Trotz geringer Werte der Wärmeverhältnisse können große Absorptionskältemaschinen wirtschaftlich sein, wenn Abwärme auf geeignetem Temperaturniveau verfügbar ist wie beispielsweise in Industrieanlagen, Nah- und Fernwärmenetzen.

Bild 9-14

Einfache Absorptionskältemaschine

V	Verflüssiger	A	Absorber
D	Drosselventil	G	Austreiber
E	Verdampfer	P	Lösungspumpe
		W	Lösungswärmeaustauscher

——— Kältemitteldampf
——— Kältemittelflüssigkeit
- - - - - reiche Lösung
·········· arme Lösung

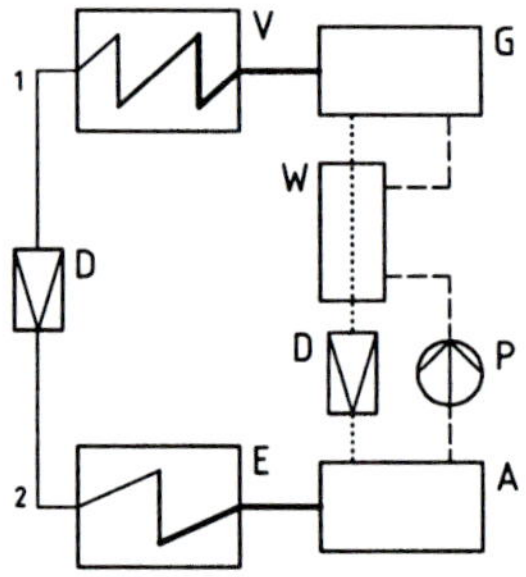

Arbeitsstoffpaare sind vor allem Ammoniak und Wasser sowie, vor allem in der Klimatechnik, Wasser und wässrige Lithiumbromidlösung. Bei kleinen Absorptionskältemaschinen, wie sie in kleinen Haushaltkühlschränken und Campingwagen benutzt werden, wird der Unterschied von Verdampfungs- und Verflüssigungsdruck statt durch Lösungspumpe und Drossel durch ein druckausgleichendes Inertgas erzeugt. So halten in Ammoniak-Wasser-Systemen Niederdruck-Ammoniak und Wasserstoff das Gleichgewicht mit dem Hochdruck-Ammoniak. Der lautlose Betrieb sowie das Heizen mit Gleichstrom oder mit Gas lassen über die geringen erzielbaren Wärmeverhältnisse hinwegsehen. Beispielsweise beträgt bei einer Verdampfungstemperatur von 0 °C das Wärmeverhältnis nur etwa 0,63 [55].

9.4 Verbrennungsmotoren

Wie lassen sich Verbrennungsmotoren thermodynamisch betrachten?

Der OTTO-Prozess, der DIESEL-Prozess und der SEILIGER-Prozess, der die beiden zuerst genannten als Grenzfälle einschließt, sind Vergleichsprozesse für Verbrennungsmotoren.*

Beim Vergleichsprozess werden Verbrennungen und Luftwechsel als Wärmezufuhr von außen und Wärmeabgabe nach außen behandelt. Auch wird als einheitliches Arbeitsmittel Luft an-

---

* Von DIESEL wird berichtet, dass er – angeregt durch die Thermodynamik-Vorlesung bei CARL VON LINDE – ursprünglich eine Maschine konstruieren wollte, die den CARNOT-Prozess näherungsweise verwirklicht. Dies erwies sich aus thermodynamischen und praktischen Gründen als nicht ausführbar. Schließlich gelangte DIESEL zu dem heute nach ihm benannten Prozess.

genommen. Nicht berücksichtigt werden die von Luft nur wenig davon abweichenden thermo-dynamischen Werte des Kraftstoff-Luft-Gemisches und des Abgases.

OTTO-Prozess – Beim OTTO-Motor (Bild 9-15) wird ein Gemisch aus Luft und Kraftstoff ver-dichtet (1–2). Nach der Zündung im oberen Totpunkt verbrennt das Gemisch so schnell, dass man idealisierend eine isochore Drucksteigerung annehmen kann (2–3,4)**. Beim Rückgang des Kolbens expandiert das heiße Gas (4–5). Kompression und Expansion lassen sich als isentrop idealisieren. Im unteren Totpunkt werden die heißen Verbrennungsgase gegen kalte Umgebungsluft ausgetauscht, was als isochore Zustandsänderung idealisierbar ist (5–1). Der Prozess wird auch als *Gleichraumprozess* bezeichnet.

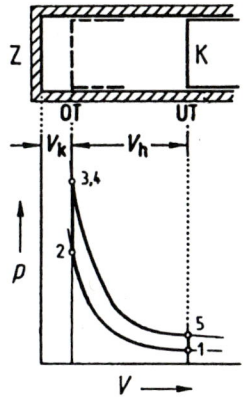
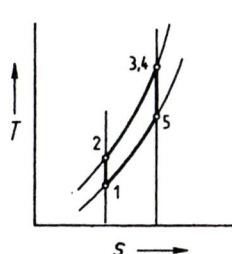

Bild 9-15
OTTO-Prozess im p, V - und im T,s -Diagramm
und der Zusammenhang mit der Kolbenbewegung

1–2	isentrope Kompression
2–3,4	isochore Wärmezufuhr
3,4–5	isentrope Expansion
5–1	isochore Wärmeabfuhr
Z	Zylinder
K	Kolben
OT	Oberer Totpunkt
UT	Unterer Totpunkt
V_h	Hubvolumen
V_k	Kompressionsvolumen

DIESEL-Prozess – Beim DIESEL-Motor wird zunächst Luft aus der Umgebung angesaugt und im Zylinder durch die Kolbenbewegung vom unteren Totpunkt zum oberen Totpunkt verdich-tet (Zustandsänderung 1–2,3** in Bild 9-16). In die verdichtete und damit über die Entzün-dungstemperatur des Kraftstoffes erhitzte Luft wird der Kraftstoff eingespritzt, und zwar so langsam, dass die Verbrennung angenähert isobar verläuft (2,3–4). Der Kolben geht während-dessen bereits wieder zurück. Anschließend expandiert das heiße Gas weiter (4–5). Kom-pression und Expansion lassen sich als isentrop ansehen. Wie beim OTTO-Motor wird der Austausch der heißen Verbrennungsgase gegen kalte Umgebungsluft als isochore Zustands-änderung idealisiert (5–1). Der Prozess wird auch als *Gleichdruckprozess* bezeichnet.

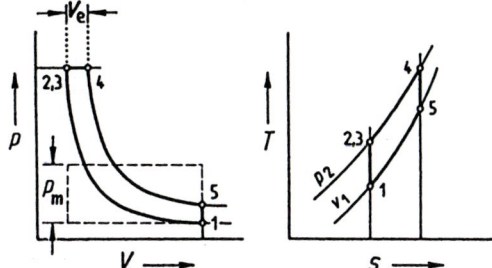

Bild 9-16
DIESEL-Prozess
1–2,3	isentrope Kompression
2,3–4	isobare Wärmezufuhr
4–5	isentrope Expansion
5–1	isochore Wärmeabfuhr
V_e	Hubvolumen
p_m	Kompressionsvolumen

** Im Hinblick auf die folgende Darstellung des SEILIGER-Prozesses wird dieser Zustand mit zwei Ziffern bezeichnet.

SEILIGER-Prozess – Für moderne DIESEL-Motoren eignet sich als Vergleichsprozess besser der von SEILIGER beschriebene Prozess [64] (Bild 9-17). Nach der Kompression führt das Einspritzen eines Teils des Kraftstoffs in die im Brennraum komprimierte heiße Luft in der Nähe des oberen Totpunktes durch Selbstzündung zu einer schnellen Drucksteigerung. Der eingespritzte restliche Kraftstoff verbrennt dann beim Rückgang des Kolbens, wobei der Druck angenähert gleicht bleibt. Diese beiden Zustandsänderungen lassen sich als erst isochore und dann isobare Wärmezufuhr idealisieren. Es folgen die (isentrope) Entspannung und der als isochor idealisierte Ladungswechsel. Der SEILIGER-Prozess wird, wenn die Zustände 2 und 3 zusammenfallen, zum DIESEL-Prozess. Stimmen die Zustände 3 und 4 überein, wird er zum OTTO-Prozess.

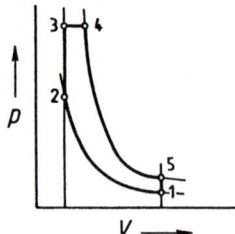 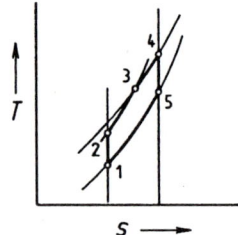

Bild 9-17
SEILIGER-Prozess
1–2   isentrope Kompression
2–3   isochore Wärmezufuhr
3–4   isobare Wärmezufuhr
4–5   isentrope Expansion
5–1   isochore Wärmeabfuhr

Nimmt man an, dass das Arbeitsmittel Luft sich bei diesen Prozessen wie ein Ideales Gas verhält, lassen sich die Zustandsgrößen in den Eckpunkten und die Prozessgrößen mit den entsprechenden Beziehungen (Abschnitt 6 und 7) berechnen. Für allgemeine Ableitungen werden die spezifischen Wärmekapazitäten als konstante Werte behandelt.

Kennzeichnend für die drei Prozesse sind das Verdichtungsverhältnis ε, das Einspritzverhältnis φ und das Drucksteigerungsverhältnis ψ.

$$\text{Verdichtungsverhältnis} \qquad \varepsilon = \frac{V_1}{V_2} = \frac{V_k + V_h}{V_k} \tag{9.29}$$

$$\text{Einspritzverhältnis} \qquad \varphi = \frac{V_4}{V_2} = \frac{V_k + V_e}{V_k} \tag{9.30}$$

$$\text{Drucksteigerungsverhältnis} \quad \psi = \frac{p_3}{p_2} \tag{9.31}$$

Darin ist V_h das Hubvolumen, V_k das Kompressionsvolumen und V_e das Einspritzvolumen. Diese drei Volumen sind in Bild 9-15 und 9-16 dargestellt.

Der thermische Wirkungsgrad η_t lässt sich als Funktion der drei Verhältniszahlen für die drei Vergleichsprozesse angeben.

$$\eta_{t\,Diesel} = 1 - \frac{\varphi^\kappa - 1}{\varepsilon^{\kappa-1}\,\kappa\,(\varphi - 1)} \tag{9.32} \qquad\qquad \eta_{t\,Otto} = 1 - \frac{1}{\varepsilon^{\kappa-1}} \tag{9.33}$$

$$\eta_{t\,Seiliger} = 1 - \frac{\psi\varphi^\kappa - 1}{\varepsilon^{\kappa-1}\,[\psi - 1 + \kappa\psi(\varphi - 1)]} \tag{9.34}$$

Aus der Gleichung (9.34) ergibt sich mit $\psi = 1$ der Wirkungsgrad für den DIESEL-Prozess und mit $\varphi = 1$ der für den OTTO-Prozess.

Bild 9-18 zeigt den thermischen Wirkungsgrad η_t in Abhängigkeit vom Verdichtungs-verhältnis ε für den OTTO-Prozess ($\varphi = 1$) und für den DIESEL-Prozess für verschiedene Ein-spritzverhältnisse φ.

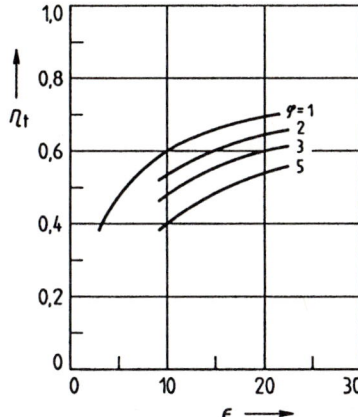

Bild 9-18
Thermischer Wirkungsgrad η_t
für den OTTO-Prozess ($\varphi = 1$)
und den DIESEL-Prozess ($\varphi = 2$; 3; 5)

ε Verdichtungsverhältnis
φ Einspritzverhältnis

Neben dem Wirkungsgrad dient die auf das Hubvolumen V_h bezogene Kreisprozessarbeit W_K als Beurteilungsgröße. Diese hat die Dimension eines Druckes, wird als *mittlerer Arbeitsdruck* p_m bezeichnet und ist kennzeichnend für die Ausnutzung der Baugröße. Im p, V-Diagramm ist die vom Kreisprozess umfahrene Fläche proportional der Kreisprozessarbeit W_K.

$$p_m = \frac{W_K}{V_h} = -\frac{1}{V_h} \oint p \; dV \tag{9.35}$$

Der mittlere Arbeitsdruck p_m zeigt sich dann als Ordinate eines flächengleichen Rechtecks $p_m \cdot V_h$ (zum Beispiel in Bild 9-15). An realen Motoren lässt sich (mit einem Indikator) der Zustandsverlauf $p = p\,(V)$ messen und daraus der mittlere Arbeitsdruck bestimmen, der dann als *mittlerer indizierter Druck* p_i bezeichnet wird.

■ **Beispiel 9.3** Die Ableitung der Gleichung (9.34) für den Wirkungsgrad des SEILIGER-Prozesses ist typisch für solche Berechnungen. Aus dem Ansatz für den thermischen Wirkungsgrad η_t folgt eine Beziehung, die nur noch die Temperaturen in den Eckpunkten und den Isentropenexponenten κ enthält.

$$\eta_t = \frac{|P|}{\dot{Q}} = 1 - \frac{|\dot{Q}_0|}{\dot{Q}} = 1 - \frac{\dot{m}\,c_v(T_5 - T_1)}{\dot{m}\left[c_v(T_3 - T_2) + c_p(T_4 - T_3)\right]} \tag{9.36}$$

$$\eta_t = 1 - \frac{\dfrac{T_5}{T_1} - 1}{\dfrac{T_2}{T_1}\left(\dfrac{T_3}{T_2} - 1\right) + \kappa\,\dfrac{T_3}{T_2}\dfrac{T_2}{T_1}\left(\dfrac{T_4}{T_3} - 1\right)} \tag{9.37}$$

Die Temperaturen und damit die Temperaturverhältnisse stehen über die speziellen Zustandsänderungen Isentrope, Isobare und Isochore miteinander in Verbindung.

$$\frac{T_2}{T_1} = \left(\frac{V_1}{V_2}\right)^{\kappa-1} \qquad = \varepsilon^{\kappa-1} \tag{9.38}$$

$$\frac{T_3}{T_1} = \frac{p_3}{p_2} \qquad = \psi \tag{9.39}$$

$$\frac{T_4}{T_3} = \frac{V_4}{V_3} \qquad = \frac{V_4}{V_2} = \varphi \tag{9.40}$$

$$\frac{T_5}{T_4} = \left(\frac{V_4}{V_5}\right)^{\kappa-1} = \left(\frac{V_4}{V_2} \cdot \frac{V_2}{V_1}\right)^{\kappa-1} = \left(\frac{\varphi}{\varepsilon}\right)^{\kappa-1} \tag{9.41}$$

Durch das Einsetzen der Gleichungen (9.38) bis (9.41) in Gleichung (9.37) erhält man Gleichung (9.34).

9.5 Gasturbinen

Gasturbinenprozesse laufen in ortsfesten Kraftwerksanlagen und in Flugtriebwerken ab.

Offene Gasturbinenanlagen – Für einfache, offene Gasturbinenanlagen dient der JOULE-Prozess als Vergleichsprozess. Diese Anlagen (Bild 9-19) saugen die Luft aus der Umgebung an, verdichten sie und leiten sie in eine Brennkammer, in die der Kraftstoff eingespritzt wird. Das Verbrennungsgas expandiert in der eigentlichen Gasturbine und verlässt als heißes Abgas die Anlage.

In Kraftwerksanlagen wird ein erheblicher Teil der vom Gas in der Turbine abgegebenen Arbeitsleistung zum Antrieb des Turboverdichters verbraucht. Nur der Überschuss kann dem Generator zur Erzeugung elektrischer Energie zugeführt werden. Bei Flugtriebwerken dient die Turbinenleistung nur zum Antrieb des Verdichters. Der Antrieb des Flugzeugs, der Schub, wird durch den mit hoher Geschwindigkeit aus dem Triebwerk austretenden heißen Abgasstrom bewirkt.

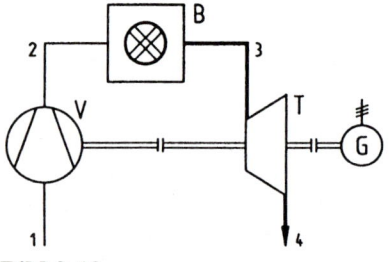

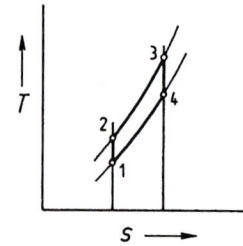

Bild 9-19
Offene Gasturbinen-Anlage

V	Turboverdichter
B	Brennkammer
T	Turbine
G	Generator

Bild 9-20
JOULE-Prozess

1–2	isentrope Kompression
2–3	isobare Wärmezufuhr
3–4	isentrope Expansion
4–1	isobare Wärmeabfuhr

Der JOULE-Prozess (Bild 9-20) besteht entsprechend aus zwei Isentropen, der Kompression 1–2 und der Expansion 3–4, und zwei Isobaren, der Wärmezufuhr 2–3 anstelle der Verbrennung und der Wärmeabfuhr 4–1 anstelle des Austausches von Abgas gegen Luft.

Der thermische Wirkungsgrad [Gleichung (4.66)] lässt sich mit Gleichung (7.9) für isobar übertragene Wärmeströme mit der Annahme konstanter spezifischer Wärmekapazität c_p auf Temperaturen zurückführen.

$$\eta_t = 1 - \frac{|\dot{Q}_0|}{\dot{Q}} = 1 - \frac{\dot{m}\,c_p\,(T_4 - T_1)}{\dot{m}\,c_p\,(T_3 - T_2)} = 1 - \frac{T_1\left(\dfrac{T_4}{T_1} - 1\right)}{T_2\left(\dfrac{T_3}{T_2} - 1\right)} \tag{9.42}$$

Aus der Isentropengleichung (7.29) folgt, dass die Klammerinhalte in Zähler und Nenner gleich sind und damit kürzbar.

$$\frac{T_2}{T_1} = \left(\frac{p}{p_0}\right)^{\frac{\kappa-1}{\kappa}} = \frac{T_3}{T_4} \tag{9.43}$$

$$\frac{T_3}{T_2} = \frac{T_4}{T_1} \tag{9.44}$$

Damit wird der Wirkungsgrad η_t, wenn man erneut Gleichung (9.43) benutzt, zu einer Funktion allein des Druckverhältnisses.

$$\eta_t = 1 - \frac{T_1}{T_2} = 1 - \left(\frac{p_0}{p}\right)^{\frac{\kappa-1}{\kappa}} \tag{9.45}$$

Diese Aussage gilt nur für den JOULE-Prozess mit zwei Isentropen und zwei Isobaren. Berücksichtigt man jedoch die isentropen Gütegrade η_s der beiden Strömungsmaschinen, so zeigt sich mit der Ableitung in Tabelle 9-3, dass der thermische Wirkungsgrad η_t des Prozesses außerdem bei gegebener Umgebungstemperatur T_1 auch noch von der Eintrittstemperatur T_3 der Turbine abhängt (Bild 9-21).

$$\eta_t = \frac{\dfrac{T_3}{T_1}\left[1 - \left(\dfrac{p_0}{p}\right)^{\frac{\kappa-1}{\kappa}}\right]\eta_{sT} - \left[\left(\dfrac{p}{p_0}\right)^{\frac{\kappa-1}{\kappa}} - 1\right]\dfrac{1}{\eta_{sV}}}{\dfrac{T_3}{T_1} - \left[\left(\dfrac{p}{p_0}\right)^{\frac{\kappa-1}{\kappa}} - 1\right]\dfrac{1}{\eta_{sV}} - 1} \tag{9.46}$$

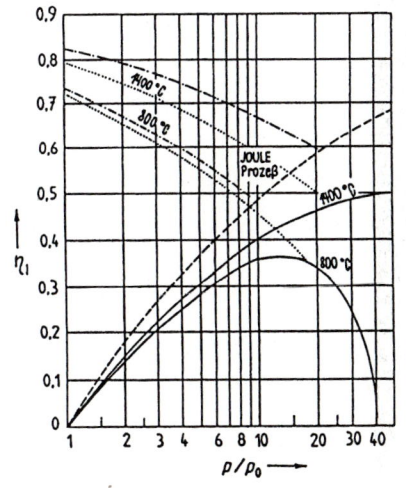

Bild 9-21
Thermische Wirkungsgrade
von Gasturbinenprozessen
in Abhängigkeit
von Druckverhältnis
und Turbineneintrittstemperatur

_ _ _ _   JOULE-Prozesse [Gleichung (9.45)]

_ . _ . _   JOULE-Prozesse mit Regeneration

———   Prozesse mit polytroper Kompression
und Expansion [Gleichung (9.46)]

....   Prozesse mit polytroper Kompression
und Expansion
sowie Regeneration [Gleichung (9.47)]

Umgebungszustand 15 °C bei 1 bar
Maschinengütegrade $\eta_{sV} = \eta_{sT} = 90\ \%$

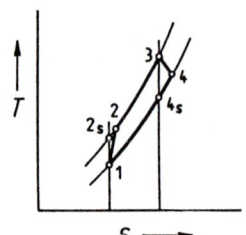

Bild 9-22

Einfacher Gasturbinenprozess

1–2   polytrope Kompression
3 4   polytrope Expansion
1–2$_s$ isentrope Kompression
3–4$_s$ isentrope Expansion

Tabelle 9-3 Thermischer Wirkungsgrad η_t eines offenen Gasturbinenprozesses (Bild 9-22)

Isentroper Wirkungsgrad des Verdichters η_{sV} Spezifische isobare Wärmekapazität c_p = const.
Isentroper Wirkungsgrad der Turbine η_{sT} Wärmeübertragung bei p = const. und p_o = const.

(4.66, 4.64)	η_t	$= \dfrac{\lvert P \rvert}{\dot{Q}} = \dfrac{\lvert P_T \rvert - \lvert P_V \rvert}{\dot{Q}}$	(a)
(4.50, 6.23)	$\lvert P_T \rvert$	$= \dot{m}\,(h_3 - h_4) = \dot{m}\,c_p(T_3 - T_4)$	(b)
(4.50, 6.23)	$\lvert P_V \rvert$	$= \dot{m}\,(h_2 - h_1) = \dot{m}\,c_p(T_2 - T_1)$	(c)
(4.51, 6.23)	$\dot{Q}$	$= \dot{m}\,(h_3 - h_2) = \dot{m}\,c_p(T_3 - T_2)$	(d)
(a, b, c, d)	η_t	$= \dfrac{\dot{m}\,c_p\,(T_3 - T_4) - \dot{m}\,c_p\,(T_2 - T_1)}{\dot{m}\,c_p(T_3 - T_2)} = \dfrac{(T_3 - T_4) - (T_2 - T_1)}{T_3 - T_2}$	(e)
(6.55)	$T_2 - T_1$	$= \dfrac{T_{2s} - T_1}{\eta_{sV}} = T_1 \left(\dfrac{T_{2s}}{T_1} - 1 \right) \dfrac{1}{\eta_{sV}}$	(f)
(6.56)	$T_3 - T_4$	$= (T_3 - T_{4s})\,\eta_{sT} = T_3 \left(1 - \dfrac{T_{4s}}{T_3} \right) \eta_{sT}$	(g)
(7.30)		$\dfrac{T_{2s}}{T_1} = \left(\dfrac{p}{p_o} \right)^{\frac{\kappa-1}{\kappa}}$ (h) $\dfrac{T_{4s}}{T_3} = \left(\dfrac{p_o}{p} \right)^{\frac{\kappa-1}{\kappa}}$	(k)
(e, f, g, h, k)	η_t	$= \dfrac{\dfrac{T_3}{T_1}\left[1 - \left(\dfrac{p_o}{p} \right)^{\frac{\kappa-1}{\kappa}} \right] \eta_{sT} - \left[\left(\dfrac{p}{p_o} \right)^{\frac{\kappa-1}{\kappa}} - 1 \right] \dfrac{1}{\eta_{sV}}}{\dfrac{T_3}{T_1} - \left[\left(\dfrac{p}{p_o} \right)^{\frac{\kappa-1}{\kappa}} - 1 \right] \dfrac{1}{\eta_{sV}} - 1} - 1$	(9.46)

■ **Beispiel 9.4** Der thermische Wirkungsgrad einer offenen Gasturbinenanlage soll für eine Turbineneintrittstemperatur von 1000 °C bei einem Druck von 10 bar ermittelt werden. Für beide Strömungsmaschinen wird ein isentroper Wirkungsgrad von 90 % angenommen. Der Luftzustand in der Umgebung sei mit 15 °C und 1 bar angesetzt.

Daten

Lufttemperatur	t_1	=	15 °C;	T_1	=	288 K
Turbineneintrittstemperatur	t_3	=	1000 °C;	T_3	=	1273 K

$\left. \begin{array}{} \\ \end{array} \right\}$ $\dfrac{T_3}{T_1} = 4{,}420$

Luftdruck	p_o	=	1,0 bar
Druck vor der Turbine	p	=	10,0 bar

$\left. \begin{array}{} \\ \end{array} \right\}$ $\dfrac{p}{p_o} = 10{,}0$

Maschinenwirkungsgrade $\eta_{sV} = \eta_{sT} = 0{,}90$

Isentropenexponent für Luft $\kappa = 1{,}4$ $(\kappa - 1)/\kappa = 0{,}286$

Thermischer Wirkungsgrad η_t [Gleichung (9.46)]

$$(p/p_\text{o})^{(\kappa-1)/\kappa} = 10^{0,286} = 1,931; \qquad (p_\text{o}/p)^{(\kappa-1)/\kappa} = 1/1,931 = 0,518$$

$$\eta_t = \frac{(T_3/T_1)\,[1 - (p_\text{o}/p)^{(\kappa-1)/\kappa}]\,\eta_{sT} - [(p/p_\text{o})^{(\kappa-1)/\kappa} - 1]/\eta_{sV}}{(T_3/T_1) - [(p/p_\text{o})^{(\kappa-1)/\kappa} - 1]/\eta_{sV} - 1}$$

$$\eta_t = \frac{4,420\,[1 - 0,518]\cdot 0,90 - [1,931 - 1]/0,90}{4,420 - [1,931 - 1]/0,90 - 1} = \frac{0,883}{2,396} = 0,369$$

Da die Abgastemperaturen wesentlich höher als die Temperaturen der aus dem Verdichter austretenden Luft liegen, ist es in manchen Fällen wirschaftlich, die Hochdruckluft in einem als *Regenerator* bezeichneten Wärmeaustauscher durch das Abgas vorzuwärmen. Diese Vorwärmung wird bei geschlossenen Anlagen immer angewendet und ist dort näher beschrieben. Der thermische Wirkungsgrad η_t

$$\eta_t = 1 - \frac{\left(\dfrac{p}{p_\text{o}}\right)^{\frac{\kappa-1}{\kappa}}}{\dfrac{T_3}{T_1}\,\eta_{sT}\,\eta_{sV}} \tag{9.47}$$

nimmt mit steigenden Eintrittstemperaturen T_3 der Turbine und besseren Gütegraden der beiden Maschinen zu, sinkt aber mit steigendem Druckverhältnis, da damit die Temperaturspanne $T_4 - T_2$ für die Regeneration kleiner wird. Bei einem von der Temperatur T_3 und den Gütegraden η_s abhängigen Druckverhältnis wird diese Temperaturspanne Null. Bei größeren Druckverhältnissen sind Prozesse ohne Regenerator günstiger.

Geschlossene Gasturbinenanlagen – Der Vergleichsprozess für geschlossene Gasturbinenanlagen ist der Ericsson-Prozess (Bild 9-23) mit zwei Isobaren und zwei Isothermen. Innerhalb von Turbomaschinen lassen sich isotherme Zustandsänderungen praktisch nicht verwirklichen, da in der Maschine kaum Wärme übertragen werden kann. Man ersetzt daher die Isotherme der niederen Temperatur T_0 durch eine Folge von mehreren (isentropen) Kompressionen, denen jeweils eine (isobare) Abkühlung vorausgeht (Bild 9-24). Entsprechend tritt an die Stelle der Isothermen der höheren Temperatur T eine Folge von (isentropen) Expansionen mit jeweils vorhergehender (isobarer) Erhitzung. Außerdem wird das aus der Turbine austretende heiße Gas dadurch abgekühlt, dass es in einem als *Rekuperator* bezeichneten Wärmeaustauscher zum Erwärmen des aus dem Kompressor austretenden Gases benutzt wird.

Für eine geschlossene Gasturbinenanlage, wie sie von Ackeret und Keller gebaut wurde, um den Ericsson-Prozess näherungsweise zu verwirklichen, zeigt Bild 9-25 den Hauptkreislauf. Dieser wird noch durch vorgeschaltete Verdichter und nachgeordnete Turbinen ergänzt, um das Druckniveau im Hauptkreislauf verändern zu können.

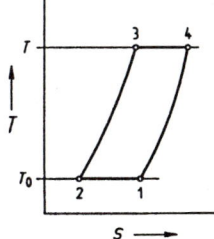

Bild 9-23
Ericsson-Prozess
Vergleichsprozess aus zwei
Isothermen und zwei Isobaren

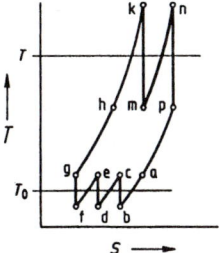

Bild 9-24
Isex-Gasturbinen-Prozess
Annäherung der Isothermen durch mehrere
Isentropen und Isobaren nach Leist [36]

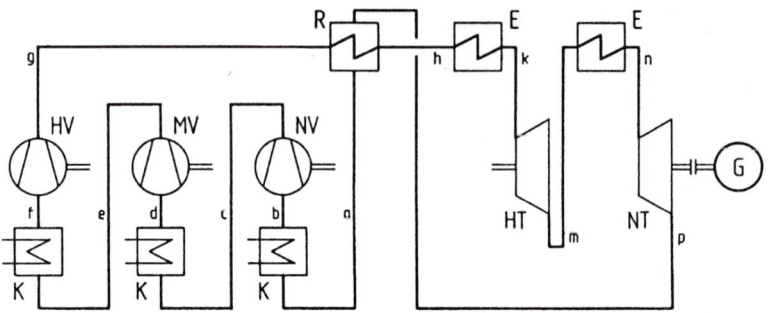

Bild 9-25 Geschlossene Gasturbinenanlage

NV	Niederdruckverdichter	K	Kühler	HT	Hochdruckturbine
MV	Mitteldruckverdichter	E	Erhitzer	NT	Niederdruckturbine
HV	Hochdruckverdichter	R	Rekuperator		

Die Buchstaben a, b, c, ... bezeichnen die in Bild 9-24 eingetragenen Zustände.

Geschlossene Anlagen haben gegenüber offenen Anlagen den Vorteil, dass sie mit verschiedenem Druckniveau und mit anderen Gasen als Luft gefahren werden können. Dadurch lässt sich der umlaufende Massenstrom verändern und so die Leistung der Anlage regeln. Der Kraftstoff kann allerdings nicht mehr direkt eingespritzt werden, was jedoch auch die Anforderungen an seine Qualität vermindert.

Bei ausgeführten Anlagen finden sich sehr verschiedene Schaltungen. So werden beispielsweise der Hochdruckverdichter oder mehrere Verdichter von der ebenfalls hochtourigen Hochdruckturbine angetrieben, während die langsamer laufende Niederdruckturbine mit dem Generator auf einer Welle sitzt.

Der ERICSSON-Prozess erreicht theoretisch als thermischen Wirkungsgrad η_t den CARNOT-Arbeitsfaktor η_C, weil Wärme nur bei der höheren Temperatur T und der niederen Temperatur T_0 übertragen wird. Bei den beiden isobaren Zustandsänderungen wird Wärme nur innerhalb des Prozesses von der Niederdruckseite zur Hochdruckseite „verschoben".

9.6 Gaskältemaschinen

Kältemaschinenprozesse, bei denen das Kältemittel gasförmig bleibt, werden vor allem dann angewendet, wenn sehr tiefe Temperaturen erreicht werden sollen.

Kaltluftmaschine – Die Kaltluftmaschine, für die der linksläufige JOULE-Prozess als Vergleichsprozess dient (Bild 9-26), ist der Dampfkältemaschine überlegen, wenn Temperaturen unter – 100 °C erzeugt und aufrechterhalten werden sollen. Bei höheren Temperaturen werden Kaltluftmaschinen nur für Sonderaufgaben wie Flugzeug- und Eisenbahnklimatisierung sowie Bergwerksbewetterung verwendet. Da Luft bezüglich der Ozonschicht und des Treibhauseffektes unschädlich ist, ist eine zunehmende Nutzung wahrscheinlich. Auch eine Verwendung als Wärmepumpe ist denkbar.

Bei einer einfachen offenen Anlage wird die Luft etwa mit Umgebungszustand angesaugt, verdichtet (1–2) und soweit abgekühlt, wie es die Kühlluft- oder Kühlwassertemperatur ermöglicht (2–3). In der Expansionsmaschine kühlt sich die Luft durch Arbeitsabgabe bis auf die tiefste Temperatur im Prozess ab (3–4).

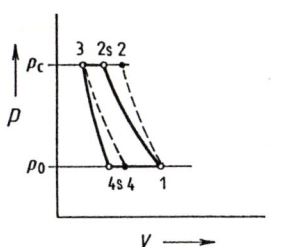

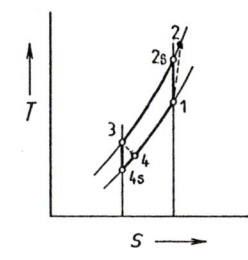

Bild 9-26 Prozess einer Kaltluftmaschine

JOULE-Prozess
1–2s   isentrope Kompression
2s–3   isobare Wärmeabfuhr
3–4s   isentrope Expansion
4s–1   isobare Wärmezufuhr

Prozess mit realen Maschinen
1–2   polytrope Kompression
3–4   polytrope Expansion

Bei der folgenden Erwärmung (4–1), also bei steigender Temperatur, erbringt die Luft die geforderte Kälteleistung. Hierin liegt ein wesentlicher Nachteil gegenüber der Dampfkältemaschine, die die Kälteleistung bei konstanter Temperatur aufnimmt. Die Kälteleistungszahl ε_K und die Heizleistungszahl ε_{WP} des linksläufigen (reibungsfreien) JOULE-Prozesses lassen sich in gleicher Weise herleiten, wie es mit den Gleichungen (9.42) bis (9.45) für den rechtsläufigen Prozess gezeigt wurde.

$$\varepsilon_K = \frac{\dot{Q}_0}{P} = \frac{1}{\left(\dfrac{p_c}{p_0}\right)^{\frac{\kappa-1}{\kappa}} - 1} \quad (9.48) \qquad \varepsilon_{WP} = \frac{|\dot{Q}_{WP}|}{P} = \frac{1}{1 - \left(\dfrac{p_0}{p_c}\right)^{\frac{\kappa-1}{\kappa}}} \quad (9.49)$$

Die Kälteleistungszahl ε_K nimmt beim reversiblen Prozess mit steigendem Druckverhältnis p_c/p_0 ab [Gleichung (9.48)]. Dabei sinken aber auch die Temperaturen T_0, bei denen Kälteleistung erbracht wird. Dies zeigt Bild 9-27 für den Sonderfall, dass das Hochdruckgas nur bis auf die Umgebungstemperatur T_u abgekühlt werden kann. Niedrigere Temperaturen T_0 ergeben jedoch bei jedem Kälteprozess geringere Kälteleistungszahlen ε_K.

Verbesserungen lassen sich durch andere Schaltungen der Kaltluftmaschine erreichen. Als Beispiele seien hier zweistufige Verdichtung mit Zwischenkühlung und innerer Wärmeübertragung mit dem in Bild 9-28 gezeigten Einbau eines Wärmeaustauschers genannt, in dem die verdichtete Luft durch die Ansaugluft gekühlt wird (2'–3, 4'–1). Die Kälteleistung wird von 4 bis 4' erbracht und damit bei tieferen Temperaturen als ohne inneren Wärmeaustausch. Die Kälteleistungszahl ε_K ergibt sich aus Gleichung (9.50), in der neben dem Druckverhältnis das Temperaturverhältnis T_1/T_3 am Wärmeaustauscher enthalten ist.

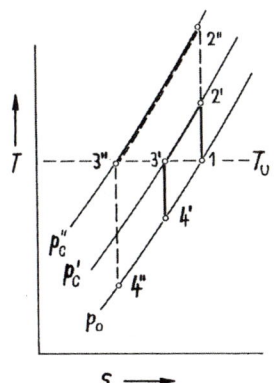

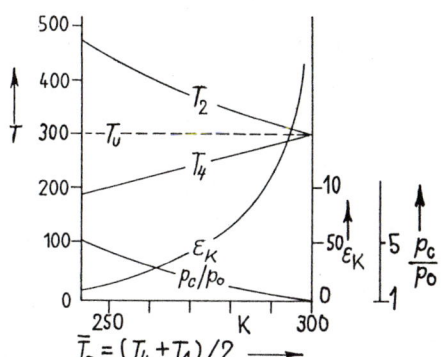

Bild 9-27
JOULE-Prozesse
für $T_3 = T_1 = T_u$
bei verschiedenen
Verhältnissen p_c/p_0

Links: Prozesse
im T, s -Diagramm

Rechts:
Kälteleistungszahl ε_K,
Temperaturen T_4 und T_2
und Druckverhältnis p_c/p_0
für verschiedene mittlere
Temperaturen
$\overline{T}_0 = (T_4 + T_1)/2$

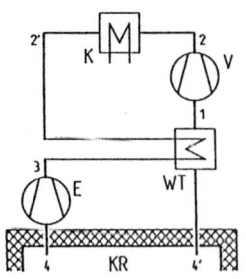

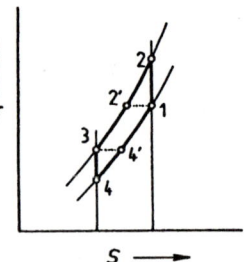

Bild 9-28 Kaltluftmaschine
mit innerem Wärmeaustausch

V   Verdichter
K   Kühler, luft- oder wassergekühlt
WT   Wärmeaustauscher
E   Expansionsmaschine
KR   Kühlraum

2'–3 Kühlung der Hochdruckluft durch
4'–1 Erwärmung der Niederdruckluft

$$\varepsilon_K = - \cfrac{1}{\dfrac{T_1}{T_3}\left(\dfrac{p_c}{p_o}\right)^{\frac{\kappa-1}{\kappa}} - 1} \quad (9.50)$$

$$\varepsilon_K = \cfrac{\dfrac{T_3}{T_1}\left[1-\left(\dfrac{p_c}{p_o}\right)^{\frac{1-\kappa}{\kappa}}\right]\eta_{sE} - \left(\dfrac{T_3}{T_1}-1\right)}{\left[\left(\dfrac{p_c}{p_o}\right)^{\frac{\kappa-1}{\kappa}}-1\right]\dfrac{1}{\eta_{sV}} - \dfrac{T_3}{T_1}\left[1-\left(\dfrac{p_c}{p_o}\right)^{\frac{1-\kappa}{\kappa}}\right]\eta_{sE}} \quad (9.51)$$

Bei polytropen Zustandsänderungen in Verdichter und Expansionsmaschine gehen neben dem Druckverhältnis p_c/p_o die isentropen Gütegrade η_{sV} und η_{sE} sowie das Verhältnis der Eintrittstemperaturen T_3/T_1 der Maschinen ein. Die Herleitung der Gleichung (9.51) für einen Prozess ohne inneren Wärmeaustausch entspricht der für Gleichung (9.46) in Tabelle 9-3.

Die in den Expansionsmaschinen abgegebene Arbeit wird häufig über eine Bremse und Kühlung als Wärme in die Umgebung abgegeben. Mit innerem Wärmeaustausch wird die Kälteleistungszahl ε_K dann

$$\varepsilon_K = \frac{T_3}{T_1}\eta_{sE}\eta_{sV}\left(\frac{p_o}{p_c}\right)^{\frac{\kappa-1}{\kappa}}. \qquad (9.52)$$

Gasverflüssigung – Die *Kryotechnik*, mit der Temperaturen weit unterhalb der Umgebungstemperatur erzeugt und aufrechterhalten werden, hat erhebliche wirtschaftliche Bedeutung erlangt und zu erstaunlichen technischen Lösungen geführt. Flüssige Luft und andere verflüssigte Gase werden gebraucht zum Beispiel bei Raketenantrieben, Erdgastransport, Gefriertrocknung, Elementarteilchen- und Supraleitungsforschung, Kryomedizin, CO_2-Abscheidung aus dem Rauchgas von Kraftwerken usw.

Die Verflüssigung von Stoffen, die wir unter Umgebungsbedingungen nur als gasförmig kennen, gelingt durch zwei Effekte. Bei der adiabaten Entspannung eines realen Gases in einer Drossel sinkt oder steigt die Temperatur abhängig vom Anfangszustand. Dieser JOULE-THOMSON-Effekt bringt bei Luft, die von 200 bar und Umgebungstemperatur auf 1 bar ohne Arbeitsleistung expandiert, eine Senkung von nur 40 K. Beginnt die Expansion jedoch erst bei 170 K, sinkt die Lufttemperatur um etwa 90 K, wobei ein Teil flüssig anfällt. C. v. LINDE ist es 1895 gelungen, das Problem zu lösen, die Luft genügend weit vorzukühlen und damit im großtechnischen Maß Luft zu verflüssigen.

Beim LINDE-Verfahren (Bild 9-29) wird ein Luftstrom $\dot{m}$ aus der Umgebung von einem Verdichter V angesaugt, verdichtet, in einem Wärmeaustauscher K mit Kühlwasser wieder auf Umgebungstemperatur gebracht und dann in einem Gegenstrom-Wärmeaustauscher WA weiter abgekühlt. Bei der Drosselung auf Umgebungsdruck im JOULE-THOMSON-Expansionsventil JT sinkt die Temperatur der Luft weiter, wobei ein Teil $\dot{m}_L$ flüssig ausfällt. Die restliche kalte

Niederdruckluft $\dot{m}_G$ wird zum Verdichter V zurückgeführt und kühlt dabei im Gegenstrom-Wärmeaustauscher WA die Hochdruckluft ab.

Die Alternative zur Drosselung, die adiabate Entspannung unter Arbeitsleistung in einer Maschine, ist bei Umgebungstemperaturen viel wirkungsvoller, macht aber bei tiefen Temperaturen maschinelle Probleme, vor allem im Nassdampfgebiet. Nach G. CLAUDE lässt sich dies vermeiden, wenn ein Teil $\dot{m}_E$ der Hochdruckluft abgezweigt wird, unter Arbeitsleistung in einer Expansionsmaschine E expandiert, als kaltes Gas in den Niederdruckstrom eingespeist wird und so die Kühlung in den Gegenstrom-Wärmeaustauschern WA I und WA II verstärkt (Bild 9-30). Das T,s-Diagramm (Bild 9-31) zeigt die Zustandsverläufe beider Verfahren.

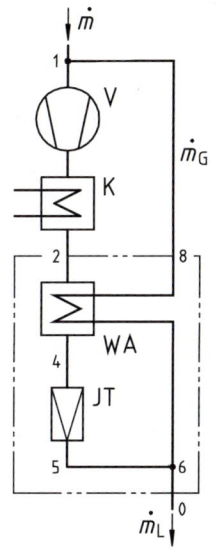

V	Luftverdichter
E	Expansionsmaschine
K	wassergekühlter Kühler
WA	Gegenstrom-Wärmeaustauscher
JT	JOULE-THOMSON-Expansionsventil

$\dot{m}$	angesaugter Luftstrom
$\dot{m}_E$	Luftstrom der Expansionsmaschine
$\dot{m}_L$	verflüssigter Luftstrom
$\dot{m}_G$	nicht verflüssigter Luftstrom

Bild 9-29 LINDE-Verfahren

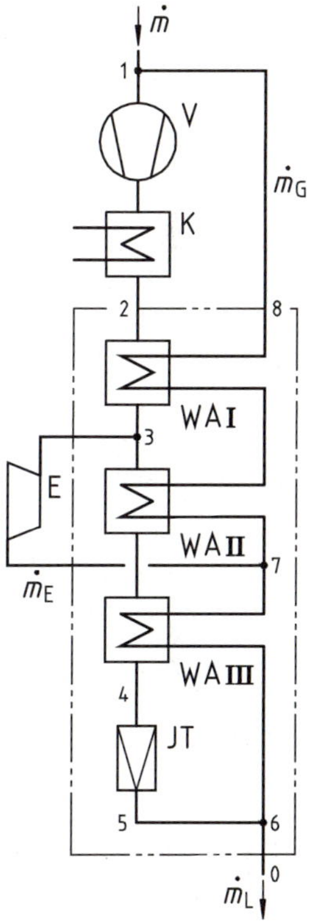

Bild 9-30 CLAUDE-Verfahren

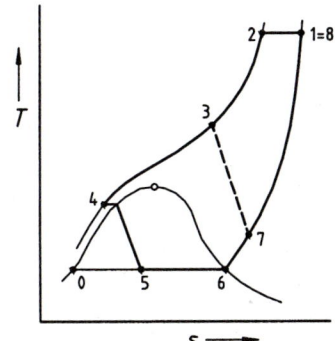

Bild 9-31
Luftverflüssigung nach LINDE und CLAUDE im T,s -Diagramm

Es ist angenommen, dass die Niederdruckluft im Wärmeaustauscher bis auf Ansaugtemperatur erwärmt wird.

Von dem vom Verdichter geförderten Luftstrom $\dot{m}$ wird ein Anteil y verflüssigt. Die Enthalpiebilanz an der in Bild 9-29 eingezeichneten Systemgrenze des LINDE-Verfahrens

$$\dot{m}\, h_2 - \dot{m}_L\, h_0 - (\dot{m} - \dot{m}_L)\, h_1 = 0 \qquad (9.53)$$

zeigt, dass der Flüssigkeitsanteil y von der Enthalpiedifferenz $h_1 - h_2$ an der warmen Seite des Wärmeaustauschers bestimmt wird, da die Enthalpiedifferenz $h_1 - h_0$ zwischen Umgebung und flüssiger Luft vorgegeben ist.

$$y = \dot{m}_L / \dot{m} = (h_1 - h_2)/(h_1 - h_0) \qquad (9.54)$$

Bei CLAUDE-Verfahren erhöht sich der Flüssigkeitsanteil um den Anteil des durch die Entspannungsmaschine geleiteten Luftstroms $\dot{m}_E / \dot{m}$, multipliziert mit der entsprechenden Enthalpiedifferenz.

$$y = \dot{m}_L / \dot{m} = (h_1 - h_2)/(h_1 - h_0) + \dot{m}_E / \dot{m} \cdot (h_3 - h_7)/(h_1 - h_0) \qquad (9.55)$$

Ausgeführte Anlagen zur Verflüssigung nicht nur von Luft, sondern auch weiterer tiefsiedender Stoffe wie Kohlendioxid, Wasserstoff, Neon oder Helium machen mehrfach von beiden Effekten Gebrauch und enthalten eine größere Anzahl von Gegenstrom-Wärmeaustauschern sowie mehrere Expansionsmaschinen, arbeiten auch mit geschlossenen Kreisläufen (Refrigerator-Betrieb) oder dienen der Gaszerlegung. Weitere Anlagen zur Gasverflüssigung, in denen die interne Wärmeübertragung statt in Rekuperatoren in Regeneratoren erfolgt, werden im Kapitel 9.7 behandelt.

9.7 Regenerative Kreisprozesse

Prozesse mit regenerativer Wärmeübertragung liefern die thermodynamische Grundlage für Spezialmotoren, Gasverflüssigungsanlagen und Weltraumkryostate.

Bei regenerativen Kreisprozessen wird das gasförmig bleibende Arbeitsmittel in einer geschlossenen Anlage von Kolben zwischen Arbeitsräumen verschiedener, aber dort etwa gleichbleibender Temperatur hin- und hergeschoben. Dabei erfolgt der Temperaturwechsel in Regeneratoren, durch die hindurch das Gas von einem zum anderen Arbeitsraum strömt. Diese Art der inneren Wärmeübertragung kennzeichnet die regenerativen Prozesse. Die Wärmeübertragung von und nach außen geschieht rekuperativ durch Wärmeübertragungsflächen. Die einzelnen Prozesse unterscheiden sich durch die Art, mit der Arbeitsleistung übertragen wird.

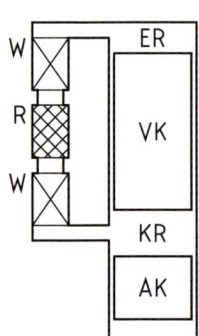

Bild 9-32
Grundsätzlicher Aufbau für regenerative Prozesse

VK	Verdrängerkolben	KR	Kompressionsraum
AK	Arbeitskolben	ER	Expansionsraum
W	Wärmeaustauscher	R	Regenerator

STIRLING-Motor – Der rechtsläufige STIRLING-Prozess ist in Motoren für spezielle Aufgaben verwirklicht worden, so als Antrieb in Wüsten oder für Unterseeboote, weil diese mit nahezu beliebigen Brennstoffen betrieben werden können, leise laufen und emissionsarm sind. Auch bieten sich STIRLING-Motoren dort an, wo Prozessabwärme, Solarenergie oder Wärme aus Biomasse genutzt werden soll. Wegen der beiden Kolben ist jedoch ein aufwändiges Triebwerk erforderlich.

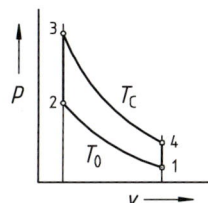 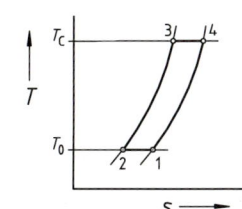

Bild 9-33
Rechtsläufiger STIRLING-Prozess

1-2	isotherme Verdichtung
2-3	isochore Erwärmung
3-4	isotherme Entspannung
4-1	isochore Abkühlung

Beim rechtsläufigen STIRLING-Prozess werden Wärme und Arbeit bei den isothermen Zustandsänderungen gleichzeitig von oder nach außen übertragen, einmal bei der höheren, einmal bei der niederen Temperatur. Bei den Isochoren nimmt der Regenerator vom durchgeschobenen Gas intern Wärme auf und gibt sie wieder ab. Die Zustandsänderungen und die übertragenen Energieströme lassen sich mit den Beziehungen für Ideale Gase berechnen. Da Wärme von und nach außen nur auf den beiden Isothermen übertragen wird, ist der thermische Wirkungsgrad gleich dem entsprechenden CARNOT-Faktor [Gleichung (5.50)].

$$\eta = \frac{|P|}{\dot{Q}} = \frac{T - T_0}{T}$$

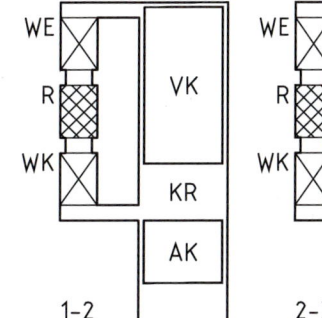 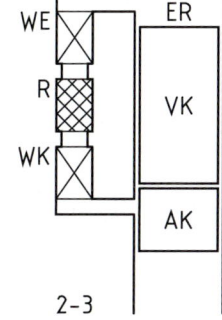 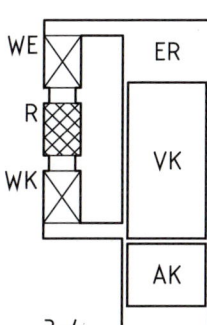 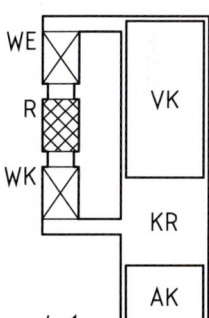

Bild 9-34 Prozessablauf im STIRLING-Motor

1	Verdrängerkolben VK im oberen Totpunkt, Arbeitskolben AK im unteren Totpunkt, Gas im Kaltraum KR
1-2	Arbeitskolben AK komprimiert das Gas isotherm bei der unteren Temperatur T_0, zugeführte Verdichtungsleistung P_{12} gleich groß wie Wärmeabfuhr $\dot{Q}_{12}$ im Kühler WK
2-3	Verdrängerkolben VK und Arbeitskolben AK schieben das Gas isochor in den Warmraum ER, Interne Wärmeaufnahme $\dot{Q}_{23}$ aus dem Regenerator R unter Temperaturzunahme auf T
3-4	Gas expandiert im Warmraum ER isotherm bei der Temperatur T, Verdrängerkolben VK und Arbeitskolben AK bewegen sich zum unteren Totpunkt, abgeführte Arbeitsleistung P_{34} gleich groß wie Wärmezufuhr $\dot{Q}_{34}$ im Erwärmer WE
4-1	Verdrängerkolben VK und Arbeitskolben AK verschieben das Gas isochor in den Kaltraum KR, Wärmeabgabe $\dot{Q}_{41}$ an den Regenerator R unter Temperaturabnahme auf T_0

■ **Beispiel 9.5** (Nach [3c]) Welche Arbeitsleistungen und Wärmeströme werden an und in einem (sich ideal verhaltenden) STIRLING-Motor übertragen, der mit einem Heliumstrom von 0,002 kg/s zwischen 15,0 °C und 1700 °C arbeitet, wenn der Anfangsdruck 1,0 bar und der höchste Druck 70,0 bar beträgt? Wie groß sind thermischer Wirkungsgrad und CARNOT-Arbeitsfaktor?

Daten Temperatur Kaltraum t_1 = 15,0   °C T_1 =   288,1 K   Ausgangsdruck p_1 =   1,00 bar

Temperatur Warmraum t_3 = 1700   °C T_3 = 1973   K   höchster Druck p_3 = 70,00 bar

Heliumstrom $\dot{m}$ = 0,002   kg/s M = 4,003 kg/kmol R = 2,077 kJ/(kg K)

$c_v = c_p - R$ = 3,161 kJ/(kg K) c_p = 5,238 kJ/(kg K)

Isochore 4 – 1 [Gleichung (7.13)]

Druckänderung $p_4 = p_1\, T_4/T_1$ =   1,00 bar · 1973 K/(288,1 K)   =   6,848 bar

Isochore 2 – 3 [Gleichung (7.13)]

Druckänderung $p_2 = p_3\, T_2/T_4$ =   70,00 bar ·   288,1 K/(1973 K) = 10,22 bar

Isotherme Kompression und Wärmeabfuhr [Gleichungen (7.21), (7.24)]

$$P_{12} = \dot{m}\, R\, T_1 \ln(p_2/p_1) = -\dot{Q}_{12}$$

$$P_{12} = 0{,}002\ \text{kg/s} \cdot 2{,}007\ \text{kJ/(kg K)} \cdot 288{,}1\ \text{K} \cdot \ln(70\ \text{bar}/6{,}848\ \text{bar}) = 2{,}782\ \text{kW} = -\dot{Q}_{12}$$

Isotherme Wärmezufuhr und Expansion [Gleichungen (7.21), (7.24)]

$$\dot{Q}_{34} = -\dot{m}\, R\, T_3 \ln(p_4/p_3) = -P_{34}$$

$$\dot{Q}_{34} = -0{,}002\ \text{kg/s} \cdot 2{,}077\ \text{kJ/(kg K)} \cdot 1973\ \text{K} \cdot \ln(6{,}848\ \text{bar}/70{,}00\ \text{bar}) = 19{,}05\ \text{kW} = -P_{34}$$

Regeneratorleistung [Gleichung (7.16)]

$$\dot{Q}_{12} = |\dot{Q}_{41}| = \dot{m} \cdot c_v (T_2 - T_1) = 0{,}002\ \text{kg/s} \cdot 3{,}161\ \text{kJ/(kg K} \cdot (1973 - 288{,}1)\ \text{K} = 10{,}65\ \text{kW}$$

Thermischer Wirkungsgrad [Gleichung (5.48)] **und CARNOT-Faktor** [Gleichung (5.50)]

$$\eta_{th} = |P_{12} + P_{34}| / \dot{Q}_{34} = |2{,}782 - 19{,}05|\ \text{kW}/(19{,}05\ \text{kW}) = 85{,}40\ \%$$

$$\eta_{C} = (T_3 - T_1)/T_3 = (1973 - 288{,}1)\text{K}/(1973\ \text{K}) = 85{,}40\ \%$$

PHILIPS-Gaskältemaschine – Der linksläufige STIRLING-Prozess (Bild 9-35) wird näherungsweise in der PHILIPS-Gaskältemaschine (Bild 9-36) verwirklicht, in der ein geschlossener Kreislauf im Bereich von –80 °C bis etwa –270 °C arbeitet, um Luft und andere Gase zu verflüssigen.

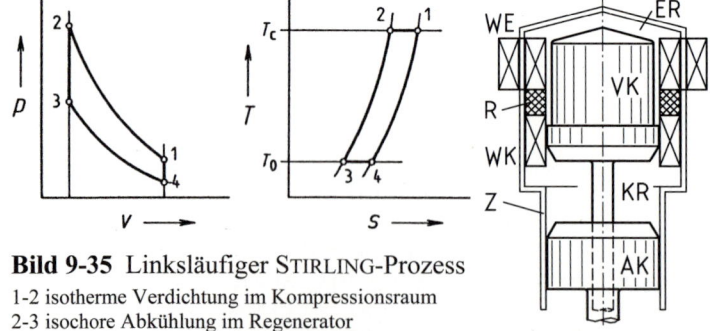

Bild 9-35 Linksläufiger STIRLING-Prozess

1-2 isotherme Verdichtung im Kompressionsraum
2-3 isochore Abkühlung im Regenerator
3-4 isotherme Entspannung im Expansionsraum
4-1 isochore Erwärmung im Regenerator

Bild 9-36
Grundsätzlicher Aufbau der
PHILIPS-Gaskältemaschine

AK   Arbeitskolben
VK   Verdrängerkolben
Z   Zylinder
KR   Kompressionsraum
ER   Expansionsraum
WK   Wärmeaustauscher,
        mit Kühlwasser gekühlt
R   Regenerator mit
        Drahtfüllung
WE   Wärmeaustauscher zum
        Übertragen der Kälteleistung

(Nach Werkbild *N. V. PHILIPS
Gloeilampenfabrieken*)

Die PHILIPS-Maschine hat wie der STIRLING-Motor zwei im gleichen Zylinder laufende Kolben. Verdrängerkolben VK und Arbeitskolben AK bilden mit dem Zylinder einen

Expansionsraum ER und einen Kompressionsraum KR, die durch einen um den Zylinder herum liegenden Ringraum miteinander verbunden sind. Im Ringraum finden sich ein wassergekühlter Wärmeaustauscher WK, ein Regenerator R und ein Wärmeaustauscher WE, an dessen Außenseite sich die Luft verflüssigt. Als Arbeitsmittel werden Helium oder Wasserstoff verwendet.

Die beiden Kolben laufen mit einer Phasenverschiebung von etwa 60 Grad hintereinander her und verschieben so das Arbeitsmittel durch den Ringraum vom Kompressionsraum in den Expansionsraum und wieder zurück. Diese Verschiebung und die Änderungen des Gasvolumens lassen sich am besten darstellen, wenn Kompressionsraum und Expansionsraum als unmittelbar an den Regenerator angrenzend und von Kolben nach außen abgeschlossen gezeichnet werden. Bild 9-37 zeigt die vier theoretischen und die den Kolbenbewegungen entsprechenden Zustandsänderungen. Die Temperaturen der beiden Räume bleiben etwa konstant, der eine bei etwa 300 K, der andere bei etwa 70 K.

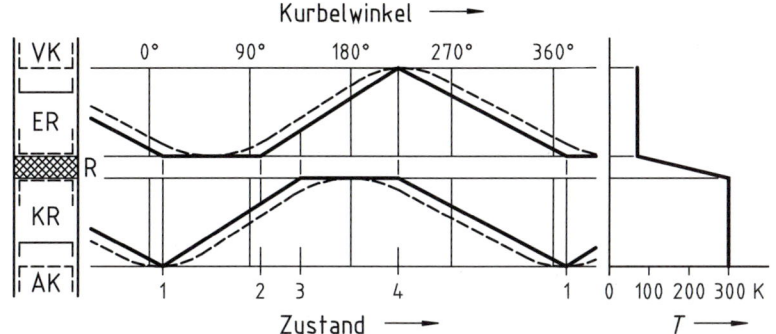

VK Verdrängerkolben
AK Arbeitskolben
KR Kompressionsraum
ER Expansionsraum
R   Regenerator

Im rechten Diagramm
sind die Temperaturen
aufgezeichnet.

Bild 9-37 Zustandsänderungen und Verlagerungen des Kältemittels
in der PHILIPS-Gaskältemaschine (Nach Werkbild *N. V. PHILIPS Gloeilampenfabrieken*)
——— Kolbenbewegung nach dem STIRLING-Prozess −−−− wirkliche Kolbenbewegung

Auch für den linksläufigen STIRLING-Prozess gilt, dass die optimalen Kälteleistungszahlen und Heizleistungszahlen gleich den entsprechenden CARNOT-Faktoren sind [Gleichungen (5.54) und (5.58)].

$$\text{Kälteleistungszahl} \qquad \varepsilon_K \;=\; \frac{\dot{Q}_0}{P} \;=\; \varepsilon_{KC} \;=\; \frac{T_0}{T_c - T_0}$$

$$\text{Heizleistungszahl} \qquad \varepsilon_{WP} \;=\; \frac{|\dot{Q}_{WP}|}{P} \;=\; \varepsilon_{WPC} = \frac{T_c}{T_c - T_0}$$

Weitere regenerative Prozesse – Beim STIRLING-Motor und bei der PHILIPS-Kältemaschine wird die Arbeitsleistung vom Kurbeltriebwerk durch den Arbeitskolben übertragen. Bei der VUILLEUMIER-Maschine liefert ein zweites Verdränger-Regenerator-System als Wärmekraftmaschine die erforderliche Arbeitsleistung. Bei der GIFFORD-MACMAHON-Maschine wird durch Füllungsänderung Druckänderung im System bewirkt und damit Arbeit übertragen.

VUILLEUMIER-Maschinen – Der VUILLEUMIER-Prozess (Bild 9-38) setzt sich aus zwei STIRLING-Prozessen zusammen, die in einer gemeinsamen Anlage zwischen drei Temperaturniveaus ablaufen. Bei der hohen Temperatur T_h wird ein Wärmestrom $\dot{Q}_h$ von außen als Antriebsenergie zugeführt, bei der unteren Temperatur T_0 wird der Wärmestrom $\dot{Q}_0$ der Umgebung entzogen. Bei der mittleren Temperatur T_w werden die Abwärmeströme beider

Prozesse $\dot{Q}_{wh}$ und $\dot{Q}_{wk}$ an die Umgebung abgegeben. Die zwischen T_h und T_w erzeugte Arbeitsleistung P_h treibt den Kälteprozess zwischen T_w und T_0 an. Die phasenverschobene Bewegung der Verdrängerkolben steuert ein Kurbeltriebwerk. Wegen geringer Reibungsarbeiten wird in manchen Ausführungen etwas Arbeitsleistung von außen zugeführt.

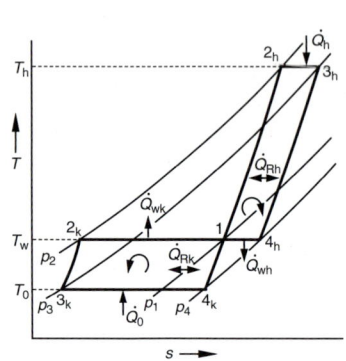

Vh	heißer Gasraum
Vw	warmer Gasraum
Vk	kalter Gasraum
Wh	heißer Wärmeaustauscher
Wwh	warmer Wärmeaustauscher (heiße Seite)
Wwk	warmer Wärmeaustauscher (kalte Seite)
Wk	kalter Wärmeaustauscher
Rh	heißer Regenerator
Rk	kalter Regenerator
Kh	heißer Verdrängerkolben
Kk	kalter Verdrängerkolben
$\dot{Q}_h$	Antriebs-Wärmestrom bei T_h
$\dot{Q}_{wh}$	Abwärmestrom bei T_w
$\dot{Q}_{wk}$	Wärmepumpleistung bei T_w
$\dot{Q}_0$	Kälteleistung bei T_k

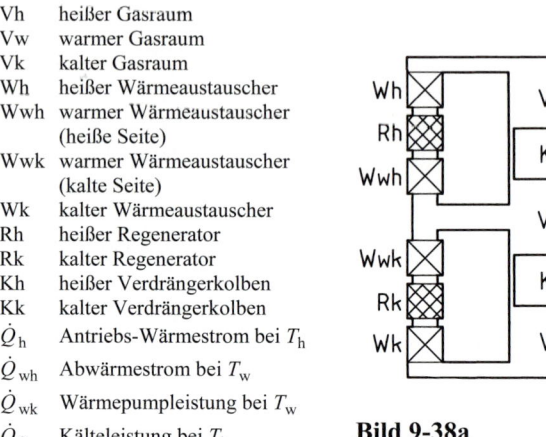

Bild 9-38
VUILLEUMIER-Prozess

Bild 9-38a
VUILLEUMIER-Maschine

VUILLEUMIER-Maschinen (Bild 9-38a) können als Kühlmaschinen oder als Wärmepumpen eingesetzt werden. Die Lage der Temperaturniveaus bestimmt sich aus der jeweiligen Aufgabe. Die Leistungszahl ε_K, das Verhältnis von erzielter Kälteleistung $\dot{Q}_0$ bei der Temperatur T_0 zu dem bei der Temperatur T_h zugeführten Wärmestrom $\dot{Q}_h$, lässt sich unter CARNOT-Bedingungen (Index C) berechnen. Vorausgesetzt wird dazu, dass die Arbeitsleistung des Wärmekraftprozesses P_h den Leistungsbedarf P_k des Kälteprozesses genau abdeckt und die Abwärmen beider Teilprozesse bei der Temperatur T_w abgegeben werden (Tabelle T9-3a).

Tabelle 9-3a Leistungszahl einer VUILLEUMIER-Kühlmaschine

		$(\varepsilon_{KC})_{VUI} = \dot{Q}_{0C} / \dot{Q}_{hC}$		(9.55a)
(5.54)	$\dot{Q}_{0C}$	$= \varepsilon_{KC} P_k$	$= P_k / (T_w / T_0 - 1) \cdot$	(a)
(5.55)	$\dot{Q}_{hC}$	$= |P_h| / \eta_C$	$= |P_h| / (1 - T_w / T_h)$	(b)
	P_k	$= |P_h|$		(c)
	$(\varepsilon_{KC})_{VUI}$	$= (1 - T_w / T_h) / (T_w / T_0 - 1)$		(9.55b)

Für den Wärmepumpbetrieb wird unter gleichen Bedingungen die Leistungszahl

$$(\varepsilon_{WPC})_{VUI} = \dot{Q}_{whC} / \dot{Q}_{hC} + \dot{Q}_{wkC} / \dot{Q}_{hC} \qquad (9.55c)$$

$$(\varepsilon_{WPC})_{VUI} = (1 - T_w / T_h) / (1 - T_0 / T_w) + T_w / T_h. \qquad (9.55d)$$

VUILLEUMIER-Maschinen lassen sich als Klein- und Kleinstkühler für Infrarotanwendungen im Zusammenhang mit der Hochtemperatursupraleitung ebenso einsetzen wie in großen Ausführungen für Hausheizungs- und Warmwasserbereitungsanlagen.

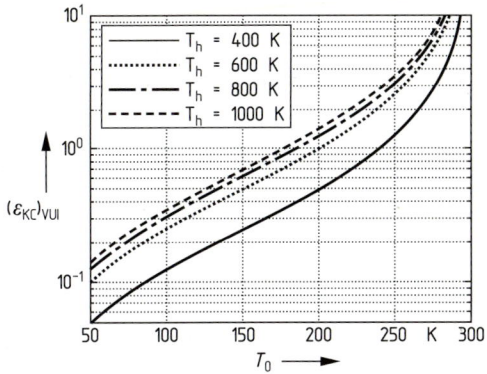 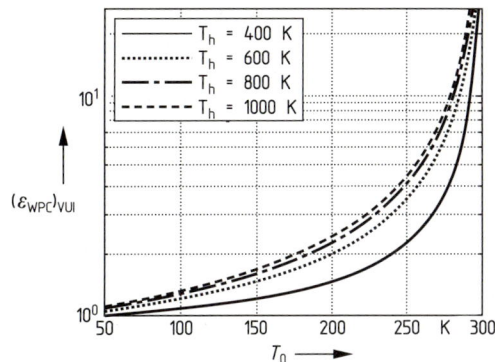

Bild 9-38b Theoretische Leistungszahlen von VUILLEUMIER-Maschinen unter CARNOT-Bedingungen für eine Umgebungstemperatur von T_w = 300 K bei der Kühlmaschine $(\varepsilon_{KC})_{VUI}$ [Gleichung (9.55b)] und der Wärmepumpe $(\varepsilon_{WPC})_{VUI}$ [Gleichung (9.55d]

GIFFORD-MCMAHON-Maschinen – Diese Maschinen werden vor allem als Klein- oder Kleinstkühler bis hinab in den Bereich der Kryotechnik gebaut. Beispielsweise können Kälteleistungen von 40 W bei 50 K bis zu 5 W bei 20 K erzeugt werden. Der Prozessverlauf im T,s-Diagramm gleicht dem eines Joule-Prozesses, jedoch mit dem Unterschied unterschiedlicher Füllmengen. Die Arbeitsleistung wird einem Gasverdichter zwischen Niederdruck- und Hochdruckspeicher zugeführt, mit denen das System wechselweise verbunden wird.

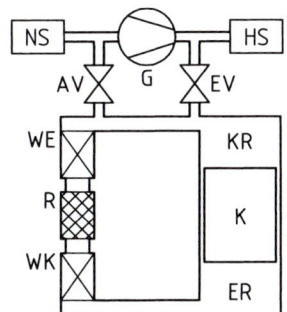

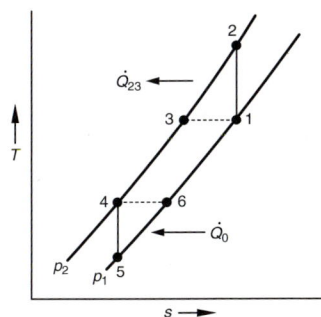

Bild 9-39 GIFFORD-MCMAHON-Kühlmaschine

G   Gasverdichter
NS   Niederdruckspeicher
HS   Hochdruckspeicher
AV   Auslassventil
EV   Einlassventil
K   Verdrängerkolben
KR   Kompressionsraum
ER   Expansionsraum
WE   Wärmeaustauscher (Abwärmestrom)
R   Regenerator
WK   Wärmeaustauscher (Kälteleistung)

Bild 9-39a GIFFORD-MCMAHON-Prozess

1   Öffnung des Einlassventils EV
1-2   Füllung des Kompressionsraumes KR
     adiabate, quasiisentrope Verdichtung
     des Gases durch Arbeitszufuhr
2-3   Abgabe des Abwärmestromes $\dot{Q}_{23}$ isobare
     Temperatursenkung auf T_3
3-4   Verschiebung vom Kompressionsraum KR
     in den Expansionsraum ER durch den Regenerator R
     unter Abkühlung von T_3 nach T_4
4   Öffnung des Auslassventils AV
4-5   Entleerung des Expansionsraumes ER
     adiabate, quasiisentrope Entspannung des Gases durch
     Arbeitsabfuhr bis auf die tiefste Prozesstemperatur T_5
5-6   Aufnehmen der Kälteleistung $\dot{Q}_0$
6-1   Verschiebung vom Expansionsraum ER
     in den Kompressionsraum KR durch den Regenerator
     R unter Erwärmung von T_6 nach T_1

9.8 Brennstoffzellen

Chemisch gebundene Energie wird direkt zu elektrischer Energie und Wärme.

Die Brennstoffzelle (Fuel Cell) ist ein elektrochemischer Reaktor, in dem chemisch gebundene Energie unmittelbar in elektrische Energie und Wärme umgewandelt wird. Im Gegensatz zu Verbrennungsanlagen (Kapitel 11), in denen die chemische Bindungsenergie des Brennstoffs zur verwertbaren Enthalpie der heißen Verbrennungsgase wird, nutzt die Brennstoffzelle die Reaktionsenthalpie, die bei der elektrochemisch ablaufenden Oxidation des Brennstoffs freigesetzt wird. Man spricht dabei von *kalter Verbrennung*. Brennstoffzellen werden zum Beispiel in der Automobilindustrie als Fahrzeugantrieb, in der Raumfahrt als Kleinkraftwerk zur Stromerzeugung und auch für die Wärmeversorgung sowie in Laptops als tragbare Stromlieferanten verwendet.

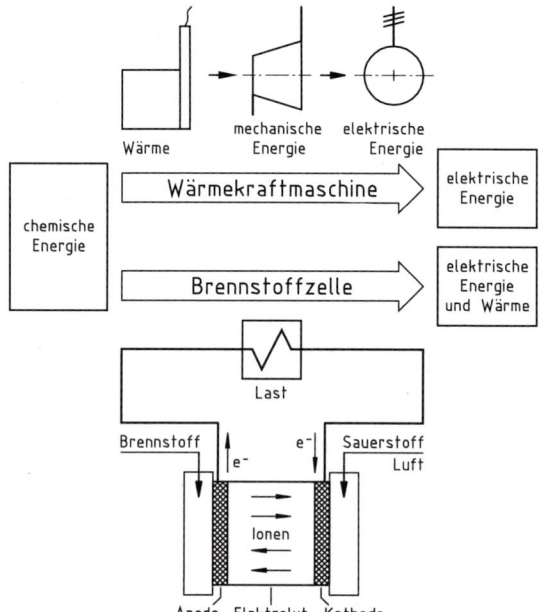

Bild 9-40
Umwandlung chemisch gebundener in elektrische Energie auf zwei Wegen – mit thermischen Maschinen und Generatoren und mit Brennstoffzellen

Thermodynamische Grundlagen [1] – Bei chemischen Reaktionen wandeln sich die Ausgangsstoffe, die Edukte, in neue chemische Verbindungen, die Produkte. Den Aufbau einer Verbindung beschreibt man mit den Symbolen der darin enthaltenen Atome. So besagt H_2O, dass diese Verbindung aus zwei Atomen Wasserstoff H und einem Atom Sauerstoff O besteht. Das kleinste unabhängig existenzfähige Teilchen einer Verbindung wird als Molekül bezeichnet, und man nennt die H_2O-Verbindung daher auch H_2O-Molekül. Für chemische Reaktionen gilt ein Erhaltungssatz:

Die Anzahl der Atome eines jeden Elements bleibt bei chemischen Reaktionen erhalten.

Die Atome gehen während der Reaktion nur andere chemische Verbindungen ein.

Chemische Reaktionen werden durch Reaktionsgleichungen beschrieben, zum Beispiel die Wasserstoffoxidation, die Verbrennung von Wasserstoff, mit

$$H_2 + \frac{1}{2} O_2 \rightarrow H_2O, \tag{9.56}$$

und die Umkehrreaktion, die Zersetzung von Wasser durch Elektrolyse, mit

$$H_2O \rightarrow H_2 + \frac{1}{2} O_2. \tag{9.57}$$

Für die folgenden Überlegungen ist es günstiger, alle Reaktionspartner auf eine Seite zu schreiben. Produkte zählen dabei positiv und Edukte negativ. Für Gleichung (9.56) ergibt sich dann

$$H_2O - H_2 - \frac{1}{2} O_2 = 0. \tag{9.58}$$

Durch diese Gleichungen liegen bei einer *stöchiometrischen Reaktion* die Stoffmengen n_i der Reaktionspartner fest und damit die Faktoren, die *stöchiometrischen Zahlen* v_i. Diese Zahlen beschreiben die Anzahl der Stoffmengen einer Verbindung, die an einer solchen Reaktion beteiligt sind. Bei der Oxidation von Wasserstoff [Gleichung (9.56)] wird bei der Bildung der Stoffmenge n_{H_2O} aus Wasserstoff und Sauerstoff eine gleiche Stoffmenge n_{H_2} und eine halbe Stoffmenge n_{O_2} verbraucht. Folglich sind die Stoffmengen n_i der Reaktionspartner nicht unabhängig voneinander, sondern über die stöchiometrischen Zahlen v_i und den Reaktionsumsatz z miteinander verknüpft.

$$n_i = n_i^0 + v_i\, z. \tag{9.59}$$

Darin sind n_i^0 die Stoffmengen der Reaktionspartner i in einem bestimmten Zustand 0, in dem $z = 0$ ist (z. B. aus Messungen). Die Stoffmenge n des reagierenden Gemisches ergibt sich durch Addition der Stoffmengen n_i der Reaktionspartner i nach Gleichung (9.59) zu

$$n = \sum_i n_i = \sum_i n_i^0 + \sum_i v_i\, z = n_0 + \sum_i v_i\, z \tag{9.60}$$

Die Stoffmenge n des reagierenden Gemisches ist vom Reaktionsumsatz z abhängig und daher nicht konstant. Der Reaktionsumsatz z hat die Dimension einer Stoffmenge und daher die Einheit mol. Der Reaktionsablauf wird durch den Reaktionsumsatz z im Intervall $z_{min} \leq z \leq z_{max}$ festgelegt. Für $z = z_{min} < 0$ liegt der Zustand des Gemisches nahe bei den Edukten und für $z = z_{max} > 0$ bei den Produkten. Mit Gleichung (9.59) ergibt sich für den Reaktionsumsatz z

$$z = \frac{n_i - n_i^0}{v_i}. \tag{9.61}$$

Differenziert man Gleichung (9.61), ergibt sich für die Änderung des Reaktionsumsatzes dz ein konstanter Wert.

$$dz = \frac{dn_i}{v_i} = \text{const}. \tag{9.62}$$

Somit ist das Verhältnis der Änderungen der Stoffmengen dn_i zu den stöchiometrischen Zahlen v_i für alle Reaktionspartner i gleich, und dz entspricht der Änderung des Reaktionsumsatzes z. Bei der Wasserstoffoxidation nach Gleichung (9.58) gilt daher für dz

$$dz = \frac{dn_{H_2O}}{v_{H_2O}} = \frac{dn_{H_2}}{v_{H_2}} = \frac{dn_{O_2}}{v_{O_2}} \quad \text{oder} \quad \frac{dn_{H_2O}}{+1} = \frac{dn_{H_2}}{-1} = \frac{dn_{O_2}}{-1/2} = \text{const}. \tag{9.63}$$

■ **Beispiel 9.6** Die Analyse eines bei der Wasserstoffoxidation [Gleichung (9.58)] entstandenen Gasgemisches ergab einen Stoffmengenanteil des Wasserdampfes ψ_{H_2O} von 10 %, des Wasserstoffes ψ_{H_2} von 40 % und des Sauerstoffes ψ_{O_2} von 50 %. Die Stoffmengen n_i und die Stoffmengenanteile ψ_i der Reaktionspartner sollen als Funktion des Reaktionsumsatzes z dargestellt werden.

Die Stoffmengen n_i^0 der analysierten Probe (Zustand 0) lassen sich aus den gemessenen Stoffmengenanteilen ψ_i berechnen zu $n_i^0 = \psi_i\, n_0$, wobei n_0 die Stoffmenge des Gemisches im Zustand 0 ist. Damit ergibt sich für die Abhängigkeit der Stoffmengen der drei Reaktionspartner

$$n_{H_2O} = 0{,}1\,n_0 + z; \qquad n_{H_2} = 0{,}4\,n_0 - z; \qquad n_{O_2} = 0{,}5\,n_0 - 0{,}5\,z,$$

und für die Stoffmenge n des reagierenden Gemisches

$$n = n_0 - 0{,}5\,z.$$

Aus der Bedingung $n_{H_2O} = 0$ zu Beginn der Reaktion, wenn sich noch kein Wasserdampf gebildet hat, wird der Reaktionsumsatz z zu $z_{min} = -0{,}1\,n_0$. Bei $z = z_{max}$ erhält man den Reaktionsumsatz, bei dem zuerst einer der Edukte aufgebraucht ist, hier der Wasserstoff. Aus $n_{H_2} = 0$ am Ende der Reaktion folgt $z_{max} = 0{,}4\,n_0$. Die Stoffmengenanteile $\psi_i = n_i/n$ der drei Reaktionspartner sind damit

$$\psi_{H_2O} = \frac{n_{H_2O}}{n} = \frac{n_{H_2O}^0 + \nu_{H_2O}\cdot z}{n} = \frac{0{,}1\,n_0 + z}{n_0 - 0{,}5\,z}$$

$$\psi_{H_2} = \frac{n_{H_2}}{n} = \frac{n_{H_2}^0 + \nu_{H_2}\cdot z}{n} = \frac{0{,}4\,n_0 - z}{n_0 - 0{,}5\,z}$$

$$\psi_{O_2} = \frac{n_{O_2}}{n} = \frac{n_{O_2}^0 + \nu_{O_2}\cdot z}{n} = \frac{0{,}5\,n_0 - 0{,}5\,z}{n_0 - 0{,}5\,z}$$

Bild 9-41 zeigt für $n_0 = 1$ mol als Stoffmenge des Gemisches im Zustand 0 den Verlauf der Stoffmengenanteile ψ_{H_2O}, ψ_{H_2} und ψ_{O_2} und Bild 9-42 den Verlauf der Stoffmengen n_i als Funktion des Reaktionsumsatzes z im Intervall $z_{min} = -0{,}1$ mol $\le z \le z_{max} = 0{,}4$ mol. Bei Reaktionsbeginn ist mit $z = z_{min}$ noch kein Wasserdampf produziert, bei $z = 0$ erfolgt die Probenentnahme und die Analyse des Gasgemisches (Zustand 0), bei $z = z_{max}$ ist der Wasserstoff aufgebraucht. Da bei $z = z_{max}$ noch ein Überschuss von O_2 vorhanden ist, zeigt sich, dass die Stoffmengen der Edukte H_2 und O_2 nicht im stöchiometrischen Verhältnis 1 zu 0,5 zueinander stehen. Die Änderung des Reaktionsumsatzes dz beträgt hier

$$dz = \frac{dn_{H_2O}}{+1} = \frac{dn_{H_2}}{-1} = \frac{dn_{O_2}}{-1/2} = 0{,}5 \text{ mol}.$$

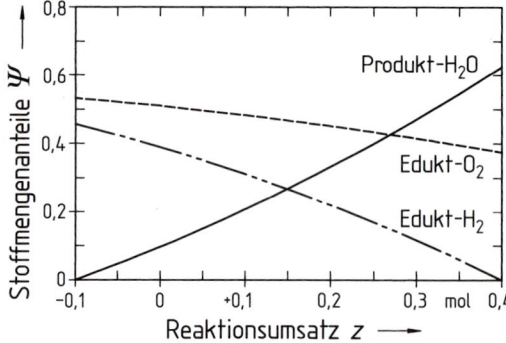

Bild 9-41 Stoffmengenanteile ψ_{H_2O}, ψ_{H_2} und ψ_{O_2} als Funktion des Reaktionsumsatzes z für $n_0 = 1$ mol

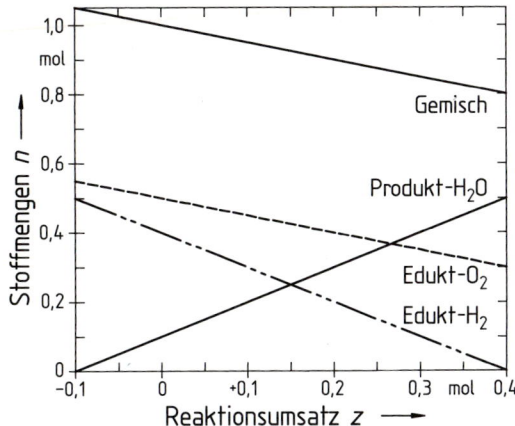

Bild 9-42 Stoffmengen n als Funktion des Reaktionsumsatzes z für $n_0 = 1$ mol

Leistungsbilanz * – Bisher traten beim Ersten Hauptsatz nur die Differenzen der Enthalpie und der Inneren Energie bei unterschiedlichen Zuständen [Gleichungen (4.1) und (4.11)] auf. Die absoluten Werte waren daher ohne Bedeutung. Bei chemisch reagierenden Gemischen sind die Enthalpiedifferenzen verschiedener Stoffe beim gleichen Zustand zu bilden, so dass die absoluten Enthalpiewerte berücksichtigt werden müssen. Für ein offenes System, einen Reaktionsraum, der von einem reagierenden Gemisch durchströmt wird, liefert der Erste Hauptsatz die Leistungsbilanz.

$$\dot{Q} + P = \sum_i \dot{n}_i^a \, H_{0i} \, (T_a, p_a) - \sum_i \dot{n}_i^e \, H_{0i} \, (T_e, p_e) \tag{9.64}$$

Darin sind die absoluten molaren Enthalpien H_0 entsprechend für den Austrittszustand T_a, p_a und Eintrittszustand T_e, p_e einzusetzen. Die Stoffmengenströme $\dot{n}_i$ der Stoffe i, einmal als $\dot{n}_i^a$ für den Systemaustritt und zum anderen als $\dot{n}_i^e$ für den Systemeintritt, ergeben sich analog zu Gleichung (9.59).

$$\dot{n}_i = \dot{n}_i^0 + v_i \, \dot{z}$$

$\dot{z}$ ist der zeitbezogene Reaktionsumsatz, die Umsatzrate der chemischen Reaktion in mol/s. Vor Reaktionsbeginn ist $\dot{z} = 0$, weshalb der Zustand 0 mit dem Systemeintritt e gleichgesetzt werden kann. Es ist

$$\dot{n}_i^e = \dot{n}_i^0 \quad \text{und} \quad \dot{n}_i^a = \dot{n}_i^e + v_i \, \dot{z}_a ,$$

mit der am Systemaustritt a erreichten Umsatzrate $\dot{z}_a$. Für eine Umsatzrate $\dot{z}_a > 0$ läuft die Reaktion in der positiven bzw. angenommenen Richtung ab.

---

* In diesem Abschnitt stehen die thermodynamischen Formelzeichen H, G, und S für die molaren Größen H_m, G_m, S_m usw. H darf nicht mit dem chemischen Formelzeichen H für Wasserstoff verwechselt werden. Die Formelzeichen U und I stehen für die elektrische Spannung und den elektrischen Strom.

Für eine isotherm-isobare Reaktion bei der Temperatur T und dem Druck p mit getrennter Zufuhr und Abfuhr der einzelnen Reaktionspartner folgt die Leistungsbilanz aus Gleichung (9.64) (Bild 9-43).

$$\dot{Q} + P = \sum_i (\dot{n}_i^a - \dot{n}_i^e)\, H_{0i}(T,p) = \dot{z}_a \sum_i v_i\, H_{0i}(T,p) = \dot{z}_a\, \Delta^R H(T,p) \tag{9.65}$$

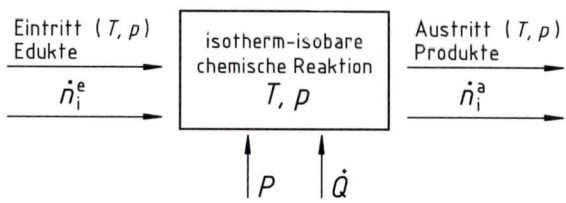

Bild 9-43 Modell einer isotherm-isobaren chemischen Reaktion [Nach 1]

Die Größe $\Delta^R H(T,p)$ stellt die molare Reaktionsenthalpie dar und verknüpft die Enthalpien der Reaktionspartner im Bezugszustand (T,p). Die Reaktionsenthalpie ergibt sich aus den Bildungsenthalpien der an ihr beteiligten Verbindungen und ist aus kalorimetrischen Messungen bestimmbar. Läuft die exotherme Reaktion isotherm und isobar ab, wird Wärme nach außen abgegeben, weil die Produkte eine kleinere Enthalpie als die Edukte haben. Alle Verbrennungsreaktionen laufen exotherm ab und geben bei geeigneter Prozessführung neben der Wärme auch Technische Arbeit nach außen ab. Die verschiedenen Verbrennungsreaktionen und zugehörige Werte der Reaktionsenthalpien sind in den Verbrennungsgleichungen (11.3a) bis (11.3f) angegeben.

Den Wärmestrom $\dot{Q}$ erhält man für die isotherm-isobare Reaktion nach der umgestellten Gleichung (5.21) für den Eintrittszustand (1 = e) und Austrittszustand (2 = a)

$$\dot{Q} = T(\dot{S}_2 - \dot{S}_1) - T\,\dot{S}_{J12}$$

Mit Gleichung (9.65) und der Entropiebilanz ergibt sich

$$\dot{Q} = T\sum_i (\dot{n}_i^a - \dot{n}_i^e)\, S_{0i}(T,p) - T\,\dot{S}_J = \dot{z}_a\, T\sum_i v_i\, S_{0i}(T,p) - T\,\dot{S}_J$$

$$\dot{Q} = \dot{z}_a\, T\, \Delta^R S(T,p) - T\,\dot{S}_J \tag{9.66}$$

Die Größe $\Delta^R S(T,p)$ ist die molare Reaktionsentropie und $\dot{S}_J$ die molare Entropieproduktion. Eliminiert man aus den beiden Bilanzgleichungen (9.65) und (9.66) den Wärmestrom $\dot{Q}$, so erhält man die Leistung P.

$$P = \dot{z}_a\, (\Delta^R H(T,p) - T\, \Delta^R S(T,p)) + T\,\dot{S}_J$$

$$P = \dot{z}_a\, \Delta^R G(T,p) + T\,\dot{S}_J \tag{9.67}$$

Die Zustandsgröße G ist die *GIBBS-Enthalpie* oder *Freie Enthalpie*, die in der chemischen Thermodynamik benutzt wird und definiert ist mit

$$\Delta G = \Delta H - T\, \Delta S. \tag{9.68}$$

Die Größe $\Delta^R G(T,p)$ ist die molare Reaktions-GIBBS-Funktion. Bei negativen Werten dieser Größe lässt sich aus der isotherm-isobaren Reaktion neben einem Wärmestrom $\dot{Q}$ auch eine Arbeitsleistung P gewinnen. Eine abzuführende Arbeitsleistung P < 0 ergibt sich für eine positive Umsatzrate der Reaktion $\dot{z}_a > 0$. Die reversible Reaktionsarbeitsleistung P_{rev} erhält man mit $\dot{S}_J = 0$ für den Grenzfall der reversiblen Reaktion.

$$\frac{P_{rev}}{\dot{z}_a} = \Delta^R G(T, p) \tag{9.69}$$

Aufbau von Brennstoffzellen – Aufbau und Transportvorgänge in einer Polymer-Membran-Elektrolyt-Brennstoffzelle (PEM-BZ, PEMFC) zeigt Bild 9-44 als Beispiel für einen protonenleitenden Elektrolyten. Jede Brennstoffzelle besitzt zwei Elektroden, und zwar die Anode, an der der Brennstoff zugeführt wird, und die Kathode für die Sauerstoffzufuhr. Zwischen den Elektroden befindet sich der Elektrolyt. Der gasförmige Wasserstoff spaltet sich an der Anode unter Wirkung eines Katalysators in Protonen H^+ und Elektronen e^-.

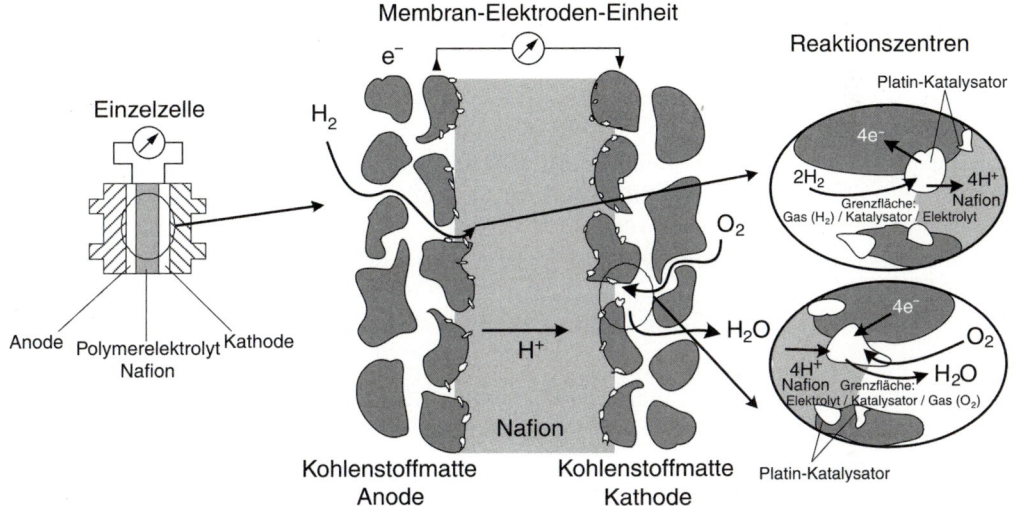

Bild 9-44 Aufbau und Transportvorgänge einer PEM-Brennstoffzelle, nach [15a]

Anodenreaktion $\quad H_2 \rightarrow 2H^+ + 2e^-$ (9.70)

Die Protonen wandern durch den Elektrolyten zur Kathode. Dort reagieren sie ebenfalls unter der Wirkung eines Katalysators mit dem zugeführten Sauerstoff. Mit den über den äußeren Stromkreis fließenden Elektronen vereinigen sich die H^+-Ionen an der Kathode mit dem Sauerstoff zu Wasser.

Kathodenreaktion $\quad \frac{1}{2}O_2 + 2H^+ + 2e^- \rightarrow H_2O$ (9.71)

Zwischen den beiden Elektroden entsteht eine elektrische Spannung, die Zellspannung U, die einen Strom I fließen lässt, wenn im äußeren Stromkreis ein elektrischer Verbraucher angeschlossen ist.

Das thermodynamische Verhalten einer Brennstoffzelle wird mit deren Strom-Spannungs-Kennlinie beschrieben (Bild 9-45).

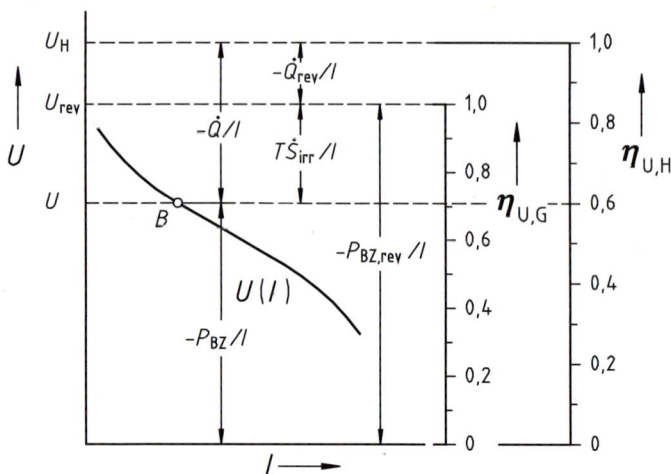

Bild 9-45 Strom-Spannungs-Kennlinie einer Brennstoffzelle [1]

Die Spannung U sinkt bei Werten unter 1 Volt mit steigendem Strom durch zunehmende interne Irreversibilitäten, weshalb für technische Anwendungen mehrere Einzelzellen zu einem sogenannten *Brennstoffzellenstack* verschaltet werden.

Die abgegebenen Arbeitsleistungen P und Wärmeströme $\dot{Q}$ lassen sich nach dem Reaktionsmodell Bild 9-43 berechnen, wobei die Oxidationsreaktion [Gleichung (9.56)] berücksichtigt wird. Die elektrische Leistung der Brennstoffzelle ist

$$P = -U(I)\,I. \tag{9.72}$$

Für die Reaktion erhält man den Wärmestrom $\dot{Q}$ nach Gleichung (9.65)

$$\dot{Q} + P = \dot{n}_{H_2}\,\Delta^R H(T) = -\dot{n}_{H_2}\,H_u(T) \tag{9.73}$$

mit der Reaktionsenthalpie $\Delta^R H(T)$ als negativem Heizwert* H_u des Brennstoffs H_2 [1]. Die Umsatzrate $\dot{z}$ entspricht dem Stoffmengenstrom $\dot{n}_{H_2}$ des umgesetzten Wasserstoffs. Die elektrische Stromstärke I ergibt sich als Produkt des Stoffmengenstroms $\dot{n}_{EL}$ der Elektronen und der Faraday-Konstante $F = 96485{,}3$ As/mol. Da bei der Anodenreaktion nach Gl. (9.70) im Vergleich zum umgesetzten Wasserstoff doppelt so viele Elektronen freigesetzt werden, folgt mit $\dot{n}_{EL} = 2\,\dot{n}_{H_2}$

$$I = \dot{n}_{EL}F = 2\,\dot{n}_{H_2}F \tag{9.74}$$

Für die Kennlinie wird damit

$$\dot{Q} = -\frac{H_u}{2F}\,I - P = -[U_H - U(I)]I. \tag{9.75}$$

Die Brennstoffzelle gibt Strom und gleichzeitig Wärme auf dem Niveau der Reaktionstemperatur, der Betriebstemperatur, ab. Brennstoffzellen sind somit Anlagen zur Kraft-Wärme-Kopplung.

Der Term $H_u/2F$ in Gleichung (9.75) ist eine für die Oxidationsreaktion charakteristische Spannung, die maximal Werte bis 1,29 Volt annimmt [1]. Im Idealfall der reversibel ablaufenden isotherm-isobaren Reaktion ergibt sich die reversible Zellspannung U_{rev} aus

---

* Die Größe Heizwert wird in Abschnitt 11.4 behandelt.

$$P_{\text{rev}} = \dot{n}_{\text{H}_2}\,\Delta^{\text{R}} G(T,p) = -I \cdot U_{rev}$$

$$U_{\text{rev}}(T,p) = -\frac{\Delta^{\text{R}} G(T,p)}{2F} = -\frac{P_{rev}}{I} \tag{9.76}$$

Die Spannung U_{rev} hängt von der Reaktions-GIBBS-Funktion $\Delta^{\text{R}} G(T,p)$ ab, ist kleiner als die maximale Zellspannung U_{H} und stellt eine Obergrenze für die Zellspannung U dar. Die Strom-Spannungs-Kennlinie kann daher nur unterhalb der Horizontalen $U = U_{\text{rev}}$ verlaufen. Auch im Idealfall der reversiblen Reaktion muss ein Wärmestrom

$$\dot{Q}_{\text{rev}} = -(U_{\text{H}} - U_{\text{rev}})\,I < 0 \tag{9.77}$$

abgegeben werden. Durch die Irreversibilitäten $\dot{S}_{\text{J}}$ der Reaktion und damit durch den inneren Widerstand der Zelle (entsprechend dem Innenwiderstand bei elektrischen Ersatzschaltbildern [15a]) stellt sich beim Betrieb ein Spannungsabfall ein. Damit ergibt sich der Spannungs-wirkungsgrad

$$\eta_{\text{UG}} = -\frac{-P}{-P_{\text{rev}}} = \frac{U(I)}{U_{\text{rev}}} = 1 - \frac{T\,\dot{S}_{\text{J}}}{-P_{\text{rev}}}. \tag{9.78}$$

Analog zur Definition des thermodynamischen Wirkungsgrades thermischer Anlagen definiert man den Wirkungsgrad der Brennstoffzelle η_{BZ} mit dem Heizwert H_{u} des zugeführten Brennstoffs.

$$\eta_{\text{BZ}} = -\frac{-P}{\dot{n}_{\text{H}_2}^{*}\,H_{\text{u}}(T)} = \frac{\dot{n}_{\text{H}_2}}{\dot{n}_{\text{H}_2}^{*}} \cdot \frac{U(I)}{U_{\text{H}}(T)} = \eta_{\text{I}} \cdot \eta_{\text{UH}} \tag{9.79}$$

Darin ist $\dot{n}_{\text{H}_2}^{*}$ der der Zelle zugeführte und $\dot{n}_{\text{H}_2}$ der tatsächlich umgesetzte Wasserstoff-Stoffmengenstrom. Der erste Faktor η_{I} ist der Umsetzungsgrad, der die umgesetzte Brennstoffmenge beschreibt. Die Werte liegen zwischen $\eta_{\text{I}} = 0,8$ und $0,9$ [1]. Der zweite Faktor η_{UH}, der mit U_{H} gebildete Spannungswirkungsgrad, ist kleiner als 1 (Bild 9-45). Betreibt man Brennstoffzellen im Spannungsbereich von 0,6 bis 0,8 Volt, ergeben sich Wirkungsgrade η_{BZ} um etwa 50 bis 65 Prozent.

Typen von Brennstoffzellen – Wesentliche Unterscheidungsmerkmale heutiger Brennstoffzellen sind der verwendete Elektrolyt und die Betriebstemperatur [15a]. Man unterscheidet Niedertemperatur(LT)-, Mitteltemperatur(MT)- und Hochtemperatur(HT)-Zellen. Alkalische und Membran-Zellen haben Betriebstemperaturen von etwa 80 °C, phosphorsaure liegen im Bereich von 200 °C, während Schmelzkarbonat- und oxidkeramische Zellen bei 650 °C oder bei 1000 °C arbeiten. Bild 9-46 zeigt die wesentlichen Unterschiede zwischen den einzelnen Typen von Brennstoffzellen.

Da Wasserstoff als Energieträger in der Natur nicht vorzufinden ist, muss er außerhalb der Zelle durch Reformierung von Brennstoffen wie Methan oder Biogas erzeugt werden. Berücksichtigt man bei der energetischen Betrachtung zusätzlich die Erzeugung des Wasserstoffs, reduziert sich der Wirkungsgrad von Nieder- und Mitteltemperatur-Zellen um 15 bis 20 Prozent. Für die Hochtemperaturzelle SOFC fällt der Wirkungsgradverlust nicht so hoch aus, da hier die Reformierung weitgehend intern erfolgt.

Die erforderliche Reinheit der Gase ist je nach Typ verschieden. Notwendig ist diese vor allem in Zellen, die Elektrodenbeschichtungen aus Edelmetallen wie Platin oder Gold haben und sehr empfindlich gegen Kohlenmonoxid CO sind. Diese Beschichtung dient als Katalysator für die Reaktionsvorgänge. Die alkalische Brennstoffzelle AFC verlangt sehr große Reinheit des Wasserstoffs und des Sauerstoffs.

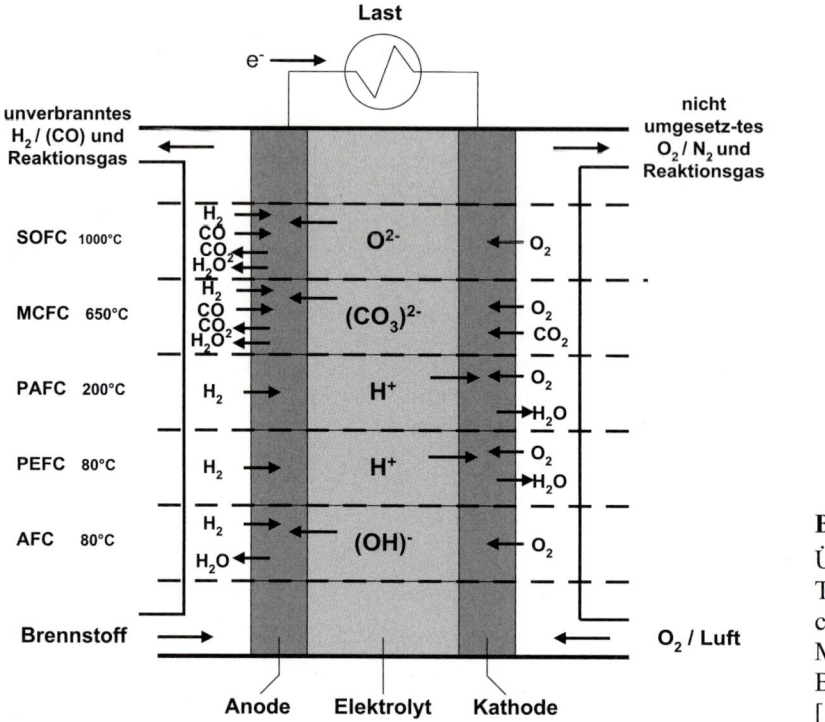

Bild 9-46
Übersicht über
Typen und
charakteristische
Merkmale von
Brennstoffzellen
[15a]

Die PEMFC ist wie die AFC eine Niedertemperatur-Zelle, hat aber im Vergleich zu dieser den Vorteil, dass sie mit Luftsauerstoff betrieben werden kann. Allerdings sind die Elektroden sehr empfindlich gegen CO, so dass Synthesegas noch nicht ohne Probleme als Brennstoff verwendet werden kann. Als Weiterentwicklung dieses Typs kann die Direkt-Methanol-Brennstoffzelle DMFC angesehen werden, die nach dem gleichen Funktionsprinzip wie die PEMFC arbeitet, aber mit flüssigem Methanol statt mit Wasserstoff betrieben wird.

Die phosphorsaure PAFC ist technisch weit ausgereift. Als Brennstoff dient erdgasreformierter Wasserstoff mit einem Anteil an CO unter 1 Prozent, da auch hier nur wenig CO toleriert wird. Die MCFC hat Nickel-Elektroden und ist durch Verwenden von Nichtedelmetallen gegen CO unempfindlich. Hochtemperaturzellen SOFC erlauben, metallische Werkstoffe zu verwenden, und sind für einen nachgeschalteten Dampfturbinenprozess geeignet. Gemeinsam mit diesem wird der relativ hohe elektrische Wirkungsgrad des Systems von 60 Prozent ermöglicht (Bild 9-48). Die Tabellen 9-4 bis 9-6 zeigen die Eigenschaften verschiedener Typen von Brennstoffzellen.

Tabelle 9-4 Klassifizierung von Brennstoffzellen [1] [7 a]

Typ	BZ-Bezeichnung der Brennstoffzellen	Abkürzung	Elektrolyt	Betriebs-temperatur
Niedertemperatur	Protonenleitende Membran BZ (**P**roton **E**xchange **M**embrane **F**uel **C**ell)	PEMFC PEFC	protonenleitende Kunststoffmembran	60–90 °C
	Alkalische BZ (**A**lkaline **F**uel **C**ell)	AFC	wässrige Kalilauge	60–80 °C
Mitteltemperatur	Phosphorsaure BZ (**P**hosphoric **A**cid **F**uel **C**ell)	PAFC	konzentrierte Phosphorsäure	160–220 °C
Hochtemperatur	Schmelzkarbonat BZ (**M**olten **C**arbonate **F**uel **C**ell)	MCFC	Schmelze Kalium-Lithium-Karbonat	600–650 °C
	Oxidkeramische BZ (**S**olid **O**xide **F**uel **C**ell)	SOFC	Festelektrolyt Zirkondioxid	800–1000 °C

Tabelle 9-5 Reaktionsgleichungen der Elektrodenreaktionen [1] [7a]

Brennstoff-zelle	Anodenreaktion	Kathodenreaktion	Ladungsträger im Elektrolyten
PEMFC PAFC	$H_2 \rightarrow 2H^+ + 2e^-$	$\frac{1}{2}O_2 + 2H^+ + 2e^- \rightarrow H_2O$	Proton H^+
AFC	$H_2 + 2OH^- \rightarrow 2H_2O + 2e^-$	$\frac{1}{2}O_2 + H_2O + 2e^- \rightarrow 2OH^-$	Hydroxidion OH^-
MCFC	$H_2 + CO_3^{2-} \rightarrow H_2O + CO_2 + 2e^-$	$\frac{1}{2}O_2 + CO_2 + 2e^- \rightarrow CO_3^{2-}$	Carbonation CO_3^{2-}
SOFC	$H_2 + O^{2-} \rightarrow H_2O + 2e^-$ $(CO + O^{2-} \rightarrow CO_2 + 2e^-)$	$\frac{1}{2}O_2 + 2e^- \rightarrow O^{2-}$	Oxidion O^{2-}

Tabelle 9-6 Charakteristischen Größen wasserstoffbetriebener Brennstoffzellen bei Standardbedingungen $t_0 = 0$ °C, $p_0 = 100$ kPa [7a]

Brennstoff	Zellreaktion	Reaktionsenthalpie	Reaktions-GIBBS-Enthalpie	Charakter. Zellspannung	Reversible Zellspannung
	g: gasförmig	$-\Delta^R H(T,p)$	$-\Delta^R G(T,p)$	U_H	U_{rev}
	fl: flüssig	(Gl. 9.65)	(Gl. 9.67)	(Gl. 9.75)	(Gl. 9.76)
		$\frac{kJ}{mol}$	$\frac{kJ}{mol}$	V	V
Wasserstoff	$H_2^g + \frac{1}{2}O_2^g \rightarrow H_2O^{fl}$	285,83	237,13	1,48	1,23
Wasserstoff	$H_2^g + \frac{1}{2}O_2^g \rightarrow H_2O^g$	241,82	228,57	1,25	1,18

■ **Beispiel 9.7** Die Energieumsetzung in einem Brennstoffzellenstack (BZ-Stack) soll untersucht werden. Als Brenngas wird dem BZ-Stack Wasserstoff mit den Daten nach Beispiel 9.6 zugeführt. Das Reaktionsprodukt H_2O soll gasförmig vorliegen. Der BZ-Stack soll aus $n_z = 700$ Einzelzellen aufgebaut sein.

Bei der Wasserstoffoxidation von Beispiel 9.6 wird die Stoffmenge $n_{H_2} = 0,5$ mol umgesetzt; der Reaktionsumsatz beträgt $z = 0,5$ mol. Damit wird die zeitliche Umsatzrate der chemischen Reaktion $\dot{z} = 0,5$ mol/s. Die Umsatzrate $\dot{z}$ entspricht dem Stoffmengenstrom $\dot{n}_{H_2}$ des umgesetzten Wasserstoffs und ist demnach $\dot{n}_{H_2} = \dot{z} = 0,5$ mol/s. Mit der Reaktionsenthalpie $\Delta^R H(T)$ nach Tabelle 9-6 (Werte für $T = 273$ K) ergibt sich die Summe der übertragenen Wärme- und Arbeitsleistungen des BZ-Stacks aus Gleichung (9.65).

$$\dot{Q} + P = \dot{n}_{H_2}\Delta^R H(T) = 0,5\frac{mol}{s} \cdot (-241,82\frac{kJ}{mol}) = -120,9 \text{ kW}$$

Die reversible Arbeitsleistung P_{rev} des BZ-Stacks wird mit der molaren Reaktions-GIBBS-Enthalpie $\Delta^R G(T)$ aus Tabelle 9-6 nach Gleichung (9.69)

$$P_{rev} = \dot{n}_{H_2}\Delta^R G(T) = 0,5\frac{mol}{s} \cdot (-228,57\frac{kJ}{mol}) = -114,28 \text{ kW}.$$

Damit wird die bei der Reaktionstemperatur T abzuführende Wärmeleistung $\dot{Q}_{rev}$ im reversiblen Fall

$$\dot{Q}_{rev} = -(120,9 \text{ kW} - 114,28 \text{ kW}) = -6,62 \text{ kW}.$$

Der in einer Brennstoffzelle erzeugte Gleichstrom I beträgt mit U_{rev} nach Tab. 9.6 mit Gleichung (9.76)

$$I = \frac{-P_{rev}}{n_z U_{rev}} = \frac{114,28 \text{ kW}}{700 \cdot 1,18 \text{ V}} = 138,35 \text{ A}.$$

Damit ergibt sich auch mit $U_H = 1,25$ V für die abgegebene Wärmeleistung $\dot{Q}_{rev}$ pro Einzelzelle nach Gleichung (9.77)

$$\dot{Q}_{rev} = -(U_H - U_{rev})I = -(1,25 \text{ V} - 1,18 \text{ V}) \cdot 138,35 \text{ A} = -9,68 \text{ W}.$$

Der H_2-Massenstrom $\dot{m}_{H_2}$ wird mit der Molmasse M_{H_2} für den BZ-Stack zu

$$\dot{m}_{H_2} = \dot{n}_{H_2}M_{H_2} = 0,5\frac{mol}{s} \cdot 2,016\frac{kg}{kmol} = 1,008 \cdot 10^{-3}\frac{kg}{s}$$

und für den H_2-Volumenstrom $\dot{V}_{H_2}$ im Normzustand

$$\dot{V}_{H_2} = \dot{n}_{H_2}V_{mn} = 0,5\frac{mol}{s} \cdot 22,414\frac{m^3}{kmol} = 11,2 \cdot 10^{-3}\frac{m^3}{s}.$$

Der Spannungswirkungsgrad $\eta_{U,G}$ nach Gleichung (9.78) ist im reversiblen Fall mit $P = P_{rev}$

$$\eta_{U,G} = -P/(-P_{rev}) = 1.$$

Für einen angenommenen Wirkungsgrad $\eta_{U,G} = 0,7$ (siehe Bild 9-45) ergibt sich nach Gleichung (9.78) für $P_{rev\,BZ} = -163,2$ W und $P = P_{BZ} = -114,3$ W die Zellspannung $U = 0,826$ V. Der Arbeitspunkt der Brennstoffzelle liegt nun im Punkt B von Bild 9-45. Der auf die Zellspannung U_H bezogene Wirkungsgrad $\eta_{U,H}$ ist nach Bild 9-45 $\eta_{U,H} \approx 0,6$, womit sich der Wirkungsgrad der BZ η_{BZ} nach Gleichung (9.79) mit einem angenommenen Umsetzungsgrad $\eta_I = 0,85$ zu $\eta_{BZ} = \eta_I \cdot \eta_{U,H} = 0,85 \cdot 0,6 = 0,51$ ergibt.

Brennstoffzellensysteme und Brennstoffzellenkraftwerke – Wasserstoff und Sauerstoff sind relativ teure Gase und müssen erst aus anderen Substanzen gewonnen werden. Die meisten Zellentypen stellen keine hohen Ansprüche an die Reinheit und können daher mit Wasserstoff aus Erdgas oder anderen Kohlenwasserstoffen sowie statt mit reinem Sauerstoff mit dem Sauerstoff der Luft betrieben werden. Der Brennstoff muss jedoch zu einem wasserstoffhaltigen Gemisch aufbereitet und von Beimengungen befreit werden, die die Zelle beeinträchtigen, sie *vergiften* können. Bild 9-47 zeigt das Schema eines Brennstoffzellensystems mit externer Reformierung des Brenngases.

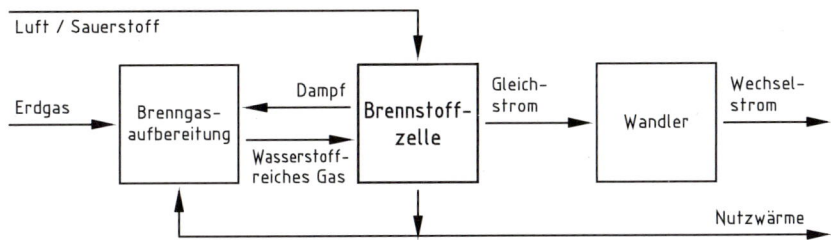

Bild 9-47 Brennstoffzellensysteme in der Kraft-Wärme- Kopplung [53]

Die möglichen elektrischen Wirkungsgrade bei der Verstromung von Erdgas mit Brennstoffzellen und mit konventionellen Techniken zeigt Bild 9-48. Brennstoffzellen eignen sich vor allem für den Bereich kleinerer Leistungen. Die PEMFC deckt Leistungen bis 1 MW ab, während PAFC, SOFC und MCFC als Kandidaten für Leistungen von 100 kW bis 10 MW gelten. Mit nachgeschaltetem Gas- und Dampfturbinen-Kraftwerk (GuD-Anlage) könnten die Hochtemperatur-Brennstoffzellen SOFC und MCFC sogar in den Leistungsbereich von Großkraftwerken vorstoßen. Da Brennstoffzellensysteme Anlagen zur Kraft-Wärme-Kopplung sind, eignen sie sich besonders zur Hausenergieversorgung.

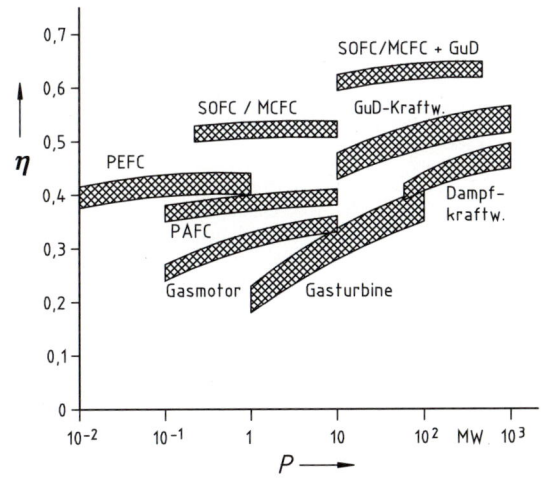

Bild 9-48

Mögliche elektrische Wirkungsgrade von Brennstoffzellen-Kraftwerken und konventionellen Kraftwerken [53]

9.9 Kombinierte Gas- und Dampfkraftwerke

*Lässt sich das Verhältnis von Nutzen zu Aufwand, der thermische Wirkungsgrad,
bei Wärmekraftmaschinen merklich steigern?*

Das optimale Nutzen-Aufwand-Verhältnis, der CARNOT-Arbeitsfaktor $\eta_C = 1 - T_0 / T$
[Gleichung (5.50)] nimmt zu, wenn die Temperatur T_0 der Wärmeabfuhr gesenkt und die Temperatur T der Wärmezufuhr erhöht wird. Dies gilt entsprechend auch für den thermischen Wirkungsgrad η_t ausgeführter Anlagen.

Die Temperatur T_0 ist sowohl bei Gasturbinenkraftwerken als auch bei Dampfturbinenkraftwerken durch die Umgebung als Wärmesenke gegeben und nur wenig veränderbar. Die Temperatur T ist ebenfalls und zwar im Wesentlichen durch Werkstoffeigenschaften in engen Bereichen festgelegt. Beide Temperaturen liegen jedoch bei Gasturbinenanlagen insgesamt höher als bei Dampfturbinenanlagen. Es bietet sich daher an, den in Arbeitsleistung P umzuwandelnden Wärmestrom $\dot{Q}$ bei einer hohen Temperatur T einem Gaskreislauf zuzuführen und den Abwärmestrom $\dot{Q}_0$ von einem Dampfkreislauf bei einer niedrigen Temperatur T_0 nur wenig über der Umgebungstemperatur abzuführen. Hierzu werden ein Gaskreislauf und ein Dampfkreislauf so verbunden, dass aus der Gasturbinenanlage die noch nutzbare Wärme (Abwärme) unmittelbar an einen Dampfkreislauf übertragen wird.

Die Schaltung eines Kraftwerkes, in dem Gasturbine und Dampfturbine kombiniert sind, zeigt Bild 9-49 als Beispiel. Die Abwärme des Gaskreislaufes wird in einem Abhitzekessel zur Dampferzeugung genutzt, in manchen Anlagen durch eine Zusatzfeuerung unterstützt. Solche Kraftwerke werden meistens als GuD-Kraftwerke bezeichnet.

Die Prozessdarstellungen im T,s-Diagramm (Bild 9-50) verdeutlichen mit Beispielen die Temperaturbereiche, in denen die Wärmeströme zu- und abgeführt werden. Dem als Beispiel gewählten Gasturbinenprozess wird der Wärmestrom $\dot{Q}$ zwischen 680 K und 1450 K isobar zugeführt, der Dampfturbinenprozess gibt den Wärmestrom $\dot{Q}_0$ bei 300 K ab. Mit einem Verbundkraftwerk kann also eine größere Temperaturspanne zwischen der (mittleren) Temperatur T der Wärmezufuhr und der Temperatur T_0 der Wärmeabfuhr erreicht werden, als es mit jedem der einzelnen Kreisläufe möglich wäre.

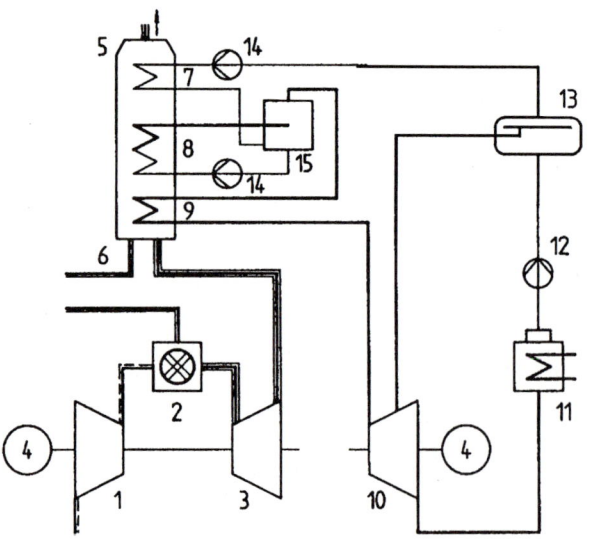

Bild 9-49
Schaltung eines einfachen GuD-Kraftwerkes

Gaskreislauf

1	Luftverdichter
2	Brennkammer
3	Gasturbine
4	Generator
5	Abhitzekessel
6	Zusatzfeuerung

Dampfkreislauf

7	Speisewasservorwärmer (abgasbeheizt)
8	Verdampfer
9	Überhitzer
10	Dampfturbine
11	Kondensator
12	Kondensatpumpe
13	Speisewasserbehälter
14	Speisewasserpumpe
15	Trenngefäß

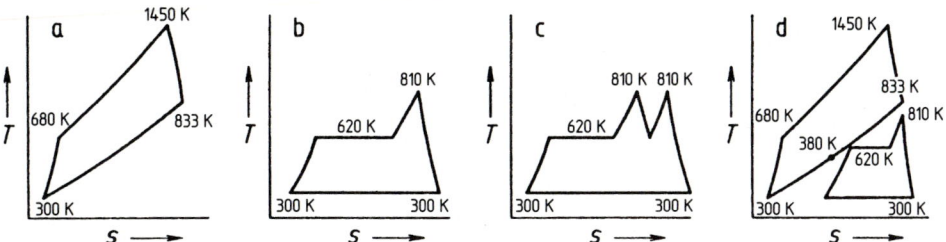

Bild 9-50 Temperaturlagen bei Wärmekraftmaschinen

a Gasturbinenprozess
b Dampfturbinenprozess
   ohne Zwischenüberhitzung

c Dampfturbinenprozess
   mit Zwischenüberhitzung
d GuD-Prozess   Nach [34]

Der thermische Wirkungsgrad η_{GD} von GuD-Kraftwerken ergibt sich aus dem Verhältnis der von beiden Teilkreisläufen abgegebenen Arbeitsleistungen P_G und P_D zu dem der Gasturbine zugeführten Wärmestrom $\dot{Q}_G$ und dem mit der Zusatzfeuerung, so vorhanden, zugeführten Wärmestrom $\dot{Q}_Z$.

$$\eta_{GD} = \frac{|P_G| + |P_D|}{\dot{Q}_G + \dot{Q}_Z} \tag{9.80}$$

Die beiden Arbeitsleistungen sind über die thermischen Wirkungsgrade der beiden Kreisläufe η_G und η_D mit den zugeführten Wärmeströmen $\dot{Q}_G$ und $\dot{Q}_Z$ verknüpft.

$$|P_G| = \eta_G\,\dot{Q}_G \qquad (9.81) \qquad\qquad |P_D| = \eta_D\,\dot{Q}_D \qquad (9.82)$$

Der Wärmestrom $\dot{Q}_D$ setzt sich zusammen aus dem nutzbaren Abwärmestrom

$$(\dot{Q}_0)_G = (1 - \eta_G)\,\dot{Q}_G \tag{9.83}$$

des Gasturbinenprozesses und dem mit der Zusatzfeuerung zugeführten Wärmestrom $\dot{Q}_Z$. Wegen des Energieverlustes durch die heißen Rauchgase werden diese beiden Wärmeströme nur mit dem „Kesselwirkungsgrad" η_A des Abhitzekessels an den Dampfkreislauf übertragen.

$$\dot{Q}_D = \eta_A\,[(1 - \eta_G)\,\dot{Q}_G + \dot{Q}_Z] \tag{9.84}$$

Mit diesen Gleichungen lässt sich der Wirkungsgrad des GuD-Prozesses η_{GD} auf die Wirkungsgrade η_G und η_D der Teilprozesse zurückführen.

$$\eta_{GD} = \frac{\eta_G\,\dot{Q}_G}{\dot{Q}_G + \dot{Q}_Z} + \frac{\eta_D\,\dot{Q}_D}{\dot{Q}_G + \dot{Q}_Z} = \frac{\eta_G\,\dot{Q}_G}{\dot{Q}_G + \dot{Q}_Z} + \frac{\eta_D\,\eta_A[(1-\eta_G)\dot{Q}_G + \dot{Q}_Z]}{\dot{Q}_G + \dot{Q}_Z}$$

$$\eta_{GD} = \frac{\eta_G\,(1 - \eta_D\,\eta_A)}{1 + \dot{Q}_Z / \dot{Q}_G} + \eta_D\,\eta_A \tag{9.85}$$

Ohne Zusatzfeuerung, also mit $\dot{Q}_Z / \dot{Q}_G = 0$, vereinfacht sich die Gleichung.

$$\eta_{GD} = \eta_G\,(1 - \eta_D\,\eta_A) + \eta_D\,\eta_A = \eta_D\,\eta_A\,(1 - \eta_G) + \eta_G \tag{9.86}$$

Der Wirkungsgrad η_{GD} von GuD-Kraftwerken liegt nach Gleichung (9.86) immer höher als der eines reinen Dampfkraftwerkes gleicher Ausführung. Damit bestätigen sich die thermodynamischen Überlegungen zu Anfang des Abschnittes. Bei ausgeführten Anlagen werden Wirkungsgrade bis etwa 60 % erreicht.

Die Zusatzfeuerung scheint nach Gleichung (9.85) den Wirkungsgrad η_{GD} zu vermindern, da $(1 + \dot{Q}_Z / \dot{Q}_G) > 1$ ist. Dabei ist jedoch nicht berücksichtigt, dass sich der Wirkungsgrad des Dampfkraft-Prozesses durch die Zusatzfeuerung verbessert, weil der Wärmestrom an den Dampfkreislauf bei einer höheren Temperatur übertragen wird.

■ **Beispiel 9.8** Mit einem Wirkungsgrad eines Gasturbinenprozesses von 30 %, dem eines Dampfprozesses von 40 %, dcm eines Abhitzekessels von 70 % und fehlender Zusatzfeuerung ergibt sich aus Gleichung (9.86) der Wirkungsgrad des GuD-Prozesses.

$$\eta_{GD} = \eta_G (1 - \eta_D \eta_A) + \eta_D \eta_A = 0,30 \, (1 - 0,40 \cdot 0,70) + 0,40 \cdot 0,70 = 0,50$$

Mit einer Zusatzfeuerung von $Q_Z / Q_G = 0,3$ wäre nach Gleichung (9.85) bei unveränderten Wirkungsgraden der Teilprozesse der Wirkungsgrad η_{GD} um etwa 5 % niedriger. Dies erklärt sich thermodynamisch dadurch, dass die zusätzliche Wärmezufuhr zum GuD-Prozess bei niedrigerer Temperatur erfolgt.

9.10 Fragen und Übungen

Frage 9.1 Die Kälteleistungszahl einer Kühlmaschine wird verbessert durch

(a) höheren Druck bei der Wärmezufuhr.   (d) höhere Temperatur bei der Wärmeabfuhr.

(b) höheren Massenstrom im Kreisprozess.   (e) höhere Kühlwassertemperatur.

(c) höhere Kondensationstemperatur.   (f) keine der vorstehenden Maßnahmen.

Frage 9.2 Welche der folgenden Aussagen ist immer und in allen Fällen richtig?

(a) Bei einer isothermen Zustandsänderung wird keine Wärme übertragen, da die Temperatur konstant bleibt.

(b) Wenn einem Gas Wärme zugeführt wird, steigt die Temperatur und damit steigt auch der Druck.

(c) Wenn durch eine Rohrleitung mit konstantem Querschnitt ein Stoffstrom fließt, so steigt durch eine Beheizung die Temperatur.

(d) Der CARNOT-Prozess ist der einzige Vergleichsprozess zwischen zwei Temperaturen, dessen thermischer Wirkungsgrad den naturgesetzlich gegebenen höchsten Wert erreicht.

(e) Keine der vorstehenden Aussagen ist immer und in allen Fällen richtig.

Frage 9.3 Der CLAUSIUS-RANKINE-Prozess ist der Vergleichsprozess für Dampfkraftanlagen.

1. Welche sind die vier Hauptanlagenteile?

2. Was geschieht in den sechs Teilprozessen mit dem umlaufenden Arbeitsmittel?

3. Wie stellt sich der Prozess in Skizzen des p, υ -, T, s - und p, h -Diagrammes dar?

Frage 9.4 In Dampfkraftanlagen wird häufig zwischen oder aus den Turbinen ein Teil $\dot{m}_E$ des durchströmenden Dampfes entnommen, um damit Speisewasser vorzuwärmen. Die Zustandsänderung 1–2 des Nassdampfstromes $\dot{m}_E$ im Speisewasservorwärmer (Bild 9-51) ist

(a) isovapor.   (d) isotherm.

(b) adiabat.   (e) mit keinem dieser

(c) isochor.   Worte zu beschreiben.

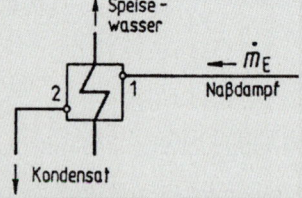

Bild 9-51
Speisewasservorwärmer

Frage 9.5 In dem in Frage 9.4 beschriebenen Speisewasservorwärmer gibt der Nassdampf einen Wärmestrom an das Speisewasser ab. Dieser Wärmestrom lässt sich berechnen mit

(a) $\dot{m}_E c_v (T_2 - T_1)$.   (c) $\dot{m}_E x_d h_d$.   (e) $\dot{m}_E x_d (h'' - h')$.

(b) $\dot{m}_E c_p (T_2 - T_1)$.   (d) $\dot{m}_E [h' + x_d \Delta h_d]$.   (f) keiner dieser Gleichungen.

Frage 9.6 Aus der Definitionsgleichung der Entropie lässt sich eine Differentialgleichung für die Isobaren im h, s -Diagramm ableiten. Diese Gleichung lautet:

(a) $dh/ds = c_p/T$ (c) $dh/ds = T$ (e) $dh/ds = \upsilon\, dp/T$

(b) $dh/ds = T + \upsilon\, dp/ds$ (d) $dh/ds = 1/T$ (f) anders als hier aufgeführt.

Frage 9.7 Für eine isobare Zustandsänderung eines Nassdampfes beim Druck p seien die spezifischen Enthalpien h_1 und h_2 für Anfang und Ende bekannt. Mit welcher Gleichung lässt sich die Temperaturänderung $\Delta T = T_2 - T_1$ berechnen?

(a) $\Delta T = (h_2 - h_1)/c_p$ (c) $\Delta T = q_{12}/[c_p\,(h_2 - h_1)]$ (e) $\Delta T = Q_{12}/[m\,(h_2 - h_1)]$

(b) $\Delta T = (h_2 - h_1)/c_v$ (d) $\Delta T = p(\upsilon_2 - \upsilon_1)$ (f) Mit keiner dieser Gleichungen.

Frage 9.8 Welche der folgenden Aussagen ist *falsch*?

(a) Der thermische Wirkungsgrad einer Wärmekraftmaschine ist ein Maß für die Ausnutzung einer Wärme zur Erzeugung von Arbeit.

(b) Der exergetische Wirkungsgrad einer Maschine ist das Verhältnis von nutzbarem Exergiestrom zu aufgewendetem Exergiestrom.

(c) Der in einem System auftretende Exergieverlust ist proportional der Umgebungstemperatur und der im System durch irreversible Prozesse auftretenden Entropieerzeugung.

(d) Die Entropie eines Systems kann niemals abnehmen.

(e) Nach einem irreversiblen Prozess kann der Anfangszustand eines geschlossenen Systems ohne bleibende Änderung in der Umgebung nicht wieder hergestellt werden.

Frage 9.9 Die folgenden Sätze *sind* oder *sind nicht* Fassungen oder Teile von Fassungen der Hauptsätze der Thermodynamik.

	0.	1.	2.	Kein
		Hauptsatz		Hauptsatz
1. Die Innere Energie ist eine extensive Zustandsgröße und bleibt in einem abgeschlossenen System unverändert.	(a)	(b)	(c)	(d)
2. Es ist unmöglich, Anergie in Exergie zu verwandeln.	(a)	(b)	(c)	(d)
3. Zwei geschlossene Systeme sind im thermischen Gleichgewicht miteinander, wenn sie beide die gleiche Temperatur haben.	(a)	(b)	(c)	(d)
4. Bei gleichem Druck und gleicher Temperatur befinden sich bei allen Idealen Gasen in gleich großen Volumen gleich große Stoffmengen.	(a)	(b)	(c)	(d)

Frage 9.10 Eine Wärme Q wird verlustfrei von einer Wärmequelle mit der Temperatur T_1 durch Wärmeleitung an eine Wärmesenke mit der niedrigeren Temperatur T_2 übertragen. Wie groß ist die Änderung der Entropie des adiabaten Gesamtsystems?

(a) $\Delta S = Q/(T_1 - T_2)$ (c) $\Delta S = 0$ (e) $\Delta S = Q\,(T_2 - T_1)/(T_2\,T_1)$

(b) $\Delta S = Q\,(T_2 - T_1)$ (d) $\Delta S = Q\,(T_1 - T_2)/(T_1\,T_2)$ (f) Mit keiner dieser Gleichungen berechenbar.

Frage 9.11 Die Heizleistungszahl einer Wärmepumpe ist als das Verhältnis zweier Energieströme definiert. Welcher Quotient ist gleich diesem Verhältnis?

Zähler / Nenner	Summe der zu- und abgeführten Wärmen	Summe der zugeführten Wärmen	Summe der abgeführten Wärmen
Summe aller Arbeiten	(a)	(b)	(c)
Summe der zugeführten Arbeiten	(d)	(e)	(f)
Summe der abgeführten Arbeiten	(g)	(h)	(i)

Frage 9.12 Eine Wärmekraftmaschine, die soviel an Arbeit abgibt wie ihr an Wärme zugeführt wird, widerspricht

(a) nur dem 1. Hauptsatz.   (c) dem 1. und dem 2. Hauptsatz.

(b) nur dem 2. Hauptsatz.   (d) weder dem 1. noch dem 2. Hauptsatz.

Übung 9.1 In Übung 5.1 ist ermittelt worden, welche Wärmen zuzuführen sind, um Wasserflüssigkeit von 18 °C bei einem Druck von 30 bar in überhitzten Dampf von 340 °C zu verwandeln. Die mittlere Temperatur der Wärmezufuhr soll für die drei Abschnitte des Prozesses und für den ganzen Prozess ermittelt werden.

1. In einer Skizze des T,s-Diagramms lassen sich die übertragenen Wärmen und näherungsweise auch die mittleren Temperaturen darstellen.
2. Wie groß sind die mittleren Temperaturen der Wärmezufuhr?
3. Wie unterscheiden sich die mittlere Temperatur für den ganzen Prozess und die Verdampfungstemperatur?

Übung 9.2 In einer Dampfkraftanlage werden in der Sekunde 1,4 kg Frischdampf von 240 bar und 450 °C erzeugt. Der Dampf verlässt die Hochdruck-Turbine mit 30 bar und einem Dampfgehalt von 93 %. Das ausgefallene Kondensat wird abgeschieden und zur Speisewasservorwärmung verwendet. Der verbleibende Dampf wird auf 450 °C zwischenüberhitzt. In der Niederdruck-Turbine wird der Dampf auf 0,12 bar/92 % entspannt.

1. Der in der Dampfkraftanlage ablaufende Prozess (mit Ausnahme der Speisewasservorwärmung) soll in eine Skizze eines p,h-Diagrammes für Wasser eingezeichnet werden.
2. Welcher Kondensatstrom wird vor dem Zwischenüberhitzer abgeschieden?
3. Wie groß ist der Wärmestrom, der dem Dampf im Zwischenüberhitzer zugeführt werden muss?
4. Wie groß sind die Arbeitsleistungen, die vom Dampf in der Hochdruck- und in der Niederdruckturbine abgegeben werden?
5. Welchen Wärmestrom muss das Kondensator-Kühlwasser aufnehmen, um den Abdampf der Niederdruckturbine zu kondensieren?

Übung 9.3 In einer Dampfkraftanlage werden stündlich 7,30 t Frischdampf von 100 bar und 450 °C erzeugt. Dieser expandiert in der Hochdruckturbine auf 5,0 bar/97 %. Das Kondensat wird abgeschieden, auf den Kondensationsdruck gedrosselt und in den Kondensator eingespeist. Der Dampf expandiert in der Niederdruckturbine auf 0,35 bar/90 %.

1. Der Prozessverlauf soll in einer Skizze des T,s-Diagrammes dargestellt werden.
2. Welche Leistung gibt der Dampf in der Niederdruckturbine ab?
3. Welcher Wärmestrom muss abgeführt werden, um den Abdampf der Niederdruckturbine zu kondensieren?
4. Welcher Wärmestrom muss abgeführt werden, um den bei der Drosselung entstehenden Drosseldampf zu kondensieren?

Übung 9.4 In einer Dampfkraftanlage wird zwischen der Mitteldruckturbine und der Niederdruckturbine ein Teil des Dampfstromes zu Heizzwecken abgezweigt (Bild 9-52).

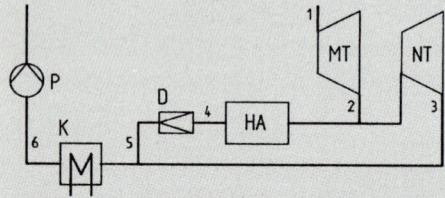

Bild 9-52
Dampfkraftanlage mit Heizapparat

		MT	Mitteldruckturbine	D	Drosselventil
1	40 bar / 340 °C				
2	2 bar / 97 %	NT	Niederdruckturbine	K	Kondensator
3	0,1 bar / 90 %	HA	Heizapparat	P	Kondensatpumpe

Der gesamte Dampfstrom beträgt 2,32 kg/s, der zum Heizen bestimmte Teildampfstrom 1,47 kg/s. Dieser Teildampfstrom kondensiert vollständig im Heizapparat; das Kondensat strömt durch ein Drosselventil; der dabei entstehende Drosseldampf wird im Kondensator niedergeschlagen. Der aus der Niederdruckturbine kommende Abdampf wird ebenfalls im Kondensator verflüssigt; das gesamte Kondensat fließt zur Kondensatpumpe.

1. Tragen Sie die in Bild 9-34 angegebenen Zustandpunkte 1 bis 6 in eine Skizze des T,s-Diagrammes von Wasser ein.
2. Welche Arbeitsleistung in Megawatt gibt der Dampf in der Mitteldruckturbine ab?
3. Welche Heizleistung liefert der abgezweigte Dampfstrom im Heizapparat?
4. Welche Arbeitsleistung gibt der restliche Dampfstrom in der Niederdruckturbine ab?
5. Wie hoch sind Temperatur und Dampfgehalt im Zustand 5?
6. Welcher Wärmestrom ist im Kondensator abzuführen, um den Abdampf der Niederdruckturbine zu verflüssigen?
7. Welcher Wärmestrom ist im Kondensator abzuführen, um den Drosseldampf zu verflüssigen?

Übung 9.5 In einem Dampfkraftwerk strömen der Hochdruckturbine stündlich 82,4 t Frischdampf als Sattdampf von 100 bar zu. Im Hochdruckteil expandiert der Dampf bis auf einen Druck von 40 bar, wobei eine Dampfnässe von 8 % erreicht wird. Das ausgefallene Kondensat wird abgezapft und zur Speisewasservorwärmung verwendet.

Der verbleibende Dampf expandiert im Mitteldruckteil auf 5,0 bar. Der Dampfgehalt beträgt dann 91 %. Das ausgefallene Kondensat wird ebenfalls abgezapft. Der restliche Dampf expandiert im Niederdruckteil auf 60 °C und 88 %.

1. In eine Skizze des h,s-Diagramms sollen die beschriebenen Zustände eingetragen und der Zustandsverlauf in Hochdruck-, Mitteldruck- und Niederdruckteil dargestellt werden.
2. Welche Arbeitsleistung gibt der Dampf in jeder der drei Teilturbinen ab?
3. Welchen Wärmestrom muss das Kondensator-Kühlwasser aufnehmen, um den Abdampf der Niederdruckturbine niederzuschlagen?

Übung 9.6 Als Vergleichsprozess für eine Gasturbinenanlage soll ein JOULE-Prozess durchgerechnet werden. Der Prozess läuft zwischen 10,5 bar und 28,8 bar. Das Arbeitsmittel Stickstoff wird vom Verdichter mit 27 °C angesaugt und tritt in die Turbine mit 657 °C ein. Ideales Verhalten sei vorausgesetzt.

1. Wie hoch sind die Endtemperaturen bei Verdichtung und Entspannung?
2. Welche spezifischen Druckarbeiten werden bei der Verdichtung und bei der Entspannung übertragen?
3. Welche spezifischen Wärmen müssen zu- und abgeführt werden?
4. Wie groß ist die Nutzarbeit des Kreisprozesses?
5. Mit welchem thermischen Wirkungsgrad wird diese Nutzarbeit erzeugt?

Übung 9.7 In die in Übung 9.6 beschriebene Gasturbinenanlage wird ein Regenerator eingebaut, in dem das Hochdruckgas bis auf Entspannungsendtemperatur vorgeheizt und dabei das Niederdruckgas bis auf Verdichtungsendtemperatur abgekühlt wird.

1. Welche spezifische Wärme wird im Regenerator übertragen?
2. Welche spezifischen Wärmen müssen noch zu- und abgeführt werden?
3. Wie verändert sich der thermische Wirkungsgrad durch den Einbau des Regenerators?

Übung 9.8 Als Vergleichsprozess für eine mit Helium betriebene geschlossene Gasturbinenanlage soll ein ERICSSON-Prozess durchgerechnet werden, der zwischen 400 K und 1200 K sowie zwischen 2,5 bar und 10,0 bar läuft. Das Helium wird dabei als Ideales Gas behandelt.

1. Welche (spezifische) Wärme muss dem Prozess isotherm zugeführt werden?
2. Welche (spezifische) Arbeit kann unter optimalen Bedingungen mit diesem Prozess erzeugt werden?
3. Welche (spezifische) Wärme ist von der Niederdruckisobaren zur Hochdruckisobaren zu übertragen?
4. Welche (spezifische) Wärme muss isotherm abgeführt werden?
5. Wie groß sind der thermische Wirkungsgrad und der CARNOT-Arbeitsfaktor?

Übung 9.9 Für die in Bild 9-53 skizzierte Gasturbinenanlage dient der JOULE-Prozess als Vergleichsprozess.

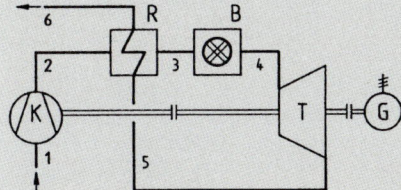

Bild 9-53 Offene Gasturbinenanlage mit Regenerator

K   Kompressor
R   Regenerator
B   Brennkammer
T   Turbine
G   Generator

Der Kompressor saugt einen Luftstrom von 0,88 kg/s mit 0,94 bar und 21 °C an und verdichtet ihn auf 5,82 bar. Im Regenerator wird die Hochdruckluft von der Kompressionsendtemperatur auf die Expansionsendtemperatur der Niederdruckluft erwärmt. Die Temperatur vor der Turbine beträgt 650 °C. Die spezifische isobare Wärmekapazität der Luft kann als konstant mit 1,040 kJ/(kg K), der Isentropenexponent mit 1,400 angenommen werden.

1. Der Prozess soll im T,s-Diagramm dargestellt werden. Die Zustände sollen mit den in Bild 9-53 angegebenen Ziffern gekennzeichnet werden.
2. Welcher Wärmestrom wird im Regenerator übertragen?
3. Welche Arbeitsleistung gibt der Prozess nach außen ab?

Übung 9.10 Eine Luft-Wasser-Wärmepumpe soll Außenluft abkühlen, um Brauchwasser zu erwärmen. Das Kältemittel R134a läuft in der Wärmepumpe mit 0,031 kg/s um, verdampft bei 0 °C und ist am Verdichtereintritt um 20 K überhitzt. Die Verflüssigung findet bei 60 °C statt, die Unterkühlung beträgt 5 K. Es sei isentrope Verdichtung angenommen.

1. Welcher Volumenstrom wird vom Verdichter angesaugt?
2. Welcher Wärmestrom wird vom Verflüssiger an das Brauchwasser abgegeben?
3. Wie viel Brauchwasser kann von 12 °C auf 35 °C erwärmt werden?
4. Welche Arbeitsleistung muss dem Kältemittel zugeführt werden?
5. Wie groß ist die Heizleistungszahl des Prozesses?
6. Wie groß ist der CARNOT-Wärmepumpfaktor, wenn für die Temperaturen der Wärmezufuhr und der Wärmeabfuhr die Verdampfungs- und die Verflüssigungstemperatur genommen werden?

Übung 9.11 Die Kälteleistung einer als Kühlmaschine arbeitenden kleineren gewerblichen Kältemaschine kann man indirekt auf die folgende Weise angenähert bestimmen. Man fängt den durch den Verflüssiger fließenden Kühlwasserstrom auf und ermittelt die Eintritts- und die Austrittstemperatur des Kühlwassers am Verflüssiger. Außerdem liest man am Verdichter das saugseitige und das druckseitige Manometer ab. Wenn alle Abweichungen vom Vergleichsprozess vernachlässigt werden, genügen diese Daten zum Ermitteln der Kälteleistung:

Folgende Messdaten wurden aufgenommen:

Kühlwasserstrom   8,8 Liter in 18 Sekunden
Kühlwassererwärmung von   17,3 °C auf 24,7 °C
Saugseitiges Manometer   2,0 bar / − 10 °C
Druckseitiges Manometer   7,7 bar/ + 30 °C
Kältemittel   R134a

1. Wie groß ist die vom Kühlwasser aufgenommene Verflüssigerleistung?
2. Wie groß ist die Kälteleistung?
3. Welche Kälteleistungszahl wird theoretisch erreicht?

Übung 9.12 Für eine Wärmepumpe zur Warmwasserbereitung wird die Abluft eines Stalles als Wärmequelle benutzt (Bild 9-54).

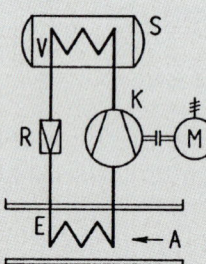

Bild 9-54
Luft-Wasser-Wärmepumpe
zur Warmwasserbereitung

A   Abluft
E   Verdampfer (Abluftkühler)
K   Kältemittelverdichter
V   Verflüssiger
S   Warmwasserspeicher
R   Kältemittelstromregler

Im Abluftkühler sollen stündlich 40 000 m³ Abluft von 27,0 °C auf 20,0 °C abgekühlt werden. Der Luftdruck beträgt 1,00 bar. Das in der Wärmepumpe umlaufende Kältemittel R134a verdampft bei 5,0 °C, wird im Verdampfer um 10 K überhitzt und dann vom Verdichter mit einer Saugüberhitzung von insgesamt 25 K angesaugt. Das Kältemittel kondensiert bei 70,0 °C und ist am Verflüssigeraustritt um 5 K unterkühlt.

1. Welcher Wärmestrom wird der Abluft im Abluftkühler entzogen?
2. Welcher Kältemittel-Massenstrom läuft in der Wärmepumpe um, um den Wärmestrom aus der Abluft aufzunehmen?
3. Wie groß ist die Verdichtungsleistung?
4. Welcher Wärmestrom wird im Speicher an das zu erwärmende Wasser abgegeben?
5. Wie groß ist die Heizleistungszahl?

Übung 9.13 Eine Maschine zur Stickstoff-Verflüssigung arbeitet mit Helium und erzeugt eine Kälteleistung von 100 Watt bei 50 K. Die Wärmeabgabe an Kühlwasser erfolgt bei 300 K. Der Heliumstrom wird von 16,0 bar auf 35,0 bar verdichtet. Als Vergleichsprozess dient der STIRLING-Prozess. Das Helium sei als Ideales Gas mit konstanter Wärmekapazität betrachtet.

1. Der Prozess soll in einem T,s-Diagramm skizziert werden.
2. Wie groß sind die nicht angegebenen Drücke in den Eckpunkten?
3. Wie groß ist die im Regenerator übertragene spezifische Wärme?
4. Welcher Helium-Massenstrom läuft um?
5. Wie groß ist der CARNOT-Kühlfaktor?
6. Welche Arbeitsleistung muss dem Prozess theoretisch zugeführt werden?

Übung 9.14 In einer Luftverflüssigungsanlage werden stündlich 24,3 kg Luft aus der Umgebung angesaugt, auf 140 bar verdichtet und mit Kühlwasser auf 30 °C abgekühlt. Anschließend strömt die Luft durch einen Wärmeaustauscher, in dem sie auf – 160 °C abgekühlt wird. Danach wird die Luft durch adiabate Drosselung auf Umgebungsdruck entspannt, wobei ein Teil flüssig ausfällt.
Die spezifischen Enthalpien betragen für die verdichtete Luft vor dem Wärmeaustauscher 426 kJ/kg, hinterher 100 kJ/kg. Bei Umgebungsdruck sind die Werte 20 kJ/kg für gesättigte Flüssigkeit und 230 kJ/kg für Sattdampf.

1. Der beschriebene Prozess soll in einer Skizze des T,s-Diagrammes dargestellt werden.
2. Welche Arbeitsleistung wäre für eine isotherme Verdichtung der Luft aufzuwenden?
3. Welcher Wärmestrom ist im Wärmeaustauscher isobar abzuführen?
4. Welcher Anteil der Luft wird verflüssigt?
5. Welche Kälteleistung ergäbe eine Verdampfung der verflüssigten Luft?
6. Wie groß ist die Kälteleistungszahl?

Übung 9.15 Eine Kaltluftmaschine soll eine Kälteleistung von 4 kW bei Temperaturen unter –100 °C erzeugen. Die Luft wird bei 1,0 bar mit 17 °C angesaugt, polytrop auf 4,0 bar verdichtet und wieder auf Ansaugtemperatur abgekühlt. Dann erfolgt eine weitere Abkühlung im Regenerator auf –100 °C. Die bei der folgenden Expansion von der Turbine abgegebene Leistung wird in einer Bremse „vernichtet" und als Wärme an die Umgebung abgegeben. Turboverdichter und Expansionsmaschine können mit einem isentropen Gütegrad von 0,85 angenommen werden.

1. Skizzieren Sie das Anlageschema und den Prozess im T,s-Diagramm
2. Bestimmen Sie die Endtemperaturen von Kompression und Expansion.
3. Wie groß sind die bei den einzelnen Zustandsänderungen übertragenen spezifischen Energien?
4. Ermitteln Sie aus den übertragenen spezifischen Energien die Kälteleistungszahl.
5. Vergleichen Sie die ermittelte Kälteleistungszahl mit dem Wert, der sich aus Gleichung (9.52) ergibt.
6. Wie groß ist die mittlere Temperatur, bei der die Kälteleistung erbracht wird?
7. Welcher Luftmassenstrom muss vom Verdichter angesaugt werden?

Übung 9.16 In einen Verflüssiger tritt gesättigtes Kältemittel R134a mit einem Massenstrom von 0,20 kg/s unter einem Druck von 7,70 bar ein und wird zu 80 % verflüssigt. Der Verflüssiger wird mit einem Luftstrom von 1,50 kg/s gekühlt, der mit 10 °C eintritt.

1. Wie groß ist die Verflüssigerleistung?
2. Mit welcher Temperatur tritt die Kühlluft aus?
3. Welcher Entropiestrom wird im Verflüssiger erzeugt?

Übung 9.17 Ein zweistufiger Verdichter saugt einen Luftstrom von 8,61 m³/s mit 1,0 bar und 300 K an. In der ersten Stufe wird isentrop auf 2,0 bar verdichtet, dann im Zwischenkühler auf die Eintrittstemperatur zurückgekühlt und anschließend in der zweiten Stufe isentrop auf 6,0 bar verdichtet.

1. Wie hoch sind die Austrittstemperaturen beider Verdichterstufen?
2. Welche Arbeitsleistung muss dem als reibungsfrei angenommenen Verdichter zugeführt werden?
3. Welcher Abwärmestrom muss im Zwischenkühler abgeführt werden?
4. Wie groß ist der im Verdichter erzeugte Entropiestrom unter der Annahme, dass die Wärme im Zwischenkühler an einen sehr großen Kühlwasserstrom mit einer konstanten Temperatur von 280 K abgegeben wird?

Übung 9.18 Entwickeln Sie aus Gleichung (9.55c) die Gleichung (9.55d) für die Leistungszahl einer als Wärmepumpe arbeitenden VUILLEUMIER-Maschine analog der Ableitung in Tabelle 9-3a mithilfe der Beziehungen der Tabelle 5-1.

10 Wärmeübertragung

Die Lehre von der Wärmeübertragung beschreibt die gegenseitigen Abhängigkeiten von Temperaturfeldern und Wärmeströmen. Dass Wärmeströme in – hier ausschließlich betrachteter – homogener Materie immer in Richtung abnehmender Temperaturen fließen, war bereits in einer Fassung des Zweiten Hauptsatzes ausgesprochen worden. Tatsächlich werden aber auch Faktoren wie die geometrische Anordnung, die Abmessungen, die Stoffeigenschaften, die Bewegung oder Strömung, die Zeit und anderes mehr Einfluss nehmen.

Der vorliegende Abschnitt stellt diese Zusammenhänge dar, gegliedert nach den drei Mechanismen, die von der Natur zur Übertragung der Wärme zur Verfügung gestellt werden.

Wärmeleitung	Transport in ruhender Materie durch molekulare Wechselwirkungen (Abschnitte 10.1 bis 10.4)
Konvektiver Wärmeübergang	Transport in Fluiden durch makroskopische Stoffströme (Abschnitte 10.5 bis 10.8)
Wärmestrahlung	Transport ohne Bindung an Materie durch elektromagnetische Strahlung (Abschnitte 10.9 und 10.10)

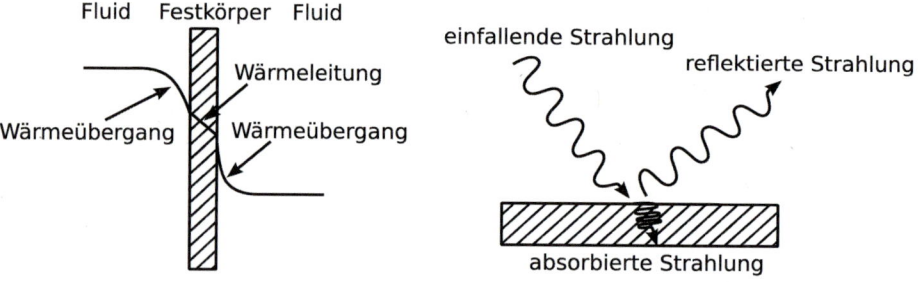

Bild 10-1 Wärmedurchgang (links), Wärmeübertragung durch Strahlung (rechts)

Bei den meisten technischen Prozessen treten diese unterschiedlichen Mechanismen kombiniert auf. Dies trifft besonders bei der als *Wärmedurchgang* bezeichneten Wärmeübertragung zwischen zwei Fluiden durch feste Wände zu. Wie dabei Wärmeströme möglichst wirkungsvoll ausgetauscht oder abgedämmt werden können, wird in den Abschnitten 10.11 bis 10.13 diskutiert.

10.1 Wärmeleitung

Wie lässt sich die Wärmeübertragung durch ruhende Materie beschreiben?

Beim Übertragungsmechanismus *Wärmeleitung* verursachen Vorgänge im molekularen Bereich wie beispielsweise Gitterschwingungen und Elektronendiffusion in Metallen oder Zusammenstöße von Atomen oder Molekülen in Gasen und Flüssigkeiten den Transport der Energie. Wärmeleitung erfolgt somit ohne makroskopischen Stofftransport, ist aber dennoch materiegebunden.

FOURIERsche Differentialgleichung – Die phänomenologische Beschreibung der Wärmeleitung erfolgt auf der Basis der bereits 1822 von FOURIER aufgestellten Beziehung

$$\vec{q} = - \lambda \operatorname{grad} T. \tag{10.1}$$

Diese sagt aus, dass die Wärmestromdichte $\vec{q}$ (Wärmestrom pro Fläche) als vektorielle Größe dem Gradienten der Temperatur grad T proportional und entgegen gerichtet ist. Der Proportionalitätskoeffizient λ mit Einheit W/(mK) heißt *Wärmeleitfähigkeit* und stellt eine Eigenschaft des wärmetransportierenden Materials dar. Sie hängt von der Temperatur, dem Druck und für anisotrope* Materialien auch von der Richtung ab. Unter Beschränkung auf die für die meisten Stoffe gültige Annahme isotroper Wärmeleitung kann λ als skalare Größe betrachtet werden, für die in Tabelle T-10 einige Werte angegeben sind.

Gleichung (10.1) ist meist nicht unmittelbar lösbar, da sich das Temperaturfeld aufgrund der in ihm fließenden Wärmeströme ändern kann. Dieser Zusammenhang soll anhand eines Kontrollvolumens dargestellt werden, wie es in Bild 10-2 beispielhaft unter Verwendung eines kartesischen Koordinatensystems (x, y, z) skizziert ist. Innerhalb dieses Volumens ohne Wärmequellen seien die Stoffwerte Wärmeleitfähigkeit λ, Dichte ρ und spezifische Wärmekapazität c_p des homogenen, isotropen Materials sowie der Druck konstant. Unter der Annahme eines eindimensionalen Wärmestromes in x-Richtung ändert sich die Enthalpie des Volumens nach dem Ersten Hauptsatz entsprechend der Differenz der ein- und austretenden Wärmeströme.

$$\frac{\partial(mh)}{\partial \tau} = \dot{Q}_x - \dot{Q}_{x+\Delta x} \tag{10.2}$$

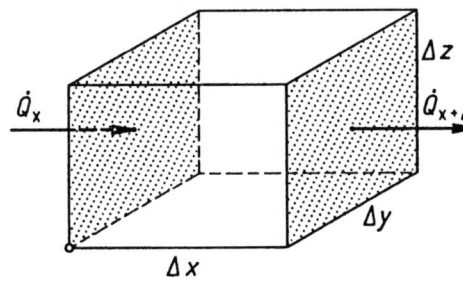

Bild 10-2
Kontrollvolumen mit
Wärmestrom in x-Richtung

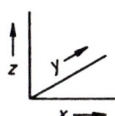

Wird der Wärmestrom als Funktion von x in eine TAYLOR-Reihe entwickelt, so ergibt sich bei Abbruch nach dem linearen Term

$$\dot{Q}_{x+\Delta x} = \dot{Q}_x + \frac{\partial \dot{Q}_x}{\partial x} \Delta x. \tag{10.3}$$

Mit $d\,h = c_p\,d\,T$ und $\dot{Q}_x = \dot{q}_x\,\Delta y\,\Delta z$ folgt dann

$$m\,c_p\,\frac{\partial T}{\partial \tau} = -\frac{\partial \dot{q}_x}{\partial x}\Delta x\,\Delta y\,\Delta z. \tag{10.4}$$

---

* Bei anisotropen Werkstoffen sind manche Eigenschaften von der Richtung abhängig, zum Beispiel bei Holz. Metalle sind in der Regel isotrop, die Richtung hat keinen Einfluss.

Unter Verwendung der FOURIERschen Beziehung (10.1) lässt sich $\dot{q}_\mathrm{x}$ ersetzen durch

$$\dot{q}_\mathrm{x} = -\lambda \frac{\partial T}{\partial x}. \tag{10.5}$$

Daraus resultiert

$$\rho c_\mathrm{p} \frac{\partial T}{\partial \tau} = \lambda \frac{\partial^2 T}{\partial x^2} \tag{10.6}$$

mit der Dichte $\rho = m / (\Delta x\, \Delta y\, \Delta z)$. Alle in dieser Gleichung vorkommenden Stoffeigenschaften lassen sich zu einer als *Temperaturleitfähigkeit*

$$a = \frac{\lambda}{\rho\, c_\mathrm{p}} \tag{10.7}$$

bezeichneten Stoffeigenschaft zusammenfassen.

$$\frac{\partial T}{\partial \tau} = a \frac{\partial^2 T}{\partial x^2} \tag{10.8}$$

Diese partielle Differentialgleichung kann auf drei räumliche Dimensionen erweitert werden, wenn Wärmeströme auch in y- und z-Richtung berücksichtigt werden; es treten dann weitere zweite Ableitungen der Temperatur nach den Ortskoordinaten y und z auf.

Mit Hilfe des quadratischen NABLA-Operators ∇^2 (entspricht dem LAPLACE-Operator) ist die folgende, einheitliche Darstellung der so genannten FOURIER-Gleichung für verschiedene Koordinatensysteme möglich.

$$\frac{\partial T}{\partial \tau} = a\nabla^2 T \tag{10.9a}$$

Darin bedeutet für kartesische Koordinaten (x, y, z)

$$\nabla^2 T = \frac{\partial^2 T}{\partial x^2} + \frac{\partial^2 T}{\partial y^2} + \frac{\partial^2 T}{\partial z^2}, \tag{10.9b}$$

für Zylinderkoordinaten (r, φ, z)

$$\nabla^2 T = \frac{1}{r} \frac{\partial}{\partial r}\left(r \frac{\partial T}{\partial r}\right) + \frac{1}{r^2} \frac{\partial^2 T}{\partial \varphi^2} + \frac{\partial^2 T}{\partial z^2} \tag{10.9c}$$

und für Kugelkoordinaten (r, φ, θ)

$$\nabla^2 T = \frac{1}{r^2}\left[\frac{\partial}{\partial r}\left(r^2 \frac{\partial T}{\partial r}\right) + \frac{1}{\sin^2 \theta} \frac{\partial^2 T}{\partial \varphi^2} + \frac{\partial^2 T}{\partial \theta^2} + \cot\theta \frac{\partial T}{\partial \theta}\right]. \tag{10.9d}$$

Anfangs- und Randbedingungen – Die FOURIERsche Differentialgleichung (10.9) erlaubt grundsätzlich die Berechnung zeitlich veränderlicher Temperaturfelder in Systemen beliebiger Geometrie, wenn Anfangs- und Randbedingungen gegeben sind. Als *Anfangsbedingung* kann das Temperaturfeld im System zu einem beliebigen Zeitpunkt (z. B. $\tau = 0$) vorliegen, während *Randbedingungen* in unterschiedlicher Weise gegeben sein können.

Bei der Randbedingung 1. Art sind Temperaturverteilungen an Systemgrenzen und bei der Randbedingung 2. Art über Systemgrenzen tretende Wärmestromdichten zu allen Zeitpunkten bekannt. Die Randbedingung 3. Art tritt auf, wenn Wärme mit einem angrenzenden, strömenden Fluid gegebener Temperatur ausgetauscht wird und der in Gleichung (10.59) definierte Wärmeübergangskoeffizient α bekannt ist.

Oftmals lassen sich diese Randbedingungen in einfacher Form formulieren, beispielsweise durch Angabe konstanter Werte der Temperaturen T_w oder Wärmestromdichten $\dot{q}_\text{w}$ an den Systemgrenzen oder der Temperaturen T_∞ und der Wärmeübergangskoeffizienten α angrenzender Fluide.

In den folgenden Abschnitten werden Lösungen der Gleichung (10.9) für unterschiedliche Probleme vorgestellt.

10.2 Stationäre Wärmeleitung

Viele technische Prozesse verlaufen unabhängig von der Zeit.
Wie vereinfacht sich dadurch die Berechnung von Wärmeleitungsvorgängen?

Für von der Zeit unabhängige, also für stationäre Wärmeleitungsprozesse reduziert sich die FOURIERsche Differentialgleichung (10.9) wegen $\partial T / \partial \tau = 0$ auf die LAPLACEsche Differentialgleichung

$$0 = \nabla^2 T. \tag{10.10}$$

Eindimensionale Temperaturfelder – Eine weitere Vereinfachung dieser Gleichung liegt vor, wenn die Temperatur T lediglich von einer Koordinate abhängt. Dies ist beispielsweise für Wärmeleitung in dünnwandigen Schalen der Fall, die wie in Bild 10-3 skizziert beidseits mit unterschiedlichen, aber konstanten Temperaturen beaufschlagt werden. Sind die Krümmungsradien im Vergleich zur Wanddicke s sehr groß, lässt sich die Schale in guter Näherung als *ebene Wand* betrachten und Gleichung (10.10) mit x als der wandnormalen Koordinate vereinfachen zu

$$0 = \frac{\mathrm{d}^2 T}{\mathrm{d}x^2}. \tag{10.11}$$

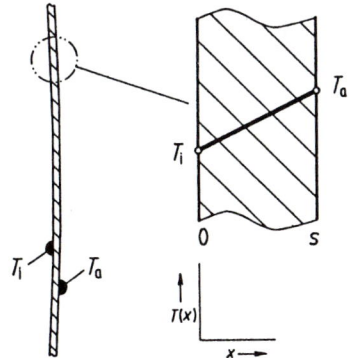

Bild 10-3
Eindimensionale stationäre Wärmeleitung durch eine dünne Wand

Die Integration dieser gewöhnlichen Differentialgleichung 2. Ordnung ergibt

$$T(x) = c_1 x + c_2. \tag{10.12}$$

Aus den beiden Randbedingungen 1. Art

$$T(x = 0) = T_\text{i} \quad \text{und} \quad T(x = s) = T_\text{a} \tag{10.13}$$

können die Integrationskonstanten c_1 und c_2 bestimmt und das Temperaturfeld angegeben werden.

$$T(x) = T_\mathrm{i} + \frac{x}{s}\,(T_\mathrm{a} - T_\mathrm{i}) \qquad\qquad \text{Ebene Wand} \qquad\qquad (10.14)$$

Dieses in Bild 10-3 eingezeichnete lineare Temperaturprofil erlaubt die Berechnung der durch die Wand geleiteten Wärmestromdichte $\dot{q}$ aus Gleichung (10.5) und nach Multiplikation mit der Wandfläche A des Wärmestroms $\dot{Q}$.

$$\dot{Q} = \lambda\,\frac{A}{s}\,(T_\mathrm{i} - T_\mathrm{a}) \qquad\qquad \text{Ebene Wand} \qquad\qquad (10.15)$$

Gleichung (10.15) macht deutlich, dass der Wärmestrom unabhängig vom Ort x die ebene Wand durchsetzt und dass er für negative Werte gegen die x-Richtung fließt.

In analoger Weise lassen sich die Temperaturfelder in den gekrümmten Wänden eines *Hohlzylinders* oder einer *Hohlkugel* bestimmen. In beiden Fällen fließt der Wärmestrom in radialer Richtung senkrecht zur Wand und erlaubt die Darstellung der Gleichung (10.10) unter Verwendung der Gleichungen (10.9c und d) in eindimensionaler Form.

$$0 = \frac{\mathrm{d}}{\mathrm{d}r}\left(r^n\,\frac{\mathrm{d}T}{\mathrm{d}r} \right) \qquad\qquad\qquad\qquad (10.16)$$

Der Platzhalter n ist für den Hohlzylinder durch $n = 1$ und für die Hohlkugel durch $n = 2$ zu ersetzen.

Unter Verwendung der Randbedingungen

$$T(r = r_\mathrm{i}) = T_\mathrm{i} \quad\text{und}\quad T(r = r_\mathrm{a}) = T_\mathrm{a} \qquad\qquad\qquad (10.17)$$

folgen die Lösungen

$$T(r) = T_\mathrm{i} + \frac{\ln\left(\dfrac{r}{r_\mathrm{i}}\right)}{\ln\left(\dfrac{r_\mathrm{a}}{r_\mathrm{i}}\right)}\,(T_\mathrm{a} - T_\mathrm{i}), \qquad\qquad \text{Hohlzylinder} \qquad\qquad (10.18a)$$

$$T(r) = T_\mathrm{i} + \frac{\dfrac{1}{r_\mathrm{i}} - \dfrac{1}{r}}{\dfrac{1}{r_\mathrm{i}} - \dfrac{1}{r_\mathrm{a}}}\,(T_\mathrm{a} - T_\mathrm{i}). \qquad\qquad \text{Hohlkugel} \qquad\qquad (10.18b)$$

Mit $\dot{q} = -\lambda \cdot \mathrm{d}T/\mathrm{d}r$ und $\dot{Q} = \dot{q} \cdot A(r)$ folgt

$$\dot{Q} = \lambda\,\frac{2\,\pi\,L}{\ln\left(\dfrac{r_\mathrm{a}}{r_\mathrm{i}}\right)}\,(T_\mathrm{i} - T_\mathrm{a}), \qquad\qquad \text{Hohlzylinder} \qquad\qquad (10.19a)$$

$$\dot{Q} = \lambda\,\frac{4\,\pi}{\dfrac{1}{r_\mathrm{i}} - \dfrac{1}{r_\mathrm{a}}}\,(T_\mathrm{i} - T_\mathrm{a}). \qquad\qquad \text{Hohlkugel} \qquad\qquad (10.19b)$$

Die Wärmeströme $\dot{Q}$ durchsetzen auch gekrümmte Wände unabhängig von der Ortskoordinate r, während die Wärmestromdichten $\dot{q}$ mit zunehmendem Radius r aufgrund der Flächenvergrößerung abnehmen.

■ **Beispiel 10.1** Mit einem PVC-isolierten Kupferkabel soll maximal ein Strom von 22 A übertragen werden. Die im Kupferleiter auftretende Verlustleistung wird vollständig in Wärme umgewandelt und erwärmt die PVC-Ummantelung, die nur bis zu einer Temperatur von 70 °C belastet werden darf. Der Leitungsquerschnitt beträgt 1,5 mm², die Stärke der PVC-Ummantelung 0,9 mm. Für die Stoffwerte wird angenommen, dass Kupferleiter und PVC eine Temperatur von 70 °C haben. Wie hoch steigt die Temperatur auf der Außenseite der PVC-Ummantelung bei einem längenbezogenen elektrischen Leitungswiderstand von 0,0147 Ω/m?

Daten	Leitungsquerschnitt	A	= 1,5 mm²
	Dicke der PVC-Ummantelung	s	= 0,9 mm = 0,9 · 10⁻³ m
	elektrischer Strom	I	= 22 A
	Temperatur des Leiters	t_{CU}	= 70 °C
Stoffwerte	Bezugstemperatur	t_B	= 70 °C
	Spezifischer Innenwiderstand des Leiters	R/L	= 0,0147 Ω/m
	Wärmeleitfähigkeit PVC	λ_{PVC}	= 0,17 W/mK
	Wärmeleitfähigkeit Kupfer	λ_{CU}	= 393 W/mK

Verlustleistung P Die durch den elektrischen Widerstand R entstehende Verlustleistung P wird durch die PVC-Ummantelung als Wärmestrom $\dot{Q}$ an die Umgebung übertragen. Auf die Kabellänge L bezogen ergibt sich

$$\dot{Q}/L = (R/L)I^2 = 0,0147 \ \Omega/\text{m} \cdot (22 \ \text{A})^2 = 7,1 \ \text{W/m}$$

Außenradius	Kupferleitung	r_i	= 0,691 mm = 6,91 · 10⁻⁴ m
	PVC-Ummantelung	r_a	= 1,59 mm = 1,59 · 10⁻³ m

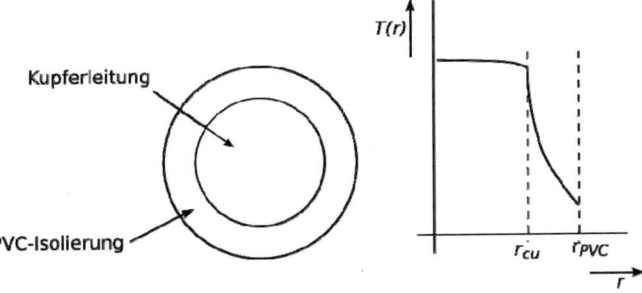

Temperatur t_a außen an der PVC-Isolierung

$$\frac{\dot{Q}}{L} = \frac{\lambda \, 2\pi}{\ln(r_a/r_i)}(t_i - t_a)$$

$$(t_i - t_a) = \frac{\dot{Q}}{L}\frac{\ln(r_a/r_i)}{\lambda \, 2\pi} = \frac{7,1 \ \text{W}}{1 \ \text{m}}\frac{\ln(1,59 \ \text{mm}/0,691 \ \text{mm})}{0,17 \ \text{W}/(\text{mK}) \cdot 2\pi} = 5,5 \ \text{K}$$

$$t_a = t_i - (t_i - t_a) = 70 \, ^\circ\text{C} - 5,5 \, ^\circ\text{C} = 64,5 \, ^\circ\text{C}$$

Da die Wärmeleitfähigkeit von Kupfer sehr groß ist, kann von einer nahezu homogenen Temperatur des Kupferleiters von 70 °C ausgegangen werden. Diese liegt um 5,5 K über der Außentemperatur der PVC-Ummantelung.

Elektrische Analogie – Die zuvor abgeleiteten Beziehungen machen deutlich, dass Temperaturdifferenzen Wärmeströme verursachen und neben der Wärmeleitfähigkeit und den geometrischen Verhältnissen ihre Größe bestimmen. Dieser potentialbedingte Transportvorgang lässt sich in Analogie zur elektrischen Gleichstromtechnik darstellen.

Transportstrom	=	Potentialdifferenz	/	Widerstand		(10.20a)
I_{el}	=	U_{el}	/	R_{el}	Ohmsches Gesetz	
$\dot{Q}$	=	$(T_i - T_a)$	/	R_{th}	Stationäre Wärmeleitung	

Mit dieser Definition folgen durch Vergleich mit den Gleichungen (10.15) und (10.19) die *thermischen Widerstände*

$$R_{th} = \frac{1}{\lambda} \frac{s}{A},$$ Ebene Wand   (10.20b)

$$R_{th} = \frac{1}{\lambda} \frac{\ln\left(\dfrac{r_a}{r_i}\right)}{2\,\pi\,L},$$ Hohlzylinder   (10.20c)

$$R_{th} = \frac{1}{\lambda} \frac{\dfrac{1}{r_i} - \dfrac{1}{r_a}}{4\,\pi}.$$ Hohlkugel   (10.20d)

Der Vorteil dieser Betrachtungsweise liegt in der unmittelbaren Anwendbarkeit der aus der Gleichstromlehre bekannten Gesetze wie beispielsweise der KIRCHHOFFschen Regeln. Insbesondere lassen sich die Ersatzwiderstände für Reihen- und Parallelschaltung berechnen.

$$R_{th} = \sum_{i=1}^{n} R_{thi}$$ Reihenschaltung   (10.21a)

$$\frac{1}{R_{th}} = \sum_{i=1}^{n} \frac{1}{R_{thi}}$$ Parallelschaltung   (10.21b)

Als Beispiel sei die in Bild 10-4 dargestellte, mehrschichtige ebene Wand betrachtet. Jede der drei Schichten mit Fläche A ist durch ihre Dicke s_i und ihre Wärmeleitfähigkeit λ_i charakterisiert. Der Wärmestrom $\dot{Q}$ durchsetzt nacheinander alle drei Schichten, die sich im elektrischen Analogiemodell als drei hintereinandergeschaltete Widerstände darstellen. Sie bieten deshalb den Gesamtwiderstand

$$R_{th} = \frac{1}{\lambda_1} \frac{s_1}{A} + \frac{1}{\lambda_2} \frac{s_2}{A} + \frac{1}{\lambda_3} \frac{s_3}{A}$$ (10.22)

und erlauben den Wärmestrom

$$\dot{Q} = \frac{T_i - T_a}{R_{th}} = \frac{A}{\dfrac{s_1}{\lambda_1} + \dfrac{s_2}{\lambda_2} + \dfrac{s_3}{\lambda_3}} (T_i - T_a).$$ (10.23)

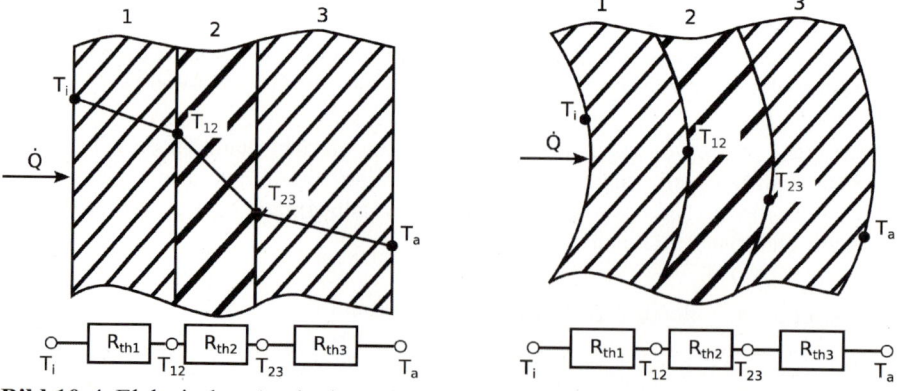

Bild 10-4 Elektrisches Analogiemodell zur eindimensionalen stationären Wärmeleitung durch geschichtete Wände: links durch eine ebene Wand, rechts durch die Wand eines Hohlzylinders

Auch die Berechnung der Temperaturen zwischen den einzelnen Schichten erfolgt in Analogie zur Gleichstromlehre, da sie sich wie im Bild 10-4 eingezeichnet als Potentiale zwischen den Widerständen ergeben. Beispielsweise folgt die Temperatur T_{12} zwischen den Schichten 1 und 2 aus

$$\dot{Q} = \frac{T_i - T_{12}}{R_{th1}} \tag{10.24}$$

zu $\quad T_{12} = T_i + \frac{\dfrac{s_1}{\lambda_1}}{\dfrac{s_1}{\lambda_1} + \dfrac{s_2}{\lambda_2} + \dfrac{s_3}{\lambda_3}} (T_a - T_i). \tag{10.25}$

Als Temperaturfeld stellen sich die im Bild dargestellten, innerhalb der einzelnen Schichten linearen Verläufe ein. Die Geradensteigungen sind unterschiedlich und für Schichten mit großen thermischen Widerständen R_{thi} am ausgeprägtesten.

Stationäre Wärmeleitung durch parallel geschichtete Wände oder geschichtete Hohlzylinder und -kugeln lässt sich mit Hilfe der elektrischen Analogie ähnlich einfach berechnen.

10.3 Instationäre Wärmeleitung

Zeitlich veränderliche Wärmeübertragung verlangt andere Lösungsansätze.

Die Berechnung von Wärmeleitungsvorgängen gestaltet sich erheblich schwieriger als bisher gezeigt, wenn die Temperatur in mehr als einer Richtung variiert oder von der Zeit abhängt. Dann gelingt eine analytische Lösung der FOURIERschen Differentialgleichung (10.9) nur noch in wenigen Sonderfällen. Im Folgenden werden zwei zur Berechnung der Aufheizung und Abkühlung von Körpern wichtige instationäre Lösungen vorgestellt. Das auf schnelle Vorgänge anwendbare Modell *Halbunendlicher Körper* setzt als wesentliche Annahme eine unveränderliche Temperatur im Kern des Körpers voraus, während das zur Beschreibung langsamer Prozesse geeignete Modell *Ideal gerührter Behälter* von der Annahme einheitlicher Körpertemperatur ausgeht. Aufgrund der einfacheren mathematischen Beschreibung wird zuerst das zweitgenannte Modell diskutiert.

Ideal gerührter Behälter – Es sei zunächst ein Körper mit zeitlich veränderlicher Temperatur betrachtet, in dem aber nahezu keine örtlichen Temperaturunterschiede auftreten. Solch ein Verhalten entspricht den Extremfällen idealer Durchmischung oder perfekter Wärmeleitung. Unter solchen Voraussetzungen lässt sich die Körpertemperatur ohne Verwendung der FOURIERschen Differentialgleichung berechnen, wenn die Energiebilanz nicht für ein Kontrollvolumen, sondern für den gesamten Körper aufgestellt wird.

Nach dem Ersten Hauptsatz der Thermodynamik ändert dieser Körper seine Temperatur aufgrund von Heizung oder Kühlung durch einen Wärmestrom $\dot{Q}$. Dieser soll entsprechend Bild 10-5 konvektiv mit einem den Körper umströmenden Fluid ausgetauscht und mit der Wärmestromdichte $\dot{q}$ an der wärmeaustauschenden Körperoberfläche A übertragen werden.

$$m\,c_p \frac{dT(\tau)}{d\tau} = \dot{Q} = \dot{q}\,A \tag{10.26}$$

Für die vorliegende Randbedingung 3. Art ist die Wärmestromdichte $\dot{q}$ eine Funktion der Zeit τ, wie die in Abschnitt 10.5 näher erläuterte NEWTONsche Beziehung [Gleichung (10.59)] zeigt.

$$\dot{q}(\tau) = \alpha\,[T_\infty - T(\tau)] \tag{10.27}$$

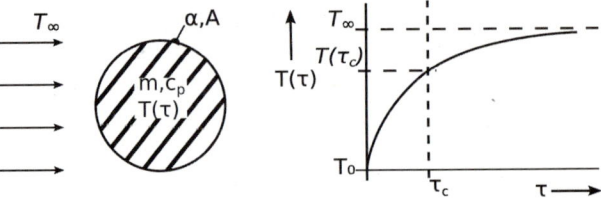

Bild 10-5
Modell des ideal gerührten Behälters

Darin bedeutet α den hier als konstant angenommenen Wärmeübergangskoeffizienten und T_∞ die konstante Temperatur des anströmenden Fluids. Gleichung (10.27) macht deutlich, dass der Wärmeübergang mit Annäherung der Körpertemperatur an die Fluidtemperatur zum Erliegen kommt.

Die resultierende gewöhnliche Differentialgleichung

$$m\,c_\mathrm{p}\,\frac{\mathrm{d}T(\tau)}{\mathrm{d}\tau} = \alpha\,A\,[T_\infty - T(\tau)] \tag{10.28}$$

wird durch Variablentrennung gelöst.

$$T(\tau) - T_\infty = c\,\exp\!\left(-\frac{\alpha\,A}{m\,c_\mathrm{p}}\,\tau\right) \tag{10.29}$$

Aus der Anfangsbedingung

$$T\,(\tau = 0) = T_0 \tag{10.30}$$

folgt die Integrationskonstante zu $c = T_0 - T_\infty$ und daraus der Temperaturverlauf in dimensionsloser Darstellung.

$$\frac{T(\tau) - T_\infty}{T_0 - T_\infty} = \exp\!\left(-\frac{\alpha\,A}{m\,c_\mathrm{p}}\,\tau\right) \tag{10.31}$$

Aus dem in Bild 10-5 dargestellten Verlauf dieser Funktion wird die kontinuierliche Annäherung der Körpertemperatur an die Fluidtemperatur deutlich. Der Prozess verläuft mit zunehmender Zeitkonstante $\tau_\mathrm{c} = m\,c_\mathrm{p}/(\alpha\,A)$ langsamer. Gleichung (10.31) eignet sich insbesondere als einfaches und effektives Hilfsmittel zur Abschätzung charakteristischer Aufheiz- oder Abkühlzeiten.

Der Gültigkeitsbereich des Modells und seiner Lösung [Gleichung (10.31)] folgt aus einem hier nicht näher erläuterten Größenordnungsvergleich der auftretenden Energieströme. Der Wärmestrom durch Konvektion hält dem Wärmestrom durch Leitung im Körperinneren und der Energieänderung dann bei vernachlässigbaren Temperaturunterschieden im Körper die Waage, wenn die Kriterien

$$Fo = \frac{a\,\tau}{L^2} > \approx 1 \tag{10.32a}$$

$$Bi = \frac{\alpha\,L}{\lambda} < \approx 1 \tag{10.32b}$$

erfüllt sind.

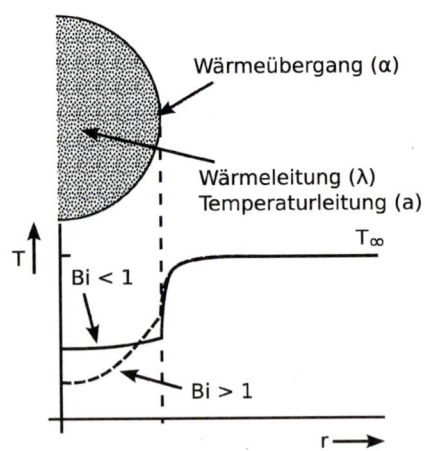

Bild 10-6 Temperaturverteilung bei verschiedenen BIOT-Zahlen

Die beiden dimensionslosen Kenngrößen werden als FOURIER-Zahl Fo und BIOT-Zahl Bi bezeichnet. Es bedeuten a und λ die Temperatur- und Wärmeleitfähigkeit des Körpers und L seine charakteristische Abmessung. Offensichtlich korrespondiert die Anwendbarkeit des Modells mit kleiner Körperabmessung L, schlechtem Wärmeübergang α, guter Wärme- und Temperaturleitung λ und a, sowie großer Zeit τ. Die einleitend angeführte Anwendbarkeit auf „langsame" Prozesse wird damit bestätigt.

■ **Beispiel 10.2** Eine Aluminiumkugel mit Radius $r = 5$ cm wird in Wasser der Temperatur 20 °C konvektiv mit $\alpha = 100$ W/(m²K) von ursprünglich 100 °C auf 30 °C abgekühlt. Wie lange dauert der Vorgang?

Stoffwerte von Aluminium [Tabelle T-10]

$$\rho = 2700 \text{ kg/m}^3 \qquad c_p = 920 \text{ J/(kgK)} \qquad \lambda = 221 \text{ W/(mK)} \qquad a = 88{,}9 \cdot 10^{-6} \text{ m}^2/\text{s}$$

Oberfläche der Kugel

$$A = 4\,\pi r^2 = 0{,}0314 \text{ m}^2$$

Masse der Kugel

$$m = \rho \cdot 4\,\pi r^3/3 = 1{,}41 \text{ kg}$$

Dimensionslose Endtemperatur

$$\frac{t(\tau) - t_\infty}{t_0 - t_\infty} = \frac{(30-20)\,°\text{C}}{(100-20)\,°\text{C}} = 0{,}125$$

Benötigte Zeit [Gleichung (10.31)]

$$\tau = -\frac{m \cdot c_p}{\alpha \cdot A} \cdot \ln\left[\frac{t(\tau) - t_\infty}{t_0 - t_\infty}\right] = 859 \text{ s}$$

Überprüfung der Gültigkeit von Gleichung (10.31) [Gleichungen (10.32) mit $L = r$]

$$Fo = a\,\tau/r^2 = 30{,}5 > 1 \qquad\qquad Bi = \alpha\,r/\lambda = 0{,}0226 < 1$$

Halbunendlicher Körper – Es wird nun der Aufheiz- oder Abkühlprozess eines Körpers betrachtet, in dem örtliche Temperaturunterschiede nur senkrecht zur wärmeaustauschenden Oberfläche auftreten und der in dieser Richtung *unendlich* ausgedehnt ist. Zum Zeitpunkt $\tau = 0$ herrscht im Körper die einheitliche Temperatur T_0. Der Wärmeaustausch erfolgt durch Beaufschlagung der Oberfläche mit konstanter Temperatur T_w (Randbedingung 1. Art). Eine derartige Situation ist in Bild 10-7 dargestellt und die qualitativ zu erwartenden Temperaturprofile für verschiedene Zeiten τ skizziert.

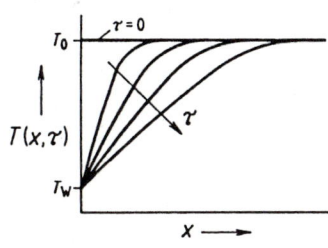

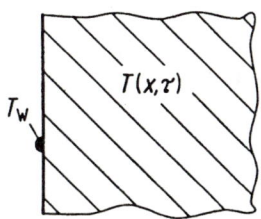

Bild 10-7
Modell des halbunendlichen Körpers (für $0 \leq x < \infty$)

Die Temperaturfelder $T(x, \tau)$ genügen der FOURIERschen Differentialgleichung (10.9) in eindimensionaler Form

$$\frac{\partial T(x, \tau)}{\partial \tau} = a \frac{\partial^2 T(x, \tau)}{\partial x^2} \tag{10.33}$$

sowie den Anfangs- und Randbedingungen

$$T(x, \tau = 0) = T_0 \qquad T(x \to \infty, \tau) = T_0 \qquad T(x = 0, \tau) = T_\mathrm{w} \tag{10.34}$$

Die Lösung des vorliegenden Problems wird durch Substitution der Variablen

$$\mu = \frac{x}{2\sqrt{a\,\tau}} \tag{10.35}$$

möglich. Aus den partiellen Ableitungen $\partial\mu/\partial\tau$ und $\partial\mu/\partial x$ folgen die Differentiale

$$\partial x = 2\sqrt{a\,\tau}\,\partial\mu \qquad \text{und} \qquad \partial\tau = -\frac{4\tau\sqrt{a\,\tau}}{x}\partial\mu \tag{10.36}$$

und nach Einsetzen in Gleichung (10.33) die gewöhnliche Differentialgleichung

$$2\mu \frac{\mathrm{d}T(\mu)}{\mathrm{d}\mu} + \frac{\mathrm{d}^2 T(\mu)}{\mathrm{d}\mu^2} = 0 \tag{10.37}$$

Nach Substitution von $\mathrm{d}T/\mathrm{d}\mu$ und zweimaliger Integration folgt T als Funktion von μ zu

$$T(\mu) = c_1 \,\mathrm{erf}\,(\mu) + c_2 \tag{10.38a}$$

mit dem GAUSSschen Fehlerintegral (englisch *error function*, abgekürzt erf)

$$\mathrm{erf}\,(\mu) = \frac{2}{\sqrt{\pi}} \int_0^{\mu} \exp\,(-\Phi^2)\,\mathrm{d}\Phi \tag{10.38b}$$

und Φ als einer Hilfsvariablen. Die Integrationskonstanten werden aus den Anfangs- und Randbedingungen (10.34) bestimmt, die unter Verwendung der Variablen μ wie folgt lauten.

$$T(\mu \to \infty) = T_0$$
$$T(\mu = 0) = T_\mathrm{w} \tag{10.39}$$

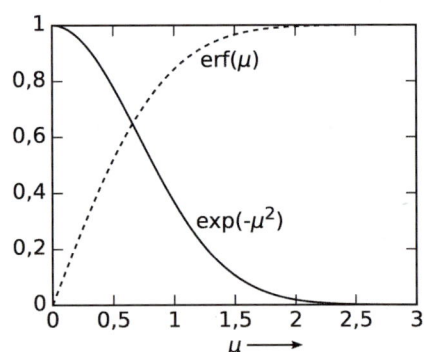

Bild 10-8 Gaußfunktion $\exp\,(-\mu^2)$ und Fehlerintegral erf (μ)

Dabei ist zu beachten, dass die erste Bedingung gleichzeitig die beiden ersten Bedingungen aus (10.34) erfüllt. Mit erf $(0) = 0$ und erf $(\infty) = 1$ ergibt sich

$$\frac{T(\mu) - T_\mathrm{w}}{T_0 - T_\mathrm{w}} = \mathrm{erf}\,(\mu). \tag{10.40}$$

Mit Hilfe des GAUSSschen Fehlerintegrals (Zahlenwerte in Tabelle T-11) kann die Temperatur des Körpers zu jedem Zeitpunkt an jedem Ort bestimmt werden. Außerdem erlaubt Gleichung (10.40) die Berechnung der Wärmestromdichte $\dot{q}$, die beim vorliegenden instationären Problem nicht mehr unverändert den Körper durchsetzt, sondern von x und τ abhängt.

$$\dot{q}\,(x,\,\tau) = -\lambda\,\frac{\partial T}{\partial x} = -\,b\,\frac{T_0 - T_{\mathrm{w}}}{\sqrt{\pi\,\tau}}\,\exp(-\mu^2)\tag{10.41a}$$

Die neu auftretende Stoffwertgruppe

$$b = \sqrt{\lambda\,\rho\,c_{\mathrm{p}}}\tag{10.41b}$$

heißt *Wärmeeindringkoeffizient* und charakterisiert die Geschwindigkeit des eindringenden Wärmestroms. Zahlenwerte dieser Eigenschaft finden sich für wichtige Materialien in Tabelle T-10.

Die Gültigkeit des vorliegenden Modells und seiner Lösung (10.40) ist keineswegs auf Körper halbunendlicher Ausdehnung beschränkt. Vielmehr muss entweder die Prozessdauer so kurz, die Wärmeleitfähigkeit so klein oder die charakteristische Abmessung des Körpers so groß sein, dass rückseitig zur wärmeaustauschenden Oberfläche (oder im Körperzentrum bei symmetrischem Wärmeaustausch) keine deutliche Temperaturänderung erfolgt. Die zweite Bedingung (10.34) muss also für den maximal vorkommenden Wert der Ortskoordinate $x = L$ erfüllt sein. Damit die Temperatur $T(\mu)$ des entsprechenden μ nahezu gleich T_0 wird, muss nach Gleichung (10.40) die Funktion $\mathrm{erf}(\mu)$ nahezu gleich 1 werden. Auf die FOURIER-Zahl umgerechnet bedeutet dies

$$Fo = \frac{a\,\tau}{L^2} < \approx 0{,}1.\tag{10.42}$$

Der Vergleich mit dem Gültigkeitsbereich $Fo > \approx 1$ des ideal gerührten Behälters macht die Anwendbarkeit des vorliegenden Modells auf „schnelle" Prozesse deutlich.

■ **Beispiel 10.3** Ein halbunendlicher Körper von ursprünglich einheitlichen 50 °C erfährt durch Kühlung eine plötzliche Änderung der Wandtemperatur auf 0 °C. Nach welcher Zeit ist 1 cm unterhalb der Oberfläche und in welcher Tiefe ist nach 10 min die Temperatur 5 °C erreicht, wenn der Körper aus Aluminium, Stahl (V2A) oder Polyvinylchlorid (PVC) besteht? Welche Wärme pro Kühlfläche wird in 10 min abgegeben?

Lösung des Temperaturfeldes [Gleichung (10.40)]

$$\mathrm{erf}\,(\mu) = \frac{t(\mu) - t_{\mathrm{w}}}{t_0 - t_{\mathrm{w}}} = \frac{(5 - 0)\;^{\circ}\mathrm{C}}{(50 - 0)\;^{\circ}\mathrm{C}} = 0{,}1$$

Variable μ [Tabelle T-11]

$$\mu = 0{,}089$$

Variablen x und τ [Gleichung (10.35)]

$$x = 2\,\mu\,\sqrt{a\,\tau}\qquad\qquad \tau = x^2 / (4\,a\,\mu^2)$$

Während der Zeit τ abgegebene, auf eine Kühlfläche A bezogene Wärme Q_{w} [Gleichung (10.41a)]

$$\frac{Q_{\mathrm{w}}}{A} = \int_0^{\tau} \dot{q}\,(x=0,\tau)\cdot\mathrm{d}\tau = -\,b\int_0^{\tau}\frac{t_0 - t_{\mathrm{w}}}{\sqrt{\pi\,\tau}}\cdot\mathrm{d}\tau = -2\;b\cdot\frac{t_0 - t_{\mathrm{w}}}{\sqrt{\pi}}\cdot\sqrt{\tau}$$

Temperaturleitfähigkeit a, Wärmeeindringkoeffizient b [Tabelle T-10]

		Al	V2A	PVC
a	in 10^{-6} m^2/s	88,9	5,28	0,125
b	in Ws$^{1/2}$/(m^{2}K)	23400	9100	481
τ	in s für $x = 1$ cm	35,5	598	25200
x	in mm für $\tau = 10$ min	41,1	10,0	1,54
Q_{w}/A	in MJ/m^2 nach 10 min	$-32{,}3$	$-12{,}6$	$-0{,}665$

10.4 Numerische Lösungsmethoden

Instationäre Wärmeleitungsvorgänge lassen sich durch elektronische Datenverarbeitung berechnen.

Die FOURIERsche Differentialgleichung (10.9) ist für eine Vielzahl technischer Problemstellungen nicht mehr analytisch lösbar. In solchen Fällen finden Näherungsverfahren ihre Anwendung, unter denen die numerischen Lösungen aufgrund der Leistungsstärke moderner Rechner heute die größte Bedeutung aufweisen. Hierbei konnten sich besonders die sehr anschaulichen Finite-Differenzen-Verfahren durchsetzen, bei denen die beschreibende Differentialgleichung in ein System algebraischer Gleichungen überführt und gelöst wird.

Differenzenapproximation – Es sei zunächst die Umwandlung von Differential- in Differenzenquotienten am Beispiel einer beliebigen Funktion $f(x)$ erläutert. Aus der TAYLOR-Reihe dieser Funktion

$$f(x + \Delta x) = f(x) + \frac{d f(x)}{dx} \Delta x + \frac{1}{2!} \frac{d^2 f(x)}{dx^2} (\Delta x)^2 + \dots \tag{10.43a}$$

folgt unter Vernachlässigung der Terme zweiter und höherer Ordnung unmittelbar die erste Ableitung der Funktion.

$$\frac{d f(x)}{dx} = \frac{f(x + \Delta x) - f(x)}{\Delta x} \tag{10.44}$$

Die rechte Seite dieser Gleichung wird hinsichtlich des Inkrementes $x + \Delta x$ als Vorwärts-Differenzenquotient bezeichnet.

Die Vernachlässigung des quadratischen Termes in Gleichung (10.43a) kann vermieden werden, wenn $-\Delta x$ anstatt $+\Delta x$ in die TAYLOR-Reihe eingesetzt und die entstehende Gleichung

$$f(x - \Delta x) = f(x) - \frac{d f(x)}{dx} \Delta x + \frac{1}{2!} \frac{d^2 f(x)}{dx^2} (\Delta x^2) - \dots \tag{10.43b}$$

von Gleichung (10.43a) subtrahiert wird. Daraus resultiert der als zentraler Differenzenquotient bezeichnete Ausdruck

$$\frac{d f(x)}{dx} = \frac{f(x + \Delta x) - f(x - \Delta x)}{2 \Delta x}, \tag{10.45}$$

der nur Terme dritter und höherer Ordnung vernachlässigt. Außerdem liefert die Addition beider Gleichungen (10.43) die Differenzeinapproximation der zweiten Ableitung

$$\frac{d^2 f(x)}{dx^2} = \frac{f(x + \Delta x) - 2 f(x) + f(x - \Delta x)}{(\Delta x)^2} \tag{10.46}$$

lediglich unter Vernachlässigung der Terme vierter und höherer Ordnung.

Wird die Koordinate x also in hinreichend kleine Intervalle Δx zerlegt, so können Differentialquotienten in guter Näherung durch Differenzenquotienten, die aus diskreten Funktionswerten zu berechnen sind, ersetzt werden.

Diskretisierung der FOURIER-Gleichung – Die Anwendung der Differenzenapproximation auf die FOURIERsche Differentialgleichung (10.9) soll am Beispiel zweidimensionaler instationärer Wärmeleitung in kartesischen Koordinaten demonstriert werden. Dazu wird der in Bild 10-9 dargestellte ebene Bereich mit einem äquidistanten Gitter der Maschenweite Δx in x-Richtung und Δy in y-Richtung überzogen. Da die Differentialgleichung

$$\frac{\partial T}{\partial \tau} = a\left(\frac{\partial^2 T}{\partial x^2} + \frac{\partial^2 T}{\partial y^2}\right) \tag{10.47}$$

für jeden Ort (x, y) gilt, lässt sich für jeden beliebigen Gitterknotenpunkt P eine entsprechende Differenzengleichung formulieren. Dazu werden die zweiten Ableitungen durch zentrale Differenzen und die erste Ableitung aufgrund der Natur der Zeitkoordinate durch eine Vorwärtsdifferenz ersetzt.

$$\frac{T_P^n - T_P^o}{\Delta \tau} = a\left[\frac{T_E^\tau - 2T_P^\tau + T_W^\tau}{(\Delta x)^2} + \frac{T_N^\tau - 2T_P^\tau + T_S^\tau}{(\Delta y)^2}\right] \tag{10.48}$$

Die Indizes i der Temperaturen T_i beziehen sich auf den Punkt P sowie seine Nachbarpunkte im Westen W, Osten E, Norden N und Süden S. Zu Beginn eines Zeitintervalls $\Delta \tau$ herrschen bekannte Temperaturen mit hochgestelltem o, am Ende die gesuchten Temperaturen mit hochgestelltem n.

Während des Zeitintervalls ändern sich die Temperaturen und deshalb auch die Differenzenquotienten auf der rechten Seite der Gleichung. Sie werden zu Zeitpunkten τ, die für verschiedene Zeitintegrationsverfahren unterschiedlich festgelegt werden, gebildet. Diese sollen nun anhand folgender Darstellung der nach T_P^n aufgelösten Gleichung (10.48) verglichen werden.

$$T_P^n = T_P^o + a\Delta\tau\left\{(1 - f)\left[\frac{T_E^o - 2T_P^o + T_W^o}{(\Delta x)^2} + \frac{T_N^o - 2T_P^o + T_S^o}{(\Delta y)^2}\right] + \right.$$
$$\left. + f\left[\frac{T_E^n - 2T_P^n + T_W^n}{(\Delta x)^2} + \frac{T_N^n - 2T_P^n + T_S^n}{(\Delta y)^2}\right]\right\} \tag{10.49a}$$

Diese Gleichung enthält lediglich den Faktor f als verfahrensspezifische Größe.

Beim *expliziten Verfahren* nach BINDER und SCHMIDT gelten die zu Beginn eines Zeitintervalls vorliegenden Temperaturwerte noch für das gesamte Zeitintervall. Aus

$$T_i^\tau = T_i^o \qquad \text{folgt} \qquad f = 0. \tag{10.49b}$$

Damit entfällt die zweite eckige Klammer der Gleichung (10.49a), weshalb T_P^n für jeden einzelnen Gitterpunkt explizit aus bereits bekannten Temperaturwerten T_i^o berechnet werden kann. Dieses Verfahren ist einfach zu programmieren und benötigt wenig Speicherkapazität. Nachteilig kann sich jedoch das einzuhaltende Stabilitätskriterium

$$a \Delta\tau[(\Delta x)^{-2} + (\Delta y)^{-2}] \leq \frac{1}{2} \tag{10.50}$$

auswirken, das kleine Zeitintervalle und somit große Rechenzeiten erzwingt.

Dagegen gelten beim *voll-impliziten Verfahren* während des gesamten Zeitintervalls bereits die neuen Temperaturwerte. Aus

$$T_i^\tau = T_i^n \qquad \text{folgt so} \qquad f = 1. \tag{10.49c}$$

Damit entfällt die erste eckige Klammer der Gleichung (10.49a), die nun außer T_P^o nur noch unbekannte Temperaturen T_i^n aufweist. Sie kann deshalb nicht mehr für jeden einzelnen Punkt, sondern nur noch im System der Gleichungen für alle Punkte gelöst werden. Dies erfordert größeren mathematischen Aufwand und größeren Speicherbedarf. Allerdings unterliegt das Verfahren nicht dem Stabilitätskriterium (10.50).

Ein physikalisch realistischeres Modell bietet das *implizite Verfahren* nach Crank-Nicolson, bei dem die Mittelwerte aus alten und neuen Temperaturen während des Zeitintervalles $\Delta\tau$ gelten. Aus

$$T_i^\tau = \frac{T_i^o + T_i^n}{2} \qquad \text{folgt dann} \qquad f = \frac{1}{2}. \qquad (10.49\text{d})$$

Für dieses Verfahren gelten sinngemäß die beim voll-impliziten Verfahren getroffenen Aussagen. Es können jedoch oszillierende Lösungen auftreten, falls der in Gleichung (10.50) definierte Ausdruck größer Eins wird.

Das *ADI-Verfahren* (alternating direction implicit) kombiniert die Vorteile der beiden erstgenannten Verfahren. Es wendet die voll-implizite Form für jeden Zeitschritt auf eine abwechselnde Ortskoordinate an, während die jeweils anderen Ortskoordinaten nach dem expliziten Verfahren berechnet werden. Die unbekannten Temperaturen T_P^n folgen dann aus einem Gleichungssystem mit drei Unbekannten pro Gleichung, das mit dem effizienten Thomas-Algorithmus gelöst werden kann.

Anfangs- und Randbedingungen – Unabhängig von der Auswahl des Verfahrens besteht die Notwendigkeit, Anfangs- und Randbedingungen zu formulieren. Während die Anfangsbedingung durch einfache Zuweisung eines gegebenen Temperaturfeldes auf die Temperaturen aller Gitterpunkte verwirklicht wird, müssen die Randbedingungen differenzierter betrachtet werden.

Ihre Darstellung hängt von der Lage der Gitterpunkte bezüglich der Körperoberflächen ab. Werden beispielsweise die äußersten Gitterpunkte unmittelbar auf die Ränder gelegt, so ist zwar die Randbedingung 1. Art einfach zu beschreiben, die Randbedingungen 2. oder 3. Art erfordern aber erheblichen Aufwand. Für diese Fälle ist die Verwendung des in Bild 10-9 eingezeichneten, verschobenen Gitters vorzuziehen. Hier liegen die äußeren Gitterpunkte A um eine halbe Maschenweite außerhalb des Körpers und die ersten inneren Gitterpunkte I im selben Abstand innerhalb. Die Punkte A dienen als Hilfe zur Beschreibung der Randbedingungen und haben keine physikalische Bedeutung. Allerdings verschlechtert sich das Stabilitätsverhalten des expliziten Verfahrens, sodass der in der Gleichung (10.50) definierte Ausdruck höchstens $\frac{1}{3}$ betragen darf.

Die Berechnung der fiktiven Temperaturen der Hilfspunkte A erfolgt beispielsweise für den linken Rand der Ebene in Bild 10-9 aus folgenden Beziehungen für die verschiedenen Arten von Randbedingungen.

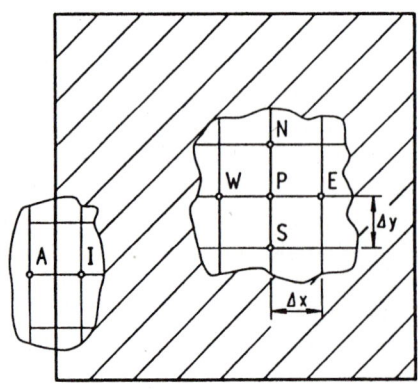

Bild 10-9
Gitter zur numerischen Berechnung
zweidimensionaler Wärmeleitung
in kartesischen Koordinaten

Für eine Randbedingung 1. Art (Wandtemperatur T_W ist gegeben) wird

$$\frac{T_A + T_I}{2} = T_W. \tag{10.51a}$$

Für eine Randbedingung 2. Art (Wandwärmestromdichte $\dot{q}_W$ ist gegeben) wird

$$-\lambda\,\frac{T_I - T_A}{\Delta x} = \dot{q}_W. \tag{10.51b}$$

Für eine Randbedingung 3. Art (Fluidtemperatur T_∞ und Wärmeübergangskoeffizient α sind gegeben) wird

$$\tag{10.51c}$$

$$-\lambda\,\frac{T_I - T_A}{\Delta x} = \alpha\left(T_\infty - \frac{T_A + T_I}{2}\right).$$

Diese Beziehungen gelten sinngemäß auch für die anderen Ränder. Sie liefern zusammen mit den für alle inneren Punkte aufzustellenden Gleichungen (10.49) ein System mit ebenso vielen algebraischen Gleichungen, wie Gitterpunkte und damit unbekannte Temperaturen vorliegen. Das zum Zeitpunkt n herrschende Temperaturfeld T_P^n folgt aus der Lösung des Gleichungssystems und dient dann wiederum als T_P^0 zur Berechnung des Feldes nach dem nächsten Zeitintervall.

Die in diesem Abschnitt am Beispiel zweidimensionaler instationärer Wärmeleitung in kartesischen Koordinaten hergeleiteten Beziehungen lassen sich in ähnlicher Weise für dreidimensionale Wärmeleitung, andere Koordinatensysteme und Gitter variabler Maschenweite aufstellen.

10.5 Konvektiver Wärmeübergang

Wenn Wärme zwischen einem Fluid und einer Wand übertragen wird, spielt auch die Bewegung des Fluids eine Rolle.

Die zuvor beschriebene Wärmeleitung beschränkt sich nicht auf Festkörper, sondern tritt ebenso in Gasen und Flüssigkeiten auf. Befinden sich diese fluiden Medien außerdem in makroskopischer Bewegung, wird zusätzlich Energie in Form von Enthalpie mitgeführt. Hinsichtlich der Strömungsursache werden derartige Transportvorgänge unterteilt in *erzwungene Konvektion*, bei der äußere Kräfte (z. B. Pumpen) die Strömung erzeugen und in *freie Konvektion* mit ursächlichen inneren Auftriebskräften. Die technisch wichtigste Anwendung der Konvektion bildet der als *konvektiver Wärmeübergang* bezeichnete Wärmetransport zwischen einem strömenden Fluid und einem festen Körper.

Differentialgleichung für den Energietransport – Der Einfluss der Konvektion auf Temperaturfelder wird durch eine Differentialgleichung beschrieben, die aus dem Ersten Hauptsatz und einer zur FOURIERschen Differentialgleichung (10.9) analogen, hier für inkompressible Strömungen mit konstanten Stoffwerten dargestellten Herleitung folgt. Ausgehend vom Kontrollvolumen in Bild 10-2 ist im Falle einer Strömung in x-Richtung zusätzlicher Enthalpietransport zu berücksichtigen. Unter der Annahme eines eintretenden Enthalpiestroms $\dot{H}_x$ und eines austretenden Enthalpiestroms $\dot{H}_{x+\Delta x}$ ist die Energiebilanz [Gleichung (10.2)] wie folgt zu erweitern.

$$\frac{\partial(mh)}{\partial\tau} = \dot{Q}_x - \dot{Q}_{x+\Delta x} + \dot{H}_x - \dot{H}_{x+\Delta x} \tag{10.52}$$

Werden die Energieströme entsprechend Gleichung (10.3) in TAYLOR-Reihen entwickelt, folgt

$$\frac{\partial (mh)}{\partial \tau} = - \frac{\partial \dot{Q}_x}{\partial x} \Delta x - \frac{\partial \dot{H}_x}{\partial x} \Delta x \qquad (10.53)$$

und unter Verwendung von $\dot{H}_x = \dot{m}_x h$ sowie der Massenbilanz $\partial m / \partial \tau = \dot{m}_x - \dot{m}_{x+\Delta x}$ die Differentialgleichung für die Temperatur.

$$mc_p \frac{\partial T}{\partial \tau} = \lambda \frac{\partial^2 T}{\partial x^2} \Delta x \, \Delta y \, \Delta z - \dot{m}_x c_p \frac{\partial T}{\partial x} \Delta x \qquad (10.54)$$

Mit w_x * als der Strömungsgeschwindigkeit in x-Richtung und $\dot{m}_x = \rho \, \Delta y \, \Delta z \cdot w_x$ ergibt sich

$$\frac{\partial T}{\partial \tau} = a \frac{\partial^2 T}{\partial x^2} - w_x \frac{\partial T}{\partial x}. \qquad (10.55)$$

Diese Gleichung kann mit w_y und w_z als den Geschwindigkeiten in y- und z-Richtung auf den dreidimensionalen Fall erweitert werden.

$$\frac{\partial T}{\partial \tau} + w_x \frac{\partial T}{\partial x} + w_y \frac{\partial T}{\partial y} + w_z \frac{\partial T}{\partial z} = a \left(\frac{\partial^2 T}{\partial x^2} + \frac{\partial^2 T}{\partial y^2} + \frac{\partial^2 T}{\partial z^2} \right) \qquad (10.56)$$

Aus dieser Energietransportgleichung wird deutlich, dass die Mechanismen Leitung und Konvektion grundsätzlich nebeneinander auftreten. Natürlich werden beispielsweise für schnell strömende Gase die Terme der linken und für kriechende Flüssigmetalle die Terme der rechten Gleichungsseite dominieren. Im Allgemeinen wirken jedoch alle Terme gleichzeitig.

Das zur Lösung der Gleichung (10.56) benötigte vektorielle Geschwindigkeitsfeld (w_x, w_y, w_z) folgt grundsätzlich aus den NAVIER-STOKESschen Bewegungsgleichungen. Diese hier nicht dargestellten Erhaltungsgleichungen für den Impulstransport bilden zusammen mit der Massenerhaltungsgleichung und Gleichung (10.56) ein System gekoppelter partieller Differentialgleichungen für die Variablen T, w_x, w_y, w_z und den Druck p. Eine vollständige Lösung ist nicht möglich, sodass beispielsweise auf numerische Methoden zurückgegriffen werden muss. Allerdings ist die vollständige Bestimmung der Variablenfelder selten von praktischem Interesse, oftmals genügt eine Betrachtung der etwas einfacher zu handhabenden Vorgänge in Strömungen nahe fester Berandungen.

Strömungen um feste Körper – In vielen technischen Anwendungen dienen fluide Stoffe als Wärmeträger, die mit festen Oberflächen Wärme austauschen. Eine derartige Situation ist in Bild 10-10 dargestellt. Ein Fluid strömt mit konstanter Geschwindigkeit w_∞ und konstanter Temperatur T_∞ parallel zu einer ebenen Wand konstanter Temperatur T_w. Diese setzt der Strömung erfahrungsgemäß einen Widerstand entgegen. Nach dem NEWTONschen Schubspannungsgesetz

$$\tau_s = \eta \frac{\partial w}{\partial y} \qquad (10.57)$$

mit τ_s als der Schubspannung, η als der dynamischen Viskosität des Fluids und y als der strömungsnormalen Koordinate müssen deshalb Gradienten $\partial w / \partial y$ auftreten, die ein Vorbeiströmen des Fluids mit konstanter Geschwindigkeit w_∞ verhindern. Tatsächlich bilden sich Geschwindigkeitsprofile aus, die nach PRANDTL in zwei Bereiche unterteilt werden, und zwar in den Bereich ungestörter Außenströmung mit konstanter Geschwindigkeit w_∞ und vernach-

---

* Das Formelzeichen w wird im Abschnitt 10 für die Geschwindigkeit und nicht für die spezifische Arbeit verwendet.

lässigbaren Zähigkeitseffekten und in den Bereich reibungsbehafteter Strömung mit ausge-
prägtem Geschwindigkeitsprofil nahe der Wand.

Der als *Grenzschicht* bezeichnete, zweite Bereich wird durch den im Bild 10-10 eingezeich-
neten Wandabstand δ begrenzt, für den die lokale Geschwindigkeit w nahezu w_∞ beträgt. Mit
Annäherung an die Wand nimmt w bis auf den Wert Null ab, da Fluidteilchen mit direkter
Wandberührung aufgrund der für Kontinua geltenden Haftbedingung ruhen. Ähnliche
Verhältnisse liegen auch für die Temperatur T des Fluids vor, falls sich die Temperaturen der
Anströmung T_∞ und der Wand T_W unterscheiden. Wie in Bild 10-10 dargestellt, treten dann
Temperaturänderungen ausschließlich in der so genannten *Temperaturgrenzschicht* auf. Unmit-
telbar an der Wand gleicht sich T dem Wert T_W an, während im Wandabstand δ_T nahezu T_∞
herrscht. Dabei ist δ_T im Allgemeinen nicht gleich der Grenzschichtdicke δ.

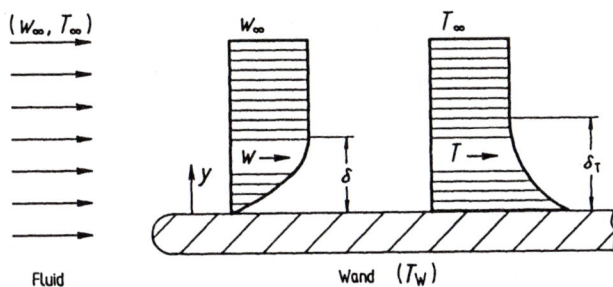

Bild 10-10
Grenzschichtströmung
längs einer ebenen Wand.
Geschwindigkeitsprofil und
Temperaturprofil

Da unmittelbar an der Wand keine Bewegung des Fluids stattfindet, kann Wärme dort nur
durch Leitung übertragen werden. Für den zwischen dem Fluid und der Wand ausgetauschten
Wärmestrom $\dot{Q}_W$ folgt, wenn dieser auf die Wandfläche A bezogen wird, deshalb aus der
FOURIERschen Beziehung (10.1) die Wandwärmestromdichte $\dot{q}_W$.

$$\dot{q}_W = \frac{\dot{Q}_W}{A} = -\lambda \left(\frac{\partial T}{\partial y} \right)_{y=0} \tag{10.58}$$

Darin ist λ die Wärmeleitfähigkeit des Fluids und $(\partial T / \partial y)_{y=0}$ die Temperaturänderung mit
der Wandnormalen an der Wand.

Gleichung (10.58) gilt nur direkt an der Wand, da innerhalb der Grenzschicht Wärme sowohl
durch Leitung als auch durch Konvektion transportiert wird. Beide Vorgänge werden im
NEWTONschen Abkühlungsgesetz

$$\dot{q}_W = \alpha (T_W - T_\infty) \tag{10.59}$$

zusammengefasst, das aufgrund empirischer Beobachtungen aufgestellt wurde.

Wärmeübergangskoeffizient – Der Wärmeübergangskoeffizient α gibt den zwischen einem
strömenden Fluid und einer festen Wand ausgetauschten Wärmestrom pro Fläche und pro Kelvin anliegendem Temperaturabstand an. Im Gegensatz zur Wärmeleitfähigkeit λ ist α keine
Stoffeigenschaft, sondern hängt von vielen Parametern wie der Geometrie, den Strömungs-
verhältnissen und einigen Stoffgrößen ab. Dies zeigt sich auch bei einem Vergleich der Gleichungen (10.58) und (10.59).

$$\alpha = \frac{-\lambda \left(\dfrac{\partial T}{\partial y} \right)_{y=0}}{T_W - T_\infty} \tag{10.60}$$

Die zahlenmäßige Bestimmung des Wärmeübergangskoeffizienten α ist experimentell oder durch Lösung der Erhaltungssätze für Masse, Impuls und Energie möglich. Allerdings werden meist nicht Gleichung (10.56) und die erwähnten NAVIER-STOKESschen Gleichungen herangezogen, sondern spezielle Grenzschichtgleichungen, die aufgrund einiger, im wandnahen Bereich gültiger Vereinfachungen leichter zu handhaben sind.

Sowohl bei der Bestimmung des Wärmeübergangskoeffizienten als auch bei der Anwendung ermittelter Ergebnisse drängt sich im Hinblick auf die Vielzahl möglicher Einflussgrößen die Frage nach der Übertragbarkeit auf ähnliche Probleme auf. Die Antwort gibt die Ähnlichkeitstheorie durch Vergleiche der beschreibenden Erhaltungsgleichungen für unterschiedliche Konvektionsströmungen.

Ähnlichkeitstheorie – Physikalische Vorgänge sind einander ähnlich, wenn sich ihre mathematischen Beschreibungen nicht unterscheiden und ihre charakteristischen Größen in festen Verhältnissen zueinander stehen. Für die Wärmeübertragung bedeutet dies, dass Konvektionsströmungen auch mit unterschiedlichen Fluiden, geometrischen Abmessungen, Geschwindigkeiten oder Temperaturen ähnliche Wärmeübergangsverhältnisse aufweisen können. Unter welchen Bedingungen solche Ähnlichkeit vorliegt, sei nun am Beispiel der stationären Energietransportgleichung (10.56)

$$w_x \frac{\partial T}{\partial x} + w_y \frac{\partial T}{\partial y} + w_z \frac{\partial T}{\partial z} = a\left(\frac{\partial^2 T}{\partial x^2} + \frac{\partial^2 T}{\partial y^2} + \frac{\partial^2 T}{\partial z^2}\right) \tag{10.61}$$

demonstriert. Sie soll zwei unterschiedliche Vorgänge beschreiben, deren charakteristische Größen lediglich um konstante Maßstabsfaktoren m_T für die Temperaturen, m_a für die Temperaturleitfähigkeiten, m_w für die Geschwindigkeiten und m_L für die geometrischen Abmessungen differieren.

$$T_2 = m_T T \qquad\qquad a_2 = m_a a$$
$$(w_i)_2 = m_w w_i \qquad i_2 = m_L i \qquad (i = x, y, z) \tag{10.62}$$

Für den mit Index 2 gekennzeichneten Vorgang lässt sich die Energietransportgleichung (10.61) mit (10.62) darstellen durch

$$\frac{m_W m_T}{m_L}\left(w_x \frac{\partial T}{\partial x} + w_y \frac{\partial T}{\partial y} + w_z \frac{\partial T}{\partial z}\right) = \frac{m_a m_T}{m_L^2} a\left(\frac{\partial^2 T}{\partial x^2} + \frac{\partial^2 T}{\partial y^2} + \frac{\partial^2 T}{\partial z^2}\right). \tag{10.63}$$

Offensichtlich sind die Gleichungen beider Vorgänge (10.61) und (10.63) dann identisch, wenn

$$\frac{m_w m_T}{m_L} = \frac{m_a m_T}{m_L^2} \quad \text{und damit} \quad \frac{m_w m_L}{m_a} = 1 \tag{10.64}$$

gilt. Die Maßstabsfaktoren zwischen beiden Konvektionsströmungen dürfen also nicht beliebig gewählt werden, sondern müssen in definierter Beziehung (10.64) zueinander stehen. Das Verhältnis

$$\frac{w\,L}{a} = \text{const.} \tag{10.65a}$$

muss deshalb für beide Vorgänge gleich groß sein.

Da konvektiver Wärmeübergang nicht allein durch die Energietransportgleichung, sondern auch durch die NAVIER-STOKESschen Gleichungen sowie die Wärmeübergangsbeziehung (10.60) beschrieben wird, sind auch die folgenden beiden Ähnlichkeitsbedingungen zu erfüllen (ohne Herleitung).

$$\frac{w\,L}{v} = \text{const.} \tag{10.65b}$$

$$\frac{\alpha\,L}{\lambda} = \text{const.} \tag{10.65c}$$

Alle drei Kriterien (10.65) definieren dimensionslose Kennzahlen für die konvektive Wärme-übertragung. Diese sind nach herausragenden Persönlichkeiten benannt und neben anderen in Tabelle 10-1 aufgelistet. Sie ermöglichen physikalisch sinnvolle Darstellungen von Wärme-übergangsbeziehungen. Da geometrisch ähnliche Probleme immer dann mathematisch identisch beschrieben sind, wenn drei beliebig verknüpfte, aber unabhängige Kennzahlen übereinstimmen, müssen einheitliche Beziehungen der Art

$$\text{F}\,(Nu,\,Re,\,Pr) = 0 \tag{10.66}$$

existieren. Meist stellt der in der NUSSELT-Zahl enthaltene Wärmeübergangskoeffizient α die gesuchte Größe dar, weshalb Gleichung (10.66) explizit dargestellt wird als

$$Nu = \text{f}\,(Re,\,Pr) \tag{10.67a}$$

oder speziell in Form eines Potenzansatzes

$$Nu = c\,Re^m\,Pr^n \tag{10.67b}$$

mit c, m und n als Konstanten. Solche NUSSELT-Beziehungen sind als Korrelationsgleichungen für eine Vielzahl unterschiedlicher Probleme experimentell ermittelt worden und ermöglichen die einfache Bestimmung des Wärmeübergangskoeffizienten α aus

$$\alpha = \frac{\lambda}{L}\,Nu. \tag{10.67c}$$

Tabelle 10-1 Dimensionslose Kennzahlen der Wärmeübertragung

PÉCLET-Zahl	$Pe = \dfrac{w\,L}{a}$	(10.68a)
REYNOLDS-Zahl	$Re = \dfrac{w\,L}{v}$	(10.68b)
NUSSELT-Zahl	$Nu = \dfrac{\alpha\,L}{\lambda}$	(10.68c)
PRANDTL-Zahl	$Pr = \dfrac{v}{a} = \dfrac{Pe}{Re}$	(10.68d)
STANTON-Zahl	$St = \dfrac{\alpha}{\rho\,w\,c_p} = \dfrac{Nu}{Pe}$	(10.68e)
GRASHOF-Zahl	$Gr = \dfrac{g\,\beta\,L^3\,\Delta T}{v^2}$	(10.68f)
RAYLEIGH-Zahl	$Ra = \dfrac{g\,\beta\,L^3\,\Delta T}{v\,a} = Gr\,Pr$	(10.68g)

a	Temperaturleitfähigkeit	α	Wärmeübergangskoeffizient
c_p	isobare spezifische Wärmekapazität	β	thermischer Ausdehnungskoeffizient
g	Erdbeschleunigung	λ	Wärmeleitfähigkeit
L	Länge	v	kinematische Viskosität
ΔT	Temperaturdifferenz	ρ	Dichte
w	Geschwindigkeit		

In den folgenden Abschnitten werden einige wichtige Korrelationsgleichungen für erzwungene und freie Konvektion sowie Strömungen mit Phasenänderung angegeben. Sie verzichten auf eine Beschreibung der Ortsabhängigkeiten von α und beschränken sich auf die praxisrelevante Berechnung der über charakteristische Längen L gemittelten Werte. Die vorkommenden Stoffwerte sind für definierte Bezugstemperaturen T_{Bez} zu bilden und können Tabelle T-10 oder der umfassenderen Darstellung im VDI-Wärmeatlas [24] entnommen werden, der auch die Quelle der angeführten NUSSELT-Beziehungen darstellt.

10.6 Wärmeübergang bei erzwungener Konvektion

Wie lässt sich der Wärmeübergang von einem Fluid, das durch ein Rohr strömt, an die Rohrwand berechnen?

Das Problem erzwungener Konvektion wurde bereits einführend am Beispiel paralleler Anströmung einer ebenen Wand besprochen. Die Darstellung der Geschwindigkeits- und Temperaturprofile in Bild 10-10 erfolgte lediglich für eine Position an der Wand, da die Grenzschichtdicken tatsächlich mit zunehmender Entfernung x von der Anströmkante in einer am Beispiel der Strömungsgrenzschicht in Bild 10-11 skizzierten Weise anwachsen.

Übersteigt die REYNOLDS-Zahl außerdem ihren so genannten „kritischen Wert" Re_{k}, so erfolgt ein Umschlag der bis zur Lauflänge x_{k} laminaren Strömung in Turbulenz. Es treten dann ungeordnete Bewegungen auch senkrecht zur Hauptströmungsrichtung auf, die nur in unmittelbarer Wandnähe, in der laminaren Unterschicht, gedämpft werden.

Die folgenden NUSSELT-Beziehungen vom Typus (10.67a) gelten unter Voraussetzung konstanter Werte der Anströmgeschwindigkeit w_∞, der Anströmtemperatur T_∞ der Wandtemperatur T_{w} sowie der Stoffwerte, die für die Bezugstemperatur T_{Bez} zu bilden sind.

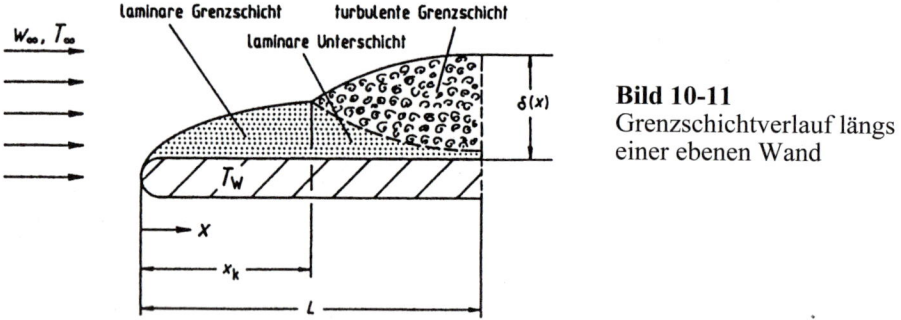

Bild 10-11
Grenzschichtverlauf längs einer ebenen Wand

Längsangeströmte ebene Wand – Bei erzwungener Konvektionsströmung längs einer ebenen Wand erfolgt der Umschlag von laminarer in turbulente Strömung bei einer kritischen REYNOLDS-Zahl

$$Re_{\text{k}} = \frac{w_\infty x_{\text{k}}}{v} \approx 10^5 \text{ bis } 5 \cdot 10^5. \tag{10.69a}$$

Beide Bereiche werden für PRANDTL-Zahlen zwischen 0,6 und 2000 durch die folgenden Gleichungen beschrieben.

$$Nu_\ell = 0,664\ Re^{1/2} Pr^{1/3} \qquad \text{für } Re < Re_k \tag{10.69b}$$

$$Nu_t = \frac{0,037\ Re^{0,8} Pr}{1 + 2,443\ Re^{-0,1}(Pr^{2/3} - 1)} \qquad \text{für } Re_k < Re < 10^7 \tag{10.69c}$$

$$Nu = \alpha L / \lambda \qquad T_{Bez} = \frac{1}{2}(T_w + T_\infty) \qquad Re = w_\infty L / v \qquad L \quad \text{Plattenlänge}$$

Treten beide Strömungsformen kombiniert auf, werden beide obigen Gleichungen mit der aus der Plattenlänge L gebildeten REYNOLDS-Zahl berechnet und quadratisch überlagert. Dabei kann aufgrund des Turbulenzgrades der Zuströmung oder der Ausbildung der Strömungsnase die laminare in eine turbulente Grenzschicht auch an anderer Stelle als bei $x = x_k$ umschlagen.

$$Nu = (Nu_\ell^2 + Nu_t^2)^{1/2} \qquad \text{für } 10 < Re < 10^7 \tag{10.69d}$$

Außerdem kann für Flüssigkeiten der Einfluss temperaturabhängiger Stoffwerte durch

$$Nu_F = Nu \left(\frac{Pr}{Pr_w}\right)^{0,25} \tag{10.69e}$$

berücksichtigt werden, wenn Pr_w für die Wandtemperatur gebildet wird.

Querangeströmtes Rohr – Die Beziehungen (10.69) der längsangeströmten ebenen Wand gelten für PRANDTL-Zahlen zwischen 0,6 und 1000 auch bei Queranströmung eines Rohres oder Drahtes, wenn für die Plattenlänge L die so genannte Überströmlänge

$$L = \frac{\pi}{2} D \tag{10.70a}$$

mit D als dem Rohraußendurchmesser eingesetzt wird. Außerdem ist Gleichung (10.69d) um einen additiven Term entsprechend

$$Nu = 0,3 + (Nu_\ell^2 + Nu_t^2)^{1/2} \tag{10.70b}$$

zu erweitern. Sie gilt für alle REYNOLDS-Zahlen zwischen 10 und 10^7 unabhängig davon, welche Strömungsform tatsächlich vorliegt.

Durchströmtes Rohr – Beim Wärmeübergang zwischen einem innen strömenden Fluid und der Rohrwand gelten die in Bild 10-10 dargestellten Verhältnisse ungestörter Außenströmung nur sinngemäß. Als Bezugsgrößen sind nun die Anströmgeschwindigkeit w_∞ durch die mittlere Geschwindigkeit der Rohrströmung

$$w_m = \frac{\dot{m}}{\rho\ A} \tag{10.71a}$$

mit $\dot{m}$ als dem Massenstrom und A als dem Rohrquerschnitt, sowie das treibende Potential $(T_w - T_\infty)$ im NEWTONschen Gesetz (10.59) durch die mittlere logarithmische Temperaturdifferenz

$$\Delta T_m = \frac{T_A - T_E}{\ln \dfrac{T_w - T_E}{T_w - T_A}} \tag{10.71b}$$

mit T_E und T_A als den Rohrein- und Rohraustrittstemperaturen zu ersetzen. Die mit dem Innendurchmesser d gebildete kritische REYNOLDS-Zahl beträgt

$$Re_k \approx 2300. \tag{10.71c}$$

Es gelten die folgenden NUSSELT-Beziehungen.

$$Nu = \left\{ 49{,}37 + \left[1{,}615 \left(RePr\frac{d}{L} \right)^{1/3} - 0{,}7 \right]^{3} \right\}^{1/3} \qquad \text{für} \quad Re < Re_{\mathrm{k}} \qquad (10.71\mathrm{d})$$

$$Nu = \frac{\frac{\xi}{8}(Re - 1000)Pr}{1 + 12{,}7 \left(\frac{\xi}{8} \right)^{1/2} (Pr^{2/3} - 1)} \left[1 + \left(\frac{d}{L} \right)^{2/3} \right] \qquad \text{für} \quad Re_{\mathrm{k}} < Re < 10^{6} \qquad (10.71\mathrm{e})$$

$Nu = \alpha\, d/\lambda$	$\xi = (1{,}82 \cdot \log_{10} Re - 1{,}64)^{-2}$
$Re = w_{\mathrm{m}}\, d/\nu$	
$d/L < 1$ Rohrinnendurchmesser / Rohrlänge	$T_{\mathrm{Bez}} = \dfrac{1}{2}(T_{\mathrm{E}} + T_{\mathrm{A}})$

Für Flüssigkeiten kann der Einfluss temperaturabhängiger Stoffwerte durch

$$Nu_{\mathrm{F}} = Nu \left(\frac{Pr}{Pr_{\mathrm{w}}} \right)^{0{,}11} \qquad (10.71\mathrm{f})$$

berücksichtigt werden, wenn Pr_{w} für die Wandtemperatur gebildet wird.

Im Falle turbulenter Strömung gelten die angegebenen Gleichungen auch für nicht kreisförmige Kanäle, wenn für den Rohrinnendurchmesser d der hydraulische Durchmesser

$$d_{\mathrm{h}} = \frac{4A}{U} \qquad (10.71\mathrm{g})$$

mit A als der durchströmten Fläche und U als dem benetzten Umfang eingesetzt wird.

Beispiel 10.4 In modernen Kraftfahrzeugen dient der Heißfilm-Luftmassenmesser (HFM) zur Bestimmung des in den Motor eintretenden Luftmassenstroms. Dabei wird eine kleine Oberfläche beheizt und durch eine elektronische Schaltung auf konstanter Temperatur gehalten. Die dafür notwendige Wärmeleistung wird an die Luft übertragen und ist damit ein Maß für den Luftmassenstrom.

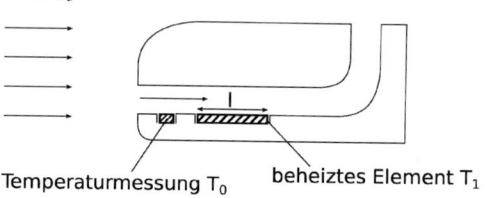

Temperaturmessung T_0 beheiztes Element T_1

Es soll der Zusammenhang zwischen dem Luftmassenstrom $\dot{m}$ und der zur Temperaturkonstanz notwendigen elektrisch zugeführten Strom I ermittelt werden.

Die überströmte Länge ist meist sehr klein, etwa $l = 2$ mm. Die maximale Geschwindigkeit der Luft beträgt etwa $c = 50$ m/s.

REYNOLDS-Zahl Re Um festzustellen, ob die Strömung laminar oder turbulent ist, wird die REYNOLDS-Zahl berechnet. Mit der kinematischen Viskosität der Luft von etwa $\nu = 1{,}5 \cdot 10^{-5}$ m²/s lässt sich eine obere Grenze für die REYNOLDS-Zahl abschätzen.

$$Re = \frac{l\, c}{\nu} = \frac{0{,}002 \text{ m} \cdot 50 \text{ m/s}}{1{,}5 \cdot 10^{-5} \text{ m}^2/\text{s}} = 6{,}7 \cdot 10^{3}$$

NUSSELT-Zahl Nu Die REYNOLDS-Zahl liegt gesichert für alle Betriebspunkte unter der kritischen REYNOLDS-Zahl 10^{5}. Somit kann für den Wärmeübergang die laminare Nusselt-Korrelation (Gleichung 10.69b) verwendet werden. Die PRANDTL-Zahl für Luft beträgt etwa 0,7.

$$Nu = 0{,}664\sqrt{Re}Pr^{\frac{1}{3}}$$

Übertragener Wärmestrom $\dot{Q}$ Der übertragene Wärmestrom lässt sich somit bestimmen.

$$\dot{Q} = \alpha A\,(t_1 - t_0) = Nu\frac{\lambda}{l} A\,(t_1 - t_0) = 0{,}664\,\sqrt{Re}\,Pr^{1/3}\frac{\lambda}{l}A\,(t_1 - t_0) = 0{,}664\sqrt{\frac{l\,c}{v}}\,Pr^{1/3}\frac{\lambda}{l}\,(t_1 - t_0)$$

$$\dot{Q} = \left(0{,}664 Pr^{1/3}\frac{\lambda}{\sqrt{v\,l}}A(t_1 - t_0)\right)\sqrt{c} = \text{const.}\cdot\sqrt{c}$$

Der übertragene Wärmestrom $\dot{Q}$ ist gleich dem elektrisch zugeführten Wärmestrom $\dot{Q}$, der wiederum mit dem elektrischen Widerstand R proportional dem Quadrat des elektrischen Stroms I ist.

$$\dot{Q} = \text{const.}\,\sqrt{c} = R\,I^2$$

Luftgeschwindigkeit c Die Luftgeschwindigkeit c ist demnach proportional dem Quadrat des Wärmestroms $\dot{Q}$ und damit der vierten Potenz des Heizstromes I^4

$$c \simeq \dot{Q}^2 \simeq I^4$$

Luftmassenstrom $\dot{m}$ Mit dem Strömungsquerschnitt A_l und der Dichte der Luft ρ ergibt sich daraus der Luftmassenstrom $\dot{m}$.

$$\dot{m} \simeq A\,\rho\,c \simeq A\,\rho\,I^4$$

In der Praxis wird für diesen Zusammenhang oft die Formel nach King verwendet.

$$R\,I^2 = A + B\sqrt{c}$$

Die Konstanten A und B werden experimentell bestimmt.

10.7 Wärmeübergang bei freier Konvektion

An einem Heizkörper steigt warme Luft auf.
Wie viel Wärme wird vom Heizkörper an die Luft übertragen?

Freie Konvektionsströmungen werden nicht durch äußere Kräfte, sondern vom Wärme-übergangsvorgang selbst verursacht. Das Fluid tauscht Wärme mit einer kälteren oder wärme-ren Wand aus, ändert dadurch in Wandnähe seine Temperatur und somit seine Dichte. Im Schwerefeld der Erde resultieren daraus Auftriebskräfte, die das Fluid in Bewegung setzen.

Diese in den NAVIER-STOKESschen Bewegungsgleichungen zu berücksichtigenden Kräfte führen zu einem weiteren Ähnlichkeitskriterium, das durch die in Tabelle 10-1 definierte GRASHOF-Zahl Gr ausgedrückt wird. Diese Kennzahl hängt ab von der Erdbeschleunigung g, der so genannten Überströmlänge L, der kinematischen Viskosität v, dem Temperatur-abstand ΔT und dem thermischen Ausdehnungskoeffizienten β. Letzterer beschreibt die Temperaturabhängigkeit der Fluiddichte gemäß

$$\beta = -\frac{1}{\rho}\frac{\partial\rho}{\partial T} \tag{10.72a}$$

und lässt sich für Ideale Gase aus der einfachen Beziehung

$$\beta = \frac{1}{T_{\text{Bez}}} \tag{10.72b}$$

berechnen mit T_{Bez} als der Bezugstemperatur, für die Stoffwerte zu bilden sind.

Das Ähnlichkeitskriterium für freie Konvektion führt zu gegenüber Gleichung (10.67a) verän-derten Formen der NUSSELT-Beziehungen.

$$Nu = \text{f}\,(Gr, Pr)\quad\text{oder} \tag{10.73a}$$
$$Nu = \text{f}\,(Ra, Pr) \tag{10.73b}$$

Entsprechend wird auch der Umschlag in Turbulenz durch kritische Werte Gr_k oder Ra_k beschrieben. Die nachfolgend angegebenen Gleichungen setzen erneut konstante Temperaturen der Wand T_w und des außerhalb der Strömungsgrenzschicht unbewegten Fluids T_∞ voraus.

Senkrechte ebene Wand, Rohr und Kugel – Turbulente Strömungen bei freier Konvektion längs senkrechter ebener Wände sowie an senkrechten und an waagerechten Rohren und Kugeln treten ab RAYLEIGH-Zahlen von etwa

$$Ra_k \approx 10^9 \tag{10.74a}$$

auf. Der Wärmeübergang an solchen Wänden lässt sich für beliebige PRANDTL-Zahlen beschreiben durch

$$Nu = \{c_1 + 0{,}387[Ra\, f(Pr)]^{1/6}\}^2 + c_2. \tag{10.74b}$$

Nu	$= \alpha L / \lambda$	$f(Pr)$	$= [1 + (c_3/Pr)^{9/16}]^{-16/9}$
Ra	$= g\,\beta L^3\,\Delta T / (v\,a)$ für $10^{-1} < Ra < 10^{12}$	ΔT	$= |T_w - T_\infty|$
L	Überströmlänge (Tabelle 10-2)		
c_1, c_2, c_3	Koeffizienten (Tabelle 10-2)	T_{Bez}	$= \dfrac{1}{2}(T_w + T_\infty)$

Tabelle 10-2 Parameter der Gleichungen (10.74)

	c_1	c_2	c_3	L
senkrechte ebene Wand (Höhe H)	0,825	0	0,492	H
senkrechtes Rohr (Höhe H, Durchmesser D)	0,825	0,97 H/D	0,492	H
waagerechtes Rohr (Durchmesser D)	0,60	0	0,559	D
Kugel (Durchmesser D)	1,414	0	0,492	D

Waagerechte ebene Wand – Wird das Fluid durch eine waagerechte ebene Wand *von unten beheizt* oder *von oben gekühlt*, gelten für beliebige PRANDTL-Zahlen die folgenden Beziehungen.

$$Nu = 0{,}766\,[Ra\,f(Pr)]^{1/5} \qquad \text{für } Ra\,f(Pr) < 7 \cdot 10^4 \text{ und laminare Strömung} \tag{10.75a}$$
$$Nu = 0{,}15\,[Ra\,f(Pr)]^{1/3} \qquad \text{für } 7 \cdot 10^4 < Ra\,f(Pr) \text{ und turbulente Strömung} \tag{10.75b}$$

Nu	$= \alpha L / \lambda$	T_{Bez}	$= \dfrac{1}{2}(T_w + T_\infty)$
Ra	$= g\,\beta L^3\,\Delta T / (v\,a)$		
$f(Pr)$	$= [1 + (0{,}322 / Pr)^{11/20}]^{-20/11}$	A	Fläche der Wand
ΔT	$= |T_w - T_\infty|$	U	Umfang der Wand
L	$= A/U$		

Wird das Fluid *von oben beheizt* oder *von unten gekühlt*, gilt für beliebige PRANDTL-Zahlen die Beziehung (10.76).

$$Nu = 0{,}6\,[Ra\,f(Pr)]^{1/5} \quad \text{für } 10^3 < Ra\,f(Pr) < 10^{10} \text{ und laminare Strömung} \tag{10.76}$$

Nu	$= \alpha L / \lambda$	T_{Bez}	$= \dfrac{1}{2}(T_w + T_\infty)$
Ra	$= g\,\beta L^3\,\Delta T/(v\,a)$		
$f(Pr)$	$= [1 + (0{,}492/Pr)^{9/16}]^{-16/9}$	A	Fläche der Wand
ΔT	$= |T_w - T_\infty|$	U	Umfang der Wand
L	$= A/U$		

Spalte – Befindet sich das Fluid im engen Spalt zwischen zwei Wänden, so beeinflussen die beidseitigen Wärmeübergänge einander. α wird dann als Wärmeübergangskoeffizient zwischen beiden Wänden definiert und der treibende Temperaturabstand im NEWTONschen Gesetz (10.59) durch die Differenz der Wandtemperaturen ersetzt.

Für einen von unten beheizten, *waagerechten*, ebenen Spalt der Höhe s gelten die Gleichungen

$Nu = 1$ für $Ra < 1708$ und reine Wärmeleitung,   (10.77a)

$Nu = 0{,}208\, Ra^{0{,}25}$ für $1708 < Ra < 2{,}2 \cdot 10^4$ und laminare Strömung,   (10.77b)

$Nu = 0{,}092\, Ra^{0{,}33}$ für $2{,}2 \cdot 10^4 < Ra$ und turbulente Strömung.   (10.77c)

$Nu \quad = \alpha\, s/\lambda$

$Ra \quad = g\,\beta\, s^3\, \Delta T /(v\, a)$

$\Delta T \quad = T_{wu} - T_{wo}$

T_{wu} Temperatur der unteren Wand

$T_{Bez} = \dfrac{1}{2}(T_{wu} + T_{wo})$

T_{wo} Temperatur der oberen Wand

Für einen seitlich beheizten, *senkrechten*, ebenen Spalt der Breite s und Höhe H gelten die Gleichungen

$$Nu = 0{,}42\, Pr^{0{,}012}\, Ra^{0{,}25} \left(\frac{H}{s}\right)^{-0{,}25} \quad \text{für } 10^4 < Ra < 10^7, \qquad (10.78a)$$

$$Nu = 0{,}049\, Ra^{0{,}33} \qquad\qquad\qquad \text{für } 10^7 < Ra < 10^9. \qquad (10.78b)$$

$Nu \quad = \alpha\, s/\lambda$

$Ra \quad = g\,\beta\, s^3\, \Delta T /(v\, a)$

$\Delta T \quad = |T_{w1} - T_{w2}|$

$T_{Bez} = \dfrac{1}{2}(T_{w1} + T_{w2})$

T_{w1}, T_{w2} Temperaturen der Seitenwände

Für einen von innen beheizten, *waagerechten Ringspalt* mit Innenradius r_i und Außenradius r_a wird α auf die Innenfläche A_i bezogen und es gilt die Beziehung

$$Nu = 0{,}20\, Ra^{0{,}25} \left(\frac{r_a}{r_i}\right)^{0{,}5} \qquad \text{für } 7{,}1 \cdot 10^3 < Ra \text{ und } r_a/r_i \le 8. \qquad (10.79)$$

$Nu = \alpha\, s/\lambda$

$Ra = g\,\beta\, s^3\, \Delta T/(v\, a)$

$s \quad = (r_a\, r_i)^{1/2} \ln(r_a/r_i)$

$\Delta T = T_{wi} - T_{wa}$

$T_{Bez} = \dfrac{1}{2}(T_{wi} + T_{wa})$

T_{wi} Temperatur der Innenwand

T_{wa} Temperatur der Außenwand

■ **Beispiel 10.5** In einem Kochtopf mit Durchmesser 22 cm wird Wasser erhitzt. Der Topfboden hat eine Temperatur von 60 °C, das Wasser hat eine Temperatur von 20 °C. Gesucht ist der Wärmestrom $\dot{Q}$ durch freie Konvektion ab Topfboden.

Daten   Durchmesser Kochtopf $d \quad = 22\,\text{cm} = 0{,}22\,\text{m}$

           Temperatur Topfboden $t_r \quad = 60\,°\text{C}$

           Temperatur Wasser $t_w \quad = 20\,°\text{C}$

           Umgebungsdruck $p \quad = 1\,\text{bar}$

Bezugstemperatur t_B für die Stoffwerte

$$t_B = \frac{1}{2}(t_w + t_r) = 40\,°\text{C}$$

Logarithmischer Dichtegradient β für Wasser [Stoffwerte aus Tabelle T-6a].

$$\beta = -\frac{1}{\rho}\frac{\partial \rho}{\partial T} \approx -\frac{1}{995\ \text{kg/m}^3}\left(\frac{998{,}0\ \text{kg/m}^3 - 983{,}3\ \text{kg/m}^3}{20\,°\text{C} - 60\,°\text{C}}\right) \approx 0{,}00037\ \text{1/K}$$

Charakteristische Länge l_c für den Kochtopf

$$l_c = \frac{A}{U} = \frac{\pi d^2/4}{\pi d} = \frac{d}{4} = 0,055 \text{ m}$$

Topfboden A_T

$$A_T = \pi d^2/4 = 3,8 \cdot 10^{-2} \text{ m}^2$$

Stoffwerte für Wasser bei t_B [Tabelle T-10].

PRANDTL-Zahl	$Pr = 4,34$
Kinematische Viskosität	$v = 6,58 \cdot 10^7$ m²/s
Temperaturleitfähigkeit	$a = v/Pr = 1,51 \cdot 10^{-7}$ m²/s
Wärmeleitfähigkeit	$\lambda = 0,629$ W/mK

RAYLEIGH-Zahl Ra (Gleichung (10.68g))

$$Ra = \frac{g\,\beta\,l_c^3\Delta T}{v\,a} = \frac{9,81 \text{ m/s}^2 \cdot 0,00037 \text{ 1/K} \cdot (0,055 \text{ m})^3 \cdot 40 \text{ K}}{6,58 \ 10^{-7} \text{ m}^2/\text{s} \cdot 1,51 \ 10^{-7} \text{ m}^2/\text{s}} = 2,42 \cdot 10^8$$

NUSSELT-Zahl Nu aus den Korrelationen für die waagerechte ebene Wand (Gleichung (10.75b))

$$f(Pr) = \left(1 - (0,322/Pr)^{\frac{11}{20}}\right)^{-\frac{20}{11}} = \left(1 - (0,322/4,34)^{\frac{11}{20}}\right)^{-\frac{20}{11}} = 1,64$$

$$Nu = 0,15[Ra\,f(Pr)]^{\frac{1}{3}} = 0,15\left[2,42\cdot10^8\cdot1,64\right]^{\frac{1}{3}} = 110,3$$

$$\alpha = Nu\frac{\lambda}{l_c} = 110,3\frac{0,629 \text{ W/(mK)}}{0,055 \text{ m}} = 1261 \text{ W/m}^2\text{K}$$

Wärmestrom $\dot{Q}$ vom Topfboden in das Wasser durch freie Konvektion

$$\dot{Q} = \alpha A(t_T - t_W) = 1261 \text{ W/(m}^2\text{K)} \cdot 3,8\cdot10^{-2}\text{m}^2 \cdot (60 \text{ °C} - 20 \text{ °C}) = 1,9 \text{ kW}$$

Die elektrische Leistung einer elektrischen Kochplatte liegt für gewöhnlich bei ca. 1,5 kW und somit unter der Wärmeleistung die durch freie Konvektion übertragen werden kann.

10.8 Wärmeübergang bei Phasenänderung

Kondensiert ein Dampf an einer Kühlfläche oder verdampft eine Flüssigkeit an einer Heizfläche, liegen besondere Wärmeübertragungsverhältnisse vor.

Die bisher angegebenen NUSSELT-Beziehungen beschränken sich auf einphasige Flüssigkeits- oder Gasströmungen. Grenzt Flüssigkeit jedoch an eine Wand mit $T_W > T_s$ oder Dampf an eine Wand mit $T_W < T_s$, so können die Flüssigkeit verdampfen und der Dampf sich verflüssigen. T_s bedeutet die vom herrschenden Druck abhängige Sättigungstemperatur des Fluids. Vorgänge des Wärmeüberganges bei Phasenwechsel werden hier unter Beschränkung auf freie Strömungen, reine Fluide bei Sättigungstemperatur und konstante Wandtemperaturen diskutiert.

Verflüssigung – Berührt ruhender, gesättigter Dampf eine kältere Wand, so bildet sich Flüssigkeit in Form einzelner Tropfen oder eines geschlossenen Filmes an der Wand. Dabei bestimmen Benetzungseigenschaften der Flüssigkeit, Verunreinigungen der Wand und beteiligte Fremdstoffe, ob so genannte Film- oder Tropfenkondensation vorliegt.

Der Wärmeübergangskoeffizient bei *Tropfenkondensation* nimmt die größeren Werte an, da dynamische Prozesse wie Wachstum, Zusammenfließen und Abrollen der Tropfen die Bildung einer wärmedämmenden Flüssigkeitshaut auf der kühlenden Wand verhindern. Da Tropfenkondensation jedoch kaum über längere Zeit aufrechterhalten werden kann, kommt der *Film-*

kondensation die größere praktische Bedeutung zu. Bei dieser Form der Verflüssigung benetzt das Kondensat die Wand vollständig und läuft unter Schwerkrafteinfluss nach unten ab.

Der Wärmeübergang bei Filmkondensation kann mit Hilfe der *NUSSELTschen Wasserhaut-theorie* berechnet werden. Sie basiert auf den Annahmen, dass der gesättigte Dampf ruht, dass der Flüssigkeitsfilm laminar und so langsam abläuft, dass Wärme im Film nur durch Leitung übertragen wird und dieser deshalb den dominierenden Wärmewiderstand bietet. Mit $(T_s - T_w)$ als treibendem Temperaturabstand im NEWTONschen Gesetz (10.59) folgt der Wärmeübergangskoeffizient bei Filmkondensation an senkrechten ebenen Wänden, in und an senkrechten Rohren und an waagerechten Rohren aus

$$Nu_l = c \left(\frac{1 - \dfrac{\rho_d}{\rho}}{\dfrac{Ph\, Ga^{1/3}}{Pr}} \right)^{1/4}.$$

(10.80a)

$Nu \quad = \alpha\, L_K / \lambda$ $\qquad\qquad\qquad Ph \quad = c_p\,(T_s - T_w)/\Delta h_d$ $\qquad$ Phasenumwandlungszahl

$L_K \quad = (\nu^2/g)^{1/3}$ $\qquad\qquad\qquad Ga^{1/3} = L/L_K$ $\qquad\qquad$ GALILEI-Zahl

$$T_{Bez} = \frac{1}{2}(T_s + T_w)$$

Für Kondensation an senkrechten ebenen Wänden, sowie an und in senkrechten Rohren der Höhe H beträgt $c = 0{,}943$ und $L = H$. An waagerechten Rohren mit Durchmesser D beträgt $c = 0{,}725$ und $L = D$. Die Dampfdichte ρ_d und die spezifische Verdampfungsenthalpie Δh_d werden bei T_s angesetzt, alle anderen Stoffdaten für die flüssige Phase bei T_{Bez}. NUSSELT- und GALILEI-Zahl werden mit einer charakteristischen Länge L_K gebildet, die sich aus kinematischer Viskosität ν und Erdbeschleunigung g berechnet.

Die einzusetzenden Werte für c und L machen deutlich, dass für die üblichen, großen Verhältnisse H/D mit Rohren in waagerechter Position aufgrund des dünneren Kondensatfilms größere Wärmeübergangskoeffizienten erzielt werden als in senkrechter Anordnung.

Turbulente Flüssigkeitsströmung kann an senkrechten Wänden und Rohren auftreten und durch

$$Nu = (Nu_l^{1,67} + Nu_t^{1,67})^{1/1,67}$$

(10.80b)

beschrieben werden. Nu_t stellt darin die turbulente Asymptote dar.

$$Nu_t = 2{,}137 \cdot 10^{-4} \left(\frac{Ph\, Ga^{1/3}}{Pr} \right)^{0,6181} Pr^{0,9206}$$

(10.80c)

Alle Kennzahlen haben gleiche Bedeutungen wie in (10.80a).

Auch bei Filmkondensation hängt der Übergang in Turbulenz von der REYNOLDS-Zahl ab, zu deren Berechnung jedoch der übertragene Wärmestrom benötigt wird. Es ist deshalb günstig, ein Kriterium für die NUSSELT-Zahl zu formulieren.

$$Nu_k = 0{,}107\, Pr^{0,32}$$

(10.80d)

Laminare Strömung liegt für $Nu_l > Nu_k$ vor, anderenfalls herrscht Turbulenz.

Verdampfung – Berührt ruhende, gesättigte Flüssigkeit eine wärmere Wand, so setzt Verdampfung ein. Bei diesem als *Behältersieden* bezeichneten Vorgang treten in Abhängigkeit von der Wandüberhitzung $(T_w - T_s)$ unterschiedliche Verdampfungsformen auf.

Liegen kleine Differenzen zwischen T_w und T_s vor, erwärmt sich die Flüssigkeit an der Heizfläche, steigt unter Schwerkrafteinfluss auf und verdampft an der freien Flüssigkeitsoberfläche. Dampfblasen bilden sich dabei nicht oder kaum, weshalb diese Verdampfungsform als *Stilles Sieden* oder *Konvektionssieden* bezeichnet wird. Der Wärmeübergang zwischen beheizter Wand und Flüssigkeit kann mit den bekannten Beziehungen für freie Konvektion [z. B. Gleichungen (10.74) und (10.75)] berechnet werden.

Mit steigender Wandüberhitzung $(T_\mathrm{w} - T_\mathrm{s})$ bilden sich zunehmend Blasen an Keimstellen der Wand. Sie wachsen an, bis ihre Auftriebskräfte die Haftung überwinden und ein Aufsteigen zur freien Oberfläche erfolgt. Bei dieser als *Blasensieden* bezeichneten Verdampfungsform wird die Flüssigkeit stark durchmischt und deshalb guter Wärmeübergang erreicht. Die Vorgänge sind allerdings bisher noch nicht vollständig theoretisch erfasst und werden meist durch empirische Modelle beschrieben. Für Wasser kann der auf $(T_\mathrm{w} - T_\mathrm{s})$ bezogene Wärmeübergangskoeffizient α beispielsweise berechnet werden aus

$$\frac{\alpha}{\alpha_0} = C_\mathrm{w}\,\mathrm{F}(p_\mathrm{red})\left(\frac{\dot q}{\dot q_0}\right)^{\mathrm n} \qquad\qquad \text{für Wasser.} \qquad\qquad (10.81)$$

$\alpha_0 \quad = 5600\ \mathrm{W/(m^2 K)}$ $p_\mathrm{red} \quad = p/p_\mathrm{kr} < 0{,}9$ normierter Druck

$\dot q_0 \quad = 20000\ \mathrm{W/m^2}$ $p_\mathrm{kr} \quad = 220{,}1\cdot 10^5\ \mathrm{N/m^2}$ kritischer Druck

$C_\mathrm{w} \quad = (R_\mathrm{p}/1\ \mu\mathrm{m})^{0{,}133}$ $R_\mathrm{p} \quad$ Glättungstiefe der Wand nach DIN 4762

$\mathrm{F}(p_\mathrm{red}) = 1{,}73\cdot p_\mathrm{red}^{0{,}27} + [6{,}1 + 0{,}68/(1 - p_\mathrm{red}^2)]p_\mathrm{red}^2$

$\mathrm n \qquad = 0{,}9 - 0{,}3\cdot p_\mathrm{red}^{0{,}15}$

Gleichung (10.81) bezieht sich auf einen Normzustand mit α_0 und $\dot q_0$ und berücksichtigt die relativen Einflüsse der Wandrauhigkeit durch C_w, des Siededruckes durch $\mathrm{F}(p_\mathrm{red})$ und n, sowie der Wärmestromdichte durch $\dot q/\dot q_0$.

Bei weiterer Steigerung der Wandüberhitzung $(T_\mathrm{w} - T_\mathrm{s})$ vereinigen sich die Blasen zunehmend in Dampfpolstern. Diese Verdampfungsform des *Filmsiedens* ist instabil, solange diese Bereiche noch örtlich begrenzt sind. Eine geschlossene Dampfschicht bleibt jedoch stabil erhalten und führt aufgrund der schlechten Wärmeleitfähigkeit des Dampfes zu kleinen Wärmeübergangskoeffizienten (LEIDENFROSTsches Phänomen). Erst für sehr große Temperaturdifferenzen kann α wegen des verstärkten Wärmeaustausches durch Strahlung erneut zunehmen.

Die oben beschriebenen Vorgänge sind im Bild 10-12 am Beispiel verdampfenden Wassers bei Atmosphärendruck zusammenfassend dargestellt. Die größten Wärmeübergangskoeffizienten werden offensichtlich im Bereich des Blasensiedens erzielt. Wird dieser verlassen, kann eine vorgegebene Wärmestromdichte im Bereich des Filmsiedens zu so großen Wandüberhitzungen führen, dass ein „Durchbrennen" des Wandmaterials erfolgt. Es ist deshalb wichtig, die für Blasensieden maximale Wärmestromdichte $\dot q_\mathrm{krit}$ zu kennen und nicht zu überschreiten. Sie folgt für beliebige Fluide aus

$$\dot q_\mathrm{krit} = 0{,}13\ \Delta h_\mathrm{d}\ \rho_\mathrm{d}^{0{,}5}[\sigma(\rho_\mathrm{f} - \rho_\mathrm{d})g]^{0{,}25}. \qquad\qquad (10.82)$$

$T_\mathrm{Bez} \quad = T_\mathrm{s}$ $\sigma \quad$ Oberflächenspannung

$\Delta h_\mathrm{d} \quad$ spezifische Verdampfungsenthalpie $g \quad$ Erdbeschleunigung

$\rho_\mathrm{d}, \rho_\mathrm{f} \quad$ Dichte des Dampfes, der Flüssigkeit

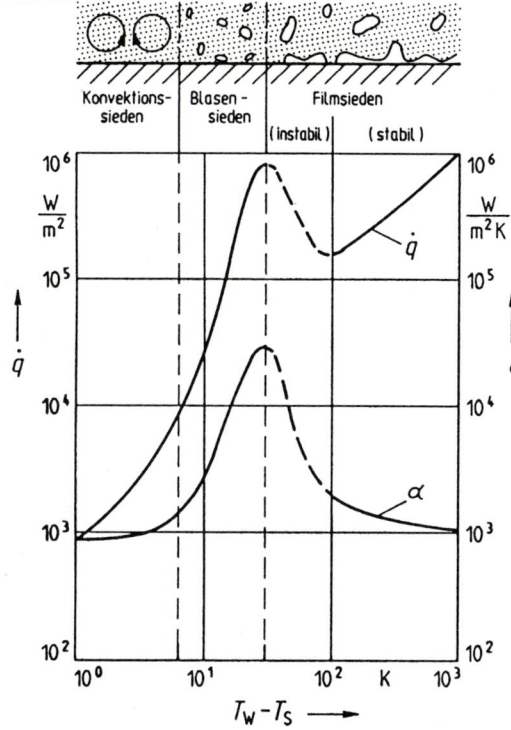

Konvektions-sieden | Blasen-sieden | Filmsieden (instabil) | (stabil)

Bild 10-12
Wärmestromdichte und
Wärmeübergangskoeffizient
für verdampfendes Wasser
bei Atmosphärendruck (nach [24])

■ **Beispiel 10.6** Ein horizontales Rohr mit Außendurchmesser $D = 20$ cm und konstanter Oberflächentemperatur $t_w = 20$ °C nimmt Wärme aus seiner ruhenden Umgebung mit konstanter Temperatur $t_\infty = 80$ °C auf. Wie groß ist der Wärmeübergangskoeffizient α, wenn die Umgebung a) aus Luft bei Atmosphärendruck oder b) aus gesättigtem Wasserdampf besteht?

a) Freie Konvektion [Gleichungen (10.74)]

$$t_{Bez} = \frac{1}{2}(t_w + t_\infty) = 50\,°C$$

Stoffwerte von Luft bei t_{Bez} [Tabelle T-10]

$\lambda = 0{,}0279$ W/(mK) $\nu = 18{,}3 \cdot 10^{-6}$ m²/s $Pr = 0{,}711$ $a = \nu/Pr = 25{,}7 \cdot 10^{-6}$ m²/s

Thermischer Ausdehnungskoeffizient von Luft [Gleichung (10.72b)] (Luft als Ideales Gas angenommen)

$\beta = 1/T_{Bez} = 3{,}09 \cdot 10^{-3}$ 1/K

Wärmeübertragungskoeffizient α aus Gleichung (10.74b)

$f(Pr) = [1 + (0{,}559/Pr)^{9/16}]^{-16/9} = 0{,}328$ $Nu = \{0{,}60 + 0{,}387\,[Ra \cdot f(Pr)]^{1/6}\}^2 = 39{,}6$

$L = D = 0{,}2$ m $\alpha = Nu \cdot \lambda/L = 5{,}52$ W/(m²K)

$Ra = g\,\beta\,L^3\,(t_\infty - t_w)/(\nu\,a) = 3{,}09 \cdot 10^7$

b) Filmkondensation (Annahme) [Gleichungen (10.80)]

$$t_{Bez} = \frac{1}{2}(t_s + t_w) = 50\,°C$$

Stoffwerte von flüssigem Wasser bei t_{Bez} [Tabelle T-10]

$\rho = 988$ kg/m³ $c_p = 4180$ J/(kgK) $\lambda = 0{,}640$ W/(mK)

$\nu = 0{,}554 \cdot 10^{-6}$ m²/s $Pr = 3{,}57$

Stoffwerte von gesättigtem Dampf bei t_s [Tabelle T-6]

$\rho_d = 1/3,41$ kg/m^3 $\qquad\qquad$ $\Delta h_d = 2310 \cdot 10^3$ J/kg

NUSSELT-Zahl Nu_ℓ aus Gleichung (10.80a)

$L_K = (v^2/g)^{1/3} = 3,15 \cdot 10^{-5}$m $\qquad\qquad$ $Ph = c_p(t_s - t_w)/\Delta h_d = 0,109$

$L = D = 0,2$ m $\qquad\qquad\qquad\qquad\qquad$ $Ga^{1/3} - L/L_K = 6350$

$Nu_1 = 0,725 \cdot \left(\dfrac{1 - \rho_d/\rho}{Ph \cdot Ga^{1/3}/Pr} \right)^{1/4} = 0,194$

Auftreten von Turbulenz [Gleichung (10.80d)]?

$Nu_k = 0,107 \cdot Pr^{0,32} = 0,161$ $\qquad\qquad$ $Nu_1 > Nu_k$ folgt $Nu = Nu_1$

Wärmeübertragungskoeffizient bei laminarer Strömung

$\alpha = Nu_1 \cdot \lambda / L_K = 3940$ W/(m^{2}K)

10.9 Wärmestrahlung

Durch Strahlung wird Wärme in ganz anderer Weise übertragen.

Im Gegensatz zu den zuvor beschriebenen Übertragungsmechanismen Wärmeleitung und Konvektion ist die Wärmestrahlung an keinen materiellen Träger gebunden. Die Energie wird in Form elektromagnetischer Strahlung mit Lichtgeschwindigkeit transportiert. Sie wird von fester, flüssiger oder gasförmiger Materie durch Umwandlung Innerer Energie (beispielsweise bei Elektronenübergängen oder Gitterschwingungen) abgegeben.

Aus dem großen Wellenlängenspektrum solcher Strahlung wird nur der Teil als Wärmestrahlung bezeichnet, der als Licht oder Wärme empfunden wird. Der Vergleich unterschiedlicher Strahlungsarten in Bild 10-13 zeigt, dass dieser Bereich das sichtbare Licht und die Infrarotstrahlung mit Wellenlängen etwa zwischen 0,4 µm und 1 mm abdeckt.

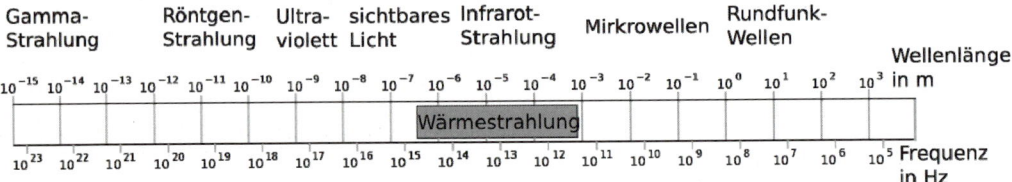

Bild 10-13 Spektrum elektromagnetischer Strahlung

Emission und Absorption – Jeder Körper strahlt entsprechend seiner auf die Wellenlänge λ * bezogenen, spektralen Strahlungsintensität $I(\lambda, T)$ in Abhängigkeit von seiner Temperatur ein Spektrum verschiedener Wellenlängen aus. Der pro Oberflächenelement vom Körper in den Halbraum emittierte (abgegebene) und alle Wellenlängenbereiche repräsentierende Wärmestrom folgt daraus zu

$$\dot{E}(T) = \int_0^\infty I(\lambda, T)\, d\lambda. \qquad\qquad\qquad (10.83)$$

---

* Im Abschnitt 10.9 wird das Formelzeichen λ für die Wellenlänge und nicht für die Wärmeleitfähigkeit verwendet. Auch wird für den auf die Oberfläche bezogenen, emittierten Wärmestrom das Formelzeichen $\dot{E}$ benutzt.

Trifft Wärmestrahlung wiederum auf feste, flüssige oder gasförmige Materie, so erhöht sich deren Innere Energie, falls die Strahlung absorbiert (aufgenommen) und nicht durchgelassen oder an der Oberfläche reflektiert wird. Werden die auf die auftreffende Energie bezogenen relativen Energieanteile als Absorptionsgrad a, Reflexionsgrad r und Durchlassgrad d bezeichnet, gilt nach dem Prinzip der Energieerhaltung

$$a + r + d = 1. \tag{10.84}$$

Dabei können einzelne Anteile verschwinden, wie beispielsweise $d = 0$ für die meisten Festkörper oder $r = 0$ für Gase. Die Extremfälle werden bezeichnet als

schwarzer Körper	$a = 1$
weißer Körper	$r = 1$
diathermaner Körper	$d = 1.$

Schwarzer Körper – Der schwarze Körper ist als Idealvorstellung eines die gesamte auftreffende Wärmestrahlung absorbierenden Körpers zu verstehen, der durch das in Bild 10-14 dargestellte Modell nahezu verwirklicht werden kann. Eine kleine Körperöffnung erscheint von außen völlig schwarz, wenn einfallende Strahlung im dahinter liegenden großen Hohlraum so häufig reflektiert wird, dass sie nahezu vollständig an den Wänden absorbiert wird und die Öffnung nicht wieder verlässt.

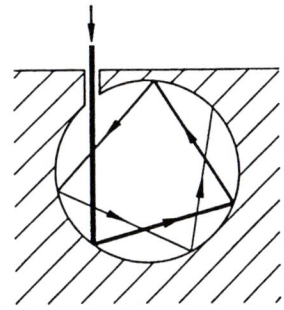

Bild 10-14
Modell des schwarzen Körpers

Neben seinem vollständigen Absorptionsvermögen zeichnen den schwarzen Körper auch seine Emissionseigenschaften aus. So wird seine spektrale Strahlungsintensität I_S durch das *PLANCKsche Gesetz* beschrieben.

$$I_\mathrm{S}(\lambda, T) = \frac{c_1}{\lambda^5} \frac{1}{\exp\left(\dfrac{c_2}{\lambda T}\right) - 1} \tag{10.85}$$

c	Lichtgeschwindigkeit	$c_1 = 2\,\pi h\,c^2$	$= 3{,}742 \cdot 10^{-16}\,\mathrm{Wm^2}$
h	PLANCKsches Wirkungsquantum	$c_2 = h\,c\,/\,k$	$= 1{,}439 \cdot 10^{-2}\,\mathrm{Km}$
k	BOLTZMANN-Konstante		

Dieser Zusammenhang ist in Bild 10-15 grafisch dargestellt. Es wird deutlich, dass für jede Temperatur Maximalwerte der spektralen Intensität auftreten und diese mit zunehmender Temperatur immer größere Werte bei immer kleineren Wellenlängen aufweisen. Aus der Bedingung $\partial I_\mathrm{S} / \partial \lambda = 0$ folgt die Lage der Intensitätsmaxima nach dem *WIENschen Verschiebungsgesetz* zu

$$\lambda_\mathrm{opt} = \frac{2898\,\mathrm{\mu m \cdot K}}{T}. \tag{10.86}$$

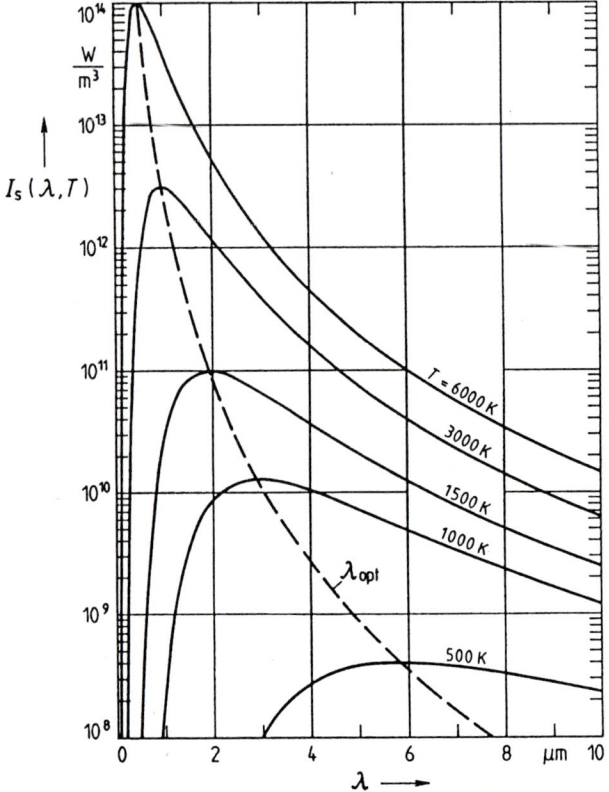

Bild 10-15
Spektrale Strahlungs-
intensität schwarzer
Körper

Die Fläche unterhalb der dargestellten Kurven $I_s(\lambda, T)$ repräsentiert nach Gleichung (10.83) den von einem schwarzen Körper der Temperatur T pro Oberflächenelement in den Halbraum emittierten Wärmestrom

$$\dot{E}_s(T) = \int\limits_0^\infty I_s(\lambda, T) \ \mathrm{d}\lambda = \sigma_s T^4 \qquad (10.87a)$$

mit der STEFAN-BOLTZMANN-Konstanten

$$\sigma_s = \frac{2\pi^5 k^4}{15 h^3 c^2} = 5{,}670 \cdot 10^{-8} \frac{W}{K^4 m^2}. \qquad (10.87b)$$

Dieses nach STEFAN und BOLTZMANN benannte Gesetz macht die charakteristische Abhängigkeit des emittierten Wärmestroms durch Strahlung von der vierten Potenz der Temperatur deutlich.

Natürlich erfolgt die Abstrahlung nicht einheitlich in alle Richtungen des Halbraumes, richtungsunabhängig bleibt für den schwarzen Körper aber die auf die projizierte Fläche bezogene Emission. Da ein Oberflächenelement $\mathrm{d}A$ unter dem Winkel β zur Normalen um den Faktor $\cos\beta$ verkleinert erscheint, gilt

$$\frac{\dot{E}_{s\beta}(T)}{\mathrm{d}A\cos\beta} = \frac{\dot{E}_{sn}(T)}{\mathrm{d}A} \qquad (10.88)$$

und somit das LAMBERTsche Kosinusgesetz

$$\dot{E}_{s\beta}(T) = \dot{E}_{sn}(T)\cos\beta. \tag{10.89}$$

$\dot{E}_{sn}$ bedeutet den vom Oberflächenelement dA emittierten Wärmestrom in Richtung der Flächennormalen ($\beta = 0$) pro Raumwinkeleinheit und $\dot{E}_{s\beta}$ den entsprechenden Wärmestrom im Winkel β dazu. Aus einer Integration von $\dot{E}_{s\beta}$ über den gesamten Halbraum folgt $\dot{E}_s$ als Vielfaches der Emission in Normalenrichtung zu

$$\dot{E}_s(T) = \pi\,\dot{E}_{sn}(T). \tag{10.90}$$

Technische Oberflächen – Der schwarze Körper weist eine spektrale Strahlungsintensität I_s nach dem PLANCKschen Gesetz (10.85) auf, die bei vorgegebener Temperatur von technischen Oberflächen, wie in Bild 10-16 schematisch dargestellt, nicht oder nur für manche Wellenlängen erreicht wird. Das als spektraler Emissionsgrad ε_λ bezeichnete Verhältnis

$$\varepsilon_\lambda(\lambda, T) = \frac{I(\lambda, T)}{I_s(\lambda, T)} \tag{10.91}$$

beschreibt deshalb die Fähigkeit eines realen Körpers, Strahlung im Vergleich zum idealen schwarzen Körper zu emittieren ($\varepsilon_\lambda \leq 1$).

Hängt der spektrale Emissionsgrad eines Körpers von der Temperatur und der Wellenlänge ab, so wird dieser als *selektiver Strahler* bezeichnet. Ein solches Verhalten weisen beispielsweise elektrisch leitende Materialien auf. Gase emittieren Strahlung ebenfalls selektiv, aber in bestimmten, engen Wellenlängenbereichen und werden deshalb auch als *Bandenstrahler* bezeichnet.

Bleibt das Intensitätsverhältnis für alle Wellenlängen konstant, wird vom *grauen Strahler* gesprochen. Bei diesem überwiegend elektrische Nichtleiter repräsentierenden Strahlertyp ist ε_λ nur noch Funktion der Temperatur.

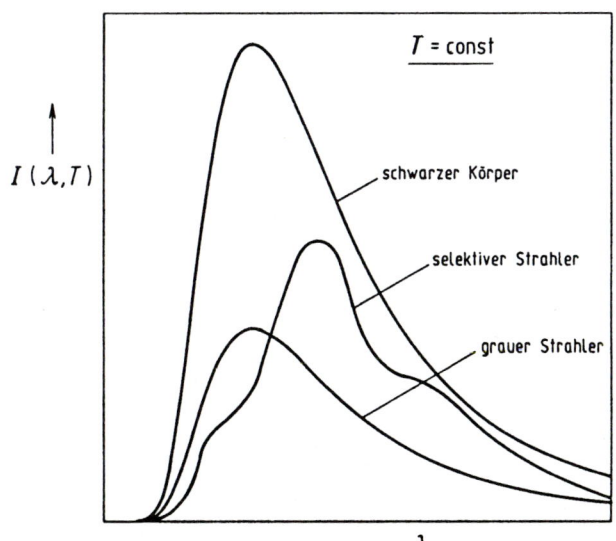

Bild 10-16
Vergleich der spektralen Intensität
unterschiedlicher Strahler

Der von einem beliebigen Körper pro Oberflächenelement in den Halbraum emittierte Wärmestrom $\dot{E}$ (T) folgt nach Gleichung (10.83) aus der Integration von I (λ, T) über alle Wellenlängen. Bei vorgegebener Temperatur kann auch $\dot{E}$ (T) nur einen Bruchteil von $\dot{E}_s$ (T) des schwarzen Körpers betragen, was durch den gesamten Emissionsgrad ε ausgedrückt wird.

$$\varepsilon\,(\mathrm{T}) = \frac{\dot{E}\,(\mathrm{T})}{\dot{E}_{\mathrm{s}}(\mathrm{T})} \qquad (10.92)$$

ε hängt nur von der Temperatur ab und nimmt für den schwarzen Körper seinen Maximalwert Eins an. Aus der Spektralverteilung folgt diese zur praktischen Rechnung geeignete Größe durch Integration.

$$\varepsilon(T) = \frac{\displaystyle\int_0^\infty \varepsilon_\lambda(\lambda,T)\,I_{\mathrm{s}}(\lambda,T)\,\mathrm{d}\,\lambda}{\sigma_{\mathrm{s}}\,T^4} \qquad (10.93)$$

Für graue Strahler vereinfacht sich Gleichung (10.93) zu

$$\varepsilon(T) \quad = \varepsilon_\lambda(T). \qquad (10.94)$$

Die durch ε beschriebene Eigenschaft eines Körpers, Strahlung zu emittieren, ist nicht unabhängig von dessen Absorptionsfähigkeit. Aus dem Strahlungsgleichgewicht zwischen einem beliebigen und einem schwarzen Körper gleicher Temperatur folgt das *KIRCHHOFFsche Gesetz*.

$$\varepsilon(T) \quad = a_{\mathrm{s}}(T). \qquad (10.95a)$$

Der Emissionsgrad ε eines Körpers bei der Temperatur T ist danach ebenso groß wie sein Absorptionsgrad a_{s} für schwarze Strahlung derselben Temperatur T. Das KIRCHHOFFsche Gesetz gilt auch für jeden einzelnen Wellenlängenbereich und damit für die spektralen Größen.

$$\varepsilon_\lambda(\lambda, T) = a_{\mathrm{s}\lambda}(\lambda, T). \qquad (10.95b)$$

Dabei ist zu beachten, dass diese Identität gleiche Temperaturen und Wellenlängenbereiche der vom Körper emittierten Strahlung und der absorbierten schwarzen Strahlung voraussetzt.

Das LAMBERTsche Kosinusgesetz (10.89) gilt im Allgemeinen nicht für technische Oberflächen. Insbesondere bei großen Winkeln β treten deutliche Abweichungen auf. Diese werden jedoch im gemittelten Emissionsgrad ε berücksichtigt, der für einige Materialien in Tabelle T-12 zusammengestellt ist. Teilweise wird aber auch der meist gemessene Emissionsgrad in Normalenrichtung ε_{n} angegeben.

10.10 Wärmestrahlung zwischen festen Oberflächen

Zwei Oberflächen strahlen sich an und übertragen dadurch Wärme.

Ein Körper kann Strahlung absorbieren und aufgrund seiner Temperatur auch selbst emittieren. Er wird deshalb einen anderen Körper beliebiger Temperatur bestrahlen und von diesem bestrahlt werden. Seine Innere Energie ändert sich aufgrund dieses Strahlungsaustausches aber nur dann, wenn beide Körper unterschiedliche Strahlungsanteile absorbieren, wenn also zwischen den Körpern Temperaturunterschiede bestehen. Dann fließt der Wärmestrom

$$\dot{Q}_{12} = C_{12}\,A_1\,(T_1^4 - T_2^4) \qquad (10.96a)$$

vom warmen zum kalten Körper. Positive Werte für $\dot{Q}_{12}$ bedeuten also, dass der Körper 1 mit Oberflächentemperatur T_1 Wärme an den Körper 2 mit Oberflächentemperatur T_2 abgibt. Die *Strahlungsaustauschzahl* C_{12} folgt aus

$$C_{12} = \sigma_s\, \varepsilon_1 \varepsilon_2\, \frac{\varphi_{12}}{1 - (1 - \varepsilon_1)\,(1 - \varepsilon_2)\,\dfrac{A_1}{A_2}\,\varphi_{12}^2} \tag{10.96b}$$

in Abhängigkeit von den Oberflächen A_1 und A_2, den Emissionsgraden ε_1 und ε_2 beider Körper sowie der *Einstrahlzahl* φ_{12}, die der räumlichen Anordnung beider Oberflächen Rechnung trägt.

$$\varphi_{12} = \frac{1}{\pi\, A_1} \int\limits_{A_1} \int\limits_{A_2} \frac{\cos \beta_1 \cos \beta_2}{s^2}\, \mathrm{d}A_2\, \mathrm{d}A_1 \tag{10.96c}$$

Gleichung (10.96b) vereinfacht sich, wenn Reflexionen an beiden Körpern vernachlässigbar sind und der gesamte Nenner den Wert Eins annimmt. Trotzdem stellt die Bestimmung der Strahlungsaustauschzahl aufgrund des Doppelintegrals in Gleichung (10.96c) die größte Schwierigkeit bei der praktischen Strahlungsberechnung dar. Analytische Beziehungen existieren nur für einfache geometrische Konfigurationen und sind beispielsweise im VDI-Wärmeatlas [24] zusammengestellt.

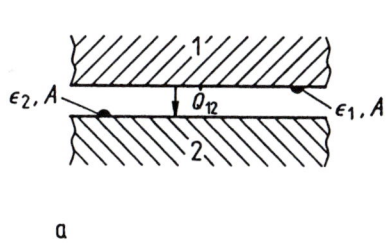 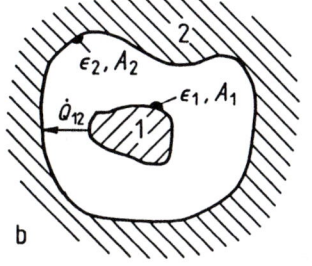

Bild 10-17
Strahlungsaustausch zwischen parallelen Flächen (a) und sich umschließenden Flächen (b)

Hier werden lediglich die beiden in Bild 10-17 skizzierten wichtigen Beispiele angeführt. Stehen sich zwei ebene Wände gleicher Größe parallel in einem Abstand gegenüber, der wesentlich kleiner als ihre Linearabmessungen ist (Bild 10-17a), beträgt die Strahlungsaustauschzahl

$$C_{12} = \frac{\sigma_s}{\dfrac{1}{\varepsilon_1} + \dfrac{1}{\varepsilon_2} - 1}. \tag{10.97a}$$

Umschließt der Körper 2 den Körper 1 vollständig (Bild 10-17b), so gilt

$$C_{12} = \frac{\sigma_s}{\dfrac{1}{\varepsilon_1} + \dfrac{A_1}{A_2}\left(\dfrac{1}{\varepsilon_2} - 1\right)}. \tag{10.97b}$$

Gleichung (10.97b) geht für $A_2 \approx A_1$ in (10.97a) über, während für $A_2 \gg A_1$ beispielsweise die Abstrahlung einer Fläche A_1 in den freien Raum mit $C_{12} = \varepsilon_1 \sigma_s$ beschrieben wird.

Bei gleichzeitigem Auftreten von Strahlung und konvektivem Wärmeübergang werden beide überlagert, wenn die Ausbreitung der Strahlung unabhängig vom Temperaturfeld eines durchlässigen Mediums erfolgt. Dies wird durch Addition eines Strahlungsanteils α_{Str} zu dem in Gleichung (10.59) definierten Wärmeübergangskoeffizienten α berücksichtigt. Der Strahlungsanteil berechnet sich aus

$$\alpha_{Str} = \frac{\dot{Q}_{12}}{A_1(T_1 - T_\infty)} = C_{12}\frac{T_1^4 - T_2^4}{T_1 - T_\infty}. \tag{10.98}$$

Aufgrund des nichtlinearen Einflusses der Temperatur auf die Wärmestrahlung hängt dieser Wärmeübergangskoeffizient selbst von T_1, T_2 und T_∞ ab.

■ **Beispiel 10.7** Welche Wärmestromdichte aufgrund Strahlung tauschen zwei sehr große, parallele Wände aus, wenn ihre Emissionsgrade $\varepsilon_1 = 0{,}6$ und $\varepsilon_2 = 0{,}9$ und ihre Oberflächentemperaturen $T_1 = 1000$ K und $T_2 = 300$ K betragen? Um wie viel wird sie reduziert, wenn parallel zwischen die Wände ein sehr dünner Strahlungsschutzschirm geführt wird, der beidseits gleiche Oberflächentemperaturen T_3 und Emissionsgrade $\varepsilon_3 = 0{,}1$ aufweist?

Strahlungsaustauschfaktor [Gleichung (10.97a)]

$$C_{12} = \frac{\sigma_s}{\varepsilon_1^{-1} + \varepsilon_2^{-1} - 1} = 3{,}19 \cdot 10^{-8} \text{ W/(K}^4 \text{ m}^2)$$

Wärmestromdichte [Gleichung (10.96a)]

$$\dot{q}_{12} = \dot{Q}_{12}/A_1 = C_{12} \cdot (T_1^4 - T_2^4) = 31{,}6 \text{ kW/m}^2$$

Wärmestromdichte zum Strahlungsschutzschirm

$$\dot{q}_{13} = C_{13} \cdot (T_1^4 - T_3^4)$$

Wärmestromdichte vom Strahlungsschutzschirm

$$\dot{q}_{32} = C_{32} \cdot (T_3^4 - T_2^4)$$

Strahlungsaustauschfaktoren [Gleichung (10.97a) mit veränderten Indizes]

$$C_{13} = 5{,}32 \cdot 10^{-9} \text{ W/(K}^4\text{m}^2) \qquad C_{32} = 5{,}61 \cdot 10^{-9} \text{ W/(K}^4\text{m}^2)$$

Temperatur des Strahlungsschutzschirms

$$\text{Mit } \dot{q}_{13} = \dot{q}_{32} \text{ wird } T_3 = \left(\frac{C_{13} \cdot T_1^4 + C_{32} \cdot T_2^4}{C_{13} + C_{32}}\right)^{1/4} = 837 \text{ K}$$

Wärmestromdichte

$$\dot{q}_{13} = \dot{q}_{32} = 2{,}71 \text{ kW/m}^2 \approx 0{,}0858 \cdot \dot{q}_{12}$$

10.11 Wärmedurchgang

In der Technik wird häufig Wärme von einem Fluid durch eine Wand an ein anderes Fluid übertragen.

Die wesentlichen Aufgaben, die Natur und Technik an die Wärmeübertragung stellen, sind Wärmedämmung, Wärmeaustausch und Thermalkontrolle. Während erstgenannte Aufgabe die Minimierung der Wärmeverluste oder der Wärmeaufnahme eines Objekts verfolgt, setzt sich die zweite Aufgabe die maximale Wärmeübertragung zwischen zwei Medien zum Ziel. Anforderung an die Thermalkontrolle ist der Schutz von Objekten gegen Überhitzung und Unterkühlung durch geeignete Maßnahmen.

Wärmedämmung und *Wärmeaustausch* finden in vielen Fällen zwischen zwei Fluiden durch feste Wände statt. Es wirken dabei wenigstens zwei der in den vorigen Abschnitten beschriebenen Mechanismen, Wärmeleitung und konvektiver Wärmeübergang. Man spricht dann von *Wärmedurchgang*. Als Beispiele unter vielen seien die Hauswand, die Warmwasserleitung, das Warmhaltegefäß, der Motorkühler sowie Verdampfer und Verflüssiger der Kältemaschine genannt.

Unabhängig davon, ob der Wärmestrom durch solche Wände minimiert oder maximiert werden soll, stellt sich qualitativ das in Bild 10-18 skizzierte Temperaturprofil ein. In großer Entfernung der Trennwand betragen die vom Wärmeübergang unbeeinflussten Temperaturen beider Fluide T_1 und T_2, während innerhalb der Grenzschichten beidseits der Wand ein Abfall oder Anstieg bis auf T_{w1} und T_{w2} erfolgt. Dem Unterschied beider Oberflächentemperaturen entsprechend wird Wärme durch die Trennwand geleitet.

Unter der Annahme eindimensionalen und stationären Wärmeflusses lässt sich vorliegendes Problem wieder durch das im Abschnitt 10.2 erläuterte elektrische Analogiemodell beschreiben. Da der Wärmestrom $\dot{Q}$ nacheinander vom Fluid 1 konvektiv an die Wand übergeht, durch diese geleitet wird und anschließend konvektiv an das Fluid 2 übergeht, liegt die im Bild 10-18 unten dargestellte Reihenschaltung vor.

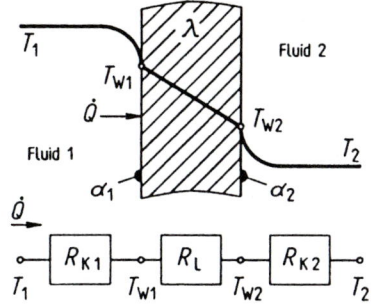

Bild 10-18
Temperaturverlauf beim Wärmedurchgang

Dabei resultiert der Widerstand durch Wärmeleitung R_L aus den Gleichungen (10.20), während die Widerstände konvektiver Wärmeübergänge aus den Gleichungen (10.20a) und (10.59) zu

$$R_K = \frac{1}{\alpha\,A} \tag{10.99}$$

folgen. Der übertragene Wärmestrom erfährt deshalb den Gesamtwiderstand

$$R_{th} = R_{K1} + R_L + R_{K2}, \tag{10.100}$$

dessen Kehrwert den so genannten *Wärmedurchgangskoeffizienten k* definiert.

$$k = \frac{1}{R_{th}\,A} \tag{10.101a}$$

Der durchgehende Wärmestrom $\dot{Q}$ schreibt sich damit

$$\dot{Q} = k\,A\,(T_1 - T_2). \tag{10.101aa}$$

Dieser folgt für eine ebene Wand aus

$$k\,A = \frac{A}{\dfrac{1}{\alpha_1} + \dfrac{s}{\lambda} + \dfrac{1}{\alpha_2}}, \tag{10.101b}$$

für einen Hohlzylinder aus

$$k\,A = \frac{2\,\pi\,L}{\dfrac{1}{\alpha_1 r_1} + \dfrac{1}{\lambda}\ln\left(\dfrac{r_2}{r_1}\right) + \dfrac{1}{\alpha_2 r_2}} \tag{10.101c}$$

und für eine Hohlkugel aus

$$k\,A = \frac{4\pi}{\dfrac{1}{\alpha_1\,r_1^2} + \dfrac{1}{\lambda}\left(\dfrac{1}{r_1} - \dfrac{1}{r_2}\right) + \dfrac{1}{\alpha_2\,r_2^2}}\,.$$ (10.101d)

Es bedeuten s die Dicke der ebenen Wand, L die Länge des Hohlzylinders, sowie r_1 und r_2 den inneren und äußeren Wandradius des Hohlzylinders und der Hohlkugel.

Der Wärmedurchgangskoeffizient k ist in den Gleichungen (10.101b-d) nicht explizit, sondern als Produkt $k \cdot A$ dargestellt. Dies ist deshalb sinnvoll, weil k nur für ebene Wände flächenunabhängig, aber für Hohlzylinder und Hohlkugeln nur in Bezug auf eine festzulegende Fläche A definiert ist. Außerdem lassen sich die Beziehungen in dieser Form leicht auf mehrschichtige Wände erweitern.

Um Wärme abzudämmen oder auszutauschen, werden möglichst kleine beziehungsweise große Wärmedurchgangskoeffizienten angestrebt. Dabei wird jede Optimierung anhand der größten Teilwiderstände erfolgen, da diese bei einer Reihenschaltung für den Strom maßgebend sind.

Wärmedämmung von Hauswänden – Der Wärmedurchgangskoeffizient k wurde bisher bei Gebäuden als „K-Wert" bezeichnet. Diese Bezeichnung wurde geändert. Heute spricht man von einem „U-Wert". Mit diesem U-Wert lässt sich beispielsweise der Wärmestrom $\dot{Q}$ durch eine Hauswand der Fläche A bei einer Differenz von Außentemperatur t_a und einer Innentemperatur t_i mit Gleichung (10.101aa) berechnen.

$$\dot{Q} = U\,A\,(t_i - t_a)$$ (10.101e)

Der U-Wert wird mit Gleichung (10.101b) ermittelt. Darin werden neben der Wärmeleitung durch die einzelnen Wandschichten auch der Wärmeübergang von der Raumluft auf die Innenwand und der Wärmeübergang von der Gebäudewand auf die Außenluft berücksichtigt.

$$U = \frac{1}{\dfrac{1}{\alpha_i} + \Sigma_j \dfrac{s_j}{\lambda_j} + \dfrac{1}{\alpha_a}}$$ (10.101f)

α_i Wärmeübergangskoeffizient auf der Innenwand s_j Dicke der Wandschicht j
α_a Wärmeübergangskoeffizient auf der Außenwand λ_j Wärmeleitfähigkeit der Wandschicht j

Beim Vollwärmeschutz wird ein Wert von $U < 0{,}34$ W/(m²K) verlangt. Bei einem Niedrigenergiehaus sollen Wände $U < 0{,}25$ W/(m²K) und das Dach $U < 0{,}15$ W/(m²K) einhalten.

■ **Beispiel 10.8** Bei einem Haus soll eine 30 cm dicke Wand aus Ziegelsteinen mit Wärmedämmplatten in ausreichender Stärke auf Vollwärmeschutz gebracht werden. Innen- und Außenputz werden bei der Berechnung vernachlässigt.

Daten   Wandstärke s_z = 30 cm
            Wärmeleitfähigkeit der Ziegelsteine λ_z < 0,45 W/(mK)
            Wärmeleitfähigkeit der Wärmedämmplattten λ_w < 0,04 W/(mK)
            Wärmeübergangskoeffizient innen α_i = 7,7 W/(m²K)
            Wärmeübergangskoeffizient außen α_a = 25 W/(m²K)
            U-Wert U < 0,34 W/(m²K)

Stärke der Wärmedämmplatten s_w (Gleichung (10.101f))

$$s_w = \lambda_w \left(\frac{1}{U} - \frac{s_z}{\lambda_z} - \frac{1}{\alpha_i} - \frac{1}{\alpha_a}\right)$$ en, welche Formel ich nehmen soll:

$$= 0{,}04\ \text{W/(mK)} \cdot \left(\frac{1}{0{,}34\ \text{W/(m²K)}} - \frac{0{,}3\ \text{m}}{0{,}45\ \text{W/(mK)}} - \frac{1}{7{,}7\ \text{W/(m²K)}} - \frac{1}{25\ \text{W/(m²K)}}\right) = 8{,}4\ \text{cm}$$

Zum Vergleich erreicht ein Haus aus Gasbetonsteinen mit $\lambda < 0,25$ W/(mK) bei einer Wandstärke von $s_G = 30$ cm einen U-Wert von $U < 0,7$ W/(m^{2}K).

10.12 Wärmeaustausch im Gleichstrom und Gegenstrom

Um Wärme möglichst wirkungsvoll auszutauschen, werden spezielle Apparate eingesetzt.

Apparate, in denen ein Fluid das andere aufheizen oder abkühlen soll, werden als Wärmeaustauscher bezeichnet. Ihr Einsatzgebiet umfasst alle Bereiche der Technik, entsprechend vielfältig sind ihre Ausführungsformen. Ein mögliches Unterscheidungsmerkmal stellt die Art des Wärmeaustausches durch direkten oder indirekten Kontakt beider Fluide dar. So findet bei direktem Wärmeaustausch meist auch ein Stoffübergang zwischen den Medien statt. Dies ist beispielsweise in Nasskühltürmen durchaus erwünscht, während viele technische Anwendungen eine Trennung beider Fluide erfordern. Wird deshalb Wärme wie in Bild 10-18 dargestellt durch eine feste Trennwand übertragen, liegt indirekter Wärmeaustausch in einem kontinuierlich arbeitenden Rekuperator vor. Dagegen erfolgt der Wärmeaustausch im so genannten Regenerator diskontinuierlich, weil beide Fluide eine Speichermasse abwechselnd erwärmen und kühlen.

Bezüglich der Strömungsrichtungen beider Fluide im Wärmeaustauscher wird außerdem zwischen Gleichströmern, Gegenströmern oder Kreuzströmern und beliebigen Kombinationen davon unterschieden. Die folgenden Ausführungen beschränken sich auf rekuperative Wärmeaustauscher im Gleich- oder Gegenstrombetrieb, sind aber auf unterschiedliche technische Bauarten wie z. B. Rohrbündel-, Platten-, Spiral- oder Lamellenwärmeaustauscher anwendbar.

Temperaturverlauf – Einen Wärmeaustauscher dieser Art stellt Bild 10-19 im Schema dar. Wärme geht durch eine Trennwand vom Fluid 1 an ein Fluid 2, das in gleicher oder entgegengesetzter Richtung wie Fluid 1 strömt, über. Unter den Annahmen stationären Betriebes, vernachlässigbarer Wärmeleitung in x-Richtung, vernachlässigbaren Wärmeaustausches mit der Umgebung, konstanter Stoffwerte und eines konstanten Wärmedurchgangskoeffizienten lassen sich die Temperaturen T_1 und T_2 beider Fluide in Abhängigkeit von x beschreiben.

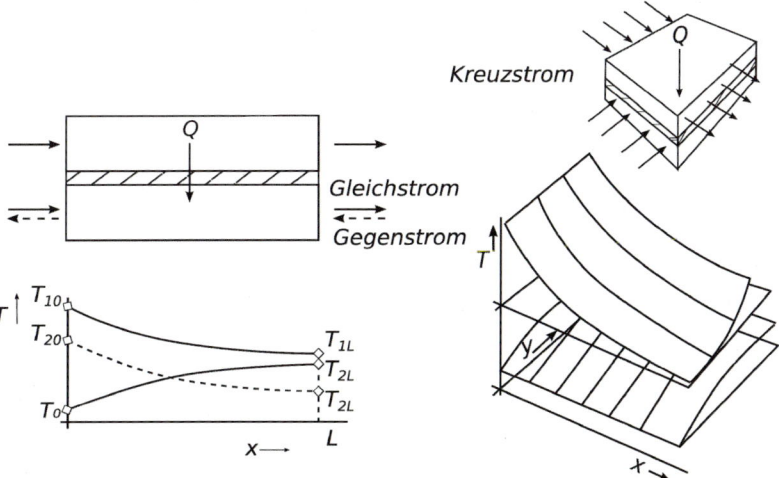

Bild 10-19 Rekuperativer Wärmeaustausch im Gleich-, Gegen- und Kreuzstrom

Aufgrund des ortsabhängigen Temperaturabstandes $(T_1 - T_2)$ gilt Gleichung (10.101aa) nicht für die gesamte wärmeaustauschende Fläche A, sondern nur für ein kleines Flächenelement dA.

$$\mathrm{d}\dot{Q} = k(T_1 - T_2)\,\mathrm{d}A \qquad\qquad\qquad (10.102)$$

Darin ist d$A = A/L \cdot$ dx. Der übertragene Wärmestrom d$\dot{Q}$ ändert die Enthalpieströme beider Medien entsprechend Gleichung (4.51).

$$\mathrm{d}\dot{Q} = -(\dot{m}\,c_\mathrm{p})_1\,\mathrm{d}T_1 \qquad\qquad\qquad (10.103a)$$

$$\mathrm{d}\dot{Q} = \pm(\dot{m}\,c_\mathrm{p})_2\,\mathrm{d}T_2 \qquad\qquad\qquad (10.103b)$$

Darin gilt + für Gleichstrom und – für Gegenstrom. Die Vorzeichen der Temperaturänderungen sind für das wärmeabgebende Fluid 1 negativ und für das wärmeaufnehmende Fluid 2 im Gleichstrom positiv, aber aufgrund der Umkehrung des Massenstroms im Gegenstrom negativ. Durch Gleichsetzen der Gleichungen (10.102) und (10.103a, b) folgen die Temperaturänderungen zu

$$\mathrm{d}T_1 = -\frac{k\,A\,(T_1 - T_2)\,\mathrm{d}x}{L\,(\dot{m}\,c_\mathrm{p})_1} \qquad\qquad\qquad (10.104a)$$

$$\mathrm{d}T_2 = \pm\frac{k\,A\,(T_1 - T_2)\,\mathrm{d}x}{L\,(\dot{m}\,c_\mathrm{p})_2} \qquad\qquad\qquad (10.104b)$$

Die Subtraktion beider Gleichungen ergibt

$$\frac{d(T_1 - T_2)}{T_1 - T_2} = -\kappa\,\frac{\mathrm{d}x}{L} \qquad\qquad\qquad (10.105)$$

mit der Abkürzung

$$\kappa = k\,A\left[\frac{1}{(\dot{m}\,c_\mathrm{p})_1} \pm \frac{1}{(\dot{m}\,c_\mathrm{p})_2}\right] \qquad\qquad\qquad (10.106)$$

und + für Gleichstrom und – für Gegenstrom. Gleichung (10.105) kann unter Verwendung der Bedingungen $T_1\,(x = 0) = T_{10}$ und $T_2\,(x = 0) = T_{20}$ gelöst werden.

$$T_1(x) - T_2(x) = (T_{10} - T_{20})\exp\left(-\kappa\frac{x}{L}\right) \qquad\qquad\qquad (10.107)$$

Dieser Zusammenhang ist im Bild 10-19 unten qualitativ dargestellt und macht die Überlegenheit des Gegenstromprinzipes deutlich. Während der theoretische Maximalwert für T_2 im Gleichstrom der Austrittstemperatur T_{1L} des Fluids 1 entspricht, kann er im Gegenstrom dessen Eintrittstemperatur T_{10} erreichen.

Mittlere logarithmische Temperaturdifferenz – Der tatsächliche Verlauf der Temperaturkurven hängt von der in Gleichung (10.106) definierten Größe κ ab. Sind beispielsweise die Kapazitätsströme $\dot{m}\cdot c_\mathrm{p}$ beider Fluide gleich groß, verschwindet κ für Gegenstrom. Dann ist die Temperaturdifferenz $(T_1 - T_2)$ unabhängig von x, beide Kurven sind linear und parallel. Für Gleichstrom verlaufen die Kurven in diesem Fall symmetrisch zum konstanten Mittelwert. Wird dagegen einer der beiden Kapazitätsströme wie beispielsweise bei der Verdampfung oder Verflüssigung eines Fluids sehr viel größer als der andere, so bleibt die Temperatur dieses Fluids nahezu konstant. In solchen Fällen ist die Strömungsrichtung für den Wärmeaustausch unerheblich.

Der gesamte, im Wärmeaustauscher übertragene Wärmestrom folgt aus Integration der Gleichung (10.102) unter Verwendung von Gleichung (10.107) zu

$$\dot{Q} = \int_0^L d\dot{Q} = k\,A\,(T_{10} - T_{20})\,\frac{1 - \exp(-\kappa)}{\kappa} \qquad (10.108)$$

Wird Gleichung (10.107) mit $x = L$ gebildet, daraus κ eliminiert und in (10.108) eingesetzt, folgt nach einigen Umformungen

$$\dot{Q} = k\,A\,\frac{T_{10} - T_{20} - (T_{1L} - T_{2L})}{\ln\left(\dfrac{T_{10} - T_{20}}{T_{1L} - T_{2L}}\right)} \qquad (10.109)$$

und somit eine der Gleichung (10.101a) entsprechende Darstellung des Wärmestroms. Für die ortsabhängige Temperaturdifferenz $(T_1 - T_2)$ steht nun eine repräsentative Größe, die sogenannte mittlere logarithmische Temperaturdifferenz ΔT_m des Wärmeaustauschers.

$$\Delta T_m = \frac{T_{10} - T_{20} - (T_{1L} - T_{2L})}{\ln\left(\dfrac{T_{10} - T_{20}}{T_{1L} - T_{2L}}\right)} \qquad (10.110)$$

Damit ist die Fundamentalgleichung für Wärmeaustauscher definiert.

$$\dot{Q} = k\,A\,\Delta T_m \qquad (10.111)$$

Diese Gleichung gilt auch für andere Strömungsformen, jedoch lässt sich ΔT_m dann nicht mehr analytisch darstellen und folgt beispielsweise aus Diagrammen im VDI-Wärmeatlas [24].

Gleichung (10.111) macht die Forderungen an einen leistungsfähigen Wärmeaustauscher deutlich. Um möglichst viel Wärme pro Fläche übertragen zu können, sind große Werte für ΔT_m und k erforderlich. Das erste Kriterium wird vom Gegenströmer bestens erfüllt, während ein optimaler Wärmedurchgangskoeffizient, wie bereits erwähnt, durch Vermeidung großer Wärmewiderstände erreichbar ist.

In den meisten Wärmeaustauschern dominieren fluidseitige Wärmeübergangswiderstände oder Verschmutzungsschichten gegenüber der wärmeleitenden Wand. Den Wärmeübergang verbessernde Maßnahmen wie beispielsweise die Erhöhung von Strömungsgeschwindigkeiten oder die Verwendung berippter Oberflächen führen allerdings regelmäßig zur Erhöhung der Druckverluste und damit der erforderlichen Pumpenleistungen.

10.13 Wärmedämmung

Um Wärme zu sparen, muss an vielen Stellen isoliert werden.
Wärmedämmung ist erforderlich.

Soll der zwischen zwei Fluiden über eine feste Wand ausgetauschte Wärmestrom bestmöglich unterdrückt werden, ist der Wärmedurchgangskoeffizient k zu minimieren. Dazu wird, wie bereits erwähnt, dem Wärmestrom wenigstens ein sehr großer Teilwiderstand entgegengesetzt. Praktisch besteht dieser meist aus einer zusätzlichen Wandschicht aus schlecht wärmeleitendem Material. Außerdem kann er an ebenen Wänden nach Gleichung (10.101b) durch Vergrößerung der Schichtdicke s erhöht werden, während bei gekrümmten Wänden eine Besonderheit auftritt, die im Folgenden diskutiert werden soll.

Durchströmte Rohre – Der Wärmeschutz eines durchströmten Rohres gegen seine Umgebung erfolge nach Bild 10-20 durch eine äußere, konzentrische Schicht mit Wärmeleitfähigkeit λ_D.

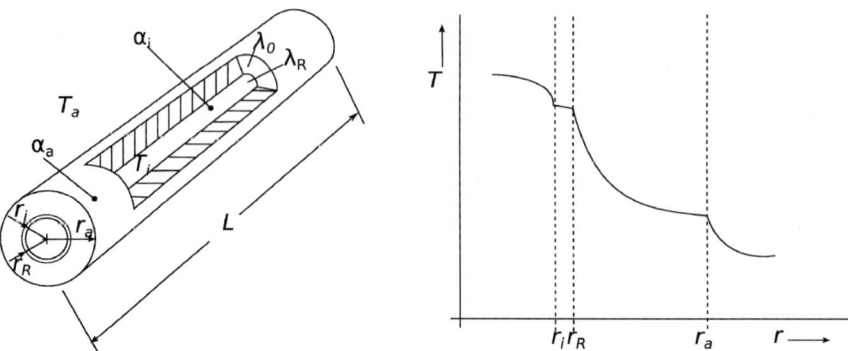

Bild 10-20 Durchströmtes Rohr mit Wärmedämmung

Werden die Innentemperatur T_i und die Umgebungstemperatur T_a zunächst als konstant und unabhängig von der x-Koordinate angenommen, gilt entsprechend Gleichung (10.101)

$$\dot{Q} = k\,A\,(T_i - T_a) \qquad\qquad (10.112a)$$

mit

$$k\,A = \cfrac{2\,\pi\,L}{\cfrac{1}{\alpha_i\,r_i} + \cfrac{1}{\lambda_R}\ln\!\left(\cfrac{r_R}{r_i}\right) + \cfrac{1}{\lambda_D}\ln\!\left(\cfrac{r_a}{r_R}\right) + \cfrac{1}{\alpha_a\,r_a}} . \qquad (10.112b)$$

Daraus lassen sich der Wärmeverlust oder die Wärmeaufnahme des strömenden Mediums pro Rohrlänge berechnen.

In sehr vielen Anwendungsfällen übersteigen der Wärmeübergangskoeffizient auf der Innenseite α_i den Wert auf der Außenseite α_a deutlich, sowie die Wärmeleitfähigkeit des Rohrmaterials λ_R den Wert des Dämmmaterials λ_D. Dann gilt in guter Näherung

$$\frac{\dot{Q}}{L} = \cfrac{2\,\pi}{\cfrac{1}{\lambda_D}\ln\!\left(\cfrac{r_a}{r_R}\right) + \cfrac{1}{\alpha_a r_a}}\,(T_i - T_a)\,. \qquad\qquad (10.113)$$

Im Nenner dieser Gleichung treten nur noch zwei Teilwiderstände auf, die beide vom Außenradius r_a und somit der Dicke der Dämmschicht abhängen. Während der Leitungswiderstand mit r_a wächst, verringert sich der konvektive Widerstand aufgrund der zunehmenden wärmeaustauschenden Oberfläche. Eine positive Dämmwirkung wird deshalb nur erzielt, wenn die Summe beider Teilwiderstände mit r_a zunimmt, d. h. $\partial\dot{Q}/\partial r_a < 0$ gilt. Dies ist dann der Fall, wenn das Kriterium

$$\frac{\alpha_a\,r_a}{\lambda_D} > 1 \qquad\qquad (10.114)$$

erfüllt wird. Für vorgegebene Werte von α_a und λ_D ist ein kritischer Radius r_a zu überschreiten, um wärmedämmende Wirkung zu erzielen. Dieser Effekt kann auch im umgekehrten Sinne genutzt werden, wie beispielsweise zur Wärmeabgabe isolierter elektrischer Leitungen.

Ist der Wärmestrom $\dot{Q}$ so groß, dass Temperaturänderungen nicht mehr vernachlässigbar sind, gelten die bereits angegebenen Gleichungen des Wärmeaustausches. Im Fall konstanter Umgebungstemperatur T_a kann aber der äußere Wärmekapazitätsstrom als unendlich groß angesetzt und der zweite Summand in Gleichung (10.106) vernachlässigt werden. Dann folgt aus Gleichung (10.107)

$$T_i(x) - T_a = (T_{i0} - T_a) \exp\left[-\frac{kA}{(\dot{m}c_p)_i} \cdot \frac{x}{L}\right] \tag{10.115}$$

mit $k \cdot A$ aus Gleichung (10.112b), T_{i0} als der Eintrittstemperatur und $(\dot{m}c_p)_i$ als dem Wärmekapazitätsstrom des Fluids im Rohr. Der ausgetauschte Wärmestrom kann daraus mit Hilfe der mittleren logarithmischen Temperaturdifferenz nach den Gleichungen (10.110) und (10.111) berechnet werden.

Luftschichten – Unabhängig von der Form der Wand wird an jede wärmedämmende Schicht primär die Forderung kleiner Wärmeleitfähigkeit λ_D gestellt. Wie die Stoffdatenübersicht in Tabelle T-10 zeigt, weisen geeignete Materialien bei Umgebungstemperatur Werte von etwa 0,04 W/(mK) und größer auf. Im Vergleich dazu beträgt die Wärmeleitfähigkeit der Luft nur 0,02 W/(mK), weshalb sie sich in vielen Anwendungsfällen zur Wärmedämmung eignet. Als Beispiele seien Luftspalte zwischen festen Wänden sowie poröse Materialien genannt, deren Wärmedurchlässigkeit durch Lufteinschlüsse verringert wird. Im Folgenden wird der Wärmetransport in Luftschichten kurz erläutert.

Der in Bild 10-21 skizzierte Luftspalt sei durch zwei feste Wände konstanter Temperaturen T_1 und T_2 begrenzt. Beide tauschen über diese Schicht Wärme aus, die sich als Kombination aus Leitung, Konvektion und Strahlung ergibt.

$$\dot{Q} = \dot{Q}_L + \dot{Q}_K + \dot{Q}_S \tag{10.116a}$$

$$\dot{Q}_L = \frac{T_1 - T_2}{R_L} \tag{10.116b}$$

$$\dot{Q}_L + \dot{Q}_K = \alpha A_1 (T_1 - T_2) \tag{10.116c}$$

$$\dot{Q}_S = C_{12} A_1 (T_1^4 - T_2^4) \tag{10.116d}$$

R_L aus Gleichungen (10.20) C_{12} aus Gleichungen (10.97)

α aus Gleichungen (10.77) bis (10.79)

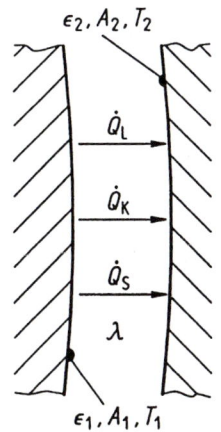

Bild 10-21
Wärmetransport durch eine Luftschicht

Sobald konvektiver Wärmeübergang auftritt, entfällt der Leitungsanteil (10.116b), da er in Gleichung (10.116c) mit enthalten ist.

Zur praktischen Rechnung wird häufig der Ansatz

$$\dot{Q} = \frac{T_1 - T_2}{R_{\text{Leff}}} \tag{10.117}$$

verwendet, in dem R_{Leff} als scheinbarer Leitungswiderstand mit der so genannten *effektiven Wärmeleitfähigkeit* λ_{eff} gebildet wird. Sie folgt aus der Identität der Gleichungen (10.116) und (10.117) und berücksichtigt alle drei Wärmetransportmechanismen. λ_{eff} hängt von verschiedenen Stoffgrößen der Luft, den Temperaturen T_1 und T_2, der geometrischen Anordnung der Flächen A_1 und A_2, der Spaltweite s sowie den Emissionsgraden ε_1 und ε_2 ab.

Um λ_{eff} und somit $\dot{Q}$ zu minimieren, ist jeder einzelne Wärmetransportmechanismus bestmöglich zu unterdrücken. Die Gleichungen (10.116) zeigen die dazu erforderlichen Maßnahmen.

Der Wärmestrom durch Strahlung $\dot{Q}_S$ wird mit abnehmender Strahlungsaustauschzahl C_{12}, also mit abnehmenden Emissionsgraden ε_1 und ε_2 klein. Dies ist beispielsweise durch Verspiegelung der Oberflächen oder Verwendung von Strahlungsschutzschirmen zu erreichen.

Der Wärmestrom durch Konvektion $\dot{Q}_K$ wird mit abnehmendem Wärmeübergangskoeffizienten α, also mit abnehmender RAYLEIGH-Zahl Ra klein. Dies wird beispielsweise durch kleine Spaltweite s oder wegen größerer Stoffwerte v und a durch kleinen Luftdruck erreicht.

Der Wärmestrom durch Leitung $\dot{Q}_L$ wird mit zunehmendem Leitungswiderstand R_L, also mit zunehmender Spaltweite s und abnehmender Wärmeleitfähigkeit λ klein. Eine große Spaltweite widerspricht der gewünschten Unterdrückung der Konvektion. Die Wärmeleitfähigkeit ist für das Kontinuum Luft nahezu druckunabhängig und nimmt mit dem Druck erst dann ab, wenn dieser so klein ist, dass die mittlere freie Weglänge der Luftmoleküle die Spaltweite s übersteigt. Dies ist im Vakuum ab einer Größenordnung von etwa 10^{-2} Pa der Fall.

Alle Forderungen werden bestens durch so genannte *Superisolationen* erfüllt, die aus einer großen Anzahl paralleler, hochreflektierender Folien und evakuierten Zwischenräumen bestehen. Dadurch lassen sich Werte der effektiven Wärmeleitfähigkeit unter 10^{-4} W/(mK) verwirklichen.

■ **Beispiel 10.9** Wie groß ist die effektive Wärmeleitfähigkeit eines luftgefüllten, waagerechten Ringspaltes mit Innenradius $r_1 = 10$ cm und Außenradius $r_2 = 12$ cm? Die konstanten Temperaturen und Emissionsgrade der Wände betragen $t_1 = 20\,°C$; $t_2 = -20\,°C$; $\varepsilon_1 = \varepsilon_2 = 0{,}9$.

Bezugsfläche

$$A_1 = 2\,\pi\,r_1\,L = L \cdot 0{,}628 \text{ m}$$

Bezugstemperatur [Gleichung (10.79)]

$$t_{\text{Bez}} = \frac{1}{2}\,(t_1 + t_2) = 0\,°C$$

Stoffwerte von Luft bei t_{Bez} [Tabelle T-10]

$$\lambda = 0{,}0242 \text{ W/(mK)} \qquad v = 13{,}5 \cdot 10^{-6} \text{ m}^2/\text{s} \qquad a = v/Pr = 18{,}8 \cdot 10^{-6} \text{ m}^2/\text{s}$$

Wärmestrom durch Leitung und Konvektion [Gleichung (10.116c)]

$$\dot{Q}_L + \dot{Q}_K = \alpha\,A_1\,(t_1 - t_2) = L \cdot 97{,}2 \text{ W/m}$$

mit α aus Gleichung (10.79)

$$s \quad = (r_2\,r_1)^{1/2} \cdot \ln(r_2/r_1) = 2 \text{ cm}$$

$$\beta \quad = 1/T_{\text{Bez}} = 3{,}66 \cdot 10^{-3} \text{ 1/K [Gleichung (10.72b)]}$$

$$Ra \quad = g\,\beta\,s^3\,(t_1 - t_2)/(v\,a) = 45300$$

$$Nu \quad = 0{,}20 \cdot Ra^{0{,}25} \cdot (r_2/r_1)^{0{,}5} = 3{,}20$$

$$\alpha \quad = Nu \cdot \lambda / s = 3{,}87 \text{ W/(m}^2\text{K)}$$

Wärmestrom durch Strahlung [Gleichung (10.116d)]

$$\dot{Q}_S = C_{12} \cdot A_1(T_1^4 - T_2^4) = L \cdot 97{,}0 \, \text{W/m}$$

mit C_{12} aus Gleichung (10.97b)

$$C_{12} = \frac{\sigma_s}{\varepsilon_1^{-1} + r_1/r_2 \cdot (\varepsilon_2^{-1} - 1)} = 4{,}71 \cdot 10^{-8} \ \text{W/(K}^4\text{m}^2)$$

Gesamtwärmestrom [Gleichung (10.116a)]

$$\dot{Q} = \dot{Q}_L + \dot{Q}_K + \dot{Q}_S = L \cdot 194{,}2 \, \text{W/m}$$

Scheinbarer Leitungswiderstand [Gleichung (10.117)]

$$R_{\text{Leff}} = (t_1 - t_2)/\dot{Q} = 0{,}206/L \ \text{Km/W}$$

Effektive Wärmeleitfähigkeit [Gleichung (10.20c)]

$$\lambda_{\text{eff}} = \frac{1}{R_{\text{Leff}}} \cdot \frac{\ln(r_2/r_1)}{2\pi \cdot L} = 0{,}141 \ \text{W/(mK)} \approx 5{,}83 \cdot \lambda$$

10.14　Fragen und Übungen

Frage 10.1 Welche der folgenden Aussagen ist richtig?

(a) Wärmeleitung tritt ausschließlich in Feststoffen auf.

(b) Konvektive Wärmeübertragung erfolgt in fluider Materie.

(c) Wärmestrahlung wird nur in durchlässigen Gasen transportiert.

(d) Die Wärmeleitfähigkeit ist eine stoffspezifische Konstante.

(e) Sind die Temperaturen an den Systemgrenzen vorgegeben, spricht man von Randbedingungen 3. Art.

Frage 10.2 Ein großer kugelförmiger Festkörper hoher Temperatur wird in einem Flüssigkeitsbad abgeschreckt. Welche der Aussagen über den Einfluss seiner Stoffeigenschaften ist falsch?

(a) Je größer seine Wärmeleitfähigkeit ist, desto mehr Wärme gibt er ab.

(b) Je größer seine Wärmekapazität ist, desto weniger Wärme gibt er ab.

(c) Je größer seine Dichte ist, desto mehr Wärme gibt er ab.

(d) Je größer sein Wärmeeindringkoeffizient ist, desto mehr Wärme gibt er ab.

Frage 10.3 Bei der Anwendung des expliziten numerischen Lösungsverfahrens ist die Größe der Zeitschrittweite aus Stabilitätsgründen beschränkt. Für welche der nachstehenden Bedingungen kann sie vergrößert werden?

(a) Größere Maschenweite des Gitters.

(b) Größere Wärmeleitfähigkeit des Materials.

(c) Kleinere Wärmekapazität des Materials.

Frage 10.4 Welche der folgenden Aussagen über den Wärmeübergangskoeffizienten ist richtig?

(a) Er entspricht dem Wärmestrom pro Fläche bei konvektivem Wärmeübergang.

(b) Er ist eine Stoffeigenschaft.

(c) Er nimmt mit abnehmender Wärmeleitfähigkeit zu.

(d) Er vergrößert seinen Wert mit abnehmender Grenzschichtdicke.

Frage 10.5 Welche Korrelationsgleichung ist ungeeignet, um den Wärmeübergang bei erzwungener Konvektion zu beschreiben?

(a) $Nu = \text{f}(Re, Pr)$　　　　　　　　　　(c) $Nu = \text{f}(Gr, Pr)$

(b) $Nu = \text{f}(Pe, Pr)$　　　　　　　　　　(d) $Nu = \text{f}(St, Pr)$

Frage 10.6 Der Wärmeübergangskoeffizient für freie Konvektion an einer senkrechten ebenen Wand wird vergrößert durch

(a) abnehmende Höhe der Wand.

(b) zunehmende Breite der Wand.

(c) zunehmenden Temperaturabstand zwischen Wand und Fluid.

(d) abnehmenden thermischen Ausdehnungskoeffizienten des Fluides.

Frage 10.7 Wodurch ist das Filmsieden gekennzeichnet?

(a) Es treten größere Wärmeübergangskoeffizienten als beim Blasensieden auf.

(b) Die Temperaturunterschiede zwischen Wand und Flüssigkeit sind geringer als beim Blasensieden.

(c) Der Wärmeaustausch durch Strahlung im Dampffilm ist vernachlässigbar klein.

(d) Der Vorgang ist nicht immer stabil.

Frage 10.8 Welche der folgenden Aussagen über den schwarzen Körper ist falsch?

(a) Seine spektrale Strahlungsintensität steigt mit der Temperatur.

(b) Die Maximalwerte seiner spektralen Strahlungsintensität liegen für kleinere Temperaturen bei größeren Wellenlängen.

(c) Sein emittierter Wärmestrom ist proportional zur vierten Potenz seiner Temperatur.

(d) Er emittiert in senkrechter Richtung zur Oberfläche am stärksten.

(e) In bestimmten Wellenlängenbereichen emittiert er schwächer als selektive Strahler der gleichen Temperatur.

Frage 10.9 Tauschen zwei Oberflächen Wärmestrahlung aus, so lässt sich ein Wärmeübergangskoeffizient durch Strahlung definieren. Wodurch wird er nicht beeinflusst?

(a) Die Temperaturen beider Oberflächen.

(b) Die Emissionsgrade beider Oberflächen.

(c) Die räumliche Anordnung beider Oberflächen.

(d) Die Größen beider Oberflächen.

(e) Das Strömungsfeld eines strahlungsdurchlässigen Mediums zwischen den Oberflächen.

Frage 10.10 Welche der nachfolgenden Maßnahmen verschlechtert den Wärmeaustausch zwischen zwei Fluiden durch eine ebene Wand?

(a) Erhöhung der Wanddicke.

(b) Austausch des Wandmaterials gegen ein besser leitendes.

(c) Erhöhung der Strömungsgeschwindigkeiten.

(d) Erzeugung turbulenter Strömungen.

Frage 10.11 Welcher Prozess kann als rekuperativer Wärmeaustausch bezeichnet werden?

(a) Warmes Wasser wird in kalte Luft versprüht, dadurch abgekühlt und am Boden gesammelt.

(b) Heiße Abgase eines Hochofens erwärmen feuerfeste Steine, die wiederum nach einiger Zeit Verbrennungsluft erwärmen.

(c) Dampfförmiges Kältemittel kondensiert an wasserdurchströmten Rohrbündeln.

Frage 10.12 Welche der folgenden Maßnahmen verschlechtert die wärmedämmende Wirkung einer Luftschicht?

(a) Verspiegelung der Oberflächen.

(b) Verringerung der Schichtdicke bei unterdrückter Konvektion.

(c) Verringerung des Luftdruckes.

Übung 10.1 Stationäre eindimensionale Wärmeleitung durch eine Hauswand mit kalter Außenseite erzeugt Temperaturprofile, die für folgende Fälle qualitativ skizziert werden sollen.

1. Eine sehr gut wärmedämmende Schicht befinde sich auf der Innenseite der Wand.

2. Eine sehr gut wärmedämmende Schicht befinde sich auf der Außenseite der Wand.

Übung 10.2 Die ebenen Wände eines Kühlraumes mit einer Gesamtoberfläche von 50 m^2 haben stationär Temperaturen auf der Innenfläche von –18 °C und auf der Außenfläche von 25 °C. Die Wände bestehen aus einer Ziegelmauer (Wärmeleitfähigkeit 0,75 W/(mK); Dicke 24 cm) und einer inneren Dämmschicht aus Schaumstoff (Wärmeleitfähigkeit 0,03 W/(mK); Dicke 2 cm). Außerdem sollen die Außenseiten der Wände mit einer Korkschicht versehen werden.

1. Welcher Wärmestrom fließt ohne Korkdämmung in den Kühlraum?

2. Wie dick darf eine Korkdämmung höchstens sein, wenn in der Ziegelmauer Temperaturen unter 0 °C zu vermeiden sind? Schätzen Sie zunächst die Dicke und wiederholen Sie die Rechnung bis zur Lösung.

3. Welcher zusätzliche Wärmestrom fließt durch ein 0,2 m^2 großes, 1 cm dickes Fenster? Vergleichen Sie die Wirkung dieser Wärmebrücke mit der Wirkung der Korkdämmung.

Übung 10.3 Eine ebene Platte mit Temperaturleitfähigkeit a und Dicke s wird von der anfangs einheitlichen Temperatur von 100 °C beidseits auf eine konstante Oberflächentemperatur von 0 °C gekühlt. Berechnen Sie die Plattentemperaturen mit Hilfe des expliziten Differenzenverfahrens für die Knotenpunkte eines eindimensionalen Gitters mit $\Delta x = s/8$ und für die ersten vier Zeitschritte mit $\Delta \tau = \dfrac{1}{2} (\Delta x)^2/a$.

Hinweis: Die äußeren Gitterpunkte sind direkt auf die Plattenoberflächen zu legen.
Überprüfen Sie das Ergebnis für $x = s/8$ und $\tau = 2\,\Delta\tau$ mit Hilfe der Lösung für halbunendliche Körper.

Übung 10.4 Leiten Sie aus der Energiebilanz (10.53) für eindimensionale Konvektionsströmung die Differentialgleichung (10.54) für die Temperatur her.

Übung 10.5 Berechnen Sie die konvektive Wärmeabgabe der mit einer schwimmenden, dünnen Folie abgedeckten Wasseroberfläche eines rechteckigen Schwimmbeckens (25 m Länge und 10 m Breite) unter den Annahmen konstanter Temperaturen des Wassers von 20 °C und der Luft von 10 °C für Windstille und für eine turbulente Luftströmung in Beckenlängsrichtung von 5 m/s.

Übung 10.6 Ein geschlossener Wohnraum wird durch einen ebenen, senkrechten Flachheizkörper (Höhe 0,60 m, Breite 1,50 m, Oberflächentemperatur 50 °C, Emissionsgrad $\varepsilon_H = 0{,}92$) beheizt, dessen Rückseite einen Wandabstand von 0,03 m hat. Die Wände des Wohnraumes (Gesamtoberfläche 80 m^2, Emissionsgrad $\varepsilon_W = 0{,}90$) haben wie die Innenluft eine konstante Temperatur von 20 °C. Berechnen Sie

1. den Wärmeübergangskoeffizienten durch freie Konvektion an der Heizkörpervorderseite,

2. den Wärmeübergangskoeffizienten durch freie Konvektion an der Heizkörperrückseite,

3. den Wärmeübergangskoeffizienten durch Strahlung beider Heizkörperseiten und

4. die gesamte Heizleistung des Heizkörpers.

Übung 10.7 In einem Behälter befindet sich gesättigtes Wasser mit einer Temperatur von 250 °C (Oberflächenspannung $\sigma = 0{,}0261$ N/m). Welche maximale Wandüberhitzung darf eine Heizfläche mit Wandrauhigkeitsbeiwert $C_W = 1$ und konstanter Temperatur aufweisen, um Filmsieden zu vermeiden?

Übung 10.8 Der Verflüssiger einer Dampfkältemaschine besteht aus einem waagerechten Stahlrohr (V2A, Innendurchmesser 16 mm, Außendurchmesser 20 mm, Länge 10 m). Daran kondensiert nahezu unbewegter, gesättigter Kältemitteldampf (R22) mit einer Temperatur von 37 °C und einer spezifischen Verdampfungsenthalpie von 170 kJ/kg. Im Rohr strömt Kaltwasser mit einem Massenstrom von 1,0 kg/s und einer Eintrittstemperatur von 20 ºC. Diese beiden Temperaturen sollen näherungsweise als Bezugstemperaturen für die Stoffwerte angesetzt werden. Berechnen Sie unter der Annahme konstanter Rohroberflächentemperaturen und mit den Werten für R22 aus Tabelle T-10

1. den Wärmeübergangskoeffizienten an der Rohrinnenseite,

2. den Wärmeübergangskoeffizienten an der Rohraußenseite für eine angenommene Rohroberflächentemperatur von 25 ºC,

3. den Wärmedurchgangskoeffizienten $k \cdot A$ der Rohrwand,

4. die Austrittstemperatur des Kühlwassers und

5. den ausgetauschten Wärmestrom.

6. Überprüfen Sie die zu 2. getroffene Annahme.

11 Verbrennung

11.1 Der Verbrennungsprozess

Wie kommt es zur Umwandlung von chemisch gebundener Energie in Wärme?

Beim Verbrennungsprozess findet eine chemische Reaktion zwischen den brennbaren Bestandteilen der Brennstoffe und dem meistens mit der Verbrennungsluft zugeführten Sauerstoff statt (Bild 11-1). Bei der Reaktion wird Energie in Form von Wärme abgegeben, etwa in Dampferzeugern oder Heizkesseln. In Form von Arbeit wird die Energie in Kolbenmotoren und Turbomaschinen genutzt, bei Flugtriebwerken und Raketen auch als kinetische Energie.

An dem Verbrennungsprozess, nicht aber an der eigentlichen chemischen Reaktion, sind weitere Stoffe wie der Luftstickstoff und unbrennbare Bestandteile der Brennstoffe beteiligt. Diese finden sich zusammen mit den Reaktionsprodukten in den Abgasen wieder. Dazu kommen noch Asche oder Schlacke als feste Verbrennungsrückstände. In den Reaktionsprodukten können Schadstoffe enthalten sein.

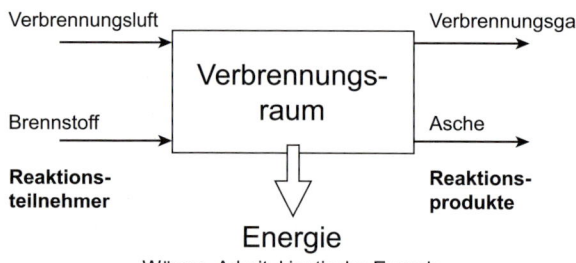

Bild 11-1
Schema des Verbrennungsprozesses

Verbrennungsräume sind der Feuerungsraum eines Dampferzeugers (Bild 4-22), eines Heizungskessels oder eines Ofens, die Brennkammer einer Gasturbine oder der Zylinder eines Kolbenmotors. Damit die chemische Reaktion beginnen kann, sind eine gute Durchmischung von Brennstoff und Sauerstoffträger, eine Erwärmung auf die Zündtemperatur oder eine ausreichende Zündenergie erforderlich.

In der Flamme als dem eigentlichen Reaktionsbereich laufen verschiedene Reaktionen mit einer Vielzahl von Zwischenprodukten ab, ohne dass dies in der globalen Berechnung berücksichtigt werden muss. Bei sehr hohen Verbrennungstemperaturen scheint ein Teil der Reaktionsprodukte wieder zu zerfallen. Auf diese Erscheinung der Dissoziation wird hier jedoch nicht weiter eingegangen.

Die vier Vorgänge *Mischung, Erwärmung, Reaktion* und *Energieabgabe* finden teils vor, teils im, teils hinter dem Verbrennungsraum statt. So treffen sich im Feuerungsraum eines Dampferzeugers (vorgewärmte) Verbrennungsluft und (vorgewärmter) Brennstoff, vermischen sich, werden erwärmt und reagieren miteinander; die Wärme wird teils im Feuerungsraum, teils in den Abgaswegen abgegeben. Beim Ottomotor findet die Mischung vor dem Brennraum statt; Erwärmung, Reaktion und Arbeitsabgabe geschehen im Zylinder; das ausströmende Abgas gibt Wärme an die Umgebung ab.

Bei Raketentreibstoffen wird der Sauerstoff flüssig, bei Sprengstoffen durch chemische Sauerstoffträger zugeführt. Die Verbrennung geschieht ohne Luftzufuhr. Die freigewordene Energie wird vor allem in kinetische Energie der Verbrennungsgase umgesetzt.

11.2 Brennstoffe und Verbrennungsgleichungen

Wie wird die Zusammensetzung von Brennstoffen wie Kohle, Erdöl und Erdgas beschrieben? Mit welchen chemischen Grundgleichungen lassen sich Verbrennungsvorgänge beschreiben?

Die *Brennstoffe*, auch als *Kraftstoffe* oder *Treibstoffe* bezeichnet, bestehen in unterschiedlichen Zusammensetzungen vorwiegend aus den Elementen Kohlenstoff C und Wasserstoff H. In geringerem Maße sind auch Sauerstoff O, Schwefel S und Stickstoff N enthalten. Dazu kommen bei festen Brennstoffen feinst eingelagerte Mineralstoffe, chemisch an den Brennstoff gebundene Metalle und Ballaststoffe wie „taubes Gestein", die nach der Verbrennung als Asche oder Schlacke zurückbleiben. Sauerstoff ist besonders in Biomassen und auch in jungen Kohlen in größerer Menge vorhanden. Da der Sauerstoff bereits chemisch an den Kohlenstoff gebunden ist, bedeutet ein großer Sauerstoffanteil eine geringere Wärmeausbeute.

Brennstoffgruppen – Die Brennstoffe werden in zwei Gruppen mit unterschiedlichem Berechnungsgang eingeteilt. Für die Brennstoffe der ersten Gruppe sind nur die Ergebnisse der Elementaranalyse bekannt, nicht aber die darin enthaltenen, oft zahlreichen chemischen Verbindungen. Dazu gehören vor allem feste und flüssige Brennstoffe wie Holz, Kohle oder Erdöl. Deren Zusammensetzung wird durch die Massenanteile ξ_i der Komponenten beschrieben, für deren Zahlenwerte als Formelzeichen entsprechende kleine Buchstaben verwendet werden (Tabelle 11-1). Beispielsweise wird der Massenanteil des Kohlenstoffs im Brennstoff $\xi_{C/B}$ durch das Formelzeichen c dargestellt.

Tabelle 11-1 Zusammensetzung von Brennstoffen bekannter Elementaranalyse

Zusammensetzung	Massenanteile			Stoffmenge je kg Brennstoff		
Kohlenstoff	$\xi_{C/B}$	$= \dfrac{m_{C/B}}{m_B}$	$= c \ \dfrac{\text{kg C}}{\text{kg B}}$	$\dfrac{n_{C/B}}{m_B}$	$= \dfrac{c}{12} \ \dfrac{\text{kmol C}}{\text{kg B}}$	
Wasserstoff	$\xi_{H_2/B}$	$= \dfrac{m_{H_2/B}}{m_B}$	$= h \ \dfrac{\text{kg H}_2}{\text{kg B}}$	$\dfrac{n_{H_2/B}}{m_B}$	$= \dfrac{h}{2} \ \dfrac{\text{kmol H}_2}{\text{kg B}}$	
Schwefel	$\xi_{S/B}$	$= \dfrac{m_{S/B}}{m_B}$	$= s \ \dfrac{\text{kg S}}{\text{kg B}}$	$\dfrac{n_{S/B}}{m_B}$	$= \dfrac{s}{32} \ \dfrac{\text{kmol S}}{\text{kg B}}$	
Sauerstoff	$\xi_{O_2/B}$	$= \dfrac{m_{O_2/B}}{m_B}$	$= o \ \dfrac{\text{kg O}_2}{\text{kg B}}$	$\dfrac{n_{O_2/B}}{m_B}$	$= \dfrac{o}{32} \ \dfrac{\text{kmol O}_2}{\text{kg B}}$	
Stickstoff	$\xi_{N_2/B}$	$= \dfrac{m_{N_2/B}}{m_B}$	$= n \ \dfrac{\text{kg N}_2}{\text{kg B}}$	$\dfrac{n_{N_2/B}}{m_B}$	$= \dfrac{n}{28} \ \dfrac{\text{kmol N}_2}{\text{kg B}}$	
Wasser	$\xi_{H_2O/B}$	$= \dfrac{m_{H_2O/B}}{m_B}$	$= w \ \dfrac{\text{kg H}_2\text{O}}{\text{kg B}}$	$\dfrac{n_{H_2O/B}}{m_B}$	$= \dfrac{w}{18} \ \dfrac{\text{kmol H}_2\text{O}}{\text{kg B}}$	
Asche	$\xi_{A/B}$	$= \dfrac{m_{A/B}}{m_B}$	$= a \ \dfrac{\text{kg A}}{\text{kg B}}$			

Für die Summe der Massenanteile der Brennstoffkomponenten gilt

$$c + h + s + o + n + a + w = 1. \tag{11.1}$$

Unter Berücksichtigung der Molmassen nach Tabelle 11-2 können die Massenanteile der Brennstoffkomponenten in Stoffmengen je kg Brennstoff

$$\frac{n_{i/B}}{m_B} = \frac{m_{i/B}}{m_B}\frac{1}{M_i} = \xi_{i/B}\frac{1}{M_i} \tag{11.2}$$

umgerechnet werden. Die Ergebnisse sind ebenfalls in Tabelle 11-1 dargestellt. Der Ascheanteil nimmt nicht an den chemischen Reaktionen teil und bleibt daher bei den folgenden Stoffmengenbetrachtungen unberücksichtigt.

Tabelle 11-2 Molmassen einiger Verbrennungskomponenten

Kohlenstoff	M_C	= 12 kg/kmol	Stickstoff	M_{N_2}	= 28 kg/kmol
Wasserstoff	M_{H_2}	= 2 kg/kmol	Wasser	M_{H_2O}	= 18 kg/kmol
Schwefel	M_S	= 32 kg/kmol	Kohlendioxid	M_{CO_2}	= 44 kg/kmol
Sauerstoff	M_{O_2}	= 32 kg/kmol			

In der zweiten Gruppe werden Brennstoffe zusammengefasst, die aus einer oder mehreren chemischen Verbindungen wie Wasserstoff H_2, Kohlenmonoxid CO oder Erdgas mit dem Hauptbestandteil Methan CH_4 bestehen. Hierzu gehören im Wesentlichen die gasförmigen, aber auch die flüssigen Brennstoffe wie Ethanol C_2H_5OH. Die elementaren Zusammensetzungen der einzelnen chemischen Verbindungen sind durch deren chemische Formeln gegeben. Beliebige Kohlenwasserstoffe werden durch die allgemeine Formel $C_xH_yO_z$ dargestellt. Die Gemischzusammensetzung des Brennstoffes wird mit den Molanteilen $\psi_{i/B}$ beschrieben (Tabelle 11-3).

Tabelle 11-3 Molanteile von Brennstoffen

Wasserstoff	Methan	Stickstoff
$\psi_{H_2/B} = \dfrac{n_{H_2/B}}{n_B}$	$\psi_{CH_4/B} = \dfrac{n_{CH_4/B}}{n_B}$	$\psi_{N_2/B} = \dfrac{n_{N_2/B}}{n_B}$
Kohlenmonoxid	Allgemeine Kohlenwasserstoffe	Wasser
$\psi_{CO/B} = \dfrac{n_{CO/B}}{n_B}$	$\psi_{C_xH_yO_z/B} = \dfrac{n_{C_xH_yO_z/B}}{n_B}$	$\psi_{H_2O/B} = \dfrac{n_{H_2O/B}}{n_B}$
Schwefel		Kohlendioxid
$\psi_{S/B} = \dfrac{n_{S/B}}{n_B}$		$\psi_{CO_2/B} = \dfrac{n_{CO_2/B}}{n_B}$

Verbrennungsgleichungen – Die brennbaren Hauptbestandteile der Brennstoffe sind Kohlenstoff C, Wasserstoff H_2 und Schwefel S. Besonders die flüssigen, fossilen Brennstoffe setzen sich aus einer Vielzahl unterschiedlich aufgebauter Kohlenwasserstoffe zusammen, deren Reaktionsablauf während der Verbrennung sehr kompliziert ist und über viele Zwischenschritte abläuft. Zu den nachfolgenden Ableitungen reichen die chemischen Grundgleichungen aus, auf die sich die meisten Verbrennungsvorgänge zurückführen lassen [14]. Bei *vollständiger Verbrennung* sind im Verbrennungsgas keine brennbaren Bestandteile mehr vorhanden. Entsprechend den *Verbrennungsgleichungen*

$$C \quad + \quad O_2 \quad = \quad CO_2 \quad\quad + 393,5 \text{ MJ} \tag{11.3a}$$

$$H_2 \quad + \quad \frac{1}{2}O_2 \quad = \quad (H_2O)_{\text{flüssig}} \quad + 285,8 \text{ MJ} \tag{11.3b}$$

$$H_2 \quad + \quad \frac{1}{2}O_2 \quad = \quad (H_2O)_{\text{dampfförmig}} \quad + 241,8 \text{ MJ} \tag{11.3c}$$

$$S \quad + \quad O_2 \quad = \quad SO_2 \quad\quad + 296,9 \text{ MJ}, \tag{11.3d}$$

entstehen die Verbrennungsprodukte Kohlendioxid CO_2, Wasser H_2O und Schwefeldioxid SO_2. Die chemischen Symbole stehen jeweils für 1 kmol des betreffenden Stoffes. Beispielsweise wird bei der Verbrennung von 1 kmol Kohlenstoff C zu 1 kmol CO_2 1 kmol Sauerstoff O_2 benötigt und eine Reaktionswärme von 395,5 MJ frei. Die angegebenen Reaktionsenergien gelten für Verbrennungen bei einem Druck von 1,013 bar und einer Temperatur von 25 °C der beteiligten Stoffe vor und nach der Verbrennung. Bei dem entstehenden Wasser ist zu unterscheiden, ob es in flüssiger oder dampfförmiger Form vorliegt.

Bei *unvollständiger Verbrennung* liegen noch brennbare Verbrennungsprodukte im Verbrennungsgas vor. Unter Sauerstoffmangel wird Kohlenmonoxid CO entsprechend der Reaktionsgleichung

$$C \quad + \quad \frac{1}{2} O_2 \quad = \quad CO \quad\quad + 110,5\ \text{MJ} \tag{11.3e}$$

gebildet, das dann mit Sauerstoff vollständig zu Kohlendioxid

$$CO \quad + \quad \frac{1}{2} O_2 \quad = \quad CO_2 \quad\quad + 283,0\ \text{MJ} \tag{11.3f}$$

weiter oxidieren kann.

Die Verbrennung von Kohlenwasserstoffen bekannter chemischer Zusammensetzung wird durch Reaktionsgleichungen beschrieben, die sich aus den besprochenen chemischen Grundgleichungen ableiten lassen. Für die Reaktion von Methan und Ethylen erhält man

$$CH_4 \quad + \quad 2\,O_2 \quad = \quad CO_2 \quad + \quad 2\,H_2O \tag{11.4a}$$
$$C_2H_4 \quad + \quad 3\,O_2 \quad = \quad 2\,CO_2 \quad + \quad 2\,H_2O. \tag{11.4b}$$

Zur Beschreibung beliebiger Kohlenwasserstoffe kann von der allgemeinen Reaktionsgleichung

$$C_xH_yO_z + \left(x + \frac{y}{4} - \frac{z}{2}\right) O_2 \ = \ x\,CO_2 \quad + \quad \frac{y}{2}\,H_2O \tag{11.5}$$

ausgegangen werden.

■ **Beispiel 11.1** Ermitteln Sie anhand der allgemeinen Reaktionsgleichung (11.5) den zur vollständigen Verbrennung von Methanol CH_3OH benötigten Sauerstoff O_2. Welche Stoffmengen an Kohlendioxid CO_2 und Wasser H_2O entstehen?

Allgemeine Reaktionsgleichung [aus Gleichung (11.5), unter Berücksichtigung von $CH_3OH = C_1H_4O_1$]

$$CH_3OH + \left(1 + \frac{4}{4} - \frac{1}{2}\right) O_2 = CO_2 + \frac{4}{2}\,H_2O$$

$$CH_3OH + \frac{3}{2} O_2 = CO_2 + \frac{1}{2}\,H_2O$$

Zur Verbrennung von 1 kmol Methanol CH_3OH werden 3/2 kmol Sauerstoff O_2 benötigt. Dabei entstehen 1 kmol Kohlendioxid CO_2 und 3/2 kmol Wasser H_2O.

11.3 Verbrennungsrechnung: Sauerstoff- und Luftbedarf

Wie wird aus den Verbrennungsgleichungen ermittelt, wie viel Sauerstoff gebraucht wird und wie viel Luft dafür zugeführt werden muss?

Mit Hilfe der Verbrennungsrechnung können unter Berücksichtigung der Brennstoffzusammensetzung und der Verbrennungsgleichungen (11.3a) bis (11.3d) die zur vollständigen Verbrennung benötigten Sauerstoff- und Luftmengen ermittelt werden. Die benötigte Sauerstoffmenge wird als Mindestsauerstoffbedarf bezeichnet. Das Verhältnis aus mindestens erforderlicher Sauerstoffmenge n_{O_2} zur Brennstoffmenge n_B

$$O_{min} = \left(\frac{n_{O_2}}{n_B}\right)_{min} \tag{11.6}$$

wird als *molarer Mindestsauerstoffbedarf* definiert und kennzeichnet in kmol O_2/kmol B die zur Oxidation von 1 kmol Brennstoff benötigte Sauerstoffmenge.* Für feste oder flüssige Brennstoffe wird häufig der auf die Brennstoffmasse m_B bezogene *spezifische molare Mindestsauerstoffbedarf* in kmol O_2/kg B

$$(o_m)_{min} = \left(\frac{n_{O_2}}{m_B} \right)_{min} \tag{11.7}$$

oder der *spezifische Mindestsauerstoffbedarf* in kg O_2/kg B

$$o_{min} = \left(\frac{m_{O_2}}{m_B} \right)_{min} \tag{11.8}$$

mit der erforderlichen Sauerstoffmasse m_{O_2} verwendet. Der erforderliche Sauerstoff wird meistens mit der Verbrennungsluft zugeführt. Diese besteht in erster Linie aus Sauerstoff und Stickstoff. Dem Stickstoff werden unter der Bezeichnung Luftstickstoff auch die für die Verbrennung unerheblichen Spuren von Argon Ar, Kohlendioxid CO_2, Wasserstoff H_2, Neon Ne, Helium He, Krypton Kr und Xenon Xe zugerechnet. Die so definierte trockene Verbrennungsluft enthält 21 Volumenprozent Sauerstoff und 79 Volumenprozent Luftstickstoff. Diese gerundeten Werte sind für Verbrennungsrechnungen ausreichend genau. Tabelle 11-4 enthält neben den genaueren Werten weitere Stoffwerte von trockener Luft sowie die Massenanteile von Sauerstoff und Luftstickstoff.

Damit kann der erforderliche *molare Mindestluftbedarf* in kmol L/kmol B

$$L_{min} = \left(\frac{n_L}{n_B} \right)_{min} = \frac{O_{min}}{\psi_{O_2/L}} \tag{11.9}$$

aus dem molaren Mindestsauerstoffbedarf berechnet werden. Gleichung (11.9) ist für trockene Luft gültig. Die Einheit kmol L kennzeichnet daher im Folgenden stets trockene Luft. Analog erhält man für den *spezifischen molaren Mindestluftbedarf* in kmol L/kg B

$$(l_m)_{min} = \left(\frac{n_L}{m_B} \right)_{min} = \frac{(o_m)_{min}}{\psi_{O_2/L}} \tag{11.10}$$

und für den *spezifischen Mindestluftbedarf* in kg L/kg B

$$l_{min} = \left(\frac{m_L}{m_B} \right)_{min} = \frac{o_{min}}{\xi_{O_2/L}} \tag{11.11}$$

Tabelle 11-4 Stoffwerte von trockener Luft [1]

Zusammensetzung	Sauerstoff O_2		Luftstickstoff N_2	
Molanteil	$\psi_{O_2/L}$ = 0,2095		$\psi_{N_2/L}$ = 0,7905	
Massenanteil	$\xi_{O_2/L}$ = 0,2314		$\xi_{N_2/L}$ = 0,7686	
Gaskonstante	R_L = 0,2871	kJ/(kg K)		
Molmasse	M_L = 28,96	kg/kmol		
Spez. isobare Wärmekapazität	c_p = 1,005	kJ/(kg K) (25 °C)		
Isentropenexponent	κ = 1,400			
Normmolvolumen	V_{mn} = 22,414	m³/kmol (0 °C, 1,01325 bar)		

---

* Die Gleichungen 11.6 bis 11.48 sind mit wenigen Ausnahmen Zahlenwertgleichungen und basieren auf den in Tabelle 11-1 aufgeführten Einheiten.

Soll bei den nachfolgenden Verbrennungsrechnungen die Feuchte der Verbrennungsluft berücksichtigt werden, ist die Stoffmenge Wasserdampf in kmol Wasser je kmol trockene Luft zu berechnen. Das Wasser in der feuchten Verbrennungsluft nimmt nicht an den Verbrennungsreaktionen teil und findet sich als inerte Komponente im Verbrennungsgas wieder. Zur Berechnung geht man vom *molaren Wassergehalt*

$$x_{\mathrm{m}} = \frac{M_{\mathrm{L}}}{M_{\mathrm{W}}} x = \frac{\varphi\, p'_{\mathrm{W}}}{p - \varphi\, p'_{\mathrm{W}}} \tag{11.12}$$

aus, der sich entsprechend Gleichung (8.37) aus dem Wassergehalt x berechnen lässt. In Gleichung (11.12) bezeichnet φ die relative Feuchte der Verbrennungsluft und p'_{W} den Sättigungsdruck des Wasserdampfes.

In technischen Verbrennungsprozessen wird selten genau die theoretisch erforderliche Mindestluftmenge zugeführt. Damit jedes brennbare Molekül die erforderliche Sauerstoffmenge zur vollständigen Oxidation erhält, wird Luft im Überschuss zugeführt. Das Verhältnis der tatsächlich zugeführten Luftmenge zur erforderlichen Mindestluftmenge wird als *Luftverhältnis*

$$\lambda = \frac{L}{L_{\min}} = \frac{l_{\mathrm{m}}}{\left(l_{\mathrm{m}}\right)_{\min}} = \frac{l}{l_{\min}} \tag{11.13}$$

bezeichnet. Bei $\lambda = 1$ ist an der Verbrennung gerade die stöchiometrisch erforderliche Luftmenge beteiligt. Für die meisten technischen Feuerungen liegen die Luftverhältnisse im Bereich zwischen $\lambda = 1{,}1$ und $1{,}3$. Bei der Verbrennung in Ottomotoren liegt das Luftverhältnis ungefähr bei $\lambda = 1$, bei der dieselmotorischen Verbrennung im Bereich $\lambda = 1{,}2$ bis 3. Mit Kenntnis des molaren Mindestluftbedarfs eines Brennstoffes kann die tatsächlich zugeführte *molare Luftmenge*

$$L = \lambda \cdot L_{\min}, \tag{11.14}$$

auch *molarer Luftbedarf* genannt, bei gegebenem Luftverhältnis berechnet werden. Entsprechendes gilt für die auf Masse Brennstoff bezogene spezifische molare Luftmenge l_{m} und die spezifische Luftmasse l.

Im Normzustand nimmt die Verbrennungsluft als ideales Gas das Normmolvolumen $V_{\mathrm{mn}} = 22{,}4$ m^3/kmol ein. Das Normvolumen der Verbrennungsluft bezogen auf die Masse des Brennstoffs lässt sich damit unter Berücksichtigung von Gleichung (11.13) aus

$$\frac{V_{\mathrm{Ln}}}{m_{\mathrm{B}}} = l_{\mathrm{m}} \cdot V_{\mathrm{mn}} = \lambda \cdot \left(l_{\mathrm{m}}\right)_{\min} \cdot V_{\mathrm{mn}} \tag{11.15}$$

berechnen.

Im Folgenden wird die Berechnung des Mindestsauerstoffbedarfs für die beiden Brennstoffgruppen vorgestellt.

■ **Beispiel 11.2** Bestimmen Sie den molaren Mindestluftbedarf $L_{\min}$ für die Verbrennung von Methanol aus Beispiel 11.1. Ermitteln Sie das Normvolumen der Verbrennungsluft, wenn mit einem Luftverhältnis $\lambda = 1{,}2$ vollständig verbrannt wird.

Molarer Mindestsauerstoffbedarf [aus Beispiel 11.1]

$$O_{\min} = \left(\frac{n_{\mathrm{O}_2}}{n_{\mathrm{B}}}\right)_{\min} = \frac{3}{2} \frac{\mathrm{kmol\ O_2}}{\mathrm{kmol\ B}}$$

Molarer Mindestluftbedarf [aus Gleichung 11.9]

$$L_{\min} = \left(\frac{n_{\mathrm{L}}}{n_{\mathrm{B}}}\right)_{\min} = \frac{O_{\min}}{\psi_{\mathrm{O}_2/\mathrm{L}}} = \frac{3/2}{0{,}21} \frac{\mathrm{kmol\ L}}{\mathrm{kmol\ B}} = 7{,}14 \frac{\mathrm{kmol\ L}}{\mathrm{kmol\ B}}$$

Molmasse Methanol [aus Gleichung 3.36, unter Berücksichtigung von $CH_3OH = C_1H_4O_1$]

$$M_B = \sum Z_e M_e = (1 \cdot 12 + 4 \cdot 1 + 1 \cdot 16)\frac{kg}{kmol} = 32\frac{kg}{kmol}$$

Spezifischer molarer Mindestsauerstoffbedarf

$$(l_m)_{min} = L_{min}\frac{1}{M_B} = 0{,}22\frac{kmol\ L}{kg\ B}$$

Normvolumen Verbrennungsluft bezogen auf die Masse des Brennstoffs [aus Gleichung 11.15]

$$\frac{V_{Ln}}{m_B} = \lambda \cdot (l_m)_{min} \cdot V_{mn} = (1{,}2 \cdot 0{,}22 \cdot 22{,}4)\frac{m^3 L}{kg\ B} = 5{,}91\frac{m^3 L}{kg\ B}$$

Brennstoffe mit bekannter Elementaranalyse – Der zur vollständigen Verbrennung des Brennstoffs erforderliche Mindestsauerstoffbedarf nach Gleichung (11.7) ergibt sich aus der Summe der zur Verbrennung der einzelnen Brennstoffkomponenten i erforderlichen Sauerstoffmengen

$$(o_m)_{min} = \left(\frac{n_{O_2}}{m_B}\right)_{min} = \sum_i \left(\frac{n_{O_2,i}}{m_B}\right)_{min} \tag{11.16}$$

unter Berücksichtigung der Verbrennungsgleichungen (11.3a) bis (11.3d)*. Da die Stoffmengen proportional der Teilchenzahl sind, kann man für die Verbrennung des Kohlenstoffs schreiben:

$$1\ kmol\ C \ + \qquad 1\ kmol\ O_2 \qquad = \qquad\qquad 1\ kmol\ CO_2 \tag{11.17}$$

Ein Kilomol Kohlenstoff hat entsprechend seiner Molmasse ein Gewicht von 12 kg, so dass man

$$12\ kg\ C \ + \qquad 1\ kmol\ O_2 \qquad = \qquad\qquad 1\ kmol\ CO_2 \tag{11.18}$$

oder

$$1\ kg\ C \ + \quad \frac{1}{12}\ kmol\ O_2 \qquad = \qquad\qquad \frac{1}{12}\ kmol\ CO_2 \tag{11.19}$$

erhält. Enthält der Brennstoff den Kohlenstoffanteil c, wird je Kilogramm Brennstoff Kohlenstoff entsprechend

$$c\ \frac{kg\ C}{kg\ B} \ + \quad \frac{c}{12}\ \frac{kmol\ O_2}{kg\ B} \qquad = \qquad \frac{c}{12}\ \frac{kmol\ CO_2}{kg\ B} \tag{11.20}$$

verbrannt. Auf analoge Weise erhält man für die Verbrennung des Wasserstoffs H_2

$$h\ \frac{kg\ H_2}{kg\ B} \ + \quad \frac{h}{4}\ \frac{kmol\ O_2}{kg\ B} \qquad = \qquad \frac{h}{2}\ \frac{kmol\ H_2O}{kg\ B} \tag{11.21}$$

und für Schwefel

$$s\ \frac{kg\ S}{kg\ B} \ + \quad \frac{s}{32}\ \frac{kmol\ O_2}{kg\ B} \qquad = \qquad \frac{s}{32}\ \frac{kmol\ SO_2}{kg\ B} \tag{11.22}$$

In 1 kg sauerstoffhaltigem Brennstoff sind $o/32$ kmol Sauerstoff enthalten (Tabelle 11-1), um den sich der Sauerstoffbedarf verringert. Damit erhält man für den auf die Brennstoffmasse bezogenen molaren Mindestsauerstoffbedarf in kmol O_2/kmol B

---

* Das Formelzeichen $n_{O_2,i}$ bezeichnet die zur Oxidation der Brennstoff-Komponente i erforderliche Sauerstoffmenge O_2 und ist nicht zu verwechseln mit dem für die Teilmenge Sauerstoff O_2 in der Luft L zu schreibenden Formelzeichen $n_{O_2/L}$.

$$\left(o_{m}\right)_{\min} = \left(\frac{c}{12} + \frac{h}{4} + \frac{s}{32} - \frac{o}{32}\right). \tag{11.23}$$

Unter Berücksichtigung der Molmasse von Sauerstoff kann auf den spezifischen Mindestsauerstoffbedarf in kg O_2/kg B

$$o_{\min} = \left(o_{m}\right)_{\min} \cdot M_{O_2} = \left(\frac{8}{3}c + 8h + s - o\right) \tag{11.24}$$

umgerechnet werden.

- **Beispiel 11.3** Der Kraftstoff E10 besteht aus 90 % Superkraftstoff und 10 % Ethanol C_2H_5OH (Angabe der Anteile in Massenprozent). Die Elementaranalyse von Superkraftstoff ergibt die Massenanteile Kohlen $c_{Super} = 0{,}863$ und Wasserstoff $h_{Super} = 0{,}137$. Berechnen Sie die Massenanteile c_{E10}, h_{E10}, o_{E10} und s_{E10}, den spezifischen Mindestsauerstoffbedarf und den spezifischen Mindestluftbedarf von E10.

Molmasse von Ethanol [aus Gleichung (3.36)] unter Berücksichtigung von $C_2H_5OH = C_2H_6O_1$

$$M_{Eth} = \sum (Z_e M_e) = 2 \cdot M_C + 6 \cdot M_H + 1 \cdot M_O = (2 \cdot 12 + 6 \cdot 1 + 1 \cdot 16)\frac{kg}{kmol} = 46\frac{kg}{kmol}$$

Massenanteile Kohlenstoff, Wasserstoff, Sauerstoff und Schwefel im Ethanol C_2H_5OH [aus Gleichung (3.37)]

$$\xi_e = \frac{Z_e M_e}{M_{Eth}}$$

$$c_{Eth} = \xi_{C/Eth} \frac{2 \cdot M_C}{M_{Eth}} = \frac{2 \cdot 12}{46} = 0{,}522$$

$$h_{Eth} = \xi_{H/Eth} \frac{6 \cdot M_H}{M_{Eth}} = \frac{6 \cdot 1}{46} = 0{,}13$$

$$o_{Eth} = \xi_{O/Eth} \frac{1 \cdot M_O}{M_{Eth}} = \frac{1 \cdot 16}{46} = 0{,}348$$

$$s_{Eth} = \xi_{S/Eth} = 0$$

Massenanteile Kohlenstoff, Wasserstoff, Sauerstoff und Schwefel im Kraftstoff E10

$$\xi_{i/E10} = 0{,}9 \cdot \xi_{i/Super} + 0{,}1 \cdot \xi_{i/Eth}$$

$$c_{E10} = \xi_{C/E10} = 0{,}9 \cdot \xi_{C/Super} + 0{,}1 \cdot \xi_{C/Eth}$$

$$c_{E10} = 0{,}9\frac{kg\,Super}{kg\,E10} \cdot 0{,}863\frac{kg\,C}{kg\,Super} + 0{,}1\frac{kg\,Eth}{kg\,E10} \cdot 0{,}522\frac{kg\,C}{kg\,Eth} = 0{,}829\frac{kg\,C}{kg\,E10}$$

$$h_{E10} = \xi_{H/E10} = 0{,}9 \cdot \xi_{H/Super} + 0{,}1 \cdot \xi_{H/Eth}$$

$$h_{E10} = 0{,}9\frac{kg\,Super}{kg\,E10} \cdot 0{,}137\frac{kg\,H}{kg\,Super} + 0{,}1\frac{kg\,Eth}{kg\,E10} \cdot 0{,}13\frac{kg\,H}{kg\,Eth} = 0{,}136\frac{kg\,H}{kg\,E10}$$

$$o_{E10} = \xi_{O/E10} = 0{,}9 \cdot \xi_{O/Super} + 0{,}1 \cdot \xi_{O/Eth}$$

$$o_{E10} = 0{,}9\frac{kg\,Super}{kg\,E10} \cdot 0\frac{kg\,O}{kg\,Super} + 0{,}1\frac{kg\,Eth}{kg\,E10} \cdot 0{,}348\frac{kg\,O}{kg\,Eth} = 0{,}0348\frac{kg\,O}{kg\,E10}$$

$$s_{E10} = \xi_{S/E10} = 0{,}9 \cdot \xi_{S/Super} + 0{,}1 \cdot \xi_{S/Eth} = 0$$

Spezifischer Mindestsauerstoffbedarf von E10 [aus Gleichung (11.24)]

$$o_{\min} = \left(\frac{8}{3}c + 8h + s - o\right) = \left(\frac{8}{3} \cdot 0{,}83 + 8 \cdot 0{,}14 + 0 - 0{,}035\right)\frac{kg\,O_2}{kg\,E10} = 3{,}264\frac{kg\,O_2}{kg\,E10}$$

Spezifischer Mindesluftbedarf von E10 [aus Gleichung (11.11)]

$$l_{\min} = \frac{O_{\min}}{\xi_{O_2/L}} = \frac{3{,}298}{0{,}23}\frac{kg\,L}{kg\,E10} = 14{,}19\frac{kg\,L}{kg\,E10}$$

Brennstoffe mit bekannter chemischer Zusammensetzung – Die Brennstoffe der zweiten Brennstoffgruppe bestehen aus einer oder wenigen chemischen Verbindungen, deren molekulare Zusammensetzungen $C_xH_yO_z$ und Stoffmengenanteile im Gemisch bekannt sind. Verbrennungsrechnungen werden in Stoffmengenanteilen durchgeführt. Die Ergebnisse lassen sich dann in Volumen- oder Massenanteile umrechnen. Es werden zunächst die erforderlichen Sauerstoffmengen zur vollständigen Verbrennung der einzelnen Kohlenwasserstoffverbindungen berechnet und anschließend mit den jeweiligen Stoffmengenanteilen im Brennstoffgemisch gewichtet. Als Beispiel sei Methan CH_4 als Hauptbestandteil von Erdgas gewählt. Entsprechend der Verbrennungsgleichung (11.4a) sind zur Verbrennung von 1 kmol Methan 2 kmol Sauerstoff notwendig. Erdgas mit einem Stoffmengenanteil von ungefähr 80 % Methan benötigt zur vollständigen Verbrennung des Methananteils $0{,}8 \cdot 2$ kmol O_2/kmol B. Der molare Mindestsauerstoffbedarf zur Oxidation des Methananteils im Brennstoff ergibt sich daher aus

$$O_{\mathrm{min,CH_4}} = \left(\frac{n_{O_2,CH_4}}{n_B}\right)_{\min} = \psi_{CH_4/B}\left(\frac{n_{O_2,CH_4}}{n_{CH_4}}\right)_{\min} \qquad (11.25)$$

oder allgemein zur Oxidation einer Komponente i im Brennstoffgemisch

$$O_{\mathrm{min,i}} = \left(\frac{n_{O_2,i}}{n_B}\right)_{\min} = \psi_{i/B}\left(\frac{n_{O_2,i}}{n_i}\right)_{\min}. \qquad (11.26)$$

Den Mindestsauerstoffbedarf zur Verbrennung beliebiger Kohlenwasserstoffkomponenten mit Stoffmengenanteilen $\psi_{C_xH_yO_z/B}$ im Brennstoff erhält man unter Berücksichtigung von Reaktionsgleichung (11.5) in kmol O_2/kmol B aus

$$O_{\mathrm{min,C_xH_yO_z}} = \left(\frac{n_{O_2,C_xH_yO_z}}{n_B}\right)_{\min} = \psi_{C_xH_yO_z/B}\left(x + \frac{y}{4} - \frac{z}{2}\right). \qquad (11.27)$$

Der gesamte molare Mindestsauerstoffbedarf

$$O_{\min} = \left(\frac{n_{O_2}}{n_B}\right)_{\min} = \sum_i O_{\mathrm{min,i}} = \sum_i \psi_{i/B}\left(\frac{n_{O_2,i}}{n_i}\right)_{\min} \qquad (11.28)$$

setzt sich additiv aus dem Mindestsauerstoffbedarf zur Oxidation der einzelnen Brennstoffkomponenten zusammen. Der molare Mindestluftbedarf kann daraus mit Gleichung (11.9) berechnet werden.

11.4 Verbrennungsrechnung: Zusammensetzung des Verbrennungsgases

Wie wird aus den Verbrennungsgleichungen ermittelt, wie viel Verbrennungsgas anfällt?

Die Zusammensetzung des Verbrennungsgases ergibt sich wie auch der Mindestsauerstoffbedarf aus den Verbrennungsgleichungen (11.3a) bis (11.3d). Wird zur Verbrennung gerade die erforderliche Mindestluftmenge zugeführt, spricht man von stöchiometrischer Verbrennung mit dem Luftverhältnis $\lambda = 1$. Das entstehende stöchiometrische Verbrennungsgas besteht (unter den hier vorausgesetzten idealen Mischungs- und Verbrennungsbedingungen) aus den Verbrennungsprodukten Kohlendioxid CO_2, Wasser H_2O, Schwefeldioxid SO_2 und dem in Brennstoff und Luft enthaltenen Stickstoff N_2. Bei überstöchiometrischer Verbrennung mit Luftüberschuss $\lambda > 1$ enthält das resultierende Verbrennungsgas zusätzlich die überschüssige Verbrennungsluft. Darüber hinaus enthält das Verbrennungsgas den mit der Luftfeuchte eingebrachten Wasseranteil.

Die auf die Brennstoffmasse bezogene Verbrennungsgasmenge ergibt sich als Summe aus den Beiträgen aller Verbrennungsgaskomponenten.

$$\frac{n_V}{m_B} = \sum_i \left(\frac{n_{i/V}}{m_B} \right) = \frac{n_{CO_2/V}}{m_B} + \frac{n_{H_2O/V}}{m_B} + \frac{n_{SO_2/V}}{m_B} + \frac{n_{O_2/V}}{m_B} + \frac{n_{N_2/V}}{m_B} \tag{11.29}$$

Unter Berücksichtigung der Molmassen der Verbrennungsgaskomponenten kann die gesamte Masse des Verbrennungsgases je kg Brennstoff

$$\frac{m_V}{m_B} = \sum_i \left(M_i \frac{n_{i/V}}{m_B} \right) = \sum_i \left(\frac{m_{i/V}}{m_B} \right) \tag{11.30}$$

berechnet werden. Insbesondere bei der Betrachtung von Brennstoffen mit bekannter chemischer Zusammensetzung verwendet man häufig auch die auf Stoffmenge des Brennstoffs bezogene Stoffmenge der Verbrennungsgase

$$\frac{n_V}{n_B} = \sum_i \left(\frac{n_{i/V}}{n_B} \right). \tag{11.31}$$

Die Masse des Verbrennungsgases bezogen auf die Stoffmenge des Brennstoffes erhält man mit den Molmassen der Komponenten entsprechend

$$\frac{m_V}{n_B} = \sum_i \left(M_i \frac{n_{i/V}}{n_B} \right) = \sum_i \left(\frac{m_{i/V}}{n_B} \right). \tag{11.32}$$

Zur Beschreibung der Zusammensetzung des Verbrennungsgases können die Molanteile der Komponenten mit

$$\psi_{i/V} = \frac{(n_{i/V}/m_B)}{(n_V/m_B)} = \frac{(n_{i/V}/n_B)}{(n_V/n_B)} \tag{11.33}$$

und die Massenanteile der Komponenten im Verbrennungsgas nach

$$\xi_{i/V} = \frac{(m_{i/V}/m_B)}{(m_V/m_B)} = \frac{(m_{i/V}/n_B)}{(m_V/n_B)} \tag{11.34}$$

berechnet werden. Wie das Normvolumen der zugeführten Verbrennungsluft lässt sich auch das Normvolumen des Verbrennungsgases bezogen auf Brennstoffmasse mit

$$\frac{V_{Vn}}{m_B} = \frac{n_V}{m_B} \cdot V_{mn} \tag{11.35}$$

ermitteln. Das Normvolumen des Verbrennungsgases bezogen auf Brennstoffmenge erhält man aus

$$\frac{V_{Vn}}{n_B} = \frac{n_V}{n_B} \cdot V_{mn}. \tag{11.36}$$

Brennstoffe mit bekannter Elementaranalyse – Bei der Verbrennung eines Brennstoffs mit dem Kohlenstoffmassenanteil c entstehen nach Gleichung (11.20) $c/12$ kmol CO_2 je kg Brennstoff. Der Wasserstoffanteil h reagiert zu $h/2$ kmol H_2O je kg Brennstoff (Gleichung (11.21)) und aus dem Schwefelanteil s entstehen $s/32$ kmol SO_2 je kg Brennstoff (Gleichung (11.22)). Zusätzlich enthält das Verbrennungsgas den Wasseranteil aus dem Brennstoff $w/18$ kmol H_2O je kg Brennstoff (Tabelle 11-1) und gegebenenfalls den Wasseranteil aus der feuchten Verbrennungsluft $x_m \cdot \lambda \cdot (l_m)_{min}$. Des Weiteren findet sich im Verbrennungsgas der Stickstoffanteil aus dem Brennstoff $n/28$ kmol N_2 je kg Brennstoff (Tabelle 11-1) und der Anteil des Luftstickstoffs $\psi_{N_2/L} \cdot \lambda \cdot (l_m)_{min}$ wieder. Findet die Verbrennung mit Luftüberschuss ($\lambda > 1$) statt, verbleibt im Verbrennungsgas der Sauerstoffüberschuss $\psi_{O_2/L}(\lambda - 1) (l_m)_{min}$.

Zusammenfassend erhält man die Zusammensetzung des Verbrennungsgases [14] mit den Komponenten Kohlendioxid

$$\frac{n_{CO_2/V}}{m_B} = \frac{c}{12} \; \frac{\text{kmol } CO_2}{\text{kg B}} \quad , \tag{11.37}$$

Wasser

$$\frac{n_{H_2O/V}}{m_B} = \left(\frac{h}{2} + \frac{w}{18} + x_m \cdot \lambda \cdot \left(l_m \right)_{min} \right) \frac{\text{kmol } H_2O}{\text{kg B}} \; , \tag{11.38}$$

Schwefeldioxid

$$\frac{n_{SO_2/V}}{m_B} = \frac{s}{32} \; \frac{\text{kmol } SO_2}{\text{kg B}} , \tag{11.39}$$

Sauerstoff

$$\frac{n_{O_2/V}}{m_B} = \psi_{O_2/L} \cdot (\lambda - 1) \cdot \left(l_m \right)_{min} \; \frac{\text{kmol } O_2}{\text{kg B}} \tag{11.40}$$

und Stickstoff

$$\frac{n_{N_2/V}}{m_B} = \left(\frac{n}{28} + \psi_{N_2/L} \cdot \lambda \cdot \left(l_m \right)_{min} \right) \frac{\text{kmol } N_2}{\text{kg B}} . \tag{11.41}$$

Brennstoffe mit bekannter chemischer Zusammensetzung – Entsprechend Verbrennungsgleichung (11.4a) entstehen bei der vollständigen Verbrennung von 1 kmol Methan CH_4 1 kmol Kohlendioxid CO_2 und 2 kmol Wasser H_2O. Beträgt der Methananteil im Erdgas etwa 80 %, entstehen bei der Oxidation des Methananteils $0{,}8 \cdot 1$ kmol CO_2 je kmol Brennstoff und $0{,}8 \cdot 2$ kmol H_2O je kmol Brennstoff. Bei der Verbrennung eines beliebigen Kohlenwasserstoffes mit der chemischen Formel $C_xH_yO_z$ mit einem Stoffmengenanteil $\psi_{C_xH_yO_z/B}$ im Brennstoffgemisch entstehen bei der Verbrennung nach Gleichung (11.5) an Kohlendioxid

$$\frac{n_{CO_2,C_xH_yO_z}}{n_B} = \psi_{C_xH_yO_z/B} \cdot x \; \frac{\text{kmol } CO_2}{\text{kmol B}} \tag{11.42}$$

und an Wasser

$$\frac{n_{H_2O,C_xH_yO_z}}{n_B} = \psi_{C_xH_yO_z/B} \cdot \frac{y}{2} \; \frac{\text{kmol } H_2O}{\text{kmol B}} . \tag{11.43}$$

Zur Berechnung des gesamten Kohlendioxidanteils im Verbrennungsgas sind auch die bei der Oxidation weiterer Brennstoffkomponenten i entstehenden Kohlendioxidstoffmengen $\left(n_{CO_2,i}/n_i \right)$ zu berücksichtigen sowie im Brennstoff bereits vorhandenes Kohlendioxid.

$$\frac{n_{CO_2/V}}{n_B} = \sum_i \psi_{i/B} \left(\frac{n_{CO_2,i}}{n_i} \right) + \psi_{CO_2/B} \; \frac{kmol \; CO_2}{kmol \; B}. \tag{11.44}$$

Der Wasseranteil des Verbrennungsgases

$$\frac{n_{H_2O/V}}{n_B} = \left(\sum_i \psi_{i/B} \left(\frac{n_{H_2O,i}}{n_i} \right) + \psi_{H_2O/B} + x_m \cdot \lambda \cdot L_{min} \right) \frac{kmol \; H_2O}{kmol \; B} \tag{11.45}$$

ergibt sich ebenfalls als Summe aus den Beiträgen der Brennstoffkomponenten, bei deren vollständiger Verbrennung Wasser gebildet wird, dem im Brennstoff vorhandenen Wasseranteil und der Feuchte aus der Verbrennungsluft. Bei schwefelhaltigen Brennstoffen enthält das Verbrennungsgas den Schwefeldioxidanteil

$$\frac{n_{SO_2/V}}{n_B} = \psi_{S/B} \; \frac{kmol \; SO_2}{kmol \; B}. \tag{11.46}$$

Findet die Verbrennung mit Luftüberschuss ($\lambda > 1$) statt, enthält das Verbrennungsgas auch den überschüssigen Sauerstoff

$$\frac{n_{O_2/V}}{n_B} = \psi_{O_2/L} \cdot (\lambda - 1) \cdot L_{min} \; \frac{kmol \; O_2}{kmol \; B}. \tag{11.47}$$

Neben dem mit der Verbrennungsluft zugeführten Luftstickstoff findet sich im Verbrennungsgas der im Brennstoff enthaltene Stickstoffanteil wieder:

$$\frac{n_{N_2/V}}{n_B} = \left(\psi_{N_2/B} + \psi_{N_2/L} \cdot \lambda \cdot L_{min} \right) \frac{kmol \; N_2}{kmol \; B} \tag{11.48}$$

11.5 Das Verbrennungsschema

Die Ergebnisse der Verbrennungsrechnung können für die beiden Brennstoffgruppen übersichtlich in tabellarischer Form zusammengefasst werden.

Brennstoffe mit bekannter Elementaranalyse – Die Ergebnisse der Berechnung des Mindestsauerstoffbedarfs, des Mindestluftbedarfs und der Zusammensetzung des Verbrennungsgases sind in Tabelle 11-5 dargestellt. Ist die Brennstoffzusammensetzung in Gewichtsanteilen gegeben, werden zunächst die Stoffmengen der Brennstoffkomponenten und der Sauerstoffbedarf der Einzelkomponenten berechnet. Der gesamte Mindestsauerstoffbedarf ergibt sich aus der Summe des Sauerstoffbedarfs der Einzelkomponenten. Die Zusammensetzung des Verbrennungsgases setzt sich aus den Verbrennungsprodukten der Brennstoffkomponenten und den Verbrennungsgasanteilen aus der feuchten Verbrennungsluft zusammen.

Tabelle 11-5 Verbrennungsschema für Brennstoffe bekannter Elementaranalyse

Brennstoff-zusammensetzung	Gewichts-anteile	Stoff-menge	Sauerstoff-bedarf	Zusammensetzung des Verbrennungsgases				
	kg/kg B	kmol/kg B	kmol O_2/kg B	kmol/kg B				
				CO_2	H_2O	SO_2	O_2	N_2
C	c	$c/12$	$c/12$	$c/12$				
H_2	h	$h/2$	$h/4$		$h/2$			
S	s	$s/32$	$s/32$			$s/32$		
N_2	n	$n/28$						$n/28$
O_2	o	$o/32$	$-o/32$					
H_2O	w	$w/18$			$w/18$			
Summe Sauerstoff		$(o_m)_{min}$						
Mindestluftbedarf $(l_m)_{min} = \dfrac{(o_m)_{min}}{\psi_{O_2/L}}$				$x_m \cdot \lambda \cdot (l_m)_{min}$			$\psi_{O_2/L} \cdot (\lambda-1) \cdot (l_m)_{min}$	$\psi_{N_2/L} \cdot \lambda \cdot (l_m)_{min}$
Summe				$\dfrac{n_{CO_2/V}}{m_B}$	$\dfrac{n_{H_2O/V}}{m_B}$	$\dfrac{n_{SO_2/V}}{m_B}$	$\dfrac{n_{O_2/V}}{m_B}$	$\dfrac{n_{N_2/V}}{m_B}$

Häufig wird zwischen feuchter Verbrennungsgasmenge (Kennzeichen f) und trockener Verbrennungsgasmenge (Kennzeichen t) unterschieden. Die trockene Verbrennungsgasmenge

$$\left(\frac{n_V}{m_B}\right)_t = \frac{n_{CO_2/V}}{m_B} + \frac{n_{SO_2/V}}{m_B} + \frac{n_{O_2/V}}{m_B} + \frac{n_{N_2/V}}{m_B} \qquad (11.49a)$$

umfasst die Verbrennungsgasmenge ohne Wasseranteil. Für den Zusammenhang zwischen feuchter und trockener Verbrennungsgasmenge erhält man

$$\left(\frac{n_V}{m_B}\right)_f = \left(\frac{n_V}{m_B}\right)_t + \frac{n_{H_2O/V}}{m_B}. \qquad (11.50a)$$

Entsprechende Unterscheidungen in trockenes und feuchtes Verbrennungsgas lassen sich auch bei Verwendung der Verbrennungsgasmasse einführen.

■ **Beispiel 11.4** In einem Dampferzeuger wird als Brennstoff Steinkohle verfeuert, die in Massenanteilen 77,5 % Kohlenstoff, 5,7 % Wasserstoff, 1,9 % Schwefel, 8,5 % Sauerstoff, 5,4 % Wasser und 1,0 % Stickstoff enthält. Die vollständige Verbrennung mit trockener Verbrennungsluft findet bei einem Luftverhältnis von 1,5 statt. Es sollen der Mindestsauerstoffbedarf sowie die Normvolumen des Bedarfs an trockener Luft und des Anfalls an Verbrennungsgas bestimmt werden, außerdem die Molanteile des Verbrennungsgases. Alle Mengengrößen sollen auf die feuchte Brennstoffmasse bezogen werden.

Daten Massenanteile

Kohlenstoff	$c = 0,775$		Sauerstoff	$o = 0,085$
Wasserstoff	$h = 0,057$		Wasser	$w = 0,054$
Schwefel	$s = 0,019$		Stickstoff	$n = 0,010$

Luftverhältnis $\qquad\qquad\qquad\qquad \lambda = 1,5$

Verbrennungsschema nach Tabelle 11-5

Brennstoff-zusammensetzung	Gewichts-anteile	Stoff-menge	Sauerstoff-bedarf	Zusammensetzung des Verbrennungsgases				
	kg/kg B	kmol/kg B	kmol O_2/kg B	kmol/kg B				
				CO_2	H_2O	SO_2	O_2	N_2
C	0,775	0,0646	0,0646	0,0646				
H_2	0,057	0,0285	0,0143		0,0285			
S	0,019	0,0006	0,0006			0,0006		
N_2	0,01	0,0003						0,0003
O_2	0,085	0,027	−0,0027					
H_2O	0,054	0,003			0,003			
Summe Sauerstoff			0,0768					
Mindestluftbedarf $(l_m)_{min} = 0,366 \dfrac{kmol\ L}{kg\ B}$					*		0,0384	0,4337
Summe				0,0646	0,0315	0,0006	0,0384	0,434

* Da trockene Verbrennungsluft betrachtet wird, entfällt der Wasseranteil aus der Verbrennungsluft.

Mindestsauerstoffbedarf $(o_m)_{min}$ [aus Verbrennungsschema]

$$(o_m)_{min} = 0,0768\ (kmol\ O_2)/(kg\ B)$$

Luftbedarf $(l_m)_{min}$ [aus Verbrennungsschema, Gleichung (11.13), Gleichung (11.15)]

$$l_m = \lambda \cdot (l_m)_{min} = 1,50 \cdot 0,366\frac{kmol\ L}{kg\ B} = 0,549\frac{kmol\ L}{kg\ B}$$

$$\frac{V_{Ln}}{m_B} = l_m \cdot V_{mn} = 0,549\frac{kmol\ L}{kg\ B} \cdot 22,4\frac{m^3}{kmol} = 12,3\frac{m^3\ L}{kg\ B}$$

Verbrennungsgasmenge n_V/m_B [Verbrennungsschema, Gleichung (11.29), Gleichung (11.35)]

$$\frac{n_V}{m_B} = 0,0646\frac{kmol\ CO_2}{kg\ B} + 0,0315\frac{kmol\ H_2O}{kg\ B} + 0,0006\frac{kmol\ SO_2}{kg\ B} + 0,0385\frac{kmol\ O_2}{kg\ B} + 0,434\frac{kmol\ N_2}{kg\ B}$$

$$= 0,5691\frac{kmol\ V}{kg\ B}$$

$$\frac{V_{Vn}}{m_B} = \frac{n_V}{m_B} \cdot V_{mn} = 0,569\frac{kmol\ L}{kg\ B} \cdot 22,4\frac{m^3}{kmol} = 12,7\frac{m^3\ V}{kg\ B}$$

Molanteile im Verbrennungsgas $\psi_{i/V}$ [Verbrennungsschema, Gleichung (11.31)]

$\psi_{CO_2/V}$ $\quad = 0,0646/0,5691 \quad = 0,1135\ (kmol\ CO_2)/(kmol\ V)$

$\psi_{H_2O/V}$ $\quad = 0,0315/0,5691 \quad = 0,0554\ (kmol\ H_2O)/(kmol\ V)$

$\psi_{O_2/V}$ $\quad = 0,0384/0,5691 \quad = 0,0675\ (kmol\ O_2)/(kmol\ V)$

$\psi_{SO_2/V}$ $\quad = 0,0006/0,5691 \quad = 0,0011\ (kmol\ SO_2)/(kmol\ V)$

$\psi_{N_2/V}$ $\quad = 0,434/0,5691 \quad = 0,7626\ (kmol\ N_2)/(kmol\ V)$

Kontrolle $\qquad$ 1,0001

Brennstoffe mit bekannter chemischer Zusammensetzung – Zur Charakterisierung der Brennstoffzusammensetzung sind zunächst die Stoffmengenanteile der Brennstoffkomponenten in Tabelle 11-6 einzutragen. Anteile weiterer Kohlenwasserstoffe im Brennstoff können ergänzt werden. Für sie steht stellvertretend der Kohlenwasserstoff mit der allgemeinen chemischen Formel $C_xH_yO_z$. Die Formeln zur Berechnung des Mindestsauerstoffbedarfs, des Mindestluftbedarfs sowie der Verbrennungsgaszusammensetzung sind in den entsprechenden Feldern angegeben.

Tabelle 11-6 Verbrennungsschema für Brennstoffe bekannter chemischer Zusammensetzung

Brennstoff-zusammensetzung	Stoffmengen-anteil kmol/kmol B	Sauerstoff-bedarf kmol O_2/kg B	Zusammensetzung des Verbrennungsgases kmol/kmol B				
			CO_2	H_2O	SO_2	O_2	N_2
H_2	$\psi_{H_2/B}$	$\psi_{H_2/B}\cdot 1/2$		$\psi_{H_2/B}$			
CO	$\psi_{CO/B}$	$\psi_{CO/B}\cdot 1/2$	$\psi_{CO/B}$				
S	$\psi_{S/B}$	$\psi_{S/B}\cdot 1$			$\psi_{S/B}$		
CH_4	$\psi_{CH_4/B}$	$\psi_{CH_4/B}\cdot 2$	$\psi_{CH_4/B}\cdot 1$	$\psi_{CH_4/B}\cdot 2$			
$C_xH_yO_z$	$\psi_{C_xH_yO_z/B}$	$\psi_{C_xH_yO_z/B}\cdot(x+y/4-z/2)$	$\psi_{C_xH_yO_z/B}\cdot x$	$\psi_{C_xH_yO_z/B}\cdot y/2$			
N_2	$\psi_{N_2/B}$						$\psi_{N_2/B}$
H_2O	$\psi_{H_2O/B}$			$\psi_{H_2O/B}$			
CO_2	$\psi_{CO_2/B}$		$\psi_{CO_2/B}$				
Summe Sauerstoff		O_{min}					
Mindestluftbedarf		$L_{min}=\dfrac{O_{min}}{\psi_{O_2/L}}$		$x_m\cdot\lambda\cdot L_{min}$		$\psi_{O_2/L}\cdot(\lambda-1)\cdot L_{min}$	$\psi_{N_2/L}\cdot\lambda\cdot L_{min}$
Summe			$\dfrac{n_{CO_2/V}}{n_B}$	$\dfrac{n_{H_2O/V}}{n_B}$	$\dfrac{n_{SO_2/V}}{n_B}$	$\dfrac{n_{O_2/V}}{n_B}$	$\dfrac{n_{N_2/V}}{n_B}$

Analog zu den Gleichungen (11.49a) und (11.50a) kann zwischen feuchtem und trockenem Verbrennungsgas unterschieden werden.

$$\left(\frac{n_V}{n_B}\right)_t=\frac{n_{CO_2/V}}{n_B}+\frac{n_{SO_2/V}}{n_B}+\frac{n_{O_2/V}}{n_B}+\frac{n_{N_2/V}}{n_B} \tag{11.49b}$$

$$\left(\frac{n_V}{n_B}\right)_f=\left(\frac{n_V}{n_B}\right)_t+\frac{n_{H_2O/V}}{n_B} \tag{11.50b}$$

■ **Beispiel 11.5** Erdgas mit 82,8 % Methan (CH_4), 2,9 % Ethan (C_2H_6), 0,6 % Propan (C_3H_8), 2,2 % Kohlendioxid (CO_2) und 11,5 % Stickstoff (N_2), in Molanteilen angegeben, wird mit als trocken angenommener Luft bei einem Luftverhältnis von 1,32 verbrannt. Wie groß sind Mindestsauerstoffbedarf, Luftbedarf, Verbrennungsgasanfall sowie feuchte und trockene Verbrennungsgasmenge bezogen auf die Stoffmenge des Brennstoffes? Wie setzt sich das feuchte Verbrennungsgas in Massenanteilen zusammen? Wie groß ist das Normvolumen des Verbrennungsgases?

Daten Molanteile Methan CH_4 $\psi_{CH_4}=0,828$ Kohlendioxid CO_2 $\psi_{CO_2}=0,022$
             Ethan C_2H_6 $\psi_{C_2H_6}=0,029$ Stickstoff N_2 $\psi_{N_2}=0,115$
             Propan C_3H_8 $\psi_{C_3H_8}=0,006$
  Luftverhältnis $\lambda=1,32$

Verbrennungsschema nach Tabelle 11-6

Brennstoff-zusammensetzung	Stoffmengen-anteil kmol/kmol B	Sauerstoff-bedarf kmol O_2/kg B	Zusammensetzung des Verbrennungsgases kmol/kmol B				
			CO_2	H_2O	SO_2	O_2	N_2
CH_4	0,828	1,656	0,828	1,656			
C_2H_6	0,029	0,102	0,058	0,087			
C_3H_8	0,006	0,03	0,018	0,024			
CO_2	0,022		0,022				
N_2	0,115						0,115
Summe Sauerstoff	1,788						
Mindestluftbedarf $L_{min} = 8,51 \dfrac{kmol\ L}{kmol\ B}$				*		0,572	8,874
Summe			0,926	1,767	–	0,572	8,989

* Da trockene Verbrennungsluft betrachtet wird, entfällt der Wasseranteil aus der Verbrennungsluft.

Mindestsauerstoffbedarf O_{min} [aus Verbrennungsschema]

$O_{min} = 1,788$ (kmol O_2) /(kmol B)

Luftbedarf L [aus Verbrennungsschema, Gleichung (11.9)]

$L = \lambda \cdot L_{min} = 1,32 \cdot 8,51$ (kmol L) /(kmol B) $= 11,24$ (kmol L) /(kmol B)

Verbrennungsgasmengen n_V/n_B [Verbrennungsschema, Gleichung (11.49b), Gleichung (11.50b)]

$$\left(\frac{n_V}{n_B}\right)_f = 0,926\frac{kmol\ CO_2}{kmol\ B} + 1,767\frac{kmol\ H_2O}{kmol\ B} + 0,572\frac{kmol\ O_2}{kmol\ B} + 8,989\frac{kmol\ N_2}{kmol\ B} = 12,254\frac{kmol\ fV}{kmol\ B}$$

$$\left(\frac{n_V}{n_B}\right)_t = 0,926\frac{kmol\ CO_2}{kmol\ B} + 0,572\frac{kmol\ O_2}{kmol\ B} + 8,989\frac{kmol\ N_2}{kmol\ B} = 10,487\frac{kmol\ tV}{kmol\ B}$$

Anteile im Verbrennungsgas $\xi_{i/V}$ [Verbrennungsschema, Gleichungen (11.32), (11.33), (11.34)]

Gas	$\dfrac{n_{i/V}}{n_B}$	$\psi_{i/V}$	M_i	$\dfrac{n_{i/V}}{n_B}M_i$	$\xi_{i/V}$	
CO_2	0,926	0,076	44	40,7	0,119	
H_2O	1,767	0,144	18	31,8	0,093	$\dfrac{m_V}{n_B} = 342,5 \dfrac{kg\ V}{kmol\ B}$
N_2	8,989	0,733	28	251,7	0,735	
O_2	0,572	0,047	32	18,3	0,053	
V	12,254	1,000		342,5	1,000	

Normvolumen des Verbrennungsgases V_{Vn}/n_B [Gleichung (11.36)]

$$\frac{V_{Vn}}{n_B} = \frac{n_V}{n_B}V_{mn} = 12,3\frac{kmol\ V}{kmol\ B} \cdot 22,4\frac{m^3}{kmol} = 274\frac{m^3\ V}{kmol\ B}$$

11.6 Energieumsatz bei vollständiger Verbrennung

Welche Energien werden bei einem Verbrennungsprozess frei?

Bei der Verbrennung wird chemisch in einem Brennstoff gebundene Energie frei und erhöht den thermodynamischen Energiegehalt der beteiligten Stoffe. Die maximale Verbrennungstemperatur wird erreicht, wenn während des Verbrennungsprozesses keine Wärmeabgabe an die Umgebung erfolgt. Wir betrachten zunächst den allgemeineren Fall einer isobaren Verbrennung mit Wärmeabgabe (Bild 11-2) an die Umgebung und wenden darauf den Ersten Hauptsatz unter Berücksichtigung der folgenden Annahmen an. Der Verbrennungsvorgang ist stationär, kinetische und potentielle Energien werden vernachlässigt, technische Arbeit wird nicht verrichtet und der Energieinhalt der Asche wird ebenfalls vernachlässigt [1].

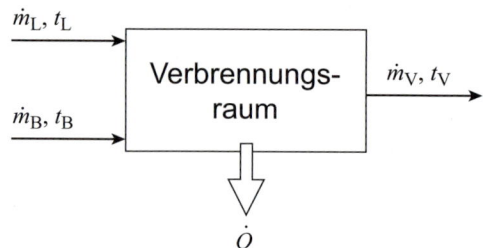

Bild 11-2
Isobarer Verbrennungsprozess mit
Wärmeabgabe an die Umgebung

Unter diesen Voraussetzungen erhält man aus dem Ersten Hauptsatz für offene stationäre Systeme

$$\dot{Q} = \dot{m}_V \, h_V(t_V) - \dot{m}_B \, h_B(t_B) - \dot{m}_L \, h_L(t_L). \tag{11.51}$$

Nach Division durch den Massenstrom des Brennstoffs $\dot{m}_B$ und unter Berücksichtigung der Zusammenhänge

$$q = \frac{\dot{Q}}{\dot{m}_B}, \quad \frac{\dot{m}_V}{\dot{m}_B} = \frac{m_V}{m_B}, \quad \frac{\dot{m}_L}{\dot{m}_B} = \frac{m_L}{m_B} = \lambda \, l_{min} \tag{11.52}$$

ergibt sich

$$q = \frac{m_V}{m_B} \, h_V(t_V) - h_B(t_B) - \lambda \, l_{min} \, h_L(t_L). \tag{11.53}$$

In Gleichung (11.53) treten nicht Enthalpiedifferenzen gleicher Stoffe bei unterschiedlichen Zuständen, sondern Enthalpien verschiedener Stoffe auf. Die Absolutwerte der Enthalpien des Verbrennungsgases, der Verbrennungsluft und des Brennstoffs müssen berücksichtigt werden, da sich die Enthalpiekonstanten verschiedener Stoffe bei gleichem Zustand unterscheiden. Wie wir im Folgenden sehen werden, ist die Änderung der Enthalpien von Verbrennungsgas, Verbrennungsluft und Brennstoff bei vorgegebener Bezugstemperatur gleich der freiwerdenden Verbrennungswärme, die als Heizwert bezeichnet wird.

Heizwert und Brennwert – Zur Ermittlung des Heizwertes wird der in Bild (11-3) dargestellte Kalorimeterversuch betrachtet. Einem Verbrennungsraum werden bei vorgegebener Bezugstemperatur t_0 Brennstoff und trockene Verbrennungsluft zugeführt und isobar verbrannt. Dabei wird stets soviel Wärme abgeführt, dass das Verbrennungsgas die gleiche Temperatur einnimmt wie der zugeführte Brennstoff und die Verbrennungsluft. Das Wasser im Verbrennungsgas soll bei der Bezugstemperatur dampfförmig vorliegen. Die bei höheren Verbrennungstemperaturen entstehenden Stickoxide werden nicht betrachtet. Aus dem Ersten Hauptsatz erhält man für die abgegebene, auf Masse des Brennstoffs bezogene spezifische Wärme

$$q = \frac{m_V}{m_B} h_V(t_0) - h_B(t_0) - \lambda\, l_{min} h_L(t_0).$$ (11.54a)

Als Heizwert H_u (früher „unterer Heizwert") definiert man

$$H_u(t_0) = -q = h_B(t_0) + \lambda\, l_{min} h_L(t_0) - \frac{m_V}{m_B} h_V(t_0).$$ (11.54b)

Der Heizwert ist eine messbare Größe, die anhand kalorimetrischer Untersuchungen ermittelt werden kann. Um die Messergebnisse für verschiedene Brennstoffe besser vergleichen zu können, sind in DIN 5499 weitere Messbedingungen festgelegt. Die Messwerte gelten für eine einheitliche Bezugstemperatur $t_0 = 25\,°C$ von Brennstoff, Brennluft und Verbrennungsgas sowie für vollständige Verbrennung. Der Heizwert ist eine Eigenschaft des Brennstoffs und hängt nicht davon ab, ob die Verbrennung mit reinem Sauerstoff, Luft oder mit Luftüberschuss durchgeführt wird [1]. Die Enthalpien der Reaktionsteilnehmer sind bei derselben Temperatur zu bestimmen. Daher heben sich die Enthalpien aller an der Verbrennung nicht beteiligten inerten Stoffe wie Stickstoff und überschüssiger Sauerstoff in Gleichung (11.54b) heraus.

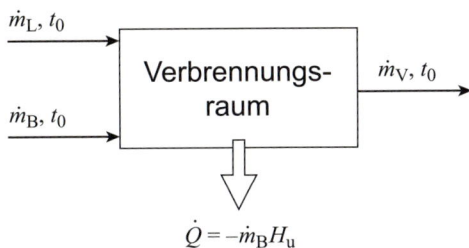

Bild 11-3
Kalorimeterversuch zur
Bestimmung des Heizwertes

Vielfach wird der auf die Stoffmenge des Brennstoffes n_B bezogene *molare Heizwert*

$$H_{um} = -\frac{Q}{n_B} = -Q_m = M_B H_u$$ (11.55)

oder der auf das Normvolumen des Brennstoffes V_{Bn} (t_n, p_n) bezogene (*volumetrische*) *Heizwert*

$$H_{uv} = -\frac{Q}{V_{Bn}} = \frac{H_{um}}{V_{mn}}$$ (11.56)

angegeben. Wenn der gesamte im Verbrennungsgas enthaltene Wasserdampf kondensiert, erhöht sich die abgegebene Energie um die Enthalpieabnahme des kondensierten Wasserdampfs Δh_W^W. Der so freiwerdende *Brennwert* H_0 (früher „oberer Heizwert") ist mit der spezifischen Verdampfungsenthalpie Δh_d des Wassers bei der Bezugstemperatur t_0

$$H_0 = H_u + \Delta h_{ges}^W = H_u + \frac{m_{H_2O/V}}{m_B} \Delta h_d.$$ (11.57)

Da wir von einer Verbrennung mit trockener Luft ausgegangen sind, enthält das Verbrennungsgas nur Wasseranteile aus dem Brennstoff und das bei der Verbrennung gebildete Wasser. Findet die Verbrennung mit feuchter Verbrennungsluft statt, dürfen in Gleichung (11.57) keine Wasserdampfanteile aus der feuchten Verbrennungsluft berücksichtigt werden. Der Brennwert ist wie der Heizwert eine Eigenschaft des Brennstoffs.

Durch Einführen der Molmassen des Brennstoffs M_B und des Wasserdampfes M_{H_2O} in Gleichung (11.57)

$$M_B H_0 = M_B H_u + M_B \frac{n_{H_2O/V}}{m_B} M_{H_2O} \Delta h_d$$ (11.58)

erhält man den molaren Brennwert

$$H_{om} = H_{um} + \frac{n_{H_2O/V}}{n_B} M_{H_2O} \Delta h_d \qquad (11.59)$$

und unter Berücksichtigung des Normmolvolumens V_{mn} die volumetrische Größe H_{ov} für den Brennwert

$$H_{ov} = \frac{H_{om}}{V_{mn}}. \qquad (11.60)$$

Die beschriebenen Heizwertgrößen gelten streng genommen nur für isobare Verbrennung, sind aber wegen der geringen Druckabhängigkeit der Enthalpien auch für isochore Prozesse verwendbar. Streng genommen müssten Differenzen der Inneren Energie eingesetzt werden.

Heizwerte und Brennwerte werden experimentell ermittelt und sind für zahlreiche Stoffe tabelliert. Einige Werte sind in den Tabellen T-13 bis T-17 enthalten. Für Brennstoffe der ersten Gruppe lässt sich der Heizwert mit guter Näherung aus der Elementaranalyse berechnen, zum Beispiel nach Gleichung (11.61) [14].

$$H_u = \sum_i \left(H_{ui} \, \xi_{i/B} \right) = [33,9 \, c + 121,4 \, h + 10,5 \, s - 15,2 \, o - 2,44 \, w] \, \text{MJ} / (\text{kg B}) \quad (11.61)$$

Für Brennstoffe der zweiten Gruppe ergibt sich der Heizwert aus den chemischen Verbindungen (Tabellen T-16 und T-17) [DIN 51850].

$$\begin{aligned} H_{um} = \sum_i H_{um,i} \, \psi_{i/B} = [&283 \, \psi_{CO/B} + 242 \, \psi_{H_2/B} + 802 \, \psi_{CH_4/B} + \\ &+ 1428 \, \psi_{C_2H_6/B} + 2044 \, \psi_{C_3H_8/B} + ...] \, \text{MJ} / (\text{kmolB}) \end{aligned} \qquad (11.62)$$

Für die Zahlenwerte dieser beiden Gleichungen finden sich in der Literatur leicht differierende Angaben.

Mit Kenntnis des Heizwertes kann Gleichung (11.53) ausgewertet werden, da durch ihn die Enthalpiekonstanten der beteiligten Stoffe festgelegt sind. Um dies zu zeigen, subtrahiert man Gleichung (11.54b) von Gleichung (11.53) und erhält nach Umstellung für die frei werdende Wärme

$$\begin{aligned} -q = H_u\left(t_0\right) + \left[h_B\left(t_B\right) - h_B\left(t_0\right)\right] + \lambda \, l_{min} \left[h_L\left(t_L\right) - h_L\left(t_0\right)\right] \\ - \frac{m_V}{m_B}\left[h_V\left(t_V\right) - h_V\left(t_0\right)\right] \end{aligned} \qquad (11.63)$$

Die in Gleichung (11.63) auftretenden Enthalpiedifferenzen können in der gewohnten Weise berechnet werden. Der Heizwert ist Tabellenwerken zu entnehmen oder durch Auswertung der Gleichungen (11.61) und (11.62) zu berechnen.

Einfluss der Temperaturen und des Luftverhältnisses – Zur Auswertung der Energiebilanz (11.63) fassen wir die auf Brennstoffmasse bezogenen Enthalpien der Reaktionsteilnehmer vor der Verbrennung, des Brennstoffes und der Verbrennungsluft zusammen und erhalten

$$h'\left(t_L, \lambda\right) = H_u + \lambda \, l_{min} \left[h_L\left(t_L\right) - h_L\left(t_0\right)\right]. \qquad (11.64)$$

Der Unterschied zwischen Brennstofftemperatur t_B und Bezugstemperatur t_0 ist meistens vernachlässigbar. Daher wurde in Gleichung (11.64) $t_B = t_0$ gesetzt. Mit der kalorischen Zustandsgleichung und den mittleren spezifischen Wärmekapazitäten nach Gleichung (6.68) erhält man

$$h'(t_L, \lambda) = H_u + \lambda \, l_{min} \left[\overline{c}_{pL}(t_L) \cdot t_L - \overline{c}_{pL}(t_0) \cdot t_0 \right]. \tag{11.65}$$

Die auf Brennstoffmasse bezogene Enthalpie h'' nach der Verbrennung entspricht der Enthalpie des Verbrennungsgases. Mit Gleichung (6.68) ergibt sich

$$h''(t_V, \lambda) = \frac{m_V}{m_B} \left[h_V(t_V) - h_V(t_0) \right] = \frac{m_V}{m_B} \left[\overline{c}_{pV}(t_V) \cdot t_V - \overline{c}_{pV}(t_0) \cdot t_0 \right], \tag{11.66}$$

wobei die mittleren spezifischen Wärmekapazitäten des Verbrennungsgases unter Berücksichtigung der Zusammensetzung aus den Massenanteilen der einzelnen Komponenten und deren spezifischen Wärmekapazitäten nach Gleichung (8.28) zu ermitteln sind.

Die Energiebilanz (11.63) kann damit in der verkürzten Form

$$-q = h'(t_L, \lambda) - h''(t_V, \lambda) \tag{11.67}$$

angegeben und in einem h,t-Diagramm (Bild 11.4) veranschaulicht werden. Die Enthalpie h' nimmt mit t_L zu, die Enthalpie des Verbrennungsgases h'' mit t_V. Beide Größen wachsen bei Temperaturen über der Bezugstemperatur t_0 mit zunehmendem Luftverhältnis $\lambda_2 > \lambda_1$. Mit molaren Größen ergibt sich für die Energiebilanz

$$-Q_m = H'_m(t_L, \lambda) - H''_m(t_V, \lambda) \tag{11.68}$$

mit den molaren Enthalpien

$$\begin{aligned} H'_m(t_L, \lambda) &= H_{um} + \lambda \, L_{min} \left[H_{mL}(t_L) - H_{mL}(t_0) \right] \\ &= H_{um} + \lambda \, L_{min} \left[\overline{C}_{mpL}(t_L) \cdot t_L - \overline{C}_{mpL}(t_0) \cdot t_0 \right] \end{aligned} \tag{11.69}$$

und

$$H''_m(t_V, \lambda) = \frac{n_V}{n_B} \left[H_{mV}(t_V) - H_{mV}(t_0) \right] = \frac{n_V}{n_B} \left[\overline{C}_{mpV}(t_V) \cdot t_V - \overline{C}_{mpV}(t_0) \cdot t_0 \right]. \tag{11.70}$$

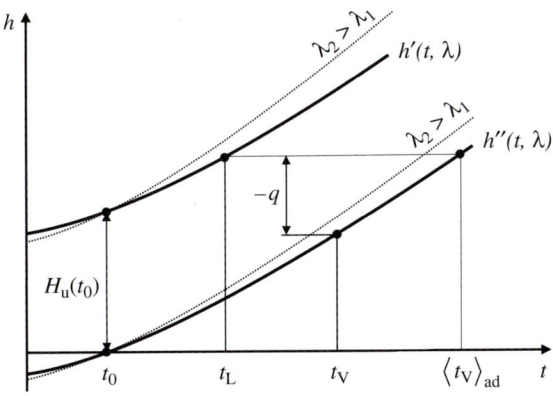

Bild 11-4 h,t-Diagramm der Verbrennung eines Brennstoffes

H_u	Heizwert bei t_0	h'	Enthalpie vor der Verbrennung [Gleichung (11.65)]
Temperaturen		h''	Enthalpie nach der Verbrennung [Gleichung (11.66)]
t_0	Bezugswert	$-q$	freiwerdende Wärme [Gleichung (11.67)]
t_L	Verbrennungsluft	——— h', h''	für gasförmige Komponenten für $\lambda = \lambda_1$
t_V	Verbrennungsgas	- - - - - h', h''	für gasförmige Komponenten für $\lambda = \lambda_2 > \lambda_1$
		$\langle t_V \rangle_{ad}$	Adiabate Verbrennungstemperatur [Gleichung (11.73)]

Adiabate Verbrennungstemperatur – Wird keine Wärme abgeführt ($-q = 0$, $-Q_m = 0$), so folgen aus Gleichungen (11.67) und (11.68)

$$h'(t_L, \lambda) = h''(t_V, \lambda) \tag{11.71}$$

und

$$H'_m(t_L, \lambda) = H''_m(t_V, \lambda) \ . \tag{11.72}$$

Die Temperatur des Verbrennungsgases t_V steigt dann auf die adiabate Verbrennungstemperatur $\langle t_V \rangle_{ad}$. Mit den Gleichungen (11.66) und (11.70) ergibt sich diese aus den Gleichungen (11.71) und (11.72).

$$\langle t_V \rangle_{ad} = \frac{1}{\bar{c}_{pV}(t_V)}\left[\frac{h'}{m_V/m_B} + \bar{c}_{pV}(t_0)\cdot t_0\right] \tag{11.73}$$

$$\langle t_V \rangle_{ad} = \frac{1}{\bar{C}_{mpV}(t_V)}\left[\frac{H'_m}{n_V/n_B} + \bar{C}_{mpV}(t_0)\cdot t_0\right] \tag{11.74}$$

Die Temperatur $\langle t_V \rangle_{ad}$ ist in Bild 11-4 eingetragen. Dabei zeigt sich, dass $\langle t_V \rangle_{ad}$ mit steigendem Luftüberschuss $\lambda_2 > \lambda_1$ kleiner wird, wie es auch bei der größeren zu erwärmenden Gasmenge zu erwarten ist. Die Gleichungen (11.73) und (11.74) sind iterativ zu lösen, da die spezifischen Wärmekapazitäten von der zu berechnenden adiabaten Verbrennungstemperatur abhängen.

Da Flammen sofort Wärme an die Wände des Verbrennungsraumes abgeben, können so berechnete adiabate Verbrennungstemperaturen in Wirklichkeit nicht erreicht werden.

Außerdem bilden sich, etwa bei 1500 °C beginnend, weitere Reaktionsprodukte. Diese als *Dissoziation* bezeichnete Erscheinung führt dazu, dass die Verbrennungsgase höhere Wärmekapazitäten und damit niedrigere Temperaturen haben.

■ **Beispiel 11.6** Das in Beispiel 11.5 untersuchte Erdgas wird mit trockener Brennluft von 10 °C verbrannt. Das Verbrennungsgas verlässt den Verbrennungsraum mit einer Temperatur $t_V = 160$ °C. Wie groß ist die auf die Stoffmenge bezogene freiwerdende molare Wärme Q_m? Welchen Wert erreicht die adiabate Verbrennungstemperatur $\langle t_V \rangle_{ad}$?

Daten   Daten für Erdgas, Luftverhältnis und Zusammensetzung des Verbrennungsgases siehe Beispiel 11.5.

Brennluft $t_L = 10$ ºC   Verbrennungsgas $t_V = 160$ ºC

Heizwert H_{um} [Gleichung (11.62). Tabelle T-16]

Stoff	$\psi_{i/B}$	H_{umi}	$\psi_{i/B}\cdot H_{umi}$	
	–	MJ/kmol	MJ/kmol	
CH_4	0,828	802	664	$H_{um} = \Sigma(\psi_{i/B}\cdot H_{umi})$
C_2H_6	0,029	1428	41	
C_3H_8	0,006	2044	12	
			717	$H_{um} = 717$ MJ/(kmol B)

(An der Reaktion nicht beteiligte inerte Stoffe liefern keinen Beitrag zum Heizwert.)

Molmasse M_B [Gleichung (8.21), Tabelle T-3]

Stoff	$\psi_{i/B}$	M_i	$\psi_{i/B}\cdot M_i$	
	–	kg/kmol	kg/kmol	
CH_4	0,828	16	13,2	$M_B = \Sigma(\psi_{i/B}\cdot M_i)$
C_2H_6	0,029	30	0,9	
C_3H_8	0,006	44	0,3	
CO_2	0,022	44	1,0	
N_2	0,115	28	3,2	
			18,6	$M_B = 18,7$ (kg B)/(kmol B)

Enthalpie H'_m vor der Verbrennung [Gleichung (11.69), Tabelle T4 (Werte linear interpoliert)]

$$H'_m = H_{um} + \lambda\, L_{min} \left[H_{mL}\left(t_L\right) - H_{mL}\left(t_0\right) \right] = H_{um} + \lambda\, L_{min} \left[\overline{C}_{mpL}\left(t_L\right)\cdot t_L - \overline{C}_{mpL}\left(t_0\right)\cdot t_0 \right]$$

$$-\overline{C}_{mpL}\left(t_0\right)\cdot t_0 = -29{,}10 \text{ kJ/(kmol K)} \cdot 25\ ^\circ\text{C} = -727{,}5 \text{ kJ/kmol}$$

$$\overline{C}_{mpL}\left(t_L\right)\cdot t_L = 29{,}09 \text{ kJ/(kmol K)} \cdot 10\ ^\circ\text{C} = \underline{\quad 290{,}9 \text{ kJ/kmol}}$$

$$-436{,}6 \text{ kJ/kmol}$$

$$H'_m = 717\frac{\text{MJ}}{\text{kmol B}} - 11{,}24\frac{\text{kmol L}}{\text{kmol B}}\cdot 436{,}6\frac{\text{kJ}}{\text{kmol L}} = 713{,}1\frac{\text{MJ}}{\text{kmol B}}$$

Molwärmen $\overline{C}_{mpV}$ in kJ/(kmol K) [Gleichung (8.30), Tabelle T-4 (interpoliert)] $\overline{C}_{mpV} = \sum\left[\psi_{i/V}\cdot\overline{C}_{mpi}\left(t_V\right) \right]$

Stoff	$\psi_{i/V}$	$\overline{C}_{mpi}$ 160 °C	$\psi_{i/V}\cdot\overline{C}_{mpi}$	$\overline{C}_{mpi}$ 25 °C	$\psi_{i/V}\cdot\overline{C}_{mpi}$	
CO_2	0,076	39,40	2,99	36,48	2,77	
H_2O	0,144	33,93	4,89	33,53	4,83	
N_2	0,733	29,16	21,37	29,15	21,37	$\left(\overline{C}_{mpV}\right)_{160\ ^\circ\text{C}} = 30{,}65$ kJ/(kmol K)
O_2	0,047	29,76	1,40	29,33	1,38	$\left(\overline{C}_{mpV}\right)_{25\ ^\circ\text{C}} = 30{,}35$ kJ/(kmol K)
			30,65		30,35	

Enthalpie H''_m nach der Verbrennung [Gleichung (11.70)]

$$H''_m\left(t_V,\lambda\right) = \frac{n_V}{n_B}\left[H_{mV}\left(t_V\right) - H_{mV}\left(t_0\right) \right] = \frac{n_V}{n_B}\left[\overline{C}_{mpV}\left(t_V\right)\cdot t_V - \overline{C}_{mpV}\left(t_0\right)\cdot t_0 \right]$$

$$H''_m = 12{,}25\frac{\text{kmol V}}{\text{kmol B}}\left[30{,}65\cdot 160 - 30{,}35\cdot 25 \right]\frac{\text{kJ}}{\text{kmol V}} = 50{,}78\frac{\text{MJ}}{\text{kmol B}}$$

Freiwerdende molare Wärme $-Q_m$ [Gleichung (11.68)]

$$-Q_m = \frac{-Q}{n_B} = H'_m - H''_m = \left(713{,}1 - 50{,}8\right)\frac{\text{MJ}}{\text{kmol B}} = 662\frac{\text{MJ}}{\text{kmol B}}$$

Adiabate Verbrennungstemperatur $\langle t_V\rangle_{ad}$ [Gleichung (11.74)]

$$\langle t_V\rangle_{ad} = \frac{1}{\overline{C}_{mpV}\left(t_V\right)}\left[\frac{H'_m}{n_V/n_B} + \overline{C}_{mpV}\left(t_0\right)\cdot t_0 \right]$$

$$\frac{H'_m}{n_V/n_B} = \frac{713 \text{ MJ/(kmol B)}}{12{,}25 \text{ (kmol V)/(kmol B)}} = 58{,}20 \text{ MJ/(kmol V)}$$

$$\overline{C}_{mpV}\left(t_0\right)\cdot t_0 = 30{,}35 \text{ kJ/(kmol V K)}\cdot 25\ ^\circ\text{C} = \underline{0{,}76 \text{ MJ/(kmol V)}}$$

$$58{,}96 \text{ MJ/(kmol V)}$$

$$\langle t_V\rangle_{ad} = \frac{58{,}96\cdot 10^3 \text{ kJ/(kmol V)}}{\overline{C}_{mpV}\left(t_V\right)} \qquad \text{Lösung durch Iteration}$$

Molwärmen $\overline{C}_{\mathrm{mpV}}$ in kJ/(kmol K) [Gleichung (8.30)] $\overline{C}_{\mathrm{mpV}} = \sum\left[\psi_{\mathrm{i/V}} \cdot \overline{C}_{\mathrm{mpi}}\left(t_{\mathrm{V}}\right)\right]$

Stoff	$\psi_{\mathrm{i/V}}$	$\overline{C}_{\mathrm{mpi}}$	$\psi_{\mathrm{i/V}} \cdot \overline{C}_{\mathrm{mpi}}$	$\overline{C}_{\mathrm{mpi}}$	$\psi_{\mathrm{i/V}} \cdot \overline{C}_{\mathrm{mpi}}$	$\overline{C}_{\mathrm{mpi}}$	$\psi_{\mathrm{i/V}} \cdot \overline{C}_{\mathrm{mpi}}$
			2000 °C		1600 °C		1660 °C
CO_2	0,076	54,44	4,14	52,93	4,02	53,18	4,04
H_2O	0,144	43,97	6,33	42,00	6,05	42,31	6,09
N_2	0,733	33,28	24,39	32,62	23,91	32,73	23,99
O_2	0,047	35,17	1,65	34,47	1,62	34,58	1,63
			36,51		35,60		35,75

Iterationsverfahren

$\langle t_{\mathrm{V}}\rangle_{\mathrm{ad}}$ angenommen °C	$\overline{C}_{\mathrm{mpV}}\left(t_{\mathrm{V}}\right)$ kJ/(kmol K)	$\langle t_{\mathrm{V}}\rangle_{\mathrm{ad}}$ errechnet °C	
2000	36,51	1615	
1600	35,60	1656	
1660	35,74	1650	$\langle t_{\mathrm{V}}\rangle_{\mathrm{ad}} = 1650\ °C$

Kondensationsvorgänge im Verbrennungsgas – Wird die Temperatur des Verbrennungsgases im Kessel unter die Taupunkttemperatur t_{τ} abgekühlt, kondensiert ein Teil des Wasserdampfs. Dabei verringert sich die Enthalpie des Verbrennungsgases um die auf die Brennstoffmasse bezogene Enthalpieabnahme $\Delta h_{\mathrm{kond}}^{\mathrm{W}}\left(t\right)$ des kondensierten Wasserdampfanteils (Bild 11-5).

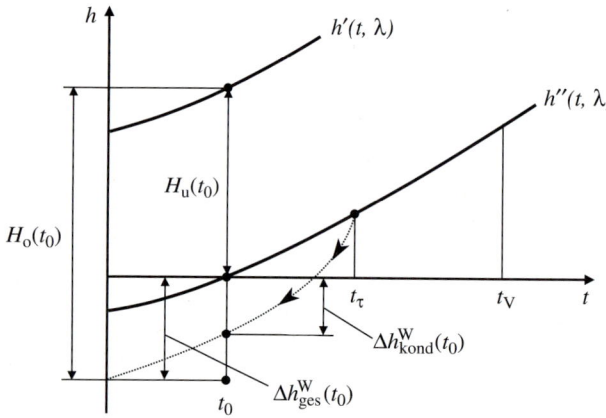

Bild 11-5 h, t-Diagramm der Verbrennung mit Berücksichtigung der Wasserdampfkondensation im Verbrennungsgas

H_{u}	Heizwert bei t_0		h'		Enthalpie vor der Verbrennung [Gleichung (11.65)]
H_{o}	Brennwert bei t_0		h''		Enthalpie nach der Verbrennung [Gleichung (11.66)]
Temperaturen			$\Delta h_{\mathrm{kond}}^{\mathrm{W}}$		Enthalpieabnahme durch Wasserdampfteilkondensation [Gleichung (11.79)]
t_0	Bezugswert		$\Delta h_{\mathrm{ges}}^{\mathrm{W}}$		Enthalpieabnahme durch vollständige Wasserdampfkondensation [Gleichung (11.57)]
t_{V}	Verbrennungsgas				
			——— h', h''		für gasförmige Komponenten
			- - - - - h''_{kond}		für teilkondensierten Wasserdampfanteil

Es kondensiert mindestens so viel Wasserdampf, bis im Verbrennungsgas Sättigungszustand herrscht und die relative Feuchte des Verbrennungsgases demnach $\varphi_V = 1$ beträgt. Aufgrund von Temperaturunterschieden im Verbrennungsgas liegen die relativen Feuchten des Verbrennungsgases häufig unterhalb des Sättigungszustands im Bereich zwischen $\varphi_V = 0{,}9$ und 1. Liegen keine genauen Messwerte für die relative Feuchte des abgekühlten Verbrennungsgases vor, ist die Annahme des Sättigungszustands für das Verbrennungsgas eine gute erste Näherung. Entsprechend den Abhandlungen zur feuchten Luft in Kapitel 8.4 kann nach Gleichung (8.37) der Wassergehalt des feuchten Verbrennungsgases in kg H_2O je kg trockenes Verbrennungsgas angegeben werden.

$$x_V = \frac{R_L}{R_W} \frac{\varphi_V p'_W}{p - \varphi_V p'_W} \tag{11.75}$$

Die bei Abkühlung unter den Taupunkt kondensierte Wasserdampfmasse je kg Brennstoff

$$\left(\frac{m_{H_2O}}{m_B}\right)_{kond} = \left(\frac{m_{H_2O/V}}{m_B}\right) - \left(\frac{m_V}{m_B}\right)_t x_V \tag{11.76}$$

erhält man aus der Differenz der anfänglich im Verbrennungsgas enthaltenen Wassermasse und der im abgekühlten Verbrennungsgas verbleibenden Wasserdampfmasse. Mit dem molaren Wassergehalt des Verbrennungsgases

$$x_{mV} = \frac{\varphi_V p'_W}{p - \varphi_V p'_W} \tag{11.77}$$

kann die teilkondensierte Wasserdampfmenge je kmol Brennstoff

$$\left(\frac{n_{H_2O}}{n_B}\right)_{kond} = \left(\frac{n_{H_2O/V}}{n_B}\right) - \left(\frac{n_V}{n_B}\right)_t x_{mV} \tag{11.78}$$

berechnet werden.

Damit erhält man für die Enthalpieabnahme des Verbrennungsgases bei Teilkondensation des Wasserdampfs

$$\Delta h^W_{kond}(t) = \left(\frac{m_{H_2O}}{m_B}\right)_{kond} \Delta h_d(t) \tag{11.79}$$

mit der Verdampfungsenthalpie $\Delta h_d(t)$. Für die Enthalpie des Verbrennungsgases bei Berücksichtigung der Wasserdampfteilkondensation ergibt sich daraus

$$h''_{kond}(t, \lambda) = h''(t, \lambda) - \Delta h^W_{kond} = h''(t, \lambda) - \left(\frac{m_{H_2O}}{m_B}\right)_{kond} \Delta h_d(t) \tag{11.80}$$

für Verbrennungsgastemperaturen unterhalb des Taupunkts. Die Enthalpie des Verbrennungsgases nach Gleichung (11.80) ist in Bild 11-5 dargestellt. Die Enthalpieabnahme des Verbrennungsgases durch Wasserdampfteilkondensation bei Bezugtemperatur t_0 ist ebenfalls dargestellt. Sie ist kleiner als die Enthalpieabnahme des Verbrennungsgases bei vollständiger Kondensation des im Verbrennungsgas befindlichen Wasseranteils.

Für die molare Enthalpieabnahme des Verbrennungsgases bei Teilkondensation des Wasserdampfs gilt

$$\Delta H^W_{m,kond}(t) = \left(\frac{n_{H_2O}}{n_B}\right)_{kond} M_W \Delta h_d(t) \tag{11.81}$$

und damit für die molare Enthalpie des Verbrennungsgases unterhalb der Taupunkttemperatur

$$H''_{m,kond}(t,\lambda) = H''_m(t,\lambda) - \Delta H^W_{m,kond}. \tag{11.82}$$

Zur Berücksichtigung der Teilkondensation des Wasserdampfs in der Energiebilanz der Verbrennung nach Gleichung (11.67) ist die Enthalpie des Verbrennungsgases $h''(t,\lambda)$ durch die Enthalpie $h''_{kond}(t,\lambda)$ nach Gleichung (11.80) zu ersetzen. Man erhält für die abgeführte Wärme je kg Brennstoff

$$-q = h'(t_L,\lambda) - h''_{kond}(t_V,\lambda) = h'(t_L,\lambda) - h''(t_V,\lambda) + \Delta h^W_{kond}(t_V). \tag{11.83}$$

Entsprechend ergibt sich für die freigesetzte molare Wärme je kmol Brennstoff unter Berücksichtigung von Gleichung (11.82)

$$-Q_m = H'_m(t_L,\lambda) - H''_{m,kond}(t_V,\lambda) = H'_m(t_L,\lambda) - H''_m(t_V,\lambda) + \Delta H^W_{m,kond}(t_V). \tag{11.84}$$

Wird einer Brennkammer trockene Verbrennungsluft und Brennstoff bei Bezugstemperatur t_0 zugeführt und kühlt man das entstehende Verbrennungsgas auf die Bezugstemperatur $t_V = t_0$ ab, kann aus Gleichung (11.83) mit Gleichungen (11.65) und (11.66) die maximal freigesetzte Wärme

$$-q_{max} = H_u(t_0) + \Delta h^W_{kond}(t_0), \tag{11.85}$$

$$-Q_{m,max} = H_{um}(t_0) + \Delta H^W_{m,kond}(t_0)$$

berechnet werden.

Wie anhand von Bild 11-5 veranschaulicht werden kann, gilt

$$H_u(t_0) \leq -q_{max}(t_0) \leq H_0(t_0) \quad \text{und} \tag{11.86a}$$

$$H_{um}(t_0) \leq -Q_{m,max}(t_0) \leq H_{0m}(t_0). \tag{11.86b}$$

■ **Beispiel 11.7** Ermitteln Sie für das in Beispiel 11.5 und 11.6 untersuchte Erdgas die Taupunkttemperatur des Verbrennungsgases t_τ. Welche Wasserdampfmenge je kmol Brennstoff kondensiert bei der Bezugstemperatur t_0, wenn das Verbrennungsgas gesättigt ist? Berechnen Sie die maximale freigesetzte molare Wärme $-Q_{m,max}$, wenn der Feuerung die Verbrennungsluft bei Bezugstemperatur zugeführt und das Verbrennungsgas auf Bezugstemperatur abgekühlt wird. Vergleichen Sie das Ergebnis mit dem molaren Brennwert $H_{0m}(t_0)$.

Daten   Gesamtdruck der isobaren Verbrennung $p = 1$ bar
Daten für Erdgas, Luftverhältnis und Zusammensetzung des Verbrennungsgases siehe Beispiel 11.5.
Daten für den Heizwert siehe Beispiel 11.6

Taupunkttemperatur t_τ [Gleichung (8.7), Tabelle T-5 (linear interpoliert)]
Partialdruck des Wasserdampfs im Verbrennungsgas $p_{H_2O/V} = \psi_{H_2O/V} \cdot p = 0,144 \cdot 1,01$ bar $= 0,15$ bar

Der Taupunkt wird erreicht, wenn der Partialdruck des Wasserdampfs gleich dem Sättigungsdruck wird.

Aus $p_{H_2O/V} = p'_W(t_\tau)$ folgt $t_\tau = 53\ °C$.

Kondensierte Stoffmenge Wasser bei Bezugstemperatur [Gleichung (11.77), Gleichung (11.78), Tabelle T-5]

Molarer Wassergehalt des Verbrennungsgases $x_{mV} = \dfrac{\varphi_V p'_W(t_0)}{p - \varphi_V p'_W(t_0)} = \dfrac{1 \cdot 0,03166\ \text{bar}}{1,01\ \text{bar} - 1 \cdot 0,03166\ \text{bar}} = 0,03\ \dfrac{\text{kmol}\ H_2O}{\text{kmol}\ tV}$

$$\left(\frac{n_{H_2O}}{n_B}\right)_{kond} = \left(\frac{n_{H_2O/V}}{n_B}\right) - \left(\frac{n_V}{n_B}\right)_t x_{mV} = 1,767\ \frac{\text{kmol}\ H_2O}{\text{kmol}\ B} - 10,487\ \frac{\text{kmol}\ tV}{\text{kmol}\ B} \cdot 0,03\ \frac{\text{kmol}\ H_2O}{\text{kmol}\ tV} = 1,45\ \frac{\text{kmol}\ H_2O}{\text{kmol}\ B}$$

Maximal abgegebene molare Wärme $-Q_{m,max}$ [Gleichung (11.81), Gleichung (11.84)]

$$-Q_{m,max} = H'_m\left(t_L = t_0, \lambda\right) - H''_{m,kond}\left(t_V = t_0, \lambda\right) = H_{um}\left(t_0\right) + \Delta H^W_{m,kond}\left(t_0\right)$$

$$\text{mit}\quad \Delta H^W_{m.kond}\left(t_0\right) = \left(\frac{n_{H_2O}}{n_B}\right)_{kond} M_W \Delta h_d\left(t_0\right) = 1,45\,\frac{\text{kmol H}_2\text{O}}{\text{kmol B}} \cdot 18\,\frac{\text{kg}}{\text{kmol H}_2\text{O}} \cdot 2443\,\frac{\text{kJ}}{\text{kg}} = 63,76\,\frac{\text{MJ}}{\text{kmol B}}$$

$$-Q_{m,max} = 717\,\frac{\text{MJ}}{\text{kmol B}} + 63,76\,\frac{\text{MJ}}{\text{kmol B}} = 780,76\,\frac{\text{MJ}}{\text{kmol B}}$$

Molarer Brennwert H_{om} [Gleichung (11.59)]

$$H_{om} = H_{um} + \frac{n_{H_2O/V}}{n_B} M_W \Delta h_d = 717\,\frac{\text{MJ}}{\text{kmol B}} + 1,767\,\frac{\text{kmol H}_2\text{O}}{\text{kmol B}} \cdot 18\,\frac{\text{kg}}{\text{kmol H}_2\text{O}} \cdot 2,443\,\frac{\text{MJ}}{\text{kg}} = 794,7\,\frac{\text{MJ}}{\text{kmol B}}$$

$$-Q_{m,max} = 780,76\,\frac{\text{MJ}}{\text{kmol B}} < H_{om} = 794,7\,\frac{\text{MJ}}{\text{kmol B}}$$

11.7 Abgasverlust und feuerungstechnischer Wirkungsgrad

Wird das Verbrennungsgas nicht auf Bezugs- oder Umgebungstemperatur abgekühlt, entsteht ein Abgasverlust. Im feuerungstechnischen Wirkungsgrad wird der Abgasverlust berücksichtigt.

Das bei der Verbrennung entstehende Verbrennungsgas verlässt den Feuerungsraum mit Temperaturen, die in der Regel deutlich über der Bezugstemperatur t_0 und damit über der Umgebungstemperatur liegen. Typische Abgastemperaturen liegen nach [1] bei Ölheizungskesseln zwischen 180 °C und 250 °C, bei Großfeuerungen zwischen 120 °C und 160 °C. Die im Vergleich zum Bezugszustand höhere Enthalpie des Abgases wird als *Abgasverlust* bezeichnet und durch die gegenüber dem Bezugszustand nicht genutzte Enthalpiedifferenz des Abgases beschrieben.

Wird das im Folgenden als Abgas bezeichnete Verbrennungsgas im Kessel deutlich abgekühlt, besteht die Gefahr, dass der Säuretaupunkt unterschritten wird und das bei hohen Verbrennungstemperaturen entstandene Schwefeltrioxid SO_3 mit dem im Abgas vorhandenen Wasser H_2O Schwefelsäure H_2SO_4 bildet. Dies führt zu Korrosions- und Materialschäden an Kessel und Schornstein.

Werden Feuerungen mit schwefelfreien Brennstoffen betrieben, z. B. Heizungskessel mit Erdgas, ist es möglich, die Abgastemperatur unter die Taupunkttemperatur zu senken, ohne dass Schäden durch Korrosion auftreten. Dabei wird die Enthalpie des Abgases weiter verringert und die abgeführte Wärme erhöht sich um die durch Teilkondensation des im Abgas enthaltenen Wasserdampfes freiwerdende Verdampfungsenthalpie. Die Erhöhung der Energieausbeute durch Wasserdampfkondensation wird in Brennwertkesseln genutzt, die vorzugsweise mit Erdgas betrieben werden.

Abgasverlust und feuerungstechnischer Wirkungsgrad ohne Wasserdampfkondensation

Bei den folgenden Betrachtungen wird die Abgastemperatur so hoch angenommen, dass eine Teilkondensation des Wasserdampfs auszuschließen ist. Der auf die Brennstoffmasse bezogene spezifische Abgasverlust ergibt sich aus

$$q_{Av} = \frac{m_V}{m_B}\left[h_V\left(t_A\right) - h_V\left(t_0\right)\right] = h''\left(t_A, \lambda\right), \tag{11.87}$$

mit Berücksichtigung von Gleichung (11.66). Eingesetzt in Gleichung (11.67) erhält man für die frei werdende Wärme

$$-q = h'(t_0, \lambda) - q_{Av} = H_u(t_0) - q_{Av},$$ (11.88)

wenn die Verbrennungsluft bei der Bezugstemperatur $t_L = t_0$ der Feuerung zugeführt wird. Umgestellt nach dem Abgasverlust

$$q_{Av} = H_u(t_0) - (-q)$$ (11.89)

wird deutlich, dass der Abgasverlust als nicht genutzter Teil des Heizwerts definiert werden kann. In molaren Größen findet man entsprechend

$$Q_{mAv} = H_m''(t_A, \lambda).$$ (11.90)

Die Zusammenhänge sind zur Veranschaulichung in Bild 11-6 dargestellt.

Das Verhältnis von abgeführter Wärme zu Heizwert

$$\eta_F = \frac{-q}{H_u(t_0)} = 1 - \frac{q_{Av}}{H_u(t_0)} = 1 - \frac{h''(t_A, \lambda)}{H_u(t_0)}$$ (11.91)

wird als feuerungstechnischer Wirkungsgrad bezeichnet. Wird die Verbrennungsluft vorgewärmt, ist die gegenüber dem Bezugszustand erhöhte Enthalpie der Verbrennungsluft in Gleichung (11.91) zu berücksichtigen.

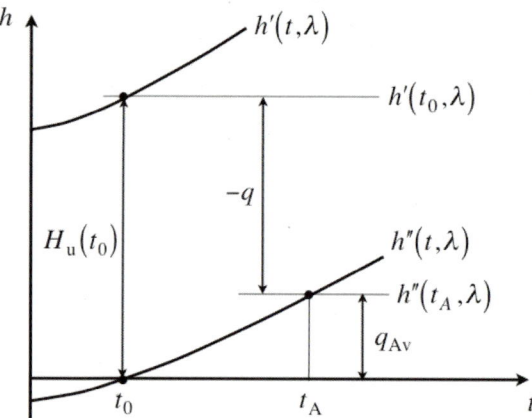

Bild 11-6 Erläuterung des Abgasverlustes ohne Wasserdampfkondensation
anhand des h,t-Diagramms

H_u	Heizwert bei t_0	h'		Enthalpie vor der Verbrennung [Gleichung (11.65)]
$-q$	frei werdende Wärme	h''		Enthalpie nach der Verbrennung [Gleichung (11.66)]
q_{Av}	Abgasverlust		h', h''	für gasförmige Komponenten
Temperaturen				
t_0	Bezugswert			
t_A	Abgas			

■ **Beispiel 11.8** Das in Beispiel 1.5 und 1.6 untersuchte Erdgas wird in einem Heizungskessel mit trockener Verbrennungsluft bei Bezugstemperatur t_0 vollständig verbrannt. Das Abgas verlässt den Kessel mit $t = 160\ °C$. Wie groß sind die abgegebene molare Wärme, der molare Abgasverlust und der feuerungstechnische Wirkungsgrad?

Daten Daten für Erdgas, Luftverhältnis und Verbrennungsgas siehe Beispiel 11.5
Daten für Heizwert und Enthalpien vor und nach der Verbrennung siehe Beispiel 11.6
Brennluft $t_L = t_0 = 25\ °C$ Verbrennungsgas $t_V = 160\ °C$

Abgegebene molare Wärme $-Q_\mathbf{m}$ [Gleichung (11.68) und (11.69)]

$$-Q_{\mathrm{m}} = H_{\mathrm{um}}\left(t_0\right) - H_{\mathrm{m}}''\left(t_{\mathrm{V}}, \lambda\right) = 717\,\frac{\mathrm{MJ}}{\mathrm{kmol\ B}} - 50{,}78\,\frac{\mathrm{MJ}}{\mathrm{kmol\ B}} = 666{,}22\,\frac{\mathrm{MJ}}{\mathrm{kmol\ B}}$$

Molarer Abgasverlust $Q_{\mathbf{m,Av}}$ [Gleichung (11.90)]

$$Q_{\mathrm{mAv}} = H_{\mathrm{m}}''\left(t_{\mathrm{A}} = 160\ ^\circ\mathrm{C}, \lambda\right) = 50{,}78\,\frac{\mathrm{MJ}}{\mathrm{kmol\ B}}$$

Feuerungstechnischer Wirkungsgrad $\eta_{\mathbf{F}}$ [Gleichung (11.91)]

$$\eta_{\mathrm{F}} = 1 - \frac{Q_{\mathrm{mAv}}}{H_{\mathrm{um}}\left(t_0\right)} = 1 - \frac{50{,}78\,\dfrac{\mathrm{MJ}}{\mathrm{kmol\ B}}}{717\,\dfrac{\mathrm{MJ}}{\mathrm{kmol\ B}}} = 0{,}93$$

Abgasverlust und feuerungstechnischer Wirkungsgrad mit Wasserdampfkondensation

Findet eine Teilkondensation des im Abgas enthaltenen Wassers statt, ist die Enthalpieabnahe des Verbrennungsgases zu berücksichtigen und in Gleichung (11.87) die niedrigere Enthalpie des Verbrennungsgases entsprechend

$$q_{\mathrm{Av,kond}} = h_{\mathrm{kond}}''\left(t_{\mathrm{A}}, \lambda\right) = h''\left(t_{\mathrm{A}}, \lambda\right) - \Delta h_{\mathrm{kond}}^{\mathrm{W}}\left(t_{\mathrm{A}}\right) \tag{11.92}$$

einzusetzen. Der Abgasverlust kann, wie in Bild 11-7 dargestellt, negative Werte annehmen, da $h''\left(t_0, \lambda\right) = 0$ für dampfförmig bleibendes Wasser vereinbart wurde. Damit kann der nach Gleichung (11.91) definierte feuerungstechnische Wirkungsgrad größer als eins werden. Findet Wasserdampfteilkondensation statt, ist es sinnvoll, den Brennwert als Bezugsgröße in Gleichung (11.91) zu verwenden.

$$\eta_{\mathrm{F}}^* = \frac{-q}{H_\mathrm{o}} = \frac{h'(t_{\mathrm{L}}, \lambda) - h_{\mathrm{kond}}''\left(t_{\mathrm{A}}, \lambda\right)}{H_\mathrm{o}} = \frac{h'(t_{\mathrm{L}}, \lambda) - q_{\mathrm{Av,kond}}}{H_\mathrm{o}} \tag{11.93}$$

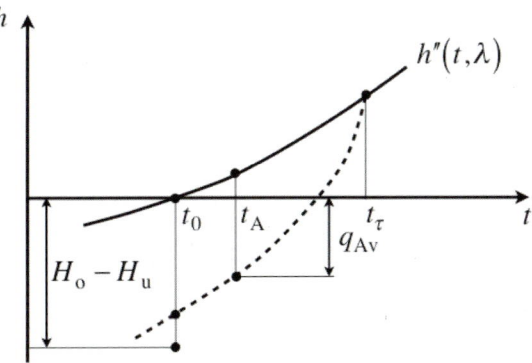

Bild 11-7 Erläuterung des Abgasverlustes mit Wasserdampfkondensation anhand des h,t-Diagramms

H_u	Heizwert bei t_0	h''	Enthalpie nach der Verbrennung [Gleichung (11.66)]
$q_{\mathrm{Av,kond}}$	Abgasverlust	h''_{kond}	Enthalpie nach der Verbrennung mit Wasserdampf-
Temperaturen			teilkondensation [Gleichung (11.80)]
t_0	Bezugswert	—— h''	für gasförmige Komponenten
t_{A}	Abgas	- - - - h''_{kond}	bei kondensiertem Wasserdampfanteil
t_τ	Taupunkttemperatur		

Wird die Verbrennungsluft bei Bezugstemperatur t_0 zugeführt, ergibt sich für den auf Brennwert bezogenen feuerungstechnischen Wirkungsgrad

$$\eta_F^* = \frac{h'(t_0,\lambda) - q_{Av,kond}}{H_o} = \frac{H_u(t_0) - q_{Av,kond}}{H_o}. \qquad (11.94)$$

Zwischen dem auf Heizwert bezogenen feuerungstechnischen Wirkungsgrad und dem auf Brennwert bezogenen feuerungstechnischen Wirkungsgrad besteht der Zusammenhang

$$\eta_F^* = \frac{H_u}{H_o}\,\eta_F. \qquad (11.95)$$

■ **Beispiel 11.9** In einem Brennwertkessel wird das in Beispiel 11.5 betrachtete Erdgas vollständig mit trockener Verbrennungsluft der Temperatur $t_L = t_0$ verbrannt. Das Abgas verlässt den Kessel mit $t_A = 40\ °C$ und einer relativen Feuchte von $\varphi = 0{,}95$. Berechnen Sie die abgegebene molare Wärme, den Abgasverlust unter Berücksichtigung der Wasserdampfteilkondensation und den feuerungstechnischen Wirkungsgrad bezogen auf Heizwert und auf Brennwert.

Daten   Daten für Erdgas, Luftverhältnis und Verbrennungsgas siehe Beispiel 11.5.
              Brennluft $t_L = t_0 = 25\ °C$ Verbrennungsgas $t_V = t_A = 40\ °C$

Molwärmen $\overline{C}_{mpV}$ in kJ/(kmol K) [Gleichung (8.30), Tabelle T-4] $\overline{C}_{mpV} = \sum\left[\psi_{i/V} \cdot \overline{C}_{mpi}\left(t_V\right)\right]$

Stoff	$\psi_{i/V}$	$\overline{C}_{mpi}$ 40 °C	$\psi_{i/V} \cdot \overline{C}_{mpi}$	$\overline{C}_{mpi}$ 25 °C	$\psi_{i/V} \cdot \overline{C}_{mpi}$	
CO_2	0,076	36,82	2,79	36,48	2,77	
H_2O	0,144	33,57	4,83	33,53	4,83	
N_2	0,733	29,10	21,33	29,1	21,33	$\left(\overline{C}_{mpV}\right)_{40\ °C} = 30{,}33$ kJ/(kmol K)
O_2	0,047	29,34	1,38	29,33	1,38	$\left(\overline{C}_{mpV}\right)_{25\ °C} = 30{,}31$ kJ/(kmol K)
			30,33		30,31	

Enthalpie H_m'' nach der Verbrennung [Gleichung (11.70)]

$$H_m''\left(t_A,\lambda\right) = \frac{n_V}{n_B}\left[H_{mV}\left(t_A\right) - H_{mV}\left(t_0\right)\right] = \frac{n_V}{n_B}\left[\overline{C}_{mpV}\left(t_A\right)\cdot t_A - \overline{C}_{mpV}\left(t_0\right)\cdot t_0\right]$$

$$H_m'' = 12{,}25\,\frac{\text{kmol V}}{\text{kmol B}}\left[30{,}33\cdot 40 - 30{,}31\cdot 25\right]\frac{\text{kJ}}{\text{kmol V}} = 5{,}58\,\frac{\text{MJ}}{\text{kmol B}}$$

Kondensierte Stoffmenge Wasser für $t_A = 40\ °C$ [Gleichung (11.77), Gleichung (11.78), Tabelle T-5]

Molarer Wassergehalt des Abgases $x_{mV} = \dfrac{\varphi_A p_W'(t_A)}{p - \varphi_A p_W'(t_A)} = \dfrac{0{,}95\cdot 0{,}07375\ \text{bar}}{1{,}01\ \text{bar} - 0{,}95\cdot 0{,}07375\ \text{bar}} = 0{,}075\,\dfrac{\text{kmol } H_2O}{\text{kmol tV}}$

$$\left(\frac{n_{H_2O}}{n_B}\right)_{kond} = \left(\frac{n_{H_2O/V}}{n_B}\right) - \left(\frac{n_V}{n_B}\right)_t x_{mV} = 1{,}767\,\frac{\text{kmol } H_2O}{\text{kmol B}} - 10{,}487\,\frac{\text{kmol tV}}{\text{kmol B}}\cdot 0{,}075\,\frac{\text{kmol } H_2O}{\text{kmol tV}} = 0{,}98\,\frac{\text{kmol } H_2O}{\text{kmol B}}$$

Abgegebene molare Wärme $-Q_m$ [Gleichungen (11.81), (11.84)]

$$\Delta H_{m,kond}^W\left(t_A\right) = \left(\frac{n_{H_2O}}{n_B}\right)_{kond} M_W \Delta h_d\left(t_A\right) = 0{,}98\,\frac{\text{kmol } H_2O}{\text{kmol B}}\cdot 18\,\frac{\text{kg}}{\text{kmol } H_2O}\cdot 2443\,\frac{\text{kJ}}{\text{kg}} = 43{,}1\,\frac{\text{MJ}}{\text{kmol B}}$$

$$-Q_\mathrm{m} = H_\mathrm{m}'\left(t_\mathrm{L} = t_0, \lambda\right) - H_{\mathrm{m,kond}}''\left(t_\mathrm{A}, \lambda\right) = H_\mathrm{um}\left(t_0\right) - H_\mathrm{m}''\left(t_\mathrm{A}, \lambda\right) + \Delta H_{\mathrm{m,kond}}^{W}\left(t_\mathrm{A}\right)$$

$$= \left(717 - 5,58 + 43,1\right)\frac{\mathrm{MJ}}{\mathrm{kmol\ B}} = 754,52\ \frac{\mathrm{MJ}}{\mathrm{kmol\ B}}$$

Molarer Abgasverlust $Q_{\mathrm{mAv,\ kond}}$ [Gleichung (11.82)]

$$Q_{\mathrm{mAv,kond}} = H_{\mathrm{m,kond}}''\left(t_\mathrm{A}, \lambda\right) = H_\mathrm{m}''\left(t_\mathrm{A}, \lambda\right) - \Delta H_{\mathrm{m,kond}}^{W}\left(t_\mathrm{A}\right) = \left(5,58 - 43,1\right)\frac{\mathrm{MJ}}{\mathrm{kmol\ B}} = -37,52\ \frac{\mathrm{MJ}}{\mathrm{kmol\ B}}$$

Feuerungstechnischer Wirkungsgrad η_F bezogen auf Heizwert [Gleichung (11.83)]

$$\eta_\mathrm{F} = 1 - \frac{Q_{\mathrm{mAv,kond}}}{H_\mathrm{um}\left(t_0\right)} = 1 - \frac{-37,52\ \dfrac{\mathrm{MJ}}{\mathrm{kmol\ B}}}{717\ \dfrac{\mathrm{MJ}}{\mathrm{kmol\ B}}} = 1,052$$

Feuerungstechnischer Wirkungsgrad η_F^{*} bezogen auf Brennwert [Gleichung (11.83), Brennwert aus Beispiel 11.7]

$$\eta_\mathrm{F}^{*} = \frac{H_\mathrm{um}}{H_\mathrm{om}}\eta_\mathrm{F} = \frac{717\ \mathrm{MJ/kmol\ B}}{794,7\ \mathrm{MJ/kmol\ B}}\,1,052 = 0,95$$

11.8 Übungen

Übung 11.1 Eine Stahlflasche mit einem Rauminhalt von 20 Litern ist bei 15 ºC mit Azetylen (C_2H_2) bis auf einen Überdruck von 4,5 bar gefüllt worden.

1. Welche Stoffmenge und welche Masse an Sauerstoff sind notwendig, um das Azetylen stöchiometrisch zu verbrennen?
2. Welchen Rauminhalt muss die Sauerstoffflasche mindestens haben, wenn sie bei 15 ºC bis auf einen Überdruck von 150 bar gefüllt werden kann? (Zur Vereinfachung werden die in den Stahlflaschen bei der Entleerung zurückbleibenden Gasmengen vernachlässigt.)

Übung 11.2 In einer Anthrazitlieferung wurden Massenanteile von 92 % Kohlenstoff, 4 % Wasserstoff, 1 % Schwefel, 2 % Sauerstoff und 1 % Stickstoff im wasser- und aschefreien Brennstoff festgestellt. Der Brennstoff enthielt im Verwendungszustand 3 % Asche und 4 % Wasser.

1. Wie hoch ist der Heizwert bezogen auf den wasser- und aschefreien Brennstoff?
2. Wie hoch ist der Heizwert bezogen auf den Brennstoff im Verwendungszustand?
3. Wie hoch ist der Brennwert des verwendeten Anthrazits?

Übung 11.3 Erdgas L mit einer Zusammensetzung nach Tabelle T-17 wird mit trockener Luft mit einem Luftüberschuss von 50 % verbrannt. Geben Sie die Volumen im Normzustand an.

1. Wie hoch sind der Sauerstoffbedarf und der Luftbedarf sowie der Verbrennungsgasanfall bei stöchiometrischer Verbrennung?
2. Wie hoch sind der Luftbedarf, der trockene und der feuchte Verbrennungsgasanfall bei Verbrennung mit Luftüberschuss?
3. Wie setzt sich das Verbrennungsgas in Molanteilen zusammen?

Übung 11.4 Stadtgas mit der Zusammensetzung nach Tabelle T-17 wird verbrannt. Wie hoch ist der aus der Zusammensetzung ermittelte Heizwert in MJ/{kmol B)? Vergleichen Sie mit dem Wert in Tabelle T-17.

Übung 11.5 Stadtgas mit 52 % Kohlenmonoxid, 18 % Wasserstoff, 20 % Methan und 10 % Stickstoff in Raumteilen wird mit trockener Luft von 25 ºC bei einem Luftüberschuss von 10 % verbrannt.

1. Wie groß ist der Heizwert, bezogen auf das Normvolumen?
2. Wie groß ist der Mindestbedarf an trockener Luft?
3. Wie setzt sich das Verbrennungsgas in Molanteilen zusammen?
4. Wie hoch wäre die adiabate Verbrennungstemperatur?

Übung 11.6 In einer Heizung werden stündlich 6 kg Braunkohlenbriketts verfeuert, die in Gewichtsanteilen 55 % Kohlenstoff, 5 % Wasserstoff, 18 % Sauerstoff, 1 % Stickstoff, 1 % Schwefel, 15 % Wasser und 5 % Asche enthalten. Die Brennluft hat einen Wassergehalt von 0,02 kg Wasser je kg trockener Luft.
1. Welcher Normvolumenstrom trockener Luft ist beim Luftüberschuss von 50 % zur Verbrennung erforderlich?
2. Welcher Normvolumenstrom an Verbrennungsgas fällt an, und zwar an trockenem Verbrennungsgas, an Wasserdampf und insgesamt?
3. Wie groß ist der Volumenanteil des Kohlendioxids am feuchten Verbrennungsgas?
4. Welchen Heizwert haben die Briketts?

Übung 11.7 Eine Rohbraunkohle enthält im Mittel an Kohlenstoff 28 %, an Wasserstoff 3 %, an Schwefel 1 %, an Sauerstoff 8 %, an Stickstoff 1 %, an Asche 4 % und an Wasser 55 %, sämtlich in Massenanteilen.
1. Wie groß sind die Massenanteile der an der Verbrennung beteiligten Stoffe am wasser- und aschefreien Brennstoff?
2. Wie groß ist der Bedarf an trockener Luft bei einem Luftverhältnis von 1,60 bei der gleichen Bezugsgröße?
3. Wie viel Wasserdampf kommt aus der Brennluft, wenn diese im Mittel einen Wassergehalt von 0,018 kg Wasser je kg trockener Luft hat?
4. Wie viel Verbrennungsgas entsteht bezogen auf den wasser- und aschefreien Brennstoff?

Übung 11.8 Ein Erdgas besteht zu 37 % aus Methan, zu 3 % aus Ethan und zu 60 % aus Stickstoff, angegeben in Volumenanteilen. Es wird ohne Luftüberschuss mit trockener Brennluft von 25 °C verbrannt. Das Verbrennungsgas wird nur bis auf 200 °C abgekühlt.
1. Welchen Heizwert hat das Erdgas?
2. Wie hoch ist der Brennwert?
3. Wie viel Verbrennungsgas entsteht?
4. Wie setzt sich das Verbrennungsgas zusammen?
5. Welche Wärme ist verfügbar?

Übung 11.9 In einem Dampferzeuger werden stündlich 133 kg Kohle mit 67,5 % Kohlenstoff, 4,8 % Wasserstoff, 10,5 % Sauerstoff und 17,2 % Wasser mit trockener Luft von 22 °C und 1 bar bei einem Luftüberschuss von 48 % verbrannt (Angaben in Massenanteilen). Der Mindestsauerstoffbedarf ist mit 0,065 kmol O_2 je kg Brennstoff errechnet worden.
1. Wie groß sind der molare Mindestluftbedarf und der molare Luftbedarf?
2. Welcher Luftvolumenstrom muss zugeführt werden?
3. Wie setzt sich das Verbrennungsgas in Molanteilen zusammen?

Tabellen

Tabelle T-1 Einheiten und Einheitenumrechnung *

Basiseinheiten des Internationalen Maßsystems (SI-Einheiten)					
Länge	1 Meter	= 1 m	Temperatur	1 Kelvin	= 1 K
Masse	1 Kilogramm	= 1 kg	Lichtstärke	1 Candela	= 1 cd
Zeit	1 Sekunde	= 1 s	Stoffmenge	1 Mol	= 1 mol
Elektrische Stromstärke					
	1 Ampère	= 1 A			

Abgeleitete Einheiten

Druck $\qquad$ 1 Pascal = 1 Pa = 1 N/m^2 = 1 kg/(ms^2)

$\qquad$ 1 Bar = 1 bar = 10^5 Pa

Kraft $\qquad$ 1 Newton = 1 N = 1 kg m/s^2

Energie $\qquad$ 1 Joule = 1 J = 1 N m = 1 kg m^2/s^2

Leistung $\qquad$ 1 Watt = 1 W = 1 J/s = 1 kg/s · m^2/s^2

Thermodynamische und empirische Temperatur

$$T = (t/°C + 273{,}15)\ K \qquad\qquad t = (T/K - 273{,}15)\ °C$$

Vorsilben und Zeichen für dezimale Vielfache von Einheiten

E	10^{18} Exa	M	10^6 Mega	d	10^{-1} Dezi	n	10^{-9} Nano
P	10^{15} Peta	k	10^3 Kilo	c	10^{-2} Zenti	p	10^{-12} Piko
T	10^{12} Tera	h	10^2 Hekto	m	10^{-3} Milli	f	10^{-15} Femto
G	10^9 Giga	da	10^1 Deka	μ	10^{-6} Mikro	a	10^{-18} Atto

Technische Einheiten **

Druck $\qquad$ 1 (technische) Atmosphäre = 1 at = **1** kp/cm^2 = 735,56 Torr = 0,980665 bar

$\qquad\qquad$ 1 (physikalische) Atmosphäre = 1 atm = 1,033226 at = 7**60** Torr = 1,01325 bar

$\qquad\qquad$ 1 Meter Wassersäule = 1 mWS = 0,**1** at = 0,0980665 bar

$\qquad\qquad$ 1 Millimeter Wassersäule = 1 mmWS = 1 kp/m^2 = 9,80665 Pa

$\qquad\qquad$ 1 Millimeter Quecksilbersäule = 1 Torr = 133,3224 Pa

Kraft $\qquad$ 1 Kilopond = 1 kp = 1 kg$_{Kraft}$ = 9,80665 N = 9,80665 kg m/s^2

Energie $\qquad$ 1 Kilokalorie = 1 kcal = 426,93 m kp = 4,1**868** kJ

$\qquad\qquad$ 1 Meterkilopond = 1 m kp = 9,80665 J

$\qquad\qquad$ 1 Kilowattstunde = 1 kWh = **860** kcal = 3**600** kJ

Leistung $\qquad$ 1 Kilokalorie je Stunde = 1 kcal/h = 1,163 W

$\qquad\qquad$ 1 Pferdestärke = 1 PS = **75** m kp/s = 0,73549875 kW

Spezifische Wärmekapazität, spezifische Entropie, spezifische Gaskonstante

$\qquad\qquad\qquad\qquad$ 1 kcal/(kg grd) = 4,1**868** kJ/(kg K)

Wärmeleitfähigkeit $\qquad$ 1 kcal/(m h grd) = 1,1630 W/(m K)

Wärmeübergangskoeffizient $\qquad$ 1 kcal/(m^2 h grd) = 1,1630 W/(m^2 K)

Dynamische Viskosität $\qquad$ 1 Poise = 1 g/(cm s) = 0,**1** Pa s

Kinematische Viskosität $\qquad$ 1 Stokes = 1 cm^2/s = 0,0001 m^2/s

* $\quad$ Die Umrechnungszahlen sind der Literatur [17 bis 20] mit der darin angegebenen Stellenzahl entnommen, sollten aber nur gerundet entsprechend der Genauigkeit der sonstigen Werte verwendet werden. Fettgedruckte Endziffern besagen, dass diese per Definition oder per Konvention genau sind und die folgenden Dezimalen daher alle gleich Null.

** $\quad$ Diese Einheiten sind gesetzlich nicht mehr zugelassen, stehen jedoch in der älteren Literatur und werden zum Teil noch in der Praxis verwendet.

Tabelle T-1a   Universelle Konstanten und Normzustand *

Molare Gaskonstante	R_m	= 8,3145	kJ / (kmol K)
AVOGARDO-Konstante	N_A	= $6,0221 \cdot 10^{26}$	kmol $^{-1}$
Normmolvolumen	V_{mn}	= 22,414	m^3 / kmol
Normdruck	p_n	= 1,01325	bar
Normtemperatur	T_n	= 273,15	K

Tabelle T-2   Angelsächsische Einheiten *

Länge	1 inch	= 1 in	= 0,025400 m
	1 foot	= 1 ft	= 0,30480 m
	1 yard	= 1 yd	= 0,9144 m
Fläche	1 square inch	= 1 sq. in.	= $0,64516 \cdot 10^{-3}$ m^2
	1 square foot	= 1 sq. ft.	= 0,092903 m^2
	1 square yard	= 1 sq. yd.	= 0,83613 m^2
Volumen	1 cubic inch	= 1 cu. in.	= $1,6387 \cdot 10^{-5}$ m^3
	1 cubic foot	= 1 cu. ft.	= 0,028317 m^3
	1 cubic yard	= 1 cu. yd.	= 0,76455 m^3
Masse	1 pound (mass)	= 1 lbm	= 0,45359 kg
Kraft	1 pound (force)	= 1 lbf	= 4,4482 N
Druck	1 pound per square inch	= 1 lb/sq. in.	= 1 psi = 0,0689476 bar
	1 inch of water	= 1 in. water	= 25,4 mmWS = 249,089 Pa
	1 inch of mercury	= 1 in. Hg	= 25,4 Torr = 3386,39 Pa
Spezifisches Volumen	1 cubic foot per pound	= 1 cft./lb	= 0,052429 m^3/kg
Energie	1 British thermal unit	= 1 BTU	= 0,2520 kcal = 1,05506 kJ
Spezifische Energie	1 BTU per pound	= 1 BTU/lb	= 0,5556 kcal/kg = 2,3261 kJ/kg
Leistung	1 BTU per hour	= 1 BTU/hr	= 0,293071 W
	1 horse-power	= 1 hp	= 1,0138 PS = 0,74567 kW

Spezifische Wärmekapazität, spezifische Entropie, spezifische Gaskonstante		
1 BTU/(lb deg F) = 4,1868 kJ/(kg K)		
Wärmeleitfähigkeit	1 BTU/(ft hr degF) = 1,7308 W/(m K)	
Wärmeübergangskoeffizient	1 BTU(sq. ft. hr degF) = 5,6785 W / (m^2 K)	
Dynamische Viskosität	1 lb/(ft s) = 1,4882 Pa s	
Kinematische Viskosität	1 ft^2/s = 0,092903 m^2/s	

Thermodynamische und empirische Temperaturen

T = (t/degF + 459,67) degR	t = (T/degR – 459,67) degF	1 degF = 1 degree Fahrenheit
t = (5/9) (t/degF – 32) °C	t = [(9/5) (t/°C) + 32] degF	
T = (5/9) (T/degR) K	Δt = 0,555 K/degR $\cdot$ Δt	1 degR = 1 degree Rankine

* Siehe Fußnoten zu Tabelle T-1

Tabelle T-3 Stoffwerte Idealer Gase *

Spezifische isobare Wärmekapazität c_p, molare isobare Wärmekapazität C_{mp}, Molmasse M, spezifische Gaskonstante R, und Isentropenexponent κ. Nach [13.20]

Ideales Gas		c_p	C_{mp}	M	R	κ
		kJ/(kg K)	kJ/(kmol K)	kg/kmol	kJ/(kg K)	1
Helium	He	5,238	20,96	4,003	2,077	1,66
Argon	Ar	0,5203	20,78	39,95	0,2081	1,66
Wasserstoff	H_2	14,20	28,62	2,016	4,125	1,409
Stickstoff	N_2	1,039	29,10	28,01	0,2968	1,400
Sauerstoff	O_2	0,9150	29,27	32,00	0,2598	1,397
Luft		1,004	29,07	28,96	0,2872	1,400
Kohlenmonoxid	CO	1,040	29,12	28,01	0,2968	1,400
Stickstoffmonoxid	NO	0,9983	29,95	30,01	0,2771	1,384
Chlorwasserstoff	HCl	0,7997	29,16	36,46	0,2280	1,40
Wasser	H_2O	1,858	33,47	18,02	0,4615	1,33
Kohlendioxid	CO_2	0,8169	35,93	44,01	0,1889	1,301
Distickstoffmonoxid	N_2O	0,8507	37,43	44,01	0,1889	1,285
Schwefeldioxid	SO_2	0,6092	38,97	64,06	0,1298	1,271
Ammoniak (R717)	NH_3	2,056	35,00	17,03	0,4882	1,312
Azetylen	C_2H_2	1,513	39,35	26,04	0,3193	1,268
Methan	CH_4	2,156	34,57	16,04	0,5183	1,317
Methylchlorid	CH_3Cl	0,7369	37,20	50,49	0,1647	1,288
Ethylen	C_2H_4	1,612	45,18	28,05	0,2964	1,225
Ethan (R170)	C_2H_6	1,729	51,96	30,07	0,2765	1,20
Ethylchlorid	C_2H_5Cl	1,340	86,41	64,51	0,1289	1,106
Propan (R290)	C_3H_8	1,667	73,51	44,10	0,1896	1,128

* Die Werte für die spezifische isobare Wärmekapazität c_p, die molare isobare Wärmekapazität C_{mp} und den Isentropenexponent κ gelten genau für 0 °C.

Tabelle T-4 Mittlere molare Wärmekapazitäten

Werte für Ideale Gase in kJ/(kmol K) zwischen den Temperaturen 0 °C und t in °C sowie deren Molmasse M in kg/kmol. Nach [13]

t	N_2	O_2	H_2	Luft	H_2O	CO_2	CO	NH_3	CH_4	SO_2
0	29,09	29,26	28,62	29,08	33,47	35,92	29,11	34,99	34,59	38,91
100	29,12	29,53	28,94	29,15	33,71	38,17	29,16	36,37	37,02	40,71
200	29,20	29,92	29,07	29,30	34,08	40,13	29,29	38,13	39,54	42,43
300	29,35	30,39	29,14	29,52	34,54	41,83	29,50	40,04	42,34	43,99
400	29,56	30,87	29,19	29,79	35,05	43,33	29,77	41,98	45,23	45,35
500	29,82	31,32	29,25	30,09	35,59	44,66	30,08	44,04	48,20	46,53
600	30,11	31,75	29,32	30,41	36,15	45,85	30,41	46,09	50,70	47,55
700	30,40	32,14	29,41	30,72	36,74	46,91	30,74	48,01	53,34	48,43
800	30,69	32,49	29,52	31,03	37,34	47,86	31,05	49,85	55,77	49,20
900	30,98	32,82	29,65	31,32	37,95	48,72	31,36	51,53	58,03	49,88
1000	31,25	33,11	29,79	31,60	38,56	49,50	31,65	53,08	60,25	50,47
1100	31,52	33,38	29,95	31,86	39,16	50,21	31,92	54,50	62,29	51,01
1200	31,77	33,62	30,12	32,11	39,76	50,85	32,17	55,84	64,13	51,49
1300	32,00	33,85	30,29	32,35	40,34	51,44	32,41	57,06		51,92
1400	32,22	34,07	30,47	32,57	40,91	51,98	32,63	58,14		52,31
1500	32,43	34,28	30,65	32,77	41,47	52,47	32,84	59,19		52,67
1600	32,62	34,47	30,84	32,97	42,00	52,93	33,03	60,20		53,00
1700	32,80	34,65	31,02	33,15	42,52	53,35	33,21	61,12		53,31
1800	32,97	34,83	31,21	33,32	43,03	53,74	33,38	61,95		53,59
1900	33,12	35,00	31,39	33,48	43,51	54,10	33,54	62,75		53,85
2000	33,28	35,17	31,58	33,64	43,97	54,44	33,69	63,46		54,09
2100	33,42	35,33	31,75	33,79	44,42	54,76	33,83	64,13		54,32
2200	33,55	35,48	31,93	33,93	44,86	55,06	33,96	64,76		54,54
2300	33,68	35,64	32,10	34,06	45,27	55,34	34,08	65,35		54,75
2400	33,80	35,78	32,27	34,19	45,68	55,60	34,20	65,93		54,94
2500	33,91	35,93	32,44	34,31	46,07	55,85	34,31	66,48		55,13
2600	34,02	36,07	32,60	34,42	46,44	56,09	34,42	66,98		55,31
2700	34,12	36,21	32,76	34,54	46,80	56,31	34,52	67,44		55,47
2800	34,22	36,35	32,91		47,15	56,52	34,62	67,86		55,64
2900	34,31	36,48	33,07		47,49	56,72	34,71	68,28		55,79
3000	34,40	36,62	33,22		47,82	56,91	34,79	68,70		55,95
3100	34,48	36,75	33,36		48,13	57,10	34,88			56,09
3200	34,56	36,87	33,51		48,44	57,27	34,96			56,24
3300	34,64	37,00	33,65		48,73	57,44	35,03			56,37
M	28,01	32,00	2,016	28,95	18,02	44,01	28,01	17,03	16,04	64,06

Tabelle T-5 Sättigungsdampftafel für Wasser (Temperaturtafel) I   Nach [13]

Tempe-ratur	Druck	Spezifisches Volumen		Spezifische Enthalpie		Spezifische Verdampfungs-enthalpie	Spezifische Entropie	
		der Flüssigkeit	des Dampfes	der Flüssigkeit	des Dampfes		der Flüssigkeit	des Dampfes
t	p	v'	v''	h'	h''	Δh_{d}	s'	s''
°C	bar	dm³/kg	m³/kg	kJ/kg	kJ/kg	kJ/kg	kJ/(kg K)	kJ/(kg K)
0,00	0,006108	1,0002	206,3	− 0,04	2502	2502	− 0,0002	9,158
5	0,008718	1,0000	147,2	21,01	2511	2490	0,0762	9,027
10	0,012270	1,0003	106,4	41,99	2520	2478	0,1510	8,902
15	0,01704	1,0008	77,98	62,94	2529	2466	0,2243	8,783
20	0,02337	1,0017	57,84	83,86	2538	2454	0,2963	8,668
25	0,03166	1,0029	43,40	104,77	2547	2443	0,3670	8,559
30	0,04241	1,0043	32,93	125,7	2556	2431	0,4365	8,455
35	0,05622	1,0060	25,24	146,6	2565	2419	0,5049	8,354
40	0,07375	1,0078	19,55	167,5	2574	2407	0,5721	8,258
45	0,09582	1,0099	15,28	188,4	2583	2395	0,6383	8,166
50	0,1234	1,0121	12,05	209,3	2592	2383	0,7035	8,078
55	0,1574	1,0145	9,579	230,2	2601	2371	0,7677	7,993
60	0,1992	1,0171	7,679	251,1	2610	2359	0,8310	7,911
65	0,2501	1,0199	6,202	272,0	2618	2346	0,8933	7,832
70	0,3116	1,0228	5,046	293,0	2627	2334	0,9548	7,757
75	0,3855	1,0259	4,134	313,9	2635	2322	1,0154	7,684
80	0,4736	1,0292	3,409	334,9	2644	2309	1,0753	7,613
85	0,5780	1,0326	2,829	355,9	2652	2297	1,134	7,545
90	0,7011	1,0361	2,361	376,9	2660	2283	1,193	7,480
95	0,8453	1,0399	1,982	398,0	2668	2270	1,250	7,417
100	1,0133	1,0437	1,673	419,1	2676	2257	1,307	7,355
105	1,2080	1,0477	1,419	440,2	2684	2244	1,363	7,296
110	1,433	1,0519	1,210	461,3	2691	2230	1,419	7,239
115	1,691	1,0562	1,036	482,5	2699	2216	1,473	7,183
120	1,985	1,0606	0,8915	503,7	2706	2202	1,528	7,129
125	2,321	1,0652	0,7702	525,0	2713	2188	1,581	7,077
130	2,701	1,0700	0,6681	546,3	2720	2174	1,634	7,026
135	3,131	1,0750	0,5818	567,7	2727	2159	1,687	6,977
140	3,614	1,0801	0,5085	589,1	2733	2144	1,739	6,928
145	4,155	1,0853	0,4460	610,6	2739	2129	1,791	6,882
150	4,760	1,0908	0,3924	632,2	2745	2113	1,842	6,836
155	5,433	1,0964	0,3464	653,8	2751	2097	1,892	6,791
160	6,181	1,1022	0,3068	675,5	2757	2081	1,943	6,748
165	7,008	1,1082	0,2724	697,3	2762	2065	1,992	6,705
170	7,920	1,1145	0,2426	719,1	2767	2048	2,042	6,663
175	8,924	1,1209	0,2165	741,1	2772	2031	2,091	6,622
180	10,027	1,1275	0,1938	763,1	2776	2013	2,139	6,582
185	11,23	1,1344	0,1739	785,3	2780	1995	2,188	6,542
190	12,55	1,1415	0,1563	807,5	2784	1977	2,236	6,504
195	13,99	1,1489	0,1408	829,9	2788	1958	2,283	6,465

Tabelle T-5 Sättigungsdampftafel für Wasser (Temperaturtafel) II

Tempe-ratur	Druck	Spezifisches Volumen		Spezifische Enthalpie		Spezifische Verdampfung-senthalpie	Spezifische Entropie	
		der Flüssigkeit	des Dampfes	der Flüssigkeit	des Dampfes		der Flüssigkeit	des Dampfes
t	p	v'	v''	h'	h''	Δh_d	s'	s''
°C	bar	dm³/kg	m³/kg	kJ/kg	kJ/kg	kJ/kg	kJ/(kg K)	kJ/(kg K)
200	15,55	1,1565	0,1272	852,4	2791	1939	2,331	6,428
205	17,24	1,1644	0,1150	875,0	2794	1919	2,378	6,391
210	19,08	1,1726	0,1042	897,7	2796	1899	2,425	6,354
215	21,06	1,1811	0,09463	920,6	2798	1878	2,471	6,318
220	23,20	1,1900	0,08604	943,7	2800	1856	2,518	6,282
225	25,50	1,1992	0,07835	966,9	2801	1834	2,564	6,246
230	27,98	1,2087	0,07145	990,3	2802	1812	2,610	6,211
235	30,63	1,2187	0,06525	1013,8	2802	1789	2,656	6,176
240	33,48	1,2291	0,05965	1037,6	2802	1765	2,702	6,141
245	36,52	1,2399	0,05461	1061,6	2802	1740	2,748	6,106
250	39,78	1,2513	0,05004	1085	2800	1715	2,794	6,071
255	43,25	1,2632	0,04590	1110	2799	1689	2,839	6,036
260	46,94	1,2756	0,04213	1135	2796	1662	2,885	6,001
265	50,88	1,2887	0,03871	1160	2794	1634	2,931	5,966
270	55,06	1,3025	0,03559	1185	2790	1605	2,976	5,930
275	59,50	1,3170	0,03274	1211	2786	1575	3,022	5,895
280	64,20	1,3324	0,03013	1237	2780	1544	3,068	5,859
285	69,19	1,3487	0,02773	1263	2775	1511	3,115	5,822
290	74,46	1,3659	0,02554	1290	2768	1478	3,161	5,785
295	80,04	1,3844	0,02351	1317	2760	1443	3,208	5,747
300	85,93	1,4041	0,02165	1345	2751	1406	3,255	5,708
305	92,14	1,4252	0,01993	1373	2741	1368	3,303	5,669
310	98,70	1,4480	0,01833	1402	2730	1328	3,351	5,628
315	105,61	1,4726	0,01686	1432	2718	1286	3,400	5,586
320	112,9	1,4995	0,01548	1463	2704	1241	3,450	5,542
325	120,6	1,5289	0,01419	1494	2688	1194	3,501	5,497
330	128,6	1,5615	0,01299	1527	2670	1144	3,553	5,449
335	137,1	1,5978	0,01185	1560	2650	1090,5	3,606	5,398
340	146,1	1,6387	0,01078	1596	2626	1030,7	3,662	5,343
345	155,5	1,6858	0,009763	1633	2599	966,4	3,719	5,283
350	165,4	1,7411	0,008799	1672	2568	895,7	3,780	5,218
355	175,8	1,8085	0,007859	1717	2530	813,8	3,849	5,144
360	186,8	1,8959	0,006940	1764	2485	721,3	3,921	5,060
365	198,3	2,0160	0,006012	1818	2428	610,0	4,002	4,958
370	210,5	2,2136	0,004973	1890	2343	452,6	4,111	4,814
371	213,1	2,2778	0,004723	1911	2318	407,4	4,141	4,774
372	215,6	2,3636	0,004439	1936	2287	351,4	4,179	4,724
373	218,2	2,4963	0,004084	1971	2244	273,5	4,233	4,656
374	220,8	2,8407	0,003458	2046	2155	108,6	4,349	4,517
374,15	221,2	3,17	0,00317	2107	2107	0	4,443	4,443

Tabelle T-6 Sättigungsdampftafel für Wasser (Drucktafel) I   Nach [13]

Druck	Temperatur		Spezifisches Volumen des Dampfes	Spezifische Enthalpie		Spezifische Verdampfungs- enthalpie	Spezifische Entropie	
				der Flüssigkeit	des Dampfes		der Flüssigkeit	des Dampfes
p	t	T	v''	h'	h''	Δh_d	s'	s''
bar	°C	K	m³/kg	kJ/kg	kJ/kg	kJ/kg	kJ/(kg K)	kJ/(kg K)
0,010	6,983	280,1	129,20	29,3	2514	2485	0,1060	8,977
0,020	17,513	290,7	67,01	73,5	2534	2460	0,2607	8,725
0,030	24,10	297,3	45,67	101,0	2546	2445	0,3544	8,579
0,040	28,98	302,1	34,80	121,4	2554	2433	0,4225	8,476
0,050	32,90	306,1	28,19	137,8	2562	2424	0,4763	8,396
0,060	36,18	309,3	23,74	151,5	2568	2416	0,5209	8,331
0,080	41,53	314,7	18,10	173,9	2577	2403	0,5925	8,230
0,10	45,83	319,0	14,67	191,8	2585	2393	0,6493	8,151
0,20	60,09	333,2	7,650	251,5	2610	2358	0,8321	7,909
0,30	69,12	342,3	5,229	289,3	2625	2336	0,9441	7,770
0,40	75,88	349,0	3,993	317,7	2637	2319	1,0261	7,671
0,50	81,35	354,5	3,240	340,6	2646	2305	1,0912	7,595
0,60	85,96	359,1	2,732	359,9	2654	2294	1,145	7,533
0,70	89,95	363,1	2,365	376,8	2660	2283	1,192	7,480
0,80	93,51	366,7	2,087	391,7	2666	2274	1,233	7,435
0,90	96,71	369,8	1,869	405,2	2671	2266	[,270	7,395
1,0	99,63	372,8	1,694	417,5	2675	2258	1,303	7,360
1,1	102,32	375,5	1,549	428,8	2680	2251	1,333	7,328
1,2	104,81	378,0	1,428	439,4	2683	2244	1,361	7,298
1,3	107,13	380,3	1,325	449,2	2687	2238	1,387	7,272
1,4	109,32	382,5	1,236	458,4	2690	2232	1,411	7,247
1,5	111,4	384,5	1,159	467,1	2693	2226	1,434	7,223
1,6	113,3	386,5	1,091	475,4	2696	2221	1,455	7,202
1,8	116,9	390,1	0,9772	490,7	2702	2211	1,494	7,162
2,0	120,2	393,4	0,8854	504,7	2706	2202	1,530	7,127
2,2	123,3	396,4	0,8098	517,6	2711	2193	1,563	7,095
2,4	126,1	399,2	0,7465	529,6	2715	2185	1,593	7,066
2,6	128,7	401,9	0,6925	540,9	2718	2177	1,621	7,039
2,8	131,2	404,4	0,6460	551,4	2722	2170	1,647	7,014
3,0	133,5	406,7	0,6056	561,4	2725	2163	1,672	6,991
3,2	135,8	408,9	0,5700	570,9	2728	2157	1,695	6,969
3,4	137,9	411,0	0,5385	579,9	2730	2150	1,717	6,949
3,6	139,9	413,0	0,5103	588,5	2733	2144	1,738	6,930
3,8	141,8	414,9	0,4851	596,8	2735	2139	1,757	6,912
4,0	143,6	416,8	0,4622	604,7	2738	2133	1,776	6,894
4,5	147,9	421,1	0,4138	623,2	2743	2120	1,820	6,855
5,0	151,8	425,0	0,3747	640,1	2748	2107	1,860	6,819
6,0	158,8	432,0	0,3155	670,4	2756	2085	1,931	6,759
7,0	165,0	438,1	0,2727	697,1	2762	2065	1,992	6,705
8,0	170,4	443,6	0,2403	720,9	2768	2047	2,046	6,659
9,0	175,4	448,5	0,2148	742,6	2772	2030	2,094	6,620
10,0	179,9	453,0	0,1943	762,6	2776	2014	2,138	6,583
11,0	184,1	457,2	0,1774	781,1	2780	1999	2,179	6,550
12,0	188,0	461,1	0,1632	798,4	2783	1984	2,216	6,519

Tabelle T-6   Sättigungsdampftafel für Wasser (Drucktafel) II

Druck	Temperatur		Spezifisches Volumen des Dampfes	Spezifische Enthalpie		Spezifische Verdampfungs- enthalpie	Spezifische Entropie	
				der Flüssigkeit	des Dampfes		der Flüssigkeit	des Dampfes
p	t	T	v''	h'	h''	Δh_d	s'	s''
bar	°C	K	m³/kg	kJ/kg	kJ/kg	kJ/kg	kJ/(kg K)	kJ/(kg K)
13,0	191,6	464,8	0,1511	814,7	2785	1971	2,251	6,491
14,0	195,0	468,2	0,1407	830,1	2788	1958	2,284	6,465
15,0	198,3	471,4	0,1317	844,7	2790	1945	2,315	6,441
16,0	201,4	474,5	0,1237	858,6	2792	1933	2,344	6,418
17,0	204,3	477,5	0,1166	871,8	2793	1922	2,371	6,396
18,0	207,1	480,3	0,1103	884,6	2795	1910	2,398	6,375
19,0	209,8	483,0	0,1047	896,8	2796	1899	2,423	6,355
20,0	212,4	485,5	0,09954	908,6	2797	1889	2,447	6,337
22,0	217,2	490,4	0,09065	931,0	2799	1868	2,492	6,302
24,0	221,8	494,9	0,08320	951,9	2800	1849	2,534	6,269
26,0	226,0	499,2	0,07686	971,7	2801	1830	2,574	6,239
28,0	230,1	503,2	0,07139	990,5	2802	1812	2,611	6,210
30	233,8	507,0	0,06663	1008,4	2802	1794	2,646	6,184
32	237,5	510,6	0,06244	1025,4	2802	1777	2,679	6,159
34	240,9	514,0	0,05873	1041,8	2802	1760	2,710	6,134
36	244,2	517,3	0,05541	1057,6	2802	1744	2,740	6,112
38	247,3	520,5	0,05244	1072,7	2801	1728	2,769	6,090
40	250,3	523,5	0,04975	1087,4	2800	1713	2,797	6,069
42	253,2	526,4	0,04731	1102	2799	1698	2,823	6,048
44	256,1	529,2	0,04508	1115	2798	1683	2,849	6,029
46	258,8	531,9	0,04304	1129	2797	1668	2,874	6,010
48	261,4	534,5	0,04116	1142	2796	1654	2,897	5,991
50	263,9	537,1	0,03943	1155	2794	1640	2,921	5,974
55	269,9	543,1	0,03563	1185	2790	1605	2,976	5,931
60	275,6	548,7	0,03244	1214	2785	1571	3,027	5,891
65	280,8	554,0	0,02972	1241	2780	1538	3,076	5,853
70	285,8	558,9	0,02737	1267	2774	1506	3,122	5,816
75	290,5	563,7	0,02533	1293	2767	1474	3,166	5,781
80	295,0	568,1	0,02353	1317	2760	1443	3,208	5,747
85	299,2	572,4	0,02193	1341	2753	1412	3,248	5,714
90	303,3	576,5	0,02050	1364	2745	1381	3,287	5,682
95	307,2	580,4	0,01921	1386	2736	1350	3,324	5,651
100	311,0	584,1	0,01804	1408	2728	1320	3,361	5,620
110	318,1	591,2	0,01601	1451	2709	1259	3,430	5,560
120	324,7	597,8	0,01428	1492	2689	1197	3,497	5,500
130	330,8	604,0	0,01280	1532	2667	1135	3,562	5,441
140	336,6	609,8	0,01150	1572	2642	1070	3,624	5,380
150	342,1	615,3	0,01034	1611	2615	1004	3,686	5,318
160	347,3	620,5	0,009308	1651	2585	934,3	3,747	5,253
180	357,0	630,1	0,007498	1735	2514	779,1	3,877	5,113
200	365,7	638,9	0,005877	1827	2418	591,9	4,015	4,941
220	373,7	646,8	0,003728	2011	2196	184,5	4,295	4,580
221,20	374,2	647,3	0,00317	2107	2107	0	4,443	4,443

Tabelle T-6a Zustandsgrößen von ungesättigter Wasserflüssigkeit und
überhitztem Wasserdampf I
Spezifisches Volumen υ, spezifische Enthalpie h und spezifische Entropie s für verschiedene Drücke p in
Abhängigkeit von der Temperatur t. Die Werte oberhalb der Querstriche gelten für Flüssigkeitszustände,
die Werte darunter für Dampfzustände. Nach [22a]

	$p = 1{,}0$ bar			$p = 5{,}0$ bar			$p = 10{,}0$ bar		
t	υ	h	s	υ	h	s	υ	h	s
°C	m³/kg	kJ/kg	kJ/(kg K)	m³/kg	kJ/kg	kJ/(kg K)	m³/kg	kJ/kg	kJ/(kg K)
0	0,001000	0,1	− 0,0001	0,001000	0,5	− 0,0001	0,0009997	1,0	− 0,0001
10	0,001000	42,1	0,1510	0,001000	42,5	0,1509	0,0009998	43,0	0,1509
20	0,001002	84,0	0,2963	0,001001	84,3	0,2962	0,001001	84,8	0,2961
30	0,001004	125,8	0,4365	0,001004	126,1	0,4364	0,001004	126,6	0,4362
40	0,001008	167,5	0,5721	0,001008	167,9	0,5719	0,001007	168,3	0,5717
50	0,001012	209,3	0,7035	0,001012	209,7	0,7033	0,001012	210,1	0,7030
60	0,001017	251,2	0,8309	0,001017	251,5	0,8307	0,001017	251,9	0,8305
70	0,001023	293,0	0,9548	0,001023	293,4	0,9545	0,001022	293,8	0,9542
80	0,001029	335,0	1,075	0,001029	335,3	1,075	0,001029	335,7	1,075
90	0,001036	377,0	1,192	0,001036	377,3	1,192	0,001036	377,7	1,192
100	1,696	2676	7,362	0,001043	419,4	1,307	0,001043	419,7	1,306
110	1,744	2696	7,415	0,001052	461,6	1,418	0,001051	461,9	1,418
120	1,793	2716	7,467	0,001060	503,9	1,527	0,001060	504,3	1,527
130	1,841	2736	7,517	0,001070	546,5	1,634	0,001070	546,8	1,634
140	1,889	2756	7,566	0,001080	589,2	1,739	0,001080	589,5	1,738
150	1,936	2776	7,614	0,001091	612,2	1,842	0,001090	632,5	1,841
160	1,984	2796	7,660	0,3835	2766	6,863	0,001102	675,7	1,942
170	2,031	2816	7,705	0,3941	2789	6,915	0,001114	719,2	2,041
180	2,078	2836	7,749	0,4045	2811	6,965	0,1944	2776	6,583
190	2,125	2856	7,793	0,4148	2833	7,013	0,2002	2802	6,639
200	2,172	2875	7,835	0,4250	2855	7,059	0,2059	2827	6,692
210	2,219	2895	7,876	0,4350	2877	7,104	0,2115	2851	6,743
220	2,266	2915	7,917	0,4450	2898	7,148	0,2169	2875	6,791
230	2,313	2935	7,957	0,4549	2919	7,190	0,2223	2898	6,838
240	2,359	2955	7,996	0,4647	2940	7,232	0,2276	2921	6,882
250	2,406	2974	8,034	0,4744	2961	7,272	0,2327	2943	6,926
260	2,453	2994	8,072	0,4841	2982	7,311	0,2379	2965	6,968
270	2,499	3014	8,109	0,4938	3003	7,350	0,2430	2987	7,009
280	2,546	3034	8,145	0,5034	3023	7,388	0,2480	3009	7,048
290	2,592	3054	8,181	0,5130	3044	7,425	0,2530	3031	7,087
300	2,639	3074	8,217	0,5226	3065	7,461	0,2580	3052	7,125
310	2,685	3095	8,251	0,5321	3085	7,497	0,2629	3073	7,162
320	2,732	3115	8,286	0,5416	3106	7,532	0,2678	3095	7,198
330	2,778	3135	8,320	0,5511	3127	7,567	0,2727	3116	7,234
340	2,824	3155	8,353	0,5606	3147	7,601	0,2776	3137	7,269
350	2,871	3176	8,386	0,5701	3168	7,634	0,2824	3158	7,303
400	3,102	3278	8,544	0,6172	3272	7,795	0,3065	3264	7,466
450	3,334	3382	8,693	0,6640	3377	7,945	0,3303	3371	7,619
500	3,565	3488	8,835	0,7108	3484	8,088	0,3540	3478	7,763
550	3,797	3596	8,969	0,7574	3592	8,223	0,3775	3587	7,899
600	4,028	3705	9,098	0,8039	3701	8,353	0,4010	3697	8,029
650	4,259	3816	9,222	0,8504	3813	8,477	0,4244	3809	8,154
700	4,490	3928	9,340	0,8968	3926	8,596	0,4477	3923	8,273
750	4,721	4042	9,455	0,9432	4040	8,710	0,4710	4038	8,388
800	4,952	4158	9,565	0,9896	4156	8,821	0,4943	4154	8,500

Tabelle T-6a Zustandsgrößen von ungesättigter Wasserflüssigkeit und überhitztem Wasserdampf II

	$p = 25{,}0$ bar			$p = 50{,}0$ bar			$p = 100{,}0$ bar		
t	υ	h	s	υ	h	s	υ	h	s
°C	m³/kg	kJ/kg	kJ/(kg K)	m³/kg	kJ/kg	kJ/(kg K)	m³/kg	kJ/kg	kJ/(kg K)
0	0,0009990	2,5	0,0000	0,0009977	5,1	0,0002	0,0009953	10,1	0,0005
10	0,0009991	44,4	0,1508	0,0009979	46,9	0,1505	0,0009956	51,7	0,1501
20	0,001001	86,2	0,2958	0,0009995	88,6	0,2952	0,0009972	93,2	0,2942
30	0,001003	127,9	0,4357	0,001002	130,2	0,4350	0,0009999	134,7	0,4334
40	0,001007	169,7	0,5711	0,001006	171,9	0,5702	0,001003	176,3	0,5682
50	0,001011	211,4	0,7023	0,001010	213,5	0,7012	0,001008	217,8	0,6989
60	0,061016	253,2	0,8297	0,001015	255,3	0,8283	0,001013	259,4	0,8257
70	0,001022	295,0	0,9533	0,001020	297,0	0,9518	0,001018	301,1	0,9489
80	0,001028	336,9	1,074	0,001027	338,8	1,072	0,001024	342,8	1,069
90	0,001035	378,8	1,191	0,001034	380,7	1,189	0,001031	384,6	1,185
100	0,001042	420,9	1,305	0,001041	422,7	1,303	0,001039	426,5	1,299
110	0,001051	463,0	1,417	0,001049	464,9	1,414	0,001046	468,5	1,410
120	0,001059	505,3	1,525	0,001058	507,1	1,523	0,001055	510,6	1,519
130	0,001069	547,8	1,632	0,001067	549,5	1,630	0,001064	552,9	1,625
140	0,001079	590,5	1,737	0,001077	592,1	1,734	0,001074	595,4	1,729
150	0,001089	633,4	1,839	0,001088	635,0	1,837	0,001084	638,1	1,831
160	0,001101	676,6	1,940	0,001099	678,1	1,937	0,001095	681,0	1,931
170	0,001113	720,1	2,039	0,001111	721,4	2,036	0,001107	724,2	2,030
180	0,001126	763,9	2,137	0,001124	765,2	2,134	0,001120	767,8	2,127
190	0,001140	808,1	2,234	0,001138	809,3	2,230	0,001133	811,6	2,223
200	0,001155	852,8	2,329	0,001153	853,8	2,325	0,001148	855,9	2,318
210	0,001172	897,9	2,424	0,001169	898,8	2,419	0,001164	900,7	2,411
220	0,001190	943,7	2,517	0,001187	944,4	2,513	0,001180	945,9	2,504
230	0,08163	2820	6,292	0,001206	990,7	2,606	0,001199	991,8	2,596
240	0,08436	2850	6,352	0,001226	1038	2,698	0,001219	1038	2,688
250	0,08699	2879	6,408	0,001249	1086	2,791	0,001241	1086	2,779
260	0,08951	2907	6,460	0,001275	1135	2,884	0,001265	1134	2,871
270	0,09196	2934	6,510	0,04053	2819	6,019	0,001292	1184	2,963
280	0,09433	2960	6,558	0,04222	2857	6,089	0,001322	1235	3,056
290	0,09665	2986	6,603	0,04380	2892	6,152	0,001357	1288	3,151
300	0,09893	3010	6,647	0,04530	2925	6,210	0,001398	1343	3,249
310	0,1011	3035	6,689	0,04673	2957	6,265	0,001447	1402	3,350
320	0,1033	3059	6,730	0,04810	2987	6,316	0,01926	2783	5,714
330	0,1055	3082	6,769	0,04942	3016	6,365	0,02042	2836	5,803
340	0,1076	3105	6,807	0,05070	3044	6,411	0,02147	2883	5,880
350	0,1097	3128	6,844	0,05194	3071	6,454	0,02242	2926	5,949
400	0,1200	3241	7,018	0,05779	3198	6,651	0,02641	3100	6,218
450	0,1300	3351	7,176	0,06325	3317	6,822	0,02974	3244	6,424
500	0,1399	3462	7,324	0,06849	3434	6,977	0,03276	3375	6,599
550	0,1496	3573	7,463	0,07360	3549	7,121	0,03560	3500	6,756
600	0,1592	3685	7,596	0,07862	3664	7,258	0,03832	3623	6,901
650	0,1688	3799	7,722	0,08356	3781	7,387	0,04096	3745	7,037
700	0,1783	3913	7,843	0,08845	3898	7,511	0,04355	3867	7,166
750	0,1877	4029	7,959	0,09329	4016	7,629	0,04608	3990	7,289
800	0,1971	4147	8,072	0,09809	4135	7,743	0,04858	4112	7,406

Tabelle T-6a Zustandsgrößen von ungesättigter Wasserflüssigkeit und überhitztem Wasserdampf III

t	p = 140,0 bar			p = 180,0 bar			p = 220,0 bar		
	υ	h	s	υ	h	s	υ	h	s
°C	m³/kg	kJ/kg	kJ/(kg K)	m³/kg	kJ/kg	kJ/(kg K)	m³/kg	kJ/kg	kJ/(kg K)
0	0,0009933	14,1	0,0007	0,0009914	18,1	0,0008	0,0009895	22,1	0,0009
10	0,0009938	55,6	0,1496	0,0009919	59,4	0,1491	0,0009901	63,2	0,1486
20	0,0009955	97,0	0,2933	0,0009937	100,7	0,2924	0,0009920	104,4	0,2914
30	0,0009982	138,4	0,4322	0,0009965	142,0	0,4309	0,0009948	145,6	0,4296
40	0,0010017	179,8	0,5666	0,0010000	173,3	0,5651	0,0009983	186,8	0,5635
50	0,0010060	221,3	0,6970	0,0010043	224,7	0,6952	0,0010026	228,1	0,6933
60	0,0010109	262,8	0,8236	0,0010092	266,1	0,8215	0,0010075	269,5	0,8194
70	0,0010165	304,4	0,9465	0,0010147	307,6	0,9442	0,0010129	310,9	0,9419
80	0,0010226	346,0	1,0661	0,0010208	349,2	1,0636	0,0010190	352,4	1,0610
90	0,0010293	387,7	1,1826	0,0010274	390,8	1,1798	0,0010256	393,9	1,1770
100	0,0010366	429,5	1,2961	0,0010346	432,5	1,2931	0,0010327	435,6	1,2902
110	0,0010445	471,4	1,4070	0,0010424	474,4	1,4038	0,0010404	477,3	1,4006
120	0,0010529	513,5	1,5153	0,0010507	516,3	1,5118	0,0010486	519,2	1,5084
130	0,0010619	555,7	1,6213	0,0010596	558,4	1,6176	0,0010574	561,2	1,6140
140	0,0010715	598,0	1,7251	0,0010691	600,7	1,7212	0,0010667	603,4	1,7173
150	0,0010817	640,6	1,8269	0,0010792	643,2	1,8227	0,0010767	645,7	1,8186
160	0,0010926	683,4	1,9270	0,0010899	685,9	1,9225	0,0010872	688,2	1,9181
170	0,0011043	726,5	2,0253	0,0011014	728,8	2,0205	0,0010985	731,1	2,0158
180	0,0011167	769,9	2,1221	0,0011136	772,0	2,1170	0,0011105	774,2	2,1120
190	0,0011300	813,6	2,2175	0,0011266	815,6	2,2120	0,0011233	817,6	2,2067
200	0,0011442	857,7	2,3117	0,0011405	859,5	2,3058	0,0011369	861,4	2,3001
210	0,0011595	902,2	2,4048	0,0011554	903,8	2,3985	0,0011515	905,5	2,3924
220	0,0011759	947,2	2,4970	0,0011714	948,6	2,4903	0,0011671	950,0	2,4837
230	0,0011937	992,8	2,5885	0,0011887	993,9	2,5812	0,0011840	995,1	2,5741
240	0,0012130	1039,1	2,6795	0,0012074	1039,8	2,6716	0,0012021	1040,7	2,6639
250	0,0012340	1086,1	2,7703	0,0012278	1086,5	2,7616	0,0012218	1087,0	2,7532
260	0,0012572	1134,0	2,8610	0,0012500	1133,9	2,8514	0,0012432	1134,0	2,8423
270	0,0012828	1183,0	2,9520	0,0012745	1182,4	2,9414	0,0012667	1182,0	2,9313
280	0,0013115	1233,3	3,0438	0,0013018	1232,0	3,0319	0,0012927	1230,9	3,0207
290	0,0013441	1285,2	3,1368	0,0013324	1283,0	3,1233	0,0013216	1281,2	3,1107
300	0,0013817	1339,2	3,2318	0,0013673	1335,7	3,2162	0,0013543	1332,9	3,2018
310	0,0014260	1395,9	3,3298	0,0014077	1390,8	3,3114	0,0013916	1386,6	3,2946
320	0,0014801	1456,3	3,4327	0,0014558	1448,8	3,4101	0,0014351	1442,7	3,3901
330	0,0015497	1522,6	3,5433	0,0015150	1511,1	3,5141	0,0014872	1502,2	3,4895
340	0,01200	2675,7	5,4348	0,0015920	1579,7	3,6269	0,0015516	1566,2	3,5947
350	0,01321	2754,2	5,5618	0,0017043	1659,8	3,7566	0,0016361	1637,2	3,7095
400	0,01723	3005,6	5,9513	0,01191	2890,3	5,6947	0,008251	2738,8	5,4102
450	0,02008	3177,4	6,1978	0,01464	3104,0	6,0015	0,01111	3022,3	5,8179
500	0,02251	3323,8	6,3937	0,01678	3269,6	6,2232	0,01312	3211,7	6,0716
550	0,02472	3458,8	6,5630	0,01867	3416,1	6,4069	0,01481	3371,6	6,2721
600	0,02680	3588,5	6,7159	0,02040	3553,4	6,5688	0,01633	3517,4	6,4441
650	0,02880	3715,6	6,8575	0,02204	3686,1	6,7166	0,01774	3656,1	6,5986
700	0,03072	3841,7	6,9906	0,02360	3816,5	6,8542	0,01907	3791,1	6,7410
750	0,03260	3967,5	7,1166	0,02512	3945,8	6,9838	0,02036	3924,1	6,8743
800	0,03444	4093,3	7,2367	0,02659	4074,6	7,1067	0,02160	4055,9	7,0001

Tabelle T-7 Sättigungsdampftafel für Ammoniak, NH_3, R717.   Nach [20]

Tempe-ratur	Druck	Spezifisches Volumen		Spezifische Enthalpie		Spezifische Verdampfungs-enthalpie	Spezifische Entropie	
		der Flüssigkeit	des Dampfes	der Flüssigkeit	des Dampfes		der Flüssigkeit	des Dampfes
t	p	v'	v''	h'	h''	Δh_d	s'	s''
°C	bar	dm³/kg	m³/kg	kJ/kg	kJ/kg	kJ/kg	kJ/(kg K)	kJ/(kg K)
− 80	0,0503	1,357	18,67	− 153,7	1338	1492	− 0,527	7,195
− 75	0,0750	1,368	12,83	− 132,2	1347	1479	− 0,417	7,048
− 70	0,1094	1,378	9,01	− 110,7	1356	1467	− 0,310	6,911
− 65	0,1563	1,389	6,449	− 89,12	1365	1454	− 0,205	6,782
− 60	0,2190	1,401	4,702	− 67,43	1374	1441	− 0,102	6,661
− 55	0,3015	1,412	3,486	− 45,66	1383	1428	− 0,001	6,547
− 50	0,4085	1,424	2,625	− 23,80	1391	1415	0,0979	6,439
− 45	0,5450	1,436	2,004	− 1,85	1399	1401	0,1951	6,337
− 40	0,7171	1,449	1,551	20,19	1407	1387	0,2906	6,240
− 35	0,9312	1,462	1,215	42,33	1415	1373	0,3844	6,149
− 30	1,195	1,475	0,9626	64,56	1423	1358	0,4767	6,062
− 25	1,515	1,489	0,7705	86,90	1430	1343	0,5674	5,979
− 20	1,901	1,504	0,6228	109,3	1437	1327	0,6567	5,900
− 15	2,362	1,518	0,5079	131,9	1443	1311	0,7445	5,824
− 10	2,908	1,534	0,4177	154,5	1449	1295	0,8310	5,752
− 5	3,548	1,549	0,3462	177,2	1455	1278	0,9161	5,683
± 0	4,294	1,566	0,2890	200,0	1461	1261	1,0000	5,616
5	5,158	1,583	0,2428	222,9	1466	1243	1,083	5,552
10	6,150	1,601	0,2053	245,9	1471	1225	1,164	5,489
15	7,284	1,619	0,1746	269,0	1475	1206	1,244	5,429
20	8,573	1,639	0,1494	291,4	1479	1188	1,321	5,372
25	10,03	1,659	0,1284	314,9	1482	1168	1,399	5,315
30	11,67	1,680	0,1108	338,5	1485	1147	1,477	5,260
35	13,50	1,702-	0,09596	362,3	1488	1126	1,554	5,206
40	15,55	1,726	0,08347	386,3	1490	1103	1,630	5,154
45	17,82	1,750	0,07285	410,5	1491	1081	1,705	5,102
50	20,33	1,777	0,06378	434,9	1492	1057	1,780	5,051
55	23,10	1,805	0,05607	458,6	1492	1034	1,851	5,002
60	26,14	1,834	0,04933	483,9	1492	1008	1,926	4,952
65	29,48	1,866	0,04349	509,6	1490	980,9	2,001	4,902
70	33,12	1,900	0,03841	535,7	1488	952,6	2,076	4,852
75	37,08	1,937	0,03398	562,3	1485	923,0	2,150	4,802
80	41,40	1,978	0,03011	588,8	1482	892,7	2,224	4,752
85	46,08	2,022	0,02665	617,1	1476	859,1	2,301	4,699
90	51,14	2,071	0,02359	646,3	1470	823,2	2,379	4,646
95	56,62	2,126	0,02086	676,6	1461	784,8	2,458	4,590
100	62,52	2,189	0,01842	708,2	1451	743,1	2,540	4,532
105	68,89	2,262	0,01620	742,0	1439	696,7	2,626	4,469
110	75,74	2,348	0,01418	778,2	1423	644,6	2,718	4,400
115	83,12	2,455	0,01229	818,1	1403	584,6	2,816	4,322
120	91,07	2,594	0,01050	863,5	1376	512,3	2,927	4,230
125	99,62	2,796	0,008703	918,6	1337	418,1	3,061	4,111
130	108,9	3,186	0,006586	999,2	1264	264,6	3,255	3,911
132,4	113,5	4,227	0,004227	1119	1119	0,0	3,547	3,547

Tabelle T-7a Sättigungsdampftafel für Kohlendioxid, CO_2, R744. Nach [24]

Tempe-ratur	Druck	Dichte		Spezifische Enthalpie		Spezifische Verdampfungs-enthalpie	Spezifische Entropie	
		der Flüssigkeit	des Dampfes	der Flüssigkeit	des Dampfes		der Flüssigkeit	des Dampfes
t	p	ρ'	ρ''	h'	h''	Δh_d	s'	s''
°C	bar	kg/m³	kg/m³	kJ/kg	kJ/kg	kJ/kg	kJ/(kg K)	kJ/(kg K)
− 56	5,306	1177	14,08	81,04	430,6	349,6	0,5259	2,136
− 54	5,780	1169	15,28	85,00	431,4	346,4	0,5439	2,124
− 52	6,286	1162	16,56	88,96	432,0	343,0	0,5617	2,113
− 50	6,824	1155	17,93	92,93	432,7	339,8	0,5793	2,102
− 48	7,395	1147	19,37	96,91	433,3	336,4	0,5968	2,091
− 46	8,002	1140	20,91	100,9	433,9	333,0	0,6142	2,080
− 44	8,645	1132	22,55	104,9	434,4	329,5	0,6315	2,069
− 42	9,325	1124	24,28	108,9	434,9	326,0	0,6487	2,059
− 40	10,05	1116	26,12	112,9	435,3	322,4	0,6658	2,048
− 38	10,81	1109	28,07	117,0	435,7	318,7	0,6828	2,038
− 36	11,61	1101	30,14	121,1	436,1	315,0	0,6997	2,028
− 34	12,45	1092	32,33	125,1	436,4	311,3	0,7165	2,018
− 32	13,34	1084	34,65	129,2	436,6	307,4	0,7333	2,008
− 30	14,28	1076	37,10	133,4	436,8	303,4	0,7500	1,998
− 28	15,26	1067	39,70	137,5	436,9	299,4	0,7666	1,988
− 26	16,29	1059	42,45	141,7	437,0	295,3	0,7832	1,978
− 24	17,37	1050	45,36	145,9	437,0	291,1	0,7998	1,968
− 22	18,51	1041	48,44	150,2	437,0	286,8	0,8164	1,958
− 20	19,70	1032	51,70	154,5	436,9	282,4	0,8329	1,949
− 18	20,74	1022	55,16	158,8	436,7	277,9	0,8495	1,939
− 16	22,24	1013	58,82	163,2	436,4	273,2	0,8660	1,929
− 14	23,29	1003	62,70	167,6	436,1	268,5	0,8825	1,919
− 12	25,01	993,1	66,82	172,0	435,7	263,7	0,8991	1,909
− 10	26,49	982,9	71,19	176,5	435,1	258,6	0,9157	1,898
− 8	28,03	972,4	75,83	181,1	434,5	253,4	0,9324	1,888
− 6	29,63	961,7	80,77	185,7	433,8	248,1	0,9492	1,878
− 4	31,30	950,6	86,04	190,4	432,9	242,5	0,9660	1,867
− 2	33,04	939,2	91,65	195,2	432,0	236,8	0,9829	1,856
± 0	34,85	927,4	97,65	200,0	430,9	230,9	1,000	1,845
2	36,73	915,2	104,1	204,9	429,6	224,7	1,017	1,834
4	38,69	902,5	111,0	209,9	428,2	218,3	1,035	1,822
6	40,72	889,3	118,4	215,1	426,7	211,6	1,052	1,810
8	42,83	875,5	126,4	220,3	424,9	204,6	1,070	1,798
10	45,02	861,0	135,2	225,7	422,9	197,2	1,088	1,785
12	47,30	845,8	144,7	231,3	420,6	189,3	1,107	1,771
14	49,66	829,6	155,1	237,0	418,0	181,0	1,126	1,756
16	52,11	812,4	166,7	243,0	415,1	172,1	1,146	1,741
18	54,65	793,8	179,6	249,2	411,8	162,6	1,166	1,724
20	57,29	773,4	194,2	255,8	407,9	152,1	1,188	1,706
22	60,03	750,8	211,0	262,9	403,3	140,4	1,210	1,686
24	62,88	725,0	231,0	270,6	397,8	127,2	1,235	1,663
26	65,84	694,4	255,8	279,3	390,8	111,5	1,263	1,635
28	68,92	655,3	289,1	289,6	381,2	91,6	1,296	1,600
30	72,14	593,3	345,3	304,6	365,0	60,4	1,343	1,543

Tabelle T-8 Sättigungsdampftafel für R 134a (HFC-134a)   Nach [37a]

Tempe-ratur	Druck	Spezifisches Volumen der Flüssigkeit	des Dampfes	Spezifische Enthalpie der Flüssigkeit	des Dampfes	Spezifische Verdampfungs-enthalpie	Spezifische Entropie der Flüssigkeit	des Dampfes
t	p	v'	v''	h'	h''	Δh_d	s'	s''
°C	kPa	m³/kg	m³/kg	kJ/kg	kJ/kg	kJ/kg	kJ/(kg K)	kJ/(kg K)
− 100	0,57	0,0006	25,0000	77,3	337,2	259,9	0,4448	1,9460
− 95	0,95	0,0006	15,3846	83,0	340,1	257,1	0,4776	1,9209
− 90	1,53	0,0006	9,7087	88,8	343,1	254,3	0,5095	1,8982
− 85	2,41	0,0006	6,3291	94,6	346,2	251,6	0,5406	1,8778
− 80	3,68	0,0007	4,2553	100,4	349,2	248,8	0,5710	1,8594
− 75	5,48	0,0007	2,9326	106,2	352,3	246,1	0,6009	1,8428
− 70	7,98	0,0007	2,0576	112,1	355,4	243,3	0,6302	1,8279
− 65	11,37	0,0007	1,4771	118,0	358,5	240,5	0,6590	1,8144
− 60	15,89	0,0007	1,0799	124,0	361,7	237,7	0,6873	1,8024
− 55	21,80	0,0007	0,8032	130,0	364,8	234,8	0,7152	1,7916
− 50	29,41	0,0007	0,6068	136,1	368,0	231,9	0,7428	1,7819
− 45	39,06	0,0007	0,4653	142,2	371,1	228,9	0,7699	1,7732
− 40	51,14	0,0007	0,3614	148,4	374,3	225,9	0,7967	1,7655
− 35	66,07	0,0007	0,2843	154,6	377,4	222,8	0,8231	1,7586
− 30	84,29	0,0007	0,2260	160,9	380,6	219,6	0,8492	1,7525
− 25	106,32	0,0007	0,1817	167,3	383,7	216,4	0,8750	1,7470
− 20	132,67	0,0007	0,1474	173,7	386,8	213,1	0,9005	1,7422
− 15	163,90	0,0007	0,1207	180,2	389,8	209,7	0,9257	1,7379
− 10	200,60	0,0008	0,0996	186,7	392,9	206,2	0,9507	1,7341
− 5	243,39	0,0008	0,0828	193,3	395,9	202,5	0,9755	1,7308
0	292,93	0,0008	0,0693	200,0	398,8	198,8	1,0000	1,7278
5	349,87	0,0008	0,0583	206,8	401,7	194,9	1,0244	1,7252
10	414,92	0,0008	0,0494	213,6	404,5	190,9	1,0485	1,7229
15	488,78	0,0008	0,0421	220,5	407,3	186,8	1,0726	1,7208
20	572,25	0,0008	0,0360	227,5	410,0	182,5	1,0964	1,7189
25	666,06	0,0008	0,0309	234,6	412,6	178,0	1,1202	1,7171
30	771,02	0,0008	0,0266	241,8	415,1	173,3	1,1439	1,7155
35	887,91	0,0009	0,0230	249,2	417,5	168,3	1,1676	1,7138
40	1017,61	0,0009	0,0200	256,6	419,8	163,2	1,1912	1,7122
45	1161,01	0,0009	0,0174	264,2	421,9	157,7	1,2148	1,7105
50	1319,00	0,0009	0,0151	271,9	423,8	151,9	1,2384	1,7086
55	1492,59	0,0009	0,0132	279,8	425,6	145,8	1,2622	1,7064
60	1682,76	0,0010	0,0115	287,9	427,1	139,2	1,2861	1,7039
65	1890,54	0,0010	0,0100	296,2	428,3	132,1	1,3102	1,7009
70	2117,34	0,0010	0,0087	304,8	429,1	124,4	1,3347	1,6971
75	2364,31	0,0010	0,0075	313,7	429,5	115,8	1,3597	1,6924
80	2632,97	0,0011	0,0065	322,9	429,2	106,3	1,3854	1,6863
85	2925,11	0,0011	0,0055	332,8	428,1	95,3	1,4121	1,6782
90	3242,87	0,0012	0,0046	343,4	425,5	82,1	1,4406	1,6668
95	3589,44	0,0013	0,0037	355,6	420,5	64,9	1,4727	1,6489
100	3969,94	0,0015	0,0027	373,2	407,0	33,8	1,5187	1,6092
101	4051,35	0,0018	0,0022	383,0	396,0	13,0	1,5447	1,5794

Tabelle T-8a MOLLIER-Druck-Enthalpie-Diagramm für R134a (HFC-134a)

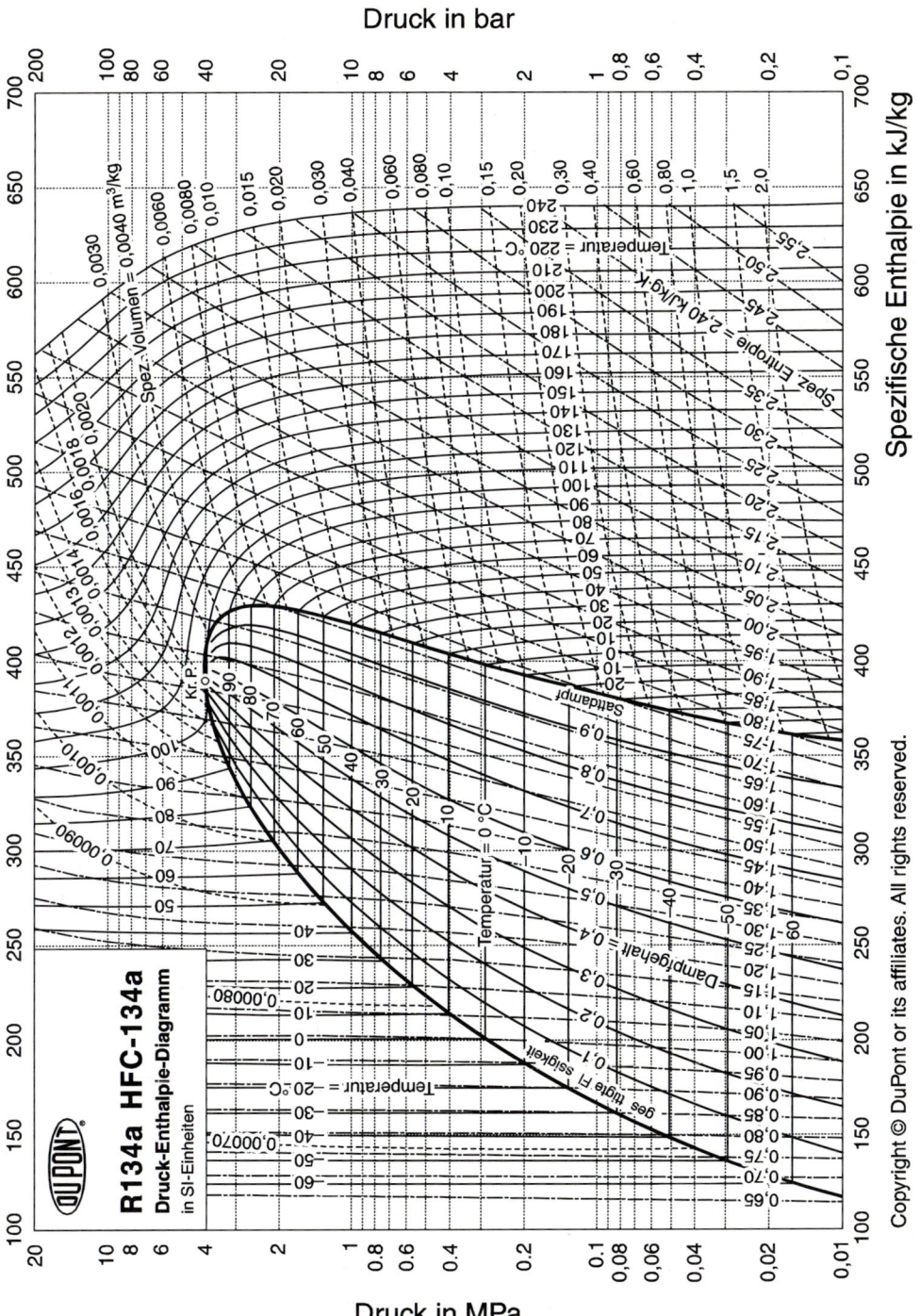

Tabelle T-9
Stoffwerte gesättigter feuchter Luft

Der Teildruck des Wassers p'_W, der Wassergehalt x' und die Enthalpie h' sind in Abhängigkeit von der Temperatur t für einen Gesamtdruck von 1000 mbar angegeben. Wassergehalt x' und Enthalpie h' sind auf die Masse der trockenen Luft bezogen. Der Dampfdruck gilt bei Temperaturen unter 0 °C über Eis. Werte zum Teil gerundet nach [14].

t	p'_W	x'	h'
°C	mbar	gW/kgL	kJ/kgL
− 20	1,029	0,6408	− 18,521
− 18	1,247	0,7768	− 16,173
− 16	1,504	0,9371	− 13,764
− 14	1,809	1,1275	− 11,279
− 12	2,169	1,3523	− 8,707
− 10	2,594	1,6180	− 6,032
− 8	3,094	1,9308	− 3,238
− 6	3,681	2,299	− 0,3056
− 4	4,368	2,729	2,788
− 2	5,172	3,234	6,069
0	6,108	3,823	9,564
2	7,055	4,420	13,084
4	8,129	5,099	16,813
6	9,345	5,869	20,78
8	10,720	6,741	25,00
10	12,270	7,728	29,53
12	14,014	8,842	34,38
14	15,973	10,099	39,59
16	18,168	11,512	45,22
18	20,62	13,098	51,29
20	23,37	14,887	57,89
22	26,42	16,882	65,03
24	29,82	19,122	72,81
26	33,60	21,63	81,28
28	37,78	24,43	90,51

t	p'_W	x'	h'
°C	mbar	gW/kgL	kJ/kgL
30	42,41	27,55	100,60
32	47,53	31,05	111,62
34	53,18	34,94	123,78
36	59,40	39,29	137,08
38	66,24	44,13	151,70
40	73,75	49,54	167,79
42	81,98	55,56	185,51
44	91,00	62,28	205,1
46	100,86	69,79	226,8
48	111,62	78,17	250,7
50	123,35	87,54	277,3
52	136,13	98,04	306,9
54	150,02	109,80	339,9
56	165,11	123,03	376,8
58	181,47	137,93	418,1
60	199,20	154,75	464,6
62	218,4	173,83	517,1
64	239,1	195,49	576,5
66	261,5	220,3	644,3
68	285,6	248,7	721,8
70	311,6	281,6	811,3
72	339,6	319,9	915,3
74	369,6	364,7	1036,8
76	401,9	418,0	1181,0
78	436,5	481,9	1353,6
80	473,6	559,7	1563,5
82	513,3	656,1	1823,4
84	555,7	778,1	2152
86	601,1	937,5	2581
88	649,5	1152,8	3160
90	701,1	1459,3	3984
92	756,1	1928,6	5246
94	814,6	2733,5	7408
96	876,9	4431,7	11971
98	943,0	10292,4	27714
100	1013,3	−	−

Tabelle T-10   Thermophysikalische Stoffgrößen verschiedener Materialien I

ρ Dichte   a   Temperaturleitfähigkeit
c_p Spezifische isobare Wärmekapazität   b   Wärmeeindringkoeffizient
λ Wärmeleitfähigkeit   Nach [6, 24]

Feststoffe	t	ρ	c_p	λ	a	b
	°C	$\dfrac{kg}{m^3}$	$\dfrac{J}{kg\,K}$	$\dfrac{W}{m\,K}$	$10^{-6}\dfrac{m^2}{s}$	$\dfrac{W\,s^{1/2}}{m^2K}$
Metalle						
Aluminium	20	2700	920	221	88,9	23400
Blei	20	11300	130	35	23,6	7170
Chrom	20	7100	500	86	24,2	17500
Eisen	20	7860	465	67	18,3	15600
Gold	20	19300	125	314	131	27500
Konstantan	20	8900	410	22,5	6,11	9060
Kupfer, rein	20	8900	390	393	113	36900
Messing	20	8400	376	113	35,8	18900
Nickel	20	8800	460	58,5	14,4	15400
Platin	20	21400	167	71	13,1	15900
Quecksilber	20	13600	138	10,5	5,56	4440
Silber	20	10500	238	458	183	33800
Stahl (V2A)	20	7880	500	21	5,28	9100
Titan	20	4510	522	15,5	6,59	6040
Zink	20	7140	376	109	40,8	17100
Zinn	20	7280	230	63	37,5	10300
Anorganische Stoffe						
Beton	20	1900–2300	880	0,8–1,4	0,500–0,695	1160–1680
Eis	0	920	1930	2,2	1,25	1980
Erdreich, grobkiesig	20	2000	1840	0,52	0,144	1380
Fensterglas	20	2480	700–930	1,16	0,503–0,668	1420–1640
Glaswolle	0	200	660	0,037	0,280	69,9
Marmor	20	2500–2700	810	2,8	1,39	2380–2470
Schnee, frisch	0	100	2090	0,11	0,528	152
Verputz	20	1700		0,79		
Ziegelstein, trocken	20	1600–1800	835	0,38–0,52	0,278–0,361	713–884
Organische Stoffe						
Acrylglas	20	1180	1440	0,184	0,108	559
Gummi	20	1100		0,13–0,23		
Kork	30	190	1880	0,041	0,115	121
6-Polyamid	20	1130	1900	0,27	0,125	761
Polyethylen, Hochdruck	20	920	2150	0,35	0,178	832
Polyethylen, Niederdruck	20	950	1800	0,45	0,267	877
Polypropylen	20	910	1700	0,22	0,142	583
Polystyrol	20	1050	1300	0,17	0,125	482
Polytetrafluorethylen	20	2200	1000	0,23–0,47	0,106–0,214	711–1020
Polyvinylchlorid	20	1390	980	0,17	0,125	481
Polyurethan	20	1200	1900	0,36	0,158	906

Tabelle T-10   Thermophysikalische Stoffgrößen verschiedener Materialien II

ρ Dichte	υ Kinematische Viskosität
c_p Spezifische isobare Wärmekapazität	Pr PRANDTL-Zahl
λ Wärmeleitfähigkeit	Nach [6, 24]

Flüssigkeiten	t	ρ	c_p	λ	υ	Pr
	$°C$	$\dfrac{kg}{m^3}$	$\dfrac{J}{kg\ K}$	$\dfrac{W}{m\ K}$	$10^{-6}\dfrac{m^2}{s}$	
Flüssigkeiten bei Atmosphärendruck						
Aceton (C_3H_6O)	0	812	2100	0,165	0,490	5,06
Benzol (C_6H_6)	20	879	1730	0,144	0,738	7,79
Ethanol (C_2H_5OH)	0	806	2230	0,177	2,22	22,5
Methanol (CH_3OH)	0	812	2390	0,208	1,01	9,42
Motorenöl	60	868	2010	0,14	81,8	1020
Quecksilber (Hg)	20	13600	139	8,0	0,114	0,0269
Silikonöl	20	970	1470	0,17	247	2070
Toluol (C_7H_8)	0	885	1610	0,144	0,873	8,64
Wasser (H_2O)	0	1000	4220	0,562	1,79	13,4
	20	998	4180	0,600	1,00	6,99
	40	992	4180	0,629	0,658	4,34
	60	983	4190	0,651	0,475	3,00
	80	971	4200	0,667	0,365	2,23
Flüssigkeiten bei Sättigungsdruck						
Ammoniak (NH_3)	− 30	678	4480	0,582	0,364	1,90
	0	639	4620	0,520	0,272	1,54
	30	595	4820	0,458	0,212	1,33
	60	545	5240	0,394	0,173	1,25
Chlordifluormethan	− 23	1360	1130	0,109	0,207	2,92
(CHF_2Cl, R 22)	7	1260	1190	0,0942	0,179	2,84
	37	1150	1300	0,0788	0,163	3,09
	67	991	1650	0,0592	0,151	4,18
Wasser (H_2O)	0,01	1000	4220	0,562	1,79	13,4
	50	988	4180	0,640	0,554	3,57
	100	958	4220	0,677	0,294	1,76
	200	865	4500	0,663	0,154	0,906
	300	712	5770	0,545	0,120	0,909

Tabelle T-10 Thermophysikalische Stoffgrößen verschiedener Materialien III

ρ Dichte	υ Kinematische Viskosität	
c_p Spezifische isobare Wärmekapazität	Pr PRANDTL-Zahl	
λ Wärmeleitfähigkeit	Nach [6, 24]	

Gase	t	ρ	c_p	λ	υ	Pr
	°C	$\dfrac{kg}{m^3}$	$\dfrac{J}{kg\,K}$	$\dfrac{W}{m\,K}$	$10^{-6}\dfrac{m^2}{s}$	
Gase bei Atmosphärendruck						
Acetylen (C_2H_2)	0	1,17	1620	0,018	8,21	0,865
Argon (Ar)	0	1,78	519	0,016	11,8	0,681
Ethan (C_2H_6)	0	1,35	1650	0,018	6,37	0,788
Ethylen (C_2H_4)	0	1,26	1460	0,017	7,45	0,806
Helium (He)	0	0,18	5200	0,143	105	0,687
Kohlendioxid (CO_2)	0	1,95	826	0,0147	7,04	0,770
Kohlenmonoxid (CO)	0	1,25	1040	0,023	13,3	0,752
Luft	0	1,29	1010	0,0242	13,5	0,718
	50	1,08	1010	0,0279	18,3	0,711
	100	0,933	1010	0,0314	23,5	0,707
	200	0,736	1030	0,0380	35,5	0,705
	500	0,450	1090	0,0556	81,4	0,719
Methan (CH_4)	0	0,72	2170	0,030	14,2	0,740
Neon (Ne)	0	0,90	1030	0,046	33,2	0,669
Propan (C_3H_8)	0	2,01	1550	0,015	3,73	0,775
Schwefeldioxid (SO_2)	0	2,92	586	0,0086	4,01	0,798
Wasserstoff (H_2)	0	0,09	14100	0,171	93,4	0,693
Gase bei Sättigungsdruck						
Ammoniak (NH_3)	− 30	1,04	2370	0,0179	7,75	1,07
	0	3,46	2710	0,0218	2,59	1,11
	30	9,05	3260	0,0273	1,10	1,19
	60	20,5	4230	0,0340	0,539	1,37
Chlordifluormethan	− 23	9,59	646	0,00822	1,14	0,857
(CHF_2Cl, R 22)	7	26,3	747	0,0101	0,468	0,910
	37	60,9	930	0,0124	0,233	1,07
	67	134	1400	0,0160	0,122	1,43
Wasser (H_2O)	0,01	0,00485	1860	0,0165	1900	1,04
	50	0,0830	1910	0,0203	128	0,999
	100	0,597	2030	0,0248	20,6	1,01
	200	7,87	2880	0,0391	2,01	1,16
	300	46,3	6140	0,0718	0,427	1,69

Tabelle T-11   Zahlenwerte der GAUSSschen Fehlerfunktion

μ	erf (μ)	μ	erf (μ)	μ	erf (μ)
0	0	0,65	0,642029	1,6	0,976348
0,05	0,056372	0,7	0,677801	1,7	0,983790
0,1	0,112463	0,75	0,711156	1,8	0,989091
0,15	0,167996	0,8	0,742101	1,9	0,992790
0,2	0,222703	0,85	0,770668	2	0,995322
0,25	0,276326	0,9	0,796908	2,2	0,998137
0,3	0,328627	0,95	0,820891	2,4	0,999311
0,35	0,379382	1	0,842701	2,6	0,999764
0,4	0,428392	1,1	0,880205	2,8	0,999925
0,45	0,475482	1,2	0,910314	3	0,999978
0,5	0,520500	1,3	0,934008	3,5	0,999999
0,55	0,563323	1,4	0,952285	4	1,000000
0,6	0,603856	1,5	0,966105	∞	1

Tabelle T-12   Emissionsgrade technischer Oberflächen
Liegen keine genaueren Daten vor, so können als Mittelwerte $\varepsilon/\varepsilon_n = 1{,}2$ für Metalle und $\varepsilon/\varepsilon_n = 0{,}95$ für schlechte elektrische Leiter verwendet werden.   Nach [24]

Oberfläche	T in K	ε_n	ε
Metalle			
Aluminium, walzblank	443	0,039	0,049
	773	0,05	
Aluminium, stark oxidiert	366	0,2	
	777	0,31	
Blei, nicht oxidiert	400	0,057	
	500	0,075	
Blei, grau oxidiert	297	0,28	
Chrom, poliert	423	0,058	0,071
	1089	0,36	
Eisen, hochglanzpoliert	450	0,052	
Eisen, vorpoliert	373	0,17	
Eisen, rot angerostet	293	0,612	
Gold, hochglanzpoliert	500	0,018	
	900	0,035	
Gusseisen, poliert	473	0,21	
Gusseisen, oxidiert	472	0,64	
Kupfer, poliert	293	0,03	
Kupfer, leicht angelaufen	293	0,037	
Kupfer, schwarz oxidiert	293	0,78	
Messing, nicht oxidiert	298	0,035	
	373	0,035	
Messing, oxidiert	473	0,61	
	873	0,59	
Nickel, nicht oxidiert	298		0,045
Nickel, oxidiert	473		0,37
	873		0,478

Oberfläche	T in K	ε_n	ε
Platin	422	0,022	
	1089	0,123	
Silber, poliert	311	0,022	
	644	0,031	
Titan, oxidiert	644		0,54
	1089		0,59
Zink, rein poliert	500	0,045	
Nichtmetalle			
Beton, rauh	300		0,94
Eis, glatt mit Wasser	273	0,966	0,92
Eis, rauher Reifbelag	273	0,985	
Emaille, weiß auf Eisen	292	0,897	
Glas	293	0,94	
Gummi	293	0,92	
Holz, Buche	343	0,94	0,91
Lack, weiß	373	0,925	
Lack, matt schwarz	353	0,97	
Mennigeanstrich	373	0,93	
Ölfarbe, weiß	366		0,94
Ölfarbe, schwarz	366		0,92
Papier	273		0,92
Porzellan, weiß	295		0,924
Wasser	273	0,95	
Ziegelstein, rot	300		0,93

Tabelle T-13   Feste Brennstoffe

Massenanteile, Brennwert, Heizwert. Nach [14]   * Brennstoffwasser- und aschefrei

Brennstoff	Asche a	Wasser w	\multicolumn{5}{c}{Massenanteile am wasser- und aschefreien Brennstoff}	Brennwert	Heizwert
			c	h	s	o	n	im Verwendungszustand	
	a	w	c	h	s	o	n	H_o	H_u
	\multicolumn{2}{c}{kg/(100 kg B)}	\multicolumn{5}{c}{kg/(100 kg Bwaf) *}	MJ/(kg B)	MJ/(kg B)
Rohbraunkohle	2–8	50–60	65–75	5–8	0,5–4	15–26	0,5–2	10,5–13,0	8,4–11,3
Braunkohlenbriketts	3–10	12–18	65–75	5–8	0,5–4	15–26	0,5–2	20,9–21,4	19,7–20,1
Steinkohle	3–12	0–10	80–90	4–9	0,7–1,4	4–12	0,6–2	29,3–35,2	27,3–34,1
Anthrazit	2–6	0–5	90–94	3–4	0,7–1	0,5–4	1–1,5	33,5–34,8	32,7–33,9
Zechenkoks	8–10	1–7	97	0,4–0,7	0,6–1	0,5–1	1–1,5	28,1–30,6	27,8–30,4

Tabelle T-14   Flüssige Brennstoffe I

Massenanteile, Molmasse, Dichte bei 15 °C, Brennwert, Heizwert. Nach [14]

Brennstoff	\multicolumn{2}{c}{Massenanteile}	Molmasse	Dichte	Brennwert	Heizwert
	c	h	M	ρ	H_o	H_u
	\multicolumn{2}{c}{kg/(100 kg B)}	kg/(kmol B)	kg/dm^3	MJ/(kg B)	MJ/(kg B)
Ethanol C_2H_3OH	52	13	46,07	0,794	29,73	26,96
Benzol (rein) C_6H_6	92,2	7,8	78,11	0,884	41,87	40,15
Toluol (rein) C_7H_8	91,2	8,8	92,14	0,890	42,75	40,82
Xylol (rein) C_8H_{10}	90,5	9,5	106,17	0,870	43,00	40,78
Pentan C_5H_{12}	83,2	16,8	72,15	0,627	49,19	45,43
Oktan C_8H_{18}	84,1	15,9	114,23	0,702	48,15	44,59

Tabelle T-15   Flüssige Brennstoffe II

Massenanteile, Dichte bei 15 °C, Brennwert, Heizwert. Nach [18]

Brennstoff	\multicolumn{4}{c}{Massenanteile}	Dichte	Brennwert	Heizwert
	c	h	$o+n$	s	ρ	H_o	H_u
	\multicolumn{4}{c}{kg/(100 kg B)}	kg/dm^3	MJ/(kg B)	MJ/(kg B)
Benzin	85	15	–	–	0,72–0,80	46,7	42,5
Dieselöl	85,9	13,3	–	0,5	0,835	45,9	43,0
Heizöl EL	85,9	13,0	0,4	0,7	0,84	45,5	42,7
Heizöl S	84,9	11,1	1,5	2,5	0,97	42,7	40,2

Tabelle T-16   Gasförmige Brennstoffe I

Molmasse, Normmolvolumen, Normdichte, Brennwert, Heizwert. Nach [1, 3]

Brenngas	Molmasse M	Molvolumen V_{mn}	Dichte ρ_n	Brennwert H_{om}	Heizwert H_{um}
	kg/(kmol B)	m^3/kmol	kg/m^3	MJ/(kmol B)	MJ/(kmol B)
Kohlenmonoxid CO	28,01	22,40	1,251	283,0	283,0
Wasserstoff H_2	2,02	22,43	0,0899	285,8	241,8
Methan CH_4	16,04	22,36	0,7175	890,4	802,4
Azetylen C_2H_2	26,04	22,23	1,172	1300	1256
Ethan C_2H_6	30,07	22,19	1,355	1560	1428
Propan C_3H_8	44,10	21,93	2,011	2220	2044

Tabelle T-17   Gasförmige Brennstoffe II
Molanteile, Molmasse, Normdichte, Brennwert, Heizwert.   Nach [3]

Brenngas				Mittlere Molanteile					
	ψ_{CO}	ψ_{H_2}	ψ_{CH_4}	$\psi_{C_2H_6}$	$\psi_{C_3H_8}$	$\psi_{C_4H_{10}}$	$\Sigma\psi_{C_xH_y}$	ψ_{CO_2}	ψ_{N_2}
				kmol/(100 kmol B)					
Hochofengas	4,1	21,4	–	–	–	–	–	22,0	52,5
Generatorgas	12,0	28,0	0,5	–	–	–	–	5,0	54,5
Stadtgas	51,0	18,0	19,0	–	–	–	2,0	4,0	6,0
Erdgas L	–	–	81,8	2,8	0,4	0,2	–	0,8	14,0

Brenngas	Molmasse M kg/(kmol B)	Normdichte ρ_n kg/m³	Brennwert H_{ov} MJ/(m³ B)	Heizwert H_{uv} MJ/(m³ B)
Hochofengas	30,5	1,36	3,23	3,15
Generatorgas	25,6	1,14	5,27	5,01
Stadtgas	13,4	0,60	18,21	16,34
Erdgas L	18,5	0,83	35,17	31,74

Tabelle T-18   Arbeitsfluide für Wärmerohre
Nach [62]

Arbeitsfluid	Siedetemperatur bei $p' = 1$ bar °C	Anwendungs- bereich °C
Stickstoff	–196	–203 … –160
Ammoniak	–33	–60 … 100
Methanol	64	10 … 130
Wasser	100	30 … 200
Quecksilber	361	250 … 650
Natrium	892	600 … 1200
Silber	2212	1800 … 2300

Lösungen

Fragen zum Abschnitt 1 *Einführung*

1.1 (d) – **1.2** (b) – **1.3** (c)

Übungen zum Abschnitt 1 *Einführung*

1.1 $R \approx 2{,}5 \cdot 10^2 \left(\dfrac{\dot{V}}{\text{dm}^3/\text{h}} \right) \left(\dfrac{\text{mm}}{D} \right)$ **1.2** $c = 91{,}53 \text{ m/s} \sqrt{\dfrac{\Delta h}{\text{kcal/kg}}}$

Fragen zum Abschnitt 2 *Die Systeme und ihre Beschreibung*

2.1 A: (a) (d)* (e), B: (b) (d)* (f), C: (c) (f) [(d) (e)], D: (a) (d) (e), E: (b) (d)* (e) (g) – **2.2** (b) – **2.3** (d) –

2.4 (c), da Manometerablesung nicht genauer – **2.5** (b) – **2.6** (d) – **2.7** (c) – **2.8** (b) – **2.9** (a) – **2.10** (b) – **2.11** (d) –

2.12 (d) – **2.13** (c) – **2.14** (f) – **2.15** (d) – **2.16** (c) –

2.17 (a) [(10 + 18 · 0,5) °C = 19 °C] oder genauer (b) [(10 + 18 · 5/9) °C = 20 °C] – **2.18** (b) – **2.19** (e) – 2.20 (d)

* nur bei Temperaturgleichheit mit der Umgebung

Übungen zum Abschnitt 2 *Die Systeme und ihre Beschreibung*

2.1 $c_2 = c_1$ – **2.2** 77 K; –321 °F; 139 °R – **2.3** 397 · 10³ kcal/h; 1,58   10⁶ BTU/hr – **2.4** 1776 kcal/kg; 3198 BTU/lb –

2.5 0,962 bar; 96,2 · 10³ Pa; 0,981 at; 0,949 atm; 13,95 psi

Fragen zum Abschnitt 3 *Stoffeigenschaften*

3.1 (d) – **3.2** 4; 13; 11; 1; 9; 8; 6; 15; 3; 2; 12; 10; 14; 5; 7 – **3.3** Ja, da $\upsilon = \upsilon \, (p')$ und $\upsilon'' = \upsilon'' \, (p')$ – **3.4** (d) –

3.5 1. Stoffmenge; 2. Thermodynamische Temperatur im Zustand 3; 3. Spezifisches Volumen im Zustand 2; 4. Mol-volumen im Zustand 1; 5. Masse; 6. Geschwindigkeit im Zustand 2; 7. Ortshöhe im Zustand 1; 8. Absoluter Druck der Umgebung; 9. Molmasse; 10. Erdbeschleunigung , –

3.6 (c) – **3.7** Bild 3-17 – **3.8** (d) – **3.9** (f) – **3.10** (a) – **3.11** (c)

Übungen zum Abschnitt 3 *Stoffeigenschaften*

3.1 1. $\dot{V}_{d1} = 0{,}355 \cdot 10^{-3} \text{ m}^3/\text{s}$; $\dot{V}_{d2} = 2{,}16 \cdot 10^{-3} \text{ m}^3/\text{s}$; 2. $t_1 = t_2 = -30 \text{ °C}$ – **3.2** Bild L3-1; R = 0,2808 kJ/(kg K)

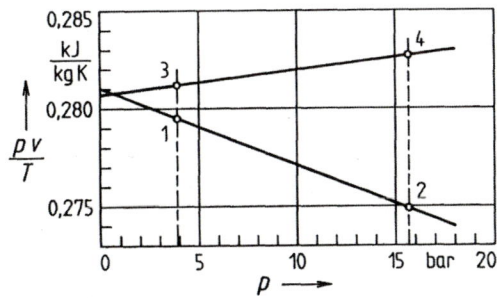

Bild L 3-1
Zu Übung 3.2

3.3 M_{SF_6} = 146 kg/kmol; $M_{CF_2Cl - CF_2Cl}$ = 171 kg/kmol

3.4 1. $\upsilon = 3{,}35 \cdot 10^{-3} \text{ m}^3/\text{kg}$; 2. $m = 17{,}5$ kg; 3. $p_2 = 198$ bar; 4. $V_3 = 13{,}6 \text{ m}^3$ – **3.5** $\rho = 1{,}24 \, \rho_2$

3.6 1. $\psi_{\text{Luft}} = 0{,}531$; $\psi_{\text{Methan}} = 0{,}432$; $\psi_{\text{Ethan}} = 0{,}037$; $\xi_{\text{Luft}} = 0{,}656$; $\xi_{\text{Methan}} = 0{,}296$; $\xi_{\text{Ethan}} = 0{,}047$; 2. $M_g = 23{,}4$ kg/kmol

Fragen zum Abschnitt 4 *Energien*

4.1 (e) – **4.2** (e) – **4.3** (a) – **4.4** (f) – **4.5** (d) – **4.6** (e) – **4.7** (b) – **4.8** (c) – **4.9** 1. (c); 2. (c); 3. (b)

Übungen zum Abschnitt 4 *Energien*

4.1 1. $\dot{m}_D = 36{,}2 \cdot 10^{-3}$ kg/s ; 2. $P = -10{,}9$ kW

4.2 1. $x_{d2} = 0{,}388$; 2. $\dot{V}_2 = 25{,}0 \cdot 10^{-6}$ m^3/s ; 3. $c_2 = 34{,}6$ m/s; 4. $(1/2 \cdot c_2^2)/h_{d2} = 0{,}23$ %

4.3 1. $w_t = -361$ kJ/kg; 2. $\dot{m}_D = 3{,}32$ kg/s ; 3. $\dot{Q}_0 = -6{,}97$ MW ; 4. $\eta_t = 0{,}147$

Fragen zum Abschnitt 5 *Prozesse*

5.1 (e) – **5.2** (b) – **5.3** (d) – **5.4** (d) – **5.5** (c) – **5.6** (e) – **5.7** (a); (a); (b) – **5.8** (a); (b); (c) – **5.9** (b); (c); (b);(a)

5.10 (a); (c); (c); (b) – **5.11** (a) – **5.12** (b) – **5.13** Bild 5-10 – **5.14** Bild 5-15 – **5.15** Bild 5-16 – **5.16** (e)

5.17 (a) – **5.18** (d) – **5.19** (d) – **5.20** (a) – **5.21** (d); (f); (a); (c) + (e); (e) – **5.22** (d) – **5.23** (b) – **5.24** (a)

Übungen zum Abschnitt 5 *Prozesse*

5.1 1. $q_f = 933$ kJ/kg; 2. $r = 1794$ kJ/kg; 3. $q_{\ddot{u}} = 293$ kJ/kg

5.2 1.

Punkt	t	p	x_d	h	Δh
	°C	bar	–	kJ/kg	kJ/kg
1	60	0,2	–	251	5
2	61	50	–	256	899
3	264	50	0	1155	1640
4	264	50	1	2795	640
5	500	50	–	3435	1014
6	60	0,2	0,92	2421	2170

2. $q_{25} = 3180$ kJ/kg

3. $w_{t56} = 1014$ kJ/kg

4. $q_0 = 2170$ kJ/kg

5. $w_{t12} = 5.1$ kJ/kg

6. $\Delta t_{12} = 1{,}2$ K

7. $\eta_t = 0{,}319$

5.3 1. Bild L 5-1; 2. $\dot{m} = 0{,}166$ kg/s ; 3. $\dot{Q} = 436$ kW ; 4. $P = -76{,}4$ kW; 5. $\eta_t = 0{,}175$

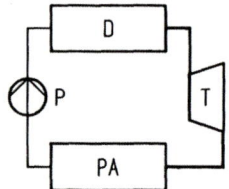

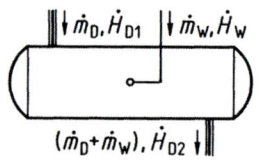

Bild L 5-1 Zu Übung 5.3
D Dampferzeuger
T Turbine
PA Produktionsanlage
S Speisepumpe

Bild L 5-2 Zu Übung 5.4

5.4 l. Bild L 5-2; 2. $\dot{m}_W / \dot{m}_D = (h_{D1} - h_{D2})/(h_{D2} - c_W t_W)$; 3. $\dot{m}_W = 0{,}0274$ kgW/s – **5.5** $x_d = 0{,}976$; $t' = 152$ °C

5.6 1. $x_d = 0{,}179$, 2. $t_1 = 40$ °C; $t_2 = -10$ °C – **5.7** $\dot{E}_Q = -99$ W – **5.8** 1. $P = 0{,}50\,\dot{Q}$; 2. $\dot{Q}^* = 1{,}5\,P$; 3. $\dot{Q}^*/\dot{Q} = 0{,}75$

5.9 1. $P = 0{,}20\,\dot{Q}_0$; 2. $P^* = \dot{Q}_0$; 3. $P^*/P = 5$ – **5.10** 1. $x_{d2} = 0{,}975$; 2. $U_2 = 988$ kJ; 3. $W_{V12} - W_{amb12} = -43$ kJ

5.11 1, $x_{d2} = 0{,}060$; 2. $Q_{12} = 1{,}41$ MJ; 3. $W_{V12} = -30{,}7$ kJ; 4. $U_3 = 8{,}40$ MJ; 5. $Q_{23} = 6{,}77$ MJ; 6. $x_{d4} = 0{,}896$;
7. $U_4 = 6{,}87$ MJ; 8. $W_{V34} = -1{,}54$ MJ 9. $W_{V34} - W_{amb34} = -1{,}11$ MJ

Fragen zum Abschnitt 6 *Zustandsgleichungen Idealer Gase*

6.1 (e) – **6.2** (a) – **6.3** (d) – **6.4** (a) – **6.5** (e); (c); (b); (f); (e); (b); (e); (a); (d) – **6.6** (b); (b); (c); (a) –

6.7 1. Enthalpiestrom am Austritt 2; 2. spezifische Exergie im Zustand 1; 3. mittlere volumetrische isobare Wärme-kapazität zwischen dem Eispunkt und der Temperatur 2; 4. Streuenergiestrom zwischen Eintritt 1 und Austritt 2;

5. Druckarbeit zwischen den Zuständen 3 und 4; 6. Anergie im Zustand 3; 7. Entropiestrom zur Wärmeübertragung zwischen den Zuständen 1 und 2; 8. molare Entropie im Zustand 2

6.8 (c); (c); (d); (e); (e); (a); (b) – **6.9** (a) – **6.10** (c) – **6.11** (d) – **6.12** (b) – **6.13** (c) – **6.14** (d) – **6.15** (f)

Übungen zum Abschnitt 6 *Zustandsgleichungen Idealer Gase*

6.1 1. $p = p(T)_v$; 2. $p = (R/v)T$; 3. Bild L 6-1; 4. $v_1 > v_2 > v_3$

6.2 1. $T = T(v)_p$; 2. $T = (p/R)v$; 3. Bild L 6-2; 4. $p_1 < p_2 < p_3$

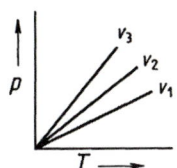

Bild L 6-1 Zu Übung 6.1

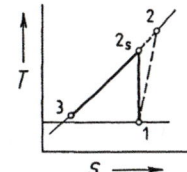

Bild L 6-2 Zu Übung 6.2

6.3 1. $R = 0,52$ kJ/(kg K); 2. $m = 10,4$ kg; 3. $n = 0,65$ kmol; $V_n = 14,6$ m³

6.4 1. $\rho_{H_2}/\rho_L = 0,069$; $\rho_{C_3H_8}/\rho_L = 1,52$; $\rho_{SO_2}/\rho_L = 2,21$

6.5 1. $\dot{m} = 0,3560$ kg/s; 2. $\dot{Q}_{12} = -369$ kW; 3. $\dot{Q}_{12(0\,°C)} = -268$ kW – **6.6** 1. $\dot{n} = 0,2564 \cdot 10^{-3}$ kmol/s; 2. $t_2 = 1130\ °C$

Fragen zum Abschnitt 7 *Zustandsänderungen Idealer Gase*

7.1 (f) – **7.2** (d) – **7.3** (b) – **7.4** (c); (b); (a); (a); (c) – **7.5** (d); (c); (a); (b) – **7.6** (c); (a); (d); (b) – **7.7** (d) – **7.8** (e) – **7.9** (e)

7.10 (a) – **7.11** (c) – **7.12** (b) – **7.13** (d) –

7.14 1. R_m; 2. b; 3. P_V; 4. q; 5. p_{amb}; 6. $\overline{C}_{mv}$; 7. w_p; 8. M; 9. V_{mn}; 10. $\dot{S}_Q$; 11. Δh_d; 12. κ; 13. $\dot{Q}_c$; 14. E_v; 15. p_e

7.15 1. Isochore; 2. Adiabate; 3. Polytrope; 4. Isentrope; 5. Tripellinie; 6. Isotherme; 7. Isenthalpe; 8. Sublimationsdruckkurve; 9. Isovapore; 10. Dampfdruckkurve; 11. Isentrope; 12. Sättigungslinien – **7.16** (e)

Übungen zum Abschnitt 7 *Zustandsänderungen Idealer Gase*

7.1 1. Bild L 7-1; 2. $T_{2s} = 535$ K; 3. $\dot{V}_1 = 0,261$ m³/s; 4. $\dot{Q}_{23} = -76$ kW; 5. $T_2 = 582$ K; 6. $(\dot{m}_W - \dot{m}_{Ws})/\dot{m}_{Ws} = 0,19$

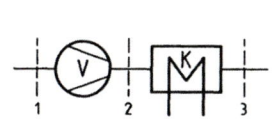

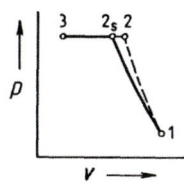

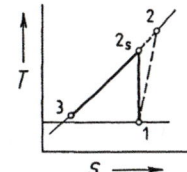

Bild L 7-1
Zu Übung 7.1
V Luftverdichter
K Druckluftkühler

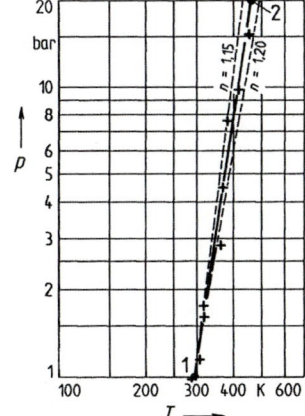

7.2 Bild L 7-2; $n = 1,18$

Bild L 7-2
Zu Übung 7.2
Zum Vergleich sind Polytropen mit den Exponenten $n = 1,15$ und $n = 1,20$ eingezeichnet.

7.3   1. Bild L 7-3;   2. $T_3 = 94$ K;   3. $w_{p12} = 344$ kJ/kg; $w_{p23} = -206$ kJ/kg; $w_{p31} = 0$;   4. $w_K = 138$ kJ/kg;   5. $q_{12} = -w_{p12} =$ -344 kJ/kg; $q_{23} = 0$; $q_{31} = 206$ kJ/kg;   6. $\Sigma q = -138$ kJ/kg $= -w_K$;   7. $\varepsilon_K = 1,49$ (mit); $\varepsilon_K = 0,60$ (ohne)

7.4   1. $\dot V = 0,712 \cdot 10^{-2}$ m³/s;   2. $P_t = -5,35$ kW; $\dot Q_t = 5,35$ kW;   3. $P_s = -3,43$ kW; $\dot Q_s = 0$

7.5   1. $T_2 = 440$ K; $p_2 = 2,16$ bar;   2. Dissipation;   3. $W_s = -0,166$ kJ;   4. $|W_s|/W = 0,328$;   5. $W_{VU} = 0,094$ kJ;   6. $s_2 - s_1 = 0,289$ kJ/(kg K);   7. $E_{U1} = 19,97$ kJ; $E_2 - E_1 = 0,13$ kJ; $E_3 - E_2 = 0,08$ kJ

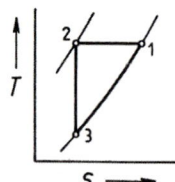

Bild L 7-3
Zu Übung 7.3

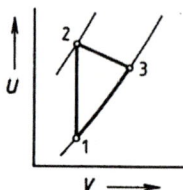

Bild L 7-4
Zu Übung 7.5

Übungen zum Abschnitt 8   *Ideale Gas- und Gas-Dampf-Gemische*

8.1   1. $\psi_{CO_2} = 0,703$; $\psi_{H_2O} = 0,077$; $\psi_{N_2} = 0,220$; $\xi_{CO_2} = 0,804$; $\xi_{H_2O} = 0,036$; $\xi_{N_2} = 0,160$;   2. $M_g = 38,5$ kg/kmol; $R_g = 0,216$ kJ/(kg K)

8.2   1. $\psi_{CH_4} = 0,280$; $\psi_{N_2} = 0,502$; $\psi_{He} = 0,218$;   2. $p_{CH_4} = 1,68$ bar; $p_{N_2} = 3,01$ bar; $p_{He} = 1,31$ bar;   3. $\upsilon = 1,25$ m³/kg

8.3   1. $m_{N_2} = 0,21$ kg;   2. $m_{CO_2} = 0,52$ kg – **8.4**   1. $\rho_g = 0,65$ kg/m³;   2. $M_g = 29,6$ kg/kmol

8.5   1. $\xi_{N_2} = 0,417$; $\xi_{CO_2} = 0,583$; $\psi_{N_2} = 0,530$; $\psi_{CO_2} = 0,470$;   2. $R_g = 0,234$ kJ/(kg K); $M_g = 35,5$ kg/kmol;   3. $Q = 609$ kJ;   4. $V = 0,0393$ m³;   5. $p_2 = 57,4$ bar

8.6   1. $T_2 = 347$ K;   2. $\dot V_1 = 2,63$ m³/s;   3. $R_g = 1,843$ kJ/(kg K); $\dot m = 0,996$ kg/s;   4. $P_{12} = 749$ kW

8.7   1. Bild L 8-1;   2. $t_\tau = 33$ °C   3. $\dot m_W = 0,025$ kgW/s;   4. $t_R = 42$ °C;   5. $\dot Q = 43$ kW

8.8   1. Bild L 8-1;   2. $t_{IDA} = 27,6$ °C;   3. $\dot V_{SUP} = 27,7$ m³/s

8.9   1. Bild L 8-2;   2. $t_{MIA} = 17,3$ °C; $\varphi_{MIA} = 0,56$;   3. $\dot m_{ODA}/\dot m_{SUP} = 0,29$;   4. $t_\tau = 12$ °C;   5. $\dot Q_{VW} = 161$ kW;   6. $\dot Q_{NW} = 86,1$ kW;   7. $t_{SUP} = 15,5$ °C; $\varphi_{SUP} = 0,80$

8.10   1. Bild L 8-3;   2. $\Delta h/\Delta x = 4660$ kJ/kgW; $\dot m_L = 4,48$ kg/s;   3. $t_{IDA} = 34,5$ °C

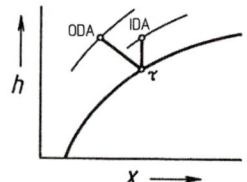   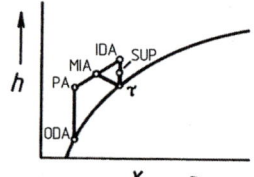   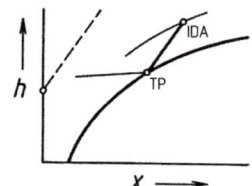

Bild L 8-1 Zu Übung 8.7 und 8.8   **Bild L 8-2** Zu Übung 8.9   **Bild L 8-3** Zu Übung 8.10

8.11   1. Bild L 8-4;   2. $\Delta h/\Delta x = 2725$ kJ/kgW; $\dot m_D = 0,28$ kgD/s;   3. $t_2 = 27,3$ °C

8.12   1. Bild L 8-5;   2. $h_{SUP} = 25,1$ kJ/kgL; $t_{SUP} = 10,3$ °C; $\varphi_{SUP} = 0,75$;   3. $\dot m_{WA} = 3,93$ kgL/s;   4. $\dot m_{BA} = 1,74$ kgL/s;   5. $\dot Q_K = 72,3$ kW;   6. $\dot m_W = 0,0031$ kgW/s

8.13   1. Bild L 8-6;   2. $t_\tau = 9,5$ °C;   3. $\rho_L = 1,22$ kg/m³;   4, $\dot m_{SUP} = 11,2$ kg/s;   5. $t_{MIA} = 13,7$ °C; $\varphi_{MIA} = 0,59$;   6. $\dot m_{ODA}/\dot m_{SUP} = 0,28$;   7. $\dot Q_{VW} = 60,5$ kW;   8. $\dot Q_{NW} = 229$ kW;   9. $t_{SUP} = 29,2$ °C; $\varphi_{SUP} = 0,29$

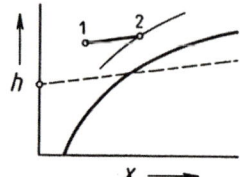   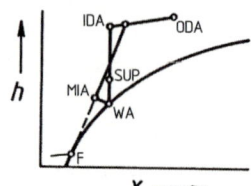   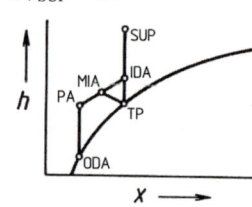

Bild L 8-4 Zu Übung 8.11   **Bild L 8-5** Zu Übung 8.12   **Bild L 8-6** Zu Übung 8.13

8.14 1. $t_{MIA} = 30,1$ °C; $\varphi_{MIA} = 56,7$ %; $h_{MIA} = 69,5$ kJ/kg; $x_{MIA} = 0,0154$ kgW/kgL; 2. $t_{MIA} = 20$ °C; $\varphi_{MIA} > 100$ %; $h_{MIA} = 57,0$ kJ/kg; $x_{MIA} = 0,0163$ kgW/kgL; Nebelgebiet; 3. $t_{MIA} = 16,0$ °C; $\varphi_{MIA} = 48,5$ %; $h_{MIA} = 30,0$ kJ/kg; $x_{MIA} = 0,0055$ kgW/kgL; 4. $t_{MIA} = 27,3$ °C; $\varphi_{MIA} = 63,2$ %; $h_{MIA} = 64,7$ kJ/kg; $x_{MIA} = 0,0146$ kgW/kgL; 5. $\varphi_2 = 46,0$ %; $h_1 = 86,0$ kJ/kg; $h_2 = 96,5$ kJ/kg; $x_1 = x_2 = 0,0219$ kgW/kgL; $\dot{Q} = 1022$ kW; 6. $\dot{Q} = 330$ kW; $\Delta\dot{m}_W = 0,00503$ kgW/s

Fragen zum Abschnitt 9 *Energieumwandlung, thermische Maschinen*

9.1 (a) – **9.2** (e) –

9.3 1. Bild 4-21; 2. Pumpen, Erwärmen, Verdampfen, Überhitzen, Expandieren, Kondensieren; 3. Bild L 9-1

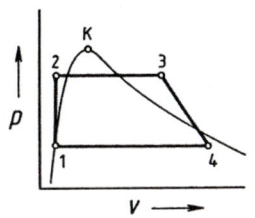 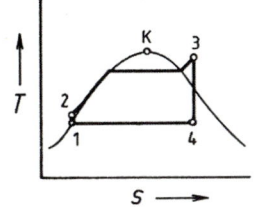 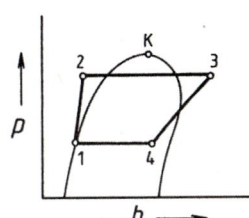

Bild L 9-1 Zu Frage 9.3

9.4 (d) – **9.5** (e) – **9.6** (c) – **9.7** (f) – **9.8** (d) – **9.9** 1. (b); 2. (c); 3. (a); 4. (d) – **9.10** (d) – **9.11** (f) – **9.12** (b)

Übungen zum Abschnitt 9 *Energieumwandlung, thermische Maschinen*

9.1 1. Bild 9-2; 2. $T_f = 401$ K; $T' = 507$ K; $T_{ü} = 558$ K; $T_{ges} = 473$ K; 3. $T' - T_{ges} = 34$ K

9.2 1. Bild L 9-2; 2. $\dot{m}_{4'} = 0,098$ kg/s; 3. $\dot{Q}_{ZÜ} = 707$ kW; 4. $P_{HD} = -427$ kW; $P_{ND} = -1230$ kW; 5. $\dot{Q}_{0ND} = -2855$ kW

9.3 1. Bild L 9-3; 2. $P_{ND} = -688$ kW; 3. $\dot{Q}_{0ND} = -4121$ kW; 4. $\dot{Q}_{0D} = -20,5$ kW

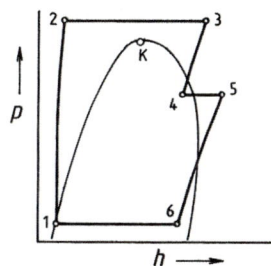 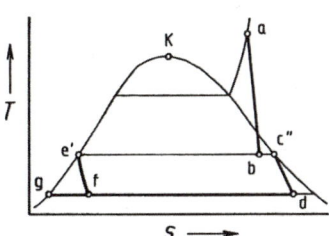

Bild L 9-2 Zu Übung 9.2   **Bild L 9-3** Zu Übung 9.3

9.4 1. Bild L 9-4; 2. $P_{MD} = -1,00$ MW; 3. $\dot{Q}_{24} = -3,14$ MW; 4. $P_{ND} = -0,251$ MW; 5. $t_5 = 45,8$ °C; $x_{d5} = 0,131$; 6. $\dot{Q}_{36} = -1,83$ MW; 7. $\dot{Q}_{56} = -0,460$ MW

9.5 1. Bild L9-5; 2. $P_{HD} = -1,49$ MW; $P_{MD} = -5,10$ MW; $P_{ND} = -8,09$ MW; 3. $Q_o = -39,8$ MW

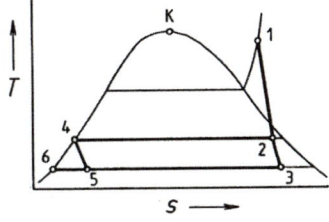 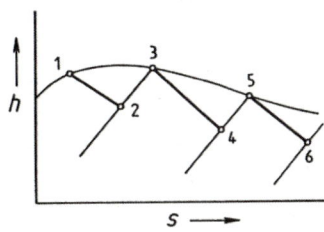

Bild L 9-4 Zu Übung 9.4   **Bild L 9-5** Zu Übung 9.5

9.6 1. $T_2 = 400$ K; $T_4 = 697$ K; 2. $w_{p12} = 104$ kJ/kg; $w_{p34} = -242$ kJ/kg; 3. $q_{23} = 550$ kJ/kg; $q_{41} = -412$ kJ/kg; 4. $w_K = -138$ kJ/kg; 5. $\eta_t = 0{,}25$

9.7 1. $q_R = 308$ kJ/kg; 2. $q_{34} = 242$ kJ/kg; $q_{61} = -104$ kJ/kg; 3. $\eta_t = 0{,}57$ (Bild L 9-6)

9.8 1. $q = 3455$ kJ/kg; 2. $w_K = -2304$ kJ/kg; 3. $q_R = 4190$ kJ/kg; 4. $q_0 = -1151$ kJ/kg; 5. $\eta_t = 0{,}667$

9.9 1. Bild L 9-6; 2. $T_2 - 495$ K; $T_5 = 548$ K; $\dot{Q}_R = 48{,}5$ kW; 3. $P = -159$ kW

9.10 1. $\dot{V}_{V1} = 2{,}3 \cdot 10^{-3}$ m³/s; 2. $\dot{Q}_{WP} = 5{,}43$ kW; 3. $\dot{m}_W = 0{,}056$ kg/s; 4. $P_V = 1{,}2$ kW; 5. $\varepsilon_{WP} = 4{,}4$; 6. $\varepsilon_{WPC} = 5{,}55$

9.11 1. $\dot{Q}_c = 15{,}2$ kW; 2. $\dot{Q}_0 = 12{,}7$ kW; 3. $\varepsilon_K = 5{,}0$

9.12 1. $\dot{Q}_0 = 90{,}6$ kW; 2. $\dot{m}_R = 0{,}795$ kg/s; 3. $P_V = 35{,}0$ kW; 4. $\dot{Q}_c = 135{,}9$ kW; 5. $\varepsilon_{WP} = 3{,}88$

9.13 1. Bild 9-27; 2. $p_3 = 5{,}83$ bar; $p_4 = 2{,}67$ bar; 3. $q_R = 790$ kJ/kg; 4. $\dot{m}_R = 0{,}25 \cdot 10^{-3}$ kg/s; 5. $\varepsilon_{KC} = 0{,}20$; 6. $P_V = 0{,}50$ kW

9.14 1. Bild L 9-7; 2. $P_V = 2{,}90$ kW; 3. $\dot{Q}_{WT} = -2{,}20$ kW; 4. $(1 - x_d) = 0{,}619$; 5. $\dot{Q}_0 = 0{,}878$ kW; 6. $\varepsilon_K = 0{,}303$

9.15 1. Bild L 9-7a und 7b; 2. $T_{2s} = 431$ K; $T_{4s} = 116$ K; $T_2 = 456$ K; $T_4 = 125$ K; 3. $w_{t12} = 166$ kJ/kg; $q_{2a} = -166$ kJ/kg; $q_R = -117$ kJ/kg; $w_{t34} = -48{,}3$ kJ/kg; $q_{45} = 48{,}3$ kJ/kg; 4. $\varepsilon_K = 0{,}290$; 5. $\varepsilon_K = 0{,}290$; 6. $T_K = 149$ K; 7. $\dot{m} = 0{,}0828$ kg/s

9.16 1. $\dot{Q}_K = -27{,}7$ kW; 2. $t_{L2} = 28{,}4$ °C; 3. $\dot{S}_{J12} = 3{,}47$ W/K

9.17 1. $T_2 = 366$ K; $T_4 = 411$ K; 2. $P = 1{,}77$ MW; 3. $\dot{Q}_{23} = -0{,}659$ MW; 4. $\dot{S}_{J12} = 0{,}367$ kW/K

9.18 Ansatz Gl. (9.55c); $P_k = |P_h|$; $|\dot{Q}_{WPh}| / \dot{Q}_h = (\dot{Q}_h - |P_h|) / \dot{Q}_h = 1 - \eta_h$;
$|\dot{Q}_{WPk}| / \dot{Q}_h = |\dot{Q}_{WPk}| / P_k \cdot |P_h| / \dot{Q}_h = \varepsilon_{WPk} \cdot \eta_h$; $(\varepsilon_{WP})_{VUI} = 1 - \eta_h + \varepsilon_{WPk} \cdot \eta_h$
$\eta_h = \eta_C = 1 - T_w / T_h$; $\varepsilon_{WPk} = \varepsilon_{WPkC} = T_w / (T_w / T_0)$; $(\varepsilon_{WPC})_{VUI} = (1 - T_w / T_h) / (1 - T_0 / T_w) + T_w / T_h$

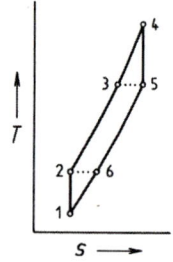
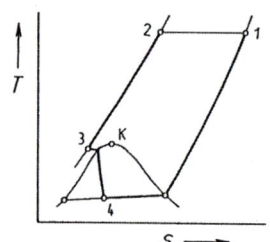
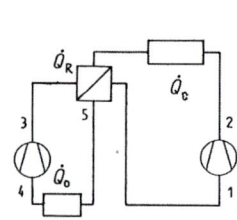
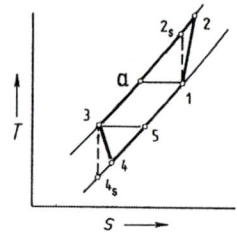

Bild L 9-6
Zu Übungen 9.7 und 9.9

Bild L 9-7
Zu Übung 9.14

Bild L 9-7a
Zu Übung 9.14

Bild L 9-7b
Zu Übung 9.14

Fragen zum Abschnitt 10 *Wärmeübertragung*

10.1 (b) – **10.2** (b) – **10.3** (a) – **10.4** (d) – **10.5** (c) – **10.6** (c) – **10.7** (d) – **10.8** (e) – **10.9** (e) – **10.10** (a) – **10.11** (c) – **10.12** (b)

Übungen zum Abschnitt 10 *Wärmeübertragung*

10.1 Bild L 10-1 1. Temperaturprofil A; 2. Temperaturprofil B

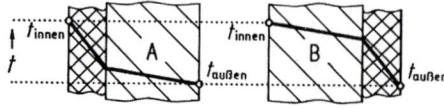

Bild L 10-1
Zu Übung 10.1

10.2 1. $\dot{Q}_1 = 2179$ W; 2. $s_K = 2{,}5$ cm; $\dot{Q}_2 = 1347$ W; 3. $\dot{Q}_F = 998$ W

10.3 $t_P^n = \frac{1}{2}(t_E^o + t_W^o)$; Symmetrie zu $x = 4\,\Delta x$

t in °C	$x = 0$	Δx	$2\,\Delta x$	$3\,\Delta x$	$4\,\Delta x$ ...
$t = 0$	0	100	100	100	100
Δt	0	50	100	100	100
$2\,\Delta t$	0	50	75	100	100
$3\,\Delta t$	0	37,5	75	87,5	100
$4\,\Delta t$	0	37,5	62,5	87,5	87,5

$x = \Delta x$;

$\tau = 2\,\Delta\tau$;

$\mu = 0,5$;

$t(\mu) = 52,0\ °C\ (F_0 = 1/16 < 0,1)$

10.4 Verwendung von $\dfrac{\partial(\dot{H}_x)}{\partial x} = \dfrac{\partial(\dot{m}_x h)}{\partial x} = \dot{m}_x \dfrac{\partial h}{\partial x} + h\dfrac{\partial \dot{m}_x}{\partial x}$ und $\dfrac{\partial m}{\partial \tau} = \dot{m}_x - \dot{m}_{x + \Delta x} = \dfrac{\partial \dot{m}_x}{\partial x}\Delta x$

10.5 $Ra = 5,00 \cdot 10^{10}$; $\alpha_F = 2,90\ W/(m^2 K)$; $\dot{Q}_F = 7250\ W$; $Re = 8,39 \cdot 10^6$; $\alpha_E = 10,3\ W/(m^2 K)$; $\dot{Q}_E = 25800\ W$

10.6 1. $Ra_V = 5,16 \cdot 10^8$; $\alpha_V = 4,47\ W/(m^2 K)$; 2. $Ra_R = 6,45 \cdot 10^4$; $\alpha_R = 2,81\ W/(m^2 K)$;

3. $C_{HW} = 5,20 \cdot 10^{-8}\ W/(m^2\ K^4)$; $\alpha_{Str} = 6,10\ W/(m^2 K)$; 4. $\dot{Q} = (\alpha_V + \alpha_R + 2 \cdot \alpha_{Str}) \cdot B \cdot H \cdot (t_H - t_w) = 526\ W$

10.7 $\dot{q}_{krit} = 3,76 \cdot 10^6\ W/m^2$; $\alpha_{krit} = 2,42 \cdot 10^5\ W/(m^2 K)$; $(t_w - t_s)_{krit} = \dot{q}_{krit}\,/\,\alpha_{krit} = 15,5\ K$

10.8 1. $Re_2 = 79700$; $\alpha_2 = 18700\ W/(m^2 K)$; 2. $Ph = 0,0918$; $Ga^{1/3} = 1440$; $Nu_1 = 0,280 > Nu_k = 0,154$; $Nu_1 = Nu_1$; $\alpha_1 = 1590\ W/(m^2 K)$; 3. $\lambda_w = 21\ W/(mK)$; $k \cdot A = 783\ W/K$; 4. $k \cdot A \cdot \Delta T_m = (\dot{m}\,c_p)_2 \cdot (t_{2L} - t_{20})$; $t_{10} = t_{1L} = t_1$; $t_{2L} = t_1 - (t_1 - t_{20}) \cdot \exp[-k\,A\,(\dot{m}\,c_p)_2] = 22,9\ °C$; $\dot{Q} = 12100\ W$; 5. $\dot{Q} = \alpha_1 \cdot A_1 \cdot (t_1 - t_{w1})$; $t_{w1} = 24,9\ °C$

Übungen zum Abschnitt 11 *Verbrennung*

11.1 1. $(n_{O_2})_{min} = 0,0115\ kmol\ O_2$; $(m_{O_2})_{min} = 0,367\ kg\ O_2$; 2. $V_{O_2} = 0,00182\ m^3$

11.2 1. $(H_u)_{waf} = 35,8\ MJ/(kg\ B_{waf})$; 2. $(H_u)_{Verw.} = 33,2\ MJ/(kg\ B_{Verw.})$; 3. $(H_o)_{Verw.} = 34,1\ MJ/(kg\ B_{Verw.})$

11.3 1. $O_{min} = 1,77\ (m_n^3\ O_2)/(m_n^3\ B)$; $L_{min} = 8.41\ (m_n^3\ L)/(m_n^3\ B)$; $(V_{Vn})_{min} = 9,47\ (m_n^3\ V)/(m_n^3\ B)$

2. $L = 12,62\ (m_n^3\ L)/(m_n^3\ B)$; $(V_{Vn})_{tr} = 11,93\ (m_n^3\ V)/(m_n^3\ B)$; $(V_{Vn})_f = 13,67\ (m_n^3\ V)/(m_n^3\ B)$

3. $\psi_{CO_2/V} = 0,066$; $\psi_{H_2O/V} = 0,128$; $\psi_{O_2/V} = 0,065$; $\psi_{N_2/V} = 0,740$

11.4 1. $(H_{um})_{errechn.} = 384\ MJ/(kmol\ B)$; 2. $(H_{um})_{Tab.} = 400\ MJ/(kmol\ B)$

11.5 1. $H_{uv} = 15,7\ MJ/(m^3\ B)$; 2. $L_{min} = 3,57\ (kmol\ L)/(kmol\ B)$; 3. $\psi_{CO_2/V} = 0,157$; $\psi_{H_2O/V} = 0,127$; $\psi_{O_2/V} = 0,016$; $\psi_{N_2/V} = 0,700$; 4. $<t_V>_{ad} = 2050\ °C$

11.6 1. $V_{Ln} = 0,0142\ (m^3\ V_{tr})/s$; 2. $(\dot{V}_{Vn})_{trocken} = 0,0139\ (m^3\ V_{tr})/s$; $(\dot{V}_{H_2O/V})_n = 0,0017\ (m^3\ H_2O/V)/s$; $(\dot{V}_{Vn})_{feucht} = 0,0156\ (m^3\ V_f)/s$; 3. $\psi_{CO_2/V_f} = 0,110$; 4. $(H_u)_f = 21,7\ MJ/(kg\ B_f)$

11.7 1. $c_{waf} = c/0,41$ usw.; 2. $l = 15,5\ (kg\ L)/(kg\ B_{waf})$; 3. $(m_{H_2O/L})/(m_{Bwaf}) = 0,28\ (kg\ H_2O)/(kg\ B_{waf})$;

4. $(m_V)/(m_{Bwaf}) = 18,2\ (kg\ V)/(kg\ B_{waf})$

11.8 1. $H_{um} = 340\ MJ/(kmol\ B)$; 2. $H_{om} = 376\ MJ/(kmol\ B)$; 3. $n_V/n_B = 5,04\ (kmol\ V)/(kmol\ B)$; 4. $\psi_{CO_2/V} = 0,085$; $\psi_{H_2O/V} = 0,165$; $\psi_{N_2/V} = 0,750$; 5. $|Q|/n_B = 313\ MJ/(kmol\ B)$

11.9 1. $(\ell_m)_{min} = 0,310\ (kmol\ L)/(kg\ B)$; 2. $\dot{V}_L = 0,414\ (m^3\ L)/s$; 3. $\psi_{CO_2/V} = 0,116$; $\psi_{H_2O/V} = 0,070$; $\psi_{O_2/V} = 0,065$; $\psi_{N_2/V} = 0,748$

Literatur

Weiterführende Literatur

[1] *Hans Dieter Baehr, Stephan Kabelac:* Thermodynamik, 15. Auflage, Springer, Berlin usw. 2012

[1a] *Hans Dieter Baehr, Karl Stephan:* Wärme- und Stoffübertragung, 5. Auflage, Springer, Berlin usw. 2010

[2] *Fran Bošnjaković, Karl F. Knoche*: Technische Thermodynamik, Teil I, 8. Auflage, Steinkopff, Darmstadt 1998

[2a] *Fran Bošnjaković, Karl F. Knoche*: Technische Thermodynamik, Teil II, 6. Auflage, Steinkopff, Darmstadt 1997

[3] *Günter Cerbe*: Grundlagen der Gastechnik, 7. Auflage, Hanser, München usw. 2008

[3a] *Günter Cerbe, Gernot Wilhelms:* Technische Thermodynamik, 17. Auflage, Hanser, München 2013

[3b] *Achim Dittmann, Siegfried Fischer, Jörg Huhn, Jochen Klinger:* Repetitorium der Technischen Thermodynamik, Teubner, Stuttgart 1995

[3c] *Ernst Doering, Herbert Schedwill, Martin Dehli*: Grundlagen der Technischen Thermodynamik, 7. Aufl., Wiesbaden: Teubner, 2008

[4] *Norbert Elsner:* Grundlagen der Technischen Thermodynamik, 8. Auflage, Vieweg, Braunschweig usw., 1993

[4a] *Norbert Elsner, Achim Dittmann:* Grundlagen der Technischen Thermodynamik, Band 1 Energielehre und Stoffverhalten, 8. Auflage, Akademie-Verlag, Berlin 1993

[4b] *Norbert Elsner, Achim Dittmann*: Aufgabensammlung zur Technischen Thermodynamik, 2. Auflage, Verlag der Grundstoffindustrie, Leipzig 1987

[6] *Ulrich Grigull, Heinrich Sandner:* Wärmeleitung, 2. Auflage, Springer, Berlin usw. 1990

[6a] *Ernst-Michael Hackbarth, Wolfgang Merhof:* Verbrennungsmotoren, Vieweg, Wiesbaden 1998

[6b] *Erich Hahne:* Technische Thermodynamik, 5. Auflage, Oldenbourg, München 2010

[6c] *H. Hausen, H. Linde*: Tieftemperaturtechnik, 2. Aufl., Springer, Berlin usw. 1985

[7a] *Peter Kurzweil*: Brennstoffzellentechnik, Wiesbaden: Springer Vieweg, 2013

[8] *Günter P. Merker:* Konvektive Wärmeübertragung, Springer, Berlin usw. 1987

[9] *Rudolf Plank:* Thermodynamische Grundlagen, in: Handbuch der Kältetechnik, Hrsg. R. Plank, Band 2, Springer, Berlin usw. 1953

[9a] *Rudolf Plank, J. Kuprianoff, H. Steinle:* Die Kältemittel, in: Handbuch der Kältetechnik, Hrsg. R. Plank, Band 4, Springer, Berlin usw. 1956

[10] *Robert Siegel, John R. Howell, Joachim Lohrengel:* Wärmeübertragung durch Strahlung, Teil 1 Grundlagen und Materialeigenschaften, Springer, Berlin usw. 1988

[11a] *Fritz Steimle (Hrsg.):* Stirling-Maschinen-Technik, 2. Aufl., C. F. Müller, Heidelberg 2007

[12] *Karl Stephan:* Wärmeübergang beim Kondensieren und beim Sieden, Springer, Berlin usw. 1988

[13] *Karl Stephan, Franz Mayinger:* Thermodynamik, Band 1 Einstoffsysteme, 15. Auflage, Springer, Berlin usw. 1998

[13a] *Peter Stephan, Karlheinz Schaber, Karl Stephan, Franz Mayinger*: Thermodynamik, Band 1 Einstoffsysteme, 18. Aufl., Springer, Berlin usw. 2009

[14] *Peter Stephan, Karlheinz Schaber, Karl Stephan, Franz Mayinger:* Thermodynamik, Band 2 Mehrstoffsysteme und chemische Reaktionen, 15. Auflage, Springer, Berlin usw. 2010

[15] *Hans-Joachim Thomas:* Thermische Kraftanlagen, 2. Auflage, Springer, Berlin usw. 1985

[15a] *Richard A. Zahoransky:* Energietechnik, 6. Aufl., Springer Vieweg, Wiesbaden 2013

Nachschlagewerke

[16]   *D'Ans-Lax,* Taschenbuch für Chemiker und Physiker, 1. Band Physikalisch-chemische Daten,
       4. Auflage 1992, 2. Band Organische Verbindungen, 4. Auflage 1983, Springer, Berlin usw.
[17]   *Hans Dieter Baehr:* Physikalische Größen und ihre Einheiten, Bertelsmann, Düsseldorf 1974
[17a] *Richard van Basshuysen, Fred Schäfer (Hrsg.):* Lexikon der Motorentechnik, 2. Auflage, Vieweg,
       Wiesbaden 2006
[18]   *Dubbel* Taschenbuch für den Maschinenbau, 23. Auflage, Springer, Berlin usw. 2012
[19]   *Hütte,* Das Ingenieurwissen, 34. Auflage, Springer, Berlin usw. 2012
[20]   *Kältemaschinenregeln,* hrsg. vom Deutschen Kälte- und Klimatechnischen Verein, 7. Auflage,
       C. F. Müller, Karlsruhe 1981
[20a] *Kältemaschinenregeln,* DKV-Arbeitsblätter Teil 3, hrsg. vom Deutschen Kälte- und Klimatechni-
       schen Verein, C. F. Müller, Heidelberg usw. 2005
[20b] *Peter Kurzweil,* Das Vieweg-Einheiten-Lexikon, Vieweg, 2. Aufl., Braunschweig 2000
[20c] *Peter Kurzweil,* Das Vieweg-Formel-Lexikon, Vieweg, Wiesbaden 2002
[21]   *Landolt-Börnstein,* Zahlenwerte und Funktionen, IV. Band Technik, 4. Teil Wärmetechnik,
       Bandteil a 1967, Bandteil b 6. Auflage 1972, Springer, Berlin usw.
[22]   *Properties of Water and Steam* in SI-Units, 2nd printing, Springer, Berlin usw. 1979
[22a] *Properties of Water and Steam* in SI-Units, 4th printing, Springer, Berlin usw. 1989
[22b] *Wolfgang Wagner,* Properties of Water and Steam, The Industrial Standard IAPWS-IF97, 2. Auf-
       lage, Springer, Berlin usw.2005
[23]   *Hermann Recknagel,* Taschenbuch für Heizung und Klimatechnik, Hrsg. Ernst-Rudolf Schramek,
       74. Auflage, Oldenbourg, München 2009
[23a] *Reiner Tillner-Roth, Hans Dieter Baehr:* Thermodynamische Eigenschaften umweltverträglicher
       Kältemittel, Springer, Berlin usw. 1995
[24]   *VDI-Wärmeatlas,* Berechnungsblätter für den Wärmeübergang, 6./8./9./10. Aufl., Springer, Berlin
       1991/1997/2002/2006

Weitere Quellenangaben

[25]   *Hans Dieter Baehr:* Thermodynamik, Springer, Berlin usw. 1962
[25a] *Hans Dieter Baehr:* Thermodynamik, 9. Auflage, Springer, Berlin usw. 1996
[26]   *Hans Dieter Baehr, Stephan Kabelac:* Vorläufige Zustandsgleichungen für das ozonunschädliche
       Kältemittel R134a, Ki 17(1989) 2
[27]   *Werner Berties:* Übungsbeispiele aus der Wärmelehre, 17. Auflage, Vieweg, Braunschweig usw.
       1989
[28]   *F. Brandt:* Brennstoffe und Verbrennungsrechnung, Vulkan, Essen 1991
[29]   *Fran Bošnjaković, U. Renz, P. Burow:* MOLLIER-Enthalpie-Entropie-Diagramm für Wasser,
       Dampf und Eis, Tehnicka Knijga, Zagreb, o. Jahr
[30]   *H. B. Callen:* Thermodynamics, John Wiley Sons, New York/London 1960, mitgeteilt in [25]
[31]   *Fanno:* Diplomarbeit ETH Zürich 1905
[32]   *Peter Graßmann:* Physikalische Grundlagen der Chemie-Ingenieur-Technik, Sauerländer, Aarau
       1967
[33]   *Jürgen Hoffmann:* Wärmeschaltpläne verschiedener Kraftwerkstypen, Technische Mitteilungen
       Siemens 66 (1973)
[34]   *Rolf Kehlhofer:* Kombinierte Gas-/Dampfturbinenkraftwerke, in: Handbuchreihe Energie, hrsg.
       v. Th. Bohn, Band 7 Gasturbinenkraftwerke, Kombikraftwerke, Heizkraftwerke und Industrie-
       kraftwerke, Resch, Gräfelfing, und TÜV Rheinland, Köln 1984
[35]   *Richard Laufen:* Kraftwerke, Springer, Berlin usw. 1984
[36]   *Karl Leist:* Der wirtschaftliche Wirkungsgrad von Gasturbinen mit stufenweiser Zwischen-
       verbrennung innerhalb der Turbine, Brennstoff-Wärme-Kraft 12(1960)
[37]   *Jiri Petrák:* Kältemittel R134a – *h,lgp*-Diagramm und die Bewertung des einstufigen Kältemittel-
       Kreisprozesses, Ki 17 (1989) 12

[37a]   *DuPont de Nemours*: Thermodynamic Properties of HFC-134a, Wilmington / DE/USA 1993
[38]   *Karl Stephan*: Vorlesungsunterlagen
[39]   *VDI-Richtlinie* 2045: Abnahme- und Leistungsversuche an Verdichtern (VDI-Verdichterregeln),
        Blatt 2, VDI-Verlag, Düsseldorf 1979
[40]   *Hein Auracher*: Exergie, Anwendung in der Kältetechnik, Ki-extra 10, C.F. Müller, Karlsruhe
        1980
[41]   *Walter Blanke* (Hrsg.): – Thermophysikalische Stoffgrößen, Springer, Berlin usw. 1989
[42]   *Klaus Langeheinecke*: Energie und Leistung – zur Begriffsbildung in der Technischen
        Thermodynamik, Ki 14 (1986) 309–311
[43]   *CECOMAF*: Terminologie für kältetechnische Erzeugnisse (CECOMAF-Terminologie engl.,
        franz., dt., ital., span., mit Definitionen), hrsg. v. Comité Européen des Constructeurs de Matériel
        Frigorifique, 2. Auflage, C.F. Müller, Karlsruhe 1987
[44]   *IIF*: New International Dictionary of Refrigeration, hrsg. v. International Institut of Refrigeration,
        Paris 1975
[45]   *Rudolf Plank*: Verfahren der Kälteerzeugung, in: Handbuch der Kältetechnik, Hrsg. R. Plank,
        Band 3, Springer, Berlin usw. 1959
[46]   *Klaus Langeheinecke*: Zur Lehre der Grundlagen in der Technischen Thermodynamik,
        in: Referate des 26. Int. Symposions Ingenieurpädagogik '97, Klagenfurt
[47]   *Karl Stephan*: Ein Kälteprozess mit adiabater Gasentspannung, Kältetechnik 9 (1957) 314–318,
        345–348
[48]   *Horst Kruse, Michael Kauffeld*: Kaltluftmaschinen nach dem JOULE-Prozess,
        Ki 19 (1990) 206–211
[49]   *H.-J. Flechtner*: Grundbegriffe der Kybernetik, Wissenschaftliche Verlags-GmbH, Stuttgart 1966
[50]   *Kurt Nesselmann*: Verfahren zur Kälteerzeugung bei gleitender Temperatur, Kältetechnik 9
        (1957) 271–273
[51]   *Informationszentrale der Elektrizitätswirtschaft (IZE)*: Informationsschrift Brennstoffzellen,
        Frankfurt 1998
[52]   *H.-J. Wagner, S. König*: Brennstoffzellen – Funktion, Entwicklungsstand und
        Einsatzmöglichkeiten, VDEW-Infotag 1999
[53]   *IZE*: Informationen zur energiewirtschaftlichen und energiepolitischen Diskussion
        (Strombasiswissen Nr. 131) Frankfurt 1999
[54]   *L. Blomen, M. Mugerwa:* Fuell Cell Systems, Plenum Press 1993
[55]   *Peter von Böckh, J. Cizmar, W. Schlachter:* Grundlagen der Technischen Thermodynamik,
        Sauerländer, Aarau 1999
[55a]   *Peter von Böckh, Hans-Joachim Kretzschmar*: Technische Thermodynamik, 2. Auflage, Springer,
        Berlin usw. 2008
[56]   *P. V. Hobbs*: Ice Physics, Oxford University Press 1974
[57]   *Graham Walker*: Cryocoolers, Plenum Press, New York 1983
[58]   *K. Heikrodt, R. Heckt*: Gasbetriebene Wärmepumpe …, BE Thermolift GbR, Aachen 1999
[59]   *Fachinformationszentrum Karlsruhe*: Vuilleumier-Wärmepumpe, BINE Informationsdienst,
        Bonn 2000
[60]   DIN EN 13779, Lüftung von Nichtwohngebäuden, Beuth Verlag, Berlin 2007
[61]   *Karl-Josef Albers*: Skript *h,x*-Diagramm, Hochschule Esslingen, Esslingen 2007
[62]   *H. Herwig, A. Moschallski*: Wärmeübertragung, 2. Auflage, Vieweg+Teubner, Wiesbaden 2009
[63]   *VDI-Wärmeatlas*, Berechnungsblätter für den Wärmeübergang, 9. Aufl., Springer, Berlin usw.
        2002, Teil MI Wärmerohre
[64]   *M. Seiliger*: Graphische Thermodynamik und Berechnung von Verbrennungs-Maschinen und
        Turbinen, Springer, Berlin 1922
[65]   Daten nach einer Mitteilung von D. Gebhardt, Brugg Rohrsysteme GmbH, Wunstorf
[66]   *R. Jakobs,* private Mitteilung
[67]   *M. Arnemann,* private Mitteilung

Sachwortverzeichnis

Das Sachwortverzeichnis dient nicht nur dazu, über einzelne Worte Stellen im Lehrbuchtext, im Tabellenanhang und im THERMODYNAMIK MEMORY zu finden. Es lässt sich auch zur Selbstkontrolle nutzen, ob mit den Sachworten inhaltliche Vorstellungen verbunden werden.

Bei Sachworten, die mehrfach auf kurz hintereinander folgenden Seiten erscheinen, ist nur die erste Seite angegeben. Die mit einem Spiegelstrich (– ...) untergeordneten Sachworte sind nicht alphabetisch, sondern weitgehend sachlich geordnet. Ausdrücke gleicher Bedeutung sind durch (;) getrennt. T verweist auf eine Tabelle im Anhang, M auf eine Seite in der Datei THERMODYNAMIK MEMORY.pdf.

Erläuterungen zu den meisten Ausdrücken des Sachwortverzeichnisses finden sich in der alphabetisch geordneten, interaktiv nutzbaren Datei THERMODYNAMIK GLOSSAR.pdf. Das nach den englischen Sachworten alphabetisch sortierte Verzeichnis steht in der Datei SACHWORT ENGLISCH-DEUTSCH.pdf. Die Dateien lassen sich kostenlos unter www.springer.com/springer+vieweg/maschinenbau/book/978-3-658-03168-8 in der Rubrik (rechts) *Zusätzliche Informationen* mit ACROBAT READER (mindestens 5.0) herunterladen.

A

Abdampf 95, 190, M27 — exhaust steam
Abgas 290 — exhaust gas
– Abgasverlust, 315, M55 — – exhaust gas loss
abgeschlossenes System 10, M5 — isolated system
– Erster Hauptsatz für ~ 63, M10 — – first law of thermodynamics for isolated systems

Abhitzekessel 234 — waste-heat boiler
Abkühlungsgesetz, NEWTONsches 259, M42 — NEWTON's law of cooling
Abluft 171, M24 — extract air
absolut — absolute
– absolute Feuchte; Wassergehalt 163, M22 — – humidity ratio
– absoluter Druck 21, M7 — – absolute pressure
– absolute Temperatur; thermodynamische Temperatur 23, M7 — – absolute temperature; thermodynamic temperature
– absolutes Vakuum 22 — – absolute vacuum
Absorber 204, M28 — absorber
Absorption 272 — absorption
Absorptionsgrad 273 — absorptivity
Absorptionskältemaschine 204, M28 — absorption refrigerating machine
Abwärmestrom 101 — waste-heat flow
Abwärmeproblem 105 — problem of waste heat
ACKERET-KELLER-Prozess 187, 211, M30 — ACKERET-KELLER cycle
ADI-Verfahren 256 — ADI-method
adiabat 10, M5 — adiabatic
– adiabate Wand 14, 20, M6 — – adiabatic wall
– adiabates System 10, M5 — – adiabatic system
– adiabate Drosselung 82, 84f., 121, M14, M19 — – adiabatic throttling
– adiabate Expansion 82, M14 — – adiabatic expansion

Exergiefassung des Zweiten Hauptsatzes 107, M18 — second law of thermodynamics in terms of exergy

exotherm 226 — exotherme

Expansion — expansion
— , isentrope 127, 189, M19, M27 — — isentropic expansion
— , reale; wirkliche 127, 189, M19, M27 — — real expansion
— , adiabate 82, M14 — — adiabatic expansion
— Expansionsarbeit; Volumenarbeit 62, 69, 137, 139, 145, 149, M12 — — expansion work
— Expansion ohne Arbeitsleistung 85 — — expansion without work
— Expansionsraum 216 — — expansion volume

explizites Verfahren 255, M42 — explicit method

extensiv — extensive
— extensives Volumen 17, M6 — — extensive volume
— extensive Wärmekapazität 129 — — extensive heat capacity

F

Fahrenheit, Grad ~ 23f., T-2 — degree Fahrenheit

Fanno-Linie 92 — Fanno curve

Fehlerintegral, Gausssches 252, T-11 — Gaussian error function

Feststoff 47, M9 — solid (matter)
— , schmelzender 47, M9 — — melting solid
— , sublimierender 47, M9 — — subliming solid

fester Brennstoff 291, T-13 — solid fuel

Feuchte 163, M22 — humidity
— , absolute 163, M22 — — humidity ratio
— , relative 163, M22 — — relative humidity

feuchte Luft 162, 165, M22 — moist air
— Zahlenwerte für ~ T-9, M23 — — numerical values of moist air
— Zustandsgrößen für ~ 163, M22, M23 — — moist air state variables
— thermische Zustandsgleichung für ~ 164, M23 — — thermal moist air equation of state
— kalorische Zustandsgleichung für ~ 165, M23 — — caloric moist air equation of state
— Dampfdruck für ~ 163, T-9, M22 — — vapour pressure of moist air
— Zustandsdiagramm für ~ 169, M24 — — phase diagram of moist air
— Enthalpie-Wassergehalt-Diagramm für ~ 166, 169, M24 — — enthalpy-humidity ratio-diagram of moist air
— Zustandsänderungen für ~ 172, M25 — — changes of state of moist air
— Mischen, Erwärmen, Kühlen von feuchter Luft 172f., M25 — — mixing, heating, cooling of moist air
— Befeuchten, Verdunsten, Taubildung von feuchter Luft 176, M25 — — humidification, evaporation, condensation of moist air

Feuchtkugeltemperatur; Kühlgrenztemperatur 177, 182, M26 — wet-bulb temperature

Filmkondensation 269, M43 — film condensation

Filmsieden 270 — film boiling

Filter, Luft~ 171, M24 — air filter

Finite-Differenzen-Verfahren 254, M42 — finite-difference method

flüssiger Brennstoff 286, T-14, T-15, M45 — liquid fuel

H

I

L

Luftvorwärmer 76, 195, M27   air preheater
Luftwäscher 177, M25   humidifier
Luftzustandsmessung 182, M26   measurement of moist air state

M

MARIOTTE 1, 51   MARIOTTE
Maschine, thermische 100, 187, M17, M26   thermal machine
Masse 16, M6   mass
Massenbilanz 56   mass balance
Massengeschwindigkeit 18, M6   mass flux
Massenstrom 17, 60, 70, M6   mass flow rate
–   Massenstromdichte 18, M6   –   mass flux
Massenanteil   mass fraction
–   ~ eines Stoffgemisches 56, M10   –   mass fraction of a substance mixture
–   ~ eines Gasgemisches 156, M21   –   mass fraction of a gas mixture
–   ~ eines Brennstoffes 291, T-13 bis T-15, M45   –   mass fraction of a fuel
MAYER 1   MAYER
MCFC 230f.   Molten Carbonate Fuel Cell
mechanisches Gleichgewicht 13, M6   mechanical equilibrium
Mehrphasensystem 12, M5   multiphase system
MEIXNER 92   MEIXNER
Menge 16, M6   amount
Mengengröße 17, 108   extensive variable
Mengenstrom 17   amount flow
Messung, Luftzustandsmessung 182, M26   measurement of moist air state
Meterkilopond 24, T-1   meterkilopond
Meter Wassersäule 22, T-1   meter of water height
Methan 292, M46   methane
Millimeter Wassersäule 22, T-1   millimetre of water height
Millimeter Quecksilbersäule 22, T-1   millimetre of mercury height
Mindestluftbedarf 294, 298, M47   stoichiometric air-fuel ratio
Mindestsauerstoffbedarf 293, 297, M46   stoichiometric oxygen-fuel ratio
Mischkammer 172, M24   mixing chamber
Mischluft 172, M24   secondary air
Mischung 85, 91   mixing
–   ~ feuchter Luft 172, M25   –   mixing of moist air
Mischungsgerade 173, M25   mixing line
Mischvorwärmer 195   open feedwater heater
Mitteldruckturbine 196   medium-pressure turbine
Mitteldruckverdichter 212   medium-pressure compressor
Mitteltemperaturzelle 228, M34   middle temperature fuel cell
mittlere logarithmische Temperaturdifferenz   log-mean temperature difference
    282, M44
mittlere Temperatur der Wärmezufuhr 191, M27 mean temperature of heat input
mittlere Wärmekapazität 129, T-4, M20   mean heat capacity
Molanteil   mole fraction
–   ~ von Stoffgemischen 56, M10   –   mole fraction of substances mixtures
–   ~ von Gasgemischen 159   –   mole fraction of gas mixtures
–   ~ von Brennstoffen 292, T-17, M46   –   mole fraction of fuel
molar   molar
–   molare Zustandsgröße 17, M6   –   molar state variable
–   molares Volumen; Molvolumen 17, M6   –   molar volume

N

S

T

U

V

W

- heat and enthalpy
- heat, dissipated energy and entropy
- difference between heat and work
- exergy of heat
- subcooled-liquid/ unsaturated liquid heat
- heat of evaporation
- superheated-vapour heat
- heat in ideal gas processes

(no corresponding term)
heat exchange
- counterflow heat exchange
- parallel flow heat exchange
heat exchanger
- temperature distribution in a heat exchanger
thermal insulation
heat transmission
coefficient of heat transmission
coefficient of heat penetration
heat capacity
- specific heat capacity
- molar heat capacity
- volumetric heat capacity
- extensive heat capacity
- isobaric heat capacity
- isochoric heat capacity
- polytropic heat capacity
- real heat capacity
- mean heat capacity
- specific heat capacity of gas mixtures
- specific heat capacity of liquid water
- difference between heat capacities
heat engine
heat transfer rate
thermal conductivity
- effective thermal conductivity
heat conduction
- steady heat conduction
- time-dependent heat conduction
- numerical method to problems of heat conduction
heat pump
- discharged heat from a heat pump
- heat pump coefficient of performance

- CARNOT heat pump coefficient of performance
heat source
heat pipe
heat flow diagram
heat sink